中国鸟类识别手册

Handbook of Chinese Bird Identification

（第二版）

聂延秋　编著

中国林业出版社

图书在版编目（CIP）数据

中国鸟类识别手册 / 聂延秋编著. -- 2版. -- 北京：中国林业出版社，2018.12

ISBN 978-7-5038-9816-7

Ⅰ．①中　Ⅱ．①聂　Ⅲ．①鸟类－识别－中国－手册　Ⅳ．①Q959.708-62

中国版本图书馆CIP数据核字（2018）第252351号

审图号：GS（2017）3837号

中国鸟类识别手册（第二版）

出版发行：中国林业出版社

E-mail：377406220@qq.com

电　话：(010)83143520 13901070021

地　址：北京市西城区德胜门内大街刘海胡同7号

邮　编：100009

印　刷：北京雅昌艺术印刷有限公司

版　次：2019年5月第2版第1次

开　本：635mm×965mm 1/16

印　张：40.125

字　数：版面字数480千字（其中字符字数258千字）

定　价：298.00元

中国鸟类识别手册
编委会

摄影名单（按姓氏汉语拼音排序）：

白　震　薄顺奇　博　鸟　蔡　琼　蔡卫和　蔡欣然　陈　锋
陈候孟　陈　丽　陈　林　陈吉胜　陈世明　陈学古　陈云江
程　萍　丛培智　戴　波　单宏宇　邓建新　邓嗣光　丁进清
丁　龙　丁夏明　东　木　董江天　董　磊　董文晓　杜　英
段智慧　范　申　方剑雄　冯　江　冯啓文　付建平　高　川
高宏颖　高正华　格日勒　耿　斌　谷国强　顾　莹　顾云芳
关　克　关伟纲　郭　宏　郭海生　郭克疾　海　伦　韩云光
韩　政　何静波　郝夏宁　呼晓宏　胡晓坤　黄　秦　黄佩芬
黄文吟　简廷谋　江航东　江旭东　焦少文　黎柳鸣　李边江
李锦昌　李俊海　李俊彦　李利伟　李全江　李小利　李晓辉
李雁鹏　李宗丰　梁咏诚　廖本兴　廖　梦　廖小青　林剑声
林军燕　林月云　林　植　刘爱华　刘　璐　刘学忠　刘英才
刘　勇　刘月良　刘哲青　刘忠德　罗建鸿　罗平钊　罗　旭
罗永川　罗永辉　骆晓耘　马　鸣　马光义　米小其　苗春林
牟安详　倪光辉　宁于新　牛蜀军　潘玉明　庞琛荣　彭建生
彭银星　秦玉平　曲春洪　桑新华　邵　云　沈　敏　沈肖军
沈　越　盛旭明　施文斌　宋天福　宋迎涛　宋永旺　苏　节
孙　浩　孙克信　孙晓明　唐承贵　唐　军　唐黎明　唐万玲
田穗兴　童光琦　汪汉东　王　安　王昌大　王吉衣　王金生
王明亮　王　强　王雪峰　王尧天　王雁飞　王音明　王志芳
魏　东　魏群琪　魏永生　文　辉　文志敏　吴　波　吴崇汉
吴翠芬　吴　飞　吴佳正　吴　麟　吴宗凯　伍孝崇　伍震宇
武建忠　武杰民　夏志英　向文军　萧木吉　解　磊　谢建国
谢林冬　邢　睿　邢新国　熊书林　徐松平　徐　卫　徐燕冰
许　波　许传辉　闫　东　杨宝华　杨　可　杨　生　杨庭松
杨晓军　杨新业　杨旭东　姚文志　叶昌云　叶守仁　亦　诺
雍严格　游萩平　余国定　余日东　岳海源　曾建伟　曾　源
翟铁民　张　斌　张　铭　张　波　张凤江　张国成　张国强
张海川　张立群　张佩文　张守玉　张　炜　张锡贤　张　岩
张燕伶　张　永　张　勇　张永文　张正旺　张正学　张宗昕
赵纳勋　赵文远　赵元明　郑成林　郑康华　郑永胜　周海翔

朱新峰　邹　枔

Alex Vargas	Arka Sarkar	Arthur Morris
Boilingpics	Cangoose	Christopher Milensky
Cranelover	Cyril Laubscher	Ddeborshee Gogoi
Eduardo de Juana	Enrique Aguirre	Everster
Frank Lambert	Georges olioso	Glenn Bartley
J.Cordee	Jainy Kuriakose	James Eaton
Jim Zipp	John Willsher	M. Schaef
Manjula Mathur	Norbert Rosing	Prasanna V.Parab
Stephen Dalton	Subharanjan Sen	Tarique Sani
Tom Vezo	Tony Morris	Wattana Choaree
Wayne Lynch	Yann Muzika	Zoltan Kocacs

注：书中有 50 余种鸟类图片由本书责任编辑收集，目前仍然有无法取得联系的部分摄影者（本书摄影者名单中已有署名）。请相关摄影者及时与中国林业出版社联系致谢事宜。对被选用图片的摄影者，再次致以衷心感谢！

联系电话：（010）83143520　Email：377406220@qq.com

鸟类—人类的朋友
保护鸟类就是保护人类自己
就是当给子孙后代一份巨大的财富

刘兴土
2017.8.22

中国工程院院士、湿地研究专家刘兴土先生贺聂延秋先生《中国鸟类识别手册》题词

马敬能对本书的推荐

I have known Dr Nie Yuanqiu for more than 9 years. He is an outstanding bird photographer. This book harvests the produce of 35 years of looking for birds in China. It is the best photo guide to the birds of China that I have seen. I hope it will help further promote the love and protection of birds in China.

John MacKinnon 马敬能

Beijing 03.14.2019

　　我认识聂延秋先生已经 9 年多了。他是一位非常出色的鸟类摄影家。此书凝聚了他 35 年寻鸟摄鸟的心血。

　　此书是目前我之所见中国最好的以摄影作品凸显鸟类特征的鸟类识别手册。我希望此书的出版能够更好地促进中国的爱鸟和护鸟。

约翰·马敬能

北京 2019.03.14

约翰·马敬能简介

约翰·马敬能（[英] John Mackinnon），牛津大学动物行为学博士，英国国际生物多样性保护专家，著名鸟类学家，《中国鸟类野外手册》作者，共著书 17 部。参与了中国第一个国际环保项目——1987 年世界自然基金会大熊猫项目。中国—欧盟生物多样性项目官员，中国环境与发展国际合作委员会生物多样性工作组的外方主席超过 10 年，为中国政府提出了未来 15 年的生物多样性保护建议。中国—欧盟湿地保护体系项目首席技术顾问。

自左至右：刘开运、约翰·马敬能　　　　自左至右：刘开运、约翰·马敬能、聂延秋

注：2019 年 3 月 14 日，约翰·马敬能先生与本书策划人刘开运、作者聂延秋对本书最后一稿做审读。

专家推荐

陈凤学　原国家林业局副局长；中国野生动物保护协会 会长

本书的策划者独具慧眼，敏锐地发现了鸟类保护图书的这一重大空白，适时地策划出版了《中国鸟类识别手册》，是在野生动物保护领域下了一场及时雨。

李青文　中国野生动物保护协会 秘书长

欣喜《中国鸟类识别手册》的出版，作者聂延秋先生用影像的记录为野生动物保护做出贡献。该书的出版一直是我们的心愿，通过介绍、宣传，引导大家如何观鸟，如何进入鸟类丰富的世界，体验鸟类给人类带来的快乐，由此也会增强大家对野生动物的保护意识。

何芬奇　中国科学院动物研究所 研究员；《中国鸟类野外手册》作者

我以往曾说过，在自然科学领域中，天文学和鸟类学是业余人士贡献最为突出的两个学科，本书即是实例。

张正旺　北京师范大学 教授；中国动物学会 副理事长

该书的摄影图片高手在民间，文字把握依据比较充分。能在这么短的时间将图片收集到，十分难得。今后鸟类科研工作者要与民间更多地交流，做一个接地气的研究者。我向鸟类爱好者推荐该书。

杨　丹　中国野生动物保护协会　原副秘书长

这是一种读者喜闻乐见、专家开卷点赞、图文并茂的精美图书。

韩联宪　西南林业大学生命科学学院　教授

该书图文并茂，设计简朴清秀而不失大方，是集科学性、实用性于一体的鸟类专著。是鸟类爱好者的良师益友。

马　鸣　中国科学院新疆生态与地理研究所　研究员

我知道聂先生七上西藏，无数次去新疆，历经艰辛……中国林业出版社独具慧眼，不出手便罢，及时组织编绘出版该书。我相信本书一定会有好的推广并广受欢迎。

杨晓君　中国科学院昆明动物研究所　研究员

本书描述的鸟种齐全，图片的标志性强，文字说明言简意赅，凸显了中国鸟类野外鉴别特征；图文并茂，设计简朴清秀而不失大方，是集科学性、实用性于一体的鸟类识别精品图书。

付建平　中国观鸟会　会长

本书出版及时，合乎目前国内观鸟的发展需求，本书具有科学性，实用性强。

吴 飞 中国科学院昆明动物研究所 博士

本书描述的鸟种齐全，图片的代表性强，文字说明言简意赅，凸显了中国鸟类野外鉴别特征，这么多权威专家把关，很好的识别类图书。

黄 秦 中山大学鸟类生态与进化研究组 研究助理

在修正本书的鸟类分布和文字描述时，我们力求准确把握，达到科研最前沿。加之由张正旺、马鸣、杨晓君等著名专家的校正把关，可以说这是目前识鸟第一书。

闻 丞 北京大学生物学院 博士后

本书是继《中国鸟类图志》之后推出的首种面对大众的全国性工具书，反映了分类学的新进展和中国群众观鸟、护鸟、爱鸟方面的新进展。期望继续加强科学研究印证，吸收专家和鸟类爱好者的意见，做成精品。

保罗·霍尔特（[英] Paul Holt） 东南亚知名鸟类专职向导

Another first-class bird book from the Forestry Publishing House stable. Well researched, thoughtfully designed and beautifully illustrated it's a superb production. Well done and thank you very much!

本书是林业出版社出版的一流鸟类图书之一。本书设计精细、插图精美，这是一个极好的图书产品，非常棒！

序

美丽生灵的写真

十几年前，经我的同事、也是时任中国鸟类学会秘书长的宋杰先生介绍，我认识了内蒙古爱好鸟类摄影的聂延秋先生，随后我们多次交谈，因鸟结缘，从相识到相知，最后成为好朋友。我或我的学生为了科研与聂先生时有联系，因开会或参与活动我们也偶有见面，还曾一起外出考察，逢年过节我们经常互致问候。他对鸟类的热爱、对鸟类摄影的痴迷以及在鸟类保护方面的辛勤付出都给我留下了深刻的印象。

聂延秋先生曾是一名优秀的眼科医生，30岁时就走上医院院长的工作岗位，2006年荣获"中国百名优秀医院院长"的光荣称号。他还曾是一名猎人，但在20世纪80年代初，他放下了猎枪，从捕杀鸟类转为保护鸟类，成为一名野生动物保护的志愿者。他开始拍摄鸟类，用镜头记录美丽的生灵和精彩的瞬间，从包头起步，进而到内蒙古全境，再到云南、四川、新疆、西藏等偏远地区，几十年孜孜以求，终成一代大家。现在他已成为中国著名鸟类摄影家，在我国境内已拍摄的野生鸟类多达1100余种，是国内鸟类摄影界的高手。

他个人举办的始于2009年的"保护环境、珍惜生命——万里行"活动至今没有止步，用自己拍摄的鸟类图片和亲笔书写的寓意深刻的诗词，展示鸟类的美丽神奇以及所面临的严重威胁，倡导人们关注鸟类，关注自然，引领越来越多的人们加入环境保护的队伍，不断壮大民间保护野生动物的志愿者队伍。他的这个活动产生了很大的社会影响。国家环境保护局局长曲格平先生为聂延秋先生举办的"万里行"活动写下了这样的寄语："医者之道健康百年，环保之行泽被千秋。"2010年6月，"万里行"活动应邀在北京全国政协礼堂展出，时任党和国家领导人贾庆林、李克强、王刚、钱运录等亲自观展并对这个活动给予了高度评价。

聂延秋先生是国内最早提出"生态摄影"理念的鸟类摄影家之一，"自然环境中，自由状态下，生物、生境、生物与生物、生物与生境、生物特有行为与摄影艺术的完美结合"是聂延秋先生始终的追求。他的"人越走越近，鸟越拍越远"的拍鸟名言，已深深地影响着越来越多的"拍鸟人"走出了鸟类摄影的误区。

从 2007 年至今，聂延秋先生先后出版了《包头野鸟》《内蒙古野生鸟类》《乌梁素海野生鸟类》等专著。《中国鸟类识别手册》将是他的第四部著作。他是一位关注鸟类、关注环保、关注生态的民间"行者"。由于贡献突出，聂延秋先生于 2009 年荣获中国斯巴鲁生态文明传播奖和中国边境优秀卫士奖，2010 年荣获中国边境优秀卫士奖，2011 年荣获福特汽车环保奖；他先后担任了中国鸟类学会观鸟摄影委员会负责人、中国环境科学学会理事、中国野生动物保护协会理事等职务。

聂延秋先生这部即将付梓的《中国鸟类识别手册》是一部美丽生灵的写真集，记录了迄今在我国发现的 1400 多种野生鸟类。全书图片清晰，版式新颖，是迄今我国收集鸟种最多的一部以摄影图片形式展示各种鸟类的观鸟工具书。该书对我国观鸟和鸟类摄影、鸟类研究与保护都具有重要的参考价值。

"风物长宜放眼量。"我们今天要在一个跨越自然、地域、族群、经济、时代的高度来看待鸟类保护事业，保护鸟类就是保护我们人类自己。在人口持续增长、城市不断扩张、经济快速增长的形势下，如何做到人与自然和谐，如何做到可持续发展，成为我国生态文明建设的一道课题。鸟类是自然界的重要组成部分，是环境变化的指示生物。天蓝地绿、鸟语花香的世界是生态宜居的显著标志，保护鸟类及栖息地，维持生物多样性是我们人类可持续发展的基础。目前我国的生态环境面临着严峻的挑战，希望越来越多的国人向聂延秋先生学习，关注自然，保护环境，建设美丽中国，为实现中华民族的伟大复兴贡献力量。

《中国鸟类识别手册》那一幅幅精美的图片将为我们打开一个飞翔的鸟类世界。相信这部著作的出版，将会对我国的观鸟活动和鸟类摄影起到重要的推动作用。我希望越来越多的人爱鸟、护鸟，在人类的呵护下，我国鸟类的生存状况不断得到改善，鸟类的多样性和丰富度不断增加。对《中国鸟类识别手册》的出版，向聂延秋先生表示衷心祝贺！同时我也期待着在新的岁月里，聂延秋先生有更多的作品呈现在我们的眼前。

中国动物学会副理事长
北京师范大学教授

前　言

又是一个春天

数九寒天去了，南雁北归的季节到了。

南下的阳光一寸寸地向北回归，北上的暖风一缕缕地带来了雨水。

我知道，此刻我站在一个时间的节点之上。再一次的岁月交替，让我心有所动、心有未尽。抬眼望去，天地之间，时光依然不紧不慢地走；俯首两岸，河山之间，一切周而复始地又一次的轮回。

千里冰封的黄河再一次开始流凌，河水又一次挣脱束缚后狂野地歌唱。沉默的阴山，积雪已经消融，土石的颜色开始转暖，隐约的青色从褐色的山脊上渗出，让沉睡的山脉又开始萌生出点点生机。

我知道，此刻我又站在一个全新世界的节点之上。年轮如盘，岁月如梭，虽人近暮年，但我的心依旧像一只放飞的小鸟，自由地徜徉在鸟的世界里，我明白这就是我此刻最自然也最重要的节点，《中国鸟类识别手册》就是这个节点的醒目标识。

有时候，人也会像小鸟一样，尽管会飞落起降在不同的地方，但是命定的路径不会改变。这在人类来说是命运，对于鸟类来说是天性。我这一辈子，鸟对于我来说，早年是喜好，中年是寻找，及至盛年为其画影留形，到今天的识别归类也便是梦之所归了。

2015年9月，应中国林业出版社的邀请编著一部《中国鸟类识别手册》。盛情厚意，犹如春风春水，浸透了我的心底，让我又一次忘记了饥渴，忘记了年龄，忘记了残星落日，忘记了身在何处，全身心地融入到了这本书的撰写之中。

但是，在如沐春风之中的同时，也深感编著《中国鸟类识别手册》是件难度很大、非一年半载之事，需要"苦其心志，劳其筋骨，空乏其身"的执着与努力。几年前，当我完成《包头野鸟》《内蒙古野生鸟类》《乌梁素海野生鸟类》专著之后，就已经开始一边拍鸟，一边构思和编写着一本中国的"鸟类图册"，想等我将来拍到中国鸟类1000种时，将其完成刊行，给自己的鸟类摄影之旅途画上一个能略抚己心的符号。

2015 年的 8 月，我终于拍到了中国鸟类 1000 种，9 月便有朋友自北京来，邀我出书，此等契合是机遇，是缘分，还是天意，尽可想象。但对我来说，来自中国林业出版社的邀约，请我完成如此著作，既是对我的厚望，也是对我的鞭策，更是一场甘霖，使我在惶惶然间快乐满满，因为我明白，如此不仅能够完成前辈同道的期许，也可以圆我一生渴望飞翔、为鸟立"传"的梦想。

　　这个世界上有很多事情，起始的因由和后来的结果会大相径庭。现在回过头来想，很难把我最初的拍鸟源于少年时的打猎经历和今天编纂《中国鸟类识别手册》连接在一起，虽然爱的方式和结果截然不同，但在那个懵懂、知识匮乏的年代，加之整体社会对于自然和生命的无知与无礼，对爱鸟的理解和感觉与现在的拍鸟识鸟完全是南辕北辙，不可同日而语。

　　不过，这也许就是进步的逻辑，也许就是前进的螺旋式上升，个体生命的进步其实就是对于其他生命的尊重，这个过程最自然的起点就是由心灵萌动，从自己做起。

　　有这种感悟说来是十几年前的事了，推动我拍鸟后的初始愿望就是想用摄影的方式记录一下家乡的鸟类，告诉人们，它们是人类的朋友。当我拍到了包头地区 241 种鸟类的时候，我产生了一种渴望，期望能请教到一位鸟类学专家，帮助鉴定一下我所拍摄的鸟种，指导我不仅"看到"，还要向"知道"跨进一步。就在那时，我有幸与时任中国鸟类学会秘书长、北京师范大学鸟类学教授宋杰先生相识。后来在他的引荐下，我先后拜见并结识了中国鸟类学会名誉理事长郑光美院士，鸟类学著名学者张正旺先生、何芬奇先生、邢莲莲先生、马鸣先生等。这是一份巨大的幸运，也由此改变了我"因爱拍鸟"的初衷，正是这种改变，让我把一张张普通的鸟类图片放大到了极致，让每张鸟类图片飞翔在更加开阔宽广的民众眼前，让飞翔的生命产生着越来越大的社会影响。几位先生在我之前编写 4 部鸟类书籍的过程中和"中国鸟类图片馆"的建设上都曾给予了我巨大的指导和帮助，让我始终心存感激，满怀绵绵敬意。

　　"好风凭借力"，人其实和鸟一样，要想飞得更高，必须要借助多方面的帮助和力量。《中国鸟类识别手册》汇集了中国著名生态摄影家和众多中国内地、香港、台湾及海外鸟类摄影名人的优秀作品。是他们无私的帮助对我编著这本书增添了巨大的信心，他们的图片不但丰富了这本书的内容，给这本书增添了绚丽的色彩，更重要的是奠定了这本书中国鸟类的完整性，铸就了这本书的灵魂，也展示了中国鸟类摄影界的宏大气象。作为编著者，作为爱鸟人，我多么期待有更多鸟友的图片出现在这本书里，让我们共同翻阅披星戴月、日行千里之后的成果；共同欣赏严寒酷暑、蚊虫叮咬之后的收获；共同分享看书识鸟、见鸟思人的无穷快乐。我相信所有看过这本书的人都会深深地感到——在这本书的图里字间传颂着鸟类摄影人不尽的大道情怀，这种天地气韵必将把我们一次次地带回到幸福美好的记忆之中。

崇尚自然，珍惜生命。天下万物共济，地上万物共生；心在万物之上，人在万物之中。

又是一个春天，在我的家乡，鸟群一拨一拨地又飞了回来，不管我们是否见过，不管我们是否相识，春风吹过的地方，每一个生命都会飞翔。

今天，《中国鸟类识别手册》终于出版了，实现了我一生的夙愿："几十年来，我一直在想，把我拍摄的鸟类图片编辑出版一本中国鸟类图册，留给科学研究，留给教育事业，留给孩子们，留给未知的将来一点清晰的记忆……"虽然我为此付出了巨大的牺牲和努力，但我毕竟是业余爱好，在此，真诚地希望专家、学者和广大鸟友，对书中的错误和需要改进的地方不吝赐教，我将不胜感激。

因为爱鸟让我们相识，绿色之旅愿我们同行。

写在《中国鸟类识别手册》（第一版）出版时·包头

5

《中国鸟类识别手册》(第二版)出版说明

鸟类,以其独特的生理特点、生态多样和对环境的敏感,成为科学界关注的焦点之一。因其外形绚丽多彩、鸣声悦耳动听,在民间吸引了成千上万的爱好者和摄鸟者。

随着我国科学技术的发展、科研力量的壮大,鸟类学研究不断向科学化、精细化深入,鸟类系统分类学研究发展迅速,成绩斐然。中国科学院院士郑光美先生主编的《中国鸟类分类与分布名录》(第三版)于2017年12月问世,该书共收录中国鸟类1445种,隶属26目109科497属,向国内外展示了我国最新的鸟类系统分类学研究成果。

因此,《中国鸟类识别手册》针对最新科研成果进行了改版。改版工作是以郑光美院士主编的《中国鸟类分类与分布名录》(第三版)为依据、以《中国观鸟年报—中国鸟类名录6.0 (2018)》为补充,在《中国鸟类识别手册》(第一版)的基础上,对鸟类目、科、属、种进行更新、调整。本《中国鸟类识别手册》(第二版)共收录中国鸟类1467种,隶属26目109科497属。其中包括:①以《中国鸟类分类与分布名录》(第三版)为依据的1436种,在目录和正文中标识为黑字;②以《中国观鸟年报—中国鸟类名录6.0 (2018)》为依据的30种,作为补充和辅助鸟类识别,在目录和正文中标识为蓝字,并在正文进行注释;③在新疆玛纳斯国家湿地公园首次拍摄到的侏鸬鹚*,作为中国鸟类新记录,在目录和正文中标识为绿字,并在正文进行注释。

为保证鸟类识别的准确性和实用性,本书对《中国鸟类识别手册》(第一版)中识别特征不显著的图片做了大量的更换,并删减了部分质量不高、识别特征不明显的鸟类图片。在文字描述上,着重描述鸟类主要识别特征,并用红字要点。对雌雄、繁殖羽和非繁殖羽区分明显的鸟种,在图片旁进行注释,以方便读者区分。

---

* 由刘忠德拍摄,2018 年 11 月 26 日新华网特别报导。

本书新调整鸟类的分布图依据郑光美院士的《中国鸟类分类与分布名录》（第三版）和其他大量的相关鸟类分布的描述绘制而成，但不作为划界的准确依据。

在本书第一版的基础上，聂延秋先生对本书的鸟类图片和文字描述做了或换或删的补充完善性工作；刘开运、张健做了鸟类图片的精选性工作；26个目简介等文字描述由黄秦撰写完成；分类编目调整等工作先后由王叶、张健等完成；鸟类中文名、拉丁名、英文名更新、核准工作由张健、钟晓红完成；更新的鸟类图片制作由张健等完成；更新的分布图由黄秦提供、校准，由张健制作完成；《中国观鸟年报—中国鸟类名录6.0（2018）》检索表由张健、黄树青完成。

约翰·马敬能先生（《中国鸟类野外手册》作者）关切本书的出版。在与本书策划人刘开运、作者聂延秋及本书编辑张健等共同对本书最后一稿进行审读后，给予充分肯定，并高度评价："此书是目前我之所见中国最好的以摄影作品凸显鸟类特征的鸟类识别手册。我希望此书的出版能够更好地促进中国的爱鸟和护鸟"。

在聂延秋先生和本书编辑组的共同努力下，追求精益求精，本书的改版工作历时整一年至臻完成。期间，黄秦先生对本书改版工作提供了大量的帮助。在本书即将顺利改版并出版之际，我们在此特别对《中国鸟类分类与分布名录》（第三版）的作者郑光美院士、《中国观鸟年报—中国鸟类名录6.0（2018）》的创作者及支持或参与本书再版的专家、学者及爱好者，表示深深地感谢！

书中如有不妥之处，敬请批评指正！

策划、组编：

2019年5月20日

7

《中国鸟类识别手册》（第一版）出版说明

与世界其他国家尤其是欧美国家相比，我国的鸟类学研究尽管起步较晚但发展很快。第一部由中国人编撰的较系统的鸟类专著是1947年郑作新院士编撰的《中国鸟类名录》，列有鸟类1087种；2005年，郑光美院士的《中国鸟类分类与分布名录》收录了1332种，至2011年的改版，收录鸟类种数增至1371种。除约翰·马敬能、卡伦·菲利普斯、何芬奇出版的手绘本《中国鸟类野外手册》外，我国尚缺更方便使用并描述全面的摄影鸟类识别图书。鉴于化学涂彩的色料局限，现有的手绘鸟类出版物已经远远不能准确绘制出五彩斑斓的鸟羽，难以满足日益增长的鸟类爱好者的需求，尤其野外鸟类识别。随着摄影器械精度的提高以及观鸟、摄鸟爱好者的逐年增多，为以鸟类摄影图片出版识别鸟类图书提供了契机，策划者由此组织编绘本书。经朋友的推荐，策划人于2015年9月前往包头拜见本书作者聂延秋先生。聂先生执著的"打鸟"经历和已汇集的鸟类精美图片，令策划人赞叹不已。几十年的野外跋涉，聂先生积累了大量鸟类生物学特征的识别经验，当时已储有的中国鸟类摄影照达1000种之多。对于出版本书，聂先生当即应约，并在随后的编辑出版中，不断完善和提升其中的图片和文字描述。

本书力求言简意赅，以简练的文图，直示每种鸟类的形态、习性、分布与种群现状、关注度、保护级别和体长等生物学特征，尤其注重文字与图片在鸟类识别特征上交相呼应。

本书共收集了中国鸟类1453种。为便于使用，本书目录按照以下办法编排：1.《中国鸟类分类与分布名录》（第二版）涵盖的标识为黑字；2.《中国鸟类分类与分布名录》（第二版）未涵盖的以《中国观鸟年报—中国鸟类名录5.0（2017）》为补充，标识为红字，并在正文注释；3.以上两种分类系统未有记录或有异议的标识为蓝字，正文中亦作了注释。

本书稿件整理、图片处理等工作由王叶、李春艳、张健、谷玉春、钟晓红等人完成；文图编校由王宁、黄秦等先生完成；分布制图由制作组完成并由刘阳、黄秦、保罗·霍尔特 ([英] Paul Holt) 及本书编委会中编委成员，共同校准；分类编目 (如《中国观鸟年报—中国鸟类名录5.0 (2017)》检索表) 由王叶等完成。责任编辑完成了"如何使用本书"的式样图示；黄秦在责任编辑提供参考资料的基础上，修改并完善了"中国鸟类地理区系特征""鸟类身体特征及图解""野外鸟类识别技巧"等部分内容。

除了责任编辑提供的58种鸟类资料，聂先生在征集图片工作中，得到了近300位中外鸟类爱好者的鼎力支持。为了高质量出版本书，2017年3月，策划者还邀请了全国十几位知名鸟类专家召开了本书的审稿会；本书付型前，经中国观鸟会的专家推荐，特邀了保罗 霍尔特先生做色彩校准和再次的文图编校等工作。

特别说明：本书鸟类分布图的制作，是制作组依据郑光美院士的《中国鸟类分类与分布名录》(第二版)，参考约翰 马敬能、卡伦 菲利普斯、何芬奇的《中国鸟类野外手册》，段文科、张正旺的《中国鸟类图志》(上、下卷) 及其他大量的相关鸟类分布的描述绘制而成，但不作为划界的准确依据。

本书不仅承载着聂延秋先生对鸟类的一生挚爱和心血，还承载着图片提供者、国内鸟类学及野外观鸟专家的认真把关完善、承载着编辑近两年来为本书的出版所付出的汗水和辛苦。对《中国鸟类分类与分布名录》(第二版)作者郑光美院士、《中国观鸟年报—中国鸟类名录5.0 (2017)》创作者及支持或参与本书出版的专家、学者及爱好者，表示深深的感谢！

"除了镜头就是她"！期望本书，是观鸟、摄鸟者必不可少的良师益友。

策划、组编：

2017年11月6日

《中国鸟类识别手册》审稿暨中国鸟类研究现状高级研讨会留念（2017年3月7日北京）

后排：谷玉春、黄秦、闻丞、马鸣、张健、吴飞、李春艳

中排：何芬奇、杨晓君、韩联宪、杨丹、严丽、刘家玲、付建平、刘开运、王叶

前排：聂延秋、邵权熙、张连友、贾建生、陈凤学、金旻、张正旺、刘东黎、李青文

《中国鸟类识别手册》审稿暨中国鸟类研究现状高级研讨会现场（2017年3月8日北京）

《中国鸟类识别手册》编委会成员合影（2017年3月8日北京）

自左至右：吴飞、杨晓君、杨丹、张正旺、聂延秋、韩联宪、何芬奇、马鸣、黄秦、闻丞、付建平、刘开运

目 录

注：目录中字体颜色为黑色的鸟种参考《中国鸟类分类与分布名录（第三版）》，字体颜色为蓝色的鸟种参考《中国观鸟年报—中国鸟类名录6.0（2018）》，字体颜色为绿色的侏鸬鹚为中国鸟类新记录。

18

19

中国鸟类地理区系特征

一、动物地理区系概述

动物地理区系是对不同地区生物类群特征的总结。依照不同大陆物种的组成特点，将全球陆地面积分成了8个大的动物界。我国的领土幅员辽阔，南北地区差别较大，分属两个大的界，即古北界和东洋界。古北界是动物地理中范围最大的一个界，主要为欧亚大陆北部，在我国的范围为喜马拉雅山脉–秦岭–淮河以北。东洋界主要包括南亚次大陆、东南亚和我国南部，在我国的范围是喜马拉雅山脉南麓、秦岭–淮河以南。

二、中国鸟类地理区系特征

相对于其他动物类群，鸟类往往有着更大的分布范围，许多鸟类都有迁徙的习性，能在较大的地理范围内往返活动，使得部分鸟类的地理区系特征显得多样化。

在古北界和东洋界的基础上，可以将我国的鸟类地理区系分为若干个区（图1，表1）。

每个地理区域都有着自己较为独特的鸟类分布特征，最适合的观鸟季节和地点也各有不同，为了便于读者了解这些地区，对每个区域做以下简单介绍。

1. 古北界

(1) 东北区 包括黑龙江、辽宁、吉林和内蒙古的东部地区。东北区的大兴安岭以寒温带针叶林动物群为主；长白山、松辽平原以北温带落叶阔叶林、农田–森林动物群和北方湿地动物群为主。

一些在极北区繁殖的鸟类会在东北区越冬，如雪鸮 *Bubo scandiacus*、雪鹀 *Plectrophenax nivalis*、白腰朱顶雀 *Acanthis flammea* 等。

最佳观鸟时间和地点

大兴安岭地区（乌尔旗汗）：4~10月，留鸟和夏候鸟。如黑嘴松鸡 *Tetrao parvirostris*、花尾榛鸡 *Tetrastes bonasia*、小斑啄木鸟 *Dendrocopos minor*、长尾林鸮 *Strix uralensis*、白眉地鸫 *Geokichla sibirica*、白眉姬鹟

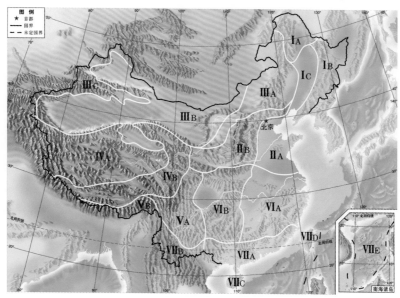

图1. 中国动物地理区划

表1. 中国动物地理区划 （张荣祖,1999）

界	亚界	区	亚区	生态地理动物群
古北界	东北亚界	I东北区	I$_A$大兴安岭亚区	寒温带针叶林动物群
			I$_B$长白山亚区	温带森林、森林草原、农田动物群
			I$_C$松辽平原亚区	
		II华北区	II$_A$黄淮平原亚区	
			II$_B$黄土高原亚区	
	中亚亚界	III蒙新区	III$_A$东部草原亚区	温带草原动物群
			III$_B$西部荒漠亚区	温带荒漠与半荒漠动物群
			III$_C$天山山地亚区	高山森林草原、草甸草原、寒漠动物群
		IV青藏区	IV$_A$羌塘高原亚区	
			IV$_B$青海藏南亚区	
东洋界	中印亚界	V西南区	V$_A$西南山地亚区	亚热带森林、林灌、草地、农田动物群
			V$_B$喜马拉雅亚区	
		VI华中区	VI$_A$东部丘陵平原亚区	
			VI$_B$西部山地高原亚区	
		VII华南区	VII$_A$闽广沿海亚区	热带森林、林灌、草地、农田动物群
			VII$_B$滇南山地亚区	
			VII$_C$海南岛亚区	
			VII$_D$台湾亚区	
			VII$_E$南海诸岛亚区	

Ficedula zanthopygia 等；11月至翌年2月，猛鸮 *Surnia ulula*、鬼鸮 *Aegolius funereus*、乌林鸮 *Strix nebulosa*、白腰朱顶雀、铁爪鹀 *Calcarius lapponicus*、雪鸮和雪鹀。

长白山：5～9月，中华秋沙鸭 *Mergus squamatus*、鸳鸯 *Aix galericulata* 在此繁殖。

平原湿地（莫莫格、扎龙、向海等地）：春、秋两季，白鹤 *Grus leucogeranus*、白枕鹤 *Grus vipio* 等过境停留；夏季，丹顶鹤 *Grus japonensis* 和雁鸭类在此繁殖。

滨海湿地（盘锦红海滩、丹东鸭绿江口）：4～5月、9月，过境的鸻鹬类和林鸟。

荒漠和草原（科尔沁）：全年，栗斑腹鹀 *Emberiza jankowskii* 的主要分布地。

海岛（老铁山蛇岛）：春秋两季，过境猛禽和林鸟。

海岛（庄河形人坨子）：繁殖季节可见到黑脸琵鹭 *Platalea minor*、黑尾鸥 *Larus crassirostris* 和海鸬鹚 *Phalacrocorax pelagicus* 等；冬季海面上可见到长尾鸭 *Clangula hyemalis* 和潜鸟等。

（2）华北区 包括黄淮平原和黄土高原，区内的主要山脉为太行山和大别山，河流为黄河中下游流域及相关支流。动物群以温带森林-草原和农田-湿地动物群为主。

最佳观鸟时间和地点

太行山脉（河北雾灵山、北京百花山、王屋山等）：众多鸟类的重要繁殖地，如黑鹳 *Ciconia nigra*、褐头鸫 *Turdus feae* 等。

黄渤海区域（北戴河、黄河三角洲等地）：是众多鸟类重要的迁徙或越冬地，如卷羽鹈鹕 *Pelecanus crispus*、勺嘴鹬 *Calidris pygmeus*、小青脚鹬 *Tringa guttifer* 和丹顶鹤。

黄河沿江流域（三门峡、郑州黄河湿地、黄河三角洲）：秋季至次年春天，天鹅、鹤类、雁鸭类、卷羽鹈鹕和大鸨 *Otis tarda* 的过境停留地或越冬地。

近海海岛（青岛大公岛、连云港前三岛）：繁殖期的海鸟很有特色，如黑尾鸥、白额鹱 *Calonectris leucomelas*、黑叉尾海燕 *Hydrobates monorhis* 和扁嘴海雀 *Synthliboramphus antiquus*，冬季岛屿附近的海面上还可见到红胸秋沙鸭 *Mergus serrator*、黄嘴潜鸟 *Gavia adamsii* 等。

（3）蒙新区 包括新疆、内蒙古中西部、甘肃中西部和宁夏。生境以草原、荒漠、北温带阔叶林，并有少量的寒温带针叶林及高山草原。动物群落呈多种不同类型，物种组成与中亚更为接近，与国内的其他地区有较大的差异。

最佳观鸟时间和地点

新疆北部（乌鲁木齐至阿尔泰山）：最佳的观鸟季节在5~9月，特色鸟种有白头硬尾鸭 *Oxyura leucocephala*、黄喉蜂虎 *Merops apiaster*、小嘴鸻 *Eudromias morinellus*、柳雷鸟 *Lagopus lagopus* 等。

新疆南部：夏季有一些比较有特色的繁殖鸟类，越冬季节的鸟类也很有特色。

蒙古草原（锡林郭勒、查干诺尔）：繁殖鸟很有特色，如疣鼻天鹅 *Cygnus olor*、遗鸥 *Ichthyaetus relictus*、大鸨等。

(4) 青藏区 包括青藏高原，以青海、西藏为主，还包括新疆南部的阿尔金山，以及甘肃和四川的西部。这里的动物群落以高山森林-草原、高寒荒漠动物群为主。

最佳观鸟时间和地点

高原湿地（青海湖、隆宝滩、甘南尕海）：最佳的观鸟季节是6~9月，是黑颈鹤 *Grus nigricollis* 和各种雁鸭类的繁殖地。

高原草地/荒漠（共和县橡皮山口）：高原草地和荒漠是区内最常见的生境类型。最佳的观鸟季节是6~9月，有大鵟 *Buteo hemilasius*、胡兀鹫 *Gypaetus barbatus*、西藏毛腿沙鸡 *Syrrhaptes tibetanus*、百灵类、地山雀 *Pseudopodoces humilis*、红尾鸲、藏雀 *Carpodacus roborowskii*、藏鹀 *Emberiza koslowi* 等。

高原的灌丛/林地（囊谦县白扎林场、曲水县雄色寺）：最佳的观鸟季节是6~9月，有白马鸡 *Crossoptilon crossoptilon*、藏马鸡 *Crossoptilon harmani*、白眉山雀 *Poecile superciliosus*、花彩雀莺 *Leptopoecile sophiae*、贺兰山红尾鸲 *Phoenicurus alaschanicus* 等各种高山的留鸟或夏侯鸟。

2. 东洋界

(1) 西南区 包括喜马拉雅山脉南坡、横断山系。动物群落以高山森林-亚热带森林动物群为主。

喜马拉雅-高黎贡山（西藏吉隆沟、墨脱县；云南独龙江、片马垭口、百花岭等）：我国鸟类物种最为丰富的地区，森林鸟类群落极为发达，呈现出垂直变化的趋势。特色鸟类包括棕尾虹雉 *Lophophorus impejanus*、黄腰响

蜜䴕 *Indicator xanthonotus*、火尾太阳鸟 *Aethopyga ignicauda*、细嘴钩嘴鹛 *Pomatorhinus superciliaris*、火尾绿鹛 *Myzornis pyrrhoura*、血雀 *Carpodacus sipahi*。

横断山系（白马雪山、哀牢山等）：世界鹛类和雉类的演化中心，许多鸟类都是我国特有的，最佳观鸟季节在春秋季。特色鸟类如血雉 *Ithaginis cruentus*、黄喉雉鹑 *Tetraophasis szechenyii*、绿孔雀 *Pavo muticus*、白点噪鹛 *Garrulax bieti* 和巨䴓 *Sitta magna* 等。

(2) 华中区 包括我国四川盆地西缘、岷山－秦岭－淮河以南，南岭以北的广大地区。

岷山－秦岭山脉－大别山脉（康乐县莲花山、洋县长青、内乡县宝天曼、罗山县董寨、岳西县鹞落坪）：古北界和东洋界交界的区域，是许多鸟类分布区的最北线，如仙八色鸫 *Pitta nympha*、寿带 *Terpsiphone incei*、华南冠纹柳莺 *Phylloscopus goodsoni* 和白喉林鹟 *Cyornis brunneatus*，也是许多鸟类分布区的最南线，如石鸡 *Alectoris chukar*、红翅旋壁雀 *Tichodroma muraria* 等。

武陵－雪峰山脉、罗霄山脉、武夷山脉和南岭山脉（湖北神农架、湖南壶瓶山、江西井冈山、江西婺源、福建武夷山等）：前三条山脉为南北走向，分布依次由西向东分布，南岭山脉为东西走向，四条山脉呈"山"字形排列。西部的武陵－雪峰山脉的鸟类组成带有明显的西南区特征，红尾希鹛 *Minla ignotincta*、红腹角雉 *Tragopan temminckii* 都可以在这里见到；中东部的山脉的多样性略低于西部，但许多受胁的特有种只在这一区域出现，如黄腹角雉 *Tragopan caboti*、白眉山鹧鸪 *Arborophila gingica* 和鹊鹂 *Oriolus mellianus* 等。

长江中下游流域的湿地（湖南洞庭湖、江西鄱阳湖和安徽升金湖）：该地区是许多候鸟在我国最为重要的越冬地，如白鹤、白枕鹤、白头鹤 *Grus monacha*、东方白鹳 *Ciconia boyciana*、花脸鸭 *Sibirionetta formosa*、罗纹鸭 *Mareca falcata*、小天鹅 *Cygnus columbianus*、小白额雁 *Anser erythropus*、鸿雁 *Anser cygnoides* 等。

上海－浙江－福建的滨海湿地（上海崇明岛、浙江温州湾、福建闽江口）：许多水鸟在此过境或越冬，重要的鸟类包括卷羽鹈鹕、黑嘴鸥 *Saundersilarus saundersi*、中华凤头燕鸥 *Thalasseus bernsteini* 和勺嘴鹬 *Calidris pygmeus*。

近岸海岛（舟山列岛、象山韭山列岛、福鼎菜屿列岛）：有特色的繁殖鸟类包括黑尾鸥、中华凤头燕鸥、粉红燕鸥 *Sterna dougallii*、褐翅燕鸥 *Onychoprion anaethetus* 和黄嘴白鹭 *Egretta eulophotes* 等。

（3）华南区 地理上包括福建-广东、广西，云南南部、台湾和海南，这一地区都带有显著的热带或南亚热带特征。

福建-广东、广西（山地和丘陵地带为主）：长尾缝叶莺 *Orthotomus sutorius* 是这一区系的代表鸟种，且极为常见，弄岗穗鹛 *Stachyris nonggangensi*、灰岩柳莺 *Phylloscopus calciatilis*、蓝背八色鸫 *Pitta soror*、鹊鹂和朱背啄花鸟 *Dicaeum cruentatum* 为特色鸟种。

云南南部（西双版纳植物园勐腊补蚌、曼旦、景洪纳板河等地）：典型的热带鸟类，带有明显的中南半岛特色，仓鸮 *Tyto alba*、长尾鹦雀 *Erythrura prasina*、太阳鸟类和啄花鸟类是这里的明星鸟种。

海南岛（霸王岭、尖峰岭）：与大陆的隔离导致海南有3个特有鸟种，分别为海南山鹧鸪 *Arborophila ardens*、海南孔雀雉 *Polyplectron katsumatae*、海南柳莺 *Phylloscopus hainanus*。

台湾岛：终年气候温和，最佳的观鸟季节是春季。台湾中央山脉海拔超过3000m，垂直落差大，物种呈垂直分布。共有27个鸟类特有种，如白耳奇鹛 *Heterophasia auricularis*、台湾画眉 *Garrulax taewanus*、台湾酒红朱雀 *Carpodacus formosanus* 等。

鸟类身体特征及图解

一、鸟类身体特征

鸟类为现生生物中富有特色的类群，体表被有羽毛，多数种类具有飞行的能力。从进化上看，鸟类是在距今约1.5亿年前由恐龙的一支进化而来。为了适应飞行，鸟类的身体特征发生了适应性进化，主要体现在以下方面。

1. 鸟类的体表被有羽毛

羽毛是表皮的角质化衍生物，是现生鸟类所独有的身体结构，可以凭借此特征区分鸟类与其他生物类群。按照羽毛本身的特征，可以分为正羽、绒羽、半绒羽、毛羽、粉翈（图2）。

正羽：是最主要的羽毛，如飞羽、

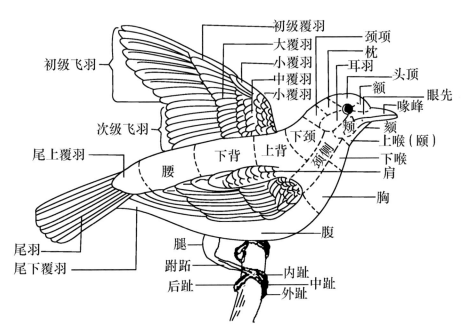

图2. 鸟类的飞翔及体羽分区

（引自郑作新，1982）

7

覆羽和尾羽，都属于正羽，是完成飞行的主要结构。

绒羽：一种柔软松散的羽毛，具有很短的羽轴、少量羽支和一些不带羽钩的小羽枝，主要功能是保暖。

半绒羽：介于绒羽与正羽之间的一种羽毛，具正羽的结构但缺乏羽小钩和凸缘，因此像绒羽一样蓬松。除了隔热外，在水禽中还可以增大游泳时的浮力。

毛羽：散在正羽和绒羽之间，细长如毛发，基本功能是感知正羽的姿态，从而控制羽毛的运动。

粉䎃：是特化的绒羽，终生生长且不脱换，其末端的羽小支不断破碎为颗粒状，起到清洁体羽的作用，在缺乏尾脂腺的类群中特别发达。

现生鸟类多数都具有飞行能力。不具备飞行能力的类群包括：鸵鸟、美洲鸵、鸸鹋、鹤鸵、几维鸟和企鹅等，这些鸟类在我国都没有自然分布。

2. 身体结构的特征

鸟类的胸骨愈合，具有龙骨突，上面着生发达的胸肌，是飞行主要的发力器官。为了减轻体重，鸟类的长骨多数是中空的。

鸟类的视觉发达，为四原色系统，部分鸟类如鹦鹉、蜂鸟等已经被证明可以看到紫外光。鸟类眼球较大，占到头部体积的1/4。

鸟类的听力较好，在部分类群中极为发达，如夜行性的鸮类，为了更好的定位，它们两只耳孔的高度是不同的。

3. 生理上的特征

飞行是极为消耗能量的一项运动，为了给身体提供更多能量，鸟类的正常体温为42℃，单位时间内能产生更多的能量供飞行的需要。

非繁殖期，性腺会萎缩以减轻体重，在下一个繁殖季节开始前才会重新发育。

二、鸟类身体部位名词解释

虹膜：眼睛构造的重要部分，瞳孔周边的区域。

眼先：眼睛前至喙基部的羽毛。

眼周：眼睛周围的羽毛。

枕：头后部靠近颈的区域。

耳羽：覆盖耳孔的一撮羽毛。

颏：嘴基正下方的部位。

颊：眼睛下方的脸部。

眉纹：眼睛上方由前至后的一条纹路。

贯眼纹：贯穿眼睛由前至后的一条纹路。

眼罩：眼睛周围较为宽阔的条状

斑纹。

额盔：前额部位向下扩展至上嘴基部的角质或肉质裸皮。

顶冠纹：头顶正中央由前至后的一条纹路。

凤头：也称冠羽，指长在鸟类头上的簇状较长的羽毛，通常起装饰的作用。

喙裂：喙基部的肉质内衬。

喙须：喙基周围的无羽小枝的光裸羽干。

喙峰：鸟上喙的隆起部分。

喉囊：鹈鹕、鸬鹚等种类喉部的裸皮，可以膨大。

后颈：颈部的后侧。

颌：口腔上部和下部的骨头和肌肉组织。

上体：头顶、颈背、肩部和背部的统称。

下体：喉、胸、腹和两胁的统称。

冠羽：头部隆起的装饰性羽毛，同凤头。

饰羽：繁殖期出现的装饰性羽毛。

腋羽：长在腋窝位置的羽毛。

飞羽：飞行中为鸟类提供升力的羽毛，从翅尖到体侧依次为初级飞羽、次级飞羽和三级飞羽。

覆羽：附着于身体表面，规则排列的羽毛，依照大小和着生位置不同可以分为大覆羽、中覆羽、小覆羽、尾上覆羽和尾下覆羽等。

翼镜：指鸟类翼上特别明显的块状斑，通常为初级飞羽或次级飞羽的不同羽色区段所构成。

跗跖：鸟类的腿以下到趾之间的部分。

脚蹼：脚趾之间膜状结构，在不同类群间差异较大。

尾下覆羽：泄殖腔周围的羽毛，尾羽着生处以下的羽毛。

腰：尾羽着生处以上的羽毛。

三、常见鸟类术语名词解释

特有种：指局限分布于某一特定区域，而未在其他地方出现的物种。

亚种：指虽然属同一物种，但种内彼此占据地理分布或生殖隔离不完善，彼此具有一定形态差异的生物类群。

色型：同种且同一性别的鸟类有着不同羽色类型，往往区别明显。

成鸟：已经性成熟，可以繁殖的鸟类。

未成年鸟：除了成鸟阶段之外，其他阶段的鸟，包括雏鸟、幼鸟和亚成鸟。

亚成鸟：换上第一冬羽到性成熟之前的鸟。不同类群中亚成鸟的时间跨度差别很大。

幼鸟：雏羽换掉后到换上第一冬羽之前的鸟。

雏鸟：破壳后到雏羽换掉之前的鸟。

早成雏：雏鸟破壳时，全身被有雏羽，能够自由活动并觅食的鸟类。

半早成雏：雏鸟破壳时，身体被有稀疏的雏羽，且出壳时不能够自由活动，但出壳1~2天后可以自由活动，仍需要亲鸟喂食的鸟类。

晚成雏：雏鸟破壳时，身上没有雏羽，无法自由活动并需要亲鸟喂食的鸟类。

初羽鸟：幼鸟身体全部或部分已经换上幼羽，但还不具有飞行能力时的鸟类。

非繁殖羽：成鸟在非繁殖季节的羽毛，在繁殖期结束后换上。

繁殖羽：指冬季及早春期间所换的新羽。

幼羽：雏鸟第一次换羽后的羽毛。

留鸟：终年生活在一个地区的鸟类，生活范围不随季节的变化而呈现长距离的迁徙。

夏候鸟：夏季迁徙到某一地区繁殖的鸟类，称为该地的夏候鸟。

冬候鸟：冬季迁徙到某一地区越冬的鸟类，称为该地的冬候鸟。

旅鸟：迁徙途中路过某一地区的鸟类，称为该地的旅鸟。

迷鸟：因天气等原因，出现在远离自然分布区的某一地区，为该地的迷鸟。

四、常见鸟类名称读音

鸨 (bǎo)	鹡鸰 (jí líng)	鹭 (lù)	鹟 (wēng)
鹎 (bēi)	鹣 (jiān)	鹛 (méi)	鹀 (wú)
鹐 (chéng)	鰹 (jiān)	鹲 (méng)	兀鹫 (wù jiù)
鸱鸮 (chī xiāo)	鹪鹩 (jiāo liáo)	鸊鷉 (pì tī)	鹇 (xián)
雕 (diāo)	鸠 (jiū)	鸲 (qú)	鸺鹠 (xiū liú)
鸫 (dōng)	鶪 (jú)	鹊 (què)	鹞 (yào)
鹗 (è)	鹂 (lí)	杓 (sháo)	鹬 (yù)
凫 (fú)	椋 (liáng)	鸤 (shī)	鸢 (yuān)
鸻 (hēng)	鴷 (liè)	薮 (sǒu)	
鸌 (hù)	鹨 (liù)	隼 (sǔn)	
鹮 (huán)	鸬鹚 (lú cí)	鹈鹕 (tí hú)	

野外鸟类识别技巧

一、抓住重要识别特征

野外观鸟时，准确识别鸟类特征，可以迅速锁定鸟类的类群，以下特征是尤为重要的。

1. 鸟类轮廓和生态类群

熟悉掌握不同类群鸟类的轮廓外形，可以缩小识别时的范围；依照外形和生活环境，可将鸟类分为以下若干生态类群。

陆禽：脚趾发达，擅长行走。

游禽：外形短圆，擅长游泳。

涉禽：腿较长，善于涉水行走。

攀禽：脚趾结构特别，多为两前两后，擅攀缘。

猛禽：喙和脚趾呈钩状，十分锐利。

鸣禽：外形变化最大，多数擅长鸣叫。

2. 鸟类体型大小

对于初入门的观鸟者来说，正确描述鸟类的体型大小是较为困难的。可以将观察对象与一些常见种的体型做比较，以快速了解所观测鸟类的体型。在华东地区，可以选择以下的鸟类作为参照。

鸣禽、攀禽和陆禽：暗绿绣眼鸟 *Zosterops japonicus*（10cm）<麻雀 *Passer montanus*（14cm）<白头鹎 *Pycnonotus sinensis*（19cm）<八哥 *Acridotheres cristatellus*（26cm）<珠颈斑鸠 *Streptopelia chinensis*（30cm）<喜鹊 *Pica pica*（45cm）<环颈雉 *Phasianus colchicus*（85cm）。

涉禽：黄斑苇鳽 *Ixobrychus sinensis*（32cm）<白鹭 *Egretta garzetta*（60cm）<苍鹭 *Ardea cinerea*（92cm）<东方白鹳（105cm）。

游禽：小䴙䴘 *Tachybaptus ruficollis*（27cm）<鸳鸯（40cm）<绿头鸭 *Anas platyrhynchos*（58cm）<豆雁 *Anser fabalis*（80cm）<小天鹅（142cm）。

猛禽：领鸺鹠 *Glaucidium brodiei*（16cm）<领角鸮 *Otus lettia*（23cm）<黑冠鹃隼 *Aviceda leuphotes*（32cm）<凤头鹰 *Accipiter trivirgatus*（42cm）<普通鵟 *Buteo japonicus*（46cm）。

应注意的是，不同生态类群中，雌雄鸟的个体范围往往有差别，不同地区的种群往往也有差异，鸟类的大小如同人的身高，也是有个体差异的，不可一概而论。

3. 羽毛的颜色和花纹

羽色对于识别鸟类是最为重要的，在野外观察中首先要识别上体和下体的主要颜色，此外还要留意的是头顶、喉部和腰部的颜色。对于某些小鸟，如柳莺，要观察眉纹、眼纹、顶冠纹的颜色和长度，翅膀斑纹的粗细、形状、颜色和数量。对于某些类群，肩羽、小覆羽和三级飞羽的颜色也是重要的识别特征。

4. 喙、爪和尾的形状

喙和爪的形状通常与生态习性有关，在鸻鹬类的识别中，喙形尤为重要。某些鸟类的尾部形状十分特殊，如黑鸢 *Milvus migrans* 的浅凹形尾，寿带繁殖期特殊延长的尾羽，蓝喉蜂虎 *Merops viridis* 的针状尾和白喉扇尾鹟 *Rhipidura albicollis* 的扇形尾等，都可以为快速识别提供依据。

二、观察行为

某些鸟类有极为独特的行为，便于进行快速识别，如冠纹柳莺 *Phylloscopus claudiae* 在繁殖期有着独特的双侧轮流鼓翼的行为；淡脚柳莺 *Phylloscopus tenellipes* 在繁殖期喜欢往下不停地弹尾；鹡鸰和鹨类有不停上下或者左右摆尾的习性；䴓科鸟类常常喜欢在树干上头朝下攀爬。

三、听声识鸟

声音是鸟类主要的交流工具，对于观察者来说，熟悉不同鸟类叫声的差异，可以迅速识别物种。某些鸟类通常是生活在浓密的灌丛中或者是夜晚才活动，平时难得一见，听声识鸟可以有效提高效率。

对于某些"姐妹"物种来说，不同的声音可以导致相互不识别，从而保证有效的生殖隔离，如华南冠纹柳莺、冠纹柳莺和西南冠纹柳莺 *Phylloscopus reguloides*。

四、了解鸟类和生境、地理之间的关系

不同的鸟类与自己生活的环境是相互依存的，了解这样的关系可以有效提高观察的效率，如，黄嘴白鹭只在近海的海岛上繁殖，在潮间带觅食，极少出现在内陆；领鸺鹠通常生活在中高海拔的阔叶林中；斑头鸺鹠 *Glaucidium cuculoides* 多见于城市园林和林缘地，很少出现在浓密的森林；啄花鸟类对寄

生类植物的果实有很强的依赖性,当寄生类植物果实成熟时,可以很容易找到啄花鸟的踪迹。

五、使用智能化的工具,提升识别效率

随着智能设备的普及,一大批与鸟类识别和记录有关的手机软件正逐渐涌现,如"中国鸻鹬识别手册""北京猛禽识别""香港鸟类""黑石顶鸟类""中国鸟类速查""行动ebird"等,这些工具可以在手机、平板电脑上使用,在外出观鸟时,可以有效地提高观察鸟类的效率。

如何使用本书

本书字体颜色为黑色的鸟种依据《中国鸟类分类与分布名录（第三版）》，1436种；字体颜色为蓝色的鸟种依据《中国观鸟年报—中国鸟类名录6.0（2018）》，30种；字体颜色为绿色的侏鸬鹚为中国鸟类新记录。共收录中国鸟类1467种，隶属26目109科497属。在每个目下简要介绍了该目的识别特征、习性、分布状况及主要类群。在

页眉部位用不同的色块区别各目，便于读者快速查找。每个鸟种分别标有中文名、拉丁名、英文名及所属科、体长数据、受胁程度和保护级别，还有在国内的分布等识别要素。同时附有该鸟类的形态、习性、分布与种群现状的文字描述，形态描述中红色的字体为本种鸟类的主要识别特征。

| 分布图 | 中文名 | 拉丁名 | 英文名 | 所属科 | 图片 |

燕隼 *Falco subbuteo* Eurasian Hobby 隼科 Falconidae

形态：雌雄相似。虹膜褐色，喙灰色，蜡膜黄色。上体暗灰色，眉纹白色，颊部

■迷鸟 ■留鸟 ■旅鸟 ■冬候鸟 ■夏候鸟

具黑色髭纹。下体色浅具黑色纵纹，下腹部至尾下覆羽棕色。脚黄色。**习性：**栖息于有稀疏树木的开阔环境，单独或成对活动，飞行快速而敏捷。**分布与种群现状：**分布范围广，旅鸟、冬候鸟、夏候鸟、留鸟，不常见。

体长：30cm LC（低度关注） 国家Ⅱ级重点保护野生动物

| 主要识别特征 | 文字描述 | 体长数据 | 受胁程度 | 保护级别 |

鸟类分布图示例①
Example of Bird Distribution Map

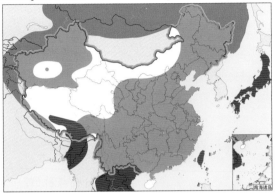

■ 迷鸟　■ 留鸟　□ 旅鸟　■ 冬候鸟　■ 夏候鸟

居留类型

受胁程度②

EX	灭绝	Extinct
EW	野外灭绝	Extinct in the Wild
CR	极危	Critically Endangered
EN	濒危	Endangered
VU	易危	Vulnerable
NT	近危	Near Threatened
LC	低度关注	Least Concern
DD	资料缺乏	Data Deficient
NR	未认可	Not Recognised as a Species
NE	未评估	Not Evaluated

---

①书中地图插图由中国地图出版社授权使用。
②受胁程度即是IUCN红色名录的受威胁等级。IUCN是世界自然保护联盟
 (International Union for Conservation of Nature) 的简称。世界自然保护联盟
 濒危物种红色名录 (IUCN Red List of Threatened Species 或称 IUCN 红色名
 录) 于1963年开始编制，是全球动植物物种保护现状最全面的名录，也被认为是生物
 多样性状况最具权威的指标。此名录由世界自然保护联盟编制及维护。

I. 鸡形目 GALLIFORMES

　　鸡形目鸟类为大型陆栖性鸟类,有些种类体型较小。喙形弯曲且上喙稍长于下喙;有些种类雄性具距;两翅短而圆。栖息地多样,一般喜地面生活,在林下地面或草地上觅食。有些种类白天在地面活动觅食,晚上夜宿在树上。一般为留鸟,有些山地种类有垂直迁徙的现象。杂食性,以植食性食物为主,有时也取食昆虫和其他小动物。主要类群为雉科。本书本目共收集有1科64种。

雉科 Phasianidae

环颈山鹧鸪 *Arborophila torqueola* Common Hill Partridge 雉科 Phasianidae

■迷鸟 ■留鸟 ■旅鸟 ■冬候鸟 ■夏候鸟

形态: 虹膜褐色至绯红色,喙褐色至黑色。雄鸟额、头顶至枕下、耳羽浅栗色,颈部布满黑色纵纹,前颈下部具大块白斑。雌鸟胸部褐色,颏及喉栗色。脚棕色或灰色。**习性:** 常结小群穿行林地,在腐叶中翻找食物。受惊时快速离开。**分布与种群现状:** 西藏南部和东南部、云南西部,留鸟,不常见。

体长:29cm　LC(低度关注)

四川山鹧鸪 *Arborophila rufipectus* Sichuan Hill Partridge 雉科 Phasianidae

■迷鸟 ■留鸟 ■旅鸟 ■冬候鸟 ■夏候鸟

形态: 虹膜暗褐色,喙灰色。头顶褐色,眉纹污白色,耳羽棕黄色。颈色浅具黑色纵纹,胸部具宽阔的栗色环带,腹部中央白色,两胁具栗红色斑块。脚近粉色。**习性:** 栖息于海拔1000~2200m的常绿阔叶林下。**分布与种群现状:** 云南东北部、四川南部,留鸟,罕见。中国鸟类特有种。

体长:30cm　EN(濒危)　国家Ⅰ级重点保护野生动物

红喉山鹧鸪 *Arborophila rufogularis* Rufous-throated Hill Partridge 雉科 Phasianidae

■迷鸟 ■留鸟 ■旅鸟 ■冬候鸟 ■夏候鸟

形态：虹膜褐色，喙灰色。额、下体灰色，喉棕黄色，两胁具明显的白色及棕色斑纹。脚粉色。**习性：**栖息于海拔1200~2500m的常绿阔叶林。**分布与种群现状：**西藏南部、云南西南部，留鸟，罕见。

体长：27cm　LC（低度关注）

白眉山鹧鸪 *Arborophila gingica* White-necklaced Hill Partridge 雉科 Phasianidae

■迷鸟 ■留鸟 ■旅鸟 ■冬候鸟 ■夏候鸟

形态：雌雄相似。虹虹膜褐色，喙灰色。额皮黄色，眉白色。下颈至上胸具黑、白、棕褐色斑带是本种特征。脚红色。**习性：**栖息于海拔1500m以下的山地和丘陵地带阔叶林中，叫声为悠扬的双哨音。**分布与种群现状：**东南地区，留鸟，少见。中国鸟类特有种。

体长：30cm　NT（近危）

白颊山鹧鸪 *Arborophila atrogularis* White-cheeked Hill Partridge 雉科 Phasianidae

■迷鸟 ■留鸟 ■旅鸟 ■冬候鸟 ■夏候鸟

形态：虹膜红褐色，雄鸟喙黑色，雌鸟喙褐色。脸黑，颊甚白，形似红喉山鹧鸪，但上体黑斑略窄，面纹不同，喉缺少棕色。脚橘黄色至红色。**习性：**以小群栖居于灌木丛至海拔1300m的高大常绿阔叶林及竹林处。**分布与种群现状：**云南西部，留鸟，罕见。

体长：28cm　NT（近危）

17

褐胸山鹧鸪 *Arborophila brunneopectus* Bar-backed Hill Partridge 雉科 Phasianidae

■迷鸟 ■留鸟 ■旅鸟 ■冬候鸟 ■夏候鸟

形态：虹膜红褐色，喙近黑色。皮黄色眉纹醒目且延伸至颈部，喉和颊皮黄色，眼线黑色与颈部黑色的半环带相连。脚粉红色。**习性：**栖息于海拔1500m以下低山常绿阔叶林下，成对或结小群觅食，有固定的活动线路。**分布与种群现状：**云南西南部、贵州南部、广西南部，留鸟，罕见。

体长：28cm　LC（低度关注）

红胸山鹧鸪 *Arborophila mandellii* Chestnut-breasted Hill Partridge 雉科 Phasianidae

■迷鸟 ■留鸟 ■旅鸟 ■冬候鸟 ■夏候鸟

形态：雌雄相似。虹膜褐色至红褐色，喙黑色。头橙褐色，从上胸至枕部具宽阔栗色环带，长且狭的眉纹灰色。黑色领环在喉部上方具白色髭须和项纹，下胸灰色，两胁具醒目的白色及棕色鳞状纹。脚近红色。**习性：**以小群栖居栖息于海拔1000~2500m的常绿阔叶林下。**分布与种群现状：**西藏东南部，留鸟，罕见。

体长：28cm　VU（易危）

台湾山鹧鸪 *Arborophila crudigularis* Taiwan Hill Partridge 雉科 Phasianidae

■迷鸟 ■留鸟 ■旅鸟 ■冬候鸟 ■夏候鸟

形态：雌雄相似。虹膜褐色，喙灰色近黑色。颏和喉部的白色延至眼下成白色斑块。眼周黑色。上颈具黑色杂皮黄色半颈环带，上体至尾部灰褐色具黑色横纹。下体灰色，两胁有白色细纹。脚红色。**习性：**见于台湾中部山区及东部海南700~2500m的原始阔叶林中，成对或小群在林下活动。**分布与种群现状：**台湾，留鸟，少见。中国鸟类特有种。

体长：24cm　LC（低度关注）

海南山鹧鸪 *Arborophila ardens*
Hainan Hill Partridge 雉科 Phasianidae

形态：虹膜深褐色，喙灰色。面颊黑色，耳羽靠上具鲜明白斑。上体灰褐色，具黑色横纹。脚深粉红色。**习性：**见于植被良好的山区林地，成对或结小群在沟底、坡脚或山坡落叶堆积的地方觅食。**分布与种群现状：**海南，留鸟，罕见。中国鸟类特有种。

■迷鸟 ■留鸟 旅鸟 ■冬候鸟 ■夏候鸟

体长：24cm VU（易危）国家Ⅰ级重点保护野生动物

绿脚树鹧鸪 *Tropicoperdix chloropus* Scaly-breasted Partridge 雉科 Phasianidae

形态：雌雄相似。虹膜红褐色，喙角质黄色。上体、胸灰褐色具黑色斑纹，下体浅棕色，眉线及喉略白，前下颈具棕色半环带，胸部具宽大的褐色带。脚暗绿色至浅绿色。**习性：**栖息于海拔1500m以下的阔叶林下或山地常绿稠密灌丛中。**分布与种群现状：**云南南部和广西南部，留鸟，罕见。

■迷鸟 ■留鸟 旅鸟 ■冬候鸟 ■夏候鸟

体长：29cm LC（低度关注）

花尾榛鸡 *Tetrastes bonasia* Hazel Grouse 雉科 Phasianidae

形态：虹膜深褐色，喙黑色，具短冠羽。雄鸟灰色，具深色横斑，肩至胁部具棕色斑纹，颔和喉黑色，尾具黑色次端斑，雌鸟与雄鸟相似，颔、喉部色淡。脚角质色。**习性：**典型的森林鸟类，见于山地针叶林和平原森林。**分布与种群现状：**东北地区、新疆西北部，留鸟，不常见。

■迷鸟 ■留鸟 旅鸟 ■冬候鸟 ■夏候鸟

体长：36cm LC（低度关注）国家Ⅱ级重点保护野生动物

19

斑尾榛鸡 *Tetrastes sewerzowi* Chinese Grouse 雉科 Phasianidae

■迷鸟 ■留鸟 ■旅鸟 ■冬候鸟 ■夏候鸟

形态: 虹膜褐色,喙黑色。通体具黑色横纹和散布的浅色斑点。脚灰色。雄鸟颌、喉黑色(雌鸟为褐色),外侧尾羽黑褐色,有白色细横纹和端斑。**习性:** 见于海拔4000m以下的山地针叶林及灌木林。**分布与种群现状:** 青藏高原东缘山地,留鸟,罕见。中国鸟类特有种。

体长: 33cm　NT (近危)　国家 I 级重点保护野生动物

镰翅鸡 *Falcipennis falcipennis* Siberian Grouse 雉科 Phasianidae

■迷鸟 ■留鸟 ■旅鸟 ■冬候鸟 ■夏候鸟

形态: 虹膜深褐色,喙黑色。雄鸟黑色喉块的外缘白色,红色的眉瘤凸显。上体橄榄褐色而带黑斑;腹白色而具黑斑。中央尾羽褐色,外侧尾羽黑色带较宽的白色羽尖。脚近黑色。**习性:** 见于海拔200~1500m林下覆盖茂密的苔原针叶林。**分布与种群现状:** 黑龙江北部,留鸟,已多年未见。

体长: 41cm　NT (近危)　国家 II 级重点保护野生动物

松鸡 *Tetrao urogallus* Western Capercaillie 雉科 Phasianidae

■迷鸟 ■留鸟 ■旅鸟 ■冬候鸟 ■夏候鸟

形态: 虹膜深褐色,喙黑色。雄鸟头、颈、胸、尾黑灰色,背羽棕色,腹部白色夹杂深色斑点;圆钝的尾羽展开时成扇形,眼上具红色眉瘤。雌鸟较小,胸棕色,体羽多褐色斑纹。脚着灰色羽。**习性:** 典型针叶林鸟类。**分布与种群现状:** 新疆北部,留鸟,罕见。

体长: 86cm　LC (低度关注)

黑嘴松鸡 *Tetrao parvirostris* Black-billed Capercaillie 雉科 Phasianidae

■迷鸟 ■留鸟 ■旅鸟 ■冬候鸟 ■夏候鸟

形态：虹膜深褐色，喙黑色。雄鸟通体黑色，颈、胸具金属光泽，肩、翅上覆羽、胁部、尾上覆羽具白色斑点。雌鸟棕色，具黑褐色斑纹和白色羽缘。脚灰色被羽。**习性：**同松鸡。**分布与种群现状：**东北地区，留鸟；非繁殖期可游荡至河北北部，罕见。

体长：86cm　LC（低度关注）　国家Ⅰ级重点保护野生动物

黑琴鸡 *Lyrurus tetrix* Black Grouse 雉科 Phasianidae

■迷鸟 ■留鸟 ■旅鸟 ■冬候鸟 ■夏候鸟

形态：虹膜深褐色，喙黑色。雄鸟全身黑色，带绿色金属光泽，翼上具白色斑块并具白色翼镜，黑色的尾羽向外弯曲形若古琴。雌鸟体型较小，深褐色，体羽密布黑褐色横斑。脚铅灰色，腿上裸皮橘红色。**习性：**栖息于针叶林、针阔混交林和森林草原。有求偶场。**分布与种群现状：**东北北部、新疆西北部，留鸟，不常见。

体长：54cm　LC（低度关注）　国家Ⅱ级重点保护野生动物

岩雷鸟 *Lagopus muta* Rock Ptarmigan 雉科 Phasianidae

■迷鸟 ■留鸟 ■旅鸟 ■冬候鸟 ■夏候鸟

形态：虹膜深褐色，喙角质色至黑色。似柳雷鸟，夏季羽色更为灰暗，冬季眼先黑色而非白色。脚着白色羽。**习性：**栖息于高山针叶林、亚高山草甸、雪线以下的矮桦灌丛等。冬季集大群。**分布与种群现状：**新疆西北部，留鸟，罕见。

非繁殖羽　繁殖羽♂
繁殖羽♀

体长：38cm　LC（低度关注）　国家Ⅱ级重点保护野生动物

柳雷鸟 *Lagopus lagopus* Willow Grouse 雉科 Phasianidae

■迷鸟 ■留鸟 ■旅鸟 ■冬候鸟 ■夏候鸟

形态: 虹膜深褐色,喙角质色至黑色。雄鸟夏季头、颈部、背、胸和内侧飞羽棕黄褐色,并具黑褐色横斑。雌鸟繁殖羽黄褐色,密布黑色斑纹。非繁殖羽雌雄均白色。红色的眉瘤四季凸显。脚着白色羽。**习性:** 耐寒鸟类,栖息于北极冻原带和冻原灌丛森林,非繁殖季节成群活动。**分布与种群现状:** 黑龙江北部、新疆北部,留鸟,罕见。

非繁殖羽 ♂

繁殖羽 ♀　繁殖羽 ♂

体长: 38cm　LC（低度关注）　国家Ⅱ级重点保护野生动物

雪鹑 *Lerwa lerwa* Snow Partridge 雉科 Phasianidae

■迷鸟 ■留鸟 ■旅鸟 ■冬候鸟 ■夏候鸟

形态: 雌雄相似。虹膜红褐色,喙绯红色。上体密布黑、白、棕色相间的横纹,下体污白色满布栗色斑块或纵纹。脚橙红色。**习性:** 栖息于高海拔林线至雪线附近,群居,不善怕人。**分布与种群现状:** 青藏高原东缘至喜马拉雅山脉,留鸟,罕见。

体长: 35cm　LC（低度关注）

红喉雉鹑 *Tetraophasis obscurus* Chestnut-throated Partridge 雉科 Phasianidae

■迷鸟 ■留鸟 ■旅鸟 ■冬候鸟 ■夏候鸟

形态: 雌雄相似。虹膜栗色,喙珊瑚红色,喉部栗红色。上体灰褐色,胸部具有黑褐色的纵纹,腹部、两胁及尾下覆羽具栗红色,翅上覆羽具浅色的端斑。脚褐色。**习性:** 栖息于高海拔针叶林的林缘和林线之上的杜鹃花灌丛中。**分布与种群现状:** 四川北部和中部、青海东部、甘肃南部,留鸟,罕见。中国鸟类特有种。

体长: 45~54cm　LC（低度关注）　国家Ⅰ级重点保护野生动物

黄喉雉鹑 *Tetraophasis szechenyii* Buff-throated Partridge 雉科 Phasianidae

■迷鸟 ■留鸟 ■旅鸟 ■冬候鸟 ■夏候鸟

形态：雌雄相似。似雉鹑，区别是喉部为棕黄色，两胁和腹部具棕色斑块或纵纹。**习性：**栖息于高海拔的针叶林、高山灌丛和林线以上的岩石苔原地带。**分布与种群现状：**西藏东南部、青海东南部、云南西北部、四川西部，留鸟，罕见。中国鸟类特有种。

体长：43~49cm　LC（低度关注）　国家 I 级重点保护野生动物

暗腹雪鸡 *Tetraogallus himalayensis* Himalayan Snowcock 雉科 Phasianidae

■迷鸟 ■留鸟 ■旅鸟 ■冬候鸟 ■夏候鸟

形态：雌雄相似。虹膜深褐色，喙灰色。头颈部具醒目白色及深色图案，头、喉和颈侧白色，有两条栗色斑纹向下弯曲，并在上胸形成一条栗色环带，上体多灰色，体侧具棕色斑纹，胸部色浅具黑色横纹，腹部灰色，尾下覆羽近白色。脚红色或橘黄色。**习性：**似其他雪鸡。**分布与种群现状：**天山山脉、昆仑山脉、柴达木盆地至武威地区，留鸟，罕见。

体长：60cm　LC（低度关注）　国家 II 级重点保护野生动物

藏雪鸡 *Tetraogallus tibetanus* Tibetan Snowcock 雉科 Phasianidae

■迷鸟 ■留鸟 ■旅鸟 ■冬候鸟 ■夏候鸟

形态：雌雄相似。虹膜深褐色，喙黄色。头、颈黑灰色，眼周裸皮红色，喉、耳羽污白色，上体黑褐色，胸有深色环带，下体污白色，具黑色长纵纹。脚红色。**习性：**栖息于林线至雪线之间的高山灌丛，苔原和裸岩地带。喜结群，常在早晨鸣叫，叫声响而沙哑。**分布与种群现状：**昆仑山脉、青藏高原及喜马拉雅山脉，留鸟，地方性常见。

体长：53cm　LC（低度关注）　国家 II 级重点保护野生动物

阿尔泰雪鸡 *Tetraogallus altaicus* Altai Snowcock 雉科 Phasianidae

■迷鸟 ■留鸟 ■旅鸟 ■冬候鸟 ■夏候鸟

形态：雌雄相似。虹膜暗褐色，喙角质色。眼周裸皮黄色，上胸褐色，下胸、上腹部白色，下腹黑色，背、两翼及尾褐色，翼上覆羽具白色斑纹。脚黄色。**习性：**有垂直迁徙现象。**分布与种群现状：**新疆西北部阿尔泰山，留鸟，罕见。

体长：60cm　LC（低度关注）　国家Ⅱ级重点保护野生动物

石鸡 *Alectoris chukar* Chukar Partridge 雉科 Phasianidae

■迷鸟 ■留鸟 ■旅鸟 ■冬候鸟 ■夏候鸟

形态：雌雄相似。虹膜褐色，喙红色。整体灰色。喉皮黄色，从额经眼、耳羽环绕前颈有一条标志性黑色领环，胸部灰色，两胁具黑栗色的粗大标志性横斑。脚红色。**习性：**栖息于低山丘陵地带的岩石坡，人称"嘎嘎鸡"。**分布与种群现状：**西北、华北地区，留鸟，常见。

体长：38cm　LC（低度关注）

大石鸡 *Alectoris magna* Rusty-necklaced Partridge 雉科 Phasianidae

■迷鸟 ■留鸟 ■旅鸟 ■冬候鸟 ■夏候鸟

形态：雌雄相似。虹膜黄褐色，喙红色。极似石鸡。耳羽下方围绕前颈有一条黑色领环，黑色领环的外侧附一条不规则的浅栗色虚边。脚红色。**习性：**栖居于荒漠、半荒漠、高原、高山峡谷和裸岩地区，以小群活动。**分布与种群现状：**青藏高原东部至祁连山脉，留鸟，不常见。中国鸟类特有种。

体长：38cm　LC（低度关注）

中华鹧鸪 *Francolinus pintadeanus* Chinese Francolin 雉科 Phasianidae

■迷鸟 ■留鸟 ■旅鸟 ■冬候鸟 ■夏候鸟

形态： 虹膜红褐色，喙近黑色。头顶黑色与黑色的过眼纹中间有一条狭长的棕色羽。面颊、喉白色，颈背及下体黑色，具醒目的白色斑点，背、尾具白色细横纹，雌鸟似雄鸟，但整体颜色较淡。脚黄色。**习性：** 栖息于低山丘陵地带的灌丛、草地、农田及海边木麻黄林。叫声典型，常常只闻其声而不见鸟。**分布与种群现状：** 南方，留鸟，较常见。

体长：30cm　LC（低度关注）

灰山鹑 *Perdix perdix* Grey Partridge 雉科 Phasianidae

■迷鸟 ■留鸟 ■旅鸟 ■冬候鸟 ■夏候鸟

形态： 虹膜褐色，喙近黄色。雄鸟额、头侧、喉部红褐色，上体灰褐色，翼上覆羽、下背至尾羽具明显的浅栗色斑纹，胸灰色，腹色略浅，雄性腹部具大块马蹄形黑栗色斑，体侧具明显的浅栗色斑块及横斑。脚黄色。**习性：** 栖息于低山丘陵、山脚平原和高山等各种生境。**分布与种群现状：** 新疆西部和北部，留鸟，不常见。

体长：30cm　LC（低度关注）

斑翅山鹑 *Perdix dauurica* Daurian Partridge

雉科 Phasianidae

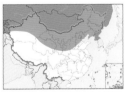

■迷鸟 ■留鸟 ■旅鸟 ■冬候鸟 ■夏候鸟

形态： 虹膜棕色，喙近黄色。似灰山鹑，区别在于雄性前胸棕黄色，腹部具马蹄形黑色斑块，背、尾、体侧斑纹为棕褐色。脚黄色。**习性：** 同灰山鹑。**分布与种群现状：** 北方，留鸟，常见。

体长：28cm　LC（低度关注）

高原山鹑 *Perdix hodgsoniae* Tibetan Partridge 雉科 Phasianidae

■迷鸟 ■留鸟 ■旅鸟 ■冬候鸟 ■夏候鸟

形态：雌雄相似。虹膜红褐色，喙角质绿色。白色眉纹贯通前额，后颈和颈侧红褐色，上体密布黑色横纹，下体皮黄色，胸、上腹具黑色横纹，体侧具棕褐色横斑。脚淡绿褐色。**习性：**栖息于高山裸岩、灌丛，常结10多只的小群。**分布与种群现状：**青藏高原中东部、南部和西北部，留鸟，地区性常见。

体长：28cm LC（低度关注）

西鹌鹑 *Coturnix coturnix* Common Quail 雉科 Phasianidae

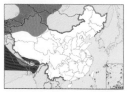

■迷鸟 ■留鸟 ■旅鸟 ■冬候鸟 ■夏候鸟

形态：虹膜深褐色。眼下具有显著的黑色斑，白色眉纹明显，喙蓝灰色，颏、喉和上颈黄褐色，上体黑褐色，密背黑褐色横斑和皮黄色纵纹。脚肉色。**习性：**栖息于农田、草地和半荒漠地区。性隐蔽。**分布与种群现状：**新疆，夏候鸟；西藏南部，冬候鸟。常见。

体长：18cm LC（低度关注）

鹌鹑 *Coturnix japonica* Japanese Quail 雉科 Phasianidae

■迷鸟 ■留鸟 ■旅鸟 ■冬候鸟 ■夏候鸟

形态：虹膜红褐色，喙灰色。眉纹皮黄色。上体褐色，夹杂着大小不等的黑色斑块，并具粗细不等的矛状黄色条纹，下体皮黄色，上胸具少量深色纵纹，胁部具栗色纵纹。**习性：**栖息于开阔草原、农田和低地丘陵。**分布与种群现状：**除新疆、西藏外，见于各省份。东北地区，夏候鸟；南方各地，冬候鸟。常见。

体长：20cm NT（近危）

蓝胸鹑 *Synoicus chinensis* Blue-breasted Quail 雉科 Phasianidae

■迷鸟 ■留鸟 ■旅鸟 ■冬候鸟 ■夏候鸟

形态：虹膜近红色，喙黑色。雄鸟喉部，黑白色纹路明显，前额、胸、及面颊蓝灰色，上体褐色，杂以黑色斑点及浅黄色矛状细纹，腹部栗色，雌鸟上体棕褐色，喉与腹部白色，两胁具皮黄带黑色条纹。脚黄色。**习性：**栖息于平原及低山的河边草地和高芦苇沼泽。成小群游荡。**分布与种群现状：**华南地区，云南东部、台湾和海南，留鸟，罕见。

体长：14cm LC（低度关注）

棕胸竹鸡 *Bambusicola fytchii* Mountain Bamboo Partridge 雉科 Phasianidae

■迷鸟 ■留鸟 ■旅鸟 ■冬候鸟 ■夏候鸟

形态：雌雄相似。虹膜红褐色，喙近黑色。雄鸟眼后条形斑纹黑色，雌鸟眼后条形斑纹棕红色，雄鸟腿上有距，是其主要特征。上体灰褐色具深棕色夹杂黑色的斑点，胸部密布

粗大棕色纵纹。脚灰色。**习性：**以小群栖息于海拔3000m以下的山坡森林、灌丛、草丛和竹林中。**分布与种群现状：**云南及四川南部，留鸟，罕见。

体长：34cm LC（低度关注）

灰胸竹鸡 *Bambusicola thoracicus* Chinese Bamboo Partridge 雉科 Phasianidae

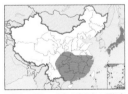

■迷鸟 ■留鸟 ■旅鸟 ■冬候鸟 ■夏候鸟

形态：虹膜红褐色，喙褐色。颊、喉、颈侧、胸栗色，下颈、上胸标志性灰色。雄鸟腿上有距是其主要特征。上体、胁部具大块深棕色斑。脚绿灰色。**习性：**集群栖息于海拔

1500m以下的低山丘陵和山脚平原地带。**分布与种群现状：**秦岭及淮河流域以南地区，留鸟，常见。中国鸟类特有种。

体长：33cm LC（低度关注）

台湾竹鸡 *Bambusicola sonorivox* Taiwan Bamboo Partridge 雉科 Phasianidae

形态：雌雄相似。似灰胸竹鸡，区别在于本种颊灰色，两胁及背羽斑点红褐色。雄鸟腿上有距是其主要特征。**习性：**似灰胸竹鸡。**分布与种群现状：**见于台湾中低海拔山区，留鸟，较为常见。中国鸟类特有种。

■迷鸟 ■留鸟 ■旅鸟 ■冬候鸟 ■夏候鸟

体长：31cm　LC（低度关注）

血雉 *Ithaginis cruentus* Blood Pheasant 雉科 Phasianidae

形态：虹膜黄褐色，喙近黑色而带红色蜡膜。似鹑类，具矛状长羽，冠羽蓬松。脸与腿、脚猩红色，翼及尾沾红。雄鸟腹部为红色或绿色，尾下覆羽猩红色；雌鸟色暗多为灰褐色，胸为皮黄色。脚红色。**习性：**集群觅食于亚高山针叶林的地面及杜鹃灌丛。**分布与种群现状：**祁连山脉、秦岭山脉中西部、青藏高原东缘、横断山脉和喜马拉雅山脉，留鸟，不常见。

■迷鸟 ■留鸟 ■旅鸟 ■冬候鸟 ■夏候鸟

体长：46cm　LC（低度关注）　国家Ⅱ级重点保护野生动物

黑头角雉 *Tragopan melanocephalus* Western Tragopan 雉科 Phasianidae

■迷鸟 ■留鸟 ■旅鸟 ■冬候鸟 ■夏候鸟

形态：虹膜棕色，喙近黑色。雄鸟体大，色彩艳丽，体羽多黑色带白斑。雌鸟比其他角雉色深，下体有白色卵形斑。脚粉红至灰色，随季节而异。**习性：**栖息于海拔2000~4000m的原生针阔混交林及针叶林中。**分布与种群现状：**西藏西南部，留鸟，罕见。

体长：71cm VU（易危） 国家Ⅰ级重点保护野生动物

红胸角雉 *Tragopan satyra* Satyr Tragopan 雉科 Phasianidae

■迷鸟 ■留鸟 ■旅鸟 ■冬候鸟 ■夏候鸟

形态：虹膜褐色，喙黑色。雄鸟头和喉黑色，黑色冠羽端红色。上体褐色，颈、胸、腹部绯红色具大小不等、黑色边缘的白色圆斑。雌鸟褐色，上体具黑色斑，下体多白色斑点。脚肉色。**习性：**栖息于海拔3000~4000m的山地森林中，冬季可下到2000m左右。**分布与种群现状：**西藏南部、云南西北部，留鸟，罕见。

体长：70cm NT（近危） 国家Ⅰ级重点保护野生动物

灰腹角雉 *Tragopan blythii* Blyth's Tragopan 雉科 Phasianidae

■迷鸟 ■留鸟 ■旅鸟 ■冬候鸟 ■夏候鸟

形态：虹膜褐色，喙褐色。猩红色颈及眉线与黑色头部成明显反差。雄鸟体大，脸颊裸皮为黄色，肉垂及肉质角蓝色，下体淡灰色，具白色鳞斑，雌鸟体小，褐色斑驳，色淡。脚粉红色。**习性：**栖息于海拔2000~3000m的山地常绿阔叶林中。**分布与种群现状：**云南西北部和西藏东南部，留鸟，罕见。

体长：68cm VU（易危） 国家Ⅰ级重点保护野生动物

红腹角雉 *Tragopan temminckii* Temminck's Tragopan 雉科 Phasianidae

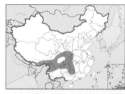

■迷鸟 ■留鸟 ■旅鸟 ■冬候鸟 ■夏候鸟

形态：虹膜褐色，喙黑色，喙尖粉红色。头黑色，裸皮蓝色，眼后有金色条纹。除两翼、尾羽褐色，大部分红色。体白色斑点不具黑色边缘。雌鸟褐色，下体有白色点斑。脚粉色至红色。**习性：**栖息于海拔800~4200m的山地森林、灌丛、竹林等，取食植物嫩茎、叶、花和果实。**分布与种群现状：**秦岭以南至西藏东南、云南北部、广西北部，留鸟，地方性常见。

体长：68cm LC（低度关注） 国家Ⅱ级重点保护野生动物

黄腹角雉 *Tragopan caboti* Cabot's Tragopan 雉科 Phasianidae

■迷鸟 ■留鸟 ■旅鸟 ■冬候鸟 ■夏候鸟

形态：虹膜褐色，喙灰色。雄鸟头部黑、红两色。上体棕色具皮黄色大点的斑夹杂黑色斑纹，下体皮黄色。雌鸟灰褐色，下体具白色斑点间杂外缘黑色的矛状细纹。脚粉红色。**习性：**栖息于海拔800~1400m的亚热带常绿阔叶林，取食植物嫩茎、叶、花和果实。**分布与种群现状：**浙江西部、武夷山脉、罗霄山脉中南部及南岭山脉中东部，留鸟，罕见。中国鸟类特有种。

体长：61cm VU（易危） 国家Ⅰ级重点保护野生动物

勺鸡 *Pucrasia macrolopha* Koklass Pheasant 雉科 Phasianidae

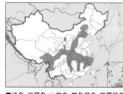

■迷鸟 ■留鸟 ■旅鸟 ■冬候鸟 ■夏候鸟

形态：虹膜褐色，喙近褐色。雄鸟头顶及冠羽近黑色具金属光泽，明显的长耳羽束是其主要特征。颈侧上部具白斑，前颈、胸、腹具纵向栗色宽带，后颈、上背浅棕色，周身体羽除头、两翼外呈矛状。雌鸟具冠羽但无长耳羽束，体羽暗淡。脚紫灰色。**习性：**栖息于海拔500~4300m的亚高山针叶林、针阔混交林、阔叶林及杜鹃林。**分布与种群现状：**华北至华南和西南地区，留鸟，罕见。

体长：61cm LC（低度关注） 国家Ⅱ级重点保护野生动物

棕尾虹雉 *Lophophorus impejanus* Himalayan Monal 雉科 Phasianidae

■迷鸟 □留鸟 ■旅鸟 ■冬候鸟 ■夏候鸟

形态：虹膜褐色，喙灰黑色。雄鸟绿色的冠羽与孔雀相似，头、上背、两翼、尾上覆羽分别具紫色、绿色、蓝色金属光泽。下背白色，颈侧、尾羽棕色鲜明。喉、前颈、胸、腹部黑色。雌鸟暗褐色，喉污白色，下体多浅色纵纹，尾上覆羽白色。脚橄榄褐色。**习性：**夏季栖息于海拔4500m左右的高山草甸和灌丛，冬季集群下移至海拔2500m的山地灌丛或杜鹃林。不惧人，善飞行。**分布与种群现状：**西藏南部和东南部、云南西北部，留鸟，罕见。

体长：70cm LC（低度关注） 国家Ⅰ级重点保护野生动物

白尾梢虹雉 *Lophophorus sclateri* Sclater's Monal 雉科 Phasianidae

■迷鸟 □留鸟 ■旅鸟 ■冬候鸟 ■夏候鸟

形态：虹膜褐色，喙肉色。头、颈、两翼具紫色及绿色金属光泽，背及尾上覆羽白色，下体黑色，尾羽棕色羽端白色。雌鸟背及尾上覆羽浅皮黄色，其余部分褐色。脚褐色。**习性：**栖息在海拔2500~3400m的杉树苔藓林、杜鹃林和竹林地带。**分布与种群现状：**西藏东南部、云南西北部，留鸟，罕见。

体长：70cm VU（易危） 国家Ⅰ级重点保护野生动物

绿尾虹雉 *Lophophorus lhuysii* Chinese Monal 雉科 Phasianidae

■迷鸟 ■留鸟 ■旅鸟 ■冬候鸟 ■夏候鸟

形态: 虹膜褐色,喙灰黑色。雄鸟头绿色,眼先裸斑蓝色,枕部棕黄色,冠羽绛紫色后垂。上体具绿色、紫色金属光泽,背部白色,尾羽黑绿色,下体黑色具金属光泽。雌鸟褐色,背羽白色。雄鸟脚暗灰色,雌鸟脚淡角质色。**习性:** 栖于亚高山针叶林上缘及林线以上的高山灌丛。**分布与种群现状:** 我国西南地区,留鸟,罕见。中国鸟类特有种。

体长: 76cm VU(易危) 国家 I 级重点保护野生动物

红原鸡 *Gallus gallus* Red Junglefowl 雉科 Phasianidae

■迷鸟 ■留鸟 ■旅鸟 ■冬候鸟 ■夏候鸟

形态: 虹膜红色,喙角质色。似家鸡。雄鸟体形修长,翼窄,尾羽明显长。雌鸟黄褐色,枕和颈部具黑色细纹。脚蓝灰色。**习性:** 栖息于海拔2000m以下的山地、丘陵和山脚平原地带。**分布与种群现状:** 云南、广西、广东西部、海南,留鸟,少见。

体长: 雄鸟 70cm, 雌鸟 42cm LC(低度关注) 国家 II 级重点保护野生动物

黑鹇 *Lophura leucomelanos* Kalij Pheasant 雉科 Phasianidae

形态：虹膜褐色，喙淡绿角质色。雄鸟具长冠羽，脸部裸皮红色，上体黑蓝色具金属光泽，背、腰部羽缘白色，胸部白色矛状羽夹杂稀疏黑斑，腹部黑色。雌鸟眼周裸皮红色，周身褐色具污白色羽缘形成规则的鳞状斑。外侧尾羽黑褐色。脚灰褐色。**习性：**栖息于海拔1300~3300m的山地间竹丛、草丛中。**分布与种群现状：**西藏东南部、云南西北部，留鸟，罕见。

体长：70cm　LC（低度关注）　国家Ⅱ级重点保护野生动物

白鹇 *Lophura nycthemera* Silver Pheasant 雉科 Phasianidae

形态：虹膜褐色，喙黄色。雄鸟头顶、冠羽黑色，脸颊裸皮鲜红色。中央尾羽白色，背及其余尾羽白色具黑色斑纹，下体黑色。雌鸟褐色，具黑褐色冠羽，脸颊裸皮红色。下体色深具浅色细纹，外侧尾羽黑色具白色斑纹。脚鲜红色。**习性：**结小群活动，一雄多雌，冬季集大群。主要栖息于2000m以下的丘陵和山区林地。**分布与种群现状：**长江以南、西南地区、海南，留鸟，地区性常见。

体长：90~110cm　LC（低度关注）　国家Ⅱ级重点保护野生动物

蓝腹鹇 *Lophura swinhoii* Swinhoe's Pheasant 雉科 Phasianidae

■迷鸟 ■留鸟 ■旅鸟 ■冬候鸟 ■夏候鸟

形态： 虹膜褐色，喙淡角质黄色，雄鸟色深，冠羽短，上背中间及中央尾羽银白色。雌鸟体型较小，体羽灰褐色，斑驳且翼上多细横纹，两翼及尾深栗色。脚红色。**习性：** 栖息于1100~1500m的原始阔叶林。**分布与种群现状：** 台湾，留鸟，少见。中国鸟类特有种。

体长：72cm　NT（近危）　国家 I 级重点保护野生动物

白马鸡 *Crossoptilon crossoptilon* White Eared Pheasant 雉科 Phasianidae

■迷鸟 ■留鸟 ■旅鸟 ■冬候鸟 ■夏候鸟

形态： 雌雄相似。虹膜橘黄色，喙浅粉色。体羽以白色为主。头顶黑色，面部裸皮红色。两翼飞羽灰色，具宽大弯曲的黑色丝状尾羽。耳羽簇白色。脚红色。**习性：** 栖息于海拔3000~4600m的亚高山针叶林和针阔叶混交林带。**分布与种群现状：** 西藏东南部、青海东南部、四川西部、云南西北部，留鸟，不常见。中国鸟类特有种。

体长：80cm　NT（近危）　国家 II 级重点保护野生动物

藏马鸡 *Crossoptilon harmani* Tibetan Eared Pheasant 雉科 Phasianidae

■迷鸟 ■留鸟 ■旅鸟 ■冬候鸟 ■夏候鸟

形态：雌雄相似。虹膜浅橘黄色，喙角质色。体羽蓝灰色，头顶黑色，眼周裸皮红色。喉、枕部白色，白色的耳羽簇不突出于枕后。脚红色。**习性：**常集群在地面取食，栖息于海拔3000~4600m的亚高山针叶林和针阔混交林带。**分布与种群现状：**西藏南部，留鸟，地区性常见。中国鸟类特有种。

体长：86cm NT（近危） 国家 II 级重点保护野生动物

褐马鸡 *Crossoptilon mantchuricum* Brown Eared Pheasant 雉科 Phasianidae

■迷鸟 ■留鸟 ■旅鸟 ■冬候鸟 ■夏候鸟

形态：雌雄相似。虹膜橘黄色，喙粉红色。体羽褐色，白色上翘的丝状尾羽具黑褐色宽大端斑。体形极似蓝马鸡，丝状尾羽上翘。脚红色。**习性：**栖息于针叶林、落叶阔叶林和针阔混交林。**分布与种群现状：**河北西北部、北京西部、山西西部、陕西东部，留鸟，罕见。中国鸟类特有种。

体长：100cm VU（易危） 国家 I 级重点保护野生动物

蓝马鸡 *Crossoptilon auritum* Blue Eared Pheasant 雉科 Phasianidae

■迷鸟 ■留鸟 ■旅鸟 ■冬候鸟 ■夏候鸟

形态：雌雄相似。虹膜橘黄色，喙粉红色。体羽灰蓝色，头顶黑色，面部裸皮红色，白色耳簇羽突出于枕后。丝状尾羽上翘弯曲，外侧尾羽基部具大块标志性白斑。脚红色。**习性：**以小群活动于高海拔的针叶林、开阔草甸及柏树、杜鹃灌丛。**分布与种群现状：**内蒙古中部、宁夏北部、甘肃南部、青海东部、四川北部，留鸟，罕见。中国鸟类特有种。

体长：95cm　LC（低度关注）　国家Ⅱ级重点保护野生动物

白颈长尾雉 *Syrmaticus ellioti* Elliot's Pheasant 雉科 Phasianidae

■迷鸟 ■留鸟 ■旅鸟 ■冬候鸟 ■夏候鸟

形态：虹膜黄褐色，喙黄色。雄鸟面部裸皮猩红色，喉、前颈黑色，后颈及颈侧白色。胸、背羽棕色，两翼具明显白色横斑。尾羽具灰色横斑，腹部白色。雌鸟褐色，喉及前颈黑色，枕及后颈灰色，腹部白色具棕黄色横斑。脚蓝灰色。**习性：**栖于中低海拔的林中浓密灌丛及竹林。**分布与种群现状：**华东、华中南部和华南地区，留鸟，少见。中国鸟类特有种。

体长：雄鸟81cm，雌鸟62cm　NT（近危）　国家Ⅰ级重点保护野生动物

黑颈长尾雉 *Syrmaticus humiae* Hume's Pheasant 雉科 Phasianidae

■迷鸟 ■留鸟 ■旅鸟 ■冬候鸟 ■夏候鸟

形态：虹膜橘黄褐色，喙淡绿角质色。雄鸟头暗紫色，面部裸皮红色，颈黑蓝色有金属光泽。白色长尾具黑褐色横斑，翼上有两块条形白色横斑。雌鸟上体褐色，两翼两条白色横斑，下体皮黄色，尾具褐色横斑。脚浅淡灰色。**习性：**主要栖息于海拔500~3000m的次生林地及林缘灌丛。**分布与种群现状：**云南西部、广西西部，留鸟，罕见。

体长：雄鸟 92cm，雌鸟 64cm　NT（近危）　国家Ⅰ级重点保护野生动物

黑长尾雉 *Syrmaticus mikado* Mikado Pheasant 雉科 Phasianidae

■迷鸟 ■留鸟 ■旅鸟 ■冬候鸟 ■夏候鸟

形态：虹膜褐色，眼周裸皮绯红色，喙近灰色。雄鸟体羽黑蓝色，上背、胸部及腰羽具金属光泽。翼上覆羽具明显的扇贝形图纹，两翼具明显的白斑，长长的尾羽具纤细的白色横纹。雌鸟体型较小，下体杂灰色，上体褐色。**习性：**栖息于海拔1700~3000m的针叶林或针阔叶混交林中，小群活动。**分布与种群现状：**台湾，留鸟，罕见。中国鸟类特有种。

体长：雄鸟 86cm，雌鸟 60cm　NT（近危）　国家Ⅰ级重点保护野生动物

白冠长尾雉 *Syrmaticus reevesii* Reeves's Pheasant 雉科 Phasianidae

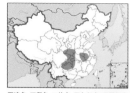

■迷鸟 ■留鸟 ■旅鸟 ■冬候鸟 ■夏候鸟

形态: 虹膜褐色,喙角质色。雄鸟头部花纹黑白色,具白色领环。上体黄色具呈鳞状黑色羽缘,超长的尾羽具深色横斑(长至1.5m)。雌鸟胸部具红棕色鳞状纹,尾明显短于雄鸟。脚灰色。**习性:** 栖

息于海拔200~1500m的次生林地或林缘灌丛,喜欢复杂地形。**分布与种群现状:** 中部地区,留鸟,罕见。中国鸟类特有种。

体长: 雄 210cm,雌 75cm VU(易危) 国家Ⅱ级重点保护野生动物

环颈雉 *Phasianus colchicus* Common Pheasant 雉科 Phasianidae

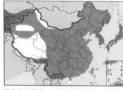

■迷鸟 ■留鸟 ■旅鸟 ■冬候鸟 ■夏候鸟

形态: 虹膜黄色,喙角质色。雄鸟头部黑绿色具金属光泽,具耳羽簇,面部裸皮红色。有些亚种有白色颈圈。体羽棕色至铜色并具金属光泽,两翼灰色,褐色尾羽带深色横纹。雌鸟色暗,周身密布浅褐色斑纹。脚略灰。**习性:** 单独或成小群活动,繁殖期一雄多雌,栖息于开阔林地、灌丛、草地沼泽、半荒漠及农耕地,地面取食。**分布与种群现状:** 见于除海南和西藏中西部外的大部分地区,留鸟,常见。

体长: 雄鸟 85cm,雌鸟 66cm LC(低度关注)

红腹锦鸡 *Chrysolophus pictus* Golden Pheasant 雉科 Phasianidae

■迷鸟 ■留鸟 ■旅鸟 ■冬候鸟 ■夏候鸟

形态: 虹膜和喙黄色。雄鸟头顶有耀眼的金色丝状冠羽,枕部和颈背红棕色具黑色条纹,上背体羽绿色与黑色的羽缘形成鳞状

斑,翼蓝色具金属光泽,下体鲜红。尾长而弯曲,中央尾羽近黑色具皮黄色点斑,尾上覆羽金黄色。雌鸟褐色,上、下体具黑色带状斑,下体黄褐色。脚黄色。**习性:** 单独或成小群活动,喜有矮树的山坡及次生亚热带阔叶林及落叶阔叶林。**分布与种群现状:** 中南部地区,留鸟,地区性常见。中国鸟类特有种。

体长: 98cm LC(低度关注) 国家Ⅱ级重点保护野生动物

白腹锦鸡 *Chrysolophus amherstiae* Lady Amherst's Pheasant 雉科 Phasianidae

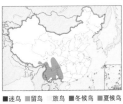

■迷鸟 ■留鸟 ■旅鸟 ■冬候鸟 ■夏候鸟

形态: 虹膜褐色,喙蓝灰色。雄鸟色彩浓艳,冠羽稀疏棕红色。后颈、颈侧、上背白色具黑色羽缘呈扇贝形。前颈、胸、背羽、两翼深绿色具金属光泽。腹白色,特长的白色尾羽具黑色横纹。雌鸟上体及胸部多栗色并具黑色横斑,两胁及尾下覆羽皮黄色而具黑斑。脚蓝灰色。**习性:** 栖息于海拔 1500 ~ 4000m 的森林及林缘。**分布与种群现状:** 西南大部、西藏东南、广西西部,留鸟,不常见。

体长: 150cm LC(低度关注) 国家Ⅱ级重点保护野生动物

灰孔雀雉 *Polyplectron bicalcaratum* Grey Peacock Pheasant 雉科 Phasianidae

形态：虹膜浅灰色，喙深灰色。雄鸟灰褐色，冠羽前翻不规则，面部裸皮黄绿色，喉灰白色，上背及尾部有醒目的紫绿色眼斑，具宝石样光泽，下体黄褐色具深褐色横斑。雌鸟暗褐色，无羽冠，眼斑小而尾短。脚蓝灰色。**习性：**栖息于海拔150~1500m的常绿阔叶林、山地沟谷雨林和季雨林中，结小群在地面取食。**分布与种群现状：**云南南部，留鸟，罕见。

体长：75cm LC（低度关注） 国家Ⅰ级重点保护野生动物

海南孔雀雉 *Polyplectron katsumatae* Hainan Peacock Pheasant 雉科 Phasianidae

■迷鸟 ■留鸟 ■旅鸟 ■冬候鸟 ■夏候鸟

形态：虹膜灰色，喙蓝灰色。羽色深而褐色浓，眼状斑仅有绿色而无紫色光泽，脚蓝灰色。**习性：**同灰孔雀雉。**分布与种群现状：**海南，留鸟，罕见。中国鸟类特有种。

体长：70cm EN（濒危） 国家Ⅰ级重点保护野生动物

绿孔雀 *Pavo muticus* Green Peafowl 雉科 Phasianidae

形态： 虹膜红褐色，喙暗灰色。雄鸟尾特长，头部具标志性冠羽。颈、上背及胸部绿色具金属光泽，尾上覆羽特长并具闪亮的眼斑。雌鸟尾无长覆羽，色彩较为暗淡，下体灰白色。脚暗灰色。**习性：** 主要栖息于海拔 1500m 以下的热带、亚热带的常绿阔叶林地。单只或小群活动，性羞怯，遇人即快速奔走躲入林中。用爪在地面剖取食物，擅捕蛇。晚上在树上栖息，晨昏时发出响亮而聒噪的叫声。**分布与种群现状：** 云南，留鸟，罕见。

体长：雄鸟 240cm，雌鸟 110cm　EN（濒危）　国家 I 级重点保护野生动物

II. 雁形目 ANSERIFORMES

雁形目鸟类为常见水禽，嘴一般为扁平状，趾间一般有蹼，善于游泳。栖息在各种水域，有时也居于近水地区。大多都有迁徙习性，中国境内大多数种类为候鸟，也有部分在一些内陆湖泊中繁殖。在田野、湖泊及河流的缓流浅滩地带活动取食，食物主要以水草、藻类等植物性食物为主，也吃昆虫、贝类、鱼类等动物性食物。分布十分广泛，除南极外，广泛分布于世界各地。主要类群为鸭科。本书本目共收集有1科54种。

鸭科 Anatidae

栗树鸭 *Dendrocygna javanica* Lesser Whistling Duck 鸭科 Anatidae

■迷鸟 ■留鸟 □旅鸟 □冬候鸟 ■夏候鸟

形态：雌雄相似。虹膜褐色，具黄色眼圈，喙灰色。头顶深褐色，头及颈皮黄色，背紫褐色具棕色扇贝形纹，颈长而直，尾上覆羽栗色端部紫褐色，下体红褐色。脚深灰色。**习性：**成群栖息于具有丰富湿地植被的水体，主要以水草为食。**分布与种群现状：**西南地区，留鸟；东南地区，夏候鸟。少见。

体长：41cm LC（低度关注）

鸿雁 *Anser cygnoid* Swan Goose 鸭科 Anatidae

■迷鸟 ■留鸟 ■旅鸟 ■冬候鸟 ■夏候鸟

形态: 雌雄相似。虹膜褐色,喙黑色。上喙基有明显白色线状斑。上体灰褐但羽缘皮黄色,前颈白,头顶及颈背褐色,界线明显。飞羽黑色,臀近白色。脚及腿橘红色。**习性:** 见于淡水湿地,偶见于沿海。主要取食草的根茎。**分布与种群现状:** 东北地区,夏候鸟;中东部地区,旅鸟;华南地区,冬候鸟。罕见。

体长: 88cm VU(易危)

豆雁 *Anser fabalis* Bean Goose 鸭科 Anatidae

■迷鸟 ■留鸟 ■旅鸟 ■冬候鸟 ■夏候鸟

形态: 雌雄相似。虹膜暗棕色,喙黑色具明显的橘黄色次端斑。头、颈深褐色,上体棕褐色,带有浅色条纹,覆羽灰色,飞羽黑褐色,尾下覆羽及尾缘白色。脚橘黄色。**习性:** 成群活动于近湖泊的沼泽地带及收割后的稻田。植食性。**分布与种群现状:** 分布范围广的常见冬候鸟、旅鸟。

体长: 80cm LC(低度关注)

43

短嘴豆雁 *Anser serrirostris* Tundra Bean Goose 鸭科 Anatidae

■迷鸟 ■留鸟 ■旅鸟 ■冬候鸟 ■夏候鸟

形态：雌雄相似。虹膜褐色，喙灰黑色，较短，前部具橙黄色横斑，尖端黑色，有些个体橙黄色延伸至喙基，下喙基部较厚。似豆雁而体型较小，颈粗短，喙短。脚橘黄色。**习性：**栖息于开阔的苔原灌丛、草地上，似豆雁，常与豆雁混群。**分布与种群现状：**分布范围较广，冬候鸟、旅鸟。罕见。

体长：75cm　NR（未认可）

灰雁 *Anser anser* Graylag Goose 鸭科 Anatidae

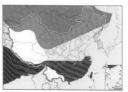

■迷鸟 ■留鸟 ■旅鸟 ■冬候鸟 ■夏候鸟

形态：雌雄相似。虹膜褐色，喙粉红色。通体灰褐色，粉红色的喙和脚是其主要特征。上体灰色，羽缘白色，胸浅褐色，尾下覆羽白色，飞行中浅色的翼前区与飞羽的暗色成对比。**习性：**似其他雁类。**分布与种群现状：**我国北部地区，夏候鸟；中部地区，旅鸟；南部地区，冬候鸟。常见。

体长：76cm　LC（低度关注）

白额雁 *Anser albifrons* Greater White-fronted Goose 鸭科 Anatidae

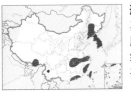

■迷鸟 ■留鸟 ■旅鸟 ■冬候鸟 ■夏候鸟

形态: 雌雄相似。虹膜深褐色,喙粉红色,基部黄色。白色的前额是其主要特征。头、颈和背部羽毛深棕色,羽缘灰白色,尾羽棕黑色,胸、腹部棕灰色,分布有不规则的黑斑,幼鸟无此黑斑,喙基也无白纹。脚橘黄色。**习性:** 常栖息于沼泽、湖泊、池塘、河流、海岸附近;在温带的农田越冬。以植物的根、叶、茎为食。**分布与种群现状:** 分

布范围较广的常见冬
候鸟,旅鸟。

体长:70~85cm LC(低度关注) 国家Ⅱ级重点保护野生动物

小白额雁 *Anser erythropus* Lesser White-fronted Goose 鸭科 Anatidae

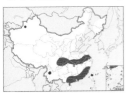

■迷鸟 ■留鸟 ■旅鸟 ■冬候鸟 ■夏候鸟

形态: 雌雄相似。虹膜深褐色,眼圈黄色,喙粉红色。似白额雁,不同之处在于体型略小,喙、颈较短,额部白色区域比例较大,腹部暗色块较小,飞行时两翼显长且振翅较快。脚橘黄色。**习性:** 似其他雁类,常与白额雁混群。**分布与种群现状:** 中东部地区的罕见冬候鸟,旅鸟;台湾、云南丽江为迷鸟。新疆博乐市有记录。

体长:62cm VU(易危)

45

斑头雁 *Anser indicus* Bar-headed Goose 鸭科 Anatidae

■迷鸟 ■留鸟 ■旅鸟 ■冬候鸟 ■夏候鸟

形态： 雌雄相似。虹膜褐色，喙鹅黄而端黑色。通体灰白，头顶白色，枕部具两道黑色条纹，飞行中上体均为浅色，仅翼部狭窄的后缘色暗，下体多为白色。脚橙黄色。**习性：** 在海拔4000~5300m的高原湿地繁殖。冬季在海拔较低的沼泽、湖泊和河流越冬。多以莎草科和禾本科的茎叶为食。**分布与种群现状：** 在青藏高原及我国极北地区，夏候鸟；西南地区，冬候鸟。地方性常见。

体长：70cm LC（低度关注）

雪雁 *Anser caerulescens* Snow Goose 鸭科 Anatidae

■迷鸟 ■留鸟 ■旅鸟 ■冬候鸟 ■夏候鸟

形态： 虹膜褐色，喙粉红色。有蓝白两种色型，白色型：通体雪白，仅翼尖黑色。蓝色型：仅头和颈白色，体羽其余部分黑色，肩羽蓝灰色。亚成体头顶、颈背和上体淡灰色。**习性：** 栖息于池塘、浅水湖泊、河流三角洲等。**分布与种群现状：** 中东部湿地，冬候鸟。罕见。常混在其他雁群中。

体长：80cm LC（低度关注）

加拿大雁 *Branta canadensis* Canada Goose 鸭科 Anatidae

■迷鸟 ■留鸟 ■旅鸟 ■冬候鸟 ■夏候鸟

形态： 雌雄相似。虹膜褐色，喙灰色。头颈黑色，眼后至喉间的白色斑块是其主要特征，上体棕灰色，飞行时背和尾与白色的臀部及尾上覆羽成反差。脚黑色。**习性：** 栖息地多样，从苔原到半沙漠，到林地的近水地带。以莎草科和各种水生植物的茎、叶、根为食。在冬季也会补充谷物和海草。**分布与种群现状：** 北京、鄱阳湖等地，偶见迷鸟。

体长：100cm LC（低度关注）

黑雁 *Branta bernicla* Brant 鸭科 Anatidae

■迷鸟 ■留鸟 ■旅鸟 ■冬候鸟 ■夏候鸟

形态：雌雄相似。虹膜褐色，喙黑色。头、颈全黑色，颈侧具白色斑纹，有时在前颈形成半领，胸侧多浅色纹，下体由黑色变化到淡灰色。雏鸟颈部无白斑，但翅上多白色横纹。脚黑色。**习性：**与其他种类混群。栖于沿海水域。以海藻、苔藓、地衣、草本植物和水生植物为食。**分布与种群现状：**东部沿海，冬候鸟，罕见。山西为迷鸟。

体长：62cm　LC（低度关注）

白颊黑雁 *Branta leucopsis* Barnacle Goose 鸭科 Anatidae

■迷鸟 ■留鸟 ■旅鸟 ■冬候鸟 ■夏候鸟

形态：雌雄相似。虹膜黑色，喙黑色。脸白色，头部、颈部和上胸部为黑色，腹白色，翅膀和背部银灰色，上面有黑白条纹，在飞行中尾部可见一个白色的"V"形，翅膀下面为银灰色。脚黑色。**习性：**繁殖于陡岸和峭壁，冬季与其他雁类混群。**分布与种群现状：**河北、湖南等地罕见迷鸟。

体长：58~70cm　LC（低度关注）

红胸黑雁 *Branta ruficollis* Red-breasted Goose 鸭科 Anatidae

■迷鸟 ■留鸟 ■旅鸟 ■冬候鸟 ■夏候鸟

形态：雌雄相似。虹膜褐色，喙黑色，喙基有明显白斑。体羽为黑、白两色，胸、前颈及头侧具特征性的红色斑块，各色块间以白线相隔。飞行时黑色体羽与臀部的白色反差明显。脚黑色。**习性：**冬季与其他雁混合栖息于湖泊或水库附近的耕地中。停栖于湖泊或潟湖。**分布与种群现状：**中东部地区，冬候鸟，罕见。

体长：54cm　VU（易危）　国家 II 级重点保护野生动物

疣鼻天鹅 *Cygnus olor* Mute Swan 鸭科 Anatidae

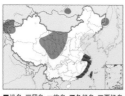

■迷鸟 ■留鸟 ■旅鸟 ■冬候鸟 ■夏候鸟

形态: 虹膜褐色, 喙橙黄色。雄鸟前额有黑色疣瘤状突起, 通体白色。雌鸟体型稍小, 前额突起不明显。脚黑色。**习性:** 栖息于水草或芦苇丰富的开阔水域。以水生植物为主要食物, 偶吃软体动物和昆虫及小鱼。常以家庭为单位活动。**分布与种群现状:** 西北地区, 夏候鸟; 黄河流域, 冬候鸟。地区性常见。

体长:150cm LC(低度关注) 国家Ⅱ级重点保护野生动物

小天鹅 *Cygnus columbianus* Tundra Swan 鸭科 Anatidae

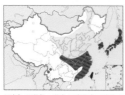

■迷鸟 ■留鸟 ■旅鸟 ■冬候鸟 ■夏候鸟

形态: 雌雄相似。虹膜褐色, 喙黑色, 喙基黄色但不超过鼻孔。通体白色, 似大天鹅。浑身白色, 但体型稍小, 颈部和喙略短, 喙基黄色区域比大天鹅小。脚黑色。习性:似其他天鹅。**分布与种群现状:** 北方为旅鸟, 华南地区冬候鸟, 偶至西南和台湾, 较常见。

体长: 142cm LC(低度关注) 国家Ⅱ级重点保护野生动物

大天鹅 *Cygnus cygnus* Whooper Swan 鸭科 Anatidae

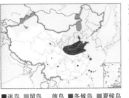

■迷鸟 ■留鸟 ■旅鸟 ■冬候鸟 ■夏候鸟

形态： 雌雄相似。虹膜褐色，喙黑色，基部黄色往前延伸超过鼻孔。通体白色，颈长而弯曲。亚成体灰色，喙色亦淡。脚黑色。习性：似其他天鹅。**分布与种群现状：** 分布范围广，留鸟、旅鸟、夏候鸟、冬候鸟、迷鸟。

体长：155cm　LC（低度关注）　国家Ⅱ级重点保护野生动物

瘤鸭 *Sarkidiornis melanotos* Comb Duck 鸭科 Anatidae

■迷鸟 ■留鸟 ■旅鸟 ■冬候鸟 ■夏候鸟

形态： 虹膜褐色，喙黑色。雄鸟体型较大，上喙有突出的黑色肉质瘤，雌性无。头、颈白色，布满黑色斑点。脚灰色。**习性：** 群栖于沼泽及多树的水塘及河流。雌鸟营巢于天然树洞。以植食性为主。**分布与种群现状：** 西藏东南部、云南南部、福建，迷鸟，罕见。

体长：76cm　LC（低度关注）

49

翘鼻麻鸭 *Tadorna tadorna* Common Shelduck 鸭科 Anatidae

■迷鸟 ■留鸟 ■旅鸟 ■冬候鸟 ■夏候鸟

形态：虹膜浅褐色，喙红色。雄鸟喙及额前隆起的皮质肉瘤鲜红色。繁殖期头黑绿色，胸部有一栗色横带，肩部、飞羽、尾端及腹部纵纹均为黑色。雌鸟羽色较淡，肉瘤不明显。脚红色。**习性：**偏好盐碱湖泊、沿海泥滩和河口等咸水或半咸水环境。主要以水生无脊椎动物为食。**分布与种群现状：**除海南外，见于各地，夏候鸟，旅鸟，冬候鸟。较常见。

繁殖羽♂

繁殖羽♀

体长：60cm　LC（低度关注）

赤麻鸭 *Tadorna ferruginea* Ruddy Shelduck 鸭科 Anatidae

■迷鸟 ■留鸟 ■旅鸟 ■冬候鸟 ■夏候鸟

形态：虹膜褐色，喙近黑色。通体橙色，头颈部渐浅，前额及面部淡黄色。繁殖期雄鸟颈部有一明显黑色颈环。臀部、尾部和飞羽为黑色，飞行时白色的翅上覆羽及铜绿色翼镜明显可见。雌鸟无颈环。脚黑色。**习性：**常见于平原的淡水水域。植食性为主。冬季集群。**分布与种群现状：**分布范围广的夏候鸟、冬候鸟、留鸟、旅鸟，见于各省份。常见。

♂

♀

♀　　　　　幼鸟　　　　　♂

体长：63cm　LC（低度关注）

鸳鸯 *Aix galericulata* Mandarin Duck 鸭科 Anatidae

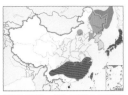

■迷鸟 ■留鸟 ■旅鸟 ■冬候鸟 ■夏候鸟

形态：虹膜褐色，雄鸟喙红色，雌鸟喙灰色。雄性繁殖羽色彩艳丽，颈部饰羽和翼帆呈醒目的橙红色，雌鸟通体灰色，具明显的白色过眼纹。脚近黄色。**习性：**喜爱树林环绕的湖泊、河流和沼泽等。在树洞中营巢。植食性，冬季集大群。**分布与种群现状：**东北、华北地区，夏候鸟；中东部大部分地区，旅鸟；华东及华南地区，冬候鸟。较常见。近年来北京和南方地区偶有繁殖记录，应为野化种群。

体长：40cm　LC（低度关注）　国家Ⅱ级重点保护野生动物

棉凫 *Nettapus coromandelianus* Asian Pygmy Goose 鸭科 Anatidae

■迷鸟 ■留鸟 ■旅鸟 ■冬候鸟 ■夏候鸟

形态：雄鸟虹膜红色、雌鸟虹膜棕色，喙近灰色。繁殖期雄鸟头顶、背、翼、尾均黑绿色，胸部有黑绿色颈带，其余部分白色；雌鸟有深色过眼纹，背部棕褐色，颈、腹部黄褐色。脚灰色。**习性：**栖息于水草丰茂

的淡水水域。营巢于树洞。植食性。常成对或小群活动，冬季会集大群。**分布与种群现状：**中部及东部地区较常见的夏候鸟和留鸟。

体长：30cm　LC（低度关注）

赤膀鸭 *Mareca strepera* Gadwall 鸭科 Anatidae

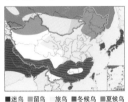

■迷鸟 ■留鸟 ■旅鸟 ■冬候鸟 ■夏候鸟

形态：虹膜褐色，雄鸟喙黑色或黄色，雌鸟上喙黑。雄鸟整体灰色，胸部具深色斑纹，翼上中部有棕红色斑块，翼镜白色，尾黑色；雌鸟颜色较暗，尾棕色。脚橘黄色。**习性：**喜欢浅而植被丰富的淡水和咸水湿地。**分布与种群现状：**新疆和东北地区，夏候鸟；长江以南大部分地区，冬候鸟。常见。

体长:50cm　LC（低度关注）

罗纹鸭 *Mareca falcata* Falcated Duck 鸭科 Anatidae

■迷鸟 ■留鸟 ■旅鸟 ■冬候鸟 ■夏候鸟

形态: 虹膜褐色,喙黑色。繁殖期雄性大体灰色,头顶栗色,头侧冠羽绿色闪光,额基有一白斑,黑白色的三级飞羽长而弯曲,胸、胁部密布黑白色细纹;雌性深棕色,似赤膀鸭而头圆。翼镜墨绿色。脚暗灰色。**习性:** 繁殖于植被良好的湖泊和沼泽。冬季常与其他雁鸭类集群。**分布与种群现状:** 除甘肃、新疆外,见于各省份。夏候鸟、冬候鸟、旅鸟,较少见。

体长:50cm NT(近危)

赤颈鸭 *Mareca penelope* Eurasian Wigeon 鸭科 Anatidae

■迷鸟 ■留鸟 ■旅鸟 ■冬候鸟 ■夏候鸟

形态: 虹膜棕色,喙铅灰色。繁殖期雄鸟头栗红色,头顶中至前额皮黄色,胸部葡萄红色,上体和胁部浅灰色至白色,尾白色,飞行时尤为明显;雌鸟通体棕褐色。翼镜绿色。脚灰色。**习性:** 喜水生植物丰富的开阔水域,冬天栖于大湖、潟湖、河口地带,常集群。**分布与种群现状:** 东北地区,夏候鸟,黄河及以南大部分地区,冬候鸟。较常见。

体长:47cm LC(低度关注)

绿眉鸭 *Mareca americana* American Wigeon 鸭科 Anatidae

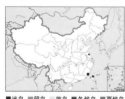

■迷鸟 ■留鸟 ■旅鸟 ■冬候鸟 ■夏候鸟

形态: 虹膜褐色,喙灰色而喙端黑色。繁殖期雄鸟头部色调较灰,眼周黑色,眼后具深绿色并有金属光泽的斑块,雌鸟似赤颈鸭,但翼镜墨绿色,且翼具大的白斑。脚蓝灰色。**习性:** 栖息于湖泊、河流中、海岸湿地,偶尔在海上,常与其他雁鸭混群。**分布与种群现状:** 台湾、福建、江苏,迷鸟,罕见。

体长:52cm LC(低度关注)

绿头鸭 *Anas platyrhynchos* Mallard 鸭科 Anatidae

■迷鸟 ■留鸟 ■旅鸟 ■冬候鸟 ■夏候鸟

形态：虹膜褐色。雄鸟喙黄色而端色深，头颈深绿色具金属光泽，白色颈环，栗色胸部，黑色的尾羽向上卷曲。雌性喙橙色且上喙有黑斑，通体棕色具深色条纹，过眼纹色深。蓝色翼镜。脚橘黄色。**习性：**常见于湖泊、河流、稻田、河口等多种水域。常结大群与其他鸭类混群。**分布与种群现状：**全国均有分布，夏候鸟、冬候鸟、旅鸟，常见。

体长：58cm　LC（低度关注）

棕颈鸭 *Anas luzonica* Philippine Duck 鸭科 Anatidae

■迷鸟 ■留鸟 ■旅鸟 ■冬候鸟 ■夏候鸟

形态：雌雄相似。虹膜深褐色，喙蓝灰色。头顶、枕部和过眼纹黑色，眉纹、脸颊和颈部棕色，身体灰棕色有深色鳞状纹，翼镜绿色，尾深灰色。脚棕灰色。

习性：分布于低地湖泊、红树林边缘的河口和湿地，在浅水与陆地觅食。**分布与种群现状：**记录于香港、台湾地区，偶见迷鸟。

体长：63cm　VU（易危）

印度斑嘴鸭 *Anas poecilorhyncha* Indian Spot-billed Duck 鸭科 Anatidae

■迷鸟 ■留鸟 ■旅鸟 ■冬候鸟 ■夏候鸟

形态：虹膜黑褐色，喙黑色而具明黄色次端斑。体羽似斑嘴鸭但无明显下颊纹，眉纹与脸颊颜色相同，翼镜绿色而非蓝紫色，翼镜前缘白色边较后者明显宽。雌鸟体色较暗淡，喙端黄斑更淡。脚红色或红黄色。**习性：**栖息水域类型多样，觅食于浅水区域和农田等生境，植食性。**分布与种群现状：**云南西部，留鸟，常见。

体长：60cm　LC（低度关注）

斑嘴鸭 *Anas zonorhyncha* Eastern Spot-billed Duck 鸭科 Anatidae

■迷鸟 ■留鸟 ■旅鸟 ■冬候鸟 ■夏候鸟

形态：雌雄相似。虹膜褐色，下颊纹黑色，喙黑色而端黄色，尖端有一黑点是其鲜明的特征。通体褐色，头颈部色浅，全身具深色纵纹。眉纹白色，过眼纹黑色，翼镜蓝紫色，三级飞羽白色。脚红色。**习性：**见于湖泊、河流、沼泽、稻田、河口等多种生境。常结大群与其他鸭类混群。**分布与种群现状：**全国均有分布，常见。

体长：60cm　LC（低度关注）

针尾鸭 *Anas acuta* Northern Pintail 鸭科 Anatidae

■迷鸟 ■留鸟 ■旅鸟 ■冬候鸟 ■夏候鸟

形态：虹膜褐色，喙蓝灰色。体型修长。雄性头至后颈栗色，前颈白色，向上渐窄延伸至颈侧，尾羽黑色且长似针状。雌性灰棕色，尾相对其他种类较尖。翼镜褐色。脚灰色。**习性：**在沼泽、河流、湖泊、河口等浅水或水面觅食，冬季集大群，常与其他鸭类混群。**分布与种群现状：**西北地区，越冬于长江及以南大部分地区，常见。

体长：55cm　LC（低度关注）

绿翅鸭 *Anas crecca* Eurasian Teal 鸭科 Anatidae

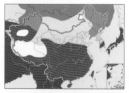

■迷鸟 ■留鸟 ■旅鸟 ■冬候鸟 ■夏候鸟

形态：虹膜褐色，喙灰色。雄鸟头颈栗色，眼周至后颈侧有一墨绿色宽带，两色以黄色细线相隔，尾部两侧有黄色三角形斑；雌性暗棕色，有深色过眼纹。绿色翼镜。脚灰色。**习性：**见于大部分湿地和水体类型。冬季成大群与其他鸭类混群。**分布与种群现状：**新疆和东北地区，夏候鸟；黄河以南大部分地区，冬候鸟。常见。

体长：37cm　LC（低度关注）

美洲绿翅鸭 *Anas carolinensis* Green-winged Teal 鸭科 Anatidae

■迷鸟 ■留鸟 ■旅鸟 ■冬候鸟 ■夏候鸟

形态： 虹膜暗褐色，喙黑色。雌鸟有时基部染黄色。雄鸟似绿翅鸭，但胸部两侧各有一条粗白色纵纹，绿色眼罩边缘的黄色细线更加细而色浅。脚肉色或深色。

习性： 喜水生植物丰富的湖泊和池塘。喜与其他河鸭混群活动。飞行迅速而振翅快速有力。**分布与种群现状：** 河北、广东、香港，迷鸟。罕见。

注：在《中国观鸟年报—中国鸟类名录6.0（2018）》中列出，由绿翅鸭 *Anas crecca* 亚种提升为种（Sangster et al. 2001）。

体长：36cm NR（未认可）

琵嘴鸭 *Spatula clypeata* Northern Shoveler 鸭科 Anatidae

■迷鸟 ■留鸟 ■旅鸟 ■冬候鸟 ■夏候鸟

形态： 虹膜褐色。雄鸟喙黑色，雌鸟喙橘黄褐色。雄性头、颈墨绿色有金属光泽，胸及两胁白色，腹部栗色。雌性有深色过眼纹。前宽后窄形似琵琶的扁喙是其主要特征。脚橘黄色。

习性： 喜水生植物丰富的湖泊、河流、沿海沼泽、潟湖等浅水水域。冬季集大群，常与其他鸭类混群。**分布与种群现状：** 分布范围广，夏候鸟、冬候鸟、旅鸟，常见。

体长：50cm LC（低度关注）

白眉鸭 *Spatula querquedula* Garganey 鸭科 Anatidae

■迷鸟 ■留鸟 ■旅鸟 ■冬候鸟 ■夏候鸟

形态： 虹膜栗色，喙黑色。雄性头部紫棕色，显著的白色眉纹延伸至颈后。胸部具深色斑纹，胁部灰白，尾棕色。雌性似绿翅鸭，而有白色眉纹和颊纹。翼镜绿褐色。脚蓝灰色。

习性： 繁殖于混交林、草原中植被良好的小湖泊和池塘。冬季见于潟湖、淡水湖泊等。**分布与种群现状：** 繁殖于西北和东北地区，越冬于南方大部分地区，不常见。

体长：40cm LC（低度关注）

花脸鸭 *Sibirionetta formosa* Baikal Teal 鸭科 Anatidae

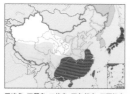

■迷鸟 ■留鸟 □旅鸟 ■冬候鸟 ■夏候鸟

形态：虹膜褐色，喙灰色。雄性有前黄后绿、特征鲜明的脸部色斑，不易误认；雌性喙基有明显的浅色圆形斑点。翼镜绿色。脚灰色。**习性：**繁殖于森林苔原及湖泊，越冬于湖泊

非繁殖羽♂

和大的池塘，取食于湿润稻田和浅水湿地。**分布与种群现状：**除甘肃、新疆外，见于各省份。罕见，冬候鸟、旅鸟。

体长：42cm　LC（低度关注）

云石斑鸭 *Marmaronetta angustirostris* Marbled Teal 鸭科 Anatidae

■迷鸟 ■留鸟 □旅鸟 ■冬候鸟 ■夏候鸟

形态：虹膜深褐色，喙蓝灰色。全身浅棕色具灰白色斑点，眼周及眼后颜色深。雌雄同色。喙蓝灰色。脚橄榄绿至暗淡黄色。**习性：**生活于干旱地区水生植物丰富的淡水湖泊及沼泽湿地。包括季节性和半永久性的湿地。**分布与种群现状：**新疆西北部。迷鸟，偶见。

体长：40cm　VU（易危）

赤嘴潜鸭 *Netta rufina* Red-crested Pochard 鸭科 Anatidae

■迷鸟 ■留鸟 □旅鸟 ■冬候鸟 ■夏候鸟

形态：虹膜红褐色。雄鸟喙橘红色，雌鸟喙黑色而端黄。雄鸟头部棕色，后颈、胸、腹部中央、尾黑色，胁部白色，上体棕色。雌鸟头顶和枕部灰棕色，脸部色浅，其余部位浅灰棕色。雄鸟脚粉红色，雌鸟脚灰色。**习性：**栖息于边缘有芦苇的湖泊、水库、潟湖和湿地。**分布与种群现状：**新疆和内蒙古，夏候鸟；西南地区，冬候鸟；其他地区偶见。

体长：55cm　LC（低度关注）

帆背潜鸭 *Aythya valisineria* Canvasback 鸭科 Anatidae

■迷鸟 ■留鸟 ■旅鸟 ■冬候鸟 ■夏候鸟

形态： 雄鸟虹膜红色，雌鸟虹膜深褐色，喙黑色。似红头潜鸭而体型大。雄鸟头大、略尖、额平直，额连同喙黑色。头、颈红棕色，喙基部黑色，背、腹灰白色，胸、腰及尾上覆羽黑色。尾下覆羽黑色。雌鸟头、颈褐色，身体灰褐色。脚蓝灰色。**习性：** 栖息于沼泽、河流、湖泊、海岸湿地。**分布与种群现状：** 台湾，迷鸟，罕见。

体长：56cm　LC（低度关注）

红头潜鸭 *Aythya ferina* Common Pochard 鸭科 Anatidae

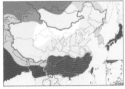

■迷鸟 ■留鸟 ■旅鸟 ■冬候鸟 ■夏候鸟

形态： 虹膜雄鸟红色而雌鸟褐色，喙灰色而端黑色。雄鸟头、颈栗色，胸、尾部黑色，其余部位灰色。雌鸟头、胸、尾部灰棕色，眼后有一条浅带，眼先和下颌色浅，身体浅灰色。似帆背潜鸭而头顶较平，喙基无黑色。脚灰色。**习性：** 栖息于水生植物丰富的湖泊、池塘、海岸、潟湖，潜水取食。**分布与种群现状：** 除海南外，见于各省份。不常见。

体长：46cm　VU（易危）

青头潜鸭 *Aythya baeri* Baer's Pochard 鸭科 Anatidae

■迷鸟 ■留鸟 ■旅鸟 ■冬候鸟 ■夏候鸟

形态： 雄鸟虹膜白色，雌鸟虹膜褐色，喙蓝灰色。雄鸟头、颈部黑绿色，具金属光泽，上体深棕色，胸部栗色，两胁浅栗色，与腹部白色形成齿状，尾部有白斑；雌鸟全身黑褐色，体羽色淡无光泽，喙基有淡色圆斑。**习性：** 栖息于多芦苇的湖泊、池塘、沼泽等，以水生植物为食。**分布与种群现状：** 中东部地区，夏候鸟、旅鸟、冬候鸟，罕见。

繁殖羽 ♂

非繁殖羽 ♂

体长：45cm　CR（极危）

白眼潜鸭 *Aythya nyroca* Ferruginous Duck 鸭科 Anatidae

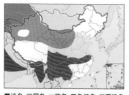

■迷鸟 ■留鸟 ■旅鸟 ■冬候鸟 ■夏候鸟

♀

♂

形态：虹膜雄鸟白色，雌鸟深褐色，喙黑色。雄鸟头、胸、胁部深栗色，尾下覆羽、下腹、翼镜白色，其余部位黑褐色。雌鸟色浅，似青头潜鸭而两胁无白色。飞行时可见明显的白色翼斑。脚蓝灰色。**习性**：常成对或小群活动。杂食性，以植物性食物为主。**分布与种群现状**：西北部，夏候鸟；西南部，冬候鸟；数量不多，罕见。

体长：41cm　NT（近危）

凤头潜鸭 *Aythya fuligula* Tufted Duck 鸭科 Anatidae

■迷鸟 ■留鸟 ■旅鸟 ■冬候鸟 ■夏候鸟

繁殖羽♀

♂

形态：虹膜黄色，喙灰色。雄鸟上体黑色具紫色金属光泽，胁部、翼镜和下腹白色，冠羽是其主要特征。雌鸟深棕色，冠羽较短，似斑背潜鸭，但喙基白斑不明显。脚灰色。**习性**：性喜成群，常与其他潜鸭混群，主要取食动物性食物，也吃少量水生植物。**分布与种群现状**：分布范围广，夏候鸟、旅鸟、冬候鸟，常见。

体长：42cm　LC（低度关注）

斑背潜鸭 *Aythya marila* Greater Scaup 鸭科 Anatidae

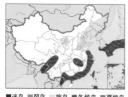

■迷鸟 ■留鸟 ■旅鸟 ■冬候鸟 ■夏候鸟

形态：虹膜黄色略显白，喙灰蓝色。雄鸟头、颈黑绿色具金属光泽，胸、尾黑色，胁部白色，背部有灰白色蠕虫状斑纹。雌性棕色，喙基有标志性大块白斑。脚灰色。**习性**：活动于沿海或内陆水体，主要以水生动物为食，辅以植物叶、茎、种子等。**分布与种群现状**：见于中东部地区，冬候鸟、旅鸟，少见。

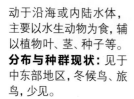

♂

♂

♀

体长：48cm　LC（低度关注）

小绒鸭 *Polysticta stelleri* Stellers's Eider 鸭科 Anatidae

形态：虹膜红褐色，喙蓝灰色。雄鸟头、胸、胁部黄白色，眼周黑色，枕部、下颌、领环、胸两侧各有一黑斑，尾部黑色。黑白相间的三级飞羽下垂。雌鸟褐色，眼周色浅，翼镜绿色。脚蓝灰色。**习性：**性喜成群，栖息于淡水和沿海水域。主要取食动物性食物，也吃少量植物性食物。**分布与种群现状：**东北和华北地区，冬候鸟、迷鸟，罕见。

体长：45cm　VU（易危）

丑鸭 *Histrionicus histrionicus* Harlequin Duck 鸭科 Anatidae

形态：虹膜深褐色，喙灰色。雄鸟大体黑、白、棕色相间，戏剧脸谱样的面部是其主要特征。雌性深棕色，眼先及耳后有白色斑块。脚灰色。**习性：**繁殖于山间溪流，冬季喜多岩石的沿海水域。善潜水。主要以动物性食物为食。较少混群。**分布与种群现状：**中东部地区，夏候鸟、旅鸟，罕见。

体长：42cm　LC（低度关注）

斑脸海番鸭 *Melanitta fusca* Velvet Scoter 鸭科 Anatidae

形态：雄鸟虹膜白色而雌鸟褐色。雄鸟眼后有一半月形白斑，上喙基部有一黑色瘤状体，其余为粉红色及黄色，通体黑色；雌鸟眼下方有两大明显白斑，通体褐色。脚带粉色。**习性：**繁殖期主要栖息于内陆湖泊和大的水塘中，冬季主要栖息于沿海海域。常频繁潜水。**分布与种群现状：**东部、东南沿海及长江中下游湖泊，冬候鸟、旅鸟，罕见。

体长：56cm　LC（低度关注）

黑海番鸭 *Melanitta americana* Black Scoter 鸭科 Anatidae

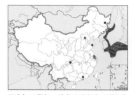

■迷鸟 ■留鸟 ■旅鸟 ■冬候鸟 ■夏候鸟

形态: 虹膜深褐色,喙黑色。雄鸟通体黑色,上喙基部膨大形成一黄色肉瘤。雌鸟通体烟灰褐色,眼下至前颈色浅。脚深灰色。**习性:** 栖息于河口、海港。**分布与种群现状:** 中部及东部沿海,迷鸟、冬候鸟,罕见。

♂

♀

体长: 50cm NT(近危)

长尾鸭 *Clangula hyemalis* Long-tailed Duck 鸭科 Anatidae

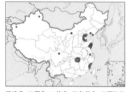

■迷鸟 ■留鸟 ■旅鸟 ■冬候鸟 ■夏候鸟

形态: 雄鸟虹膜暗黄色,雌鸟虹膜灰色,喙灰色且雄鸟近喙尖处有粉红色带。雄鸟繁殖期脸白色,胁部污白色,其余部位全黑色,中央尾羽特长;非繁殖期头、颈白色,后颊有一大块黑斑。雌性繁殖期体色似雄鸟,无长尾羽;非繁殖期脸白,顶冠、前额及耳斑黑色,尾部白色,其余部位暗棕色。脚灰色。**习性:** 繁殖于苔原湖泊和沼泽苔原,冬季喜欢石质或砂质的海岸水域,偶见于港口或内陆湖泊、河流。**分布与种群现状:** 分布范围较广,冬候鸟,罕见。

非繁殖羽♂

繁殖羽♀

繁殖羽♂

体长: 58cm 繁殖羽 VU(易危)

鹊鸭 *Bucephala clangula* Common Goldeneye 鸭科 Anatidae

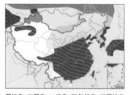

■迷鸟 ■留鸟 ■旅鸟 ■冬候鸟 ■夏候鸟

形态: 虹膜黄色,喙近黑色。雄鸟头、上颈黑色具绿色金属光泽,喙基具大块白斑。雌鸟头、上颈褐色,具白色前颈环,体羽灰色具深色纵纹。脚黄色。**习性:** 性机警而胆怯,游泳时尾翘起。善潜水。**分布与种群现状:** 繁殖于东北地区,除海南外,见于各省份,不常见。

♂

♀

♂

体长: 48cm LC(低度关注)

斑头秋沙鸭 *Mergellus albellus* Smew 鸭科 Anatidae

形态: 虹膜褐色,喙铅灰色。雄鸟大体黑白两色,冠羽白色,后枕黑色,眼周至喙角具标志性大块黑斑,体侧可见三条黑色斜纹。雌鸟从上喙基部至后颈栗褐色,颊及前颈白色,背羽黑褐色。脚灰黑色。**习性:** 营巢于树洞中,冬季集小群,潜水觅食。**分布与种群现状:** 分布范围广,冬候鸟、夏候鸟。

体长:42cm LC(低度关注)

普通秋沙鸭 *Mergus merganser* Common Merganser 鸭科 Anatidae

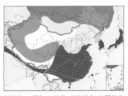

形态: 虹膜褐色,喙红色。雄鸟头、背部墨绿色具金属光泽,冠羽不明显,胸部及下体白色。雌鸟头和上颈棕褐色,头顶部色深,上体灰色,下体白色,具白色翼镜。脚红色。**习性:** 栖息在河流、湖泊、河口、海湾等多种水域,冬季集大群,善潜水,吃鱼。**分布与种群现状:** 各省份均可见,较其他秋沙鸭常见。

体长:68cm LC(低度关注)

红胸秋沙鸭 *Mergus serrator* Red-breasted Merganser 鸭科 Anatidae

■迷鸟 ■留鸟 ■旅鸟 ■冬候鸟 ■夏候鸟

形态: 虹膜红色,喙红色。雄鸟头及上颈黑色具绿色金属光泽,具长而分叉的稀疏冠羽,颈白色,颈下至胸棕红色,胸侧黑色并具多个白斑,两胁有蠕虫状细纹。雌鸟头棕褐色,冠羽深棕色,胸部棕红色。脚橘黄色。**习性:** 冬季相对其他秋沙鸭更偏好沿海咸水水域。**分布与种群现状:** 东北部,夏候鸟;东南沿海,冬候鸟;偶见于云南东南部。少见。

体长:53cm LC(低度关注)

中华秋沙鸭 *Mergus squamatus* Scaly-sided Merganser 鸭科 Anatidae

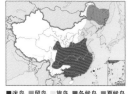

■迷鸟 ■留鸟 ■旅鸟 ■冬候鸟 ■夏候鸟

形态: 虹膜褐色,喙鲜红色。雄鸟头黑色具绿色金属光泽,冠羽长,背黑色,胸及下体白色,体侧具明显黑色鳞状斑纹。雌鸟头、颈棕色,冠羽短,上体灰褐色,其余部位白色,体侧具鳞状斑纹。脚橘黄色。**习性:** 繁殖于多溪流的林间树洞。越冬于开阔的淡水水域。成对或以家族为群。协作潜水捕鱼。**分布与种群现状:** 东北地区,夏候鸟;中部及南方大部分地区,冬候鸟。罕见。

体长:58cm EN(濒危) 国家I级重点保护野生动物

白头硬尾鸭 *Oxyura leucocephala* White-headed Duck 鸭科 Anatidae

■迷鸟 ■留鸟 ■旅鸟 ■冬候鸟 ■夏候鸟

形态: 雄鸟虹膜黄色,雌鸟虹膜淡黄色,雄鸟喙亮蓝色,喙基膨大,雌鸟喙暗灰色,喙基膨大较小。雄鸟头白色,头顶和领部黑色,体羽棕色,尾羽长尖,常挺立于水面。雌鸟色暗,颊部有明显深色横纹。脚灰色,蹼黑色或红色。**习性:** 栖息于水生蠕虫和挺水植物丰富的淡水湖泊。极怕人,稍有动静即起飞。善于游泳和潜水。**分布与种群现状:** 新疆,夏候鸟,少见;湖北,迷鸟,罕见。

雏鸟

体长:46cm EN(濒危)

III. 鹈鹛目 PODICIPEDIFORMES

　　鹈鹛目鸟类为小型游禽，全身羽毛柔软密集，嘴呈锥形。喜欢栖息在淡水湖泊和池塘中，善于游泳和潜水，飞翔能力较差，受惊吓时常贴水面飞行或潜水。食物主要为小鱼、虾、水生昆虫、软体动物和水生植物。鹈鹛目鸟类分布广泛，世界各大洲均有分布。主要类群为鹈鹛科。本书本目共收集有1科5种。

鹈鹛科 Podicipedidae

小鹈鹛 *Tachybaptus ruficollis* Little Grebe　鹈鹛科 Podicipedidae

■迷鸟 ■留鸟　旅鸟　冬候鸟　夏候鸟

形态：雌雄相似。虹膜黄色，喙黑色。繁殖期下颌至颈侧栗色，喙基有明显黄斑。头顶至背部和胸黑褐色，下体灰白色。非繁殖期下颌至前颈灰白色，颈侧和胸浅灰褐色，背部浅棕色。幼鸟头颈部有明显白色斑纹。**习性：**栖息于水流缓慢的淡水水域。善潜水。繁殖期单独或成对活动，非繁殖期有时集群。以水生无脊椎动物和小鱼为食。**分布与种群现状：**除青藏高原和西北荒漠地区外各地常见，夏候鸟、留鸟。

非繁殖羽

繁殖羽

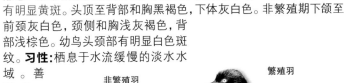

体长：27cm　LC（低度关注）

赤颈鹈鹛 *Podiceps grisegena* Red-necked Grebe　鹈鹛科 Podicipedidae

■迷鸟 ■留鸟　旅鸟　冬候鸟　夏候鸟

形态：虹膜褐色，喙偏黑色，基部黄色，枕部略具羽冠。繁殖期下颌、脸颊灰白色，前颈、颈侧和上胸部栗色。头顶至背部黑褐色，胁部浅棕色，下体灰白色。非繁殖期头顶至背部灰色，颊部、前颈至上胸白色，胁部灰色。**习性：**单独或成对活动，偶尔结小群。性机警，多远离岸边活动。**分布与种群现状：**东北地区北部，夏候鸟；新疆，旅鸟；北京、天津、福建、广东等地，迷鸟。罕见。

繁殖羽

非繁殖羽

繁殖羽

体长：45cm　LC（低度关注）　国家Ⅱ级重点保护野生动物

凤头鸊鷉 *Podiceps cristatus* Great Crested Grebe 鸊鷉科 Podicipedidae

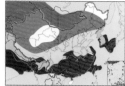

■迷鸟 ■留鸟 ■旅鸟 ■冬候鸟 ■夏候鸟

非繁殖羽

繁殖羽

形态：雌雄相似。虹膜红色，喙粉红色。眼先黑色，面颊、喉至下体白色，后颈至背灰褐色。繁殖期头顶有黑色冠羽，头侧有棕黑色领状饰羽，胁部棕色。冬季羽色暗淡，无冠羽及饰羽，胁部灰色。**习性：**常成对活动在开阔水面。游泳时颈常和水面保持垂直姿势。有复杂的求偶行为。**分布与种群现状：**我国大部分地区常见。北方为夏候鸟，南方为冬候鸟。

体长：50cm　LC（低度关注）

角鸊鷉 *Podiceps auritus* Horned Grebe 鸊鷉科 Podicipedidae

■迷鸟 ■留鸟 ■旅鸟 ■冬候鸟 ■夏候鸟

形态：雌雄相似。虹膜红色，喙黑色，喙端偏白，体态紧实，略具冠羽。繁殖期头顶至背黑色，从喙基到枕后有一道由窄渐宽的金黄色冠羽，颈侧饰羽黑色，胸和腹侧栗红色；冬季黑色头冠延伸至眼下，面颊、喉至下体白色。**习性：**单只或成对活动，迁徙季节和冬季亦成小群。**分布与种群现状：**新疆西部、青海湖和内蒙古，夏候鸟；东部地区为旅鸟或冬候鸟。罕见。

繁殖羽

非繁殖羽

体长：33cm　VU（易危）　国家Ⅱ级重点保护野生动物

黑颈鸊鷉 *Podiceps nigricollis* Black-necked Grebe 鸊鷉科 Podicipedidae

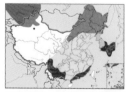

■迷鸟 ■留鸟 ■旅鸟 ■冬候鸟 ■夏候鸟

形态：雌雄相似。虹膜红色，喙黑色，略上翘。繁殖期上体黑色，头部具黑色冠羽，眼后、头侧具醒目的金黄色耳羽，胁部红褐色。冬季头部无饰羽，黑色较角鸊鷉多，喉及下体白色，颈灰色。幼体似非繁殖羽但耳覆羽和颈部棕色。**习性：**成对或小群活动在开阔水面。繁殖期多在挺水植物丛中或附近水域活动。**分布与种群现状：**新疆西部和东北地区，夏候鸟；在华南和西南地区，冬候鸟；中东部地区，旅鸟。较常见。

非繁殖羽

繁殖羽

体长：30cm　LC（低度关注）

IV. 红鹳目 PHOENICOPTERIFORMES

红鹳目鸟类又被称为"火烈鸟"，嘴侧扁且高，从中间开始向下弯曲，颈部长而弯曲，腿部十分长。主要栖息在湖泊、水滨，喜欢滩涂，常大群活动。食物主要为动物性食物，如虾、昆虫等，有时也取食藻类。分布于南美、非洲，在中国有大红鹳的零星记录。仅有红鹳科一个类群。本书本目共收集有1科1种。

红鹳科 Phoenicopteridae

大红鹳 *Phoenicopterus roseus* Greater Flamingo 红鹳科 Phoenicopteridae

■迷鸟 ■留鸟 旅鸟 ■冬候鸟 ■夏候鸟

形态： 雌雄相似。虹膜近白色，倒钩状粗大的喙粉红而端黑色。体羽白色，翅上覆羽沾粉红色，飞羽黑色。颈、腿甚细长，脚粉红色，具蹼。亚成鸟灰褐色，喙灰色端部黑色，下体和尾部沾粉色。**习性：** 栖息于盐水湖泊、沼泽及礁湖的浅水地带，觅食时将头伸入水中来回扫动滤食。**分布与种群现状：** 新疆，旅鸟；在中东部地区为罕见迷鸟。

体长：130cm LC（低度关注）

65

V. 鸽形目 COLUMBIFORMES

鸽形目鸟类身体短圆，嘴短，翅型多样，均强健有力，飞行时可听到振翅声，雌雄形态相似。栖息生境比较多样，主要以树栖为主，栖息于山地森林中，常见的一些种类也常出现在农田、空地等人工环境中。该目鸟类食物主要以植物为主。因体型较大，常成捕猎对象。主要类群为鸠鸽科。本书本目共收集有1科33种。

鸠鸽科 Columbidae

原鸽 *Columba livia* Rock Pigeon 鸠鸽科 Columbidae

■迷鸟 ■留鸟 ■旅鸟 ■冬候鸟 ■夏候鸟

形态：雌雄相似。虹膜褐色，喙角质色。体羽灰色，头及胸部具紫绿色金属光泽，翼具两道黑色横斑，尾羽、尾上覆羽浅灰色，端斑黑色。脚深红色。**习性：**栖息于山地悬崖峡谷、荒漠、平原，适应城市生活。集群活动，地面取食。为家鸽的祖先。**分布与种群现状：**西北部地区，留鸟，地方性常见。家鸽的野化种群为本种的亚种，见于我国多数城市地区及乡村。

体长：29~37cm （LC）低度关注

岩鸽 *Columba rupestris* Hill Pigeon 鸠鸽科 Columbidae

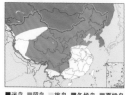

■迷鸟 ■留鸟 ■旅鸟 ■冬候鸟 ■夏候鸟

形态：雌雄相似。虹膜浅褐色，喙黑色，蜡膜肉色。体羽灰色，头及胸部具紫绿色金属光泽，翼具两道黑色横斑，和原鸽的主要区别是腹部和背部颜色较浅，尾上有宽阔的偏白色次端带。脚红色。**习性：**白天常在悬崖短暂停息，多成群夜宿于悬崖缝或石块洞穴中，常与原鸽集群或常集群活动。**分布与种群现状：**分布范围广，留鸟，常见。

体长：31cm （LC）低度关注

雪鸽 *Columba leuconota* Snow Pigeon 鸠鸽科 Columbidae

■迷鸟 ■留鸟 旅鸟 ■冬候鸟 ■夏候鸟

形态：雌雄相似。虹膜黄色，喙深灰色，蜡膜洋红色。头黑灰色，颈、下背及下体白色，上背褐灰色，翼具三条黑色横带。尾羽黑灰色，尾中部具白色横带。脚浅红色。**习性**：常见于海拔3000~5200m的适合环境下，尤其在喜马拉雅山脉较湿润的地区。栖息于高山裸岩河谷的林地和灌丛中，在雪线附近集群活动，冬季往低海拔地区迁移。**分布与种群现状**：甘肃南部、青海、西藏东部和东南部、云南西北部、四川西部，留鸟。

体长：35cm （LC）低度关注

欧鸽 *Columba oenas* Stock Dove 鸠鸽科 Columbidae

■迷鸟 ■留鸟 旅鸟 ■冬候鸟 ■夏候鸟

形态：雌雄相似。虹膜褐色，喙黄色。体羽灰色，颈侧羽毛具紫绿色金属光泽，胸偏粉色，翼具两条黑色横带，腰及尾灰色，尾端斑黑色。脚红色。**习性**：栖息于山地森林，飞行较快，有振翅声。**分布与种群现状**：新疆，留鸟，罕见。

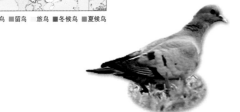

体长：31cm LC（低度关注）

中亚鸽 *Columba eversmanni* Pale-backed Pigeon 鸠鸽科 Columbidae

■迷鸟 ■留鸟 旅鸟 ■冬候鸟 ■夏候鸟

形态：雌雄相似。虹膜黄色，喙灰黄色。体羽灰色，眼圈浅黄色且眼圈宽，颈侧部分羽毛具紫绿色金属光泽，头顶和上胸粉红色，下背白色，尾羽具宽阔黑色端斑。脚肉色。**习性**：栖息于山地森林，荒漠、山间平原、水源低地。多栖息树上。**分布与种群现状**：新疆、甘肃，夏候鸟，罕见。

体长：30cm VU（易危）

斑尾林鸽 *Columba palumbus* Wood Pigeon 鸠鸽科 Columbidae

■迷鸟 ■留鸟 ■旅鸟 ■冬候鸟 ■夏候鸟

形态: 雌雄相似。虹膜黄色,喙偏红色。头灰色,颈两侧羽毛具绿色金属光泽并具标志性大块白斑,胸粉红色,尾上部灰色,尾羽具黑色端斑,脚红色。

习性: 栖息山地林地。集群活动,飞行迅速。**分布与种群现状:** 新疆,留鸟,罕见。

体长: 38~44.5cm LC (低度关注) 国家Ⅱ级重点保护野生动物

斑林鸽 *Columba hodgsonii* Speckled Wood Pigeon 鸠鸽科 Columbidae

■迷鸟 ■留鸟 ■旅鸟 ■冬候鸟 ■夏候鸟

形态: 虹膜灰白,喙黑色,喙基紫色。头、颈和上胸银灰色,颈部羽毛形长具端环,下胸具红褐色斑纹,上背褐红色,下背灰色,翼上有白色斑点。脚黄绿色,爪艳黄色。**习性:** 栖息于海拔1800~3300m范围内山区林地。集群于树冠层活动。**分布与种群现状:** 甘肃东南部、西藏东南部、云南西部、四川,留鸟,常见。

体长: 38cm LC (低度关注)

灰林鸽 *Columba pulchricollis* Ashy Wood Pigeon 鸠鸽科 Columbidae

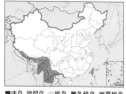

■迷鸟 ■留鸟 ■旅鸟 ■冬候鸟 ■夏候鸟

形态: 雌雄相似。虹膜白色至黄色,喙灰绿色,基部紫色。头淡灰色,喉白色,枕具特征性的宽阔皮黄色并带黑色鳞状斑的颈环,胸灰,渐变为灰白色的臀,背及下体色浅。脚红色。**习性:** 栖息于海拔1200~3200m以下山区林地。胆怯,躲藏林中活动。**分布与种群现状:** 西藏南部及东南部、云南西部的阔叶林中,留鸟,罕见;台湾,留鸟,少见,且分布局限。

体长: 35cm LC (低度关注)

紫林鸽 *Columba punicea* Pale-capped Pigeon 鸠鸽科 Columbidae

■迷鸟 ■留鸟 □旅鸟 ■冬候鸟 ■夏候鸟

形态： 雌雄相似。虹膜黄至红色，喙浅灰色，基部洋红、额、头顶及枕部银灰色，脸及下体黄褐色，背及翼栗褐色，体羽具紫、绿色金属光泽，背上及颈侧的绿色最为明显，尾羽黑褐色。脚绯红色。**习性：** 栖息于山地林缘。飞行快而有力。**分布与种群现状：** 西藏南部和海南，留鸟，罕见。

体长：36~40.5cm VU（易危）

黑林鸽 *Columba janthina* Japanese Wood Pigeon 鸠鸽科 Columbidae

■迷鸟 ■留鸟 □旅鸟 ■冬候鸟 ■夏候鸟

形态： 雌雄相似。虹膜深褐色，喙深蓝色。体羽通体近黑色，头、上体具紫色金属光泽，颈侧有绿色金属闪辉。脚红色。**习性：** 栖息于海岛或海岸林区。集群活动。**分布与种群现状：** 山东半岛，迷鸟；台湾，夏候鸟。罕见。

体长：37~43.5cm NT（近危）

欧斑鸠 *Streptopelia turtur* European Turtle Dove 鸠鸽科 Columbidae

■迷鸟 ■留鸟 □旅鸟 ■冬候鸟 ■夏候鸟

形态： 雌雄相似。虹膜黄色，喙灰色。体羽粉褐色，头顶及枕部蓝灰色，颈侧具黑白相间的条形斑纹，翼覆羽褐色，下体淡粉棕色。脚粉红色。**习性：** 见于次生林地及农田。**分布与种群现状：** 甘肃东北部、内蒙古西部、青海西南部、新疆、西藏西部，留鸟，较常见。

体长：24~29cm VU（易危）

69

山斑鸠 *Streptopelia orientalis* Oriental Turtle Dove 鸠鸽科 Columbidae

■迷鸟 ■留鸟 ■旅鸟 ■冬候鸟 ■夏候鸟

形态: 雌雄相似。虹膜黄色,喙灰色。颈侧具黑白相间的条状斑纹,上体多灰色具棕色羽缘并形成扇贝样斑纹,下体淡粉色,尾深灰色。脚粉红色。**习性:** 栖息于低山丘陵、平原、林地、果园和农田。落地时有滑翔动作。**分布与种群现状:** 见于全国各地区,东北地区,夏候鸟;其他地区,留鸟。常见且分布广泛。

体长:32cm LC(低度关注)

灰斑鸠 *Streptopelia decaocto* Eurasian Collared Dove 鸠鸽科 Columbidae

■迷鸟 ■留鸟 ■旅鸟 ■冬候鸟 ■夏候鸟

形态: 雌雄相似。虹膜褐色,喙灰色。头顶灰色,后颈具黑白色半领圈,上体粉灰色,下体浅灰色。脚粉红。**习性:** 栖息于平原、丘陵林地和农田。**分布与种群现状:** 西北及华北,留鸟;在西北较为常见,华北少见;安徽、福州、云南,迷鸟。

体长:32cm LC(低度关注)

火斑鸠 *Streptopelia tranquebarica* Red Turtle Dove 鸠鸽科 Columbidae

■迷鸟 ■留鸟 ■旅鸟 ■冬候鸟 ■夏候鸟

形态: 虹膜褐色,喙灰色。特征为颈部黑色的半领圈,领圈前端为白色。雄鸟头、背蓝灰色,初级飞羽黑色,余部大体红褐色,雌鸟色较浅且暗,上体灰褐色,胸粉褐色,腹部灰色。脚红色。**习性:** 栖息于平原、丘陵林地和农田。通常晨昏活动。**分布与种群现状:** 北方地区,夏候鸟;南方地区,留鸟,较常见。

♀

♂

体长:23cm LC(低度关注)

珠颈斑鸠 *Streptopelia chinensis* Spotted Dove 鸠鸽科 Columbidae

■迷鸟 ■留鸟 ■旅鸟 ■冬候鸟 ■夏候鸟

形态：雌雄相似。虹膜橘黄色，喙黑色。上体粉褐色，下体粉红色，后颈及颈侧大块黑斑上具珍珠样白色点斑，尾羽具白色端斑而中央尾羽无。脚红色。**习性：**栖息于山岳丘陵林地、平原和农田。地面取食。**分布与种群现状：**东部地区，留鸟，较常见。

体长：30cm　LC（低度关注）

棕斑鸠 *Streptopelia senegalensis* Laughing Dove 鸠鸽科 Columbidae

■迷鸟 ■留鸟 ■旅鸟 ■冬候鸟 ■夏候鸟

形态：雌雄相似。虹膜褐色，喙灰色。体小，体羽粉褐色。上体棕褐色，头颈粉红色，胸部具黑色点斑，下体近白色，具独特的蓝灰色翼斑。脚粉红色。**习性：**栖息于稀疏的开阔农田。在地上奔走迅速，飞行缓慢。**分布与种群现状：**新疆西北部，留鸟，罕见。

体长：25cm　LC（低度关注）

斑尾鹃鸠 *Macropygia unchall* Barred Cuckoo Dove 鸠鸽科 Columbidae

■迷鸟 ■留鸟 ■旅鸟 ■冬候鸟 ■夏候鸟

形态：虹膜黄色、浅褐色，喙黑色。体羽褐色，头、喉部色浅，后颈具绿色金属光泽，胸粉红色，腹部淡黄色，背及尾部密布黑色细横纹。尾长，飞行时明显。脚红色。雌鸟金属光泽较淡，黑色细横纹从头顶一直延伸到尾部。**习性：**栖息于海拔3000m以下的山地森林，取食果实，常在林冠层快速飞行。叫声低沉易辨识。**分布与种群现状：**喜马拉雅山脉及西南、华南、东南地区南部，留鸟；四川中部、陕西秦岭，夏候鸟，不常见。上海有过迷鸟记录。

体长：38cm　LC（低度关注）　国家Ⅱ级重点保护野生动物

菲律宾鹃鸠 *Macropygia tenuirostris* Philippine Cuckoo Dove

鸠鸽科 Columbidae

■迷鸟 ■留鸟 ■旅鸟 ■冬候鸟 ■夏候鸟

形态： 头、颈及下体红褐色，上体黑褐色，尾长。**习性：** 栖息于茂密雨林。在树冠层活动。**分布与种群现状：** 台湾兰屿岛，留鸟，常见。

体长：38cm　LC（低度关注）　国家Ⅱ级重点保护野生动物

小鹃鸠 *Macropygia ruficeps* Little Cuckoo Dove

鸠鸽科 Columbidae

■迷鸟 ■留鸟 ■旅鸟 ■冬候鸟 ■夏候鸟

形态： 虹膜灰白色。喙褐色，喙尖黑色。体羽红棕色，上体和翼覆羽红褐色且具浅色条纹，头和脸淡红褐色，喉灰白色，颈和胸具深色斑纹；尾羽黑栗色，脚珊瑚红色。**习性：** 栖息于山地森林、林缘。**分布与种群现状：** 云南南部，留鸟，罕见，分布至海拔2000m。

体长：30cm　LC（低度关注）　国家Ⅱ级重点保护野生动物

绿翅金鸠 *Chalcophaps indica* Emerald Dove 鸠鸽科 Columbidae

■迷鸟 ■留鸟 ■旅鸟 ■冬候鸟 ■夏候鸟

形态： 虹膜褐色，喙红色，喙尖橘黄色。前额和眉纹白色。雄性头顶、后颈蓝灰色，雌鸟头顶与后颈红褐色；雄雌颈及下体均为红褐色，腰有灰色横带，翼覆羽翠绿色具金属光泽，尾和飞羽黑色。脚红色。**习性：** 栖息于山地森林。常在路上、沟边奔走迅速，快速低飞，穿林而过。**分布与种群现状：** 华南地区及云南、海南、台湾，留鸟，较常见。

体长：23~28cm　LC（低度关注）

橙胸绿鸠 *Treron bicinctus* Orange-breasted Green Pigeon 鸠鸽科 Columbidae

形态： 虹膜蓝色及红色，喙绿蓝色。脸前部绿色，颈背及上背灰色，黑色的翼上具醒目的黄色纵纹和翼缘，翼覆羽绿褐色，初级飞羽黑色，尾羽灰色，外侧尾羽具黑色次端斑，尾下覆羽棕色。脚深红色。

■迷鸟 ■留鸟 ■旅鸟 ■冬候鸟 ■夏候鸟

雄鸟下体黄绿色，上胸淡紫色，下胸橘色；雌鸟胸部绿色。**习性：** 栖息于热带森林，多在光秃树木上停歇。**分布与种群现状：** 海南，留鸟，罕见。迷鸟见于台湾。

体长：29cm　LC（低度关注）　国家Ⅱ级重点保护野生动物

灰头绿鸠 *Treron pompadora* Pompadour Green Pigeon 鸠鸽科 Columbidae

形态： 虹膜外圈粉红色，内圈浅蓝色，喙蓝灰。似厚嘴绿鸠，但较细的喙全蓝灰色且无明显的眼圈。雄鸟翼覆羽及上背绛紫，胸部染橙红色；雌鸟的特征为尾下覆羽具短的条纹而非横斑。脚红色。**习性：**

■迷鸟 ■留鸟 ■旅鸟 ■冬候鸟 ■夏候鸟

栖息于热带雨林和次生林，集群。其大部分适宜环境已成橡胶园。**分布与种群现状：** 云南南部，留鸟，罕见。

体长：26cm　NT（近危）　国家Ⅱ级重点保护野生动物

厚嘴绿鸠 *Treron curvirostra* Thick-billed Green Pigeon 鸠鸽科 Columbidae

■迷鸟 ■留鸟 ■旅鸟 ■冬候鸟 ■夏候鸟

形态：虹膜黄色，眼周裸皮艳蓝绿色，喙绿色，喙基红色。雄鸟额及头顶灰色，颈绿，背、上背及内侧翼上覆羽绛紫色，下体黄绿色，翼近黑色，具黄色羽缘和一道明显的黄色翼斑，中央尾羽绿色，其余灰色具黑色次端斑，两胁绿色具白斑，尾下覆羽黄褐色；雌鸟背、上背及内侧翼上覆羽部位深绿色。脚绯红色。**习性：**栖息于热带雨林、低地森林、榕树林。**分布与种群现状：**海南、云南南部和西部，留鸟，罕见。迷鸟见于香港、广东。

体长：27cm　LC（低度关注）　国家Ⅱ级重点保护野生动物

黄脚绿鸠 *Treron phoenicopterus* Yellow-footed Green Pigeon 鸠鸽科 Columbidae

■迷鸟 ■留鸟 ■旅鸟 ■冬候鸟 ■夏候鸟

形态：虹膜外圈粉红色，内圈浅蓝色，喙灰色，蜡膜绿色。头灰色。颈、上胸黄绿色，与灰色的下体及狭窄的灰色后颈形成明显的反差，尾上偏绿色，具宽大的深灰色端斑。脚黄色。**习性：**栖息于半常绿阔叶林及次生林。冬季集群。**分布与种群现状：**云南西部和南部，留鸟，罕见。由于栖息生境的丧失及滥猎而数量减少。

体长：33cm　LC（低度关注）　国家Ⅱ级重点保护野生动物

针尾绿鸠 *Treron apicauda* Pin-tailed Green Pigeon 鸠鸽科 Columbidae

■迷鸟 ■留鸟 ■旅鸟 ■冬候鸟 ■夏候鸟

形态：虹膜红色，喙绿色，基部青绿色。尾长达10cm，修长的针形中央尾羽为本种识别特征。雄鸟尾下覆羽黄褐色，胸淡沾橘黄色。雌鸟胸浅绿色，尾下覆羽白色并具深色纵纹。脚绯红。**习性：**栖息于海拔600~1800m的常绿林。**分布与种群现状：**云南西部和中部、四川西部和南部，留鸟，罕见。

体长：30cm　LC（低度关注）国家Ⅱ级重点保护野生动物

楔尾绿鸠 *Treron sphenurus* Wedge-tailed Green Pigeon 鸠鸽科 Columbidae

■迷鸟 ■留鸟 ■旅鸟 ■冬候鸟 ■夏候鸟

形态：虹膜浅蓝至红色，喙基部青绿色，尖端米黄色。头绿色，头顶、胸橙黄色。雄鸟翼覆羽及上背紫栗色，其余翼羽及尾深绿色，臀淡黄具深色纵纹，两胁边缘黄色，尾下覆羽棕黄色。脚红色。雌鸟尾下覆羽及臀浅黄具大块的深色斑纹，无雄鸟的金色及栗色。**习性：**栖息于森林和次生林。树冠层活动。分布于海拔1400~3000m的高山区。**分布与种群现状：**西藏南部、云南、四川中部和西南部、湖北西部，留鸟，罕见。迷鸟见于香港、台湾。

体长：33cm　LC（低度关注）　国家Ⅱ级重点保护野生动物

红翅绿鸠 *Treron sieboldii* White-bellied Green Pigeon 鸠鸽科 Columbidae

■迷鸟 ■留鸟 ■旅鸟 ■冬候鸟 ■夏候鸟

形态：虹膜红色，喙偏蓝。似楔尾绿鸠。整体为黄绿色，脚红色。雄鸟翼覆羽为紫红色，雌鸟绿色，腹部灰黄色，臀部无明显的深色纵纹。**习性：**栖息于

常绿林和次生林。飞行极快。**分布与种群现状：**中部地区，云南富民县，留鸟；东部沿海，冬候鸟；河北，迷鸟，少见。

体长：33cm　LC（低度关注）　国家Ⅱ级重点保护野生动物

红顶绿鸠 *Treron formosae* Whistling Green Pigeon 鸠鸽科 Columbidae

■迷鸟 ■留鸟 ■旅鸟 ■冬候鸟 ■夏候鸟

形态：虹膜红色，喙蓝色。臀及尾下覆羽具绿色及白色鳞状斑，胸绿色，喉黄色，顶冠橘黄色，与楔尾绿鸠区别在上背灰绿色，尾部斑纹

不同，眼红色，眼周裸皮蓝色，脚红色。**习性：**栖息于热带低地常绿林。**分布与种群现状：**台湾岛及兰屿岛，留鸟，罕见。香港，迷鸟。

体长：33cm　NT（近危）　国家Ⅱ级重点保护野生动物

黑颏果鸠 *Ptilinopus leclancheri* Black-chinned Fruit Dove 鸠鸽科 Columbidae

■迷鸟 ■留鸟 ■旅鸟 ■冬候鸟 ■夏候鸟

形态： 虹膜红色，喙黄色，蜡膜红色及黄色。头、前颈和上胸灰白色，黑色的颏及胸部的紫色横带为本种识别特征，下胸灰绿色，腹部奶白色，尾下覆羽浅黄褐色，上体绿色，飞羽黑色。雌鸟头无白色但具胸带，幼鸟同雌鸟但无胸带。喙黄色，下喙基部红色。脚粉红色。**习性：** 栖息于热带常绿阔叶林。树冠层活动。**分布与种群现状：** 台湾，留鸟，罕见。

体长：28cm　LC（低度关注）　国家 II 级重点保护野生动物

绿皇鸠 *Ducula aenea* Green Imperial Pigeon 鸠鸽科 Columbidae

■迷鸟 ■留鸟 ■旅鸟 ■冬候鸟 ■夏候鸟

形态： 雌雄相似。虹膜红褐色，喙蓝灰色，体羽绿色及灰色，头、颈及下体浅粉灰色，尾下覆羽深栗色，上体深绿并具特征性亮铜色。脚深红色。**习性：** 栖息于低地热带常绿阔叶林。**分布与种群现状：** 云南南部、广东、海南，留鸟，罕见。

体长：43cm　LC（低度关注）　国家 II 级重点保护野生动物

山皇鸠 *Ducula badia* Mountain Imperial Pigeon 鸠鸽科 Columbidae

■迷鸟 ■留鸟 ■旅鸟 ■冬候鸟 ■夏候鸟

形态： 雌雄相似。虹膜白、灰或红色，喙绯红，喙端白色。头、颈、胸及腹部酒红灰色，颏及喉白色，上背及翼覆羽深紫，背及腰深灰褐，尾褐黑，具宽大的浅灰色端带，尾下覆羽皮黄色。脚绯红。**习性：** 栖息于山地阔叶林区。**分布与种群现状：** 云南西部和南部、海南，留鸟，地方性常见。

体长：46cm　LC（低度关注）　国家 II 级重点保护野生动物

斑皇鸠 *Ducula bicolor* Pied Imperial Pigeon 鸠鸽科 Columbidae

■迷鸟 ■留鸟 旅鸟 ■冬候鸟 ■夏候鸟

形态: 虹膜深褐色,喙灰黑色。体大,通体淡黄色,初级飞羽和尾羽黑色。脚灰色。**习性:** 似其他皇鸠,喜爱取食果实。**分布与种群现状:** 海南省三沙市南沙群岛,留鸟,地方性常见。

注:在《中国观鸟年报—中国鸟类名录6.0（2018）》中列出,南沙群岛鸟类。

体长:41cm LC（低度关注） 国家Ⅱ级重点保护野生动物

尼柯巴鸠 *Caloenas nicobarica* Nicobar Pigeon 鸠鸽科 Columbidae

■迷鸟 ■留鸟 旅鸟 ■冬候鸟 ■夏候鸟

形态: 虹膜褐色,喙黑灰色。体型粗大,上体蓝绿色,下体黑蓝色,并具金属光泽。颈部亮丽的长型矛状饰羽是其主要特征。脚粉色。**习性:** 似其他果鸠。**分布与种群现状:** 海南省三沙市南沙群岛,留鸟。

注:在《中国观鸟年报—中国鸟类名录6.0（2018）》中列出,南沙群岛鸟类。 **体长:41cm NT（近危）**

VI. 沙鸡目PTEROCLIFORMES

沙鸡目鸟类外形和鸠鸽类相似，常被误纳入鸽形目。嘴基部不具有蜡质，翅长而尖，尾巴较长，后趾消失。主要栖息于沙漠地区，喜群居。食物以植物为主，有时也取食昆虫等。分布范围不甚广，主要集中在北方地区。主要类群为沙鸡科。本书本目共收集有1科3种。

沙鸡科 Pteroclidae

西藏毛腿沙鸡 *Syrrhaptes tibetanus* Tibetan Sandgrouse 沙鸡科 Pteroclidae

■迷鸟 ■留鸟 ■旅鸟 ■冬候鸟 ■夏候鸟

形态： 虹膜褐色，喙角质蓝色。上体土黄色，脸及喉部橙黄色，头顶、颈部和胸部浅色具黑色细横纹，腹部白色。翅浅黄色，初级飞羽黑色为主，雌鸟翅上具细黑色横纹，翼下覆羽黑色。腿及前趾被羽，趾极短，无后趾。脚偏蓝色。**习性：** 多在空旷的滩地、荒漠草原、高山草原、雪原边缘地带集小群活动，冬季向低海拔迁徙。觅食时活动迅速，不太惧人，惊飞后近处落地。**分布与种群现状：** 西部地区，留鸟，常见。

体长：30~41cm　LC（低度关注）

78

毛腿沙鸡 *Syrrhaptes paradoxus* Pallas's Sandgrouse 沙鸡科 Pteroclidae

形态: 虹膜褐色,喙偏绿。上体沙棕色,翅下覆羽白色,次级飞羽具狭窄的黑色缘,腹部具明显黑色斑块,中央尾羽尖长,其他尾羽端斑白色。雄鸟胸部浅灰色,黑色的细横纹形成胸带,雌鸟喉部具一条黑色细横纹,颈侧密布黑色斑点。腿及前趾被羽,无后趾。脚偏蓝色。**习性:** 栖于开阔的草原和半沙漠,也见于灌木区或农田区。飞行速度快,多集群于水源处饮水。**分布与种群现状:** 北方地区,留鸟、夏候鸟、冬候鸟,地方性常见。

体长: 30~41cm　LC(低度关注)

黑腹沙鸡 *Pterocles orientalis* Black-bellied Sandgrouse 沙鸡科 Pteroclidae

形态: 虹膜褐色,喙绿灰色。雄鸟头、颈及喉灰色,颈侧及下脸具栗色块斑。翼上具黑色及黄褐色粗横纹,雌鸟色较浅,喉皮黄色具黑色细横纹,颈、上体的黑色斑点较多。雄、雌鸟下胸及腹部均黑色,胸具皮黄色胸带及黑色项纹。脚灰绿色。**习性:** 栖息于干燥少植被的地区。**分布与种群现状:** 新疆西部,留鸟、旅鸟,罕见。

体长:33~39cm　LC(低度关注)　国家Ⅱ级重点保护野生动物

VII. 夜鹰目 CAPRIMULGIFORMES

夜鹰目鸟类嘴短且软，基部宽阔，须较发达，雌雄相似。该目鸟类主要栖息在森林中，常可见于山地森林的空地，有时也出现在城市建筑物上。为夜行性鸟类，食物以昆虫为主。分布广泛，几乎分布于全世界。主要类群为蟆口夜鹰科、夜鹰科和凤头雨燕科。本书本目共收集有4科22种。

蛙口夜鹰科 Podargidae

黑顶蛙口夜鹰 *Batrachostomus hodgsoni* Hodgson's Frogmouth 蛙口夜莺科 Podargidae

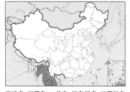

■迷鸟 ■留鸟 ■旅鸟 ■冬候鸟 ■夏候鸟

特征： 虹膜黄褐色，喙扁平、浅角质色。雄鸟上体棕褐色，颏白色，具白色后颈圈，带有黑色和白色斑点，肩部具白带。脚肉色。雌鸟体羽红棕色，少许白斑，肩和胸具大白斑。本种为中国唯一一种蟆口鸱。**习性：** 栖息于山地亚热带常绿林。平卧在树干上，依保护色伪装避敌。夜晚活动，飞行轻快无声。**分布与种群现状：** 云南西部和南部，留鸟，罕见。

♀   ♂

体长：24cm LC（低度关注）

夜鹰科 Caprimulgidae

毛腿夜鹰 *Lyncornis macrotis* Great Eared Nightjar 夜鹰科 Caprimulgidae

■迷鸟 ■留鸟 ■旅鸟 ■冬候鸟 ■夏候鸟

特征: 雌雄相似。虹膜褐色,喙角质色。黑色耳羽,顶冠皮黄色,眉纹红褐色,脸及喉黑色,颈有一白色带,飞行时明显。上体黑色杂有褐色及沙色,胸黑色,翼栗色具蠹斑。下体皮黄色具黑色带。脚褐色。**习性:** 栖息于低山阔叶林、次生林山谷地区。夜行性。**分布与种群现状:** 云南西部和南部,留鸟,罕见。

体长: 31~41cm LC(低度关注)

普通夜鹰 *Caprimulgus indicus* Grey Nightjar 夜鹰科 Caprimulgidae

■迷鸟 ■留鸟 ■旅鸟 ■冬候鸟 ■夏候鸟

特征: 虹膜褐色,喙偏黑。喉下具白斑,上体灰褐色,杂以黑褐色和白色蠹食斑,飞羽具白斑,中央尾羽黑色,外侧4对尾羽有白色次端斑。脚巧克力色。雌鸟飞羽具黄斑,外侧尾羽无白斑。**习性:** 栖息于开阔的阔叶林、针阔混交林地区,也见于城市中。白天卧伏于树干或地面枯叶上,夜晚空中飞扑食昆虫。在裸露的地面或者屋顶上产卵,繁殖期间彻夜鸣叫。**分布与种群现状:** 东部地区,夏候鸟、留鸟、旅鸟,较常见。

体长: 21~24cm LC(低度关注)

欧夜鹰 *Caprimulgus europaeus* European Nightjar 夜鹰科 Caprimulgidae

■迷鸟 ■留鸟 ■旅鸟 ■冬候鸟 ■夏候鸟

特征: 虹膜深褐色,喙深角质色。上体灰褐色,杂灰色和黑色斑,飞羽具白斑,外侧尾羽有白色端斑;下体暗褐色具皮黄色横斑。脚灰色。雌鸟外侧尾羽无白斑。**习性:** 栖息于阔叶林、针阔混交林、荒漠灌丛地区。**分布与种群现状:** 新疆,夏候鸟,罕见。

体长: 24.5~28cm LC(低度关注)

81

埃及夜鹰 *Caprimulgus aegyptius* Egyptian Nightjar 夜鹰科 Caprimulgidae

■迷鸟 ■留鸟 ■旅鸟 ■冬候鸟 ■夏候鸟

特征：虹膜褐色，喙角质色。皮黄色颈圈不明显。翼下偏白，体羽沙灰色或淡黄色，具淡黑褐色杂斑和纵纹。脚灰色。**习性：**栖息于接近水域附近的荒漠与半荒漠的灌丛地区。蹲伏灌丛阴影处。**分布与种群现状：**新疆西部，夏候鸟，不常见。

体长：26cm　LC（低度关注）

长尾夜鹰 *Caprimulgus macrurus* Large-tailed Nightjar 夜鹰科 Caprimulgidae

■迷鸟 ■留鸟 ■旅鸟 ■冬候鸟 ■夏候鸟

特征：虹膜褐色，喙灰褐色，头顶有一条黑带，脸棕色，喉部具白色斑块，体羽灰褐色，具蠹斑，飞羽具抢眼的白色翅斑，外侧两对尾羽端斑白色，雌鸟相应部位为皮黄色。脚灰褐色。**习性：**栖息于山地丘陵及山间平原的开阔林区。**分布与种群现状：**云南南部、海南，留鸟，罕见。区域性常见于海拔1200m以下的林缘及多树的郊野区域，也见于红树林。

体长：30cm　LC（低度关注）

林夜鹰 *Caprimulgus affinis* Savanna Nightjar 夜鹰科 Caprimulgidae

■迷鸟 ■留鸟 ■旅鸟 ■冬候鸟 ■夏候鸟

特征：虹膜褐色，喙红褐色。喉两侧具白斑，体羽灰褐色，翼上具棕色带斑，最外侧两对尾羽除端部外为白色。脚暗红色。雌鸟多棕色但尾部无白色斑纹。**习性：**栖息于开阔干燥低山阔叶林、林缘地带、河滩和海滩。贴地栖息，近垂直起降，呈忽上忽下、扇翅缓慢的飞行姿势。**分布与种群现状：**云南东南部和中部、福建、广东、香港、广西、海南、台湾，留鸟、夏候鸟，常见。

体长：22cm　LC（低度关注）

凤头雨燕科 Hemiprocnidae

凤头雨燕 *Hemiprocne coronata* Crested Treeswift 凤头雨燕科 Hemiprocnidae

■迷鸟 ■留鸟 ■旅鸟 ■冬候鸟 ■夏候鸟

特征：虹膜褐色，喙黑色，脸红褐色，长冠羽，蓝绿色具光泽。上体绿灰色，翼黑绿色，腹白色。脚红色。雌鸟脸灰黑色，尾长，逐渐变细。**习性：**栖息于落叶林、次生林、常绿林。**分布与种群现状：**云南西部和南部，留鸟，罕见。

体长：23~25cm　LC（低度关注）　国家Ⅱ级重点保护野生动物

雨燕科 Apodidae

短嘴金丝燕 *Aerodramus brevirostris* Himalayan Swiftlet 雨燕科 Apodidae

■迷鸟 ■留鸟 ■旅鸟 ■冬候鸟 ■夏候鸟

特征：雌雄相似。虹膜色深，喙黑色。上体烟褐色，下体淡灰褐色，具色稍深的纵纹，腰褐色较淡，但相比戈氏金丝燕要深很多。尾浅叉状。脚黑色。**习性：**山区高空、河流山谷地区。集群栖居岩石洞中。**分布与种群现状：**西藏南部和东南部、云南西部为留鸟；云南中东部、贵州北部、四川东北部和中部、湖北西部为夏候鸟；上海、香港、广西为迷鸟。不常见。河北、天津海岸有记录。

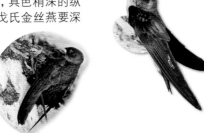

体长：13~14cm　LC（低度关注）

爪哇金丝燕 *Aerodramus fuciphagus* Edible-nest Swiftlet 雨燕科 Apodidae

■迷鸟 ■留鸟 ■旅鸟 ■冬候鸟 ■夏候鸟

特征：雌雄相似。喙细，略下弯，喉灰白色。翅尖长，上体黑褐色，头顶、翅、尾色暗，下体灰褐色，腰灰白色。尾凹不明显。**习性：**海岛及海岸地区。栖居岩石洞中。**分布与种群现状：**海南，留鸟，罕见。

体长：12cm　LC（低度关注）

83

戈氏金丝燕 *Aerodramus germani* Germain's Swiftlet 雨燕科 Apodidae

■迷鸟 ■留鸟 ■旅鸟 ■冬候鸟 ■夏候鸟

特征: 体型极小。喙细,略下弯。喉灰白色。翅尖长,上体黑褐色,头顶、翼、尾色暗;下体灰褐色,腰灰白色。尾略呈叉形。**习性:** 栖于海岛及海岸地区。栖居岩石洞中。**分布与种群现状:** 繁殖于海南东南部的大洲岛,非繁殖期在附近游荡,留鸟,少见。

注:在《中国鸟类野外手册》中列出(《中国观鸟年报—中国鸟类名录6.0(2018)》)。 **体长:11~12cm NR(未认可)**

大金丝燕 *Aerodramus maximus* Black-nest Swiftlet 雨燕科 Apodidae

■迷鸟 ■留鸟 ■旅鸟 ■冬候鸟 ■夏候鸟

特征: 雌雄相似。上体黑褐色,腰稍淡,翅长而宽。尾分叉不明显。**习性:** 林区高空、河流山谷地区。集群栖居岩石洞中。**分布与种群现状:** 西藏东南部,留鸟,少见。

体长:14cm LC(低度关注)

白喉针尾雨燕 *Hirundapus caudacutus* White-throated Needletail 雨燕科 Apodidae

■迷鸟 ■留鸟 ■旅鸟 ■冬候鸟 ■夏候鸟

特征: 雌雄相似。虹膜深褐色,喙黑色。额、颏和喉白色。翼黑色,狭长,具紫绿色金属光泽。尾短,末端呈针状,尾下覆羽白色。脚黑色。**习性:** 多见于山地林区和河流山谷的高空地区。集群栖居岩石洞中。飞行速度快,翱翔、单摆各种飞行姿势,单只或成对飞翔。**分布与种群现状:** 东部地区,夏候鸟、旅鸟、留鸟,常见。

体长:20cm LC(低度关注)

灰喉针尾雨燕 *Hirundapus cochinchinensis* Silver-backed Needletail 雨燕科 Apodidae

■迷鸟 ■留鸟 ■旅鸟 ■冬候鸟 ■夏候鸟

特征：雌雄相似。虹膜深褐色，喙黑色。颏和喉灰色。体羽黑色具蓝色金属光泽，尾下覆羽白色。脚暗紫。**习性：**栖息于海岛、海岸及山地林区。**分布与种群现状：**云南南部、海南岛、广西西南部，夏候鸟；台湾，留鸟。罕见。

体长：18cm　LC（低度关注）　国家Ⅱ级重点保护野生动物

褐背针尾雨燕 *Hirundapus giganteus* Brown-backed Needletail 雨燕科 Apodidae

■迷鸟 ■留鸟 ■旅鸟 ■冬候鸟 ■夏候鸟

形态：体大而健硕，虹膜深褐色，眼先具白色小斑，喙黑色，颏及上喉色浅，上体黑色，上背褐色，胸部黑色，胁部至尾下白形成"V"字状。脚黑色。**习性：**见于开阔区域或林地，高至2000m。**分布与种群现状：**云南西部，少见，夏候鸟；香港，罕见，迷鸟。

体长：21~24cm　LC（低度关注）

紫针尾雨燕 *Hirundapus celebensis* Purple Needletail 雨燕科 Apodidae

■迷鸟 ■留鸟 ■旅鸟 ■冬候鸟 ■夏候鸟

形态：全身紫黑色，背部尤为明显，喉纯黑，眼先和尾下覆羽为醒目的白色，具明显针尾。**习性：**见于开阔地或林地，亦栖息于低地和丘陵，分布在海拔150~1500m区域。**分布与种群现状：**国内仅见于台湾，迷鸟，罕见。

体长：25cm　LC（低度关注）

夜鹰目

85

棕雨燕 *Cypsiurus balasiensis* Asian Palm Swift 雨燕科 Apodidae

■迷鸟 ■留鸟 □旅鸟 □冬候鸟 □夏候鸟

特征：雌雄相似。虹膜深褐色，喙黑色。上体灰褐色，下体及腰淡灰色，翼下覆羽暗。尾叉深。脚偏紫色。**习性：**栖息于低地、村庄。傍晚活跃。在棕榈树叶子下面筑巢。分布至海拔1500m。**分布与种群现状：**云南、海南，留鸟，较常见。

体长：13cm　LC（低度关注）

高山雨燕 *Tachymarptis melba* Alpine Swift 雨燕科 Apodidae

■迷鸟 ■留鸟 □旅鸟 □冬候鸟 □夏候鸟

形态：雌雄相似。体大，翅长。虹膜褐色，喙黑色。上体深褐色，下体白色，具深褐色胸带。尾略开叉。脚黑色。**习性：**见于开阔山区、林地、平原。扇翅较其他雨燕慢。**分布与种群现状：**新疆西部，迷鸟，罕见。

体长：23cm　LC（低度关注）

普通雨燕 *Apus apus* Common Swift 雨燕科 Apodidae

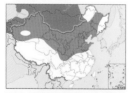

■迷鸟 ■留鸟 □旅鸟 ■冬候鸟 □夏候鸟

特征：雌雄相似。虹膜褐色，喙黑色。额、喉部浅灰褐色，头和上体黑褐色，胸有灰色细纵纹，翼镰刀形，外侧颜色较内侧颜色浅。尾中等分叉。脚黑色。**习性：**见于开阔地、高原及城市，常在土崖及古代建筑物的檐下筑巢。飞行姿势多变，速度快。**分布与种群现状：**东北、华北、华中北部、西北地区，夏候鸟，常见。

体长：16~17cm　LC（低度关注）

白腰雨燕 *Apus pacificus* Fork-tailed Swift 雨燕科 Apodidae

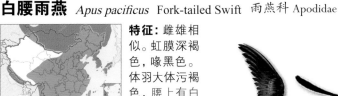

■迷鸟 ■留鸟 ■旅鸟 ■冬候鸟 ■夏候鸟

特征：雌雄相似。虹膜深褐色，喙黑色。体羽大体污褐色，腰上有白斑，尾长且叉深，颏偏白。脚偏紫色。**习性：**成群活动于开阔地区，常常与其他雨燕混合。飞行比针尾雨燕速度慢，进食时做不规则的振翅和转弯。繁殖和越冬时均集群。**分布与种群现状：**长江以北至西北、东北地区，夏候鸟；长江以南地区，留鸟、旅鸟。

体长：18cm　LC（低度关注）

暗背雨燕 *Apus acuticauda* Dark-rumped Swift 雨燕科 Apodidae

■迷鸟 ■留鸟 ■旅鸟 ■冬候鸟 ■夏候鸟

特征：虹膜深褐色，喙黑色。上体羽黑色，胸部沾棕黄色，翼下覆羽端白，腹部有黑褐色与白色点斑。尾分叉，尾下覆羽黑色。脚偏紫色。**习性：**成群活动于开阔地区，栖息于有悬崖峭壁和瀑布的山区。**分布与种群现状：**仅见于云南，冬候鸟，罕见。

体长：18cm　VU（易危）

小白腰雨燕 *Apus nipalensis* House Swift 雨燕科 Apodidae

■迷鸟 ■留鸟 ■旅鸟 ■冬候鸟 ■夏候鸟

特征：雌雄相似。虹膜深褐色，喙黑色。喉白色，体羽黑褐色，腰白色。尾为凹形，不分叉。脚黑褐色。**习性：**栖息于林区、城镇等各生境中。集群或与其他雨燕混群活动。**分布与种群现状：**西南、华南（包括海南）地区，留鸟，常见；华东地区，夏候鸟。

体长：15cm　LC（低度关注）

VIII. 鹃形目 CUCULIFORMES

　　鹃形目鸟类多为中等体型，身上遍布斑纹，一般雌雄颜色差异不大，有些种类雌雄异色。除个别种类外，该目鸟类均为树栖性鸟类，这些物种大部分为迁徙鸟类。其中大杜鹃因为鸣声脍炙人口，迁徙的日期现在被当做物候监测的主要指示物种之一。鹃形目大部分物种有"巢寄生"现象，将卵产于其他鸟类的巢中。鹃形目鸟类地理分布极广，主要类群为杜鹃科。本书本目共收集有1科20种。

杜鹃科 Cuculidae

褐翅鸦鹃 *Centropus sinensis* Greater Coucal 杜鹃科 Cuculidae

■迷鸟 ■留鸟 ■旅鸟 ■冬候鸟 ■夏候鸟

形态：雌雄相似。虹膜红色，喙黑色。上背、翼及翼覆羽栗红色，其余体羽全黑，尾长。脚黑色。**习性：**次生林、竹林和灌木林。多在地面活动，叫声低沉易辨识。**分布与种群现状：**云南、贵州、广东、广西、福建至浙江南部和海南，留鸟，常见。

体长：48cm　LC（低度关注）　国家Ⅱ级重点保护野生动物

小鸦鹃 *Centropus bengalensis* Lesser Coucal 杜鹃科 Cuculidae

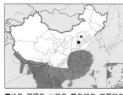

■迷鸟 ■留鸟 ■旅鸟 ■冬候鸟 ■夏候鸟

形态：雌雄相似。虹膜红色，喙黑色，似褐翅鸦鹃但体型较小，色彩暗淡，上背及两翼的栗色较浅，颈部和翼上覆羽，羽轴颜色较浅，形成特征性的纵纹，黑色的尾较长且显得粗壮。亚成鸟颈背部浅色纵纹明显，飞羽和尾羽具黑色横纹。脚黑色。**习性：**低山丘陵灌丛、次生林、果园。性机警。**分布与种群现状：**河南南部及淮河中下游地区、华中及华东地区，夏候鸟；华南地区、海南、台湾，留鸟。较常见。

体长：42cm　LC（低度关注）　国家Ⅱ级重点保护野生动物

绿嘴地鹃 *Phaenicophaeus tristis* Green-billed Malkoha 杜鹃科 Cuculidae

■迷鸟 ■留鸟 ■旅鸟 ■冬候鸟 ■夏候鸟

形态: 雌雄相似。虹膜褐色,眼先黑色,眼周裸皮红色,黄绿色的喙弯曲,粗大。头及下体为浅灰色,喉和胸具特征性黑色纵纹,上体、翼和尾为绿色闪金属辉光,尾极长而末端白色,停歇时尾下形成特征性的白色横斑。脚灰绿色。**习性:** 喜栖于原始林、次生林及人工林中枝叶稠密及藤条缠结处。以昆虫和其他小型无脊椎动物为食,也吃植物果实和种子。性羞怯,不易见。**分布与种群现状:** 西藏东南部、云南、广西西南部、广东西部和南部、海南,留鸟,地方性常见。

体长:55cm LC(低度关注)

红翅凤头鹃 *Clamator coromandus* Chestnut-winged Cuckoo 杜鹃科 Cuculidae

■迷鸟 ■留鸟 ■旅鸟 ■冬候鸟 ■夏候鸟

形态: 雌雄相似。虹膜红褐色,喙黑色。黑色的凤头直立,喉及胸橙褐色,颈圈白色,翼栗色,腹部近白色,背及尾黑色而带蓝色光泽,尾长。脚黑色。亚成鸟上体具棕色鳞状纹,喉及胸白。**习性:** 栖息于山间林地。飞行力不强,多单独活动。寄生种类,繁殖期将卵产在其他鸟类巢中。**分布与种群现状:** 秦岭—淮河以南、西藏东南部和西南部、海南,夏候鸟,常见;台湾,旅鸟,偶见。

体长:45cm LC(低度关注)

斑翅凤头鹃 *Clamator jacobinus* Jacobin Cuckoo 杜鹃科 Cuculidae

■迷鸟 ■留鸟 ■旅鸟 ■冬候鸟 ■夏候鸟

形态: 雌雄相似。虹膜褐色,喙黑色,基部黄色。体羽黑白色,黑色凤头具光泽,上体黑色,下体白色,初级飞羽基部有白斑,尾长,端斑白色。脚灰色。**习性:** 栖息于开放的林地和灌木区。寄生种类,繁殖期将卵产在其他鸟类巢中。**分布与种群现状:** 西藏南部,夏候鸟,罕见。

体长:43cm LC(低度关注)

噪鹃 *Eudynamys scolopaceus* Common Koel 杜鹃科 Cuculidae

■迷鸟 ■留鸟 ■旅鸟 ■冬候鸟 ■夏候鸟

形态：虹膜红色，喙浅绿色。雄鸟全身黑色，雌鸟杂灰褐色，全身布满白色斑点。脚蓝灰色。**习性：**栖息山地、平原密林区。隐蔽于树顶叶下。**分布与种群现状：**东部、西南部地区，夏候鸟、留鸟。

体长：39~46cm LC（低度关注）

翠金鹃 *Chrysococcyx maculatus* Asian Emerald Cuckoo 杜鹃科 Cuculidae

■迷鸟 ■留鸟 ■旅鸟 ■冬候鸟 ■夏候鸟

形态：虹膜红褐色，裸露眼圈橙黄色，喙橙黄色，雄鸟头、上体及胸亮绿色。腹部白色具黑绿色横条纹。雌鸟头顶及枕部棕色，上体铜绿色，下体白色具深皮黄色横斑，亚成鸟头棕色，顶具条纹，飞行时翼下飞羽根部具一白色宽带，脚黑色，喙黄色具黑色端。**习性：**见于海拔1200m以下的阔叶林、低地次生林及果园。**分布与种群现状：**云南西南部、贵州、四川、重庆、湖北西部和广西，夏候鸟，少见；广东西部和海南，留鸟，少见。

体长：17cm LC（低度关注）

紫金鹃 *Chrysococcyx xanthorhynchus* Violet Cuckoo 杜鹃科 Cuculidae

■迷鸟 ■留鸟 ■旅鸟 ■冬候鸟 ■夏候鸟

形态：虹膜红色，雄鸟喙黄而喙基红，雌鸟上颚黑而喙基红。雄鸟头、胸及上体紫罗兰色，腹部白色具绛紫色横条纹。雌鸟眉纹及脸颊白，下体白色具铜色条纹，头顶偏褐色，上体余部铜绿色。脚灰色。**习性：**常绿林和次生林、针叶林、果园。**分布与种群现状：**云南西南部，低地留鸟，罕见。

体长：16cm LC（低度关注）

栗斑杜鹃 *Cacomantis sonneratii* Banded Bay Cuckoo 杜鹃科 Cuculidae

■迷鸟 ■留鸟 □旅鸟 ■冬候鸟 ■夏候鸟

形态：雌雄相似。虹膜黄红色，上喙偏黑色，下喙近黄色。上体浓褐色，下体偏白色，全身满布黑色横斑，具明显的浅色眉纹。脚灰绿色。亚成鸟褐色，具黑色纵纹及块斑而非横斑。**习性：**栖息于阔叶林、针叶林、开阔地林缘。**分布与种群现状：**云南西部和南部、四川西南部、广西东北部，夏候鸟，罕见。

体长：22cm LC（低度关注）

八声杜鹃 *Cacomantis merulinus* Plaintive Cuckoo 杜鹃科 Cuculidae

■迷鸟 ■留鸟 □旅鸟 ■冬候鸟 ■夏候鸟

形态：虹膜绯红色，喙上黑下黄色。头灰色，背及尾褐色，胸腹橙褐色。脚黄色。亚成鸟上体褐色而具黑色横斑，下体偏白而多横斑，似栗斑杜鹃成鸟但无过眼线。**习性：**开放林地、次生林、郊区及城市绿地。较其他杜鹃活跃，常在树顶鸣叫，叫声多为八个音节。**分布与种群现状：**西藏东南、四川南部、云南、华南地区，夏候鸟，常见。海南，留鸟。

体长：21cm LC（低度关注）

乌鹃 *Surniculus lugubris* Drongo Cuckoo 杜鹃科 Cuculidae

■迷鸟 ■留鸟 □旅鸟 ■冬候鸟 ■夏候鸟

形态：雄鸟虹膜褐色，雌鸟黄色，喙黑色。全身体羽亮黑色，前胸隐见白色斑块，仅腿白，尾下覆羽及外侧尾羽腹面具白色横斑，尾羽打开如卷尾。脚蓝灰色。幼鸟具不规则的白色点斑。**习性：**山地林缘、竹林、灌木和耕地。波浪式无声飞行，停歇时姿势较直立。叫声为平调的5~6音节。**分布与种群现状：**见于西藏东南部、云南、四川、重庆、湖北西部、湖南西部、广东、广西、福建、海南。在海南和云南南部为留鸟，其他地区为夏候鸟。

体长：23cm LC（低度关注）

大鹰鹃 *Hierococcyx sparverioides* Large Hawk Cuckoo 杜鹃科 Cuculidae

■迷鸟 ■留鸟 ■旅鸟 ■冬候鸟 ■夏候鸟

形态：雌雄相似。虹膜橘黄色，上喙黑色，下喙黄绿色。颏黑色，胸棕色，具白色及灰色斑纹，腹部具白色及褐色横斑而染棕，尾部次端斑棕红色，尾端白色。脚浅黄色。亚成鸟上体褐色带棕色横斑，下体皮黄而具近黑色纵纹，与鹰类的区别在其姿态及喙形。**习性：**栖息山地、平原树林。单独活动，隐蔽树中鸣叫。寄生种类，繁殖期将卵产在其他鸟类巢中。**分布与种群现状：**喜马拉雅山脉、华北地区、秦岭—淮河以南的南方地区、台湾，夏候鸟，常见；海南、云南南部，留鸟。

体长：40cm　LC（低度关注）

普通鹰鹃 *Hierococcyx varius* Common Hawk Cuckoo 杜鹃科 Cuculidae

■迷鸟 ■留鸟 ■旅鸟 ■冬候鸟 ■夏候鸟

形态：雌雄相似。虹膜黄色，喙黄绿色。喉白，颏黑而成带至中喉，胸棕色，上体灰色，尾具横斑，腹及腿部多条带，与棕腹杜鹃区别在于尾端皮草黄色且下体多横斑。脚黄色。雌鸟上体褐色具深褐色鳞纹，偏白的下体具浓重的棕黑色纵纹。**习性：**栖息落叶和常绿林区、丘陵和平原。寄生种类。**分布与种群现状：**西藏东南部，留鸟，较罕见。海拔1200m以下为常见鸟。

体长：34cm　LC（低度关注）

北棕腹鹰鹃 *Hierococcyx hyperythrus* Northem Hawk Cuckoo 杜鹃科 Cuculidae

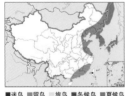

■迷鸟 ■留鸟 ■旅鸟 ■冬候鸟 ■夏候鸟

形态：雌雄相似。与棕腹杜鹃相似，但体大，翅更尖长，颈后具白斑。下体红棕色具细淡灰色条纹。**习性：**繁殖于北方落叶林，越冬于南方常绿林。**分布与种群现状：**东北及华北地区，夏候鸟；东南部，留鸟；台湾，迷鸟，较罕见。

体长：28cm　LC（低度关注）

棕腹鹰鹃 *Hierococcyx nisicolor* Whistling Hawk Cuckoo 杜鹃科 Cuculidae

■迷鸟 ■留鸟 ■旅鸟 ■冬候鸟 ■夏候鸟

形态: 雌雄相似。虹膜红色或黄色,喙黑色,基部及喙端黄色。头侧灰色,无髭纹(幼鸟除外)而腹白,枕部具白色条带,颏黑而喉偏白,胸棕色,比鹰鹃小。与其他鹰鹃区别在上体青灰,尾具黑褐色横斑,尾羽具棕色狭边。脚黄色。**习性:** 喜森林及落叶林,越冬于常绿林。通过叫声易于辨识,寄生种类。**分布与种群现状:** 长江流域以南地区、西南地区、海南,夏候鸟,常见。

体长: 28cm LC(低度关注)

小杜鹃 *Cuculus poliocephalus* Lesser Cuckoo 杜鹃科 Cuculidae

■迷鸟 ■留鸟 ■旅鸟 ■冬候鸟 ■夏候鸟

形态: 虹膜褐色,喙黄色,喙端黑色。上体灰色,头、颈及上胸浅灰色,下胸及下体余部白色具清晰的黑色横斑,臀部沾皮黄色,尾灰色,无横斑但端具白色窄边。脚黄色。雌鸟似雄鸟但也具棕红色变型,全身具黑色纹;眼圈黄色,似大杜鹃但体型较小。**习性:** 似大杜鹃。栖于多森林覆盖的乡野。叫声为变调的5~6音节,似"不如打酒喝"。**分布与种群现状:** 东部及西南地区,夏候鸟,常见。

体长: 26cm LC(低度关注)

四声杜鹃 *Cuculus micropterus* Indian Cuckoo 杜鹃科 Cuculidae

■迷鸟 ■留鸟 ■旅鸟 ■冬候鸟 ■夏候鸟

♂

形态: 虹膜红褐色,眼圈黄色,上喙黑色,下喙偏绿。头、颈深灰色,背淡褐色,下体淡灰色具黑色粗横带。尾有白斑,并具黑色次端斑。脚黄色。雌鸟喉灰色,胸棕色。**习性:** 栖息于山地和平原地区,多在落叶林和常绿林,四处游荡。叫声为变调的四音节,似"快快割谷"。**分布与种群现状:** 除新疆、西藏、青海、台湾外,见于各地区海拔1000m以下低地林,夏候鸟,较常见。海南岛,留鸟,台湾为迷鸟。

♀

体长: 30cm LC(低度关注)

中杜鹃 *Cuculus saturatus* Himalayan Cuckoo 杜鹃科 Cuculidae

■迷鸟 ■留鸟 ■旅鸟 ■冬候鸟 ■夏候鸟

形态： 虹膜红褐色，眼圈黄色，喙角质色。胸及上体灰色，尾纯黑灰色而无斑，下体皮黄色，具黑色横斑。亚成鸟及棕色型雌鸟上体棕褐色且密布黑色横斑，近白的下体具黑色横斑直至颏部。与大杜鹃及四声杜鹃区别在于胸部横斑较粗较宽，鸣声也有异。棕红色型雌鸟与大杜鹃雌鸟区别在腰部具横斑。脚橘黄色。**习性：** 于山地林地、树冠栖息。常在林冠层鸣叫，叫声为平调的四音节。**分布与种群现状：** 喜马拉雅山脉及秦岭—淮河以南地区，夏候鸟，包括海南。在西部较地方性常见，东部罕见。

体长：26cm　LC（低度关注）

东方中杜鹃 *Cuculus optatus* Oriental Cuckoo 杜鹃科 Cuculidae

■迷鸟 ■留鸟 ■旅鸟 ■冬候鸟 ■夏候鸟

形态： 与中杜鹃相似，但比其大。上体灰色，下体具粗横斑，腹部沾棕白色。尾部无斑。棕色型雌鸟腰部也具横斑。**习性：** 栖息于山地林区，特别是针叶林和混交林。叫声为平调的两音节。**分布与种群现状：** 东部地区，夏候鸟、旅鸟，较常见。

体长：30~32cm　NR（未认可）

大杜鹃 *Cuculus canorus* Common Cuckoo 杜鹃科 Cuculidae

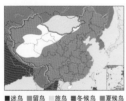

■迷鸟 ■留鸟 ■旅鸟 ■冬候鸟 ■夏候鸟

形态： 虹膜及眼圈黄色，上喙深色，下喙黄色。颈部灰白色，腹部黑色横纹窄；尾黑棕色，有不明显条纹，无黑色次端斑，尾端白色。雌鸟上胸呈红褐色，棕色型上体为红褐色，具横条纹，腰部无横斑。飞行姿态似鹰。脚黄色。**习性：** 在多草的湿地尤为常见，也见于开阔的山地和平原林地。繁殖期边飞边叫，叫声为"布谷–布谷"。**分布与种群现状：** 全国各地区，夏候鸟，较常见。台湾，旅鸟，稀有。

体长：32cm　LC（低度关注）

IX. 鸨形目 OTIDIFORMES

鸨形目在中国只有1科3属3种。体型较大，适合在草原上奔跑，喙粗短；腿长而强健，趾短粗，后趾退化消失，体羽多以褐色为主的斑驳色，适于在开阔地隐蔽。有着复杂的求偶炫耀的行为。广泛分布在旧大陆的草原地带。主要类群为鸨科。本书本目共收集有1科3种。

鸨科 Otididae

大鸨 *Otis tarda* Great Bustard 鸨科 Otididae

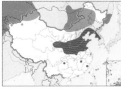

■迷鸟 ■留鸟 ■旅鸟 ■冬候鸟 ■夏候鸟

♀

形态：虹膜黄色，喙偏黄。头、前颈灰色，后颈、上体棕色，具黑色横斑，下体灰白色。雄鸟繁殖期颈前有白色丝状羽，后颈基部至胸前有栗色横带，形成半领圈状，飞行时翼偏白，飞羽黑色；雌鸟体型明显小，羽色暗淡。脚黄褐色。**习性：**栖息于开阔平原、草地和半荒漠地区，也出现于河流湖泊沿岸。越冬时常到农田捡拾掉落的农作物。**分布与种群现状：**西北、东北、华北、华中、华东地区，夏候鸟、冬候鸟、旅鸟，罕见。

繁殖羽♂

非繁殖羽

体长：100cm VU（易危）
国家 I 级重点保护野生动物

波斑鸨 *Chlamydotis macqueenii* Macqueen's Bustard 鸨科 Otididae

■迷鸟 ■留鸟 ■旅鸟 ■冬候鸟 ■夏候鸟

形态： 虹膜金黄色，上喙灰黑色，下喙黄色。上体褐色，头颈较淡，背具黑色斑点，头具黑白长形羽冠，下体偏白，繁殖期雄鸟颈灰色，颈侧具黑色松软丝状羽，初级飞羽羽尖黑色，基部具白色斑块，飞行时双翼可见黑色粗大横纹。脚棕黄色。**习性：** 栖息于开阔平原、草地、荒漠和半荒漠地区。**分布与种群现状：** 内蒙古西北部和新疆西部，夏候鸟，罕见。

体长：70cm　VU（易危）　国家Ⅰ级重点保护野生动物

小鸨 *Tetrax tetrax* Little Bustard 鸨科 Otididae

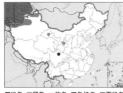

■迷鸟 ■留鸟 ■旅鸟 ■冬候鸟 ■夏候鸟

非繁殖羽

形态： 虹膜偏黄，喙角质绿色。雄鸟繁殖季具黑色翎颌，颈前具白色"V"字形条纹，下颈基部具一较宽的黑、白色领环，颊部灰色，上体为黄褐色，有黑色细斑，下体偏白色，飞羽主要为白色，外侧飞羽尖端和羽缘黑色；雌鸟颊无灰色，颈部无饰羽，雄鸟非繁殖羽似雌鸟。脚绿黄色。**习性：** 见于栖息荒漠、半荒漠地区和草地。求偶炫耀时扑打双翼，颈部翎羽膨出。**分布与种群现状：** 宁夏、甘肃、新疆北部和西部，夏候鸟；四川，迷鸟。罕见。

体长：43cm　NT（近危）　国家Ⅰ级重点保护野生动物

X. 鹤形目 GRUIFORMES

鹤形目分为秧鸡科和鹤科。其秧鸡科鸟类多为小型涉禽，脚爪较长，能涉水活动，鹤科为大中型涉禽，嘴型较长，翅型短圆，脚长而有力；主要栖息于开阔的沼泽、湖泊或者农田中，但有些种类也栖息于草地灌丛、草原或沙地等环境中。该目鸟类大都较长距离迁徙，繁殖期多成对活动，非繁殖期则常集群活动。食性以植食性为主，取食植物嫩芽、种子，有时也会取食一些水生或陆生昆虫或一些小型脊椎动物。分布较广，分布于世界各地。主要类群为秧鸡科和鹤科。本书本目共收集有2科30种。

秧鸡科 Rallidae

花田鸡 *Coturnicops exquisitus* Swinhoe's Rail 秧鸡科 Rallidae

■迷鸟 ■留鸟 ■旅鸟 ■冬候鸟 ■夏候鸟

形态：雌雄相似。虹膜褐色，喙暗黄色。上体褐色，具黑色纵纹及白色横纹，喉、胸腹部皮黄色，两胁和尾下覆羽具褐色和白色的宽横斑，尾短而上翘，飞行时次级飞羽白色，初级飞羽黑色。脚黄色。**习性：**栖息于湿草地和沼泽地带，在草丛中走动，受惊后飞起，难以发现。**分布与种群现状：**东北地区至长江流域，冬候鸟、旅鸟、夏候鸟，罕见。

体长：13cm VU（易危） 国家Ⅱ级重点保护野生动物

红脚斑秧鸡 *Rallina fasciata* Red-legged Crake 秧鸡科 Rallidae

■迷鸟 ■留鸟 ■旅鸟 ■冬候鸟 ■夏候鸟

形态：雌雄相似。虹膜红色，喙褐色，喙短。颏白，头、颈、喉和胸栗红色，背栗色，腹部、胁部具鲜明的黑白相间的横斑，两翼覆羽具白色点斑，飞羽具白斑。脚鲜红色。**习性：**栖息于开阔平原湿地、河谷灌丛和茂密的森林中。**分布与种群现状：**台湾，迷鸟，罕见。

体长：23cm LC（低度关注）

白喉斑秧鸡 *Rallina eurizonoides* Slaty-legged Crake 秧鸡科 Rallidae

■迷鸟 ■留鸟 ■旅鸟 ■冬候鸟 ■夏候鸟

形态: 雌雄相似。虹膜红色,喙绿黄色。喉白色,头、颈、胸栗红色,背部褐色,腹部密布黑白色横斑。脚灰色。**习性:** 栖息于海拔1000m以下的山地、平原及低山丘陵地带。在林地中繁殖,夜晚鸣叫不止。**分布与种群现状:** 华中、华南地区,夏候鸟、旅鸟、留鸟;云南南涧,旅鸟。不常见。

体长:25cm LC(低度关注)

灰胸秧鸡 *Lewinia striata* Slaty-breasted Banded Rail 秧鸡科 Rallidae

■迷鸟 ■留鸟 ■旅鸟 ■冬候鸟 ■夏候鸟

形态: 雌雄相似。虹膜红色,喙长,上喙黑色,下喙偏红色。顶冠栗色而余部以灰色为主,下颏白色,脸颊、颈侧至前胸为灰蓝色,背部深灰色并染棕色,具白色细纹,两胁及尾下具较粗的黑白色横斑。脚长,灰色。**习性:** 常见于稻田、淡水湿地、滨海湿地等多种生境,性隐匿,善奔跑。**分布与种群现状:** 南方地区,留鸟、夏候鸟。少见。

体长:29cm LC(低度关注)

西秧鸡 *Rallus aquaticus* Water Rail 秧鸡科 Rallidae

■迷鸟 ■留鸟 ■旅鸟 ■冬候鸟 ■夏候鸟

形态: 雌雄相似。虹膜红色,喙红色至黑色。外形似普通秧鸡,无黑色的过眼纹,喉部较白。**习性:** 同普通秧鸡。**分布与种群现状:** 见于中西部地区,偶见于北京,夏候鸟、留鸟,地方性常见。

体长:29cm LC(低度关注)

普通秧鸡 *Rallus indicus* Brown-Cheeked Rail 秧鸡科 Rallidae

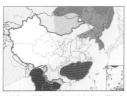

■迷鸟 ■留鸟 ■旅鸟 ■冬候鸟 ■夏候鸟

形态：雌雄相似。虹膜红色，喙红色至黑色。眉纹灰褐色，头顶、眼线黑褐色，颈、喉部灰褐色，上体暗褐色具黑色纵纹，两胁和尾下覆羽具黑白色横斑。脚红色。**习性：**栖息于植被良好的淡水湿地和红树林。**分布与种群现状：**分布范围广，夏候鸟、旅鸟、冬候鸟、留鸟，地方性常见。

体长：29cm LC（低度关注）

长脚秧鸡 *Crex crex* Corn Crake 秧鸡科 Rallidae

■迷鸟 ■留鸟 ■旅鸟 ■冬候鸟 ■夏候鸟

形态：雌雄相似。虹膜褐色，喙黄褐色。眉宽且长呈灰色，过眼纹棕色，头顶、后颈、背部褐色具黑色斑纹，翼上有宽大的棕色块斑，喉、胸部灰色，两胁具棕褐色横斑，飞行时棕色的长翼明显，腿伸出尾部甚长。脚暗黄色。**习性：**常在河边、湖边高草丛和灌丛中活动。**分布与种群现状：**新疆西北部，夏候鸟，罕见。西藏，迷鸟，罕见。云南南涧凤凰山，旅鸟。

体长：26.5cm LC（低度关注） 国家Ⅱ级重点保护野生动物

斑胸田鸡 *Porzana porzana* Spotted Crake 秧鸡科 Rallidae

■迷鸟 ■留鸟 ■旅鸟 ■冬候鸟 ■夏候鸟

形态：雌雄相似。虹膜褐色，喙黄色，端部染绿色，上喙基部具橙红色斑。上体褐色具黑白色纵纹，下体灰黑色具白色斑点，两胁具较宽的黑白色横纹，尾下覆羽。皮黄色，腿黄绿色。**习性：**栖息于淡水湿地、稻田。**分布与种群现状：**新疆西部和北部，旅鸟、夏候鸟，罕见。

体长：23cm LC（低度关注）

红脚田鸡 *Zapornia akool* Brown Crake 秧鸡科 Rallidae

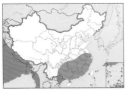

■迷鸟 ■留鸟 ■旅鸟 ■冬候鸟 ■夏候鸟

形态：雌雄相似。虹膜红色，喙黄绿色，喉白色。上体橄榄褐色，下体暗灰色，尾下覆羽褐色。脚暗红色。尾不断上翘。**习性：**多活动于平原和低山丘陵地的沼泽草地、溪流和农田等，极少至滨海湿地。**分布与种群现状：**长江流域及以南地区，留鸟，较常见。

体长：28cm　LC（低度关注）

棕背田鸡 *Zapornia bicolor* Black-tailed Crake 秧鸡科 Rallidae

■迷鸟 ■留鸟 ■旅鸟 ■冬候鸟 ■夏候鸟

形态：雌雄相似。虹膜红色，喙偏绿，喙基红色。头、颈和下体暗灰色，颏白色，上体棕色，尾近黑色。脚红色。**习性：**见于淡水湿地，性羞怯，

多在晨昏活动。**分布与种群现状：**我国西南地区，留鸟，少见。

体长：22cm　LC（低度关注）　国家Ⅱ级重点保护野生动物

姬田鸡 *Zapornia parva* Little Crake 秧鸡科 Rallidae

■迷鸟 ■留鸟 ■旅鸟 ■冬候鸟 ■夏候鸟

形态：虹膜红色，喙偏绿，喙基红色。上体褐色，具黑色斑夹杂少许白色条纹，下体灰色，腹部褐色具灰色横斑。脚偏绿色。

习性：栖息于植被丰富的湖泊、河流、水塘和深水沼泽地带。**分布与种群现状：**新疆西部和北部，夏候鸟。罕见。

体长：19cm　LC（低度关注）　国家Ⅱ级重点保护野生动物

小田鸡 *Zapornia pusilla* Baillon's Crake 秧鸡科 Rallidae

形态： 虹膜红色，喙偏绿色。雄鸟头顶及上体红褐色，具黑白色纵纹和斑点，雌鸟上体色暗，下体皮黄色，两胁及尾下具白色细横纹。脚偏粉色。**习性：** 栖息于山地森林和平原草地的湖泊、水塘、河流、

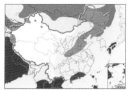

■迷鸟 ■留鸟 ■旅鸟 ■冬候鸟 ■夏候鸟

沼泽等湿地生境。**分布与种群现状：** 东北地区和黄河中下游流域及新疆，夏候鸟；中东部各省份，旅鸟；广东，冬候鸟。

体长：18cm LC（低度关注）

红胸田鸡 *Zapornia fusca* Ruddy-breasted Crake 秧鸡科 Rallidae

形态： 雌雄相似。虹膜红色，喙偏褐色。头侧、胸部和上腹栗红色，颏、喉部白色。上体暗褐色，腹部及尾下近黑色并具白色细横纹。脚红色。**习性：** 栖息于沼泽、

■迷鸟 ■留鸟 ■旅鸟 ■冬候鸟 ■夏候鸟

湖滨、水塘、稻田、沿海滩涂与河岸草丛与灌丛。**分布与种群现状：** 东北及华北地区，夏候鸟；南方地区，留鸟、旅鸟，较少见。

体长：20cm LC（低度关注）

斑胁田鸡 *Zapornia paykullii* Band-bellied Crake 秧鸡科 Rallidae

形态： 雌雄相似。虹膜红色，喙偏黄色。颏、喉部白色。头侧及胸部浅栗红色，上体暗褐色，下胸部、腹部及尾下近黑色具白色横纹，翼上具细密横纹而有别于红胸田鸡。脚红色。**习性：** 见于植被良好

■迷鸟 ■留鸟 ■旅鸟 ■冬候鸟 ■夏候鸟

的低海拔湿地，包括农田、沼泽和红树林。**分布与种群现状：** 东北、华南地区，夏候鸟、旅鸟、冬候鸟、迷鸟。多在海边活动，少见。

体长：22cm NT（近危）

白眉苦恶鸟 *Amaurornis cinerea* White-browed Crake 秧鸡科 Rallidae

■迷鸟 ■留鸟 ■旅鸟 ■冬候鸟 ■夏候鸟

形态：雌雄相似。虹膜红色，喙近黑色。头部斑纹明显，黑色的贯眼纹上下均具白色条纹，头顶、上体暗褐色，头侧及胸灰色，腹偏白色，两胁及尾下黄褐色。脚绿黄色。**习性：**栖息于沼泽、草地、稻田、湖边等。常在早晨和傍晚活动。**分布与种群现状：**台湾、香港、云南、四川、广西、海南，迷鸟，罕见。

体长：20cm LC（低度关注）

白胸苦恶鸟 *Amaurornis phoenicurus* White-breasted Waterhen 秧鸡科 Rallidae

■迷鸟 ■留鸟 ■旅鸟 ■冬候鸟 ■夏候鸟

形态：雌雄相似。虹膜红色，喙偏绿色，上喙基部具红斑。上体黑灰色，脸、喉部、前颈、胸部白色，腹部和尾下覆羽栗红色。脚黄色。**习性：**栖息于沼泽、溪流、水塘、稻田等地，叫声响亮，常在夜晚鸣叫。**分布与种群现状：**华北及秦岭—淮河以南的南方地区，夏候鸟；东南、华南、西南地区及台湾、海南，留鸟、旅鸟。较常见。

体长：33cm LC（低度关注）

董鸡 *Gallicrex cinerea* Watercock 秧鸡科 Rallidae

■迷鸟 ■留鸟 ■旅鸟 ■冬候鸟 ■夏候鸟

形态：虹膜褐色，喙黄绿色。雄鸟繁殖期通体黑色，具突出的红色尖形角状额甲；雌鸟体型较小，额甲不显著，上体褐色，具浅褐色羽缘，下体具细密横纹。繁殖期雄鸟脚为红色，其他时脚为绿色。**习性：**栖息于水稻田、池塘、芦苇沼泽、湖滨草丛。性机警，繁殖期叫声响亮，可通过声音辨识。**分布与种群现状：**华东、华中、华南、西南地区，夏候鸟，不常见。

♂

♀

体长：40cm LC（低度关注）

紫水鸡 *Porphyrio porphyrio* Purple Swamphen 秧鸡科 Rallidae

■迷鸟 ■留鸟 ■旅鸟 ■冬候鸟 ■夏候鸟

形态：雌雄相似。虹膜红色，喙红色。通体紫蓝色并具金属光泽，额甲鲜红色，尾下覆羽白色，活动时尾频频向上扭动。脚红色。**习性：**栖息于芦苇沼泽和富有水生植物的湖泊河流湿地。**分布与种群现状：**西南、华南及东南地区，留鸟，近年来国内的种群有所增加，少见。

体长：42cm　NR（未认可）

黑背紫水鸡 *Porphyrio indicus* Black-backed Swamphen 秧鸡科 Rallidae

■迷鸟 ■留鸟 ■旅鸟 ■冬候鸟 ■夏候鸟

形态：雌雄相似。似紫水鸡，区别在于本种体羽偏暗，背羽黑蓝色。

习性：似紫水鸡。**分布与种群现状：**福建南部、广东和海南沿海，少见，留鸟；偶见于香港。

注：在《中国观鸟年报—中国鸟类名录6.0（2018）》中列出，由紫水鸡 *Porphyrio porphyrio* 亚种提升为种（Sangster 1998, Garcia-R, Trewick 2015）。

体长：50cm　NR（未认可）

黑水鸡 *Gallinula chloropus* Common Moorhen 秧鸡科 Rallidae

■迷鸟 ■留鸟 ■旅鸟 ■冬候鸟 ■夏候鸟

形态：雌雄相似。虹膜红色，喙暗绿色，喙基红色。通体黑色，喙基与额甲鲜红色，胁部具一条不规则白色纵纹，尾下有两块醒目白斑。脚绿色。**习性：**栖息于植被丰富的沼泽、湖泊、水库、水稻田和湖泊沼泽地带。**分布与种群现状：**分布范围广，夏候鸟、旅鸟、留鸟。常见。

幼鸟

雏鸟

体长：31cm　LC（低度关注）

103

白骨顶 *Fulica atra* Common Coot 秧鸡科 Rallidae

■迷鸟 ■留鸟 ■旅鸟 ■冬候鸟 ■夏候鸟

形态： 雌雄相似。虹膜红色，通体黑色，具醒目的白色的喙和额甲。脚灰绿色。**习性：** 见于富有芦苇等挺水植物的开放水域，喜欢在水较

深处活动，越冬时集大群。**分布与种群现状：** 分布范围广，夏候鸟、留鸟、冬候鸟，常见。云南部分地区可见少量留鸟。

体长：40cm LC（低度关注）

鹤科 Gruidae

白鹤 *Grus leucogeranus* Siberian Crane 鹤科 Gruidae

■迷鸟 ■留鸟 ■旅鸟 ■冬候鸟 ■夏候鸟

形态： 雌雄相似。虹膜黄色，喙橘黄色。通体白色，头顶和裸露的面部鲜红色，初级飞羽黑色。脚粉红色。**习性：** 栖息于开阔平原、沼泽草地、苔原沼泽和大的湖泊及浅水沼泽，取食沉水植物的根、茎和嫩芽。**分布与种群现状：** 北方大部分地区和华中、华东地区，冬候鸟；迁徙时见于固定的停歇地点，其他地方少见；鄱阳湖是最重要的越冬地。

体长：135cm CR（极危） 国家Ⅰ级重点保护野生动物

沙丘鹤 *Grus canadensis* Sandhill Crane 鹤科 Gruidae

■迷鸟 ■留鸟 ■旅鸟 ■冬候鸟 ■夏候鸟

形态： 雌雄相似。通体灰色，虹膜黄色，喙灰色。前额和头顶裸皮红色，头、颈灰白色，飞行时飞羽深灰色。脚灰色。**习性：** 见于水生植物茂盛的淡水和滨海湿地。**分布与种群现状：** 北京、河北、山东、江西、江苏、上海，迷鸟，罕见。在国内发现时常在其他鹤类群中。

体长：104cm　LC（低度关注）　国家 II 级重点保护野生动物

白枕鹤 *Grus vipio* White-naped Crane 鹤科 Gruidae

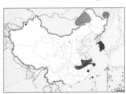

■迷鸟 ■留鸟 ■旅鸟 ■冬候鸟 ■夏候鸟

形态： 雌雄相似。虹膜橙黄色、黄色，喙黄色。头、枕和颈白色，颈两侧有一暗黑灰色纵向条纹，脸部裸皮红色，脸边缘黑色，前下颈、胸、腹、背羽深灰色，初级飞羽黑色，身体其余部位灰褐色，脚绯红色。**习性：** 多见于淡水湿地。**分布与种群现状：** 东北地区，夏候鸟；迁徙时见于中东部地区，包括北京；在长江流域越冬。

体长：150cm　VU（易危）　国家 II 级重点保护野生动物

赤颈鹤 *Grus antigone* Sarus Crane 鹤科 Gruidae

■迷鸟 ■留鸟 ■旅鸟 ■冬候鸟 ■夏候鸟

形态： 雌雄相似。虹膜黄色，喙角质绿色。通体灰色。头顶灰白色，面颊、枕部、上颈裸皮红色，初级飞羽黑色，飞行时可见黑色的翅尖与灰色体羽形成鲜明对比。脚粉红色。
习性： 栖息于开阔平原草地，有时也会出现在农田。性胆小而机警。**分布与种群现状：** 云南西部和南部，夏候鸟，罕见。

体长：150cm　VU（易危）　国家Ⅰ级重点保护野生动物

蓑羽鹤 *Grus virgo* Demoiselle Crane 鹤科 Gruidae

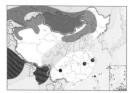

■迷鸟 ■留鸟 ■旅鸟 ■冬候鸟 ■夏候鸟

形态： 虹膜：雄鸟红色，雌鸟橘黄色；喙黄绿色。整体蓝灰色，头顶白色，眼先、喉和前颈黑色，眼后有醒目的白色耳羽簇，前颈黑羽修长飘逸，悬垂于胸部。大覆羽、初级飞羽和次级飞羽灰黑色，三级飞羽灰色，形长但不浓密，不足覆盖尾部。脚黑色。**习性：** 栖息于开阔草原、草甸沼泽。性胆小而机警，善奔走。**分布与种群现状：** 新疆、内蒙古、东北地区，夏候鸟；华北地区，旅鸟；西藏南部，旅鸟；江西、浙江，迷鸟。

体长：105cm　LC（低度关注）　国家Ⅱ级重点保护野生动物

丹顶鹤 *Grus japonensis* Red-crowned Crane 鹤科 Gruidae

形态： 雌雄相似。虹膜褐色，喙绿灰色。通体白色。头顶裸皮红色，喉部和颈部黑色，眼后带状白色延伸至枕下，次级飞羽和三级飞羽黑色。脚黑色。**习性：** 栖息于开阔平原。**分布与种群现状：** 内蒙古、东北地区至长江以北，冬候鸟、旅鸟、夏候鸟，罕见。有稳定的繁殖、越冬和停歇地。

体长：150cm　EN（濒危）　国家 I 级重点保护野生动物

灰鹤 *Grus grus* Common Crane 鹤科 Gruidae

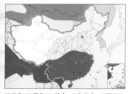

形态： 雌雄相似。虹膜褐色、黄色，喙污绿色，喙端偏黄色。通体灰色，头顶裸露部分暗红色，前顶冠、枕部、眼下、喉、前颈黑色，眼后有一道白色宽条纹伸至颈背，尾部色深，身体余部灰色，三级飞羽长覆盖尾上形成假尾。脚黑色。**习性：** 栖息于开阔平原和大型湿地，繁殖季节分散，非繁殖期集大群活动。性机警，胆小怕人。**分布与种群现状：** 分布范围较广，夏候鸟、冬候鸟、旅鸟，常见。

体长：125cm　LC（低度关注）　国家 II 级重点保护野生动物

白头鹤 *Grus monacha* Hooded Crane 鹤科 Gruidae

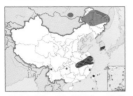

■迷鸟 ■留鸟 ■旅鸟 ■冬候鸟 ■夏候鸟

形态：雌雄相似。小型鹤类。虹膜黄红色，喙偏绿色。通体灰色。头顶黑色而中央红色，头、颈白色，两翅灰黑色。亚成鸟头、颈部白色沾棕黄色。脚近黑色。**习性：**繁殖于林间湿地，迁徙及越冬时见于大型淡水湿地和滨海湿地。除植物根茎外，也取食小型无脊椎动物。**分布与种群现状：**东北地区至华南地区，夏候鸟、旅鸟、冬候鸟；迷鸟见于台湾，不常见。

体长：97cm VU（易危）国家Ⅰ级重点保护野生动物

黑颈鹤 *Grus nigricollis* Black-necked Crane 鹤科 Gruidae

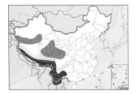

■迷鸟 ■留鸟 ■旅鸟 ■冬候鸟 ■夏候鸟

形态：雌雄相似。虹膜黄色，喙角质灰色、绿色，近喙端处多些黄色。通体灰白色。头、喉、颈部黑色，头部裸皮暗红色，眼后具白斑，飞羽、尾羽黑色。脚黑色。**习性：**繁殖于海拔3000~5000m的高原湿地，繁殖期分散；越冬时集大群，见于河流两岸、农田。**分布与种群现状：**青藏高原中东部，夏候鸟；西藏南部和云贵高原，冬候鸟。地区性常见。

体长：150cm VU（易危）国家Ⅰ级重点保护野生动物

XI. 鸻形目 CHARADRIIFORMES

鸻形目鸟类为中小型涉禽，嘴型和翅型多样，变化较大，尾型多为短圆形。主要栖息在河流、湖泊、海滨、潮间带、沼泽等生境的浅水区域。大多类群的飞行能力较强，常可以做长距离迁徙。食物以鱼、虾、水生昆虫和软体动物等为主，也有一些植食性物种。该目鸟类分布较广，除南北两极外，广布于全世界。主要类群有鸻科和鹬科等，常被统称为"鸻鹬类"。本书本目共收集有13科137种。

石鸻科 Burhinidae

石鸻 *Burhinus oedicnemus* Eurasian Thick-knee 石鸻科 Burhinidae

■迷鸟 ■留鸟 ■旅鸟 ■冬候鸟 ■夏候鸟

形态：雌雄相似。虹膜黄色，喙黑色，喙基黄色。上体灰褐色带黑褐色纵纹，下体污白色，眼睛大，眼周具模糊的白、黑色眼圈。脚黄色。**习性：**栖于开阔干燥而多灌丛的多石地带，也出现于海滨沙滩和潮间带。常卧在地上，不易发现。**分布与种群现状：**新疆西部，夏候鸟；西藏东南部，留鸟，罕见。广东，迷鸟。

体长：41cm　LC（低度关注）

大石鸻 *Esacus recurvirostris* Great Thick-knee 石鸻科 Burhinidae

■迷鸟 ■留鸟 ■旅鸟 ■冬候鸟 ■夏候鸟

形态：雌雄相似。虹膜黄色，喙黑色，喙基部有黄斑。头大，喙粗厚而微向上翘，黄色的眼呈凝视状，眼大，具显著白色眉纹并向后延伸，面部黑斑特征突出，翼上具黑白粗横纹，上体灰褐色，下体白色。脚暗黄色。**习性：**栖息于大型河流及海边的沙滩和砾石带，多在夜间和黄昏活动。**分布与种群现状：**云南西南部和南部、海南，留鸟，罕见。

体长：52cm　NT（近危）

蛎鹬科 Haematopodidae

蛎鹬 *Haematopus ostralegus* Eurasian Oystercatcher 蛎鹬科 Haematopodidae

■迷鸟 ■留鸟 □旅鸟 ■冬候鸟 ■夏候鸟

形态：雌雄相似。虹膜红色，喙橙红色。头、颈、胸和整个上体黑色，胸以下白色。脚粉红色。**习性：**飞行缓慢且振翼幅度大。沿岩石型海滩取食，也见于泥滩。成群活动。**分布与种群现状：**东部沿海地区、新疆，夏候鸟、留鸟；迷鸟见于西藏西部，较少见。

体长：44cm NT（近危）

鹮嘴鹬科 Ibidorhynchidae

鹮嘴鹬 *Ibidorhyncha struthersii* Ibisbill 鹮嘴鹬科 Ibidorhynchidae

■迷鸟 ■留鸟 □旅鸟 ■冬候鸟 ■夏候鸟

形态：虹膜褐色，喙绯红色。雄鸟头顶、额、颏、喉黑色，雌鸟似雄鸟但头顶无黑色，上体和胸灰色，胸腹间具一条黑色横带，腹白色。脚绯红。**习性：**栖息于丘陵、山地和高原多石的河流沿岸。性机警，有声响即蹲下不动。**分布与种群现状：**西南至中东部地区，留鸟、冬候鸟，不常见。

体长：40cm LC（低度关注）

反嘴鹬科 Recurvirostridae

黑翅长脚鹬 *Himantopus himantopus* Black-winged Stilt 反嘴鹬科 Recurvirostridea

■迷鸟 ■留鸟 ■旅鸟 ■冬候鸟 ■夏候鸟

形态： 虹膜粉红色，喙黑色。雄鸟夏季从头顶、背、两翅黑色，其余部位为白色。雌鸟与雄鸟相似，黑色较少，白色较多。腿极长，腿及脚粉红色。**习性：** 行走缓慢，轻盈，当有干扰者接近时常不断点头示威，然后飞走。**分布与种群现状：** 我国大部分地方都有繁殖，北方种群南迁越冬，常见，云南昆明可见其繁殖。

♀ ♂

体长：37cm LC（低度关注）

反嘴鹬 *Recurvirostra avosetta* Pied Avocet 反嘴鹬科 Recurvirostridea

■迷鸟 ■留鸟 ■旅鸟 ■冬候鸟 ■夏候鸟

形态： 雌雄相似。虹膜褐色，黑色的喙细长而上翘有别于其他鹬类。头顶、后颈、翼尖黑色，翼中及肩部具两条黑色带斑，其余体羽白色。脚黑色。**习性：** 迁徙常大量集群，可达数万只，常将喙伸入水中或稀泥里左右扫动觅食。**分布与种群现状：** 繁殖期见于北方各地。南迁越冬。近年来南方也有繁殖记录，包括香港，较常见。

拟伤行为

体长：43cm LC（低度关注）

鸻科 Charadriidae

凤头麦鸡 *Vanellus vanellus* Northern Lapwing 鸻科 Charadriidae

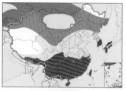

■迷鸟 ■留鸟 ■旅鸟 ■冬候鸟 ■夏候鸟

形态： 雌雄相似。虹膜褐色，喙近黑色。头、前颈、胸黑色，头侧及喉部污白，顶具细长且上翘的黑色冠羽，极易辨识。上体黑绿色具金属光泽，下体白色，肛周及枕部棕色，尾白具宽大的黑色次端带。腿及脚橙褐色。**习性：** 栖息于草原、农田和淡水湿地，冬季集大群，飞行速度缓慢。**分布与种群现状：** 分布范围广，夏候鸟、旅鸟、冬候鸟，常见。

非繁殖羽

繁殖羽

体长：30cm NT（近危）

距翅麦鸡 *Vanellus duvaucelii* River Lapwing 鸻科 Charadriidae

■迷鸟 ■留鸟 ■旅鸟 ■冬候鸟 ■夏候鸟

形态： 雌雄相似。虹膜褐色，喙黑色。头黑白两色，黑色的顶部具细长冠羽。喉黑色，头侧、颈灰色，背灰褐色，肩羽和初级飞羽黑色，胸部具宽大的灰褐色胸带，腹部、腰及尾下覆羽白色，腹中心有黑色块斑。脚偏绿色。**习性：** 栖息于平原河滩，成对或成家族群活动，飞行扇翅较慢，机警。求偶时会有旋转表演。**分布与种群现状：** 西藏东南部、云南西部和南部、海南，留鸟，不常见。

体长：30cm NT（近危）

灰头麦鸡 *Vanellus cinereus* Grey-headed Lapwing 鸻科 Charadriidae

■迷鸟 ■留鸟 ■旅鸟 ■冬候鸟 ■夏候鸟

形态： 雌雄相似。虹膜褐色，喙黄色而端黑色。头、颈及胸灰色，下胸具黑褐色横带，上体褐色，腰、尾及腹部白色，翼尖及尾部横斑黑色。脚黄色。**习性：** 栖息于平原草地、沼泽、水塘及农田。**分布与种群现状：** 除新疆、西藏外的地区，夏候鸟、旅鸟、冬候鸟，不常见。

体长：35cm LC（低度关注）

肉垂麦鸡 *Vanellus indicus* Red-wattled Lapwing 鸻科 Charadriidae

■迷鸟 ■留鸟 ■旅鸟 ■冬候鸟 ■夏候鸟

形态：雌雄相似。虹膜褐色，喙红色而端黑色。头、颈和上胸黑色，眼周裸皮红色，眼前红色肉垂是其特征，眼后斜下方具长形白色斑块，上体浅褐色，下体白色，翼尖、尾后缘及尾的次端斑黑色。脚黄色。**习性：**习性同距翅麦鸡。**分布与种群现状：**云南西部和南部，留鸟，于适宜生境较常见。

体长：33cm LC（低度关注）

黄颊麦鸡 *Vanellus gregarius* Sociable Lapwing 鸻科 Charadriidae

■迷鸟 ■留鸟 ■旅鸟 ■冬候鸟 ■夏候鸟

形态：雌雄相似。喙黑色，头顶黑色。过眼纹黑色，前额和眉纹白色，脸颊黄棕色。上体橄榄褐色，腹部黑色和棕红色。下腹及尾下覆羽白色。腿黑色。**习性：**栖息于耕地、干旱荒地、多沙平原、草地。**分布与种群现状：**新疆西北部、河北，迷鸟，罕见。新记录。

体长：30cm CR（极危）

白尾麦鸡 *Vanellus leucurus* White-tailed Lapwing 鸻科 Charadriidae

■迷鸟 ■留鸟 ■旅鸟 ■冬候鸟 ■夏候鸟

形态：雌雄相似。喙黑色，头、上体和前胸浅灰褐色，初级飞羽黑色，次级飞羽白色。下体白色，尾白色。腿橙黄色。**习性：**栖息于湿地环境如湖泊、河流附近、荒漠、半荒漠中的湿地。**分布与种群现状：**新疆，旅鸟，罕见。

体长：26~29cm LC（低度关注）

113

欧金鸻 *Pluvialis apricaria* European Golden Plover 鸻科 Charadriidae

■迷鸟 ■留鸟 ■旅鸟 ■冬候鸟 ■夏候鸟

形态：雌雄相似。与金鸻相似，但本种个体更大。脚短，羽色不如其金黄，翼下白色而不是金鸻的棕灰色。**习性：**繁殖于湿原，润苔迁徙和越冬见于草地和开阔农田。**分布与种群现状：**河北东北部、新疆塔城，迷鸟，罕见。

体长：26~29cm　LC（低度关注）

金鸻 *Pluvialis fulva* Pacific Golden Plover 鸻科 Charadriidae

■迷鸟 ■留鸟 ■旅鸟 ■冬候鸟 ■夏候鸟

形态：虹膜褐色，喙黑色。繁殖羽上体黑色并密布金黄色斑点，下体黑色，自额经眉纹、颈侧到胸侧有一条近似"Z"形白带，非繁殖羽上体密布黄色，边缘淡黄色斑点，下体灰白色，眉纹、面部黄白色，翼下棕灰色。雌鸟下体黑色略淡。腿灰色。**习性：**单独或成群活动。栖于湖泊、河流、沿海滩涂、沙滩及农田等开阔多草的湿地生境。**分布与种群现状：**大部分地区，旅鸟；在西南、华南地区及台湾、海南，冬候鸟；较为常见。

非繁殖羽

繁殖羽

体长：25cm　LC（低度关注）

美洲金鸻 *Pluvialis dominica* American Golden Plover 鸻科 Charadriidae

■迷鸟 ■留鸟 ■旅鸟 ■冬候鸟 ■夏候鸟

形态：雌雄相似。似金斑鸻，体型略粗壮。虹膜褐色，喙黑色。初级飞羽略长于金斑鸻，繁殖期背部金色斑点较金斑鸻少。腿灰色。**习性：**似金斑鸻。**分布与种群现状：**台湾，迷鸟。

注：在《中国鸟类野外手册》中列出（《中国观鸟年报—中国鸟类名录6.0（2018）》）。

体长：27cm　LC（低度关注）

114

灰鸻 *Pluvialis squatarola* Grey Plover 鸻科 Charadriidae

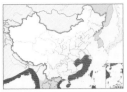

■迷鸟 ■留鸟 ■旅鸟 ■冬候鸟 ■夏候鸟

形态: 雌雄相似。虹膜褐色,喙黑色。似金鸻,但体型较大。上体黑色带白点,无黄色斑,面颊黑色经前颈一直延伸至胸部及腹部边缘,自额经眉纹、颈侧到胸侧有一条近似"Z"形白带,比金鸻的白带更为宽阔,腹部、尾下覆羽白色,非繁殖羽背羽黑褐色具白色羽缘。腿灰色。

习性: 见于滨海潮间带和淡水湿地,很少至多草的区域取食。**分布与种群现状:** 东北地区至东部沿海,旅鸟;南方地区及长江流域,冬候鸟,较常见。

非繁殖羽

繁殖羽

体长: 28cm　LC（低度关注）

剑鸻 *Charadrius hiaticula* Common Ringed Plover 鸻科 Charadriidae

■迷鸟 ■留鸟 ■旅鸟 ■冬候鸟 ■夏候鸟

形态: 雌雄相似。虹膜褐色,喙橙黄色端部黑色。似金眶鸻,区别在于剑鸻头部黑色浓重,无金色眼圈。脚橙黄色。**习性:** 同其他鸻。**分布与种群现状:** 西部及东部地区,旅鸟,罕见。

体长: 19~21cm　LC（低度关注）

长嘴剑鸻 *Charadrius placidus* Long-billed Plover 鸻科 Charadriidae

■迷鸟 ■留鸟 ■旅鸟 ■冬候鸟 ■夏候鸟

形态: 雌雄相似。虹膜褐色,喙黑色。繁殖羽上体灰褐色,下体白色,颈部具黑、白两道颈环,眼后方有白色眉纹,喙、尾较剑鸻及金眶鸻长。腿及脚暗黄色。**习性:** 栖息于河流、湖泊、河口、农田、沼泽等生境,常急跑几步又停下观望。**分布与种群现状:** 除新疆外,分布较广,冬候鸟、夏候鸟,较常见。

体长: 22cm　LC（低度关注）

115

金眶鸻 *Charadrius dubius* Little Ringed Plover 鸻科 Charadriidae

■迷鸟 ■留鸟 ■旅鸟 ■冬候鸟 ■夏候鸟

形态: 雌雄相似。虹膜黄色,喙灰色。繁殖羽上体沙褐色,具标志性的金黄色眼圈。喙黑色,额具一宽阔的黑色横带,颈部具白色颈环,腿灰粉色。**习性:** 湖泊、河流、沼泽地带及沿海滩涂。**分布与种群现状:** 多数地区,夏候鸟;于南方地区、台湾、海南,冬候鸟。

非繁殖羽

繁殖羽

体长:16cm LC(低度关注)

环颈鸻 *Charadrius alexandrinus* Kentish Plover 鸻科 Charadriidae

■迷鸟 ■留鸟 ■旅鸟 ■冬候鸟 ■夏候鸟

形态: 虹膜褐色,喙黑色。上体沙褐色,下体白色。前额和眉纹白色彼此相连,黑色领环在胸前断开,繁殖期雄性顶冠红褐色,额部横斑、眼纹和半颈环黑色。雌鸟的红褐色和黑色部位则均由灰褐色代替。腿粉色或浅灰色。**习性:** 繁殖期见于东部沿海和内陆咸水湖畔,越冬期见于淡水和滨海湿地,集大群。**分布与种群现状:** 新疆、青海、东部沿海省份,繁殖;南迁越冬;甚常见。

繁殖羽 ♂

繁殖羽 ♀

体长:15cm LC(低度关注)

蒙古沙鸻 *Charadrius mongolus* Lesser Sand Plover 鸻科 Charadriidae

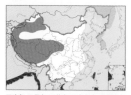

■迷鸟 ■留鸟 ■旅鸟 ■冬候鸟 ■夏候鸟

形态: 虹膜褐色。喙黑色,粗短。上体灰褐色。繁殖羽雄鸟颊和喉白色,额有黑带,胸和颈棕红色。冬季色淡,胸部棕红色消失,眉纹白色。腿深灰色。**习性:** 似其他鸻。**分布与种群现状:** 分布范围较广,夏候鸟、旅鸟、冬候鸟,常见。

繁殖羽

繁殖羽

体长:20cm LC(低度关注)

铁嘴沙鸻 *Charadrius leschenaultii* Greater Sand Plover 鸻科 Charadriidae

■迷鸟 ■留鸟 ■旅鸟 ■冬候鸟 ■夏候鸟

形态：虹膜褐色，喙黑色。似蒙古沙鸻，但体型较大，喙较厚长。体羽黑、红部分颜色较淡。腿黄灰色。**习性：**似蒙古沙鸻。**分布与种群现状：**新疆北部及内蒙古西部，夏候鸟；中东部大部分省份，旅鸟。

繁殖羽♀

繁殖羽♂

体长：22~25cm　LC（低度关注）

红胸鸻 *Charadrius asiaticus* Caspian Plover 鸻科 Charadriidae

■迷鸟 ■留鸟 ■旅鸟 ■冬候鸟 ■夏候鸟

形态：虹膜深褐色，喙近黑色。雄鸟繁殖羽头顶和上体灰褐色，额、头侧、颊和喉白色，眼后有一褐色条纹，胸栗红色，下有一黑色横带，下体白色。腿黄灰色。**习性：**栖息于荒漠、半荒漠和开阔草原。**分布与种群现状：**新疆西部，旅鸟，罕见。

体长：20cm　LC（低度关注）

东方鸻 *Charadrius veredus* Oriental Plover 鸻科 Charadriidae

■迷鸟 ■留鸟 ■旅鸟 ■冬候鸟 ■夏候鸟

形态：虹膜淡褐色，喙橄榄棕色。繁殖羽前额、眉纹和头的两侧白色，头顶、背褐色，颏、喉白色，胸栗色，下有一较宽的黑色条带，下体白色。雌鸟体羽色淡，胸部棕色，下缘无黑色。腿黄色至偏粉色。**习性：**在开阔草原及沙漠周边的泥石滩繁殖，迁徙时见于多草的淡水湿地，集大群活动。**分布与种群现状：**东北地区，夏候鸟；中东部各省份，旅鸟。较少见。

非繁殖羽

繁殖羽♂

繁殖羽♀

体长：24cm　LC（低度关注）

小嘴鸻 *Eudromias morinellus* Eurasian Dotterel 鸻科 Charadriidae

■迷鸟 ■留鸟 ■旅鸟 ■冬候鸟 ■夏候鸟

繁殖羽

幼鸟

形态： 虹膜深褐色，喙近黑色。繁殖羽头顶黑褐色，宽阔的眉纹白色。上体灰褐色具浅色羽缘，胸栗色具白色和黑色两道横纹，下腹黑色。雌鸟色彩比雄鸟鲜艳。腿偏黄色。**习性：** 栖息于高山苔原，盐碱平原和多石的冻原地带。**分布与种群现状：** 新疆西北部、内蒙古，旅鸟，罕见。阿勒泰地区有繁殖。

体长：21cm LC（低度关注）

彩鹬科 Rostratulidae

彩鹬 *Rostratula benghalensis* Greater Painted Snipe 彩鹬科 Rostratulidae

■迷鸟 ■留鸟 ■旅鸟 ■冬候鸟 ■夏候鸟

形态： 虹膜红色，喙黄色。雌雄羽色反转，雌性多彩色而雄性颜色平淡。雌鸟头及胸深栗色，顶纹黄色，眼周白色并向后延伸呈条形斑，颈下基部与翼之间具白色环带并与白色下体相连。雄鸟体型较雌鸟小，眼斑皮黄色，上体棕黄色，脚近黄色。**习性：** 栖息于平原、丘陵和山地中的芦苇水塘，沼泽等。性隐蔽而胆怯。**分布与种群现状：** 辽宁南部、河北至长江流域，夏候鸟；华南地区，冬候鸟；藏东南、南方各地、台湾、海南，留鸟。

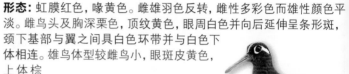

♂

♀

体长：25cm LC（低度关注）

水雉科 Jacanidae

水雉 *Hydrophasianus chirurgus* Pheasant-tailed Jacana 水雉科 Jacanidae

■迷鸟 ■留鸟 ■旅鸟 ■冬候鸟 ■夏候鸟

孵化

形态： 雌雄相似。虹膜黄色，喙黄色或灰蓝色(繁殖期)。头和前颈白色，后颈金黄色，分界明显，翅多白色，飞行时白色翼明显，仅初级飞羽黑色，尾长黑褐色，冬季上体灰褐色，下体白色，尾较夏季短。脚棕灰色，繁殖期偏蓝色，脚趾极长。**习性：** 栖息于浮游挺水植物和漂浮植物的淡水湖泊、池塘和沼泽地带，冬季有时集大群。常在芡实等水生植物的叶子上产卵，雄性孵卵并照顾后代。**分布与种群现状：** 华北、华中、华南地区，夏候鸟、留鸟，在适宜生境较常见。

体长：33cm LC（低度关注）

铜翅水雉 *Metopidius indicus* Bronze-winged Jacana 水雉科 Jacanidae

■迷鸟 ■留鸟 ■旅鸟 ■冬候鸟 ■夏候鸟

形态：雌雄相似。虹膜褐色，喙绿色，喙基红色而喙端黄色。白色眉纹粗大醒目，头、颈及下体黑色具金属光泽，背和翼上覆羽黄绿色，腰和尾栗色。脚暗绿色。**习性：**似其他水雉。**分布与种群现状：**云南南部和西部，留鸟，罕见。

体长：29cm　LC（低度关注）　国家Ⅱ级重点保护野生动物

鹬科　Scolopacidae

丘鹬 *Scolopax rusticola* Eurasian Woodcock 鹬科 Scolopacidae

■迷鸟 ■留鸟 ■旅鸟 ■冬候鸟 ■夏候鸟

形态：雌雄相似。虹膜褐色，喙基部偏粉，端黑色。头顶及枕部有明显的黑棕色与浅黄色横纹，前额浅黄色。上体暖棕色，翼上覆羽、肩羽、特别是三级飞羽具零乱的且不规则的斑纹，下体有暗棕色窄横纹，尾的次端斑暗棕色，端部灰色。脚粉灰色。**习性：**繁殖于低地和山丘湿润的落叶林和混交林，起飞时振翅"嗖嗖"作响。**分布与种群现状：**分布范围广，夏候鸟、冬候鸟、旅鸟，较常见。

体长：33~35cm　LC（低度关注）

姬鹬 *Lymnocryptes minimus* Jack Snipe 鹬科 Scolopacidae

■迷鸟 ■留鸟 ■旅鸟 ■冬候鸟 ■夏候鸟

形态：雌雄相似。虹膜褐色，喙黄色，端黑色。沙锥类中最小。头大，喙相对短，头部缺少中间的浅色条带，翅膀窄，带有白色后缘，楔形的尾不同于其他所有沙锥，黑色的背部具有深绿色及紫色金属光泽。脚暗黄色。**习性：**夜行性森林鸟类。性孤僻，受惊时，蹲下静止不动。**分布与种群现状：**新疆西部、东部沿海，旅鸟、冬候鸟，罕见。甘肃、台湾，迷鸟，偶见。

体长：18cm　LC（低度关注）

孤沙锥 *Gallinago solitaria* Solitary Snipe 鹬科 Scolopacidae

■迷鸟 ■留鸟 ■旅鸟 ■冬候鸟 ■夏候鸟

形态： 雌雄相似。虹膜褐色，喙橄榄褐色，喙端色深。上体棕褐色密布黑色斑纹。头灰白色，头顶条纹细，有时断裂，脸部发白，白色条纹宽，胸、胁、腹部多深色横纹，尾栗色端部色浅。脚橄榄色。**习性：** 罕见于泥塘、沼泽及稻田。通常单独活动，取食时上下抖动。**分布与种群现状：** 分布范围广，冬候鸟、留鸟，罕见。

体长：26~32cm LC（低度关注）

拉氏沙锥 *Gallinago hardwickii* Latham's Snipe 鹬科 Scolopacidae

■迷鸟 ■留鸟 ■旅鸟 ■冬候鸟 ■夏候鸟

形态： 雌雄相似。虹膜深褐色，喙绿褐色，喙端深色。头中央冠纹、眉纹和颊皮黄色，侧冠纹、过眼纹、颊纹黑褐色，上体淡褐色具黑色纵纹，有4条皮黄色纵带，下体白色。尾羽次端斑棕红色，脚近绿色。**习性：** 栖息于低山、平原草地、湖泊、河流、农田。单独活动。**分布与种群现状：** 东部地区，旅鸟，罕见。

体长：30cm LC（低度关注）

林沙锥 *Gallinago nemoricola* Wood Snipe 鹬科 Scolopacidae

■迷鸟 ■留鸟 ■旅鸟 ■冬候鸟 ■夏候鸟

形态： 雌雄相似。虹膜深褐色，喙绿褐色，喙端色深，呈褐色。尖端黑色，眉纹白色，中央冠纹棕色，颏、喉白色，上体羽缘皮黄色，胸黄白色具褐色横斑，腹部白色，具褐色横斑。脚灰绿色。**习性：** 栖息于高山森林、河流、沼泽、草地。**分布与种群现状：** 西南地区，留鸟，不常见。

体长：31cm VU（易危）

针尾沙锥 *Gallinago stenura* Pintail Snipe 鹬科 Scolopacidae

■迷鸟 ■留鸟 ■旅鸟 ■冬候鸟 ■夏候鸟

形态：雌雄相似。虹膜褐色，喙褐色，喙端深色，喙长约为头长的1.5倍。比大沙锥和扇尾沙锥颜色略浅。上体颜色多褐色，具白、黄及黑色纵纹和蠕虫状斑纹，下体白色，胸沾红褐色具黑色横纹，贯眼纹眼前细窄、眼后不清晰。与扇尾沙锥的区别在于喙较短，和大沙锥不易区分，尾羽共22~24枚，最外侧5~6枚特化似针状。脚偏黄色。**习性：**似其他沙锥，包括快速上下跳动及"锯齿"形飞行。**分布与种群现状：**分布范围广，冬候鸟、旅鸟，较常见。

体长：24cm LC（低度关注）

大沙锥 *Gallinago megala* Swinhoe's Snipe 鹬科 Scolopacidae

■迷鸟 ■留鸟 ■旅鸟 ■冬候鸟 ■夏候鸟

形态：雌雄相似。虹膜褐色，喙褐色，喙长约为头长的1.5倍。似扇尾沙锥和针尾沙锥，但体型略大，头形大而方。脚粗。**习性：**喜栖沼泽及湿润，习性同其他沙锥。**分布与种群现状：**分布范围广，旅鸟、冬候鸟、夏候鸟，较常见。

体长：28cm LC（低度关注）

扇尾沙锥 *Gallinago gallinago* Common Snipe 鹬科 Scolopacidae

■迷鸟 ■留鸟 ■旅鸟 ■冬候鸟 ■夏候鸟

形态：雌雄相似。虹膜褐色，喙褐色，喙长可达头长的2倍。翼尖，头冠黑棕色，具浅色中央条纹，眼部上下条纹及过眼纹色略深，上体褐色具细黑色斑纹，背带有两条浅棕色的条纹，下体皮黄色，具褐色纵纹。脚橄榄色。**习性：**见于各种湿地生境类型。**分布与种群现状：**分布范围极广，北方地区，夏候鸟；南方，冬候鸟。是我国最常见的沙锥。

体长：26cm LC（低度关注）

长嘴半蹼鹬 *Limnodromus scolopaceus* Long-billed Dowitcher 鹬科 Scolopacidae

■迷鸟 ■留鸟 ■旅鸟 ■冬候鸟 ■夏候鸟

非繁殖羽

繁殖羽

形态：雌雄相似。虹膜褐色，喙近黄色。繁殖羽整体呈棕褐色，包括腹部，胸侧及胁部有暗色横纹，非繁殖羽浅灰色，白色的腹部与灰色胸部分界明显，眉纹浅色，上背、肩部和翼上覆羽有暗色羽轴，飞行时次级飞羽白色后缘明显。腿绿灰色。体型比半蹼鹬和塍鹬都明显要小。**习性：**偏好湿润苔原地带的沼泽区域。越冬于淡水泥地或咸水湿地，偶尔去海边滩涂。**分布与种群现状：**有较多分布记录，迷鸟、旅鸟、冬候鸟。罕见。

体长：30cm LC（低度关注）

半蹼鹬 *Limnodromus semipalmatus* Asian Dowitcher 鹬科 Scolopacidae

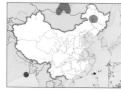

■迷鸟 ■留鸟 ■旅鸟 ■冬候鸟 ■夏候鸟

形态：雌雄相似。虹膜褐色，喙黑色，喙长且直，端部显膨胀。繁殖期头及胸棕红色，但不如塍鹬颜色鲜艳，背灰色，腰、下背及尾白色具黑色细横纹，下体色浅，胸皮黄褐色。腿近黑色。**习性：**繁殖期见于北方内陆草原湿地，迁徙见于沿海滩涂。进食时径直朝前行走，每走一步即喙扎入泥土找食。**分布与种群现状：**在东北地区繁殖，东部及南部沿海，旅鸟，罕见。

体长：35cm NT（近危）

黑尾塍鹬 *Limosa limosa* Black-tailed Godwit 鹬科 Scolopacidae

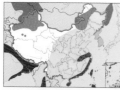

■迷鸟 ■留鸟 ■旅鸟 ■冬候鸟 ■夏候鸟

繁殖羽♀

繁殖羽♂

繁殖羽

形体：雌雄相似。虹膜褐色，喙直，喙基粉色，似斑尾塍鹬。雄鸟繁殖羽颈、胸及上腹棕红色，腹部具深色横纹，下腹白色，尾羽黑色，尾上覆羽白色。雌鸟似雄鸟但颜色略淡，非繁殖羽上体灰色，下体白色。脚绿灰色。**习性：**觅食于草地，沿海泥滩、沼泽、盐池等。在有些地区以植物性食物为主。**分布与种群现状：**除西藏外，各地均有分布，夏候鸟、冬候鸟、旅鸟，较常见。

体长：42cm NT（近危）

斑尾塍鹬 *Limosa lapponica* Bar-tailed Godwit 鹬科 Scolopacidae

■迷鸟 ■留鸟 ■旅鸟 ■冬候鸟 ■夏候鸟

形态: 雌雄相似。虹膜褐色,喙基部粉红色,端部黑色。似黑尾塍鹬,但喙明显上翘,尾灰色,尾羽及尾上覆羽具深色横纹,有别于黑尾塍鹬。繁殖羽头、颈、胸及上腹棕红色,白色眉纹。雌性比雄性个体大,羽色显暗淡。

繁殖羽

脚暗绿或灰色。**习性:** 多栖息在沼泽湿地、稻田与海滩。**分布与种群现状:** 北方及沿海地区,旅鸟。常见。

体长:40cm NT(近危)

小杓鹬 *Numenius minutus* Little Curlew 鹬科 Scolopacidae

■迷鸟 ■留鸟 ■旅鸟 ■冬候鸟 ■夏候鸟

形态: 雌雄相似。虹膜褐色,喙褐色,喙基明显粉红色。体型最小的杓鹬,喙较短,略下弯,在几种杓鹬中弯曲最不明显。头顶具两道深褐色侧冠纹,眉纹浅色,上体黑褐色具浅色羽缘,颈部和胸部有暗色纵纹,站立时翼不及尾长。脚蓝灰色。**习性:** 在泰加林地区繁殖,通常栖息于河谷,偏好次生植被,主要以昆虫为食。**分布与种群现状:** 北方及沿海地区,旅鸟;昆明,旅鸟。少见。

体长:30cm LC(低度关注) 国家Ⅱ级重点保护野生动物

中杓鹬 *Numenius phaeopus* Whimbrel 鹬科 Scolopacidae

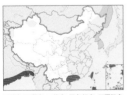

■迷鸟 ■留鸟 ■旅鸟 ■冬候鸟 ■夏候鸟

形态: 雌雄相似。虹膜褐色。喙黑色。体型和喙长均介于小杓鹬与白腰杓鹬之间,喙明显下弯,腿与其他勺鹬相比明显短些,头顶具显著的暗色侧冠纹,被中间浅色的冠纹所隔开,上体灰褐色,胸、上体具

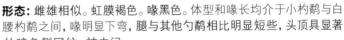

黑褐色斑纹,腹部皮黄色。脚蓝灰色。**习性:** 繁殖于苔原地区,迁徙见于海岸滩涂,礁石海岸、草地等,常与其他涉禽混群。**分布与种群现状:** 分布范围较广,留鸟、冬候鸟,较常见。

繁殖羽
繁殖羽

体长:43cm LC(低度关注)

白腰杓鹬 *Numenius arquata* Eurasian Curlew 鹬科 Scolopacidae

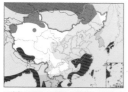

■迷鸟 ■留鸟 ■旅鸟 ■冬候鸟 ■夏候鸟

形态：虹膜褐色，喙褐色，喙甚长且下弯。腰白色，尾羽具褐色横纹。与大杓鹬区别在本种腰及翼下覆羽白色，与中杓鹬区别在体型较大，头部无侧冠纹。雌性通常比雄性体型更大，喙更长。脚青灰色。**习性：**以无脊椎动物为食，也包括浆果和种子。**分布与种群现状：**除贵州外，各地均有分布，旅鸟、冬候鸟，常见。

体长：55cm NT（近危）

大杓鹬 *Numenius madagascariensis* Eastern Curlew 鹬科 Scolopacidae

■迷鸟 ■留鸟 ■旅鸟 ■冬候鸟 ■夏候鸟

形态：雌雄相似。体型最大的杓鹬。虹膜褐色，喙黑色，喙基粉红色，喙极长，成年雌性的喙长（184mm）超过了其他所有的鸻鹬。似白腰杓鹬，但腰不白，翼下密布深色横纹，整体更显棕黄色。脚灰色。**习性：**似白腰杓鹬。**分布与种群现状：**除新疆、西藏、云南、贵州外，各地均有分布，旅鸟，不常见。

体长：63cm EN（濒危）

鹤鹬 *Tringa erythropus* Spotted Redshank 鹬科 Scolopacidae

■迷鸟 ■留鸟 ■旅鸟 ■冬候鸟 ■夏候鸟

形态：雌雄相似。虹膜褐色，喙黑色，喙基红色。繁殖羽整体黑色，上体带白点，非繁殖羽有对比鲜明的黑色过眼纹和白色眉纹，上体灰色，胸部和下体浅灰色。与红脚鹬非繁殖羽相似，但腿和喙略长，下喙基部红色而上喙基部黑色。脚橘黄色。**习性：**常在水中，偶尔将头

和脖子完全没入水中取食。
分布与种群现状：分布范围较广，旅鸟、冬候鸟，常见。

繁殖羽

非繁殖羽

繁殖羽换
非繁殖羽中

体长：30cm   LC（低度关注）

红脚鹬 *Tringa totanus* Common Redshank 鹬科 Scolopacidae

■迷鸟 ■留鸟 ■旅鸟 ■冬候鸟 ■夏候鸟

形态：雌雄相似。虹膜褐色，喙基部红色而端部黑色，喙长但比鹤鹬短。繁殖羽上体灰褐色，下体白色有明显纵纹，非繁殖羽似鹤鹬，下体纵纹较淡。腿和脚红色。**习性：**繁殖于广泛而多样的沿海和内陆湿地。**分布与种群现状：**分布范围广，夏候鸟、旅鸟、冬候鸟，较常见。

体长：28cm   LC（低度关注）

泽鹬 *Tringa stagnatilis* Marsh Sandpiper 鹬科 Scolopacidae

■迷鸟 ■留鸟 ■旅鸟 ■冬候鸟 ■夏候鸟

形态：雌雄相似。虹膜褐色，喙黑色。似小型的青脚鹬，但站立姿态更为挺直。喙细尖是其明显特征。上体灰褐色，下体白色，翼黑色，腰和背白色。繁殖期上体浅灰棕色，胸和胁部有深色纵纹；非繁殖期上体暗灰色，下体白色无纵纹。脚偏绿色。**习性：**迁徙时常常与青脚鹬

一同进食。经常在浅水区域从水面啄食。**分布与种群现状：**除西藏、贵州外，各地均有分布，夏候鸟、旅鸟、冬候鸟，常见。

非繁殖羽

繁殖羽

体长：23cm   LC（低度关注）

125

青脚鹬 *Tringa nebularia* Common Greenshank 鹬科 Scolopacidae

■迷鸟 ■留鸟 ■旅鸟 ■冬候鸟 ■夏候鸟

形态: 雌雄相似。虹膜褐色,喙灰绿色而端黑色,喙基粗而末端细,喙上翘。繁殖季节头部、颈部密布条纹,上体灰褐色,有些羽毛带黑色,非繁殖季节颜色浅而均一,条纹少不明显,尾部黑色横斑明显。飞行时脚长出尾部,腿黄绿色。**习性:** 繁殖期见于泰加林的林缘草地和湿地,迁徙和越冬见于淡水、咸水湖和滨海湿地。**分布与种群现状:** 极北地区,夏候鸟;迁徙时见于各地;南方地区,冬候鸟。常见。

体长:32cm　LC(低度关注)

小青脚鹬 *Tringa guttifer* Nordmann's Greenshank 鹬科 Scolopacidae

■迷鸟 ■留鸟 ■旅鸟 ■冬候鸟 ■夏候鸟

形态: 雌雄相似。虹膜褐色,喙黑色而基部黄色。似青脚鹬,喙较青脚鹬短粗且形较平直,繁殖期胸部和胁部有黑色斑点,非繁殖期与青脚鹬相比上体鳞状纹较多,细纹较少,尾部横斑细而淡。腿和脚为黄绿色,且腿明显较短,飞行时不长出尾部。**习性:** 树上做巢,偏好靠近海岸草地,取食时快速跑动追逐猎物。**分布与种群现状:** 东部沿海地区,旅鸟,罕见。

体长:31cm　EN(濒危)　国家Ⅱ级重点保护野生动物

小黄脚鹬 *Tringa flavipes* Lesser Yellowlegs 鹬科 Scolopacidae

■迷鸟 ■留鸟 ■旅鸟 ■冬候鸟 ■夏候鸟

形态: 雌雄相似。虹膜褐色,喙黑色,短而直。体型纤细。繁殖期羽背、肩羽褐黑色,有很多白色斑点,头、颈部和胸部有纵纹,非繁殖期体羽褐灰色,带有白色斑点,胸部有少许纵纹,飞行可见方形的白色腰部。腿及脚黄色。**习性:** 栖息于河岸或海岸湿地。常涉到其腹深的水中,啄食水面的生物。**分布与种群现状:** 香港、台湾,迷鸟,罕见。

体长:23cm　LC(低度关注)

白腰草鹬 *Tringa ochropus* Green Sandpiper 鹬科 Scolopacidae

■迷鸟 ■留鸟　旅鸟 ■冬候鸟 ■夏候鸟

形态: 雌雄相似。虹膜褐色,喙暗橄榄色。体型矮壮,上体深绿褐色具细小白色斑点,头、颈、胸具深色纵纹,腹部及臀白色。脚橄榄绿色。
习性: 繁殖期见于带有湖泊的森林,迁徙和越冬偏好淡水湿地,常单独活动。**分布与种群现状:** 分布范围广,夏候鸟、旅鸟、冬候鸟,常见。

繁殖羽　　　　　　非繁殖羽

体长: 23cm　LC(低度关注)

林鹬 *Tringa glareola* Wood Sandpiper 鹬科 Scolopacidae

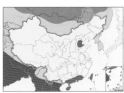

■迷鸟 ■留鸟　旅鸟 ■冬候鸟 ■夏候鸟

形态: 雌雄相似。虹膜褐色,喙黑色,喙相对短粗。眉纹和喉部白色,头、颈、胸具深色条纹。上体褐色具黑、白色较大斑点,腹部及臀偏白,腰白色。脚淡黄色至橄榄绿色。**习性:** 繁殖于泰加林沼泽,迁徙和越冬期偏好淡水或半咸水湿地。**分布与种群现状:** 分布范围广,夏候鸟、旅鸟、冬候鸟,常见。

体长: 20cm　LC(低度关注)

灰尾漂鹬 *Tringa brevipes* Grey-tailed Tattler 鹬科 Scolopacidae

■迷鸟 ■留鸟　旅鸟 ■冬候鸟 ■夏候鸟

形态: 雌雄相似。虹膜褐色,喙黑色。过眼纹黑色,眉纹白而显著,颏近白色。上体及尾暗灰色,下体白色,胸及腰具横纹,喙粗且直,飞行时翼下色深。似漂鹬,但翅膀颜色较浅,也略短,胸及腰的条纹较淡,腹部和肛周的白色更多。脚近黄色。**习性:** 迁徙常停歇于海岸湿地,湖泊,河流,滩涂。取食时经常跑动,尾上下抖动。**分布与种群现状:** 东部地区,旅鸟,较罕见。

体长: 25cm　NT(近危)

127

漂鹬 *Tringa incana* Wandering Tattler 鹬科 Scolopacidae

■迷鸟 ■留鸟 ■旅鸟 ■冬候鸟 ■夏候鸟

形态：雌雄相似。虹膜褐色，喙灰色。似灰尾漂鹬，区别是颜色更暗，翅膀更长，下体的条纹更多、更宽，最好以叫声区分。脚暗淡黄色。**习性：**与灰尾漂鹬相似，但越冬期的生境狭窄，见于大洋中的孤岛。**分布与种群现状：**台湾，冬候鸟、旅鸟，罕见。

体长：28cm LC（低度关注）

翘嘴鹬 *Xenus cinereus* Terek Sandpiper 鹬科 Scolopacidae

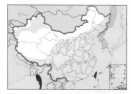

■迷鸟 ■留鸟 ■旅鸟 ■冬候鸟 ■夏候鸟

形态：雌雄相似。体型低矮的灰色鹬。虹膜褐色，喙黑色而喙基部黄色，喙粗长而上翘。上体灰色而下体白色，眼先具白色眉纹，繁殖期肩部羽毛有黑色条带。脚橘黄色。**习性：**迁徙常停歇于咸水和半咸水湿地，跑动时弯腰且身体前倾，常在水边滨海地带取食。**分布与种群现状：**东部沿海地区，旅鸟，较常见。

繁殖羽

非繁殖羽

体长：23cm LC（低度关注）

矶鹬 *Actitis hypoleucos* Common Sandpiper 鹬科 Scolopacidae

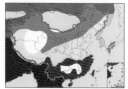

■迷鸟 ■留鸟 ■旅鸟 ■冬候鸟 ■夏候鸟

形态：雌雄相似。虹膜褐色，喙短、深灰色。上体棕褐色具深色细纹和斑点，下体白色，胸色暗，肩部白色条带是其显著特征，翼不及尾，飞羽近黑色，非繁殖羽上体为橄榄棕色，条带不明显。脚浅橄榄绿色。**习性：**迁徙和越冬通常单独活动，利用淡水及海岸湿地。活跃，走动时尾部频繁上下抖动。**分布与种群现状：**分布范围广，夏候鸟、旅鸟、冬候鸟，常见。

体长：20cm LC（低度关注）

翻石鹬 *Arenaria interpres* Ruddy Turnstone 鹬科 Scolopacidae

■迷鸟 ■留鸟 ■旅鸟 ■冬候鸟 ■夏候鸟

形态: 雌雄相似。虹膜褐色,喙黑色。喙、腿及脚均短。色彩醒目,无近似鸟种,头部、颈部和胸部有黑白色图案,上体棕栗色带有黑色图案,下体白色,雌性头冠条纹更多,颈部棕色,非繁殖羽颜色较暗淡。腿及脚为鲜亮的橘黄色。**习性:** 栖息于岩石海岸,海滨沙滩,泥地和潮间带。常迅速奔走。
分布与种群现状: 除贵州、四川外,各地均有分布,旅鸟、冬候鸟。云南,旅鸟,偶见。

非繁殖羽

繁殖羽

体长: 23cm　LC（低度关注）

大滨鹬 *Calidris tenuirostris* Great Knot 鹬科 Scolopacidae

■迷鸟 ■留鸟 ■旅鸟 ■冬候鸟 ■夏候鸟

形态: 雌雄相似。虹膜褐色,喙黑色。个体最大的滨鹬。喙粗长,繁殖期头、胸和两胁有较密集的黑色斑点,肩部有栗色和黑色的斑块,尾上覆羽大部分白色,尾羽黑色,非繁殖羽上体和胸部浅灰色,上体、头和颈部、胸部密布暗色条纹,翼斑白色。脚绿灰色。**习性:** 非繁殖季节以双壳类为食,用喙在泥中探寻。集大群取食。**分布与种群现状:** 东部沿海,旅鸟,已较为少见。

♀

♂

体长: 27cm　EN（濒危）

红腹滨鹬 *Calidris canutus* Red Knot 鹬科 Scolopacidae

■迷鸟 ■留鸟 ■旅鸟 ■冬候鸟 ■夏候鸟

形态: 雌雄相似。虹膜深褐色,喙黑色。繁殖羽下体栗红色,上体具黑色混有灰色及栗色的图案,非繁殖羽上体灰色,羽带有白色边缘,下体白色,胸部有纵纹,具浅色眉纹。脚黄绿色。**习性:** 迁徙和越冬集大群,并常与其他鸻鹬类混群,在海岸潮间带取食。**分布与种群现状:** 东部沿海,旅鸟,地区性常见。

非繁殖羽

繁殖羽

体长: 24cm　NT（近危）

三趾滨鹬 *Calidris alba* Sanderling 鹬科 Scolopacidae

形态: 雌雄相似。虹膜深褐色,喙黑色,相对短粗。繁殖羽颜色变化多,头和上体及胸部浅黄色至栗色(似红颈滨鹬),下体白色,非繁殖羽比其他滨鹬白,肩部黑色明显。脚黑色,无后趾。**习性:** 迁徙及越冬期见于海岸沙滩,常集群,喜欢快速奔跑。**分布与种群现状:** 除黑龙江、四川外,各地常见,冬候鸟、旅鸟。

■迷鸟 ■留鸟 ■旅鸟 ■冬候鸟 ■夏候鸟

非繁殖羽　　繁殖羽

体长: 20cm　LC(低度关注)

西滨鹬 *Calidris mauri* Western Sandpiper 鹬科 Scolopacidae

形态: 雌雄相似。虹膜褐色,喙黑色。尖端微下弯,头侧、耳羽红褐色,眉纹白色,头颈具黑褐色纵纹,颊至胸灰色,背、肩红褐色,具黑色斑和白色羽缘。脚黑色。**习性:** 栖息于苔原、沼泽、海岸泥滩。**分布与种群现状:** 天津、青海、台湾,迷鸟,罕见。

■迷鸟 ■留鸟 ■旅鸟 ■冬候鸟 ■夏候鸟

体长: 16cm　LC(低度关注)

红颈滨鹬 *Calidris ruficollis* Red-necked Stint 鹬科 Scolopacidae

形态: 雌雄相似。虹膜褐色,喙黑色。繁殖羽头、喉、颈部锈红色,头顶、颈背和颈侧具黑色纵纹,上体、两翼具浅色羽缘,上背、翼上覆羽栗色,肩羽红褐色,下体白色;非繁殖羽上体灰色,下体白色。脚黑色。**习性:** 繁殖于干燥苔原地带。迁徙及越冬利用潮间带滩涂、海岸湿地及内陆沼泽湿地。**分布与种群现状:** 东北地区经东部至南部的沿海省份,旅鸟,较常见;华南沿海及香港、台湾,冬候鸟。

■迷鸟 ■留鸟 ■旅鸟 ■冬候鸟 ■夏候鸟

非繁殖

繁殖羽

体长: 15cm　NT(近危)

勺嘴鹬 *Calidris pygmeus* Spoon-billed Sandpiper 鹬科 Scolopacidae

■迷鸟 ■留鸟 ■旅鸟 ■冬候鸟 ■夏候鸟

形态：雌雄相似。虹膜褐色，喙黑色，喙形独特，端部宽大扁形三角状。繁殖羽头、颈部棕红色，上体羽毛黑色，具浅黄色羽缘，非繁殖期上体灰色，下体白色，白色眉纹明显。脚黑色。**习性：**迁徙利用海岸潟湖、河口和潮间带滩涂，取食左右扫荡，滤食泥中食物。**分布与种群现状：**东部地区，旅鸟、冬候鸟、迷鸟，罕见。

繁殖羽　　　　　非繁殖羽

体长：15cm　CR（极危）

小滨鹬 *Calidris minuta* Little Stint 鹬科 Scolopacidae

■迷鸟 ■留鸟 ■旅鸟 ■冬候鸟 ■夏候鸟

形态：雌雄相似。虹膜褐色，喙黑色。繁殖羽脸颊、胸部棕红色较淡，带有黑色点状斑纹，非繁殖羽上体灰色，下体白色。脚黑色。似红颈滨鹬，容易混淆，区别在于下颌、喉部白色，飞羽和覆羽羽缘为白色而非红色，形成典型的乳白色"V"形条带。**习性：**以无脊椎动物为食。取食时快速跑动。**分布与种群现状：**西北、华北地区和东部、南部沿海，旅鸟、冬候鸟，罕见。

体长：14cm　LC（低度关注）

青脚滨鹬 *Calidris temminckii* Temminck's Stint 鹬科 Scolopacidae

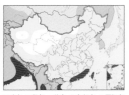

■迷鸟 ■留鸟 ■旅鸟 ■冬候鸟 ■夏候鸟

形态：雌雄相似。虹膜褐色，喙黑色。繁殖羽上体、胸灰色，翼上覆羽带棕色，腹部白色，非繁殖羽上体及胸部灰褐色，腹部白色。腿及脚偏绿或近黄色。**习性：**常与其他鸻鹬在滩涂和海岸湿地取食，但更偏好内陆淡水湿地。通常不集群。**分布与种群现状：**旅鸟见于各省份；华南地区，冬候鸟，较常见。

非繁殖羽

繁殖羽

体长：14cm　LC（低度关注）

长趾滨鹬 *Calidris subminuta* Long-toed Stint 鹬科 Scolopacidae

■迷鸟 ■留鸟 ■旅鸟 ■冬候鸟 ■夏候鸟

形态： 雌雄相似。站姿较高。虹膜深褐色，喙黑色。繁殖羽白色眉纹宽，头顶棕红色具黑色纵纹，脸颊、颈部和胸侧有黑色纵纹，上体多棕色，背部具"V"字形浅色条纹，翼上覆羽黑色具浅色羽缘。脚绿黄色。**习性：** 迁徙通常以小群混在其他鸻鹬类中，在植被良好的内陆淡水湿地觅食。**分布与种群现状：** 分布范围广，旅鸟、冬候鸟，较常见。

体长：14cm LC（低度关注）

斑胸滨鹬 *Calidris melanotos* Pectoral Sandpiper 鹬科 Scolopacidae

■迷鸟 ■留鸟 ■旅鸟 ■冬候鸟 ■夏候鸟

形态： 雌雄相似。虹膜褐色，喙基黄色而喙端黑色，略微下弯。白色眉纹模糊，头顶、背羽棕褐色，头至胸部密布黑色纵纹，并突然止于白色腹部，下体白色，繁殖羽雄性胸部比雌性色深。非繁殖羽灰色，胸、腹部界线明显。脚黄色。**习性：** 繁殖于苔原地带湿润和植被良好的地区，迁徙偏好淡水湿地。**分布与种群现状：** 中部湿地、东部沿海、新疆，迷鸟，罕见。

体长：22cm LC（低度关注）

黄胸滨鹬 *Calidris subruficollis* Buff-breasted Sandpiper 鹬科 Scolopacidae

■迷鸟 ■留鸟 ■旅鸟 ■冬候鸟 ■夏候鸟

形态： 雌雄相似。虹膜褐色，喙深褐色。脸淡黄色，头圆，头顶具黑点斑，颈长，上体具黑色斑点，下体淡黄色。腿橘黄色。脚鲜艳黄褐色。**习性：** 栖息于北极圈苔原、沼泽，过境见于滨海湿地。**分布与种群现状：** 台湾，迷鸟，罕见。

体长：14cm NT（近危）

尖尾滨鹬 *Calidris acuminata* Sharp-tailed Sandpiper 鹬科 Scolopacidae

形态： 雌雄相似。虹膜褐色，喙黑色。繁殖羽头顶棕色具深色纵纹，颈、胸部浅棕色，下体白色，胸部和两胁具黑色箭头状斑纹，中央尾羽黑色，两侧白色。腿及脚偏黄色至绿色。**习性：** 迁徙时只见于内陆，而亚成体多出现于海边。**分布与种群现状：** 东北地区、沿海省份、云南，旅鸟，常见；台湾，冬候鸟。

繁殖羽

非繁殖羽

体长：19cm LC（低度关注）

阔嘴鹬 *Calidris falcinellus* Broad-billed Sandpiper 鹬科 Scolopacidae

形态： 雌雄相似。虹膜褐色，喙黑色，喙形长且直，端部下弯，容易辨识。繁殖羽上体具灰褐色纵纹，翼角常具黑色斑块，下体白色，胸具细纵纹，具两条眉纹。脚绿褐色。**习性：** 迁徙时常与红颈滨鹬和黑腹滨鹬共同出现于海边潮间带、海岸潟湖和内陆咸水湿地等。**分布与种群现状：** 新疆、东北地区至华东沿海地区，旅鸟；华南地区，冬候鸟，较常见。

非繁殖羽

繁殖羽

体长：17cm LC（低度关注）

流苏鹬 *Calidris pugnax* Ruff 鹬科 Scolopacidae

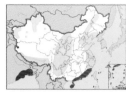

■迷鸟 ■留鸟 ■旅鸟 ■冬候鸟 ■夏候鸟

形态: 虹膜褐色，喙褐色，喙基近黄色。长脚、长颈、头小、喙短，体型容易辨识。雄鸟繁殖羽具颜色多样的蓬松翎颌在求偶时炫耀，有黑、白和棕等不同色型。雄鸟非繁殖羽和雌鸟上体灰褐色，背部具鳞片状羽毛，翼上覆羽和上背肩部羽毛中间黑色，边缘浅棕色。脚色多变，黄、绿或橙褐色。**习性:** 繁殖期见于从苔原带和蒙古高原草地，迁徙时主要见于海岸湿地，偶见于淡水湿地。**分布与种群现状:** 东部沿海，旅鸟，不常见；新疆西部、西藏南部，有过境记录；少量冬候鸟见于华南沿海。

非繁殖羽

非繁殖羽

注: 本种图片除标注"非繁殖羽"之外的图均为繁殖羽。

体长: 雄鸟 28cm，雌鸟 23cm LC（低度关注）

弯嘴滨鹬 *Calidris ferruginea* Curlew Sandpiper 鹬科 Scolopacidae

形态: 雌雄相似。虹膜褐色,喙黑色,喙长而下弯。繁殖羽除两翼灰褐色外大部分体羽红棕色,与红腹滨鹬容易混淆,但本种体型小,红色更浓重且喙下弯。非繁殖羽灰白色为主,眉纹白色,胸部沾浅棕色,下体白色。脚黑色。**习性:** 栖息于海岸沼泽、湿地及盐田,常在浅水区活动。**分布与种群现状:** 除贵州外,各地均有分布,冬候鸟、旅鸟。较常见。

非繁殖羽

繁殖羽

体长: 21cm　NT(近危)

高跷鹬 *Calidris himantopus* Stilt Sandpiper 鹬科 Scolopacidae

形态: 雌雄相似。虹膜褐色,喙黑色而略微下弯。眉纹白色,耳羽红褐色,头红褐色具黑色纵纹,上体褐色具黑色羽干和淡水羽缘,腹部白色。脚黄绿色。**习性:** 栖息于湿地环境。**分布与种群现状:** 台湾,迷鸟,罕见。

体长: 21cm　LC(低度关注)

岩滨鹬 *Calidris ptilocnemis* Rock Sandpiper 鹬科 Scolopacidae

形态: 雌雄相似。虹膜褐色,喙黄色而喙端灰色。头和背黑色,上体具黄色条纹,翅具白斑,下体具黑斑,尾黑色,尾下覆羽白色。脚黄色。**习性:** 栖息于沿海苔原、低山平原。**分布与种群现状:** 河北沿海,迷鸟,罕见。

体长: 21cm　LC(低度关注)

黑腹滨鹬 *Calidris alpina* Dunlin 鹬科 Scolopacidae

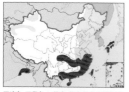

■迷鸟 ■留鸟 ■旅鸟 ■冬候鸟 ■夏候鸟

冬常出现于海岸湿地和内陆淡水湿地。快速跑动取食。**分布与种群现状：**我国大部分地区，旅鸟；南方地区（包括台湾和海南），冬候鸟。

形态：雌雄相似。虹膜褐色，喙黑色。脚绿灰色。喙长，端部下弯。繁殖羽头侧和颈部、胸部灰色，有黑色纵纹，头顶、上体棕褐色，下体白色而腹部中央黑色，非繁殖羽上体灰褐色，下体白色。**习性：**迁徙和越

繁殖羽

非繁殖羽

体长：19cm LC（低度关注）

红颈瓣蹼鹬 *Phalaropus lobatus* Red-necked Phalarope 鹬科 Scolopacidae

■迷鸟 ■留鸟 ■旅鸟 ■冬候鸟 ■夏候鸟

形态：虹膜褐色，喙黑色而细长。繁殖羽头和上体灰褐色，上背颈部和肩部具橘黄色到棕色的条带，颈侧和上胸部红色，喉部和细长的眉纹白色，下胸和胁部灰白色，腹部白色，非繁殖羽头顶黑色，眼斑黑色向后下弯

曲，上体黑色具皮黄色纵状斑纹，下体白色。脚灰色。**习性：**迁徙经过淡水湿地、咸水和海岸湿地。冬季在海上集大群活动。**分布与种群现状：**西北、东北地区至东南地区，旅鸟，不常见。

非繁殖羽

繁殖羽

体长：18cm LC（低度关注）

灰瓣蹼鹬 *Phalaropus fulicarius* Red Phalarope 鹬科 Scolopacidae

■迷鸟 ■留鸟 ■旅鸟 ■冬候鸟 ■夏候鸟

形态：虹膜褐色，喙黑色而基部黄色，喙形直。繁殖羽头顶黑色，脸白色，腹部棕红色，上体黑色具棕、白纵纹；非繁殖羽似红颈瓣蹼鹬，但前额较白，上体色浅而单调，喙色较深，有时喙基黄色，喙形较为粗短。脚灰色。**习性：**繁殖于接近海岸的沼泽、苔原中的湖泊，迁徙多见于海上，偶见于滨海湿地。**分布与种群现状：**东部至南部沿海，旅鸟，罕见；台湾和香港的沿海水域，冬候鸟；内陆地区偶有过境记录。

非繁殖羽

非繁殖羽

体长：21cm LC（低度关注）

三趾鹑科 Turnicidae

林三趾鹑 *Turnix sylvaticus* Gommon Buttonquail 三趾鹑科 Turnicidae

■迷鸟 ■留鸟 ■旅鸟 ■冬候鸟 ■夏候鸟

形态: 虹膜黄色, 喙灰色。外形似鹌鹑。胸棕色, 上体具白色纹, 两胁具略红的黑斑, 头具淡乳黄色中央冠纹, 头两侧和喉白色, 腹白色, 雌鸟体型略大, 色深而较多红色。脚近白色。**习性:** 栖息于平地草原、河流、湖泊岸边灌丛草地, 隐匿于草丛中。**分布与种群现状:** 广东、广西、海南、台湾, 留鸟, 罕见。

体长: 14cm LC(低度关注)

黄脚三趾鹑 *Turnix tanki* Yellow-legged Buttonquail 三趾鹑科 Turnicidae

■迷鸟 ■留鸟 ■旅鸟 ■冬候鸟 ■夏候鸟

形态: 虹膜黄色, 喙黄色。上体及胸两侧具明显的黑色点斑, 上体黑褐色, 具栗色或棕色斑纹, 胸和两胁棕黄色, 具褐色斑点, 飞行时翼覆羽淡皮黄色, 与深褐色飞羽形成对比, 雌鸟的枕及背部较雄鸟多栗色。脚黄色。**习性:** 似其他三趾鹑。**分布与种群现状:** 西南及长江以南地区, 留鸟; 华中、华北至东北的大部分地区, 夏候鸟; 中东部大部分地区, 旅鸟。较为少见。

体长: 16cm LC(低度关注)

棕三趾鹑 *Turnix suscitator* Barred Buttonquail 三趾鹑科 Turnicidae

■迷鸟 ■留鸟 ■旅鸟 ■冬候鸟 ■夏候鸟

形态: 虹膜棕色, 喙灰色。雌雄羽色反转, 雌鸟头顶近黑色, 喉及胸部中央为醒目的黑色; 雄鸟头顶褐色, 脚灰色。喉无黑色。雌雄上体均为黄褐色, 胸及两胁具黑色横斑, 腹部棕黄色。脚灰色。**习性:** 似其他三趾鹑。**分布与种群现状:** 西南、华南地区及西藏东南、海南、台湾, 留鸟, 地方性常见至罕见。

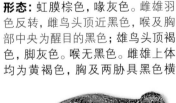

体长: 16cm LC(低度关注)

燕鸻科 Glareolidae

领燕鸻 *Glareola pratincola* Collared Pratincole 燕鸻科 Glareolidae

■迷鸟 ■留鸟 ■旅鸟 ■冬候鸟 ■夏候鸟

形态: 雌雄相似。虹膜深褐色,喙黑色,喙基红色,喙短。叉尾白色具黑色端带,上体淡褐色,初级飞羽黑褐色,喉皮黄色,具黑色领圈,翼下覆羽栗色,次级飞羽和三级飞羽具白色端斑,飞行时翼下覆羽后缘白色,是区别于普通燕鸻的主要特征。脚黑色。**习性:** 栖息于开阔平原、草地、沼泽,常成群活动,善于奔跑,在地上或空中捕食。**分布与种群现状:** 新疆西部,夏候鸟,罕见。

体长: 25cm　LC(低度关注)

普通燕鸻 *Glareola maldivarum* Oriental Pratincole 燕鸻科 Glareolidae

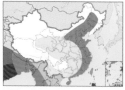

■迷鸟 ■留鸟 ■旅鸟 ■冬候鸟 ■夏候鸟

形态: 雌雄相似。虹膜深褐色,喙黑色,喙基猩红色。喉皮黄色,具黑色边缘(冬候鸟较模糊)。头顶、上胸、上体夏季绿褐色,从眼下环绕喉部有一黑色领环,喉浅黄色。颊、颈、下胸黄褐色,腹白色,翼长,翼下覆羽后缘无白色,腰白色,叉形尾。冬季喙基无红色。脚深褐色。外形似领燕鸻,但次级飞羽和三级飞羽无白色的翼后缘。**习性:** 性喧闹,常长时间在水域上空飞翔,发出尖锐叫声。善走,头不停点动。**分布与种群现状:** 除新疆、西藏、贵州地区外,各地均有分布,夏候鸟、旅鸟,常见。台湾,留鸟。

繁殖羽

体长: 25cm　LC(低度关注)

黑翅燕鸻 *Glareola nordmanni* Black-winged Pratincole 燕鸻科 Glareolidae

■迷鸟 ■留鸟 ■旅鸟 ■冬候鸟 ■夏候鸟

形态: 雌雄相似。喙黑色,基部红色,喉乳黄色具黑色边缘。上体棕色沾淡橄榄色,飞羽黑色,胸棕红色,下腹及尾上、下覆羽白色,叉形尾黑色。**习性:** 栖息于草原、草甸、耕地、河谷、海岸湿地。长距离迁徙。**分布与种群现状:** 新疆,夏候鸟,不常见。

体长: 25cm　NT(近危)

灰燕鸻 *Glareola lactea* Small Pratincole 燕鸻科 Glareolidae

形态：雌雄相似。虹膜褐色，喙黑色，喙基部具小块红色斑，浅色。似普通燕鸻但体型小，无领环。上体灰褐，下体白色，翼下覆羽、初级飞羽、次级飞羽端部黑色，尾上覆羽、外侧尾羽白色，尾黑色浅叉状。脚褐灰色。**习性：**栖息于大型河流的沙滩及两岸沿岸裸露地区。**分布与种群现状：**西藏东南部、云南南部和西南部，留鸟，较常见。

■迷鸟 ■留鸟 ■旅鸟 ■冬候鸟 ■夏候鸟

非繁殖羽

繁殖羽

体长：18cm　LC（低度关注）　国家Ⅱ级重点保护野生动物

鸥科 Laridae

白顶玄燕鸥 *Anous stolidus* Brown Noddy 鸥科 Laridae

形态：雌雄相似。虹膜褐色，喙黑色。额至头顶白色，具白色眼圈，体羽暗褐色。尾浅叉形。脚黑褐色。**习性：**栖息

■迷鸟 ■留鸟 ■旅鸟 ■冬候鸟 ■夏候鸟

于海岸、海岛。在海上长时间漂移和游泳。**分布与种群现状：**浙江、福建、广东、海南、台湾，迷鸟，罕见。台湾的岛屿上有繁殖种群。

体长：42cm　LC（低度关注）

白燕鸥 *Gygis alba* White Tern 鸥科 Laridae

形态：雌雄相似。虹膜褐色，喙近黑色，喙基蓝色。体羽白色，尾叉形。脚蓝黑色，蹼偏白。**习性：**栖息于海岸、海岛。集群活动。**分布与**

■迷鸟 ■留鸟 ■旅鸟 ■冬候鸟 ■夏候鸟

种群现状：广东、澳门、海南，迷鸟，罕见。

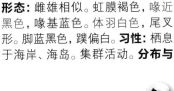

体长：30cm　LC（低度关注）

139

三趾鸥 *Rissa tridactyla* Black-legged Kittiwake 鸥科 Laridae

■迷鸟 ■留鸟 ■旅鸟 ■冬候鸟 ■夏候鸟

形态: 雌雄相似。虹膜褐色,喙黄色,端部黑色。头颈、尾和下体白色。上体灰色,耳后、下颈后部具黑色斑,最外侧飞羽黑色,内侧飞羽白色,尾白色

端部黑色。脚黑色。**习性:** 栖息于极地海岸、海岛和大型水域。**分布与种群现状:** 东北地区至东部地区、东南沿海,冬候鸟,罕见。

体长:41cm VU(易危)

叉尾鸥 *Xema sabini* Sabine's Gull 鸥科 Laridae

■迷鸟 ■留鸟 ■旅鸟 ■冬候鸟 ■夏候鸟

形态: 雌雄相似。虹膜褐色,眼周裸皮红色。成鸟喙黑而喙端黄,亚成鸟喙黑色。头深灰色,上背纯灰色,腰、下体及翼下白色,白色尾浅叉形。成鸟腿及脚深灰色,亚成鸟偏粉。**习性:** 栖息于远洋。**分布与种群现状:** 台湾、南沙,迷鸟,罕见。

体长:34cm LC(低度关注)

细嘴鸥 *Chroicocephalus genei* Slender-billed Gull 鸥科 Laridae

■迷鸟 ■留鸟 ■旅鸟 ■冬候鸟 ■夏候鸟

形态: 雌雄相似。虹膜黄色,喙红色,纤细。下体偏粉红,飞行时初级飞羽翼端黑色,侧看颈部短粗,头前倾而下斜,与红嘴鸥的区别是喙端

无黑色,喙纤细,下体沾粉红。脚红色。**习性:** 似红嘴鸥。**分布与种群现状:** 河北、天津、新疆、香港,冬候鸟、夏候鸟、旅鸟,罕见。

体长:42cm LC(低度关注)

棕头鸥 *Chroicocephalus brunnicephalus* Brown-headed Gull 鸥科 Laridae

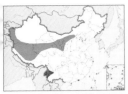

■迷鸟 ■留鸟　旅鸟 ■冬候鸟 ■夏候鸟

形态： 雌雄相似。虹膜淡黄或灰色，眼周裸皮红色。嘴深红色，背灰色，下体白色。繁殖羽头棕褐色，眼周裸皮暗红色，具半月形白斑，中间断开。翼尖黑色具白斑为重要的辨识特征。脚红色。**习性：** 繁殖期栖息于内陆咸水湖泊和盐碱地，非繁殖期见于淡水或滨海湿地。**分布与种群现状：** 西部地区，夏候鸟；西南地区，冬候鸟；东部沿海部分地区，迷鸟。地区性常见。

体长：42cm　LC（低度关注）

红嘴鸥 *Chroicocephalus ridibundus* Black-headed Gull 鸥科 Laridae

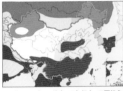

■迷鸟 ■留鸟　旅鸟 ■冬候鸟 ■夏候鸟

形态： 雌雄相似。虹膜褐色，嘴红色，亚成鸟嘴尖黑色。似棕头鸥，但体型较小。繁殖羽头黑褐色，眼具不完整白色细眼圈，眼前方断开，初级飞羽仅尖端黑色，翼前缘白色明显。非繁殖羽头白色，眼周羽毛黑色，眼后具一黑斑。脚红色，亚成鸟色较淡。**习性：** 繁殖期栖息于内陆咸水湖泊和盐碱地，非繁殖期见于淡水或滨海湿地。**分布与种群现状：** 繁殖期见于西北和东北地区，迁徙见于大部分省份，迁徙于黄河流域及以南地区，常见。

繁殖羽　　　非繁殖羽

体长：40cm　LC（低度关注）

澳洲红嘴鸥 *Chroicocephalus novaehollandiae* Silver Gull 鸥科 Laridae

■迷鸟 ■留鸟　旅鸟 ■冬候鸟 ■夏候鸟

形态： 雌雄相似。虹膜白色，眼周红色，嘴红色。成鸟背部及翅浅灰色，深色的初级飞羽末端具较小白斑，其余部分均为白色。亚成鸟体色多变，需经3年内的6次换羽才到繁殖期成鸟羽色。脚红色。**习性：** 栖息于各类水体，群居，腐食性。**分布与种群现状：** 台湾，迷鸟，罕见。

体长：38~42cm　LC（低度关注）

黑嘴鸥 *Saundersilarus saundersi* Saunders's Gull 鸥科 Laridae

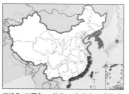

■迷鸟 ■留鸟 ■旅鸟 ■冬候鸟 ■夏候鸟

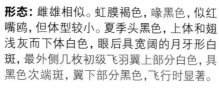

形态: 雌雄相似。虹膜褐色,喙黑,似红嘴鸥,但体型较小。夏季头黑色,上体和翅浅灰而下体白色,眼后具宽阔的月牙形白斑,最外侧几枚初级飞羽翼上部分白色,具黑色次端斑,翼下部分黑色,飞行时显著。

冬季头白色,耳后有黑斑。**脚深红色。习性:** 栖息于海滨滩涂、沼泽和河口地带,常在水线附近活动,越冬期集大群。**分布与种群现状:** 辽宁至江苏沿海,夏候鸟;浙江至广东沿海,以及台湾、海南,冬候鸟。不常见。

体长:33cm VU(易危)

小鸥 *Hydrocoloeus minutus* Little Gull 鸥科 Laridae

■迷鸟 ■留鸟 ■旅鸟 ■冬候鸟 ■夏候鸟

形态: 雌雄相似。虹膜深褐色,喙细窄、暗红近黑色。夏季头黑色可延伸至颈部。上体灰色,飞羽末端白色,形成明显白色后缘,翼下色深,冬季头白色,眼后有暗色斑,尾略微凹。脚红色。**习性:** 栖息于森林中和开阔平原上的湖泊、河口、沼泽,飞行轻盈如燕鸥。**分布与种群现状:** 西北和东北地区,夏候鸟;越冬和迁徙季节偶见于东部及南部沿海,罕见。

体长:26cm LC(低度关注) 国家Ⅱ级重点保护野生动物

楔尾鸥 *Rhodostethia rosea* Ross's Gull 鸥科 Laridae

■迷鸟 ■留鸟 ■旅鸟 ■冬候鸟 ■夏候鸟

形态: 雌雄相似。虹膜深褐色,喙黑色。翅灰色,翅下暗灰色。繁殖羽具黑色窄颈圈,楔形尾,脚红色。**习性:** 栖息于针叶林河流、沼泽、湖泊。**分布与种群现状:** 辽宁、青海,迷鸟,罕见。

体长:31cm LC(低度关注)

笑鸥 *Leucophaeus atricilla* Laughing Gull 鸥科 Laridae

形态: 雌雄相似。虹膜深褐色,喙繁殖期深红色而越冬期黑色,喙较长,末端稍有下垂。成鸟繁殖期具黑色头罩,眼后具半月形白斑,背及翅深灰黑色,下体纯白色,尾白色,飞行时可见背及双翼上部全灰黑色。

非繁殖期耳后有灰黑色斑,深色的初级飞羽末端常见若干白点。脚深红色。**习性:** 海岸性鸥类,食性庞杂,其叫声似人类高声大笑,常追随海上船只。**分布与种群现状:** 台湾岛有记录,迷鸟,罕见。

注:在《中国观鸟年报—中国鸟类名录6.0(2018)》列出,2008年中国(台湾)新记录(Mulkeen, 2008)。

体长:36~41cm LC(低度关注)

弗氏鸥 *Leucophaeus pipixcan* Franklin's Gull 鸥科 Laridae

形态: 雌雄相似。喙暗红色。繁殖期头、喉黑色,具光泽,眼上下具白斑,背、翅覆羽、腰蓝灰色,次级飞羽端

白色,颈和下体白色。**习性:** 栖息于海岸、沼泽、湖泊。**分布与种群现状:** 河北、天津、台湾,迷鸟,罕见。

体长:32~38cm LC(低度关注)

遗鸥 *Ichthyaetus relictus* Relict Gull 鸥科 Laridae

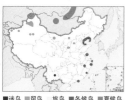

形态: 雌雄相似。虹膜褐色,喙红色。繁殖期头黑色,眼周上下具两块标志性白斑有别红嘴鸥,体型粗大,挺胸,翼合拢时翼尖具数个白点。

脚暗红色。**习性:** 栖息于开阔平原和荒漠、半荒漠地区的咸水湖泊中,在湖心岛营巢。**分布与种群现状:** 山西、陕西北部和内蒙古西部的盐碱地,夏候鸟;渤海湾,华东地区和华南地区沿海,冬候鸟。偶见。

体长:45cm VU(易危) 国家Ⅰ级重点保护野生动物

渔鸥 *Ichthyaetus ichthyaetus* Pallas's Gull 鸥科 Laridae

■迷鸟 ■留鸟 ■旅鸟 ■冬候鸟 ■夏候鸟

形态: 雌雄相似。虹膜褐色。喙黄色, 近端处具黑及红色环带。体型大, 背灰色, 繁殖期头黑色, 上下眼睑白色, 喙端红色具黑色环带, 非繁殖期头白色, 眼周仍有黑色, 喙端红色几乎消失, 头至后颈有暗纵纹。脚绿黄色。**习性:** 栖息于内陆咸水湖、河流和滨海湿地。繁殖期捕食其他鸟类的卵和雏鸟。**分布与种群现状:** 分布范围较广, 夏候鸟、旅鸟、迷鸟, 地方性常见。

体长: 68cm　LC (低度关注)

黑尾鸥 *Larus crassirostris* Black-tailed Gull 鸥科 Laridae

■迷鸟 ■留鸟 ■旅鸟 ■冬候鸟 ■夏候鸟

形态: 雌雄相似。虹膜黄色, 喙黄绿色, 喙尖红色, 其后有黑色环带。成鸟上体深灰色, 下体白色, 腰白色, 尾白色具有黑色次端斑, 合拢的翼尖有四个白色斑点, 冬季枕部带有灰褐色斑纹。幼鸟体羽深褐色而斑驳, 随着年龄增长而逐渐变得干净。脚黄绿色。**习性:** 在近海的无人岛上集群繁殖, 迁徙和越冬期见于滨海湿地。**分布与种群现状:** 辽宁至华东沿海, 夏候鸟; 整条海岸线, 旅鸟; 华南沿海, 冬候鸟。

体长: 46~48cm　LC (低度关注)

普通海鸥 *Larus canus* Mew Gull 鸥科 Laridae

■迷鸟 ■留鸟 ■旅鸟 ■冬候鸟 ■夏候鸟

形态: 雌雄相似。虹膜黄色, 喙绿黄色近端部具黑色环状斑。脚绿黄色。上体灰色, 头、颈和下体白色, 初级飞羽末端黑色, 具白色翼斑, 尾白色; 冬季头和颈具深色纵纹, 有时喙尖有黑色。**习性:** 繁殖于北极苔原, 越冬于海岸, 河口, 迁徙见于内陆河流和湖泊。**分布与种群现状:** 分布范围较广, 冬候鸟、旅鸟, 不常见。

体长: 45cm　LC (低度关注)

灰翅鸥 *Larus glaucescens* Glaucous-winged Gull 鸥科 Laridae

■迷鸟 ■留鸟 　旅鸟 ■冬候鸟 ■夏候鸟

形态: 雌雄相似。虹膜褐色,喙黄色,端部有红点。上背和翅浅灰色,下体和尾白色,非繁殖羽枕后及颈背略具褐色纵纹。脚粉红色。**习性:** 会掠夺其他鸥的食物。**分布与种群现状:** 福建、广东、香港、台湾,迷鸟,罕见。

体长:65cm　LC(低度关注)

北极鸥 *Larus hyperboreus* Glaucous Gull 鸥科 Laridae

■迷鸟 ■留鸟 　旅鸟 ■冬候鸟 ■夏候鸟

形态: 雌雄相似。虹膜黄色,喙黄色端部红色。背及两翼为非常浅的灰色,比中国任何其他鸥的色彩都浅,冬季成鸟头顶、颈背及颈侧具褐色纵纹。腿、脚粉红。**习性:** 似银鸥。**分布与种群现状:** 东北地区至东部地区、东南沿海地区,冬候鸟,罕见。

体长:71cm　LC(低度关注)

小黑背银鸥 *Larus fuscus* Lesser Black-backed Gull 鸥科 Laridae

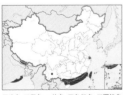

■迷鸟 ■留鸟 　旅鸟 ■冬候鸟 ■夏候鸟

形态: 雌雄相似。上体灰色至深灰色,比其他银鸥复合体中其他种及海鸥色深。腿鲜黄色。冬季成鸟头具少量至中量的纵纹,介于西伯利亚银鸥和黄脚银鸥之间。**习性:** 同银鸥。**分布与种群现状:** 中国南部沿海,冬候鸟;新疆,旅鸟,不常见。

体长:51-61cm　LC(低度关注)

西伯利亚银鸥 *Larus smithsonianus* Siberian Gull 鸥科 Laridae

■迷鸟 ■留鸟 ■旅鸟 ■冬候鸟 ■夏候鸟

形态：雌雄相似。虹膜浅黄至偏褐色，喙黄色，具红点。成鸟繁殖羽头白色，上体灰色，通常三级飞羽及肩部具白色的宽月牙形斑，合拢的翼上可见多至五枚大小相等的突出白色翼尖，飞行时于第十枚初级飞羽上可见中等大小的白色翼镜。非繁殖羽头及颈背具深色纵纹，并及胸部。脚粉红色。**习性：**同银鸥。**分布与种群现状：**东部地区及新疆西北部，冬候鸟、旅鸟，常见。

体长：62cm LC（低度关注）

蒙古银鸥 *Larus mongolicus* Mongolian Gull 鸥科 Laridae

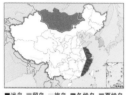

■迷鸟 ■留鸟 ■旅鸟 ■冬候鸟 ■夏候鸟

形态：虹膜黄色，喙黄色而下喙端具标志性红点。外形似其他银鸥。繁殖期成鸟头白色，上体浅灰色至中灰色，飞羽端黑色而带白斑，三级飞羽及肩羽具白色的月牙形斑，翼合拢时通常可见白色羽尖，飞行时可见深色初级飞羽端外侧的大翼镜。脚粉红色。**习性：**繁殖季节期见于内陆湖泊和盐碱地，越冬见于内陆及滨海湿地。**分布与种群现状：**内蒙古北部，夏候鸟；中东部地区，冬候鸟、旅鸟。常见。

注：在《中国观鸟年报—中国鸟类名录6.0（2018）》中列出。

体长：60cm LC（低度关注）

黄腿银鸥 *Larus cachinnans* Gaspian Gull 鸥科 Laridae

■迷鸟 ■留鸟 ■旅鸟 ■冬候鸟 ■夏候鸟

形态：雌雄相似。虹膜黄色。喙黄色，具红点。上体浅灰至中灰色，腿黄色，冬季头和颈、背无褐色纵纹。脚黄色。**习性：**同银鸥。**分布与种群现状：**新疆北部，夏候鸟、旅鸟，罕见。

体长：60cm LC（低度关注）

灰背鸥 *Larus schistisagus* Slaty-backed Gull 鸥科 Laridae

■迷鸟 ■留鸟 ■旅鸟 ■冬候鸟 ■夏候鸟

形态： 雌雄相似。虹膜黄色。喙黄色，具红点。下喙次端具红斑。背部深灰色，似银鸥但上体灰色更深，腿更显粉红，冬季头后及颈部具深色纵纹。脚深粉色。**习性：** 似银鸥。**分布与种群现状：** 东部和东南沿海地区，冬候鸟、旅鸟，少见。台湾，迷鸟。

体长：61cm　LC（低度关注）

乌灰银鸥 *Larus heuglini* Heuglin's Gull 鸥科 Laridae

■迷鸟 ■留鸟 ■旅鸟 ■冬候鸟 ■夏候鸟

形态： 虹膜浅黄色。喙黄色，具红点。眼周裸皮红色。上体灰至深灰。冬季成鸟头具少量至中量的纵纹，喙上无或仅具一丝黑色带。颈背纵纹最多。飞行时初级飞羽外侧翼镜中等大小，初级飞羽外侧色深，与白色翼下覆羽及次级飞羽羽尖成对照。腿、脚鲜黄色。**习性：** 同银鸥。**分布与种群现状：** 东部及南部沿海，旅鸟、冬候鸟，常见。

注：在《中国鸟类野外手册》中列出（《中国观鸟年报—中国鸟类名录6.0（2018）》）。

体长：60cm　NR（未认可）

鸥嘴噪鸥 *Gelochelidon nilotica* Gull-billed Tern 鸥科 Laridae

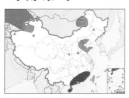

■迷鸟 ■留鸟 ■旅鸟 ■冬候鸟 ■夏候鸟

形态： 雌雄相似。虹膜褐色，喙黑色，尾白色而深叉状，夏季头顶全黑。背和中央尾羽淡灰色，两侧尾羽白色，冬季头顶黑色褪去，但颈背具灰色杂斑，黑色块斑过眼。脚黑色。**习性：** 繁殖期栖息于内陆湖泊、河流和沼泽地带，非繁殖期栖息于海岸及河口地区。**分布与种群现状：** 西北、华北、东北地区，夏候鸟；迁徙及越冬见于东部及南部沿海。

体长：39cm　LC（低度关注）

147

红嘴巨燕鸥 *Hydroprogne caspia* Caspian Tern 鸥科 Laridae

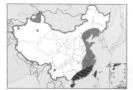

■迷鸟 ■留鸟 ■旅鸟 ■冬候鸟 ■夏候鸟

形态：雌雄相似。虹膜褐色，喙红色、粗大，尖端黑色。夏季头顶黑色，具短冠羽，颈白色。背灰色，初级飞羽下面黑色，翼下其余部分白色，非繁殖羽头顶具深色纵纹。脚黑色。**习性：**栖息于海岸沙滩、红树林、河流等湿地类型。**分布与种群现状：**东北至华东沿海，夏候鸟；华东及华南地区沿海，旅鸟、冬候鸟；云南有记录，较常见。

体长：49cm　LC（低度关注）

大凤头燕鸥 *Thalasseus bergii* Greater Crested Tern 鸥科 Laridae

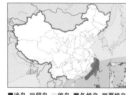

■迷鸟 ■留鸟 ■旅鸟 ■冬候鸟 ■夏候鸟

形态：雌雄相似。虹膜褐色，夏季头顶、冠羽黑色，前额及眼先白色，上体灰，下体白，初级飞羽黑色，非繁殖羽头顶缀有白色纵纹。与小凤头燕鸥的区别在于体型略大，喙为黄绿色而非橘色，上体色深。脚黑色。**习性：**栖息于海岸岛屿和滨海滩涂。**分布与种群现状：**东南沿海，夏候鸟、旅鸟；仅有数个大的繁殖群。

体长：45cm　LC（低度关注）

小凤头燕鸥 *Thalasseus bengalensis* Lesser Crested Tern 鸥科 Laridae

■迷鸟 ■留鸟 ■旅鸟 ■冬候鸟 ■夏候鸟

形态：雌雄相似。虹膜褐色，喙橙红且较为尖细。似大凤头燕鸥，具黑色冠羽，但体型较小。繁殖羽前额和凤头均为黑色，非繁殖羽前额变白，仅凤头黑色，上体和翅为浅灰色，比大凤头燕鸥颜色要淡。幼鸟似非繁殖期成鸟，但上体具近褐色杂斑，飞羽深灰色。脚黑色。**习性：**常在远海觅食，捕鱼时垂直入水，可完全没入水中。**分布与种群现状：**东南部沿海，夏候鸟、旅鸟，罕见。

体长：40cm　LC（低度关注）

中华凤头燕鸥 *Thalasseus bernsteini* Chinese Crested Tern 鸥科 Laridae

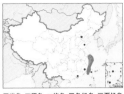

■迷鸟 ■留鸟 ■旅鸟 ■冬候鸟 ■夏候鸟

习性: 栖息于海岸岛屿和滨海滩涂。通常与大凤头燕鸥混群。**分布与种群现状:** 东部及东南沿海地区,夏候鸟、旅鸟,罕见。

形态: 雌雄相似。喙黄色,尖端黑色。繁殖期头顶黑色具短冠羽。上体淡灰色,翅灰色,外侧初级飞羽外翈黑色。冬季前额和头顶白色,枕部成"U"形黑色斑块。脚黑色。

体长: 38~42cm　CR(极危)　国家Ⅱ级重点保护野生动物

白嘴端凤头燕鸥 *Thalasseus sandvicensis* Sandwich Tern 鸥科 Laridae

■迷鸟 ■留鸟 ■旅鸟 ■冬候鸟 ■夏候鸟

在飞行中,短尾呈叉形。脚黑色。**习性:** 常在远海觅食。**分布与种群现状:** 浙江舟山市、台湾,迷鸟,罕见。

形态: 雌雄相似。虹膜褐色,喙黑色,端黄色。头部和背部羽毛大多浅灰色。在繁殖季节,头部黑色,冬季灰白色。

体长: 45cm　LC(低度关注)

白额燕鸥 *Sternula albifrons* Little Tern 鸥科 Laridae

■迷鸟 ■留鸟 ■旅鸟 ■冬候鸟 ■夏候鸟

岸、内陆河流和内陆湖泊等。飞行姿态轻快,常在水面上空悬停伺机潜入水中。**分布与种群现状:** 东北至西南、华南地区,包括台湾和海南,夏候鸟。

形态: 雌雄相似。体型娇小的白色燕鸥。虹膜褐色,喙黄色具黑色喙端(夏季)或全黑。夏季头顶、颈背黑色,额白;冬季头顶、颈背部的黑色减少,翼前缘黑色、后缘白色。脚黄色。**习性:** 栖息于海

体长: 24cm　LC(低度关注)

白腰燕鸥 *Onychoprion aleuticus* Aleutian Tern 鸥科 Laridae

■迷鸟 ■留鸟 ■旅鸟 ■冬候鸟 ■夏候鸟

形态：雌雄相似。虹膜深褐色，喙黑色。夏季头顶和枕黑色，额白色，背和翅上覆羽灰色，尾长且叉深，冬季头部有白色纵纹，翼下可见次级飞羽后缘黑色。脚黑色。**习性：**栖息于沿海岛屿和海岸地区及邻近的内陆河流、湖泊、河口等。**分布与种群现状：**福建、香港、台湾，冬候鸟、迷鸟，罕见。

体长：34cm　VU（易危）

褐翅燕鸥 *Onychoprion anaethetus* Bridled Tern 鸥科 Laridae

■迷鸟 ■留鸟 ■旅鸟 ■冬候鸟 ■夏候鸟

形态：雌雄相似。背部深色的燕鸥。虹膜褐色，喙黑色。额至枕黑色，眉纹白色，贯眼纹、头顶及枕部黑色。上体和翅膀为深褐色，身体余部几乎全为白色。飞行时背羽仅翼前缘和外侧尾羽白色，其余均呈褐色，腹羽除飞羽为褐色外，余为白色。脚黑色。**习性：**繁殖于近海的海岛上。典型的海洋类燕鸥习性。**分布与种群现状：**东南地区近海海岛，包括台湾和海南，夏候鸟，在适宜生境较常见。

体长：37cm　LC（低度关注）

乌燕鸥 *Onychoprion fuscatus* Sooty Tern 鸥科 Laridae

■迷鸟 ■留鸟 ■旅鸟 ■冬候鸟 ■夏候鸟

形态：雌雄相似。虹膜褐色，喙黑色。额白色，头、后颈黑色，过眼纹黑色。似褐翅燕鸥，但上体黑色更深，与头及枕对比不明显，白额的白色不过眼后。脚黑色。**分布与种群现状：**东南沿海，留鸟、旅鸟、迷鸟，罕见。多在台风天气后出现。

体长：44cm　LC（低度关注）

河燕鸥 *Sterna aurantia* River Tern 鸥科 Laridae

■迷鸟 ■留鸟 ■旅鸟 ■冬候鸟 ■夏候鸟

形态: 雌雄相似。虹膜褐色。夏季喙黄色,脚橘黄色。冬季喙尖端黑色,脚红色。头顶黑色,上体灰色,下体白色,初级飞羽边缘略带黑色,尾长且叉深。**习性:** 栖息于山地和平原上多石的大型河流及附近。**分布与种群现状:** 云南西部,留鸟,罕见。

体长: 40cm　NT(近危)　国家Ⅱ级重点保护野生动物

粉红燕鸥 *Sterna dougallii* Roseate Tern 鸥科 Laridae

■迷鸟 ■留鸟 ■旅鸟 ■冬候鸟 ■夏候鸟

形态: 雌雄相似。虹膜褐色,夏季喙暗红色,先端黑色。头顶至后颈黑色,翼上及背部浅灰色,下体白色,胸部粘粉红色,非繁殖羽前额白色,头顶具杂斑。初级飞羽外侧近黑,站立时尾显著超过翼尖。脚繁殖期偏红,其余黑色。**习性:** 栖息于海岸岩礁和岛屿上,俯冲入水捕鱼,也会侵袭其他浮鸥。**分布与种群现状:** 东南沿海包括台湾和海南,夏候鸟、留鸟,在适宜生境较常见。

体长: 39cm　LC(低度关注)

黑枕燕鸥 *Sterna sumatrana* Black-naped Tern 鸥科 Laridae

■迷鸟 ■留鸟 ■旅鸟 ■冬候鸟 ■夏候鸟

形态: 雌雄相似。虹膜褐色,喙黑色。全身白色,眼先黑色向后延伸,与枕后黑色斑块相连。脚黑色。**习性:** 典型海洋鸟类,见于海岸礁石和海岛,从不到内陆。体型较小,飞行姿态轻盈。**分布与种群现状:** 东南沿海包括台湾和海南,夏候鸟、留鸟、旅鸟,在适宜生境较常见。

体长: 31cm　LC(低度关注)

151

普通燕鸥 *Sterna hirundo* Common Tern 鸥科 Laridae

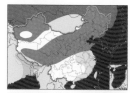

■迷鸟 ■留鸟 ■旅鸟 ■冬候鸟 ■夏候鸟

形态: 雌雄相似。虹膜褐色,喙夏季红色而先端黑,冬季全黑。繁殖期头顶、后颈黑色;非繁殖期前额白色,头顶具黑白色杂斑,前翼具近黑色横纹,外侧尾羽羽缘近黑。站立时翼尖刚好及尾,冬季较暗。脚红色。**习性:** 栖息于沿海及内陆水域。**分布与种群现状:** 西北、东北、华北地区和青藏高原,夏候鸟;南方各地,旅鸟。

体长: 35cm LC(低度关注)

黑腹燕鸥 *Sterna acuticauda* Black-bellied Tern 鸥科 Laridae

■迷鸟 ■留鸟 ■旅鸟 ■冬候鸟 ■夏候鸟

形态: 雌雄相似。虹膜深褐色,夏季喙鲜艳橙红,冬季喙端黑色。繁殖期头顶黑色,腹部具黑色斑块,非繁殖期额具白色杂斑,腹部黑色缩小或不见。脚橙红色。**习性:** 栖息于内陆河流、湖泊、水库等。**分布与种群现状:** 云南西南部,留鸟,罕见。

体长: 33cm EN(濒危)

灰翅浮鸥 *Chlidonias hybrida* Whiskered Tern 鸥科 Laridae

■迷鸟 ■留鸟 ■旅鸟 ■冬候鸟 ■夏候鸟

形态: 雌雄相似。虹膜深褐色,喙红色(繁殖期)或黑色。繁殖羽额至头顶黑色,颊、颈侧、喉白色。前颈、胸暗灰色,腹部黑色,尾下覆羽白色,背至尾灰色,尾叉形。脚红色。**习性:** 栖息于海岸、河口、湿地。可在空中悬停,俯冲入水捕食。**分布与种群现状:** 除西藏、贵州外,各地有分布,夏候鸟、冬候鸟、迷鸟,常见。

体长: 25cm LC(低度关注)

白翅浮鸥 *Chlidonias leucopterus* White-winged Tern 鸥科 Laridae

■迷鸟 ■留鸟 ■旅鸟 ■冬候鸟 ■夏候鸟

形态: 雌雄相似。虹膜深褐色,喙红色(繁殖期)或黑色(非繁殖期)。夏季头、颈、背、下体和翼下覆羽黑色,翼灰色,翼上小覆羽、腰、尾白色,飞行时除尾和飞羽为白色外,其余均为黑色。冬季头、颈和下体白色,头顶和枕有黑斑并与眼后黑斑相连,延伸至眼下。脚暗红色。**习性:** 栖息于内陆河流、湖泊、沼泽、河口等湿地。**分布与种群现状:** 分布范围广,夏候鸟、旅鸟、迷鸟,常见。

体长:23cm　LC(低度关注)

黑浮鸥 *Chlidonias niger* Black Tern 鸥科 Laridae

■迷鸟 ■留鸟 ■旅鸟 ■冬候鸟 ■夏候鸟

形态: 虹膜褐色,喙黑色。头、颈、下体黑色,背黑色,尾黑色、叉形,尾下覆羽白色。脚暗红色。**习性:** 栖息于海岸、河口、湿地、池塘。**分布与种群现状:** 新疆北部、内蒙古东部、宁夏,夏候鸟,罕见;北京、天津、香港、台湾,迷鸟,罕见。

体长:24cm　LC(低度关注)　国家Ⅱ级重点保护野生动物

剪嘴鸥 *Rynchops albicollis* Indian Skimmer 鸥科 Laridae

■迷鸟 ■留鸟 ■旅鸟 ■冬候鸟 ■夏候鸟

形态: 雌雄相似。虹膜褐色,喙橙色粗大,下喙明显比上喙长,尖端黄色。头顶至枕黑色,喙基、颊、后颈和整个下体白色,上体和翅黑褐色。脚红色而短。**习性:** 栖息于海岸、岛屿和大的河流与湖泊中,近水面低空飞行。**分布与种群现状:** 广东、广西,迷鸟,罕见。

体长:42cm　VU(易危)

贼鸥科 Stercorariidae

南极贼鸥 *Stercorarius maccormicki* South Polar Skua 贼鸥科 Stercorariidae

■迷鸟 ■留鸟 ■旅鸟 ■冬候鸟 ■夏候鸟

形态： 雌雄相似。虹膜深褐色，喙黑色。身体黑色，初级飞羽上下基部为白色，翼上的黑色比头、胸、腹部色深，中央尾羽略尖出。浅色型鸟无黑色顶冠，深色型脸上带白色。脚黑色。**习性：** 会在空中逼迫其他海鸟吐出食物，会掠夺其他繁殖期海鸟的巢、卵及幼雏。繁殖期见于北方苔原带，迁徙及越冬主要在海上活动。**分布与种群现状：** 海南南沙、台湾，过境鸟、迷鸟，罕见。

体长：53cm　LC（低度关注）

中贼鸥 *Stercorarius pomarinus* Pomarine Skua 贼鸥科 Stercorariidae

■迷鸟 ■留鸟 ■旅鸟 ■冬候鸟 ■夏候鸟

形态： 雌雄相似。虹膜深色，喙黑色。中央尾羽长呈勺状而凸出，末端钝而宽。有两种色型：深色型通体灰褐色；浅色型头顶黑色，颈和枕部偏黄色，上体黑褐色，下体白色，体侧和胸杂有灰色，初级飞羽基部淡灰色。脚黑色。**习性：** 同短尾贼鸥，但更常见于海上。**分布与种群现状：** 东南部沿海，旅鸟，罕见。山西南部亦曾有记录。

体长：56cm　LC（低度关注）

短尾贼鸥 *Stercorarius parasiticus* Parasitic Jaeger 贼鸥科 Stercorariidae

■迷鸟 ■留鸟 ■旅鸟 ■冬候鸟 ■夏候鸟

形态： 雌雄相似。虹膜深色，喙黑色。脚黑色。有两种色型：深色型通体黑褐色，仅初级飞羽基部偏白；浅色型头顶黑色，颈和枕偏黄色，下体白色，有的具灰色的胸带。**习性：** 似其他贼鸥。**分布与种群现状：** 香港、台湾、南沙群岛，旅鸟、冬候鸟，罕见。内陆地区偶有过入境记录。

体长：45cm　LC（低度关注）

长尾贼鸥 *Stercorarius longicaudus* Long-tailed Jaeger 贼鸥科 Stercorariidae

■迷鸟 ■留鸟 ■旅鸟 ■冬候鸟 ■夏候鸟

形态： 雌雄相似。虹膜深色，喙黑色。体羽深色，中央尾羽形长。与短尾贼鸥的深浅两色型相似，但体型较小，较纤细，性较活跃，浅色型无灰色胸带，深色型甚罕见。脚黑色。**习性：** 同其他贼鸥。**分布与种群现状：** 云南云溪、青海、香港、台湾，旅鸟，罕见。

体长：50cm　LC（低度关注）

海雀科 Alcidae

崖海鸦 *Uria aalge* Common Murre 海雀科 Alcidae

形态: 雌雄相似。虹膜褐色。喙黑色。体羽黑白两色，除胸腹和尾下覆羽为白色，身体其余部分均为黑色，翅窄而短小，尾短。前趾间有蹼膜，无后趾。脚粉色至深褐色。体态似企鹅，在陆地上时跗跖常平贴地面。**习性:** 直线飞行速度快，但不擅长敏捷地转弯，擅长潜水。**分布与种群现状:** 台湾沿海，冬候鸟，罕见。

■迷鸟 ■留鸟 旅鸟 ■冬候鸟 ■夏候鸟

体长:24cm LC（低度关注）

长嘴斑海雀 *Brachyramphus perdix* Long-billed Murrelet 海雀科 Alcidae

形态: 雌雄相似。虹膜褐色。喙褐色。眼周有一白圈，尾短黑色。夏季上体灰褐色，下体白色具黑褐色斑纹。冬季上体近黑色，颏、喉、颈侧和下体白色。脚近粉色。**习性:** 繁殖期主要栖息于海岸、岛屿。非繁殖期主要栖息于海洋和沿海地区。**分布与种群现状:** 黑龙江、辽宁、山东，旅鸟，罕见；河北，迷鸟；江苏，冬候鸟。小范围常见。

■迷鸟 ■留鸟 旅鸟 ■冬候鸟 ■夏候鸟

体长:24cm NT（近危）

扁嘴海雀 *Synthliboramphus antiquus* Ancient Murrelet 海雀科 Alcidae

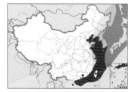

■迷鸟 ■留鸟 □旅鸟 ■冬候鸟 ■夏候鸟

形态：雌雄相似。虹膜褐色，喙粗短，象牙白，喙端深色。大体黑白两色，形似企鹅。繁殖期的特征为头无羽冠，背蓝灰色，下体白色，喉黑色，白色的眉纹呈散开形，非繁殖期眉纹及喉部的黑色消失，飞行时翼下白色，前后缘均色深。脚灰色。**习性：**集群营巢于海岸和海岛悬崖上或岩石缝隙间。白天在海上觅食，晚上归巢。繁殖期为2~5月。非繁殖季节在海上活动。**分布与种群现状：**黄海近海岛屿，夏候鸟；华东及华南地区近海海域，冬候鸟。

体长：25cm LC（低度关注）

冠海雀 *Synthliboramphus wumizusume* Japanese Murrelet 海雀科 Alcidae

■迷鸟 ■留鸟 □旅鸟 ■冬候鸟 ■夏候鸟

形态：雌雄相似。虹膜褐黑色。喙灰白色，极短。上体灰黑色，下体近白色，两胁灰黑色，眼上部头侧有白色条纹延至上枕部相交，仅夏季具凤头，为黑色尖形。非繁殖羽大体似扁嘴海雀，但头部的黑白色分布不同。脚黄灰色。**习性：**繁殖于海岛和海岸

上。非繁殖季节在海上活动。**分布与种群现状：**香港、台湾，迷鸟，罕见。

体长：25cm VU（易危）

角嘴海雀 *Cerorhinca monocerata* Rhinoceros Auklet 海雀科 Alcidae

■迷鸟 ■留鸟 □旅鸟 ■冬候鸟 ■夏候鸟

形态：雌雄相似。虹膜黄色，繁殖期喙橘黄色，其他时期黄色。上颚基部有一浅色角质突起，因此得名。繁殖期头部具特征性白色眉纹和髭纹，上体深褐色，下体浅褐色具杂斑。脚黄色。**习性：**夏季栖息于海岛，海岸和海面上，营巢于洞穴中。非繁殖季节在海上活动。**分布与种群现状：**辽宁沿海，冬候鸟；吉林东部，夏候鸟，罕见。

体长：32cm LC（低度关注）

XII. 鹲形目 PHAETHONTIFORMES

鹲形目全世界只有1科1属4种,中国均有分布。喙短而钝,末端微下弯;中央尾羽极长,约等于体长;飞行姿态优美。主要食物为鱿鱼,俯冲潜水捕食。在整个热带和亚热带海域到处游荡。鹲形目是由鹈形目鹲科提升为单独的一目。本书本目共收集有1科3种。

鹲科 Phaethontidae

红嘴鹲 *Phaethon aethereus* Red-billed Tropicbird 鹲科 Phaethontidae

■迷鸟 ■留鸟 ■旅鸟 ■冬候鸟 ■夏候鸟

形态: 雌雄相似。虹膜深色,喙红色。体羽多为白色,粗大黑色的贯眼纹非常醒目。背部具黑色条状斑纹,翅尖黑色,细长的中央尾羽白色。脚偏黄色,蹼黑色。**习性:** 典型的热带海洋鸟类,除繁殖期外,其他时间很少靠近陆地。不营巢,产卵于荒芜的海岛岩石上。以鱼类和软体动物为食。
分布与种群现状: 南海,迷鸟,罕见。

体长:**46cm**(不包括中央尾羽) **LC**(低度关注)

红尾鹱 *Phaethon rubricauda* Red-tailed Tropicbird 鹱科 Phaethontidae

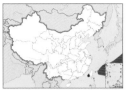

■迷鸟 ■留鸟 ■旅鸟 ■冬候鸟 ■夏候鸟

形态： 雌雄相似。虹膜黑色，喙红色。细长的中央尾羽红色。除黑色贯眼纹、初级飞羽羽轴黑色、翅基部具黑斑外，全身基本白色。脚蓝黑色。**习性：** 典型热带海鸟，在远海小岛上繁殖。**分布与种群现状：** 台湾沿海，迷鸟，罕见。

体长：46cm（不包括中央尾羽）　LC（低度关注）

白尾鹱 *Phaethon lepturus* White-tailed Tropicbird 鹱科 Phaethontidae

■迷鸟 ■留鸟 ■旅鸟 ■冬候鸟 ■夏候鸟

形态： 雌雄相似。虹膜深色，喙橘黄色或黄色。细长的中央尾羽白色，全身多为白色，有黑色贯眼纹，翅基部具黑色斜行横纹，翼尖中段黑色。脚灰色，蹼黑色。**习性：** 典型热带海鸟，飞行在距海面较高的空中，扎入水中捕食。**分布与种群现状：** 台湾沿海，迷鸟，罕见。

体长：37cm（不包括中央尾羽）　LC（低度关注）

XIII. 潜鸟目 GAVIIFORMES

潜鸟目鸟类为潜水能力极强的游禽,嘴长而尖,翅膀短而小,腿部较为粗壮,具十分大的蹼。该目鸟类的生境主要是在海洋中,常可见于海滨及其附近的湖泊中。主要取食鱼类、甲壳动物和软体动物等。分布较为广泛,主要在高纬度地区,有迁徙的习性。主要类群为潜鸟科。本书本目共收集有1科5种。

潜鸟科 Gaviidae

红喉潜鸟 *Gavia stellata* Red-throated Diver 潜鸟科 Gaviidae

■迷鸟 ■留鸟 ■旅鸟 ■冬候鸟 ■夏候鸟

形态: 雌雄相似。虹膜栗红色,喙灰黑色,下喙明显上翘。繁殖期喉中央具红褐色三角形斑块,下体白色,头及颈侧灰色,后颈具黑色细纵纹,背部黑褐色,胁部具显著白色斑纹。非繁殖期脸、喉及颈侧、眼周白色,背部具细的白斑。亚成体似非繁殖羽,但颈部灰色。游泳时身体沉水较深。**习性:** 善潜水,以鱼为食,常见于海边水塘或海面上。**分布与种群现状:** 东部沿海,冬候鸟,偶见。偶见于云南开远。

非繁殖羽
繁殖羽
繁殖羽

体长:60cm LC(低度关注)

黑喉潜鸟 *Gavia arctica* Black-throated Diver 潜鸟科 Gaviidae

■迷鸟 ■留鸟 ■旅鸟 ■冬候鸟 ■夏候鸟

形态: 雌雄相似。虹膜红色,喙夏季黑色,冬季灰色而尖端黑色。额略突起,胁部白色无斑纹,下体白色。繁殖期头和后颈灰色,喉部黑绿色,颈侧具黑白相间的细纵纹,背部具较粗白纹。非繁殖期眼下至前颈白色,其余部位无明显白斑。亚成鸟背部具鳞状纹。脚黑色。**习性:** 善潜水,以鱼为食。**分布与种群现状:** 新疆北部,夏候鸟;新疆南部,迷鸟,罕见。东部沿海地区,冬候鸟,少见。

非繁殖羽

繁殖羽

体长:68cm LC(低度关注)

159

太平洋潜鸟 *Gavia pacifica* Pacific Diver 潜鸟科 Gaviidae

■迷鸟 ■留鸟 ■旅鸟 ■冬候鸟 ■夏候鸟

形态：雌雄相似。虹膜红色，喙峰黑色，基部灰色。似黑喉潜鸟而体型略小，额头略低，喙较短而细。繁殖期头、枕部灰色较淡，颈侧纵纹窄，喉部为亮紫色。非繁殖期上体更显黑灰色，常具有典型的狭窄暗色"颈链"，胁部白色。脚黑色。**习性：**善游泳，有时仅露头、颈，并不断左右摆头观察四周，有危险时则全部沉入水下，潜水逃跑。**分布与种群现状：**东部沿海，旅鸟、冬候鸟，极为罕见。

繁殖羽

体长：66cm LC（低度关注）

黄嘴潜鸟 *Gavia adamsii* Yellow-billed Diver 潜鸟科 Gaviidae

■迷鸟 ■留鸟 ■旅鸟 ■冬候鸟 ■夏候鸟

形态：雌雄相似。虹膜红褐色，喙象牙白或淡黄色。繁殖期头颈部黑色，具明显的白底黑纵纹颈环，背部具黑白相间的格状花纹。非繁殖期羽色淡，眼周至颈部灰白色，背部花纹不明显。两胁缺少白色块斑。脚褐色。**习性：**活动在较大的湖泊和海面上，游泳时身体沉水较深，尾部紧贴水面，喙常向上倾斜。**分布与种群现状：**东部沿海，冬候鸟；四川，迷鸟。罕见。

非繁殖羽

繁殖羽

体长：83cm NT（近危）

普通潜鸟 *Gavia immer* Common Loon 潜鸟科 Gaviidae

■迷鸟 ■留鸟 ■旅鸟 ■冬候鸟 ■夏候鸟

形态：虹膜红色，喙灰色至黑色。比黑喉潜鸟略小，所有体羽均相似。繁殖羽与非繁殖羽的区别在喉具亮紫色而非绿色斑块，颈背白色较多。脚黑色。**习性：**同黑喉潜鸟。**分布与种群现状：**辽东半岛沿海，冬候鸟，罕见。

繁殖羽

注：《中国鸟类野外手册》列出但未在中国境内有确切野外分布证据的鸟（《中国观鸟年报—中国鸟类名录 6.0（2018）》）。

体长：66cm LC（低度关注）

XIV. 鹱形目 PROCELLARIIFORMES

鹱形目为大型远洋鸟类，脚上具蹼，后趾消失；喙长而直，且十分狭窄，在尖部弯曲成一个向下的钩；鼻子呈管状。飞行能力十分强，主要以鱼类和其他海生动物为食。分布范围较广，分布于世界各地的海洋和岛屿上。主要类群有信天翁科、海燕科和鹱科。本书本目共收集有3科16种。

信天翁科 Diomedeidae

黑背信天翁 *Phoebastria immutabilis* Laysan Albatross
信天翁科 Diomedeidae

■迷鸟 ■留鸟 ■旅鸟 ■冬候鸟 ■夏候鸟

形态：雌雄相似。虹膜深褐色，喙黄色，喙端深色。身体黑白两色，脸部褐色，眼先浓黑色，翼、背、尾端黑色，翼下具深色边缘及黑斑，其余部分白色。飞行时脚略伸出尾后。脚粉色。**习性：**海洋鸟类，在海岛上结群繁殖。**分布与种群现状：**福建、台湾沿海，迷鸟，罕见。

体长：80cm　NT（近危）

黑脚信天翁 *Phoebastria nigripes* Black-footed Albatross　信天翁科 Diomedeidae

形态：雌雄相似。虹膜橙褐色，喙黑色或灰褐色。整体深褐色，仅喙基、尾基部及尾下覆羽具狭窄白色，腹部色浅，尾羽深黑色。脚黑色。与短尾信天翁的幼鸟的区别在于本种喙及脚深色。**习性：**栖息于开阔海洋的小岛和附近海域。常跟随船只寻找废弃食物。**分布与种群现状：**浙江、福建、台湾、海南沿海岛屿，迷鸟，罕见。多在台风天气后出现。

■迷鸟 ■留鸟 ■旅鸟 ■冬候鸟 ■夏候鸟

体长：81cm　NT（近危）

161

短尾信天翁 *Phoebastria albatrus* Short-tailed Albatross 信天翁科 Diomedeidae

■迷鸟 ■留鸟 ■旅鸟 ■冬候鸟 ■夏候鸟

形态：雌雄相似。虹膜暗褐色，喙粉红色或黄色，喙端偏蓝色。成鸟翼缘、翼尖、尾端黑色，头顶和枕部略带黄色，其余部位纯白色。尾短，飞行时脚伸出尾端明显。脚蓝灰色，蹼黑色。亚成鸟具翼上白斑及背部鳞状斑纹。幼鸟及亚成鸟与黑脚信天翁的区别在于喙浅粉红，脚偏蓝色，喙基无白色。**习性：**结群繁殖，偶尔跟随船只飞行。飞行时通常没有叫声。**分布与种群现状：**繁殖期见于台湾北部的钓鱼岛或赤尾屿，甚稀少，非繁殖期罕见于东部沿海。

体长：95cm　VU（易危）　国家Ⅰ级重点保护野生动物

海燕科 Hydrobatidae

黑叉尾海燕 *Hydrobates monorhis* Swinhoe's Storm Petrel 海燕科 Hydrobatidae

■迷鸟 ■留鸟 ■旅鸟 ■冬候鸟 ■夏候鸟

形态：雌雄相似。虹膜褐色，喙黑色，全身体羽深褐色，翅上具明显的淡灰色翼斑，尾较长呈叉状。脚黑色。**习性：**典型海洋性鸟类，繁殖于海岛，常夜间捕食。**分布与种群现状：**繁殖于黄海沿岸的小型海岛，非繁殖季节见于我国东部和南部地区近海海域，少见。

体长：20cm　NT（近危）

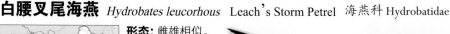

白腰叉尾海燕 *Hydrobates leucorhous* Leach's Storm Petrel 海燕科 Hydrobatidae

■迷鸟 ■留鸟 ■旅鸟 ■冬候鸟 ■夏候鸟

形态：雌雄相似。虹膜黑褐色，喙黑色。上体黑褐色，翅上面具浅色斜纹，下体褐色，腰白色，呈"V"字形，尾叉状。脚黑色。**习性：**栖息于开阔海洋，典型远洋海鸟。飞行敏捷，并不断变换方向。**分布与种群现状：**黑龙江、台湾，迷鸟，罕见。

体长：19~25cm　LC（低度关注）

褐翅叉尾海燕 *Hydrobates tristrami* Tristram's Storm Petrel
海燕科 Hydrobatidae

■迷鸟 ■留鸟 ■旅鸟 ■冬候鸟 ■夏候鸟

形态：雌雄相似。虹膜褐色，喙黑色。全身体羽深褐色，翅稍窄，浅灰色翼斑从翅角至三级飞羽，尾部叉深。脚黑色。与黑叉尾海燕极相似，但体型较大，翅上面翼斑色更浅而宽。**习性：**典型海洋性鸟类。**分布与种群现状：**台湾，迷鸟，罕见。

体长：24cm　NT（近危）

日本叉尾海燕 *Oceanodroma matsudarirae* Mastudaira's Storm Petrel
海燕科 Hydrobatidae

■迷鸟 ■留鸟 ■旅鸟 ■冬候鸟 ■夏候鸟

形态：虹膜褐色，喙黑色。与褐翅叉尾海燕极相似，但翅上面初级飞羽基部有浅色斑，飞行时可见。**习性：**典型海洋性鸟类。**分布与种群现状：**东南沿海，迷鸟，罕见。

注：在《中国鸟类野外手册》中列出（《中国观鸟年报—中国鸟类名录6.0（2018）》）。

体长：24cm　VU（易危）

鹱科 Procellariidae

暴风鹱 *Fulmarus glacialis* Northern Fulmar 鹱科 Procellariidae

■迷鸟 ■留鸟 ■旅鸟 ■冬候鸟 ■夏候鸟

形态：虹膜甚暗，喙黄色，基部带蓝色。浅色型：头、颈和下体白色，眼先色暗，背、翅灰白色，翅下前缘具灰黑色斑块，尾羽背面白色，腹面灰色。深色型：全身灰色或黑色。脚粉红色。**习性：**典型海洋性鸟类，除在海岛繁殖外，其他时间不上陆地。常跟随船只。在海面掠食软体动物、鱼类等。**分布与种群现状：**辽东半岛，迷鸟，罕见。

体长：48cm　LC（低度关注）

163

白额圆尾鹱 *Pterodroma hypoleuca* Bonin Petrel 鹱科 Procellariidae

■迷鸟 ■留鸟 ■旅鸟 ■冬候鸟 ■夏候鸟

形态：雌雄相似。雌雄相似。虹膜褐色，喙黑色。额、颏至下体白色，头顶至后颈黑色，上体其余部分灰色，尾羽末端黑色，翼下具两条黑色斜线状斑纹和黑色边缘。跗跖肉色，部分蹼和外趾黑色。**习性：**典型海洋性鸟类，栖息于温带海洋中，夜行性，飞行快速且上下翻腾。**分布与种群现状：**东南沿海，迷鸟，罕见。

体长：31cm　LC（低度关注）

钩嘴圆尾鹱 *Pseudobulweria rostrata* Tahiti Petrel 鹱科 Procellariidae

■迷鸟 ■留鸟 ■旅鸟 ■冬候鸟 ■夏候鸟

形态：雌雄相似。虹膜深褐色，喙黑色，喙尖加厚有明显折角。除腹部白色外，全身黑色，翼下具一条淡色斑，楔形尾。脚肉黄色。**习性：**典型海洋鸟类，单独或集小群活动，掠食海面的软体动物、鱼类或动物尸体等。**分布与种群现状：**台湾沿海，迷鸟，罕见。

体长：39cm　NT（近危）

白额鹱 *Calonectris leucomelas* Streaked Shearwater 鹱科 Procellariidae

■迷鸟 ■留鸟 ■旅鸟 ■冬候鸟 ■夏候鸟

形态：雌雄相似。虹膜褐色，喙灰黄色，喙较细长。上体深灰褐色，颊部及下体白色。翼下具黑色边缘，近端部具黑斑，翼端黑色。尾较短且呈楔形，黑色。脚带粉色。**习性：**典型海洋性鸟类，可游泳或潜水捕食鱼、虾等。**分布与种群现状：**黄海及东南部沿海，夏候鸟、冬候鸟，不常见。

体长：48cm　NT（近危）

楔尾鹱 *Ardenna pacificus* Wedge-tailed Shearwater

鹱科 Procellariidae

■迷鸟 ■留鸟 ■旅鸟 ■冬候鸟 ■夏候鸟

形态: 雌雄相似。深色型:喙黑灰色,全身深褐色,翼下色浅,具黑褐色边缘。浅色型:喙淡粉红色,先端黑色,上体褐色,下体白色,翼下白色具黑灰色横纹,翼缘黑褐色,尾下覆羽黑褐色。尾长楔形,脚黄色或肉粉色。**习性:** 典型海洋性鸟类。常贴近海面低飞,扇翅时翼尖甚至碰到水面。**分布与种群现状:** 东部沿海,迷鸟,偶见。

体长:43cm　LC(低度关注)

灰鹱 *Ardenna grisea* Sooty Shearwater　鹱科 Procellariidae

■迷鸟 ■留鸟 ■旅鸟 ■冬候鸟 ■夏候鸟

形态: 雌雄相似。虹膜黑褐色,喙褐色。全身烟褐色,头部褐色较深,翅长而窄,翼下色浅,边缘翅尖暗褐色。脚肉色。**习性:** 典型海洋性鸟类,常结群飞行。善飞行,亦善游泳。**分布与种群现状:** 东南沿海,迷鸟,偶见。

体长:46cm　NT(近危)

短尾鹱 *Ardenna tenuirostris* Short-tailed Shearwater　鹱科 Procellariidae

■迷鸟 ■留鸟 ■旅鸟 ■冬候鸟 ■夏候鸟

形态: 雌雄相似。虹膜褐色,喙黑褐色。上体黑褐色,下体灰褐色,翼下浅灰褐色,翅缘及翅尖淡褐色。尾圆,较短,飞行时脚伸出尾后。脚暗褐色。**习性:** 海上结群活动,有时跟随船只飞行。飞行时振翼较快,间有滑翔。**分布与种群现状:** 东部至东南部沿海,迷鸟,偶见。

体长:40cm　LC(低度关注)

淡足鹱 *Ardenna carneipes* Flesh-footed Shearwater 鹱科 Procellariidae

■迷鸟 ■留鸟 ■旅鸟 ■冬候鸟 ■夏候鸟

形态： 雌雄相似。虹膜褐色，喙基部浅粉色，端部色深。全身黑褐色，翼窄长而尾圆短。翼下初级飞羽基部近白色。脚黄色至粉红色。**习性：** 典型海洋性鸟类，飞行低而近水面，能长时间滑翔。**分布与种群现状：** 非繁殖季节（5~10月）见于南海和台湾，罕见。

体长：43cm NT（近危）

褐燕鹱 *Bulweria bulwerii* Bulwer's Petrel 鹱科 Procellariidae

■迷鸟 ■留鸟 ■旅鸟 ■冬候鸟 ■夏候鸟

形态： 雌雄相似。虹膜褐色，喙黑色。全身黑褐色，下体色淡，翼上覆羽具浅色横纹，尾长楔形。飞行时两翼朝前弯，头稍低垂，尾常呈扇形短暂打开。脚偏粉色，蹼黑色。**习性：** 温带海洋鸟类。单独或集小群活动。飞行灵活，常快速振翅往下猛扑或在高空作环形盘旋。常夜间捕食。**分布与种群现状：** 东南沿海岛屿，夏候鸟，稀有；西南地区，迷鸟，偶见。

体长：28cm LC（低度关注）

XV. 鹳形目 CICONIIFORMES

涉禽，脚长且十分粗壮，雌雄形态相似。主要栖息于海洋沿岸、江河、湖泊、溪流的浅滩沼泽地带和田野。以鱼、吓、昆虫及其他小动物为主要食物。巢形粗糙，常筑于芦苇、树木或建筑物上。广泛分布于世界各地。主要类群为鹳科。本书本目共收集有1科7种。

鹳科 Ciconiidae

彩鹳 *Mycteria leucocephala* Painted Stork 鹳科 Ciconiidae

■迷鸟 ■留鸟 ■旅鸟 ■冬候鸟 ■夏候鸟

形态： 雌雄相似。虹膜褐色，喙橘黄色。头部橙色，无羽，繁殖期变红。胸部具宽阔的黑色横带。体侧、多数飞羽、尾羽为黑色，翅上可见一白色宽带和许多白色纵纹，背部繁殖期沾粉红色。下腹部黑色，其余体羽白色。脚粉红色。**习性：** 栖息于大型湖泊或沼泽等。**分布与种群现状：** 华南及西南地区，迷鸟，极罕见。

体长：100cm NT（近危） 国家Ⅱ级重点保护野生动物

钳嘴鹳 *Anastomus oscitans* Asian Open-bill Stork 鹳科 Ciconiidae

■迷鸟 ■留鸟 ■旅鸟 ■冬候鸟 ■夏候鸟

形态：雌雄相似。虹膜白色至褐色，喙巨大角质色或红色。脸部裸皮灰黑色，全身灰白色，仅飞羽和尾黑色且有绿色金属光泽。两喙邻缘均弧形，合拢时有空隙，不易误认。脚粉红色。**习性：**在内陆湿地活动，喜食螺类等软体动物。通过上下喙打击发声。**分布与种群现状：**西南地区，居留类型不详；江西、广东，迷鸟，较罕见。近年来数量增加，分布区不断扩展。

体长：81cm LC（低度关注）

黑鹳 *Ciconia nigra* Black Stork 鹳科 Ciconiidae

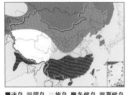

■迷鸟 ■留鸟 ■旅鸟 ■冬候鸟 ■夏候鸟

形态：雌雄相似。虹膜褐色，喙红色，眼周裸皮红色。上体黑色，具金属光泽。飞行时翼下黑色，可见下胸、腋下、腹部及尾下白色。脚红色。亚成鸟上体暗褐色，下体白色。**习性：**活动于开阔湖泊、沼泽、河流沿岸。取食鱼、蛙、甲壳类等。**分布与种群现状：**见于各省份，迁徙时西藏东南部有分布。分布广，但数量稀少，较罕见。

体长：100cm LC（低度关注） 国家Ⅰ级重点保护野生动物

168

白颈鹳 *Ciconia episcopus* Woolly-necked Stork 鹳科 Ciconiidae

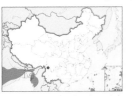

■迷鸟 ■留鸟 ■旅鸟 ■冬候鸟 ■夏候鸟

形态: 雌雄相似。虹膜红色,喙红褐色,眼周裸皮蓝灰色。头顶黑色,颈部羽毛白而蓬松。背、翅黑色,具金属光泽。尾黑、短而分叉。下腹和尾下覆羽白色。脚暗红色。**习性:** 似其他鹳。**分布与种群现状:** 国内仅记录于云南纳帕海,罕见迷鸟。

体长: 86~95cm　VU(易危)

白鹳 *Ciconia ciconia* White Stork 鹳科 Ciconiidae

■迷鸟 ■留鸟 ■旅鸟 ■冬候鸟 ■夏候鸟

形态: 雌雄相似。虹膜褐色,喙红色,眼周裸皮黑色。体羽白色,颈下有白色蓑状羽毛。飞羽黑色。脚红色。**习性:** 栖息于开阔湖泊、沼泽、潮湿草地等。在高树和建筑物顶部筑巢。以鱼、蛙、爬行动物、昆虫甚至小型哺乳动物为食。**分布与种群现状:** 曾记录于新疆西部,罕见,旅鸟。现已在我国灭绝。

体长: 100cm　LC(低度关注)　国家Ⅰ级重点保护野生动物

东方白鹳 *Ciconia boyciana* Oriental Stork 鹳科 Ciconiidae

■迷鸟 ■留鸟 ■旅鸟 ■冬候鸟 ■夏候鸟

形态：雌雄相似。虹膜稍白，喙黑色，眼周裸皮粉红色。

体羽白色，飞羽黑色。腿、脚红色。亚成鸟污黄白色。相似的白鹳喙为红色。眼部裸皮为黑色，且体型较小。**习性：**习性似白鹳，求偶及恐吓入侵者时有击喙的声音。**分布与种群现状：**华中及以北大部分地区，夏候鸟；长江下游及东南地区，冬候鸟；云南西北部，冬候鸟。偶见。

体长：105cm **EN**（濒危） 国家Ⅰ级重点保护野生动物

秃鹳 *Leptoptilos javanicus* Lesser Adjutant Stork 鹳科 Ciconiidae

■迷鸟 ■留鸟 ■旅鸟 ■冬候鸟 ■夏候鸟

形态：雌雄相似。虹膜蓝灰，喙灰而粗大。头、颈裸皮红、黄色，有稀疏绒羽。上体黑灰色，具蓝黑色金属光泽。下体和腋部白色。腿长，脚深褐色。**习性：**喜开阔湿地、泥滩及红树林。通过上下喙打击发声。**分布与种群现状：**曾在华东、华南、西南地区有记录，迷鸟。

体长：110cm **VU**（易危）

XVI. 鲣鸟目 SULIFORMES

　　鲣鸟目鸟类均为中等体型游禽，嘴短钝而带钩，栖息环境多为海洋、湖泊等开阔水面，大部分种类善于飞行，食物主要以鱼类为主。部分种类会抢夺其他鸟类的食物。广泛分布于温带及温热带的海洋及内陆。主要类群为军舰鸟科、鲣鸟科和鸬鹚科。本书本目共收集有3科13种。

军舰鸟科 Fregatidae

白腹军舰鸟 *Fregata andrewsi* Christmas Island Frigatebird 军舰鸟科 Fregatidae

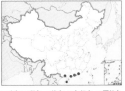

■迷鸟■留鸟　旅鸟　冬候鸟　夏候鸟

形态： 虹膜深褐色。雄鸟喙黑色，具鲜红色喉囊，上体黑色带绿色光泽，腹部有半月形白斑。雌鸟喙色浅，胸和腹为白色，并延伸至翼下及领环。脚紫灰色，脚底肉色。幼鸟上体偏粉色。**习性：** 栖息于热带海洋和岛屿上，终日飞翔甚少游泳和行走，常光顾海岸线，有抢夺其他海鸟食物的习性。**分布与种群现状：** 仅广东沿海有记录，罕见，迷鸟。

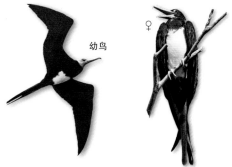

幼鸟　♀

体长：95cm　CR（极危）　国家Ⅰ级重点保护野生动物

黑腹军舰鸟 *Fregata minor* Great Frigatebird 军舰鸟科 Fregatidae

■迷鸟■留鸟　旅鸟　冬候鸟　夏候鸟

形态： 虹膜褐色。雄鸟喙青蓝，喉囊绯红，全身黑色具光泽。雌鸟喙近粉色，喉囊灰色，颏及喉灰白，上胸白色，背面黑色。亚成鸟上体深褐，头、颈灰白沾铁锈色，腹部白色。成鸟脚灰色带粉色，亚成鸟偏红，幼鸟蓝色。**习性：** 似白腹军舰鸟。**分布与种群现状：** 在南海岛屿繁殖；东部沿海，偶见。

♂

体长：95cm　LC（低度关注）

171

白斑军舰鸟 *Fregata ariel* Lesser Frigatebird 军舰鸟科 Fregatidae

■迷鸟 ■留鸟 ■旅鸟 ■冬候鸟 ■夏候鸟

形态: 虹膜褐色，喙灰色。雄鸟喉囊红色，全身黑色，仅两胁及翼下基部具白色斑块。雌鸟上体和翅为黑色，颈、胸、上腹和腋羽白色，下体其余部分黑色。雌性幼鸟的腋羽无白色。脚红黑色。**习性:** 似其他军舰鸟。**分布与种群现状:** 繁殖于东海和南海的岛屿，偶见于东南沿海和内陆。迷鸟，罕见。

体长：76cm LC（低度关注）

鲣鸟科 Sulidae

蓝脸鲣鸟 *Sula dactylatra* Masked Booby 鲣鸟科 Sulidae

■迷鸟 ■留鸟 ■旅鸟 ■冬候鸟 ■夏候鸟

形态: 虹膜黄色，喙长而粗尖，雄鸟亮黄色，雌鸟暗黄绿色。眼先及喙基部近黑色。通体白色，仅飞羽和尾羽黑色。脚灰色。幼鸟似褐鲣鸟但具白色领环，上体褐色较浅，翼下具横斑。**习性:** 栖息于热带海洋和海岬与岛屿上，除繁殖期外多数时间都在海上活动，主要以鱼为食。**分布与种群现状:** 台湾，迷鸟，罕见。

体长：86cm LC（低度关注） 国家Ⅱ级重点保护野生动物

红脚鲣鸟 *Sula sula* Red-footed Booby 鲣鸟科 Sulidae

■迷鸟 ■留鸟 ■旅鸟 ■冬候鸟 ■夏候鸟

形态: 雌雄相似。虹膜黑色，喙偏灰色，喙基粉红色，喙基裸露皮肤蓝色，喙下裸露皮肤黑色；眼周淡蓝色。体羽大致黑白色或烟褐色，尾白色。具浅、深及中间3种色型。浅色型:体羽多白色，初级飞羽及次级飞羽黑色。深色型:头、背及胸烟褐色，尾白。脚亮红色。**习性:** 似其他鲣鸟。**分布与种群现状:** 南海岛屿，夏候鸟。

体长：48cm LC（低度关注） 国家Ⅱ级重点保护野生动物

褐鲣鸟 *Sula leucogaster* Brown Booby 鲣鸟科 Sulidae

■迷鸟 ■留鸟 ■旅鸟 ■冬候鸟 ■夏候鸟

形态：虹膜褐色，喙黄褐色，上颚线黑色。头、颈及上体黑褐色，腹部白色，尾深色。脸上裸露皮肤雌鸟橙红色，雄鸟偏蓝色。脚淡黄色。**习性：**同其他鲣鸟。**分布与种群现状：**东海及南海岛屿，夏候鸟。数量较少。

体长：48cm　LC（低度关注）　国家Ⅱ级重点保护野生动物

鸬鹚科 Phalacrocoracidae

黑颈鸬鹚 *Microcarbo niger* Little Cormorant 鸬鹚科 Phalacrocoracidae

■迷鸟 ■留鸟 ■旅鸟 ■冬候鸟 ■夏候鸟

形态：雌雄相似。虹膜蓝绿色，喙褐色，端黑色，基部略紫。繁殖期通体黑色，仅头侧和颈部有几片窄的白色丝状羽。非繁殖期少丝状羽，但颏和上喉偏白。脚黑色。亚成鸟胸较白，上体褐色较浓。**习性：**栖息于湖泊、江河、水库和沼泽，结群营巢于水体的悬枝上。**分布与种群现状：**繁殖于我国西南部，留鸟、夏候鸟，罕见。

体长：56cm　LC（低度关注）　国家Ⅱ级重点保护野生动物

侏鸬鹚 *Microcarbo pygmeus* Pygmy Cormorant 鸬鹚科 Phalacrocoracidae

■迷鸟 ■留鸟 ■旅鸟 ■冬候鸟 ■夏候鸟

形态：似普通鸬鹚，但体型明显小，颈短。**习性：**同普通鸬鹚。中国在新疆玛纳斯国家湿地公园首次发现。**分布与种群现状：**新疆玛纳斯国家湿地公园，迷鸟，罕见。

注：中国鸟类新记录。由刘忠德拍摄，2018 年 11 月 26 日新华网特别报导。

体长：45~50 cm

173

海鸬鹚 *Phalacrocorax pelagicus* Pelagic Cormorant 鸬鹚科 Phalacrocoracidae

形态： 雌雄相似。虹膜蓝色，喙黄色，基部红色。通体亮黑色，繁殖期头部具两簇黑色冠羽，且较红脸鸬鹚稀疏，脸部红色不及额部，颊部红色较多。两胁各有一大的白斑。幼鸟及非繁殖期的鸟脸粉灰色。脚灰色。**习性：** 栖息于海岛或沿海悬崖。善潜水捕鱼。**分布与种群现状：** 东部沿海，冬候鸟、旅鸟；台湾、广东、福建，迷鸟。罕见。

体长：70cm LC（低度关注） 国家 II 级重点保护野生动物

红脸鸬鹚 *Phalacrocorax urile* Red-faced Cormorant
鸬鹚科 Phalacrocoracidae

形态： 雌雄相似。虹膜蓝色，喙黄色，脸红色。体羽带紫色及绿色光辉。似海鸬鹚，但繁殖期冠羽浓密并显蓝色。头侧有几根白色丝状羽，腿部有白斑。脸部红色延伸至额部，且颊部少有红色。幼鸟多褐色，脸红色。脚灰色。**习性：** 典型的海上鸬鹚。于海上无声。**分布与种群现状：** 东北沿海、台湾沿海，偶见，迷鸟。数量极为稀少。

体长：76cm LC（低度关注）

普通鸬鹚 *Phalacrocorax carbo* Great Cormorant 鸬鹚科 Phalacrocoracidae

■迷鸟 ■留鸟　旅鸟　冬候鸟　夏候鸟

形态：雌雄相似。虹膜蓝色，喙大部黑色，下喙基裸皮黄色。通体黑色。繁殖期喙角和喉囊黄绿色，脸颊及喉白色；头、颈具紫绿色金属光泽，有白色丝状羽；两胁具白斑。脚黑色。亚成鸟黑褐色，下体污白色。**习性：**栖息于河流、湖泊、海边等，游泳时仅露头颈和背部，善潜水，以鱼为食。休息时有晾翅行为。**分布与种群现状：**见于各省份。北方，夏候鸟；南方，冬候鸟。常见。

体长：90cm　LC（低度关注）

绿背鸬鹚 *Phalacrocorax capillatus* Japanese Cormorant 鸬鹚科 Phalacrocoracidae

■迷鸟 ■留鸟　旅鸟　冬候鸟　夏候鸟

形态：雌雄相似。虹膜蓝色，喙基裸露皮肤黄色。繁殖期脸部白斑比普通鸬鹚大，两翼及背部具偏绿色金属光泽，两胁也具白斑。冬季喙基裸皮黄色，体黑褐色，颏及喉白色。脚灰黑色。**习性：**繁殖于海岛悬崖或海岸乔木上，非繁殖期也见于河口和内陆湖泊。习性似普通鸬鹚。**分布与种群现状：**东部沿海，旅鸟、冬候鸟。不常见。

体长：81cm　LC（低度关注）

黑腹蛇鹈 *Anhinga melanogaster* Oriental Darter 鸬鹚科 Phalacrocoracidae

■迷鸟 ■留鸟　旅鸟　冬候鸟　夏候鸟

形态：似鸬鹚。虹膜褐色；喙黄褐色，上颚线黑色，颈甚细长，头小而窄。头及颈褐色，颏有白色线延伸至颈侧。体羽余部黑褐色，肩胛处白色丝状羽具黑色羽缘。脚灰色。**习性：**栖于清澈的池塘、湖泊及河流，潜水捕鱼，常在附近的栖木上停歇晾翅。**分布与种群现状：**仅在我国南部的福建龙田附近有一次记录(1931)。过去可能为南方的留鸟，近年已无记录。

注：在《中国鸟类野外手册》列出（《中国观鸟年报—中国鸟类名录 6.0 (2018)》）。

体长：84cm　NT（近危）

XVII. 鹈形目 PELECANIFORMES

　　鹈形目鸟类是中大型游禽或涉禽，雌雄形态相似。食性主要为动物性食物，以鱼、虾、昆虫及其他小动物为主要食物。有些种类具大型喉囊，用于过滤食物。栖息于内陆的河流、湖泊地区和沿海地带，也见于海洋中的岛屿上；常集群活动，有一些种类群体营巢。广泛分布于全世界各大洲和各大洋。主要类群有鹮科、鹭科和鹈鹕科。本书本目共收集有3科36种。

鹮科　Threskiornithidae

黑头白鹮 *Threskiornis melanocephalus*　Black-headed Ibis　鹮科 Threskiornithidae

■迷鸟 ■留鸟 ■旅鸟 ■冬候鸟 ■夏候鸟

形态： 雌雄相似。虹膜红褐色，喙黑色。头、颈部黑色范围较圣鹮小。体羽白色。脚黑色。**习性：** 似圣鹮。**分布与种群现状：** 东北地区，夏候鸟；华东和华南地区，冬候鸟。云南有少量繁殖种群存在。罕见。

体长：76cm　NT（近危）　国家Ⅱ级重点保护野生动物

白肩黑鹮 *Pseudibis davisoni* White-shouldered Ibis

鹮科 Threskiornithidae

■迷鸟 ■留鸟 ■旅鸟 ■冬候鸟 ■夏候鸟

形态： 虹膜暗色，喙灰黑色。头部黑色裸露，枕部至前颈裸皮蓝色，且前窄后宽。体羽灰褐色，翅和尾羽暗色具蓝绿色光泽，肩部具白斑。脚红色。**习性：** 栖息于湿地如沼泽、河边、稻田、草场、耕地。主要以昆虫为食。**分布与种群现状：** 曾记录于云南地区，迷鸟，罕见。

体长：75cm　CR（极危）　国家 II 级重点保护野生动物

朱鹮 *Nipponia nippon* Crested Ibis

鹮科 Threskiornithidae

■迷鸟 ■留鸟 ■旅鸟 ■冬候鸟 ■夏候鸟

形态： 雌雄相似。虹膜黄色，喙黑而端红，细长而下弯。脸朱红色。整体白色。繁殖期体羽偏灰。翅和尾缀有粉红色，颈后饰羽较长。腿绯红。飞行时翼下红色。**习性：** 栖息于温带山地森林和丘陵地带，常在水稻田、河滩等地取食。营巢于树上。**分布与种群现状：** 目前仅分布于中东部地区的数个地点。留鸟。数量稀少。

繁殖羽

非繁殖羽

非繁殖羽

体长：55cm　EN（濒危）　国家 I 级重点保护野生动物

彩鹮 *Plegadis falcinellus* Glossy Ibis

鹮科 Threskiornithidae

■迷鸟 ■留鸟 ■旅鸟 ■冬候鸟 ■夏候鸟

形态： 雌雄相似。虹膜褐色，喙近黑色，细长而下弯。眼先和眼周在繁殖期为白色。通体紫褐色具金属光泽。脚绿褐色。**习性：** 栖息于浅水湖泊、沼泽等湿地，晚上在树上栖息。**分布与种群现状：** 偶见于沿海及长江中下游及西南地区湿地。夏候鸟、冬候鸟、旅鸟、迷鸟。罕见。

体长：60cm　LC（低度关注）　国家 II 级重点保护野生动物

白琵鹭 *Platalea leucorodia* Eurasian Spoonbill 鹮科 Threskiornithidae

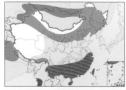

■迷鸟 ■留鸟 ■旅鸟 ■冬候鸟 ■夏候鸟

形态： 雌雄相似。虹膜暗黄，喙黑色，端黄色，长而扁平，末端变宽呈铲状。额部裸皮黄色。全身白色。繁殖期枕部丝状冠羽和胸部饰羽橙黄色。冬季似黑脸琵鹭，但体型较大，脸部黑色少，可清晰地看到眼睛，喙色较浅。脚黑色。**习性：** 栖息于水域地带，成群活动，觅食时将喙伸入水中来回扫动。**分布与种群现状：** 西部至东北地区，夏候鸟；南方地区，冬候鸟。较常见。

幼鸟

体长：86cm　LC（低度关注）　国家Ⅱ级重点保护野生动物

黑脸琵鹭 *Platalea minor* Black-faced Spoonbill 鹮科 Threskiornithidae

■迷鸟 ■留鸟 ■旅鸟 ■冬候鸟 ■夏候鸟

形态： 雌雄相似。虹膜深红或血红色，喙黑色。似白琵鹭而体型略小。头部裸皮黑色至眼部，不能清晰地看到眼睛。脚黑色。**习性：** 繁殖于海岛上，且主要活动于海水区域。其余似白琵鹭。**分布与种群现状：** 辽东半岛东侧近海的小岛，夏候鸟；东部沿海，旅鸟；东南及华南沿海，包括台湾、香港和海南，冬候鸟。北京、吉林有记录。数量稀少，不常见。

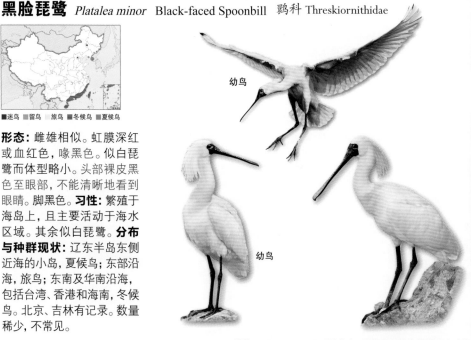

幼鸟

幼鸟

体长：60~78cm　EN（濒危）　国家Ⅱ级重点保护野生动物

鹭科 Ardeidae

大麻鳽 *Botaurus stellaris* Eurasian Bittern 鹭科 Ardeidae

■迷鸟 ■留鸟 ■旅鸟 ■冬候鸟 ■夏候鸟

形态：雌雄相似。虹膜黄色，喙黄色。体型粗壮，整体黄褐色。顶冠黑色，有黑色颊纹。上体密布黑褐色斑点或斑纹，背部纵纹粗大；下体色浅，有黑褐色纵纹。脚绿黄色。**习性：**栖息于湿地芦苇丛和灌丛。被发现时会就地站直，喙垂直向上。受惊时会在芦苇上低飞。**分布与种群现状：**除西藏、青海外，见于各省份。冬候鸟、旅鸟、夏候鸟。数量多，但不常见。

体长：75cm LC（低度关注）

小苇鳽 *Ixobrychus minutus* Little Bittern 鹭科 Ardeidae

■迷鸟 ■留鸟 ■旅鸟 ■冬候鸟 ■夏候鸟

形态：虹膜橘黄色。脚黄色。雄鸟喙红色，雌鸟喙黄色。雄鸟头顶、上体至尾部黑色，颈和胸淡褐色，腹部近白色，两翼具黄褐色覆羽和浅色大块斑。雌鸟背部栗褐色，上体具褐色纵纹，下体略具纵纹，翼褐色而具皮黄色块斑。**习性：**栖息于平原和低山丘陵地区芦苇、蒲草、灌丛茂盛的湿地。夜行性，性隐蔽。**分布与种群现状：**繁殖于新疆西北部；云南巍山，迷鸟。罕见。

体长：35cm LC（低度关注） 国家Ⅱ级重点保护野生动物

黄斑苇鳽 *Ixobrychus sinensis* Yellow Bittern 鹭科 Ardeidae

■迷鸟 ■留鸟 ■旅鸟 ■冬候鸟 ■夏候鸟

形态：虹膜黄色，喙深褐色，眼周裸皮黄绿。似小苇鳽，而雄鸟头顶、飞羽和尾黑色，其余上体黄褐色，腹部皮黄色。飞行时飞羽与覆羽对比强烈。雌鸟似雄鸟，但头顶为栗褐色，背和胸有褐色纵纹。脚黄绿色。**习性：**似小苇鳽。**分布与种群现状：**中东部地区，夏候鸟、留鸟。较常见。

体长：32cm LC（低度关注）

179

紫背苇鳽 *Ixobrychus eurhythmus* Von Schrenck's Bittern 鹭科 Ardeidae

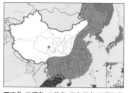

■迷鸟 ■留鸟 ■旅鸟 ■冬候鸟 ■夏候鸟

形态：虹膜黄色，喙绿黄色。雄鸟头顶暗褐色，从喉至胸有一栗褐色纵线，上体紫褐色，下体皮黄色，飞羽灰黑色，翅上覆羽色淡，飞行时飞羽、翅上覆羽、背部三块对比明显。雌鸟似雄鸟，但上体具白色及褐色杂点，下体具纵纹。脚绿色。**习性:**似其他苇鳽。**分布与种群现状:**中东部地区，夏候鸟、冬候鸟。不常见。

体长：33cm　LC（低度关注）

栗苇鳽 *Ixobrychus cinnamomeus* Cinnamon Bittern 鹭科 Ardeidae

■迷鸟 ■留鸟 ■旅鸟 ■冬候鸟 ■夏候鸟

形态：虹膜黄色，喙黄色，基部裸皮橘黄色。雄鸟上体从头顶至尾为栗红色，下体黄褐色，喉至胸有一褐色纵纹，两胁具白色斑。雌鸟上体暗褐色，杂有白色斑点，腹部土黄色，从颈至胸有数条黑褐色纵纹。脚绿色。**习性:**似其他苇鳽。**分布与种群现状:**除西部地区外，南北各地均有分布。广东、台湾、海南，留鸟；其他地区，夏候鸟。较常见。

体长：41cm　LC（低度关注）

黑苇鳽 *Ixobrychus flavicollis* Black Bittern 鹭科 Ardeidae

■迷鸟 ■留鸟 ■旅鸟 ■冬候鸟 ■夏候鸟

形态:虹膜红色或褐色，喙黄褐色，喙长而形如匕首。雄鸟上体呈亮黑色，喉皮黄色具黑斑，颈侧橙黄色，前颈和上胸为淡黄色，具黑褐色条纹。雌鸟羽色暗褐色。脚黑褐色。**习性:**栖息于溪边、池塘、沼泽、红树林和竹林中。**分布与种群现状:**南方大部分地区，夏候鸟、留鸟。数量多，但不常见；北京，迷鸟。

体长：54cm　LC（低度关注）

180

海南鸦 *Gorsachius magnificus* White-eared Night Heron 鹭科 Ardeidae

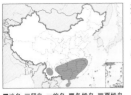

■迷鸟 ■留鸟 ■旅鸟 ■冬候鸟 ■夏候鸟

形态: 雌雄相似。虹膜黄色,喙偏黄色,喙端深色。形态特殊不易误认。繁殖期眼先裸皮黄绿色,眼后具条状白斑,头顶和羽冠黑色,颈侧棕黄色,上体暗灰褐色,下体白色,具褐色鳞状斑。脚黄绿色。**习性:** 栖息于亚热带高山密林的山沟河谷和其他水域。夜行性,白天多隐藏在密林中。**分布与种群现状:** 华中及以南地区,云南新平、南涧、镇沅,留鸟,罕见。

体长:58cm EN(濒危) 国家Ⅱ级重点保护野生动物

栗头鸦 *Gorsachius goisagi* Japanese Night Heron 鹭科 Ardeidae

■迷鸟 ■留鸟 ■旅鸟 ■冬候鸟 ■夏候鸟

形态: 雌雄相似。虹膜黄色,眼先黄绿色,喙角质色。头、颈和上体以栗色为主。飞羽黑色,具宽的栗色端斑,飞翔时可见一条宽的黑色横带。喉和前颈色浅,具长至腹部的黑褐色纵纹。下体皮黄色,具黑褐色斑点。脚暗绿色。**习性:** 栖息于沿海密林的溪谷,也见于低山沼泽、河谷。性隐蔽,夜行性。**分布与种群现状:** 华南沿海地区、台湾,冬候鸟、旅鸟;北京、辽宁,迷鸟。罕见。

体长:49cm EN(濒危)

黑冠鸦 *Gorsachius melanolophus* Malayan Night Heron 鹭科 Ardeidae

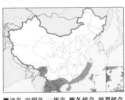

■迷鸟 ■留鸟 ■旅鸟 ■冬候鸟 ■夏候鸟

形态: 虹膜黄色,喙角质色,眼部裸皮橄榄色。似栗头鸦,但繁殖期头顶和冠羽黑色,眼先蓝色,喙黑色。飞羽黑色,具浅栗色端斑,初级飞羽末端白色。喉部纵纹长至上胸。下体棕黄色具白色斑点。脚绿色。**习性:** 夜行性,似栗头鸦。**分布与种群现状:** 西南地区、东南沿海、台湾,留鸟。罕见。

体长:49cm LC(低度关注)

夜鹭 *Nycticorax nycticorax* Black-crowned Night Heron 鹭科 Ardeidae

■迷鸟 ■留鸟 □旅鸟 ■冬候鸟 ■夏候鸟

幼鸟

形态: 雌雄相似。虹膜鲜红色,喙黑色。繁殖羽头顶至背黑蓝色,枕部具2~3枚长带状白色饰羽。上体其余部分灰色,下体白色。脚污黄色。亚成鸟上体暗褐色,缀有浅色斑,下体色浅而具暗褐色细纵纹。**习性:** 栖息于溪流、水塘、沼泽和水田等地。夜行性,喜结群。**分布与种群现状:** 中东部地区,夏候鸟、留鸟。常见。

体长: 61cm　LC（低度关注）

棕夜鹭 *Nycticorax caledonicus* Rufous Night Heron 鹭科 Ardeidae

■迷鸟 ■留鸟 □旅鸟 ■冬候鸟 ■夏候鸟

形态: 雌雄相似。虹膜黄色,喙黑色。眼先黄绿色,眉纹白色。似夜鹭,头顶至枕部黑色,颈、胸淡栗色,上体红棕色,腹部色淡。繁殖期体色变深,枕部具线状白色饰羽。脚粉红色。**习性:** 似夜鹭。**分布与种群现状:** 台湾,迷鸟。

体长: 56~66cm　LC（低度关注）

绿鹭 *Butorides striata* Striated Heron 鹭科 Ardeidae

■迷鸟 ■留鸟 □旅鸟 ■冬候鸟 ■夏候鸟

形态: 雌雄相似。虹膜黄色,喙黑色。繁殖期额、头顶、枕、羽冠和眼下纹蓝黑色,颏、喉白色,背、肩部具丝状饰羽,胸和两胁灰色,翅羽具明显的浅色羽缘。脚偏绿色。**习性:** 见于山间溪流、湖泊、滩涂及红树林中。常单独活动。**分布与种群现状:** 东北、华南大部分地区,夏候鸟。常见。

非繁殖羽

体长: 43cm　LC（低度关注）

印度池鹭 *Ardeola grayii* Indian Pond Heron 鹭科 Ardeidae

■迷鸟 ■留鸟 ■旅鸟 ■冬候鸟 ■夏候鸟

形态： 虹膜黄色，喙黄色而先端黑色。繁殖期头、颈、喉、胸和翼覆羽棕褐色，上背蓝黑色，下体和两翼白色，背部和胸口具丝状蓑羽，非繁殖羽似池鹭，野外难以辨识。脚黄绿色。**习性：** 似池鹭。**分布与种群现状：** 新疆、云南昆明滇池，迷鸟。罕见。

体长：46cm　LC（低度关注）

池鹭 *Ardeola bacchus* Chinese Pond Heron 鹭科 Ardeidae

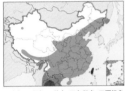

■迷鸟 ■留鸟 ■旅鸟 ■冬候鸟 ■夏候鸟

繁殖羽

非繁殖羽

形态： 雌雄相似。虹膜褐色，喙黄色。繁殖期头、颈和胸栗色，头顶具不明显冠羽，背部有长的灰黑色蓑羽，其余部位白色，飞翔时与体背黑色呈鲜明对比。冬季无饰羽，头、颈具黄褐色纵纹，背暗褐色。脚灰绿色。**习性：** 栖息于稻田、池塘、湖泊、沼泽等湿地水域。**分布与种群现状：** 中东部地区，夏候鸟、留鸟。常见。

体长：47cm　LC（低度关注）

爪哇池鹭 *Ardeola speciosa* Javan Pond Heron 鹭科 Ardeidae

■迷鸟 ■留鸟 ■旅鸟 ■冬候鸟 ■夏候鸟

形态： 雌雄相似。虹膜黄色，喙黄色，先端黑色，眼先黄绿色。似池鹭，但头颈淡橙黄色，逐渐转深至胸部黄棕色，上背灰黑色，两翅和腹部白色，飞翔时与体背深色呈鲜明对比。非繁殖期整体较池鹭偏棕黄。腿黄色。**习性：** 似池鹭。**分布和种群现状：** 台湾，迷鸟。罕见。

体长：45cm　LC（低度关注）

183

牛背鹭 *Bubulcus ibis* Cattle Egret 鹭科 Ardeidae

■迷鸟 ■留鸟 ■旅鸟 ■冬候鸟 ■夏候鸟

形态：雌雄相似。虹膜黄色，喙黄而粗短。眼先、眼周裸皮黄色。非繁殖期全身白色。颈短粗，头圆。繁殖期头、颈、上胸和上背具橙黄色饰羽；冬季无饰羽，个别头部沾黄色。脚暗黄色至近黑色。**习性：**栖息于水田、池塘、沼泽等地。常集小群活动。喜捕捉牛行走时惊飞的昆虫，或站在牛背上啄食寄生虫。**分布与种群现状：**分布范围较广，夏候鸟、留鸟，常见。

繁殖羽

非繁殖羽

体长：50cm NR（未认可）

苍鹭 *Ardea cinerea* Grey Heron 鹭科 Ardeidae

■迷鸟 ■留鸟 ■旅鸟 ■冬候鸟 ■夏候鸟

形态：雌雄相似。虹膜黄色，喙黄绿色。繁殖期头顶中央和颈白色，头侧和枕部黑色，有两条辫状黑色冠羽。前颈有2~3列纵行黑斑，颈基至背部生有灰白色饰羽。胸、腹白色。脚偏黑色。**习性：**栖息于水域岸边或浅水处，也见于沼泽、稻田等。成对或小群活动，迁徙期和冬季集大群。食物以鱼、蛙为主。**分布与种群现状：**分布范围广。数量多，常见。

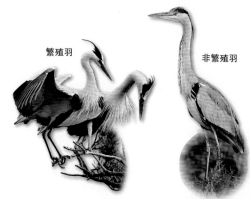

繁殖羽

非繁殖羽

体长：92cm LC（低度关注）

白腹鹭 *Ardea insignis* White-bellied Heron 鹭科 Ardeidae

■迷鸟 ■留鸟 ■旅鸟 ■冬候鸟 ■夏候鸟

形态：雌雄相似。虹膜黄色，喙灰色。通体为暗灰色，下体白色。头顶黑褐色，头顶两侧有长的灰色冠羽。繁殖期前颈基部至肩部具长的披针状灰色饰羽，颈部下端具明显的浅色斑点。尾和初级飞羽黑色。脚灰色。**习性：**栖息于山地溪流岸边和沼泽。飞行时两翅扇动缓慢，但飞行速度极快。**分布与种群现状：**西藏东南部、云南西部，留鸟。罕见。

体长：127cm CR（极危）

草鹭 *Ardea purpurea* Purple Heron 鹭科 Ardeidae

■迷鸟 ■留鸟 ■旅鸟 ■冬候鸟 ■夏候鸟

形态： 雌雄相似。虹膜黄色，喙褐色。繁殖期头顶蓝黑色，枕部有两枚黑灰色的辫状饰羽；颈部栗色，两侧有蓝黑色纵纹，前颈下部有银灰色的矛状饰羽。上体蓝灰色，两侧暗栗色。脚红褐色。**习性：** 单独或成对活动，行踪隐秘。食物以水生动物为主。**分布与种群现状：** 广泛分布于中东部地区，夏候鸟、冬候鸟、留鸟。数量较少。

繁殖羽

体长：80cm　LC（低度关注）

大白鹭 *Ardea alba* Great Egret 鹭科 Ardeidae

■迷鸟 ■留鸟 ■旅鸟 ■冬候鸟 ■夏候鸟

形态： 雌雄相似。虹膜黄色。喙裂超过眼睛。全身白色。颈部具明显的特殊扭结。繁殖期喙黑色，眼先蓝绿色，背和颈部生有发达的蓑羽。非繁殖期喙和眼先黄色，无蓑羽。脚黑色。**习性：** 常单只或小群活动，偶见多达300多只的繁殖群。**分布与种群现状：** 我国北部、中东部，夏候鸟；迁徙至西藏南部；南方地区，冬候鸟。常见。

非繁殖羽

体长：95cm　LC（低度关注）

中白鹭 *Ardea intermedia* Intermediate Egret
鹭科 Ardeidae

■迷鸟 ■留鸟 ■旅鸟 ■冬候鸟 ■夏候鸟

形态： 雌雄相似。眼先黄色。全身白色，喙粗短，喙裂至眼下方。繁殖期喙黑色，背部和前颈下部有长的披针状饰羽；非繁殖期喙黄色，前端黑色，无饰羽。腿及脚黑色。**习性：** 常活动于河湖、沼泽、沿海泥滩及稻田。**分布与种群现状：** 北方地区，夏候鸟；长江流域及以南，留鸟，常见。

繁殖羽

体长：69cm　LC（低度关注）

斑鹭 *Egretta picata* Pied Heron 鹭科 Ardeidae

■迷鸟 ■留鸟 ■旅鸟 ■冬候鸟 ■夏候鸟

形态: 雌雄相似。虹膜淡黄色或白色,喙黄色。眼下至上胸白色,顶冠及枕后饰羽黑色,身体其余部位深灰色。脚黄色或橙色。幼鸟的头部全白而无饰羽。**习性:** 喜欢海岸附近的沼泽、红树林等。**分布与种群现状:** 台湾,迷鸟,少见。

体长:**43~55cm LC(低度关注)**

白脸鹭 *Egretta novaehollandiae* White-faced Egret 鹭科 Ardeidae

■迷鸟 ■留鸟 ■旅鸟 ■冬候鸟 ■夏候鸟

形态: 雌雄相似。虹膜灰色、绿色、暗黄色或桂香色,因个体而异;喙黑色。成鸟前额、眼周、颏和喉部白色。顶冠颜色易变,白色有时延伸到脖子下。繁殖期前颈和胸部羽毛呈现粉红棕色或古铜色,而背部则为蓝灰色。脚黄色。**习性:** 活动于各类湿地环境。行为似其他鹭。**分布与种群现状:** 台湾,迷鸟。

体长:**60~70cm LC(低度关注)**

白鹭 *Egretta garzetta* Little Egret 鹭科 Ardeidae

■迷鸟 ■留鸟 ■旅鸟 ■冬候鸟 ■夏候鸟

形态: 雌雄相似。虹膜黄色,喙黑色。脸部裸皮黄绿色,于繁殖期为淡粉色。全身白色。繁殖期眼先粉红色,枕部具两根细长的辫状饰羽,背和前颈亦具长的蓑羽。冬季眼先黄绿色,无饰羽。腿黑色,脚黄色。**习性:** 栖息于湖泊、池塘、稻田、沼泽等地。喜集群活动。**分布与种群现状:** 除西北地区外,广泛分布。数量多,较常见。

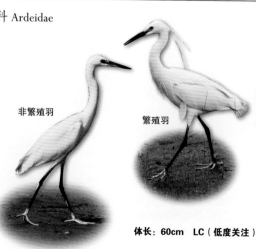

非繁殖羽

繁殖羽

体长:**60cm LC(低度关注)**

岩鹭 *Egretta sacra* Pacific Reef Heron 鹭科 Ardeidae

■迷鸟 ■留鸟 ■旅鸟 ■冬候鸟 ■夏候鸟

形态: 雌雄相似。虹膜黄色,喙繁殖期黄色,冬季黑色。有黑白两种色型。黑色型全身炭灰色或蓝灰色,颏喉白色;白色型相对白鹭喙粗长,腿粗短。脚黄绿色。**习性:** 尤喜多岩礁的海岛和海岸岩石。**分布与种群现状:** 东部及东南沿海的海岸和岛屿,海岸留鸟。数量多,不常见。

体长:58cm LC(低度关注) 国家Ⅱ级重点保护野生动物

黄嘴白鹭 *Egretta eulophotes* Chinese Egret 鹭科 Ardeidae

■迷鸟 ■留鸟 ■旅鸟 ■冬候鸟 ■夏候鸟

形态: 雌雄相似。虹膜黄褐色。全身白色。繁殖期喙橙黄色,眼先蓝色,枕部具长冠羽是其突出特征,前颈下部至背部长有蓑羽,腿黑色,脚黄色。非繁殖羽似白鹭,下喙基部黄色,眼先、脚黄绿色,无饰羽。**习性:** 栖息于沿海岛屿、海岸、河口及沼泽地带。**分布与种群现状:** 东部及东南沿海岛屿,夏候鸟;四川泸沽湖有分布。数量稀少。

繁殖羽

体长:68cm VU(易危) 国家Ⅱ级重点保护野生动物

鹈鹕科 Pelecanidae

白鹈鹕 *Pelecanus onocrotalus* Great White Pelican 鹈鹕科 Pelecanidae

■迷鸟 ■留鸟 ■旅鸟 ■冬候鸟 ■夏候鸟

形态: 雌雄同色,雌鸟体形略小。虹膜黑色。喙巨大,铅蓝色,喙尖和上下喙缘橙红色,喉囊橙黄色。眼周围裸露皮肤粉红色。体羽粉白色,头后具短羽冠,胸部具黄色羽簇,初级飞羽和次级飞羽端部褐黑色。脚肉色。**习性:** 栖息于开阔的湖泊、江河、沼泽地带。主要以鱼为食。**分布与种群现状:** 西北地区,旅鸟,罕见,可能有少量繁殖。东部地区,迷鸟,罕见。

体长:160cm LC(低度关注) 国家Ⅱ级重点保护野生动物

鹈形目

187

斑嘴鹈鹕 *Pelecanus philippensis* Spot-billed Pelican 鹈鹕科 Pelecanidae

■迷鸟 ■留鸟 ■旅鸟 ■冬候鸟 ■夏候鸟

形态: 雌雄同色,雌鸟体形略小。虹膜白色或淡黄色。喙粉红色,上下喙的边缘具有一排蓝黑色的斑点,喉囊紫色带黑色云状斑。上体灰色,枕和后颈具蓬松的长羽,两翼深灰色,下体白色,繁殖期带有粉红色。脚黑褐色。**习性:** 生活在大型开阔水域,以鱼为食。**分布与种群现状:** 历史上华南沿海为留鸟,目前已罕见。云南,迷鸟。

体长: 140cm NT(近危) 国家 II 级重点保护野生动物

卷羽鹈鹕 *Pelecanus crispus* Dalmatian Pelican 鹈鹕科 Pelecanidae

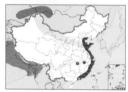

■迷鸟 ■留鸟 ■旅鸟 ■冬候鸟 ■夏候鸟

形态: 雌雄同色,雌鸟体形略小。虹膜淡红黄色,眼先暗黄色。上喙沙黄色,下喙青铜色,喙尖橙黄色,喉囊橘黄或黄色。羽色灰白色,仅翅尖黑色。枕部具长而卷曲的冠羽。脚深灰色沾橄榄绿或棕褐色。**习性:** 在远离岸边的开阔水域活动,捕鱼为食。**分布与种群现状:** 中北部地区和东部沿海,旅鸟;东部和南部沿海及长江中下游流域,冬候鸟。目前东亚种群总量已少于100只。

体长: 175cm NT(近危) 国家 II 级重点保护野生动物

粉红背鹈鹕 *Pelecanus rufescens* Pink-backed Pelican 鹈鹕科 Pelecanidae

■迷鸟 ■留鸟 ■旅鸟 ■冬候鸟 ■夏候鸟

形态: 粉红背鹈鹕相比其他鹈鹕体型略小。羽色为灰白色,背部具浅的粉红色。喙上部黄色,黄色的喉囊上具细纹。翼下呈明显的红褐色。繁殖期成鸟头部具有长的繁殖羽。**习性:** 与其他鹈鹕相似。**分布与种群现状:** 2011年10月25日见于山东东营黄河入海口。种群数量不详。

体长: 135~152cm

XVIII. 鹰形目ACCIPITRIFORMES

俗称为猛禽。上嘴弯曲且呈钩状，翅膀强劲有力，雌鸟体型一般较雄鸟大。该目鸟类食性以肉食性为主。栖息生境复杂，多见于森林、草原、农田、居民区和海洋沿岸等地。昼行性鸟类，白天常见翱翔高空，有些种类会借助上升的热气流飞行。繁殖期多成对活动，有些种类会集大群长距离迁徙。鹰形目鸟类广泛分布于世界各地。主要类群有鹗科和鹰科。本书本目共收集有2科54种。

鹗科 Pandionidae

鹗 *Pandion haliaetus* Osprey 鹗科 Pandionidae

■迷鸟 ■留鸟 □旅鸟 ■冬候鸟 ■夏候鸟

形态：雌雄相似。虹膜黄色，喙黑色，蜡膜灰色。头白色具深色细纵纹，羽冠不明显。过眼纹黑褐色呈带状一直延伸到颈侧。上体暗褐色，喉至下体白色。裸露跗跖及脚灰色。飞行时两翼狭长，且翼角后弯。**习性：**擅捕鱼，栖息于湖泊、河流、海岸。**分布与种群现状：**分布范围广，留鸟、夏候鸟、冬候鸟，不常见。

体长：55cm   LC（低度关注）   国家II级重点保护野生动物

鹰科 Accipitridae

黑翅鸢 *Elanus caeruleus* Black-winged Kite 鹰科 Accipitridae

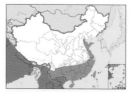

■迷鸟 ■留鸟 ■旅鸟 ■冬候鸟 ■夏候鸟

形态：雌雄相似。虹膜红色，喙黑色，蜡膜黄色。通体灰白色至灰色。翼中有一标志性长条状黑色斑块，翼尖黑色，飞行时明显可见。脚黄色。**习性：**活动于开阔农田至低山丘陵的稀树草地和林缘地带，可振翅悬停，常站立在枯树等突出位置。**分布与种群现状：**南方地区较常见，留鸟、夏候鸟。

体长：30cm LC（低度关注） 国家II级重点保护野生动物

胡兀鹫 *Gypaetus barbatus* Bearded Vulture 鹰科 Accipitridae

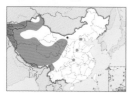

■迷鸟 ■留鸟 ■旅鸟 ■冬候鸟 ■夏候鸟

形态：雌雄相似。虹膜黄色或红色，喙灰色，端黑色。体羽黑褐色。头灰色，颈、腹部棕色，黑色贯眼纹向前延伸与胡须状髭羽相连。尾羽长并呈楔形。脚灰色。**习性：**栖息在海拔500~5000m山地裸岩地区。喜开阔地区，与其他兀鹫混群取食腐肉，也捡食骨头。**分布与种群现状：**青藏高原及帕米尔高原，留鸟。少见。

体长：110cm NT（近危） 国家I级重点保护野生动物

白兀鹫 *Neophron percnopterus* Egyptian Vulture 鹰科 Accipitridae

形态：雌雄相似。虹膜褐色。喙黑色。脸部裸皮黄色，体羽白色，头部羽毛披针状，飞羽黑色。尾短楔形。脚黄色。**习性：**栖息于干旱开阔地区。有掷石砸蛋行为。**分布与种群现状：**新疆，夏候鸟。罕见。

■迷鸟 ■留鸟 ■旅鸟 ■冬候鸟 ■夏候鸟

体长：54~70cm　EN（濒危）　国家 II 级重点保护野生动物

鹃头蜂鹰 *Pernis apivorus* European Honey Buzzard 鹰科 Accipitridae

■迷鸟 ■留鸟 ■旅鸟 ■冬候鸟 ■夏候鸟

形态：虹膜黄色，喙灰色先端黑色。头较小，头顶及脸部灰色，颈背和上体为沙褐色，次级飞羽末端黑色形成宽阔的翼斑，尾长，具宽阔的深色次端斑，下体有深褐色、浅白等不同色型，变化较多。脚黄色。**习性：**栖息于稀疏的松林中。常挖掘蜂巢，吞食蜂卵和幼虫。**分布与种群现状：**新疆西北部，迷鸟。罕见。

体长：60cm　LC（低度关注）　国家 II 级重点保护野生动物

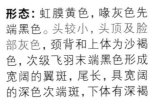

191

鹰形目

凤头蜂鹰 *Pernis ptilorhynchus* Oriental Honey Buzzard 鹰科 Accipitridae

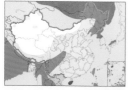

■迷鸟 ■留鸟 ■旅鸟 ■冬候鸟 ■夏候鸟

形态: 虹膜橘黄色,喙灰色,蜡膜黄色。色型变化较大。具不明显羽冠,有黑色喉中线。翼下常有黑色横带,尾下有两条粗黑带或3条细黑带。相对其他猛禽更显头小。雌鸟显著大于雄鸟。脚黄色。**习性:** 栖息于山地森林和林缘,喜食蜂类和小型脊椎动物。**分布与种群现状:** 分布于东北地区和南方大部分地区,迁徙时局部较常见。

体长:58cm LC(低度关注) 国家 II 级重点保护野生动物

褐冠鹃隼 *Aviceda jerdoni* Jerdon's Baza 鹰科 Accipitridae

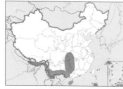

■迷鸟 ■留鸟 ■旅鸟 ■冬候鸟 ■夏候鸟

形态: 雌雄相似。虹膜黄红色,喙黑色,蜡膜浅蓝灰色。头、颈浅褐色,有深色纵纹,具黑褐色的长冠羽。上体褐色。喉白色,中央具黑色纵纹,下体棕褐色,具宽阔的横斑纹,翅尖黑色。脚及腿黄色。**习性:** 栖息于山地森林和林缘,常单独活动。**分布与种群现状:** 华中地区、云南、广西、海南,留鸟、夏候鸟。少见。

体长:45cm LC(低度关注) 国家 II 级重点保护野生动物

黑冠鹃隼 *Aviceda leuphotes* Black Baza 鹰科 Accipitridae

■迷鸟 ■留鸟 ■旅鸟 ■冬候鸟 ■夏候鸟

形态: 雌雄相似。虹膜红色,喙角质色,蜡膜灰色。头、颈部黑色,具黑色冠羽。上体和尾黑褐色,翅膀和肩部有白斑,胸白色,具黑色胸带。腹部具棕色横斑。脚深灰色。**习性:** 单独或3~5只小群活动。营巢于河岸森林大树上。以大型昆虫、小型脊椎动物为食。迁徙时集大群。**分布与种群现状:** 南方地区,夏候鸟,较常见;北京、河北北戴河,迷鸟。

体长:32cm LC（低度关注） 国家II级重点保护野生动物

兀鹫 *Gyps fulvus* Indian Vulture 鹰科 Accipitridae

■迷鸟 ■留鸟 ■旅鸟 ■冬候鸟 ■夏候鸟

形态: 雌雄相似。虹膜褐色,喙角质色,蜡膜黑色。颈基部具污白色绒羽领。形、色似高山兀鹫,区别在于飞行时上体褐色而非浅土黄色,脚色深。**习性:** 似高山兀鹫。**分布与种群现状:** 新疆、西藏东南部留鸟、迷鸟。罕见。

体长:100cm LC（低度关注） 国家II级重点保护野生动物

白背兀鹫 *Gyps bengalensis* White-rumped Vulture 鹰科 Accipitridae

■迷鸟 ■留鸟 ■旅鸟 ■冬候鸟 ■夏候鸟

形态： 雌雄相似。虹膜红褐色，喙灰色。头、颈黑灰色，前颈绒毛稀疏皮肤裸露，颈基部具白色绒羽领。背部污白色或茶褐色，腰白色，翼下几乎纯白色，尾黑色。脚灰色。**习性：** 栖息于干燥严寒的高山、山地或开阔平原，海拔相对其他兀鹫较低。**分布与种群现状：** 云南西部和西南部，留鸟。罕见。

体长：84cm　CR（极危）　国家Ⅱ级重点保护野生动物

高山兀鹫 *Gyps himalayensis* Himalayan Vulture 鹰科 Accipitridae

■迷鸟 ■留鸟 ■旅鸟 ■冬候鸟 ■夏候鸟

形态： 雌雄相似。虹膜橘黄色，喙灰色。羽色深浅、纵纹变化较大。头、颈皮肤裸露，被稀疏的污白色绒羽，颈基部具黄色针状羽簇。成鸟上体和翅上覆羽多黄褐色，飞羽黑色，下体黄褐色。脚灰色。**习性：** 栖息于海拔2500~4500m的高山、高原和河谷，通常营巢于悬崖凹处和边缘上。青藏高原最常见的食腐猛禽，集群觅食。**分布与种群现状：** 西部地区，留鸟。不常见。

体长：120cm　NT（近危）　国家Ⅱ级重点保护野生动物

黑兀鹫 *Sarcogyps calvus* Red-headed Vulture 鹰科 Accipitridae

形态： 雌雄相似。虹膜褐色，喙黑色，蜡膜红色，鼻孔椭圆。体羽黑褐色，头、颈部裸皮红色，颈侧耳下悬垂红色肉垂，领羽白色。脚红色。**习性：** 栖息于开阔的低山丘陵、农田和小块丛林地带。**分布与种群现状：** 云南，留鸟。罕见。

体长：80cm CR（极危） 国家II级重点保护野生动物

秃鹫 *Aegypius monachus* Cinereous Vulture 鹰科 Accipitridae

形态： 雌雄相似。虹膜深褐，喙角质色，蜡膜蓝色。体羽黑褐色。枕后具簇羽，颈部灰蓝色，被绒羽领。成鸟头、颈皮肤裸露，两翼宽大，翼缘平行，七枚初级飞羽散开分叉深，尾短呈楔形。脚灰色。**习性：** 多单独活动，有时结3~5只小群。**分布与种群现状：** 北方地区、青藏高原广泛分布，留鸟，不常见。冬季偶见于南方地区。

体长：100cm NT（近危） 国家II级重点保护野生动物

蛇雕 *Spilornis cheela* Crested Serpent Eagle 鹰科 Accipitridae

■迷鸟 ■留鸟 ■旅鸟 ■冬候鸟 ■夏候鸟

形态：雌雄相似。虹膜黄色，喙灰褐色。成鸟头顶黑色，枕后粘白色。眼先裸皮黄色。背羽灰褐色，腹羽黄褐色具白色斑点。飞羽和尾羽中段白色和端黑色，飞行时可见。脚黄色。**习性：**栖居于深山高大密林中，鸣声响亮而特殊。主要捕食蛇类及其他小型脊椎动物。**分布与种群现状：**西南地区及长江以南地区、台湾、海南，留鸟。南方最常见的森林猛禽。

体长：50cm　LC（低度关注）　国家II级重点保护野生动物

短趾雕 *Circaetus gallicus* Short-toed Snake Eagle 鹰科 Accipitridae

■迷鸟 ■留鸟 ■旅鸟 ■冬候鸟 ■夏候鸟

形态：雌雄相似。虹膜黄色，喙黑色，蜡膜灰色。头至背部黑褐色，胸、腹羽色浅具深色纵纹，尾具明显深色横斑。脚偏绿色。**习性：**栖息于森林边缘及次生灌丛。可振翅悬停。主要捕食蛇类，以及其他小型脊椎动物。**分布与种群现状：**繁殖于天山，也见于北方其他地区，罕见夏候鸟或旅鸟，迁徙季节西南及华南偶有记录。

体长：65cm　LC（低度关注）　国家II级重点保护野生动物

凤头鹰雕 *Nisaetus cirrhatus* Changeable Hawk Eagle 鹰科 Accipitridae

■迷鸟 ■留鸟 ■旅鸟 ■冬候鸟 ■夏候鸟

形态： 雌雄相似。虹膜黄色，喙黑色。似鹰雕，但冠羽短，胸部有纵纹而无横斑。背深褐色，跗跖被羽未覆盖脚趾，胸部有纵纹而无横斑。脚黄色。**习性：** 栖息于落叶或常绿森林、种植园。**分布与种群现状：** 云南南部，留鸟，罕见。

体长：66~84cm　LC（低度关注）　国家 II 级重点保护野生动物

鹰雕 *Nisaetus nipalensis* Mountain Hawk-Eagle 鹰科 Accipitridae

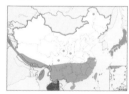

■迷鸟 ■留鸟 ■旅鸟 ■冬候鸟 ■夏候鸟

形态： 雌雄相似。虹膜黄色至褐色，喙偏黑色，蜡膜绿黄色。喉、胸白色，具黑色长冠羽并具明显的纵纹和横斑。上体灰褐色，喉、胸白色且有明显纵纹和横斑，下体其余浅褐色，两翼宽阔，飞行时翼下可见平行黑斑，尾打开呈扇形，亦有平行横斑。脚黄色。**习性：** 繁殖季节大多栖息于山地森林地带。**分布与种群现状：** 南方地区，留鸟，少见。

体长：74cm　LC（低度关注）　国家 II 级重点保护野生动物

棕腹隼雕 *Lophotriorchis kienerii* Rufous-bellied Hawk-Eagle 鹰科 Accipitridae

■迷鸟 ■留鸟 ■旅鸟 ■冬候鸟 ■夏候鸟

形态: 雌雄相似。虹膜红色,喙近黑色,蜡膜黄色。头顶、后颈、上体近黑色,具短冠羽。喉、前颈、胸白色,具少许黑色纵纹,下体后部及翼下覆羽浅栗色,尾羽灰褐色具暗色横斑。脚黄色。**习性:** 栖息于低山和山脚地带的阔叶林和混交林。**分布与种群现状:** 滇西地区、海南,留鸟。罕见。

体长:50cm LC(低度关注) 国家 II 级重点保护野生动物

林雕 *Ictinaetus malaiensis* Black Eagle 鹰科 Accipitridae

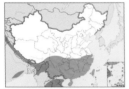
■迷鸟 ■留鸟 ■旅鸟 ■冬候鸟 ■夏候鸟

形态: 雌雄相似。虹膜黄褐色,喙黑色,端灰色,蜡膜黄色。体羽黑褐色,停息时,两翼长于尾。飞行时两翼宽而长,基部较窄,翼指多且长,飞羽、尾羽具浅色横纹。似乌雕而翅形平直。脚黄色。**习性:** 栖息于海拔1000~2500m的山地常绿阔叶林内。在高大的树木上筑巢。**分布与种群现状:** 喜马拉雅山区及我国南部,留鸟,少见。

体长:70cm LC(低度关注) 国家 II 级重点保护野生动物

乌雕 *Changa clanga* Greater Spotted Eagle 鹰科 Accipitridae

形态： 雌雄相似。虹膜褐色，喙灰色。体羽黑褐色，飞翔时尾短，尾上覆羽具白色"U"形斑，尾下覆羽棕褐色。羽色随年龄变化大，亚成体翼上覆羽具浅色大斑点，极易辨识。脚黄色。**习性：** 栖息于草原、湖泊、滨海湿地等多水的开阔生境。性情孤独。**分布与种群现状：** 北方地区，夏候鸟；南方地区，冬候鸟。罕见。

■迷鸟 ■留鸟 ■旅鸟 ■冬候鸟 ■夏候鸟

体长：70cm　VU（易危）　国家 II 级重点保护野生动物

靴隼雕 *Hieraaetus pennatus* Booted Eagle 鹰科 Accipitridae

■迷鸟 ■留鸟 ■旅鸟 ■冬候鸟 ■夏候鸟

形态： 雌雄相似。虹膜褐色，喙近黑色，蜡膜黄色。浅色型上体深褐色，下体白色，飞羽后缘和翅尖黑色；深色型通体黑褐色，翼角有较大白斑。跗跖被羽。脚黄色。**习性：** 栖息于山地林缘。**分布与种群现状：** 西部、东北、华北地区，夏候鸟、旅鸟。罕见。

体长：50cm　LC（低度关注）　国家 II 级重点保护野生动物

草原雕 *Aquila nipalensis* Steppe Eagle 鹰科 Accipitridae

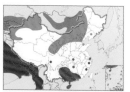

■迷鸟 ■留鸟 ■旅鸟 ■冬候鸟 ■夏候鸟

形态： 雌雄相似。虹膜浅褐色，喙灰色，蜡膜黄色，嘴裂过眼。体色变化较大，以褐色为主深浅不一，上体褐色，头顶较暗浓。亚成鸟腰白色，翼上具两条浅色横带，翼下覆羽棕黄色有白色宽翼缘，飞行时明显。脚黄色。**习性：** 栖息于树木繁茂的开阔平原、草地、荒漠和低山丘陵地带的荒原草地。**分布与种群现状：** 除西南地区外，各地均有分布，夏候鸟、冬候鸟、旅鸟，不常见。

体长：65cm　EN（濒危）　国家II级重点保护野生动物

白肩雕 *Aquila heliaca* Imperial Eagle 鹰科 Accipitridae

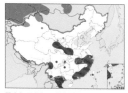

■迷鸟 ■留鸟 ■旅鸟 ■冬候鸟 ■夏候鸟

形态： 雌雄相似。虹膜浅褐色，喙灰色，蜡膜黄色。体羽黑褐色，头和颈较淡，肩部有明显的白斑，飞行时尾羽夹紧不呈扇形。脚黄色。**习性：** 栖息于海拔2000m以下的山地森林地带。**分布与种群现状：** 新疆和内蒙古，夏候鸟；青海湖周边、甘肃南部、陕西南部、长江中下游及东南沿海，冬候鸟。常见。喜山南坡也偶有冬候鸟记录。

体长：75cm　VU（易危）　国家I级重点保护野生动物

金雕 *Aquila chrysaetos* Golden Eagle 鹰科 Accipitridae

■迷鸟 ■留鸟 ■旅鸟 ■冬候鸟 ■夏候鸟

形态：雌雄相似。虹膜褐色，喙灰色。头顶黑褐色，枕后颈羽柳叶状呈金黄色。体羽深褐色。飞行时两翼呈"V"形。亚成体具白色横斑。脚黄色。**习性：**栖息于草原、荒漠、河谷，特别是高山针叶林中。**分布与种群现状：**分布范围较广，留鸟，罕见。

体长：85cm   LC（低度关注）   国家Ⅰ级重点保护野生动物

白腹隼雕 *Aguila fasciata* Bonelli's Eagle 鹰科 Accipitridae

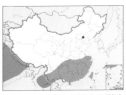

■迷鸟 ■留鸟 ■旅鸟 ■冬候鸟 ■夏候鸟

形态：雌雄相似。虹膜黄褐色；喙灰色，蜡膜黄色。头顶和后颈呈棕褐色，上体暗褐色。颈侧和肩部羽缘灰白色，两翼圆而狭长，尖端黑色，下体白色具深色纵纹，灰色尾羽较长具黑色端斑。亚成鸟翼下及腹部棕黄色。脚黄色。**习性：**见于丘陵和山地森林中，在悬崖和河谷岸边的岩石上筑巢，冬季也见于湿地周边。**分布与种群现状：**南方地区，留鸟，少见。北方地区，偶有记录。

体长：59cm   LC（低度关注）   国家Ⅱ级重点保护野生动物

201

凤头鹰 *Accipiter trivirgatus* Crested Goshawk 鹰科 Accipitridae

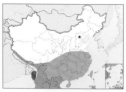

■迷鸟 □留鸟 □旅鸟 □冬候鸟 □夏候鸟

形态: 雌雄相似。虹膜绿黄色,喙灰色,蜡膜黄色。具褐色冠羽。头至背黑灰色,喉白,有明显黑色喉中线,颊纹深色,翼、尾具深色横斑,胸部有褐色纵纹,下体白色,具棕褐色横斑,尾下覆羽白色,且蓬松而明显。脚黄色。

习性: 栖息于山地密林、林缘和植被良好的园林,捕食小型脊椎动物和鸟类。**分布与种群现状:** 西南、华南、华东地区及海南、台湾,留鸟,不常见。北京,迷鸟。

体长: 42cm **LC(低度关注)** **国家 II 级重点保护野生动物**

褐耳鹰 *Accipiter badius* Shikra 鹰科 Accipitridae

■迷鸟 □留鸟 □旅鸟 □冬候鸟 □夏候鸟

形态: 虹膜黄至褐色,喙褐色。雄鸟上体浅灰色,初级飞羽黑色。颊纹黑色,喉白具浅色纵纹,胸、腹部白色具较均匀的棕色细横纹。雌鸟背褐色,喉灰色较浓。亚成鸟灰褐色并具棕色鳞状纹,下体具褐色条纹。脚黄色。**习性:** 喜林缘、开阔林区和农田。**分布与种群现状:** 新疆西部、云南西部、广东南部、海南,留鸟,少见。

体长: 33cm **LC(低度关注)** **国家 II 级重点保护野生动物**

赤腹鹰 *Accipiter soloensis* Chinese Sparrowhawk 鹰科 Accipitridae

■迷鸟 □留鸟 □旅鸟 □冬候鸟 □夏候鸟

形态: 雌雄相似。虹膜红色或褐色,喙灰色,端黑色,蜡膜橘黄色。成鸟上体灰蓝色,尾羽、翼尖色深。下体白色,胸及两胁粉棕色。脚橘黄色。**习性:** 喜开阔林区,捕食小鸟、青蛙等,捕食速度快,有时翱翔。**分布与种群现状:** 中东部地区,夏候鸟、留鸟、冬候鸟。局部地区繁殖期常见。

体长: 33cm **LC(低度关注)** **国家 II 级重点保护野生动物**

日本松雀鹰 *Accipiter gularis* Japanese Sparrowhawk 鹰科 Accipitridae

形态: 虹膜黄色 (亚成鸟) 至红色 (成鸟), 喙蓝灰色, 端黑色, 蜡膜绿黄色。雄鸟上体深灰色, 有颊纹, 前颈纵纹稀疏, 胸、腹部具棕色横纹, 尾灰具深色横斑。雌鸟上体灰褐色, 下体较雄性色暗, 具较粗棕褐色横斑。脚绿黄色。**习性:** 栖息于森林, 翱翔时振翅迅速。**分布与种群现状:** 北方地区, 夏候鸟; 南方地区, 冬候鸟。不常见。

体长: 27cm   LC (低度关注)   国家 II 级重点保护野生动物

松雀鹰 *Accipiter virgatus* Besra 鹰科 Accipitridae

形态: 喙黑色, 蜡膜灰色。似日本松雀鹰, 但喉中线更粗, 翼下覆羽及腋部棕色有黑色横斑。飞行时可见第二枚初级飞羽短于第六枚初级飞羽, 日本松雀鹰则相反。**习性:** 栖息于森林, 捕食小型鸟类、两栖爬行类。**分布与种群现状:** 华中及南方地区, 留鸟, 较常见。

体长: 33cm   LC (低度关注)   国家 II 级重点保护野生动物

雀鹰 *Accipiter nisus* Eurasian Sparrowhawk 鹰科 Accipitridae

■迷鸟 ■留鸟 ■旅鸟 ■冬候鸟 ■夏候鸟

形态：虹膜艳黄色，喙角质色，端黑色。雄鸟上体暗灰色，面颊棕红色，无颊纹，下体灰白色具红褐色或褐色横纹。雌鸟上体褐色，下体灰白色，胸、腹部及腿部满褐色横斑，面颊无棕色，具白色眉纹。脚黄色。**习性：**栖息于山地森林和林缘地带，喜在高山幼树上筑巢。**分布与种群现状：**分布范围广，旅鸟、留鸟、夏候鸟、冬候鸟。不常见。

体长：雄鸟 32~38cm　LC（低度关注）　国家 II 级重点保护野生动物

苍鹰 *Accipiter gentilis* Northern Goshawk 鹰科 Accipitridae

■迷鸟 ■留鸟 ■旅鸟 ■冬候鸟 ■夏候鸟

形态：虹膜成鸟红色，幼鸟黄色，喙角质灰色。雄鸟头顶、枕和头侧黑褐色，具明显的白色眉纹，无喉中线；上体青灰色，下体具密布褐色横纹；尾具宽阔的黑色横斑。雌鸟多褐色。亚成体上体褐色浓重，羽缘色浅呈鳞状纹，下体具深色纵纹。脚黄色。胸部凸出明显，似鸽子。

习性：栖息于林地，捕食中小型鸟类及野兔等小型哺乳动物。**分布与种群现状：**分布范围广，旅鸟、留鸟、冬候鸟，不常见。

体长：46~63cm，雌性体型较大　LC（低度关注）　国家 II 级重点保护野生动物

白头鹞 *Circus aeruginosus* Western Marsh Harrier 鹰科 Accipitridae

■迷鸟 ■留鸟 ■旅鸟 ■冬候鸟 ■夏候鸟

形态：虹膜黄色，喙灰色。雄鸟头部棕灰色，有深色条纹。飞行时翼肩、背部棕褐色，翼中部灰色，翼尖黑色。尾长灰色无横斑。雌鸟全身深褐色，头色浅具深色纵纹。脚黄色。**习性：**栖息于沼泽地、农田等开阔生境，捕食鼠类和小型鸟类。**分布与种群现状：**分布范围较广，旅鸟、夏候鸟、冬候鸟，不常见。

体长：50cm LC（低度关注） 国家Ⅱ级重点保护野生动物

白腹鹞 *Circus spilonotus* Eastern Marsh Harrier 鹰科 Accipitridae

■迷鸟 ■留鸟 ■旅鸟 ■冬候鸟 ■夏候鸟

形态：虹膜黄色，喙灰色。雄鸟头、背部黑灰色，头、颈色浅具深色纵纹，腹羽及尾下覆羽白色，初级飞羽黑色。雌鸟似白尾鹞，不同之处是尾上覆羽无白色，耳后无浅色项链样斑纹。脚黄色。**习性：**似其他鹞。**分布与种群现状：**东北地区，夏候鸟；南方各地，冬候鸟。不常见。

体长：50cm LC（低度关注） 国家Ⅱ级重点保护野生动物

白尾鹞 *Circus cyaneus* Hen Harrier 鹰科 Accipitridae

■迷鸟 ■留鸟 ■旅鸟 ■冬候鸟 ■夏候鸟

形态：虹膜浅褐色，喙灰色。雄鸟灰色，从头至尾由深变浅，下体偏白，翅尖黑色。雌鸟颈侧具项链样浅色斑纹，背羽褐色，腹羽色浅具深色纵纹，尾羽褐色具黑色横斑，尾上覆羽白色。脚黄色。**习性：**似其他鹞。**分布与种群现状：**东北和西北地区，夏候鸟；南方各地，冬候鸟。较常见。

体长：50cm LC（低度关注） 国家Ⅱ级重点保护野生动物

草原鹞 *Circus macrourus* Pallid Harrier 鹰科 Accipitridae

■迷鸟 ■留鸟 ■旅鸟 ■冬候鸟 ■夏候鸟

形态：虹膜黄色，喙黄色。雄鸟灰色，从头至尾由浅变深，腹羽灰白色，尾羽具不明显横斑。飞行时具标志形黑色翼尖。雌鸟体羽褐色，胸、腹部和尾下覆羽黄褐色。脚黄色。**习性：**似其他鹞。**分布与种群现状：**繁殖于新疆，不常见的夏候鸟，偶见于中东部地区。

体长：46cm　NT（近危）　国家Ⅱ级重点保护野生动物

鹊鹞 *Circus melanoleucos* Pied Harrier 鹰科 Accipitridae

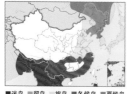

■迷鸟 ■留鸟 ■旅鸟 ■冬候鸟 ■夏候鸟

形态：虹膜黄色，喙角质色。雄鸟头、颈、胸部黑色，背灰色，腹白色。飞行时翼上具条形黑斑，翼尖黑色。雌鸟上体灰褐色，飞行时翼上具条形褐色斑块，翼尖黑褐色，尾灰色具深色横斑，下体皮黄色具棕色纵纹。脚黄色。**习性：**似其他鹞。**分布与种群现状：**东北地区，夏候鸟；南方各地，冬候鸟。不常见。

体长：42cm　LC（低度关注）　国家Ⅱ级重点保护野生动物

乌灰鹞 *Circus pygargus* Montagu's Harrier 鹰科 Accipitridae

■迷鸟 ■留鸟 ■旅鸟 ■冬候鸟 ■夏候鸟

形态：虹膜黄色，喙黄色。雄鸟深灰色，翼尖黑色，飞行时次级飞羽、三级飞羽外侧具明显的条形黑斑，内侧可见两条较细黑斑，翼下覆羽具棕色斑点。雌鸟褐色，无浅色项链样领环。脚黄色。**习性：**似其他鹞。**分布与种群现状：**新疆西北部，夏候鸟，不常见。我国东部，冬候鸟，偶见。

体长：46cm　LC（低度关注）　国家Ⅱ级重点保护野生动物

黑鸢 *Milvus migrans* Black Kite 鹰科 Accipitridae

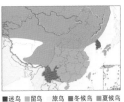

■迷鸟 ■留鸟 ■旅鸟 ■冬候鸟 ■夏候鸟

形态：雌雄相似。虹膜棕色，喙灰色，蜡膜黄色。体羽呈不同程度的棕色。耳羽黑色，尾较长且分叉。飞行时初级飞羽分开成手指状。脚黄色。
习性：栖息于开阔草地、低山丘陵、河流或沿海地区，捕食小型动物，或捕鱼，亦食腐肉和死鱼。鸣声特殊。**分布与种群现状：**全国可见的留鸟或夏候鸟，北方种群南迁越冬。常见。

体长：55cm　LC（低度关注）　国家 II 级重点保护野生动物

栗鸢 *Haliastur indus* Brahminy Kite 鹰科 Accipitridae

■迷鸟 ■留鸟 ■旅鸟 ■冬候鸟 ■夏候鸟

形态：雌雄相似。虹膜褐色，喙及蜡膜绿灰色。头、颈、胸和上背白色，翼尖黑色，其余体羽均为栗红色。腿及脚暗黄色。**习性：**似黑鸢。**分布与种群现状：**南方地区，留鸟、迷鸟、冬候鸟、旅鸟。罕见。

体长：45cm　LC（低度关注）　国家 II 级重点保护野生动物

白腹海雕 *Haliaeetus leucogaster* White-bellied Sea Eagle 鹰科 Accipitridae

■迷鸟 ■留鸟 ■旅鸟 ■冬候鸟 ■夏候鸟

形态：雌雄相似。虹膜褐色，喙及蜡膜灰色。成鸟灰白两色，头部、颈、下体、尾白色，背部黑灰色。飞行时翅端和后缘黑色，前缘白色。尾楔形。裸露跗跖及脚浅灰。**习性：**海岸边营巢于高大乔木或悬崖，内陆营巢于沼泽地带。捕食鱼类，及其他陆生小型脊椎动物。**分布与种群现状：**华南沿海，留鸟，罕见；台湾、海南、浙江，迷鸟。

体长：70cm LC（低度关注） 国家Ⅱ级重点保护野生动物

玉带海雕 *Haliaeetus leucoryphus* Pallas's Fish Eagle 鹰科 Accipitridae

■迷鸟 ■留鸟 ■旅鸟 ■冬候鸟 ■夏候鸟

形态：雌雄相似。虹膜黄色，喙及蜡膜灰色。头、颈具披针状羽毛，头、前颈污白色，头顶至后颈棕色。上体黑褐色，下体棕褐色，尾羽具白色宽带。脚黄白色或灰色。**习性：**似其他海雕。**分布与种群现状：**西北内陆地区，夏候鸟、旅鸟、留鸟。不常见。

体长：80cm EN（濒危） 国家Ⅰ级重点保护野生动物

白尾海雕 *Haliaeetus albicilla* White-tailed Sea Eagle 鹰科 Accipitridae

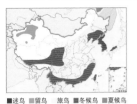

■迷鸟 ■留鸟 ■旅鸟 ■冬候鸟 ■夏候鸟

形态: 雌雄相似。虹膜黄色,喙及蜡膜黄色。头至上胸具披针状羽毛。成鸟多暗褐色,颈羽色淡。白色楔形尾是其标志性特征。脚黄色。幼鸟喙黑色,体色深褐色具浅色斑点。**习性:** 似其他海雕,冬季常在冰面捡食死鱼。**分布与种群现状:** 分布范围广,夏候鸟、旅鸟、冬候鸟,不常见。

体长:85cm LC(低度关注) 国家I级重点保护野生动物

虎头海雕 *Haliaeetus pelagicus* Steller's Sea Eagle 鹰科 Accipitridae

■迷鸟 ■留鸟 ■旅鸟 ■冬候鸟 ■夏候鸟

形态: 雌雄相似。虹膜褐色,喙黄色粗大。体羽以黑褐色为主,头、颈部有披针状羽毛,头部褐色纵纹,肩部具大块白斑,尾白色呈楔形。脚黄色。**习性:** 主要栖息于海岸及附近的河谷地带。

分布与种群现状: 台湾,迷鸟。罕见。

体长:100cm VU(易危) 国家I级重点保护野生动物

渔雕 *Ichthyophaga humilis* Lesser Fish Eagle 鹰科 Accipitridae

■迷鸟 ■留鸟 ■旅鸟 ■冬候鸟 ■夏候鸟

形态：雌雄相似。虹膜黄色或褐色，喙深灰色，喙基黄色。体羽褐色，头、颈灰色，下腹部白色。尾短，色淡，有黑褐色次端斑。脚灰色，爪灰色。**习性：**栖息于靠近河流、湖泊或海岸的森林地区。主要食鱼，也捕食哺乳动物。**分布与种群现状：**海南，冬候鸟，罕见。

体长：60cm　NT（近危）　国家II级重点保护野生动物

白眼𫛭鹰 *Butastur teesa* White-eyed Buzzard 鹰科 Accipitridae

■迷鸟 ■留鸟 ■旅鸟 ■冬候鸟 ■夏候鸟

形态：雌雄相似。虹膜白色。喙蓝灰色。颊纹深色，具喉中线。上体灰褐色，颈背部具一小块白斑。脚黄色。**习性：**飞行时一般紧贴地面，很少翱翔。捕食小型脊椎动物和较大的昆虫。**分布与种群现状：**西藏南部，夏候鸟，罕见。

体长：43cm　LC（低度关注）　国家II级重点保护野生动物

棕翅𫛭鹰 *Butastur liventer* Rufous-winged Buzzard 鹰科 Accipitridae

■迷鸟 ■留鸟 ■旅鸟 ■冬候鸟 ■夏候鸟

形态：雌雄相似。虹膜黄色。喙黄色，端黑色。上体灰褐色具黑色杂斑，翼、尾栗色。下体白色具深色横纹。脚黄色。**习性：**栖息于山区森林地带，见于山地林边或空旷田野。飞行轻快，动作敏捷。**分布与种群现状：**云南西南部，留鸟，罕见。

体长：40cm　LC（低度关注）　国家II级重点保护野生动物

灰脸𫛛鹰 *Butastur indicus* Grey-faced Buzzard 鹰科 Accipitridae

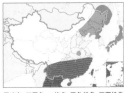

■迷鸟 ■留鸟 ■旅鸟 ■冬候鸟 ■夏候鸟

形态： 虹膜黄色，喙黑色。脸部灰色，喉白色具深色喉中线，上体褐色，翼上覆羽棕褐色，腹部色浅密布褐色横纹。尾羽上有3条深色横斑，尾上覆羽白色。脚黄色。**习性：** 繁殖期栖息山林地带。常单独活动，迁徙期成群。**分布与种群现状：** 除西北地区、青藏高原外，各地均有分布，夏候鸟、冬候鸟、旅鸟。不常见。

体长：46cm　LC（低度关注）　国家Ⅱ级重点保护野生动物

毛脚𫛛 *Buteo lagopus* Rough-legged Hawk 鹰科 Accipitridae

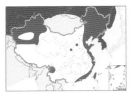

■迷鸟 ■留鸟 ■旅鸟 ■冬候鸟 ■夏候鸟

形态： 虹膜黄褐色，喙深灰色，蜡膜黄色。头颈部色浅，上体褐色，下体色浅具深色纵纹。尾羽中上部至尾上覆羽白色并具标志性黑色次端斑。跗跖被羽，脚黄色。**习性：** 繁殖期主要栖息于靠近北极地区，越冬期栖息于开阔地带。**分布与种群现状：** 西北、东北、华北、西南地区及东部沿海省份，冬候鸟、旅鸟，罕见。

体长：54cm　LC（低度关注）　国家Ⅱ级重点保护野生动物

211

大鵟 *Buteo hemilasius* Upland Buzzard 鹰科 Accipitridae

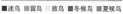

■迷鸟 ■留鸟 ■旅鸟 ■冬候鸟 ■夏候鸟

形态：雌雄相似。虹膜黄色，喙蓝灰色，蜡膜黄绿色。体羽褐色但深浅色型较多。头顶和颈后色浅，飞行时翅膀较长而尾较短，下体深色部分接近下腹部，深色部分在下体中央不相连，翼上初级飞羽基部有大片颜色较浅，跗跖粗壮具长被羽。脚黄色。**习性**：栖息于山地、平原、草原、林缘和荒漠地带。**分布与种群现状**：分布范围广，夏候鸟、冬候鸟，较常见。

体长：70cm LC（低度关注） 国家Ⅱ级重点保护野生动物

普通鵟 *Buteo japonicus* Eastern Buzzard 鹰科 Accipitridae

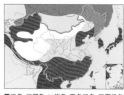

■迷鸟 ■留鸟 ■旅鸟 ■冬候鸟 ■夏候鸟

形态：雌雄相似。虹膜黄色至褐色；喙灰色，端黑色，蜡膜黄色。体色变化大，上体主要深褐色，下体主要为褐色或淡褐色。尾羽色深，具多道暗色横斑。飞翔时初级飞羽基部有明显的深色斑。与大鵟的明显区别是体型小，跗跖无被羽。脚黄色。**习性**：繁殖期主要栖息于山地森林，秋冬季节多出现在低山丘陵和山脚平原。**分布与种群现状**：分布范围广，夏候鸟、冬候鸟、旅鸟，较常见。

体长：46cm LC（低度关注） 国家Ⅱ级重点保护野生动物

喜山鵟 *Buteo refectus* Himalayan Buzzard
鹰科 Accipitridae

形态： 虹膜黄色，喙铅灰色。似棕尾鵟，但翅较长而下体红褐色较重。脚黄色。**习性：** 似普通鵟。**分布与种群现状：** 新疆喜马拉雅山脉，留鸟，垂直迁徙。常见。

体长：45~53cm　LC（低度关注）　国家Ⅱ级重点保护野生动物

欧亚鵟 *Buteo buteo* Eurasian Buzzard 鹰科 Accipitridae

形态： 虹膜黄色，喙铅灰色。与普通鵟极为相似，但通常翅膀较尖长，次级飞羽的外侧羽缘黑色区面积较大，胸部颜色较为均一。脚黄色。**习性：** 似普通鵟。**分布与种群现状：** 新疆西北地区，旅鸟，常见。

体长：50~59cm　LC（低度关注）　国家Ⅱ级重点保护野生动物

棕尾鵟 *Buteo rufinus* Long-legged Hawk 鹰科 Accipitridae

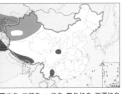

形态： 雌雄相似。虹膜黄色，喙灰色，体色变化较大，体羽颜色浅淡，尾羽棕色无斑纹，脚黄色。**习性：** 栖息于海拔2000~4000m的荒漠、半荒漠、草原和山地平原。**分布与种群现状：** 中西部地区留鸟、冬候鸟。罕见。

体长：64cm　LC（低度关注）　国家Ⅱ级重点保护野生动物

XIX. 鸮形目 STRIGIFORMES

鸮形目鸟类俗称为"猫头鹰"，大部分种类为夜行性鸟类。体型大小不一，嘴强健，尖部弯曲，脚和脚趾强劲有力，均常被羽毛。捕食动物：小型种类主食昆虫；大型种类则捕食啮齿动物，有时也捕食昆虫和鸟类；中等体型种类取食广泛，如昆虫、鱼类、两栖爬行类、啮齿类动物等。主要类群为鸱鸮科和草鸮科。本书本目共收集有2科32种。

鸱鸮科 Strigidae

黄嘴角鸮 *Otus spilocephalus* Mountain Scops Owl 鸱鸮科 Strigidae

■迷鸟 ■留鸟 ■旅鸟 ■冬候鸟 ■夏候鸟

形态： 雌雄相似。虹膜绿黄色，喙米黄色，眼黄色。面盘棕褐色，有深色细纹，肩部具白色点斑，上体棕褐色，下体灰褐色。脚淡灰白色。**习性：** 栖息于山地常绿阔叶林和混交林。夜晚鸣叫不止。**分布与种群现状：** 云南西南部、福建、广东、广西、海南、台湾，留鸟。为海拔2500m以下潮湿热带山林中的少见鸟。

体长：18cm　LC（低度关注）　国家Ⅱ级重点保护野生动物

领角鸮 *Otus lettia* Collared Scops Owl 鸱鸮科 Strigidae

■迷鸟 ■留鸟 ■旅鸟 ■冬候鸟 ■夏候鸟

形态： 雌雄相似。虹膜暗红褐色，喙黄色。羽色偏灰或偏褐色，具明显耳羽簇及特征性的浅沙色颈圈。上体偏灰或沙褐色，并多具黑色及皮黄色的杂纹或斑块，下体皮黄色，条纹黑色。脚污黄色。**习性：** 栖息于各类林地，低地多见，包括城郊的林荫道，可至海拔1600m。**分布与种群现状：** 秦岭淮河以南、藏东南、西南地区、台湾、海南，留鸟，常见。

体长：23~25cm　LC（低度关注）　国家Ⅱ级重点保护野生动物

北领角鸮 *Otus semiorques* Japanese Scops Owl 鸱鸮科 Strigidae

■迷鸟 ■留鸟 ■旅鸟 ■冬候鸟 ■夏候鸟

形态：与领角鸮极为相似，但虹膜为亮红色，喙黄色，腹部颜色染棕黄。**习性：**同领角鸮。**分布与种群现状：**长白山脉往南至华北地区、陕西、甘肃东南部、钓鱼岛，留鸟，常见。

体长：23.5cm LC（低度关注）

纵纹角鸮 *Otus brucei* Pallid Scops Owl 鸱鸮科 Strigidae

■迷鸟 ■留鸟 ■旅鸟 ■冬候鸟 ■夏候鸟

形态：雌雄相似。虹膜黄色，喙近黑色。似灰色型的红角鸮。耳羽簇短且上体沙灰色较淡，顶冠或后颈无白点，下体灰色较重并具清晰的黑色纵纹。脚灰色。**习性：**栖息于植物覆盖的荒野和半荒漠地区。**分布与种群现状：**新疆西部和南部，夏候鸟。在我国甚为罕见。

体长：21cm LC（低度关注） 国家Ⅱ级重点保护野生动物

西红角鸮 *Otus scops* Eurasian Scops Owl 鸱鸮科 Strigidae

■迷鸟 ■留鸟 ■旅鸟 ■冬候鸟 ■夏候鸟

形态：雌雄相似。虹膜黄色，喙角质色。眼周灰褐色，眉纹淡白色，脸灰色，耳羽簇小。有褐色和灰色型两种，下体具深色细纵纹。**习性：**栖息于山地和平原林阔叶林和混交林区。**分布与种群现状：**新疆西北部，夏候鸟，不常见。

体长：19~21cm LC（低度关注） 国家Ⅱ级重点保护野生动物

红角鸮 *Otus sunia* Oriental Scops Owl 鸱鸮科 Strigidae

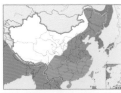

■迷鸟 ■留鸟 ■旅鸟 ■冬候鸟 ■夏候鸟

形态：雌雄相似。虹膜橙黄色，喙角质灰色。面盘灰褐色，耳羽簇突出。有棕色和灰色型两种，上体具蠹斑，内侧颈后具淡黄色横带，边缘黑褐色，下体具深色纵纹。脚褐灰色。**习性：**栖息于中低海拔林区。**分布与种群现状：**东北地区、华北地区、华中地区北部、华东地区北部，夏候鸟，常见；长江以南地区、西南地区、台湾、海南，留鸟。

体长：19cm　LC（低度关注）　国家Ⅱ级重点保护野生动物

优雅角鸮 *Otus elegans* Elegant Scops Owl 鸱鸮科 Strigidae

■迷鸟 ■留鸟 ■旅鸟 ■冬候鸟 ■夏候鸟

非繁殖羽 ♂

形态：雌雄相似。虹膜黄色，喙深灰色。耳羽端部橘黄色。体羽褐色具棕黄色或深褐色斑，胸部密布深褐色斑，腹部稀疏。**习性：**多栖息于茂密高大的树木上。**分布与种群现状：**台湾兰屿岛，留鸟，不少见。

体长：22cm　NT（近危）　国家Ⅱ级重点保护野生动物

雪鸮 *Bubo scandiacus* Snowy Owl 鸱鸮科 Strigidae

■迷鸟 ■留鸟 ■旅鸟 ■冬候鸟 ■夏候鸟

♀　♂

形态：虹膜黄色，喙灰色。体羽白色，头顶及体羽具散在的褐斑点，有少量黑色斑点。雌鸟与雄鸟同色，体大，斑点更多。脚黄色。**习性：**栖息于开阔地带。地栖，白天活动。**分布与种群现状：**黑龙江、吉林、河北北部、陕西北部、内蒙古东部、新疆，冬候鸟，稀有。

体长：52~71cm　VU（易危）　国家Ⅱ级重点保护野生动物

雕鸮 *Bubo bubo* Eurasian Eagle-owl 鸱鸮科 Strigidae

■迷鸟 ■留鸟 ■旅鸟 ■冬候鸟 ■夏候鸟

形态：虹膜橙黄色，喙灰色。耳羽长。体形硕大，上体褐色斑驳，胸部片黄具深褐色纵纹，下体羽毛均具褐色横纹。脚黄色。**习性：**栖于较为开阔的有林山地和高草地，营巢于岩崖，极少于地面。**分布与种群现状：**各省份，分布广泛，极为少见。

体长：69cm LC（低度关注） 国家Ⅱ级重点保护野生动物

林雕鸮 *Bubo nipalensis* Spot-bellied Eagle Owl 鸱鸮科 Strigidae

■迷鸟 ■留鸟 ■旅鸟 ■冬候鸟 ■夏候鸟

形态：雌雄相似。虹膜褐色，喙黄色。耳羽长而厚。体形硕大，上体多深色杂斑但无条纹，近灰色的下体由深褐色羽端生成特征性扇贝状鳞状纹。脚皮黄色被羽。**习性：**栖息于植被良好的常绿阔叶林。**分布与种群现状：**云南西部和南部、四川西南部、广西西部，留鸟，罕见。在西藏东南部，也有分布。

体长：50~65cm LC（低度关注） 国家Ⅱ级重点保护野生动物

毛腿雕鸮 *Bubo blakistoni* Blakiston's Eagle Owl 鸱鸮科 Strigidae

■迷鸟 ■留鸟 ■旅鸟 ■冬候鸟 ■夏候鸟

形态：雌雄相似。虹膜黄色，喙角质灰色。具耳羽。体形巨大，上体深褐色，拢翼时初级飞羽具黑色横斑，下体具黑色纵纹及细横纹，与雕鸮相比胸部缺少宽纵纹。脚灰色，跗跖被羽。**习性：**栖息于水源附近的林中。常静立河岸石头上，伺机捕食，也在水中涉行。**分布与种群现状：**黑龙江南部、内蒙古东北部，留鸟，罕见。

体长：70cm EN（濒危） 国家Ⅱ级重点保护野生动物

褐渔鸮 *Ketupa zeylonensis* Brown Fish Owl 鸱鸮科 Strigidae

■迷鸟 ■留鸟 ■旅鸟 ■冬候鸟 ■夏候鸟

形态：雌雄相似。虹膜黄色，喙灰色，具耳羽。棕褐色，上体具黑白色纵纹，颏淡皮黄色，下体具深褐色细纹，下体黄褐色具深色纵纹，每道纵纹上均具细小横纹。脚灰色。与雕鸮区别在于下体偏黄，胸部纵纹较细，眼黄且裸出，无浅色眉。与黄腿渔鸮区别在橘黄色较少，下体纵纹不浓重，叫声也不同。**习性：**栖息于水源附近的林中。**分布与种群现状：**云南南部和西南部、广东、香港、广西、海南，留鸟，罕见。

体长：48~58cm　LC（低度关注）　国家Ⅱ级重点保护野生动物

黄腿渔鸮 *Ketupa flavipes* Tawny Fish Owl 鸱鸮科 Strigidae

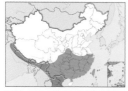

■迷鸟 ■留鸟 ■旅鸟 ■冬候鸟 ■夏候鸟

形态：雌雄相似。虹膜黄色，喙角质黑色，蜡膜绿色。具耳羽。体形硕大，上体棕黄色，有白色喉斑，具醒目的深褐色纵纹但纹上无斑。脚偏灰色。**习性：**栖息于水源附近林中。分布至海拔1500m。**分布与种群现状：**秦岭—淮河以南的南方地区，包括西南地区和台湾，留鸟，罕见。

体长：61cm　LC（低度关注）　国家Ⅱ级重点保护野生动物

褐林鸮 *Strix leptogrammica* Brown Wood Owl 鸱鸮科 Strigidae

■迷鸟 ■留鸟 ■旅鸟 ■冬候鸟 ■夏候鸟

形态：雌雄相似。虹膜深褐色，眼圈黑色，外缘棕色，喙偏白。面庞分明，无耳羽。全身满布红褐色横斑，下体皮黄色具深褐色的细横纹。脚蓝灰色。**习性：**栖息于中低海拔山地林区，在大树的树洞中筑巢。**分布与种群现状：**喜马拉雅山脉、秦岭—淮河以南的南方地区、海南、台湾，留鸟，较少见。

体长：45~57cm　LC（低度关注）　国家Ⅱ级重点保护野生动物

灰林鸮 *Strix aluco* Tawny Owl 鸱鸮科 Strigidae

■迷鸟 ■留鸟　旅鸟 ■冬候鸟 ■夏候鸟

形态：雌雄相似。虹膜深褐色，喙黄色。通体红褐色具杂斑，但也见偏灰个体。无耳羽，每片羽毛均具复杂的纵纹及横斑。上体有些许白斑，面盘上有一偏白的"V"形。脚黄色。**习性**：栖息于中低海拔山地林区。**分布与种群现状**：华北、华中、华南、南部、西南地区，台湾，留鸟，不常见。温带森林中最常见的鸮类。

体长：37~46cm　LC（低度关注）　国家Ⅱ级重点保护野生动物

长尾林鸮 *Strix uralensis* Ural Owl 鸱鸮科 Strigidae

■迷鸟 ■留鸟　旅鸟 ■冬候鸟 ■夏候鸟

形态：雌雄相似。虹膜褐色，眼部暗色，眉偏白，喙橘黄色，面盘呈灰色，无耳羽。上体深褐色具近黑色纵纹和棕红色及白色的点斑，两翼及尾具横斑，两胁横纹不明显，下体皮黄色，具深褐色粗大纵纹。脚被羽，具皮黄色及灰色横斑。**习性**：栖息于山地阔叶林、针叶林和针阔混交林。常直立于树的水平枝上，颜色与树皮相仿。**分布与种群现状**：新疆西北部、黑龙江、吉林、辽宁、内蒙古东北部，留鸟，较少见。

体长：50~61cm　LC（低度关注）　国家Ⅱ级重点保护野生动物

四川林鸮 *Strix davidi* Sichuan Wood Owl 鸱鸮科 Strigidae

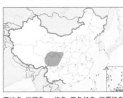

■迷鸟 ■留鸟　旅鸟 ■冬候鸟 ■夏候鸟

形态：雌雄相似。虹膜褐色，喙黄色。面盘灰色，无耳羽。大体灰褐色，上体褐色具黑棕色带斑，胸腹具黑褐色纵纹，似灰林鸮，更似异域分布的长尾林鸮，脚被羽，具灰色及褐色横带。**习性**：栖息于海拔2700~4200m针叶林和针阔混交林。**分布与种群现状**：甘肃南部、青海东南部、四川西北部，留鸟，罕见。中国鸟类特有种。

体长：54cm　NR（未认可）　国家Ⅱ级重点保护野生动物

乌林鸮 *Strix nebulosa* Great Grey Owl 鸱鸮科 Strigidae

■迷鸟 ■留鸟 ■旅鸟 ■冬候鸟 ■夏候鸟

形态：雌雄相似。虹膜黄色，喙黄色。大体灰色，无耳羽，面盘具特征性深浅色同心圆，眼鲜黄色，眼间有对称的"C"形白色纹饰。脚橘黄色。**习性：**栖息于山地阔叶林、针叶林和针阔混交林。**分布与种群现状：**新疆西北部、内蒙古东北部、黑龙江西部，留鸟，罕见。

体长：61~84cm　LC（低度关注）　国家Ⅱ级重点保护野生动物

猛鸮 *Surnia ulula* Hawk Owl 鸱鸮科 Strigidae

■迷鸟 ■留鸟 ■旅鸟 ■冬候鸟 ■夏候鸟

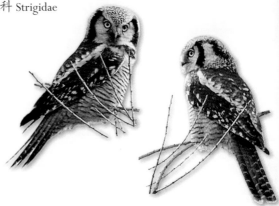

形态：雌雄相似。虹膜黄色，喙偏黄色。头圆形，无耳羽，额部具白色斑点，颏深褐色，面盘白色，缘边深褐色。上体棕褐色，上胸白色，具白色斑点，尾长。脚浅色被羽。**习性：**栖息于针叶林、混交林和白桦林。**分布与种群现状：**东北及西北地区，留鸟，不常见。

体长：36~42.5cm　LC（低度关注）　国家Ⅱ级重点保护野生动物

花头鸺鹠 *Glaucidium passerinum* Eurasian Pygmy Owl 鸱鸮科 Strigidae

■迷鸟 ■留鸟 ■旅鸟 ■冬候鸟 ■夏候鸟

形态：雌雄相似。虹膜橙黄色，两眼间及眉纹白色，喙角质灰色。头圆形，无耳羽簇，上体灰褐色，后颈部有不明显的浅色半领环，头、背和肩具白色斑点，下体白色具褐色条纹，腿被羽。脚黄色。**习性：**栖息于针叶林、混交林。停息时有翘尾巴动作。**分布与种群现状：**黑龙江、吉林、辽宁、河北北部、内蒙古东北部、新疆，留鸟，非常罕见。

体长：18cm　LC（低度关注）　国家Ⅱ级重点保护野生动物

领鸺鹠 *Glaucidium brodiei* Collared Owlet 鸱鸮科 Strigidae

■迷鸟 ■留鸟 ■旅鸟 ■冬候鸟 ■夏候鸟

形态：雌雄相似。虹膜黄色，喙角质色。头圆形，无耳羽。上体灰褐色具橙黄色横纹，喉白色带褐色横斑，后颈部有明显的浅黄色眼斑，中央黑色，下体白色具褐色条纹，脚灰色。**习性：**栖息于山地森林。多白天鸣叫且常被小型林鸟围攻，常左右摆尾。**分布与种群现状：**西藏东南及西南地区、秦岭—淮河以南的南方地区、台湾、海南，留鸟，较为少见。

体长：16cm LC（低度关注） 国家Ⅱ级重点保护野生动物

斑头鸺鹠 *Glaucidium cuculoides* Asian Barred Owlet 鸱鸮科 Strigidae

■迷鸟 ■留鸟 ■旅鸟 ■冬候鸟 ■夏候鸟

形态：雌雄相似。虹膜黄褐色，喙偏绿而端黄。头圆形，无耳羽。体羽褐色，头及下体具红褐色横斑，翅上具白色条斑，腹白色。脚绿黄色。**习性：**栖息于阔叶林、混交林、次生林、农田和城市园林。有时白天活动，相比领鸺鹠更能适应城市。**分布与种群现状：**西藏东南及西南地区、秦岭—淮河以南的南方地区、海南，留鸟；江苏，夏候鸟，较为少见；北京，迷鸟。

体长：24cm LC（低度关注） 国家Ⅱ级重点保护野生动物

纵纹腹小鸮 *Athene noctua* Little Owl 鸱鸮科 Strigidae

■迷鸟 ■留鸟 ■旅鸟 ■冬候鸟 ■夏候鸟

形态：雌雄相似。虹膜亮黄色，喙角质黄色。体小，头圆，无耳羽，头顶平，眉纹浅色，髭纹白色。上体褐色，具白色纵纹及点斑，肩上有两道白色或皮黄色的横斑，下体白色，具褐色杂斑及纵纹。脚白色。**习性：**栖息于低山丘陵、开阔原野。白天地面活动。有挺胸抬头和猛回头动作。可至海拔4600m。**分布与种群现状：**喜马拉雅山脉、云南西北部、青海、甘肃南部、秦岭—淮河以北的北方地区，留鸟，常见。

体长：23cm LC（低度关注） 国家Ⅱ级重点保护野生动物

221

横斑腹小鸮 *Athene brama* Spotted Owlet 鸱鸮科 Strigidae

■迷鸟 ■留鸟 ■旅鸟 ■冬候鸟 ■夏候鸟

形态：雌雄相似。虹膜黄色，喙灰色。头圆形，无耳羽簇，眉及喉偏白。上体灰褐，头顶具白色小点斑，淡皮黄色的颈圈不完整，胸及两侧具灰色横斑，两翼及背部的白色点斑大些，下体偏白，下体无纵纹。脚白色被羽。**习性：**栖息于开阔林地。**分布与种群现状：**西藏东南部、云南南部，留鸟，罕见。

体长：20cm　LC（低度关注）　国家Ⅱ级重点保护野生动物

鬼鸮 *Aegolius funereus* Boreal Owl 鸱鸮科 Strigidae

■迷鸟 ■留鸟 ■旅鸟 ■冬候鸟 ■夏候鸟

形态：雌雄相似。虹膜亮黄色，喙角质灰色。眉纹白色，面盘灰白色，边缘褐黑色，无耳羽。被白色羽，上体棕色，头圆，顶有近白色点斑，肩具白色大白斑，背有小白斑，下体白色具褐色条斑。脚黄色。**习性：**栖息于针叶林、混交林地。**分布与种群现状：**甘肃南部、青海东部、四川北部、黑龙江、内蒙古东北部、新疆西北部，留鸟，罕见。

体长：22~27cm　LC（低度关注）　国家Ⅱ级重点保护野生动物

鹰鸮 *Ninox scutulata* Brown Boobook 鸱鸮科 Strigidae

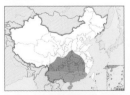

■迷鸟 ■留鸟 ■旅鸟 ■冬候鸟 ■夏候鸟

形态：雌雄相似。虹膜亮黄色，喙蓝灰色，蜡膜绿色。头圆，无耳羽，头部完全暗色，两眼间有近白色斑块。上体深褐色，肩具白斑，下体皮黄色具宽红褐色条斑。脚黄色。**习性：**栖息于各种林地。**分布与种群现状：**云南、贵州、广西等地，留鸟；四川、山西、河南、湖北等地，夏候鸟。少见。

体长：30cm　LC（低度关注）　国家Ⅱ级重点保护野生动物

日本鹰鸮 *Ninox japonica* Northern Boobook 鸱鸮科 Strigidae

■迷鸟 ■留鸟 旅鸟 冬候鸟 夏候鸟

形态：与鹰鸮相似，体色较暗。**习性：**栖息于各种林地。**分布与种群现状：**东北地区，夏候鸟；东部沿海至内陆地区，旅鸟。

体长：30cm LC（低度关注） 国家II级重点保护野生动物

长耳鸮 *Asio otus* Long-eared Owl 鸱鸮科 Strigidae

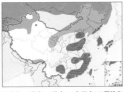

■迷鸟 ■留鸟 旅鸟 冬候鸟 夏候鸟

形态：雌雄相似。虹膜橙黄色，喙角质灰色。面盘棕黄色，面盘边缘白色及黑色，具长耳羽且外侧色深内侧色浅。上体褐色具暗色斑块。下体皮黄色，具褐色纵纹或斑块。脚偏粉色。**习性：**栖息于各种林地、农田村落、城市园林。越冬时集群。**分布与种群现状：**新疆西部及天山，留鸟；内蒙古东部及东北、青海南部、甘肃南部和东北，夏候鸟；中东部大部地区，旅鸟；北京、黄河流域、长江流域、华南的沿海省份、台湾，冬候鸟，常见。

体长：31~40cm LC（低度关注） 国家II级重点保护野生动物

短耳鸮 *Asio flammeus* Short-eared Owl 鸱鸮科 Strigidae

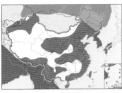

■迷鸟 ■留鸟 旅鸟 冬候鸟 夏候鸟

形态：雌雄相似。虹膜黄色，暗色眼圈，喙深灰。具特征性的短耳羽。体羽棕黄色，上体有褐色和黑色纵纹，下体具褐色纵条斑。脚偏白色。**习性：**偏好多草的开阔地及湿地。多贴地面飞行。**分布与种群现状：**分布范围广，夏候鸟、留鸟。

体长：34~43cm LC（低度关注） 国家II级重点保护野生动物

草鸮科 Tytonidae

仓鸮 *Tyto alba* Barn Owl 草鸮科 Tytonidae

■迷鸟 ■留鸟 ■旅鸟 ■冬候鸟 ■夏候鸟

形态：雌雄相似。虹膜深褐色，喙污黄色。具特征性的白色心形宽面盘。上体棕黄色而多具纹理，白色的下体黑点密布，整体色彩有变异。脚灰黄色。亚成鸟皮黄色较深。**习性：**栖息于高大乔木上，常使用建筑物上的空洞来筑巢。**分布与种群现状：**云南南部、广西北部，留鸟，少见。

体长：34cm　LC（低度关注）　国家Ⅱ级重点保护野生动物

草鸮 *Tyto longimembris* Eastern Grass Owl 草鸮科 Tytonidae

■迷鸟 ■留鸟 ■旅鸟 ■冬候鸟 ■夏候鸟

形态：雌雄相似。虹膜褐色，喙米黄色。棕黄色心形面盘。脸及胸部的皮黄色色彩甚深，上体深褐色。全身多具点斑、杂斑或蠕虫状细纹如仓鸮。脚略白。**习性：**栖息于林缘地、灌丛和草地。有伸头挺立和低头俯视、双翅张开的警戒姿态。夜晚活动，叫声凄厉。**分布与种群现状：**云南、华南（包括海南）、华东地区、台湾，留鸟，地区性常见；河北，迷鸟。

体长：35cm　LC（低度关注）　国家Ⅱ级重点保护野生动物

栗鸮 *Phodilus badius* Bay Owl 草鸮科 Tytonidae

■迷鸟 ■留鸟 ■旅鸟 ■冬候鸟 ■夏候鸟

形态：雌雄相似。虹膜深色，喙褐色。心形面盘，耳羽簇突出，从耳羽簇内侧向下延伸至喙基形成两条特征性的栗色皱领。上体红褐色而具黑白点斑，下体皮黄偏粉具黑点，脸近粉色。脚灰褐色。**习性：**山地常绿阔叶林，针叶林和次生林，可至海拔1500m。夜晚活动，离水不远。**分布与种群现状：**云南南部、广西南部、海南，留鸟，罕见。

体长：27cm　LC（低度关注）　国家Ⅱ级重点保护野生动物

XX. 咬鹃目 TROGONIFORMES

咬鹃目鸟类为热带鸟类，色彩艳丽，雌雄性二型较为明显。嘴短而宽，翅膀较短但强劲有力，尾巴较长。常栖息在茂密的森林中，一般成对或单个活动。在繁殖季节部分种类的雄性会集大群进行求偶。主要取食昆虫和植物果实。分布范围主要在热带和亚热带。类群仅有咬鹃科。本书本目共收集有1科3种。

咬鹃科 Trogonidae

橙胸咬鹃 *Harpactes oreskios* Orange-breasted Trogon 咬鹃科 Trogonidae

■迷鸟 ■留鸟　旅鸟 ■冬候鸟 ■夏候鸟

形态：眼周裸皮，眼圈、喙基蓝色，喙蓝黑色，头、喉、胸暗绿色，背及尾栗色，翼上覆羽具白色横斑，腹部橘黄色，中央尾羽栗色，楔形尾边缘及腹面白色。脚灰色。雌鸟腹部亮黄色。**习性：**栖息于常绿阔叶林和次生林。**分布与种群现状：**云南南部、广西西南部，留鸟，罕见。

体长：29cm　LC（低度关注）　国家Ⅱ级重点保护野生动物

225

红头咬鹃 *Harpactes erythrocephalus* Red-headed Trogon 咬鹃科 Trogonidae

■迷鸟 ■留鸟 ■旅鸟 ■冬候鸟 ■夏候鸟

形态： 虹膜褐色，眼周裸皮蓝色，喙近蓝色。头、颈、喉暗红色，下胸和腹部鲜红色，上体棕栗色，胸部有白色横带，翼覆羽具黑白色蠹斑，尾楔形，尾下有黑白相间的特征性斑块。脚偏粉色。雌鸟头、喉、胸棕栗色。**习性：** 见于热带及亚热带森林，高至海拔2400m。常在林子的中下层活动。**分布与种群现状：** 西藏东南部、云南、四川南部、湖北西部、江西、福建、浙江南部、广西、广东北部、海南，留鸟，较少见。

体长：33cm　LC（低度关注）

红腹咬鹃 *Harpactes wardi* Ward's Trogon 咬鹃科 Trogonidae

■迷鸟 ■留鸟 ■旅鸟 ■冬候鸟 ■夏候鸟

形态： 虹膜褐色，眼圈裸皮淡蓝色。雄鸟喙粉红色，额、头顶红色，头、胸和上体栗褐色沾暗红色，与红头咬鹃有别，翼黑灰色，飞羽外侧白色，腹部及尾下覆羽酒红色；雌鸟喙黄色，额黄色，腹部与尾下覆羽黄色。脚粉棕色。**习性：** 栖息于常绿阔叶林，多见于1600~3000m之间范围。**分布与种群现状：** 西藏东南部、云南西部的高黎贡山，留鸟，罕见。

体长：38cm　NT（近危）

XXI. 犀鸟目 BUCEROTIFORMES

　　犀鸟目包括戴胜科和犀鸟科。戴胜科鸟类头上冠羽明显，嘴细长，雌雄差异小。栖息于开阔的生境中，喜人工环境，有时也见于山地高海拔森林中。一般在地面取食，食物以昆虫为主。树洞中营巢，雌性孵卵，双亲育雏。分布于欧亚大陆和非洲。犀鸟科鸟类通常体型巨大，尤其是嘴型也非常大，雌雄形态相似。栖息在热带森林中，喜高大的树木，啄食果实，有时也在地面取食昆虫和小型动物。在高大树木的树洞中营巢，雌鸟孵卵，雄鸟将洞口封闭，留出口由雄鸟喂食。主要分布在非洲和亚洲南部。类群包含犀鸟科和戴胜科。本书本目共收集有2科6种。

犀鸟科 Bucerotidae

白喉犀鸟 *Anorrhinus austeni* Austen's Brown Hornbill　犀鸟科 Bucerotidae

■迷鸟 ■留鸟 ■旅鸟 ■冬候鸟 ■夏候鸟

形态： 无近似鸟种。虹膜红褐色；眼周裸皮蓝色。雄鸟喙暗黄色，雌鸟喙灰褐色。喙盔小，突侧扁。下体红棕色，上体黑褐色，最外侧几枚初级飞羽和尾羽端斑白色。脚黑色。**习性：** 栖息于低山及平原常绿阔叶林、竹林。集群活动。**分布与种群现状：** 云南南部、西藏东南部，留鸟，罕见。

体长：74cm　NT（近危）　国家Ⅱ级重点保护野生动物

冠斑犀鸟 *Anthracoceros albirostris* Oriental Pied Hornbill　犀鸟科 Bucerotidae

■迷鸟 ■留鸟 ■旅鸟 ■冬候鸟 ■夏候鸟

形态： 无近似鸟种。虹膜深褐色，喙盔淡黄色，突侧扁，向前仅一黑色突起，下喙基部黑色；眼周及喉裸皮青蓝色，眼下有白斑。下颚基部及盔突前部具黑色点斑，头、背、翅、胸黑色，腹部及尾下覆羽白色，外侧尾羽白色。脚黑色。**习性：** 见于热带阔叶林及次生林，在高大乔木活动。飞行缓慢、多滑翔。非繁殖季节会集大群活动。**分布与种群现状：** 西藏东南部、云南西部和南部、广西南部，留鸟。目前已罕见。

体长：75cm　LC（低度关注）　国家Ⅱ级重点保护野生动物

双角犀鸟 *Buceros bicornis* Great Hornbill 犀鸟科 Bucerotidae

■迷鸟 ■留鸟 ■旅鸟 ■冬候鸟 ■夏候鸟

形态： 无近似鸟种。雄鸟虹膜红色，雌鸟近白色，喙盔大，上面凹入，前突呈两角状，盔黄色，两端基部黑色；上喙黄色，下喙瓷白色。脸黑色，头、胸白色沾黄色，上体黑色，翅上飞羽端白色、大覆羽端白色。尾白色，次端斑黑色。脚黑色。**习性：** 栖息于低山及平原常绿阔叶林。取食于树冠层，繁殖期单独活动。**分布与种群现状：** 云南西南部、西藏东南部，留鸟，极为罕见。

体长：125cm　NT（近危）　国家 Ⅱ 级重点保护野生动物

棕颈犀鸟 *Aceros nipalensis* Rufous-necked Hornbill 犀鸟科 Bucerotidae

■迷鸟 ■留鸟 ■旅鸟 ■冬候鸟 ■夏候鸟

形态： 无近似鸟种。虹膜略红色，眼周裸皮蓝色。喙黄色，喙盔极小，上喙基两侧有斜向黑刻纹。雄鸟喉囊红色，头、颈、胸橙红色，翅黑紫色，腹部栗红色，尾羽黑紫色。雌鸟整体羽毛为黑色。两性的飞羽末端和尾羽后半段为白色。脚近黑色。**习性：** 栖息于低山常绿阔叶林。成对活动。**分布与种群现状：** 云南南部、西藏东南部，留鸟，罕见。

体长：117cm　VU（易危）　国家 Ⅱ 级重点保护野生动物

花冠皱盔犀鸟 *Rhyticeros undulatus* Wreathed Hornbill 犀鸟科 Bucerotidae

■迷鸟 ■留鸟 ■旅鸟 ■冬候鸟 ■夏候鸟

形态：无近似鸟种。虹膜红色，喙黄色，喙盔污白色，盔突有褶皱，盔与喙基具整齐褐色条纹的皱褶。雄鸟冠羽、后颈暗红棕色，喉囊黄色，头、颈、胸白色，背、翅和腹部黑色具光泽。雌鸟体羽黑色，喉囊蓝色。脚黑色。**习性：**栖息于低山常绿阔叶林。成对或小群活动。**分布与种群现状：**云南西部，留鸟，罕见。

体长：105cm　LC（低度关注）　国家Ⅱ级重点保护野生动物

戴胜科 Upupidae

戴胜 *Upupa epops* Common Hoopoe 戴胜科 Upupidae

■迷鸟 ■留鸟 旅鸟 ■冬候鸟 ■夏候鸟

形态：雌雄相似。无近似鸟种。虹膜褐色，喙黑色。沙粉红色冠羽展开时为扇形，端斑黑色，次端斑白色，头、上体、肩、下体沙粉红色，翅具黑白相间带斑，腰白色。尾黑色，中间具白色横带。脚黑色。**习性：**栖息于各类开阔地带，以农田为主。地上边走边觅食，不断点头。扇翅缓慢，波浪飞行。**分布与种群现状：**分布范围广，夏候鸟、留鸟，常见。

体长：30cm　LC（低度关注）

229

XXII. 佛法僧目 CORACIIFORMES

　　佛法僧目鸟类色彩比较鲜艳,翅膀大且宽阔,雌雄颜色基本相似,有些种类稍有区别。栖息环境多样,大部分种类为树栖性,以植物果实为主食,有些种类也取食昆虫和鱼类等。取食方式多样,有些在地面取食动物;有些种类飞行能力较强,在空中取食;翠鸟等则常在水边取食鱼类。分布遍布全世界,范围较广。主要类群有翠鸟科、佛法僧科和蜂虎科等。本书本目共收集有3科23种。

蜂虎科 Meropidae

赤须蜂虎 *Nyctyornis amictus* Red-bearded Bee-eater 蜂虎科 Meropidae

■迷鸟 ■留鸟 ■旅鸟 ■冬候鸟 ■夏候鸟

形态: 雌雄相似。虹膜红色,喙黑色。典型的蜂虎,喙长而下弯,头顶粉红色而喉咙和胸口玫红色。身体余部均为绿色,尾下覆羽黄色而末端黑色。脚黑色。**习性:** 见于中低海拔山区的常绿阔叶林,常在中下层活动,捕食蜜蜂、黄蜂等昆虫。**分布与种群现状:** 仅云南西部有记录,迷鸟,罕见。

体长:29cm　LC(低度关注)

蓝须蜂虎 *Nyctyornis athertoni* Blue-bearded Bee-eater 蜂虎科 Meropidae

■迷鸟 ■留鸟 ■旅鸟 ■冬候鸟 ■夏候鸟

形态: 雌雄相似。虹膜橘黄色,喙偏黑。额、喉、胸有一纵带呈碧蓝色长羽毛,头、后颈、上体、尾部蓝色,腹部棕黄色具灰绿色纵纹,尾下棕黄色。脚暗绿色。**习性:** 栖息于山地热带雨林高大乔木,高可至海拔1800m。常在树冠层旋飞,捕食蜜蜂、蜻蜓等昆虫。**分布与种群现状:** 云南、海南,留鸟,少见。

体长:30cm　LC(低度关注)

绿喉蜂虎 *Merops orientalis* Green Bee-eater 蜂虎科 Meropidae

■迷鸟 ■留鸟 ■旅鸟 ■冬候鸟 ■夏候鸟

形态： 雌雄相似。虹膜绯红色，喙褐黑色。头顶及枕部锈红色，喉蓝绿色，上体亮绿色，胸口有一条黑色横带，下体草绿色，中央尾羽长。脚黄褐色。**习性：** 栖息于林缘开阔区、竹林和果园。小群活动，空中取食，常落于电线或枯枝上。**分布与种群现状：** 云南西部及南部的低海拔地区，留鸟，常见。

体长：20cm　LC（低度关注）　国家Ⅱ级重点保护野生动物

蓝颊蜂虎 *Merops persicus* Blue-cheeked Bee-eater 蜂虎科 Meropidae

■迷鸟 ■留鸟 ■旅鸟 ■冬候鸟 ■夏候鸟

形态： 雌雄相似。虹膜玫红色，喙黑色，喙形细长而下弯。羽色艳丽，整体为绿色，颊蓝绿色显著，粗的冠眼纹黑色，喉浅黄色接橙黄色。脚暗褐色。**习性：** 生活于村庄附近丘陵林地，以空中飞虫为食，特别喜吃蜂类，在山地土壁挖隧道为巢，卵形颇圆，白色。**分布与种群现状：** 仅记录于新疆阿尔金山，迷鸟，罕见。

体长：27cm　LC（低度关注）

栗喉蜂虎 *Merops philippinus* Blue-tailed Bee-eater 蜂虎科 Meropidae

■迷鸟 ■留鸟 ■旅鸟 ■冬候鸟 ■夏候鸟

形态： 雌雄相似。虹膜红色，喙黑色。颏黄色，喉栗色，上体绿色，腰和尾蓝色，中央尾羽尖长，翅蓝绿色而边缘黑色，翅下覆羽黄色，下体黄绿色。脚灰色。**习性：** 栖息于林缘、海岸、田野开阔区。在土崖上打洞筑巢，集群繁殖。**分布与种群现状：** 西藏东南及西南地区、海南，留鸟；华南地区，夏候鸟。地区性常见。

体长：30cm　LC（低度关注）

彩虹蜂虎 *Merops ornatus* Rainbow Bee-eater 蜂虎科 Meropidae

■迷鸟 ■留鸟 ■旅鸟 ■冬候鸟 ■夏候鸟

形态： 头及枕部栗褐色，过眼纹黑色，下有蓝线。喉黄色，具黑褐色胸带。背、翅绿色，腰蓝色。尾黑色，中央尾羽蓝黑色。雄鸟的中央尾羽尖长，雌鸟后枕色淡，中央尾羽短。**习性：** 栖息于水域树林。喜欢停息于秃树枝上。**分布与种群现状：** 台湾外海岛屿，迷鸟，罕见。

体长：26cm　LC（低度关注）

蓝喉蜂虎 *Merops viridis* Blue-throated Bee-eater 蜂虎科 Meropidae

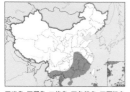

■迷鸟 ■留鸟 ■旅鸟 ■冬候鸟 ■夏候鸟

形态： 虹膜红色或褐色，喙黑色。头、颈和上背紫褐色，喉蓝色，过眼纹黑色，腰和尾淡蓝色，下体蓝绿色，尾下覆羽白色，中央尾羽尖长呈针状。脚灰色或褐色。**习性：** 栖息于林缘、海岸、果园。小群活动。**分布与种群现状：** 淮河流域及以南地区，夏候鸟，地区性常见；海南，留鸟。

体长：28cm　LC（低度关注）

栗头蜂虎 *Merops leschenaulti* Chestnut-headed Bee-eater 蜂虎科 Meropidae

■迷鸟 ■留鸟 ■旅鸟 ■冬候鸟 ■夏候鸟

形态： 虹膜红褐色，喙黑色。过眼纹黑色，头至上背栗色，颏、喉淡黄色，下接栗色、黑色和黄色细带，下背、翅和尾绿色，腹浅绿色，腰蓝色，中央尾羽不延长。脚深褐色。**习性：** 栖息于山缘开阔林地。**分布与种群现状：** 云南西部和南部，夏候鸟、留鸟，不常见。

体长：20cm　LC（低度关注）　国家Ⅱ级重点保护野生动物

黄喉蜂虎 *Merops apiaster* European Bee-eater 蜂虎科 Meropidae

■迷鸟 ■留鸟 ■旅鸟 ■冬候鸟 ■夏候鸟

形态: 雌雄相似。虹膜红色,喙黑色。喉黄色,下有黑色胸带,头、枕和背暗栗色,下体蓝绿色,翅具淡栗色斑,肩羽绿色,尾蓝绿色,中央尾羽尖长。脚灰色。**习性:** 栖息于山麓和开阔平原的有林地区。集群活动,在空中捕食蜜蜂和蜻蜓等昆虫。**分布与种群现状:** 新疆,夏候鸟,不常见。

体长:28cm LC(低度关注)

佛法僧科 Coraciidae

棕胸佛法僧 *Coracias benghalensis* Indian Roller 佛法僧科 Coraciidae

■迷鸟 ■留鸟 ■旅鸟 ■冬候鸟 ■夏候鸟

形态: 雌雄相似。虹膜褐色,喙灰色。喉淡紫色,头顶蓝色,胸和后颈棕色,背及中央尾羽暗绿色,翼蓝紫色飞行时具天蓝色斑块,腹及尾下覆羽淡蓝色。脚暗黄色。**习性:** 栖息于低山和平原开阔区。**分布与种群现状:** 云南、四川西南部、西藏南部,留鸟,少见。

体长:33cm LC(低度关注)

蓝胸佛法僧 *Coracias garrulus* European Roller 佛法僧科 Coraciidae

■迷鸟 ■留鸟 ■旅鸟 ■冬候鸟 ■夏候鸟

形态: 雌雄相似。虹膜深褐色,喙黑色。整体为天蓝色,黑色冠眼纹较细,背棕色,中央尾羽和飞羽黑色,翅具亮蓝色斑,外侧尾羽端黑色。脚暗黄色。**习性:** 栖息于低山和平原开阔区。**分布与种群现状:** 新疆、西藏西部,夏候鸟,少见。

体长:30cm LC(低度关注)

三宝鸟 *Eurystomus orientalis* Dollarbird 佛法僧科 Coraciidae

■迷鸟 ■留鸟 ■旅鸟 ■冬候鸟 ■夏候鸟

形态： 雌雄相似。无近似鸟种。虹膜褐色；喙珊瑚红色，端部黑色。头黑褐色，喉蓝色，背和翅上覆羽深绿色，飞羽深蓝色具白斑，飞行时显著，尾羽深蓝色。脚橘黄色、红色。**习性：** 栖息于开阔林地和茂密森林，高可至海拔1200m。停歇于树顶，空中兜圈或上下翻飞。**分布与种群现状：** 除西北地区外，见于各地区，多为夏候鸟；南方有留鸟种群。分布广泛但并不常见。

体长：30cm　LC（低度关注）

翠鸟科 Alcedinidae

鹳嘴翡翠 *Pelargopsis capensis* Stork-billed Kingfisher 翠鸟科 Alcedinidae

■迷鸟 ■留鸟 ■旅鸟 ■冬候鸟 ■夏候鸟

形态： 雌雄相似。虹膜褐色，喙红色巨大似鹳喙，尖端沾黑。头和脸侧灰棕色，颈和下体橘黄色，背和腰亮蓝绿色具光泽，翅覆羽蓝色。脚红色。**习性：** 栖息于常绿阔叶林中河流沿岸。**分布与种群现状：** 云南西部和南部，留鸟，罕见。

体长：35cm　LC（低度关注）　国家Ⅱ级重点保护野生动物

赤翡翠 *Halcyon coromanda* Ruddy Kingfisher 翠鸟科 Alcedinidae

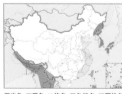
■迷鸟 ■留鸟 ■旅鸟 ■冬候鸟 ■夏候鸟

形态： 雌雄相似。虹膜褐色，喙红色或橙红色。头、颈、上体至尾栗红色，具紫色光泽，腰淡蓝色或棕红色，下体棕红色。脚红色、橙红色。**习性：** 栖息于低山阔叶林、混交林中河流、溪流岸边，也在海岸红树林。不停地摆头摇尾，边飞边鸣，单独活动。**分布与种群现状：** 云南西部至南部，留鸟，罕见；东北地区，夏候鸟，罕见；东部各省份及华南沿海，旅鸟，罕见；台湾，留鸟，罕见。

体长：25cm　LC（低度关注）

白胸翡翠 *Halcyon smyrnensis* White-throated Kingfisher 翠鸟科 Alcedinidae

■迷鸟 ■留鸟 ■旅鸟 ■冬候鸟 ■夏候鸟

形态：雌雄相似。虹膜深褐色，喙深红色。头、后颈和下腹深栗色，喉及胸中央白色，背、尾蓝绿色具光泽，翅上小覆羽蓝绿色。中覆羽黑色，大覆羽、飞羽蓝绿色。脚红色。**习性：**栖息于山地林地、平原湿地及滨海湿地。捕食鱼类、蛙类及小型哺乳类。**分布与种群现状：**南方地区，留鸟，常见。

体长：27cm LC（低度关注）

蓝翡翠 *Halcyon pileata* Black-capped Kingfisher 翠鸟科 Alcedinidae

■迷鸟 ■留鸟 ■旅鸟 ■冬候鸟 ■夏候鸟

形态：雌雄相似。虹膜深褐色，喙红色。头黑色，喉、颈及胸部白色，上体蓝色，翅上飞羽具大块白斑，下体淡橙红色，尾上蓝色，尾下黑色。脚红色。**习性：**栖息于山地林地及平原水域岸边。高可至海拔3000m。**分布与种群现状：**东部地区，夏候鸟、留鸟，常见。

体长：30cm LC（低度关注）

白领翡翠 *Todiramphus chloris* Collared Kingfisher 翠鸟科 Alcedinidae

■迷鸟 ■留鸟 ■旅鸟 ■冬候鸟 ■夏候鸟

形态：雌雄相似。虹膜褐色；上喙深灰，下喙浅灰。头、上体蓝绿色，具特征性的白色颈环，下体白色。脚灰色。**习性：**栖息于林区沼泽地、海滨及红树林。**分布与种群现状：**江苏、香港、台湾，迷鸟，罕见。

体长：24cm LC（低度关注）

蓝耳翠鸟 *Alcedo meninting* Blue-eared Kingfisher 翠鸟科 Alcedinidae

■迷鸟 ■留鸟 □旅鸟 □冬候鸟 ■夏候鸟

形态：虹膜褐色，眼先皮黄色，喙黑色，下喙基部红色，雌性红色部分范围较大。头顶与枕部蓝色，具紫蓝色光泽，喉皮黄色，背亮蓝色，下体棕红色。脚红色。**习性：**栖息于常绿阔叶林中河流和水塘边。单独活动。**分布与种群现状：**云南南部，留鸟，稀少。

体长：15cm　LC（低度关注）　国家Ⅱ级重点保护野生动物

普通翠鸟 *Alcedo atthis* Common Kingfisher 翠鸟科 Alcedinidae

■迷鸟 ■留鸟 □旅鸟 ■冬候鸟 ■夏候鸟

形态：虹膜褐色，喙黑色。雌鸟下喙橘红色。橘红色眼纹和耳羽显著，其后具宽阔白斑。头顶、颊纹、颈背和翼为蓝色具亮蓝色斑纹，耳羽为棕红色。脚红色。似斑头大翠鸟，但体型小。雌鸟下颚橘黄色。**习性：**栖息于各种淡水水域周边。单独活动，挺立于水边突出物上，监视水面，俯冲入水捕鱼，有摔打猎物动作，多贴水面直线快速低飞。**分布与种群现状：**分布范围广，夏候鸟、冬候鸟、留鸟，较常见。

体长：15cm　LC（低度关注）

斑头大翠鸟 *Alcedo hercules* Blyth's Kingfisher 翠鸟科 Alcedinidae

■迷鸟 ■留鸟 □旅鸟 □冬候鸟 ■夏候鸟

形态：雌雄相似。虹膜褐色，喙黑色，喙基偏红。似普通翠鸟但明显体大，整体羽色偏暗。头顶、枕及头侧色深至黑色。与普通翠鸟的区别在于耳羽近黑并具银蓝色细纹。脚红色。**习性：**栖息于山涧溪流、河谷、常绿森林河岸。翘抬尾部动作频率高。**分布与种群现状：**西南地区、华南地区、华东地区南部，留鸟，罕见。偶至900m海拔。

体长：23cm　NT（近危）

三趾翠鸟 *Ceyx erithaca* Oriental Dwarf Kingfisher 翠鸟科 Alcedinidae

■迷鸟 ■留鸟 ■旅鸟 ■冬候鸟 ■夏候鸟

形态：雌雄相似。虹膜褐色，喙红色。额基和眼先黑色，颏和喉白色，头、后颈、尾上覆羽橙红色，上背、翅黑褐色，颈侧具蓝色、白色斑，下体橙红色。尾羽橙黄色。脚红色。**习性：**栖息于常绿阔叶林中河流、溪流岸边。单独活动。**分布与种群现状：**云南西部和南部、广西南部、海南，留鸟；台湾，夏候鸟，罕见。

体长：14cm　LC（低度关注）

冠鱼狗 *Megaceryle lugubris* Crested Kingfisher 翠鸟科 Alcedinidae

■迷鸟 ■留鸟 ■旅鸟 ■冬候鸟 ■夏候鸟

形态：虹膜褐色，喙黑色。具黑白色长羽冠，极为明显，后颈有白色领环，黑色胸带沾棕色，上体黑色，具白色横斑及斑点，斑纹细密，下体白色，尾黑白相间。雌鸟翼下覆羽棕黄色。脚黑色。**习性：**栖息于山地林区溪流和水塘。常在水边高处静候，俯冲入水捕鱼。**分布与种群现状：**东北地区南部、华北地区及南方地区、海南，留鸟。于适宜生境较常见，高可至海拔2000m。

体长：41cm　LC（低度关注）

斑鱼狗 *Ceryle rudis* Pied Kingfisher 翠鸟科 Alcedinidae

■迷鸟 ■留鸟 ■旅鸟 ■冬候鸟 ■夏候鸟

形态：虹膜褐色，喙黑色。冠羽短，眉纹白色，上体黑色具白斑，斑纹相对宽阔，胸部前后具两条黑色带斑，下体白色。尾白色，次端斑黑色。脚黑色。雌鸟胸部前后具一条黑色带斑。**习性：**栖息于山地、平原等水域。能在空中悬停然后俯冲捕鱼。**分布与种群现状：**南方地区，留鸟，常见。

体长：27cm　LC（低度关注）

237

XXIII. 啄木鸟目 PICIFORMES

啄木鸟目鸟类嘴强健，喜欢啄木取食，常被统一称为啄木鸟。舌头较长，舌尖具逆钩，有利于取食树干中的昆虫。一般栖息于森林中，在树上取食，食物主要为动物性，有些种类取食植物和蜂蜜。除澳大利亚、马达加斯加和高纬度地区外，分布于全世界。主要类群为拟啄木鸟科、响蜜䴕科和啄木鸟科。本书本目共收集有3科43种。

拟啄木鸟科 Capitonidae

大拟啄木鸟 *Psilopogon virens* Great Barbet 拟啄木鸟科 Capitonidae

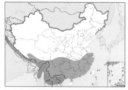

■迷鸟 ■留鸟 □旅鸟 □冬候鸟 ■夏候鸟

形态：雌雄相似。无近似鸟种。虹膜褐色，喙浅黄色而端黑。头呈黑蓝色，颈背偏棕色而上体多绿色，腹黄具深绿色纵纹。尾下覆羽鲜红色。脚灰色。**习性：**栖息于中、低山常绿阔叶林。树冠层活动，终年鸣叫不止，叫声响亮而哀愁。**分布与种群现状：**西藏南部、云南及长江流域以南地区（不包括海南），留鸟。地区性常见。

体长：30cm LC（低度关注）

绿拟啄木鸟 *Psilopogon lineatus* Lineated Barbet 拟啄木鸟科 Capitonidae

■迷鸟 ■留鸟 □旅鸟 □冬候鸟 ■夏候鸟

形态：雌雄相似。虹膜草黄色，眼周裸皮黄色，喙粉黄色，粗壮。头、颈及下体黄褐色，具褐色纵条纹，背、翅、尾、胁及尾下覆羽绿色。脚黄色。**习性：**栖息于中、低山平原林地。飞行缓慢笨重。**分布与种群现状：**云南西南部，留鸟，罕见。

体长：29cm LC（低度关注）

黄纹拟啄木鸟 *Psilopogon faiostrictus* Green-eared Barbet 拟啄木鸟科 Capitonidae

■迷鸟 ■留鸟　旅鸟　冬候鸟 ■夏候鸟

形态：虹膜褐色，喙近黑色。头、颈具褐色条纹，颈侧有一红斑，耳羽绿色，后有一黄纹，下体淡绿色，有淡褐色条纹。脚黑色。雌鸟颈侧无红斑。**习性：**栖息于中、低山平原阔叶林。**分布与种群现状：**仅记录于广东南部沿海的硇洲岛、云南，留鸟，罕见。

体长：**24cm**　LC（低度关注）

金喉拟啄木鸟 *Psilopogon franklinii* Golden-throated Barbet 拟啄木鸟科 Capitonidae

■迷鸟 ■留鸟　旅鸟　冬候鸟 ■夏候鸟

形态：雌雄相似。虹膜近红色，喙黑色。过眼纹黑色，额、枕部红色，头顶金黄色，颏及上喉金黄色，下喉灰色，耳羽灰色，上体绿色，下体淡黄绿色。脚黑色。**习性：**栖息于常绿阔叶林。多单独活动于树冠层。**分布与种群现状：**西藏东南部、云南、广西西南部，留鸟，不常见。

体长：**23cm**　LC（低度关注）

黑眉拟啄木鸟 *Psilopogon faber* Chinese Barbet 拟啄木鸟科 Capitonidae

■迷鸟 ■留鸟　旅鸟　冬候鸟 ■夏候鸟

形态：雌雄相似。虹膜褐色，喙黑色。与台湾拟啄木鸟相似，只是头顶黑蓝色，胸部红色更大。脚灰绿色。**习性：**栖息于海拔1500m的亚热带阔叶林。**分布与种群现状：**华中南部地区、华东南部地区、华南地区（包括海南），留鸟，较常见。

体长：**20cm**　LC（低度关注）

239

台湾拟啄木鸟 *Psilopogon nuchalis* Taiwan Barbet 拟啄木鸟科 Capitonidae

■迷鸟 ■留鸟 ■旅鸟 ■冬候鸟 ■夏候鸟

形态：雌雄相似。虹膜褐色，眼先红色。眉纹黑色，喙粗，黑色，前额金黄色，耳羽、脸及头顶蓝色，颏和喉金黄色，颈后、胸有红色斑块。上体绿色，下体黄绿

色。脚灰绿色。**习性：**栖息于中低海拔的阔叶林。**分布与种群现状：**台湾，留鸟，较常见。中国鸟类特有种。

体长：22cm　LC（低度关注）

蓝喉拟啄木鸟 *Psilopogon asiatica* Blue-throated Barbet 拟啄木鸟科 Capitonidae

■迷鸟 ■留鸟 ■旅鸟 ■冬候鸟 ■夏候鸟

形态：雌雄相似。虹膜褐色，喙灰色，喙峰黑色。眼周、脸、喉和侧颈蓝色，额到枕部颜色为红色、蓝色、红色横排列状，胸侧有一小块红斑，体羽绿色。脚灰色。雌鸟胸部缺少红斑。**习性：**栖息于常绿阔叶林。多单独、成对活动于树冠层。**分布与种群现状：**云南西南部，留鸟，较常见。

体长：20cm　LC（低度关注）

蓝耳拟啄木鸟 *Psilopogon australis* Blue-eared Barbet 拟啄木鸟科 Capitonidae

■迷鸟 ■留鸟 ■旅鸟 ■冬候鸟 ■夏候鸟

形态：雌雄相似。虹膜褐色，喙黑色。颏、喉蓝色，耳羽蓝色，上下具红斑，额到枕部颜色为黑色、蓝色横排列状。体羽绿色。脚绿灰色。**习性：**栖息于低山、平原高大乔木上。**分布与种群现状：**云南西部和南部，留鸟，罕见。

体长：18cm　LC（低度关注）

赤胸拟啄木鸟 *Psilopogon haemacephalus* Coopersmith Barbet 拟啄木鸟科 Capitonidae

■迷鸟 ■留鸟　旅鸟　■冬候鸟 ■夏候鸟

形态： 虹膜褐色，喙黑色。眼上下具黄色斑。脚红色。亚成鸟头部少红色和黑色，胸部沾红色。**习性：** 栖息于低山、平原阔叶林林缘。飞行快速。**分布与种群现状：** 云南西南部，留鸟，不常见。

体长：17cm　LC（低度关注）

响蜜鴷科 Indicatoridae

黄腰响蜜鴷 *Indicator xanthonotus* Yellow-rumped Honeyguide 响蜜鴷科 Indicatoridae

■迷鸟 ■留鸟　旅鸟　■冬候鸟 ■夏候鸟

形态： 雌雄相似。虹膜褐色，喙黄褐色，喙形钝似朱雀。额、颏、喉沾金黄色。腰金黄色，雌鸟黄色部分较淡，体羽灰褐色，下体淡灰色具深色纵纹。脚灰绿色。**习性：** 见于海拔1450~3500m的温带森林中。常光顾蜂巢捕食，也空中捕虫。**分布与种群现状：** 喜马拉雅山脉南坡、高黎贡山，留鸟，罕见。

体长：15cm　NT（近危）

啄木鸟科 Picidae

蚁鴷 *Jynx torquilla* Eurasian Wryneck 啄木鸟科 Picidae

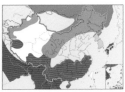

■迷鸟 ■留鸟　旅鸟　■冬候鸟 ■夏候鸟

形态： 雌雄相似。无近似鸟种。虹膜淡褐色，喙角质色，喙直、短锥状。整体灰褐色，体羽纹络斑驳杂乱，上体灰褐色，具褐色蠹斑，下体皮黄色，具暗色横斑，翅与尾淡锈红色，尾较长，具不明显的横纹。脚褐色。**习性：** 栖息于低山、平原林地。多地面取食，跳跃前进，颈部能大角度转动。**分布与种群现状：** 分布范围广，夏候鸟、冬候鸟、旅鸟，地区性常见。

体长：17cm　LC（低度关注）

241

斑姬啄木鸟 *Picumnus innominatus* Speckled Piculet 啄木鸟科 Picidae

■迷鸟 ■留鸟 ■旅鸟 ■冬候鸟 ■夏候鸟

形态：无近似鸟种。虹膜红色，喙近黑色。过眼纹黑色，眉纹和髭纹白色，颏、喉近白色。上体橄榄绿色，下体乳白色，杂有黑色斑点。中央尾羽白色。雄鸟额棕色。脚灰色。**习性**：栖息于常绿阔叶林、竹林。单独活动，攀缘树干。可至海拔1200m。**分布与种群现状**：西南地区、秦岭—淮河以南地区，留鸟，较常见。

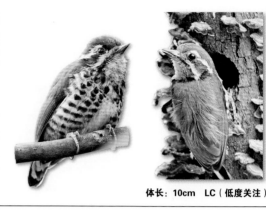

体长：10cm　LC（低度关注）

白眉棕啄木鸟 *Sasia ochracea* White-browed Piculet 啄木鸟科 Picidae

■迷鸟 ■留鸟 ■旅鸟 ■冬候鸟 ■夏候鸟

形态：无近似鸟种。虹膜红色，喙近黑色。眉纹白色，上体橄榄绿色，下体橙红色。尾短。前额黄色，脚粉色。雌鸟前额棕色。**习性**：栖息于亚热带阔叶林和次生林。树干上敲击觅食。分布于低地及丘陵，高至海拔2000m。**分布与种群现状**：西藏东南部、云南、广西、广东西部、贵州，留鸟。地区性常见。

体长：9cm　LC（低度关注）

棕腹啄木鸟 *Dendrocopos hyperythrus* Rufous-bellied Woodpecker 啄木鸟科 Picidae

■迷鸟 ■留鸟 ■旅鸟 ■冬候鸟 ■夏候鸟

形态：虹膜褐色，喙灰而端黑。头顶至后颈、侧颈覆羽红色，背、翅、肩和腰黑色具白色横斑，下体棕色，尾下覆羽红色。脚灰色。雌鸟头顶、后颈黑色。**习性**：栖息于山地针叶林和混交林。单独活动。**分布与种群现状**：喜马拉雅山脉、青藏高原东缘至云南西部，留鸟；东北地区，夏候鸟；迁徙时见于中东部大部分地区，在长江流域以南越冬。较为少见。

体长：20cm　LC（低度关注）

小星头啄木鸟 *Dendrocopos kizuki* Pygmy Woodpecker 啄木鸟科 Picidae

■迷鸟 ■留鸟 ■旅鸟 ■冬候鸟 ■夏候鸟

形态: 虹膜褐色,喙灰色。眉纹白色,后有红色斑,颊纹白色,耳羽棕褐色,后接大块白斑,喉白色,上体黑色,背、翅具黑白色相间斑纹,下体灰白色,具暗纵纹,尾羽外侧白色。脚灰色。**习性:** 栖息于各类林地和城市园林。**分布与种群现状:** 东北地区、华北北部地区,留鸟,不常见。

体长:14cm LC(低度关注)

星头啄木鸟 *Dendrocopos canicapillus* Grey-capped Woodpecker 啄木鸟科 Picidae

■迷鸟 ■留鸟 ■旅鸟 ■冬候鸟 ■夏候鸟

形态: 虹膜淡褐色,喙灰色。白色眉纹宽阔,延伸到颈侧、额、头顶灰色,眼后上方具细长红色条纹,上体黑色,背中部白色,无黑色横斑,翅具白色斑,下体有黑色纵纹。脚绿灰色。**习性:** 栖息于各类林地。**分布与种群现状:** 东部地区、西南部地区,留鸟。

体长:15cm LC(低度关注)

小斑啄木鸟 *Dendrocopos minor* Lesser Spotted Woodpecker 啄木鸟科 Picidae

■迷鸟 ■留鸟 ■旅鸟 ■冬候鸟 ■夏候鸟

形态: 虹膜红褐色,喙黑色。额和颊白色,上体黑色,具白色横斑,下体白色,头顶红色,枕部黑色。脚灰色。雌鸟头顶黑而无红色。**习性:** 栖息于低海拔的各类林地。单独活动。**分布与种群现状:** 新疆北部及东北大部分地区,留鸟,地方性常见。

体长:15cm LC(低度关注)

纹腹啄木鸟 *Dendrocopos macei* Fulvous-breasted Woodpecker 啄木鸟科 Picidae

■迷鸟 ■留鸟 ■旅鸟 ■冬候鸟 ■夏候鸟

形态： 虹膜褐色，喙上蓝黑而下蓝灰色。头顶红色，脸侧白色，颊纹接黑色领环。上体黑色，具黑白色相间条纹，下体灰白色，下腹具黑色横纹。尾下覆羽红色。脚橄榄色。雌鸟头顶黑色。**习性：** 栖息于低山开阔林地、村镇。**分布与种群现状：** 西藏东南部，留鸟，不常见。

体长：18cm　LC（低度关注）

纹胸啄木鸟 *Dendrocopos atratus* Stripe-breasted Woodpecker 啄木鸟科 Picidae

■迷鸟 ■留鸟 ■旅鸟 ■冬候鸟 ■夏候鸟

形态： 虹膜红褐色，喙淡角质绿色，喙尖近黑色，头顶红色，额白色，颊纹黑色，脸、颈侧、喉白色具黑斑。上体黑色具成排白点横斑，下体灰白色，密布黑色条纹，尾下覆羽红色。脚灰绿色。雌鸟头顶黑色。**习性：** 栖息于低山及平原常绿或落叶林。**分布与种群现状：** 云南西部、西北部和南部，留鸟，罕见。

体长：18cm　LC（低度关注）

褐额啄木鸟 *Dendrocopos auriceps* Brown-fronted Woodpecker 啄木鸟科 Picidae

■迷鸟 ■留鸟 ■旅鸟 ■冬候鸟 ■夏候鸟

形态： 额橙褐色。雄鸟头顶红色，雌鸟为黑色。枕部黑色，脸部白色。具模糊的灰色眼纹，颊纹黑色显著。上体黑色，具白色点斑，腹部白色，具纵纹，尾下覆羽红色。**习性：** 栖息于高海拔针叶林，与山椒鸟、山雀等鸟类混群活动，以各种昆虫为主要食物。**分布与种群现状：** 西藏喜马拉雅山脉南坡的吉隆沟，留鸟，罕见。

体长：19cm　LC（低度关注）

赤胸啄木鸟 *Dendrocopos cathpharius* Crimson-breasted Woodpecker 啄木鸟科 Picidae

■迷鸟 ■留鸟 旅鸟 ■冬候鸟 ■夏候鸟

形态：虹膜略红，喙暗灰。额、脸、喉、颈侧污白色，颊纹黑色延伸到胸侧黑斑，枕部红色。上体黑色，具大块白色翅斑，胸具红色斑块，为辨识特征，下体皮黄色具黑色纵纹。尾下覆羽红色。脚近绿色。雌鸟头顶至枕部黑色，亚成鸟顶部全红但胸部无红色。**习性：**栖息于山地常绿阔叶林和混交林。单独树木中层活动，食花蜜和昆虫。**分布与种群现状：**西藏东南部、云南西部及中部、四川、重庆、甘肃南部、陕西南部、湖北西部，留鸟，较少见。

体长：18cm　LC（低度关注）

黄颈啄木鸟 *Dendrocopos darjellensis* Darjeeling Woodpecker 啄木鸟科 Picidae

■迷鸟 ■留鸟 旅鸟 ■冬候鸟 ■夏候鸟

形态：虹膜红色，喙灰而端黑。头侧污白色，颈侧黄色，颊纹黑色，枕部红色。上体黑色，下体皮黄色具粗黑色纵纹。尾下覆羽橙红色。脚近绿色。雌鸟枕部黑色。**习性：**栖息于海拔1200~4000m潮湿的山地针叶林和混交林。**分布与种群现状：**喜马拉雅山脉、四川西部、云南西南部，留鸟，少见。

体长：25cm　LC（低度关注）

白背啄木鸟 *Dendrocopos leucotos* White-backed Woodpecker 啄木鸟科 Picidae

■迷鸟 ■留鸟 旅鸟 ■冬候鸟 ■夏候鸟

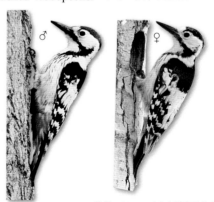

形态：虹膜褐色，喙黑色。头顶至枕部红色、额、脸、喉、颈侧白色，颊纹黑色延伸与胸侧黑斑相连。上背黑色，下背白色，翅黑、白色带相间，下体白色具黑色纵纹，尾下覆羽红色。脚灰色。雌鸟头顶至枕部黑色。**习性：**栖息于山地针叶林、阔叶林和混交林。多光顾朽木。**分布与种群现状：**东北地区、华北北部地区、陕西南部至四川北部、福建西北部、江西北部、台湾，留鸟。不连续分布，但分布区内较常见。

体长：25cm　LC（低度关注）

白翅啄木鸟 *Dendrocopos leucopterus* White-winged Woodpecker 啄木鸟科 Picidae

形态：虹膜褐色，喙灰而端黑。枕部红色。上体黑色，颈侧具黑色纹，翅具超大条状白斑，下体白色，尾下覆羽红色。脚灰色。雌鸟枕部黑色。**习性：**栖息于山地和平原各类林中。**分布与种群现状：**新疆，留鸟，不常见。

体长：23cm LC（低度关注）

大斑啄木鸟 *Dendrocopos major* Great Spotted Woodpecker 啄木鸟科 Picidae

形态：虹膜近红色，喙灰色。头顶红色，颈侧具黑色纹。上体黑色，翅具长型大块白斑，为辨识特征，下体白色，尾下覆羽红色。脚灰色。雌鸟头顶黑色。**习性：**栖息于山地和平原各类林中，见于整个温带林区、农作区及城市园林。飞行时为波浪状。**分布与种群现状：**国内大部分地区，但青藏高原中西部、新疆中南部和内蒙古中西部及台湾无分布，留鸟。是中国分布最广也最常见的啄木鸟。

体长：24cm LC（低度关注）

三趾啄木鸟 *Picoides tridactylus* Three-toed Woodpecker 啄木鸟科 Picidae

形态：虹膜褐色，喙黑色。头顶前部黄色，仅具3趾，体羽无红色。上背及背部中央部位白色，腰黑，下体褐色较浓。脚灰色。雌鸟头顶前部白色。**习性：**栖息于山地和平原针叶林和混交林。单独活动。**分布与种群现状：**新疆西北部、甘肃南部、四川西部、青海东部、云南西北部和东北部地区，留鸟，地方性常见。

体长：23cm LC（低度关注）

白腹黑啄木鸟 *Dryocopus javensis* White-bellied Woodpecker 啄木鸟科 Picidae

■迷鸟 ■留鸟 ■旅鸟 ■冬候鸟 ■夏候鸟

形态: 虹膜黄色,喙角质灰色。雄鸟冠羽、颊斑红色,雌鸟无红色颊斑。脚灰蓝色。**习性:** 栖息于低地山林。在高大乔木上活动。**分布与种群现状:** 云南西部和南部,留鸟,极罕见。

体长:42cm LC(低度关注) 国家Ⅱ级重点保护野生动物

黑啄木鸟 *Dryocopus martius* Black Woodpecker 啄木鸟科 Picidae

■迷鸟 ■留鸟 ■旅鸟 ■冬候鸟 ■夏候鸟

形态: 虹膜近白色,喙象牙色,端暗。雄鸟头顶及枕红色,体羽黑色。脚灰色。雌鸟仅枕部具小块红斑。**习性:** 栖息于原始针叶林和混交林。单独或成对活动。**分布与种群现状:** 东北地区大部分、内蒙古东北部、北京、河北、山西、青海东部、甘肃南部、四川、云南西北部、西藏东部及东南部,留鸟,罕见。

体长:46cm LC(低度关注)

大黄冠啄木鸟 *Chrysophlegma flavinucha* Greater Yellownape Woodpecker
啄木鸟科 Picidae

■迷鸟 ■留鸟 ■旅鸟 ■冬候鸟 ■夏候鸟

形态: 虹膜近红色,喙绿灰色。似黄冠啄木鸟,但头部无红色,雄鸟喉黄色,腹部暗灰色,无横斑。脚绿灰色。雌鸟喉棕色。**习性:** 见于海拔800~2000m的亚热带阔叶林、竹林。单只或成对活动。**分布与种群现状:** 西藏南部、云南西部和南部、广西南部、四川、福建、海南,留鸟,不常见。

体长:34cm LC(低度关注)

黄冠啄木鸟 *Picus chlorolophus* Lesser Yellownape Woodpecker 啄木鸟科 Picidae

■迷鸟 ■留鸟 ■旅鸟 ■冬候鸟 ■夏候鸟

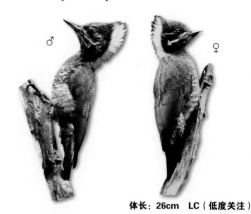

形态：虹膜红色，喙灰色。眉纹红色，颊纹下具红色带、冠羽两侧红色，枕部具亮黄色羽冠，喉橄榄绿色，上体橄榄绿色，下体褐色与白色纹相间。脚绿色。雌鸟仅冠羽两侧红色。**习性：**栖息于常绿阔叶林和混交林、竹林。**分布与种群现状：**西藏东南部、云南西部和南部、江西东北部、福建、海南，留鸟，不常见。

体长：26cm LC（低度关注）

花腹绿啄木鸟 *Picus vittatus* Laced Woodpecker 啄木鸟科 Picidae

■迷鸟 ■留鸟 ■旅鸟 ■冬候鸟 ■夏候鸟

形态：虹膜红色，喙黑色。额、头顶红色，脸灰色，髭纹黑色，喉、颈、胸黄绿色，体羽绿色，腹部皮黄具灰白色鳞状斑。尾黑色，下有黑色细线。脚近绿色。雌鸟额及头顶黑色。**习性：**栖息于落叶林、常绿阔叶林、次生林、竹林。**分布与种群现状：**云南南部，留鸟，地方性常见。

体长：30cm LC（低度关注）

纹喉绿啄木鸟 *Picus xanthopygaeus* Streak-throated Woodpecker 啄木鸟科 Picidae

■迷鸟 ■留鸟 ■旅鸟 ■冬候鸟 ■夏候鸟

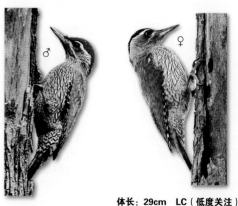

形态：虹膜粉白而内圈红，喙灰色，喙侧黄色脸灰色。眉纹和颊纹白色，髭纹黑色，具白点，额、头顶红色，喉白色有纵纹，体羽绿色，胸淡绿色，下体绿色具鳞状斑，腰亮黄色。尾黑色。脚淡灰绿色。雌鸟额、头顶黑色。**习性：**栖息于低山开阔森林。**分布与种群现状：**云南西部，留鸟，罕见。

体长：29cm LC（低度关注）

鳞腹绿啄木鸟 *Picus squamatus* Scaly-bellied Woodpecker 啄木鸟科 Picidae

■迷鸟 ■留鸟 ■旅鸟 ■冬候鸟 ■夏候鸟

形态：虹膜红至粉色，喙角质黄色，端灰色。与鳞喉绿啄木鸟相似，过眼线黑色，胸部无鳞纹，腹部黑色鳞纹明显。脚黄绿色。**习性：**栖息于中低海拔的山地阔叶林、竹林、次生林。**分布与种群现状：**西藏南部，留鸟，罕见。

体长：35cm　LC（低度关注）

红颈绿啄木鸟 *Picus rabieri* Red-collared Woodpecker 啄木鸟科 Picidae

■迷鸟 ■留鸟 ■旅鸟 ■冬候鸟 ■夏候鸟

形态：虹膜淡褐色；喙灰色，端色深。头顶、上颈、颈侧连成红色环，体羽绿色。尾黑色。脚近灰色。雌鸟头顶绿色。**习性：**栖息于开阔林地、竹林。**分布与种群现状：**云南东南部，留鸟，罕见。

体长：29cm　NT（近危）

灰头绿啄木鸟 *Picus canus* Grey-headed Woodpecker 啄木鸟科 Picidae

■迷鸟 ■留鸟 ■旅鸟 ■冬候鸟 ■夏候鸟

形态：虹膜红褐色，喙近灰色。眼先和颊纹黑色，枕部黑色，头灰色。雄鸟头顶红色。体羽绿色，飞羽黑色具白色横斑，下体灰色。脚蓝灰色。雌鸟头顶灰色或黑色。**习性：**栖息于中低海拔山地阔叶林、混交林、次生林及城市园林。喜欢高大的枯木，常到地面取食。**分布与种群现状：**各地区，留鸟。北方地区常见，南方较为少见。

体长：27cm　LC（低度关注）

金背啄木鸟 *Dinopium javanense* Common Flamebacked Woodpecker 啄木鸟科 Picidae

■迷鸟 ■留鸟 ■旅鸟 ■冬候鸟 ■夏候鸟

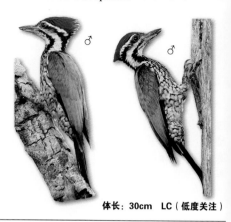

形态：虹膜红色，喙黑色。过眼纹延到后颈，头顶、颈、冠红色，脸、喉白色，颊纹、喉中线、颈环黑色，仅具一条较粗的下颊纹，上背金黄色，沾红色，下背及腰红色，翅覆羽金色，飞羽黑色，下体白色具黑色鳞状斑，尾羽黑色。雌鸟头顶黑色，具白斑。脚黑色，仅3趾，前二后一。**习性**：栖息于低山常绿阔叶林和混交林。**分布与种群现状**：西藏东南部、云南西南部，留鸟，罕见。

体长：30cm　LC（低度关注）

喜山金背啄木鸟 *Dinopium shorii* Himalayan Flamebacked Woodpecker

啄木鸟科 Picidae

■迷鸟 ■留鸟 ■旅鸟 ■冬候鸟 ■夏候鸟

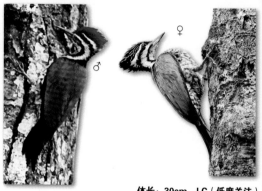

形态：虹膜暗褐色或绯红色，喙近黑色。与金背啄木鸟相似，下髭纹黄色，两条黑色的细颊纹上下包围髭纹，并在后面合并成一条。脚铅色或绿褐色，4趾，前后各2。**习性**：栖息于低山常绿阔叶林和混交林。**分布与种群现状**：西藏南部地区，留鸟，罕见。

体长：30cm　LC（低度关注）

小金背啄木鸟 *Dinopium benghalense* Lesser Golden-backed Flamebacked Woodpecker

啄木鸟科 Picidae

■迷鸟 ■留鸟 ■旅鸟 ■冬候鸟 ■夏候鸟

形态：雄鸟前额和羽冠红色。脸白色，眼纹黑色，颈背、肩羽、腰和尾黑色，上背和翅黄绿色，下体白色，喉及胸布满黑色纵纹。雌鸟前额黑而羽冠红色。脚具4趾，前后各2。**习性**：栖息于低山常绿阔叶林、落叶林。**分布与种群现状**：西藏南部地区，留鸟，罕见。

体长：26cm　LC（低度关注）

250

大金背啄木鸟 *Chrysocolaptes lucidus* Greater Flamebacked Woodpecker 啄木鸟科 Picidae

■迷鸟 ■留鸟 ■旅鸟 ■冬候鸟 ■夏候鸟

形态：虹膜浅黄色，喙灰色。似金背啄木鸟，两条黑色下颊纹在颈侧相连，颈环在背处有白色斑点。脚黑色，4趾，前后各2。**习性：**栖息于常绿阔叶林，常集群活动，极喧闹。**分布与种群现状：**西藏东南部、云南西南部，留鸟，罕见。

体长：31cm LC（低度关注）

竹啄木鸟 *Gecinulus grantia* Pale-headed Woodpecker 啄木鸟科 Picidae

■迷鸟 ■留鸟 ■旅鸟 ■冬候鸟 ■夏候鸟

形态：虹膜褐色，喙蓝白色。头顶红色头橄榄黄色，体羽栗色，上体栗红色，下体橄榄褐色。脚橄榄色。雌鸟头顶黄绿色。**习性：**栖息于低山竹林和混交林。性胆怯。**分布与种群现状：**云南、广东北部、湖北西部、福建中部和西北部，留鸟，罕见。

体长：25cm LC（低度关注）

黄嘴栗啄木鸟 *Blythipicus pyrrhotis* Bay Woodpecker 啄木鸟科 Picidae

■迷鸟 ■留鸟 ■旅鸟 ■冬候鸟 ■夏候鸟

形态：虹膜红褐色，喙淡绿黄色。颈侧及枕具绯红色块斑，与栗啄木鸟的区别在于横斑更显浓重，体羽赤褐色具黑色横斑。与竹啄木鸟区别在体羽具黑色横斑。脚褐黑色。**习性：**栖息于常绿阔叶林。叫声为重复的"keek"，通常为10~12个音节，响亮易辨识。**分布与种群现状：**西南、华东、华南地区（包括海南），留鸟，较常见。

体长：30cm LC（低度关注）

251

栗啄木鸟 *Micropternus brachyurus* Rufous Woodpecker 啄木鸟科 Picidae

■迷鸟 ■留鸟 ■旅鸟 ■冬候鸟 ■夏候鸟

形态：虹膜红色，喙黑色。头顶沾褐色，体羽栗色，翅、背和尾具黑色横斑，眼下具红斑。脚褐色。**习性：**栖息于开阔林地。边飞边鸣。**分布与种群现状：**西藏东南部、云南南部、华中南部、华东南部、华南（包括海南）地区，留鸟。适宜生境较常见。

体长：21cm LC（低度关注）

大灰啄木鸟 *Mulleripicus pulverulentus* Great Slaty Woodpecker 啄木鸟科 Picidae

■迷鸟 ■留鸟 ■旅鸟 ■冬候鸟 ■夏候鸟

形态：虹膜深褐色，喙污白。喙基及喙端灰色，喉黄色，颚纹红色，体羽灰色。脚深灰色。雌鸟无红色颚纹。**习性：**栖息于低山、平原常绿阔叶林和次生林。飞翔沉重，小群活动。叫声喧闹。**分布与种群现状：**西藏东南部、云南西部和南部，留鸟，罕见。

体长：50cm VU（易危）

XXIV. 隼形目 FALCONIFORMES

　　隼形目为昼行性猛禽。嘴、脚强健并具利钩,适应于抓捕及撕裂食物。喙基部具蜡膜;翅膀强健有力,善于疾飞及翱翔,体羽大多灰色、褐色或黑色。食物以小型至中型脊椎动物为主。除繁殖期外大多数单独活动,许多种类的雌鸟比雄鸟大。广布于全球,代表类群为隼科。本书本目共收集有1科13种。

隼科 Falconidae

红腿小隼 *Microhierax caerulescens* Collared Falconet 隼科 Falconidae

形态: 雌雄相似。虹膜褐色,喙灰色。眼部具黑斑延伸至耳羽后,喉、腿、臀、尾下棕色,头顶、背、翼、尾黑色,尾下具黑白细横纹。其余部位白色。脚灰色。**习性:** 常单独活动,快速扇翅在树林间鼓翼飞翔。**分布与种群现状:** 云南西部,留鸟,少见。

■迷鸟 ■留鸟 ■旅鸟 ■冬候鸟 ■夏候鸟

体长:15cm　LC(低度关注)　国家Ⅱ级重点保护野生动物

白腿小隼 *Microhierax melanoleucus* Pied Falconet 隼科 Falconidae

形态: 雌雄相似。虹膜深褐色,喙偏灰色。眉纹纤细白色,且延长至与白色下体相连,宽大黑色的过眼纹经耳羽弯曲向下延伸至颈侧。上体黑色。脚灰色。**习性:** 常成群或单个栖息在山坡高大的乔木树冠顶枝上。**分布与种群现状:** 南方地区,留鸟。过去分布广泛,近年江西、浙江和云南的数个地点有记录,少见。

■迷鸟 ■留鸟 ■旅鸟 ■冬候鸟 ■夏候鸟

体长:15cm　LC(低度关注)　国家Ⅱ级重点保护野生动物

黄爪隼 *Falco naumanni* Lesser Kestrel 隼科 Falconidae

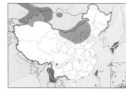

■迷鸟 ■留鸟 ■旅鸟 ■冬候鸟 ■夏候鸟

形态：虹膜褐色，喙灰色，端黑色，蜡膜黄色。雄鸟似红隼而无髭纹，头部蓝灰色，喉皮黄色，背、胸、腹棕红色，背羽无斑点，腹部具稀疏的黑色点斑。翼上覆羽蓝灰色，尾蓝灰色，次端斑黑色宽阔，白色端斑狭窄。雌鸟与红隼雌鸟相似。脚黄色。**习性：**栖息于开阔的荒山旷野以及村庄附近。常在空中飞行，并频繁滑翔。**分布与种群现状：**新疆北部和西部、内蒙古中西部和河北北部，夏候鸟；中部地区，旅鸟；云南，冬候鸟。广西偶有记录。

体长：30cm　LC（低度关注）　国家II级重点保护野生动物

红隼 *Falco tinnunculus* Common Kestrel 隼科 Falconidae

■迷鸟 ■留鸟 ■旅鸟 ■冬候鸟 ■夏候鸟

形态：虹膜褐色，喙灰色而端黑色，蜡膜黄色。雄鸟背部具黑色斑点，翼上覆羽无灰色，下体纵纹较多。雌鸟下体多黑色斑点。脚黄色。**习性：**飞翔时两翅快速地扇动，偶尔进行短暂的滑翔。**分布与种群现状：**分布范围广，夏候鸟、留鸟、冬候鸟，常见。

体长：33cm　LC（低度关注）　国家II级重点保护野生动物

西红脚隼 *Falco vespertinus* Red-footed Falcon 隼科 Falconidae

■迷鸟 ■留鸟 ■旅鸟 ■冬候鸟 ■夏候鸟

形态：虹膜黑色具橘色眼圈。喙橘红色且端黑色，蜡膜橘红色。雄鸟翼下皆暗灰色，臀部棕色。雌雄差别较大，雌鸟上体灰褐色，具深色斑纹。下体棕色具稀疏黑色细纵纹，尾下具横斑。幼鸟下体偏白。脚橘红色。**习性：**栖息于森林边缘开阔环境，喜静息于高处伺机捕食昆虫。**分布与种群现状：**新疆西北部，夏候鸟，罕见。

体长：28~31cm　NT（近危）　国家II级重点保护野生动物

红脚隼 *Falco amurensis* Amur Falcon 隼科 Falconidae

■迷鸟 ■留鸟 旅鸟 ■冬候鸟 ■夏候鸟

形态：虹膜褐色。喙灰色。蜡膜橙红色。上体烟灰色，下体浅灰，色差较大，飞行时翼下覆羽白色是其特征。雌鸟头灰白色具黑色纵纹，上体灰色具黑色横斑，下体皮黄色具黑色纵纹。脚橙红色。**习性：**似西红脚隼。**分布与种群现状：**中东部地区，夏候鸟、旅鸟，较常见。

体长：30cm　LC（低度关注）　国家Ⅱ级重点保护野生动物

灰背隼 *Falco columbarius* Merlin 隼科 Falconidae

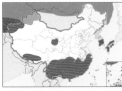

■迷鸟 ■留鸟 旅鸟 ■冬候鸟 ■夏候鸟

形态：虹膜褐色，喙灰色，蜡膜黄色。雄鸟头部棕褐色而头顶深灰色，上体淡蓝灰色具黑色羽干纹，后颈有一棕褐色的领圈杂有黑斑；尾羽具黑色宽大的次端斑，白色端斑细窄。雌鸟和亚成体上体褐色，眉纹及喉白色，下体偏白，腹部多粗大褐色斑纹。脚黄色。**习性：**栖息于开阔的低山丘陵、平原、森林、海岸和森林苔原地带。**分布与种群现状：**分布范围较广的旅鸟、冬候鸟、夏候鸟，不常见。

体长：30cm　LC（低度关注）　国家Ⅱ级重点保护野生动物

燕隼 *Falco subbuteo* Eurasian Hobby 隼科 Falconidae

■迷鸟 ■留鸟 旅鸟 ■冬候鸟 ■夏候鸟

形态：雌雄相似。虹膜褐色，喙灰色，蜡膜黄色。上体暗灰色，眉纹白色，颊部具黑色髭纹。下体色浅具黑色纵纹，下腹部至尾下覆羽棕色。脚黄色。**习性：**栖息于有稀疏树木的开阔环境，单独或成对活动，飞行快速而敏捷。**分布与种群现状：**分布范围广，旅鸟、冬候鸟、夏候鸟、留鸟，不常见。

体长：30cm　LC（低度关注）　国家Ⅱ级重点保护野生动物

猛隼 *Falco severus* Oriental Hobby 隼科 Falconidae

■迷鸟 ■留鸟 ■旅鸟 ■冬候鸟 ■夏候鸟

形态： 虹膜褐色，喙灰色，蜡膜黄色。头部和飞羽黑色，喉部和颈侧皮黄色，其余上体黑灰色，下体及翼下为栗色，无斑纹。亚成鸟胸棕色具黑色纵纹。腿及脚黄色。**习性：** 栖息于有稀疏林木或者小块丛林的低山丘陵和山脚平原地带。**分布与种群现状：** 西南地区、海南，留鸟、夏候鸟。罕见。

体长：25cm　LC（低度关注）　国家 II 级重点保护野生动物

猎隼 *Falco cherrug* Saker Falcon 隼科 Falconidae

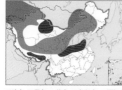

■迷鸟 ■留鸟 ■旅鸟 ■冬候鸟 ■夏候鸟

形态： 雌雄相似。虹膜褐色，喙灰色，蜡膜浅黄色。头顶浅褐色，有黑褐色细纹。眉纹白色，髭纹黑色。颈背偏白色，上体灰褐色，浅色羽缘纹络清晰。飞羽黑褐色，尾羽棕褐色而具黑褐色横斑。下体偏白色，具深色纵纹或斑点。翼下覆羽深色。幼鸟上体暗褐色，下体满布黑色粗大纵纹。脚浅黄色。**习性：** 栖息于草原和丘陵地区，捕食鸟类和小型兽类。**分布与种群现状：** 新疆西部、青藏高原中部及东部至内蒙古中西部，留鸟或夏候鸟；西藏南部、青海湖周边、黄河流域，冬候鸟。非法贸易导致该物种被大量捕捉，数量下降。

体长：50cm　EN（濒危）　国家 II 级重点保护野生动物

矛隼 *Falco rusticolus* Gyrfalcon 隼科 Falconidae

■迷鸟 ■留鸟 ■旅鸟 ■冬候鸟 ■夏候鸟

形态： 雌雄相似。虹膜黄色，喙灰色，蜡膜黄色。有浅色、灰色、褐色等色型，除白色型外，下体均有点状或矛状斑纹。两翼短而宽大，尾羽较长。脚黄色。**习性：** 栖息于开阔的岩石山地、沿海岛屿、临近海岸的河谷和森林苔原地带。**分布与种群现状：** 东北地区、新疆北部，冬候鸟。罕见。

体长：56cm　LC（低度关注）　国家Ⅱ级重点保护野生动物

游隼 *Falco peregrinus* Peregrine Falcon 隼科 Falconidae

■迷鸟 ■留鸟 ■旅鸟 ■冬候鸟 ■夏候鸟

形态： 雌雄相似。虹膜黑色，喙灰色，蜡膜黄色。眼周黄色，颊有黑色髭纹，头至后颈黑灰色，上体蓝灰色，颏、喉白色，具白色半领环，上胸散布黑色斑点，下胸至尾下覆羽密具黑色横斑纹，尾具黑色横斑。腿及脚黄色。国内有多个亚种，羽色有差异。**习性：** 见于草原、湿地等多种开阔生境。常在鼓翼飞翔时穿插着滑翔，也常在空中翱翔。**分布与种群现状：** 分布范围广，留鸟、冬候鸟、旅鸟、夏候鸟，不常见。

体长：45cm　LC（低度关注）　国家Ⅱ级重点保护野生动物

拟游隼 *Falco pelegrinoides* Barbary Falcon 隼科 Falconidae

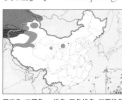

■迷鸟 ■留鸟 ■旅鸟 ■冬候鸟 ■夏候鸟

形态： 雌雄相似。虹膜褐色，喙灰色，蜡膜黄色。整体色浅，灰色眉纹清晰，髭纹黑褐色，背灰褐色，下体皮黄色。似游隼但黑色的翼尖和灰色的覆羽及背部对比明显，腰及尾上覆羽浅灰，颈背具特征性的棕色斑块。幼鸟褐色重，下体多黑色纵纹，颈背色浅并沾棕色。脚黄色。**习性：** 常见于半沙漠的岩石山丘，峡谷和山脉。飞行迅速，多单独活动。**分布与种群现状：** 新疆西北部，夏候鸟，罕见；喀什，冬候鸟；青海东部、宁夏北部，留鸟。

注：在《中国鸟类野外手册》中列出《中国观鸟年报——中国鸟类名录6.0（2018）》）。

体长：42cm　NR（未认可）　国家Ⅱ级重点保护野生动物

XXV. 鹦鹉目 PSITTACIFORMES

　　鹦形目鸟类通常羽色艳丽，嘴强大且具钩，尾长短不一，足为对趾型，擅长攀爬。主要栖息在森林中。该目鸟类常集群活动，大多数鸟类在树洞中筑巢产卵。主要取食植物的果实、种子和谷物等。鹦形目鸟类因羽色艳丽，有些种类可以模仿人声，而成为了非常著名的笼养类群。多分布在热带和亚热带地区。主要类群为鹦鹉科。本书本目共收集有1科12种。

鹦鹉科 Psittacidae

短尾鹦鹉 *Loriculus vernalis* Vernal Hanging Parrot 鹦鹉科 Psittacidae

■迷鸟 ■留鸟 ■旅鸟 ■冬候鸟 ■夏候鸟

形态: 虹膜黄色，喙红色。体羽绿色，翼下为青绿色带绿色翼衬，特征为红喙红腰。尾短。雄鸟喉蓝色，雌鸟喉部颜色较浅。**习性:** 在常绿森林、潮湿或干燥林地、荒地、竹林灌丛、林缘或果园活动。**分布与种群现状:** 云南西南部，留鸟，罕见。

体长: 13cm　LC（低度关注）　国家Ⅱ级重点保护野生动物

蓝腰鹦鹉 *Psittinus cyanurus* Blue-rumped Parrot 鹦鹉科 Psittacidae

■迷鸟 ■留鸟 ■旅鸟 ■冬候鸟 ■夏候鸟

形态: 上喙红色，下喙棕色，眼黄色。头顶蓝色，上背黑色，下背到尾上覆羽亮蓝色，下体淡棕色，翅下覆羽红色，静止时翅前缘黄色，尾羽绿色。雌鸟头棕色，喙棕色，眼白色。**习性:** 见于低地森林。**分布与种群现状:** 云南，迷鸟。

体长: 18cm　NT（近危）　国家Ⅱ级重点保护野生动物

亚历山大鹦鹉 *Psittacula eupatria* Alexandrine Parakeet

鹦鹉科 Psittacidae

■迷鸟 ■留鸟 ■旅鸟 ■冬候鸟 ■夏候鸟

形态： 喙红色。头大部分为绿色，黑色颊纹呈半领环状，后接粉色颈圈，具粉红色肩斑。体羽绿色，尾绿色底逐渐变淡蓝绿色，到尾尖过渡到淡黄色。雌鸟无粉色颈圈。**习性：** 栖息于各种林地区域。小群活动。**分布与种群现状：** 云南，留鸟，罕见。在华南地区已形成野化种群。

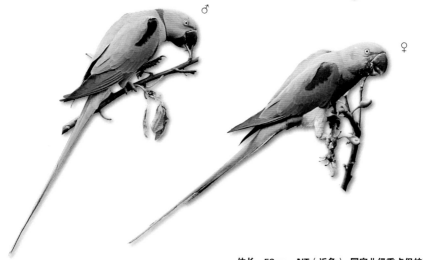

体长：58cm　NT（近危）　国家Ⅱ级重点保护野生动物

红领绿鹦鹉 *Psittacula krameri* Rose-ringed Parakeet 鹦鹉科 Psittacidae

■迷鸟 ■留鸟 ■旅鸟 ■冬候鸟 ■夏候鸟

形态： 虹膜黄色，喙红色，蜡膜蓝色。雄鸟头绿色，枕偏蓝色，黑色的颊纹延至颈侧粉红色领圈的上缘，尾长，呈蓝色，端黄色。脚偏绿色。雌鸟整个头均为绿色。**习性：** 栖于热带雨林及林缘。**分布与种群现状：** 云南西部，罕见，留鸟。引入至广东和香港，已形成野化种群。

体长：38cm　LC（低度关注）　国家Ⅱ级重点保护野生动物

259

青头鹦鹉 *Psittacula himalayana* Slaty-headed Parakeet 鹦鹉科 Psittacidae

■迷鸟 ■留鸟 ■旅鸟 ■冬候鸟 ■夏候鸟

形态：雌雄相似。虹膜黄色，上喙朱红色，喙尖黄色，下喙黄色。外形甚似灰头鹦鹉，体小，头部颜色较浅而喙较小，肩羽无栗色斑块，尾羽蓝绿色，末端黄色。脚灰色或肉色。**习性：**似灰头鹦鹉，具有垂直迁徙习性，常集大群。**分布与种群现状：**西藏南部，留鸟，地方性常见。

体长：35cm LC（低度关注） 国家Ⅱ级重点保护野生动物

灰头鹦鹉 *Psittacula finschii* Grey-headed Parakeet 鹦鹉科 Psittacidae

■迷鸟 ■留鸟 ■旅鸟 ■冬候鸟 ■夏候鸟

形态：雌雄相似。虹膜黄色，喙上颚朱红色，喙尖黄色，下颚黄色。头深灰色为主，颈环及喉带黑色，全身绿色为主，尾羽蓝色，肩羽上栗色斑块为本种特征。脚灰色。**习性：**栖息于阔叶林。分布至海拔2700m。**分布与种群现状：**云南、四川西部和南部，留鸟，常见。

体长：35cm NT（近危） 国家Ⅱ级重点保护野生动物

花头鹦鹉 *Psittacula roseata* Blossom-headed Parakeet 鹦鹉科 Psittacidae

■迷鸟 ■留鸟 ■旅鸟 ■冬候鸟 ■夏候鸟

形态：虹膜黄色，上喙黄色，下喙深灰色。雄鸟头部玫瑰粉色，枕部淡染紫罗兰色，喉部黑色延伸成狭窄的黑色颈环，翼上有小块的深栗色肩斑，偏蓝色的尾，其端部浅黄色。尾长。脚灰色。雌鸟头灰，喉无黑色，无颈环，与灰头鹦鹉幼鸟相似，区别在于喙的色彩及深栗色的肩斑。**习性：**栖息在森林、农耕区。飞行迅速，边飞边鸣。**分布与种群现状：**云南盈江，留鸟，罕见。

体长：30cm　NT（近危）　国家Ⅱ级重点保护野生动物

大紫胸鹦鹉 *Psittacula derbiana* Lord Derby's Parakeet 鹦鹉科 Psittacidae

■迷鸟 ■留鸟 ■旅鸟 ■冬候鸟 ■夏候鸟

形态：虹膜黄色。雄鸟上喙亮红色，下喙黑色，雌鸟喙全黑。头、胸紫蓝灰色，具宽的黑色髭纹，眼周及额沾淡绿色，狭窄的黑色额带延伸成眼线，中央尾羽渐变为偏蓝色，与其他鹦鹉区别在于颈和胸的上部及上腹部葡萄紫色，无肩斑。脚灰色。雌鸟前顶冠无蓝色。**习性：**常见于丘陵林区及山林，上至海拔4000m。喜欢集群活动。**分布与种群现状：**西藏东南部、云南、四川西部、广西西南部，留鸟，地方性常见。

体长：43cm　NT（近危）　国家Ⅱ级重点保护野生动物

绯胸鹦鹉 *Psittacula alexandri* Red-breasted Parakeet 鹦鹉科 Psittacidae

■迷鸟 ■留鸟 ■旅鸟 ■冬候鸟 ■夏候鸟

形态：虹膜黄色。雄鸟喙上红下黑色，雌鸟上黑下深褐色。头顶及脸颊紫灰色，眼先黑色，颏及喉部具黑色横宽带（髭须），特征为胸粉红色。枕、背、两翼及尾绿色。脚灰色。亚成鸟的头黄褐色，髭须黑色不显。**习性：**集群，多嘈杂，在开阔上空低飞而过。**分布与种群现状：**西藏东南部、云南南部、广西西部和南部，留鸟，罕见。偶见飞翔于香港及华南各城市，可能为野化个体。

体长：34cm　NT（近危）　国家Ⅱ级重点保护野生动物

261

彩虹鹦鹉 *Trichoglossus haematodus* Coconut Lorikeet 鹦鹉科 Psittacidae

■迷鸟 ■留鸟 ■旅鸟 ■冬候鸟 ■夏候鸟

形态：虹膜红色，喙红色。色彩艳丽。成鸟头黑褐色而具灰色纹理，项圈黄，背绿，胸及下翼红色，腹部紫黑色，腿上有绿色及黄色横纹，飞行时翼下的黄色带斑清晰易见。脚灰色。**习性：**群栖性，喧闹成群地飞于城市及公园的上空。**分布与种群现状：**引入到香港。目前已成野化种群，但数量有所下降。

注：《中国鸟类野外手册》列出但未在中国境内有确切野外分布证据的鸟（《中国观鸟年报—中国鸟类名录6.0(2018)》）。

体长：24cm　LC（低度关注）
国家Ⅱ级重点保护野生动物

小葵花凤头鹦鹉 *Cacatua sulphurea* Yellow-crestea Cockatoo 鹦鹉科 Psittacidae

■迷鸟 ■留鸟 ■旅鸟 ■冬候鸟 ■夏候鸟

形态：虹膜深褐色，喙黑色。体白色，甚喧闹，具长的耸立型黄色凤头，颊淡黄色。脚深灰色。**习性：**见于常绿林地、公园。成对及以小群活动。扇翅沉重，停栖鸣叫时凤头不时起落。**分布与种群现状：**引入种，在香港已成野化种群。

注：《中国鸟类野外手册》列出但未在中国境内有确切野外分布证据的鸟（《中国观鸟年报—中国鸟类名录6.0(2018)》）。

体长：33cm　CR（极危）　国家Ⅱ级重点保护野生动物

长尾鹦鹉 *Psittacula longicauda* Long-tailed Parakeet 鹦鹉科 Psittacidae

■迷鸟 ■留鸟 ■旅鸟 ■冬候鸟 ■夏候鸟

形态：头侧红色并具醒目的黑色颊纹，上背沾浅蓝色，下体绿色，绿色的尾特长而尾端渐细，尾尖端黄色，两翼淡蓝色。雄鸟顶冠绿色。雌鸟色较黯淡，具偏绿的髭须，背上无蓝色，飞行时翼衬为黄色。**习性：**快速往返飞行于取食地和停栖处。成极大群聚于沿海栖宿地。**分布与种群现状：**四川、广西有记录，迷鸟。

注：《中国鸟类野外手册》列出，但未在中国境内有确切野外分布证据的鸟（《中国观鸟年报—中国鸟类名录6.0(2018)》）。

体长：40cm　NT（近危）　国家Ⅱ级重点保护野生动物

XXVI. 雀形目 PASSERIFORMES

　　雀形目鸟类是鸟纲中物种最多的类群。其形态特征差异十分明显。大部分鸟类鸣管发达，繁殖季节歌声婉转，常被统称为"鸣禽"。陆栖性，大多数种类为树栖。食性十分多样，主要为杂食性，以植物为主，有些种类也取食脊椎动物和昆虫；有些种类食性较为特化，如有些种类主食花蜜。大部分为留鸟，但迁徙物种也较多。几乎分布于世界各个大陆以及岛屿的陆地所有生境中。在中国的主要类群有噪鹛科、鹟科、鸫科、鸭科等。本书本目共收集有55科829种。

八色鸫科 Pittidae

双辫八色鸫 *Pitta phayrei* Eared Pitta　八色鸫科 Pittidae

■迷鸟 ■留鸟 ■旅鸟 ■冬候鸟 ■夏候鸟

形态： 无近似鸟种。虹膜褐色，喙黑褐色。头、枕部两侧羽毛皮黄色而具黑色横斑，向后突出呈双辫状，颊、喉白色具黑色鳞状斑，颊纹黑色，上体暗棕褐色，下体皮黄色，两胁具黑色斑点。雄鸟具黑色中央冠纹，雌鸟头顶中央冠纹为暗栗褐色，胸和两胁黑色斑点较多。脚粉褐色。**习性：** 栖息于热带雨林、竹林。多在地上活动，落叶层中翻扒昆虫，常跳跃。**分布与种群现状：** 云南南部，留鸟，罕见。

体长：25cm　LC（低度关注）　国家Ⅱ级重点保护野生动物

蓝枕八色鸫 *Pitta nipalensis* Blue-naped Pitta　八色鸫科 Pittidae

■迷鸟 ■留鸟 ■旅鸟 ■冬候鸟 ■夏候鸟

形态： 虹膜褐色，喙褐色。雄鸟头部茶黄色，枕和后颈具亮蓝色斑，喉茶黄白色，眼后有一黑纹；背草绿色，腰和尾上覆羽绿色，下体茶黄色。雌鸟枕和后颈具绿色斑与背绿色相连。脚粉褐色。**习性：** 栖息于热带森林。飞行速度快，时常跳跃。**分布与种群现状：** 西藏东南部、云南、广西南部，留鸟，罕见。

体长：28cm　LC（低度关注）　国家Ⅱ级重点保护野生动物

263

蓝背八色鸫 *Pitta soror* Blue-rumped Pitta 八色鸫科 Pittidae

■迷鸟 ■留鸟 ■旅鸟 ■冬候鸟 ■夏候鸟

形态： 虹膜褐色，喙灰色。眉纹黄褐色，脸近白色，额及头顶橄榄棕色，颈背及腰淡蓝色。雌鸟似雄鸟，但橄榄色较暗淡，头顶及颈背多偏绿色。脚偏粉色。**习性：** 栖息于热带山地森林。受惊后贴地面飞行。**分布与种群现状：** 云南东南部、广西南部、海南，留鸟，罕见。

体长：25cm LC（低度关注） 国家Ⅱ级重点保护野生动物

栗头八色鸫 *Pitta oatesi* Rusty-naped Pitta 八色鸫科 Pittidae

■迷鸟 ■留鸟 ■旅鸟 ■冬候鸟 ■夏候鸟

形态： 虹膜深褐色，喙黑色。眼先黑褐色，眼后有黑纹。头、颈淡栗色，被羽遮挡不显，背部绿灰色，下体茶黄色。脚粉褐色。**习性：** 栖息于热带常绿阔叶林。**分布与种群现状：** 云南南部和西部，留鸟，罕见。

体长：26cm LC（低度关注） 国家Ⅱ级重点保护野生动物

蓝八色鸫 *Pitta cyanea* Blue Pitta 八色鸫科 Pittidae

■迷鸟 ■留鸟 ■旅鸟 ■冬候鸟 ■夏候鸟

形态： 虹膜褐色，喙偏黑色。头顶两侧橘黄色的宽带延伸至颈背，过眼纹黑色，脸颊皮黄色，髭纹黑色。上体深蓝色，下体灰色具细碎的黑色横斑，下腹中央白色。尾亮蓝色。雌鸟较雄鸟色暗。脚粉褐色。**习性：** 栖于常绿林、半落叶林及竹丛。在地面上跳动寻找甲虫等昆虫为食。**分布与种群现状：** 云南西部和南部，留鸟，罕见。

体长：24cm LC（低度关注） 国家Ⅱ级重点保护野生动物

绿胸八色鸫 *Pitta sordida* Hooded Pitta 八色鸫科 Pittidae

■迷鸟 ■留鸟 ■旅鸟 ■冬候鸟 ■夏候鸟

形态：虹膜褐色，喙黑色。头顶、枕部栗褐色，颈、头侧、颏、喉为黑色。背蓝绿色，腰、尾上覆羽和翅上小覆羽蓝色具光泽，飞羽黑色，初级飞羽中部白色。下体蓝绿色，下腹和尾下覆羽红色。脚肉色。**习性：**栖息于热带雨林。林下单独活动。**分布与种群现状：**西藏东南部、云南南部、四川西部，夏候鸟，罕见。

体长：18cm　LC（低度关注）　国家Ⅱ级重点保护野生动物

仙八色鸫 *Pitta nympha* Fairy Pitta 八色鸫科 Pittidae

■迷鸟 ■留鸟 ■旅鸟 ■冬候鸟 ■夏候鸟

形态：雌雄相似。虹膜褐色，喙偏黑。头顶深栗褐色，中央冠纹黑色，眉纹乳黄色，头侧有一条宽阔的黑纹自眼先经颊、眼、耳羽直到后颈，与中央冠纹相连。背绿色，腰、尾上覆羽及翅上小覆羽蓝色，喉白色，胸、腹污白色，腹中央和尾下覆羽红色。脚偏黑色。**习性：**栖息于低海拔的热带和亚热带森林。地面上跳跃行走，捕捉蚯蚓和其他昆虫喂食。繁殖期叫声响亮。**分布与种群现状：**华中、华东、华南地区，夏候鸟、旅鸟、迷鸟。

体长：20cm　VU（易危）　国家Ⅱ级重点保护野生动物

蓝翅八色鸫 *Pitta moluccensis* Blue-winged Pitta 八色鸫科 Pittidae

■迷鸟 ■留鸟 ■旅鸟 ■冬候鸟 ■夏候鸟

形态：雌雄相似。虹膜褐色，喙偏黑色。中央冠纹黑色，两侧具红棕色带纹，过眼纹黑色，喉白色，背绿色，翅上飞羽白斑大。腰、尾上覆羽及翅上覆羽蓝色，胸、腹栗色，腹中央和尾下覆羽红色。尾黑色端蓝色。脚淡褐色。**习性：**栖息各种林地生境。**分布与种群现状：**云南南部，夏候鸟，罕见；广东、香港，迷鸟。

体长：18cm　LC（低度关注）　国家Ⅱ级重点保护野生动物

阔嘴鸟科 Eurylaimidae

长尾阔嘴鸟 *Psarisomus dalhousiae* Long-tailed Broadbill 阔嘴鸟科 Eurylaimidae

■迷鸟 ■留鸟 ■旅鸟 ■冬候鸟 ■夏候鸟

形态： 雌雄相似。无近似鸟种。虹膜绿及灰色，喙黄绿色且较厚。头黑色，头顶具天蓝色斑块，眼后点斑和喉黄色，上下体以绿色为主。尾蓝色，两翼黑色。脚绿色。**习性：** 栖息于热带和亚热带常绿阔叶林。常在枝条上攀爬，飞行缓慢。非繁殖期集大群活动。**分布与种群现状：** 西藏东南、云南西部和南部、贵州西南部、广西西南部，留鸟，罕见。

体长：24cm　LC（低度关注）　国家Ⅱ级重点保护野生动物

银胸丝冠鸟 *Serilophus lunatus* Silver-breasted Broadbill 阔嘴鸟科 Eurylaimidae

■迷鸟 ■留鸟 ■旅鸟 ■冬候鸟 ■夏候鸟

形态： 无近似鸟种。虹膜褐及绿色，喙蓝色，基部黄色。整体粉灰色，具黑色的弯曲眉纹和蓝色的翼斑，肩、背及腰栗色，尾黑，窄边及尾端白色。雌鸟近灰色的胸部上具狭窄的白色横带。脚黄绿色。**习性：** 见于中低海拔山地的雨林中，常在树冠层及林下活动。在树叶间或飞行时捕食昆虫。**分布与种群现状：** 云南、广西南部、海南，留鸟，地区性常见。

体长：17cm　LC（低度关注）　国家Ⅱ级重点保护野生动物

黄鹂科 Oriolidae

金黄鹂 *Oriolus oriolus* Eurasian Golden Oriole 黄鹂科 Oriolidae

■迷鸟 ■留鸟 ■旅鸟 ■冬候鸟 ■夏候鸟

形态： 虹膜红色，喙红色。雄鸟金黄色，两翅黑色，两翅具黄色翅斑，尾黑色，外侧尾羽具黄色端斑。雌鸟上体黄绿色，下体黄白色具窄的褐色纵纹，翅和尾黑色。脚灰色。**习性：** 栖息于山地和山脚平原地带的阔叶林、混交林中。树冠层活动。**分布与种群现状：** 新疆极北部，夏候鸟，不常见。

体长：24cm　LC（低度关注）

印度金黄鹂 *Oriolus kundoo* Indian Golden Oriole 黄鹂科 Oriolidae

■迷鸟 ■留鸟 ■旅鸟 ■冬候鸟 ■夏候鸟

形态：似金黄鹂，但大覆羽羽尖黄色，黑色的冠眼纹可至眼后。**习性**：栖息于山地和山脚平原地带的阔叶林、混交林中。树冠层活动。**分布与种群现状**：新疆西南部、西藏西南部，夏候鸟，不常见。

体长：24cm LC（低度关注）

细嘴黄鹂 *Oriolus tenuirostris* Slender-billed Oriole 黄鹂科 Oriolidae

■迷鸟 ■留鸟 ■旅鸟 ■冬候鸟 ■夏候鸟

形态：虹膜红色，喙橙红色。与黑枕黄鹂相似，但喙细长，过眼纹窄，背橄榄黄色。脚灰色。**习性**：繁殖于山地森林海拔2500~4300m处，下至较低海拔开阔的常绿阔叶林越冬。树冠层活动。**分布与种群现状**：云南西部和南部，留鸟，不常见。

体长：25cm LC（低度关注）

黑枕黄鹂 *Oriolus chinensis* Black-naped Oriole 黄鹂科 Oriolidae

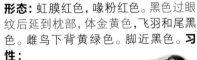

■迷鸟 ■留鸟 ■旅鸟 ■冬候鸟 ■夏候鸟

形态：虹膜红色，喙粉红色。黑色过眼纹后延到枕部，体金黄色，飞羽和尾黑色。雌鸟下背黄绿色。脚近黑色。**习性**：栖息于低山丘陵和山脚平原地带的天然次生阔叶林、混交林。喜栎树林和杨树林。树冠层活动。**分布与种群现状**：东北地区至西南、华南地区，夏候鸟，常见；台湾、海南、云南南部，留鸟。

体长：26cm LC（低度关注）

黑头黄鹂 *Oriolus xanthornus* Black-hooded Oriole 黄鹂科 Oriolidae

■迷鸟 ■留鸟 ■旅鸟 ■冬候鸟 ■夏候鸟

形态：虹膜红色，喙红色。头、颈和上胸黑色，体金黄色，两翅黑色具黄色翅斑，中央尾羽黑色具窄的黄绿色尖端，外侧尾羽黄色。脚黑色。**习性：**栖息于低山丘陵和山脚平原的阔叶林、竹林。**分布与种群现状：**云南西部、西藏东南部，留鸟，不常见。

体长：23cm LC（低度关注）

朱鹂 *Oriolus traillii* Maroon Oriole 黄鹂科 Oriolidae

■迷鸟 ■留鸟 ■旅鸟 ■冬候鸟 ■夏候鸟

形态：无近似鸟种。虹膜黄色，喙蓝灰色。雄鸟头、颈和前胸辉黑色，两翅黑褐色，其余体羽栗红色。雌鸟上体红色暗淡，下体白色具黑色纵纹。脚灰色。**习性：**栖息于热带、亚热带常绿阔叶林、落叶阔叶林和针阔叶混交林。常在树冠层活动。**分布与种群现状：**西南地区、海南、台湾，留鸟，不常见。

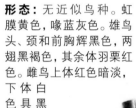

体长：26cm LC（低度关注）

鹊鹂 *Oriolus mellianus* Silver Oriole 黄鹂科 Oriolidae

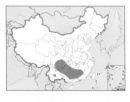

■迷鸟 ■留鸟 ■旅鸟 ■冬候鸟 ■夏候鸟

形态：无近似鸟种。虹膜黄色，喙灰色。雄鸟头、颈、两翼黑色，尾栗红色，余部灰色，脚灰色。雌鸟头、颈和翅黑色，背灰色，下体白色具黑色纵纹，尾上覆羽和尾羽红色。**习性：**栖息于山地森林次生阔叶林和疏林。**分布与种群现状：**四川南部、贵州、华南地区，夏候鸟，罕见。

体长：28cm EN（濒危）

莺雀科 Vireonidae

白腹凤鹛 *Erpornis zantholeuca* White-bellied Erpornis 莺雀科 Vireonidae

■迷鸟 ■留鸟 ■旅鸟 ■冬候鸟 ■夏候鸟

形态: 雌雄相似。虹膜褐色,喙角质色。上体绿色,具小冠羽,尾下覆羽黄绿色,面部、下体余部灰白色。脚角质色。**习性:** 结群栖息于森林的中高层。与其他鸟类混群。**分布与种群现状:** 西南及华南地区(包括台湾、海南),留鸟,较常见。

体长:13cm LC(低度关注)

棕腹鸡鹛 *Pteruthius rufiventer* Black-headed Shrike Babbler 莺雀科 Vireonidae

■迷鸟 ■留鸟 ■旅鸟 ■冬候鸟 ■夏候鸟

形态: 虹膜灰色,上喙黑色,下喙色较淡。雄鸟上体栗色,头、两翼及尾黑色,颏、喉及上胸灰色明显,胸侧有黄色块斑,下胸及臀红褐色,尾端及次级飞羽羽端有狭窄栗色。雌鸟似雄鸟但头侧灰色,头顶黑而具灰色斑纹,上体余部暗绿色,仅腰、尾上覆羽及次级飞羽羽端栗色。脚偏褐色。**习性:** 成对或结小群栖息于山地常绿阔叶林林下灌丛中。与其他鸟类混群。**分布与种群现状:** 云南,留鸟,不常见。

体长:21cm LC(低度关注)

红翅鸡鹛 *Pteruthius aeralatus* Blyth's Shrike Babbler 莺雀科 Vireonidae

■迷鸟 ■留鸟 ■旅鸟 ■冬候鸟 ■夏候鸟

形态: 虹膜灰蓝色,上喙蓝黑色,下喙灰色。雄鸟头黑色,眉纹白色,背羽蓝灰色,翅和尾羽黑色,三级飞羽及两胁栗红色,下体白色。雌鸟头灰色,背部橄榄灰色,翅和尾羽黄绿色,喉浅灰色,下体余部浅皮黄色。脚粉白色。**习性:** 栖息于山地常绿阔叶林中。**分布与种群现状:** 西藏南部、西南及华南(包括海南)、东南地区,留鸟,不常见。

体长:17cm LC(低度关注)

269

淡绿鸸鹛 *Pteruthius xanthochlorus* Green Shrike Babbler 莺雀科 Vireonidae

■迷鸟 ■留鸟 ■旅鸟 ■冬候鸟 ■夏候鸟

形态: 虹膜灰褐色,喙蓝灰色,喙端黑色。雄鸟头灰色,具白色眼圈,翼和尾羽黑褐色,上体余部橄榄绿色,喉和胸部灰白色,腹部和尾下覆羽浅黄色。雌鸟与雄鸟基本相似,但头顶褐灰色,无白色眼圈,翅上覆羽、飞羽及尾羽的外缘橄榄绿色。脚灰色。**习性:** 栖息于山区阔叶林、针叶林和针阔混交林中。与其他鸟类混群。**分布与种群现状:** 西南和东南部地区,留鸟,不常见。

体长: 12cm　LC（低度关注）

栗喉鸸鹛 *Pteruthius melanotis* Black-eared Shrike Babbler 莺雀科 Vireonidae

■迷鸟 ■留鸟 ■旅鸟 ■冬候鸟 ■夏候鸟

形态: 虹膜红褐色,上喙深灰色,下喙色较淡。眼圈白色,颏和喉部栗红色,翅灰黑色,具两道醒目的白色(雄鸟)或皮黄色(雌鸟)翼斑,上体余部大致橄榄绿色,下体余部黄色。脚浅褐色。**习性:** 栖息于山地常绿阔叶林。与其他鸟类混群。**分布与种群现状:** 西藏南部、云南,留鸟,罕见。

体长: 11.5cm　LC（低度关注）

栗额鸸鹛 *Pteruthius intermedius* Clicking Shrike Babbler 莺雀科 Vireonidae

■迷鸟 ■留鸟 ■旅鸟 ■冬候鸟 ■夏候鸟

形态: 虹膜红色,喙灰色。似栗喉鸸鹛,区别在于本种的额部栗红色,具白色眉纹。脚棕色。**习性:** 栖息于山地常绿阔叶林。多在树梢枝叶中觅食。与其他鸟类混群。**分布与种群现状:** 云南、广西、海南,留鸟,罕见。

体长: 11.5cm　NR（未认可）

山椒鸟科 Campephagidae

大鹃鵙 *Coracina macei* Large Cuckoo-shrike 山椒鸟科 Campephagidae

■迷鸟 ■留鸟　旅鸟　冬候鸟　夏候鸟

形态：虹膜近红色，喙黑色。额、颏和脸黑色，上体灰色，下体淡灰色，腹和尾下覆羽白色。尾浅凸，外侧尾羽黑色，端斑白色。脚黑色。**习性：**栖息于山脚平原、低山的次生常绿阔叶林和针阔叶混交林。在树冠层活动。**分布与种群现状：**西南、华南（包括海南）、华东南部地区、台湾，留鸟，较少见。

体长：28cm　LC（低度关注）

暗灰鹃鵙 *Lalage melaschistos* Black-winged Cuckoo-shrike 山椒鸟科 Campephagidae

■迷鸟 ■留鸟　旅鸟　冬候鸟　夏候鸟

形态：虹膜红褐色，喙黑色。雄鸟额、眼先、颊、耳羽和颏黑色，头部、背、肩等上体蓝灰或深灰色，腰和尾上覆羽稍浅淡，飞羽、初级覆羽多为黑色具光泽，下体蓝灰色。雌鸟体羽浅灰色，腹部常有一些横斑。脚铅蓝色。**习性：**栖息于平原、低山地带的次生阔叶林和针阔叶混交林。树冠层活动。**分布与种群现状：**分布范围广，夏候鸟、冬候鸟、留鸟，少见；台湾，旅鸟。

体长：23cm　LC（低度关注）

斑鹃鵙 *Lalage nigra* Pied Triller 山椒鸟科 Campephagidae

■迷鸟 ■留鸟　旅鸟 ■冬候鸟　夏候鸟

形态：虹膜深色，喙深角质色。雄鸟头至上背黑色，眉纹粗白色，贯眼纹黑色，后背至尾上覆羽灰色，翅上有大块白色翼斑。雌鸟头至上背呈灰棕色，下体有模糊的皮黄色鳞状斑。脚深色。**习性：**多见于海岸地带的原生林或次生阔叶林，常在树冠层活动，雄鸟鸣声高扬而具颤音。**分布与种群现状：**台湾，迷鸟，罕见。

体长：18cm　LC（低度关注）

粉红山椒鸟 *Pericrocotus roseus* Rosy Minivet 山椒鸟科 Campephagidae

■迷鸟 ■留鸟 ■旅鸟 ■冬候鸟 ■夏候鸟

形态：虹膜褐色，喙黑色。额白色，颏、喉淡粉白色，头顶至背灰褐色。雄鸟腰和尾上覆羽粉红色，两翅灰褐色具红色翼斑，胸、腹粉红色，中央尾羽黑色，外侧尾羽红色。雌鸟腰和尾上覆羽为浅黄色或黄白色，两翅灰褐或黑褐色具黄色，胸、腹浅黄色，中央尾羽黑色，外侧尾羽黄色。脚黑色。**习性：**栖息于山地次生阔叶林、混交林和针叶林。**分布与种群现状：**东南地区，夏候鸟、留鸟，少见。

体长：20cm　LC（低度关注）

小灰山椒鸟 *Pericrocotus cantonensis* Swinhoe's Minivet 山椒鸟科 Campephagidae

■迷鸟 ■留鸟 ■旅鸟 ■冬候鸟 ■夏候鸟

形态：虹膜褐色，喙黑色。雄鸟额白色，后连接短的眉纹，眼先黑色，头顶后部、枕、背灰黑色，腰和尾上覆羽沙褐色，两翼黑褐色，大覆羽羽缘白色。雌鸟前额、眉白色沾褐灰色。脚黑色。**习性：**栖息于低山丘陵和山脚平原林地。波状飞翔，树冠层活动。**分布与种群现状：**北京及南方地区，夏候鸟、旅鸟，较常见；迷鸟，辽宁。

体长：18cm　LC（低度关注）

灰山椒鸟 *Pericrocotus divaricatus* Ashy Minivet 山椒鸟科 Campephagidae

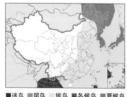

■迷鸟 ■留鸟 ■旅鸟 ■冬候鸟 ■夏候鸟

形态：虹膜褐色，喙黑色。前额、颈侧白色，过眼纹黑色。上体灰色，两翅黑色，翅上具白色翅斑，腰和尾上覆羽灰色。尾黑色，外侧尾羽白色。雄鸟头顶后部至后颈黑色。雌鸟头顶后部和上体均为灰色。脚黑色。**习性：**栖息于阔叶林、针叶林。树冠层活动。**分布与种群现状：**东北地区，夏候鸟，较常见。迁徙于东部沿海。

体长：20cm　LC（低度关注）

272

琉球山椒鸟 *Pericrocotus tegimae* Ryukyu Minivet 山椒鸟科 Campephagidae

形态： 虹膜深色，喙黑色。灰白色为主。雄鸟上体烟灰色，头顶至颈后灰黑色，眉纹白色而粗短，尾上覆羽深黑色，下颊和喉白色，胸前有烟灰色条带，下胸至腹部白色染灰色。似灰山椒鸟但翅明显较短，尾也显得稍短小，黑色贯眼纹更深，腹部颜色相比显得暗淡，且有深色胸带。脚深角质色。**习性：** 栖息于原生、次生及人工的疏林、林缘及高大灌丛中，习性同其他山椒鸟。**分布与种群现状：** 台湾，迷鸟，罕见。

■迷鸟 ■留鸟 ■旅鸟 ■冬候鸟 ■夏候鸟

体长：20cm LC（低度关注）

灰喉山椒鸟 *Pericrocotus solaris* Grey-chinned Minivet 山椒鸟科 Campephagidae

形态： 虹膜深褐色，喙黑色。雄鸟喉灰色，从头顶到上背灰黑色，下背至尾上覆羽红色，翅黑色具红色翅斑，下体为红色，尾黑色。雌鸟喉灰白色，下背至尾上覆羽橄榄黄色，下体黄色。在雄鸟为红色区域相应为黄色。脚黑色。**习性：** 栖息于低山丘陵地带、山地森林。小群活动。**分布与种群现状：** 西南、华南（包括海南）、华中地区及华东地区南部、台湾，留鸟，常见。

■迷鸟 ■留鸟 ■旅鸟 ■冬候鸟 ■夏候鸟

♂ ♀

体长：17cm LC（低度关注）

长尾山椒鸟 *Pericrocotus ethologus* Long-tailed Minivet 山椒鸟科 Campephagidae

形态： 虹膜褐色，喙黑色。雄鸟头、额、喉和上背亮黑色。下背、尾上覆羽、胸、上腹赤红色，下腹白色，两翅和尾黑色，翅上具红色翅斑。尾黑色，最外侧尾羽为红色。雌鸟前额黄色，头顶至后颈暗褐灰色，颊、耳羽灰色，额黄白色，在雄鸟为赤红色的区域相应为黄色。脚黑色。**习性：** 栖息于山地森林。小群活动。**分布与种群现状：** 华北、华中、西南地区，夏候鸟，常见；台湾，迷鸟。

■迷鸟 ■留鸟 ■旅鸟 ■冬候鸟 ■夏候鸟

♀ ♂

体长：20cm LC（低度关注）

短嘴山椒鸟 *Pericrocotus brevirostris* Short-billed Minivet 山椒鸟科 Campephagidae

■迷鸟 ■留鸟 ■旅鸟 ■冬候鸟 ■夏候鸟

形态: 虹膜褐色,喙黑色。雄鸟额、喉、头、背黑色,腰和尾上覆羽赤红色,两翅黑色具赤红色L型翅斑,下体赤红色,中央尾羽黑色。雌鸟额、头顶前部深黄色,头顶至背灰色,颊和耳羽黄色。在雄鸟赤红色的区域相应为黄色。脚黑色。**习性:** 栖息于常绿阔叶林、落叶阔叶林、针阔叶混交林和针叶林。集群树冠活动。**分布与种群现状:** 西南地区,夏候鸟,罕见。

体长:19cm LC(低度关注)

赤红山椒鸟 *Pericrocotus flammeus* Scarlet Minivet 山椒鸟科 Campephagidae

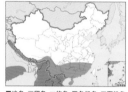

■迷鸟 ■留鸟 ■旅鸟 ■冬候鸟 ■夏候鸟

形态: 虹膜褐色,喙黑色。雄鸟头、背黑色,胸、腹部、腰、尾羽羽缘及翼上的两道斑纹红色。雌鸟背部多灰色,黄色替代雄鸟的红色,且黄色延至喉、颊、耳羽及额。脚黑色。**习性:** 栖息于低山丘陵、山脚平原地区次生阔叶林、热带雨林。集群树冠活动。**分布与种群现状:** 西南、华南地区(包括海南),留鸟,较常见。

体长:19cm LC(低度关注)

燕鵙科 Artamidae

灰燕鵙 *Artamus fuscus* Ashy Wood Swallow 燕鵙科 Artamidae

■迷鸟 ■留鸟 ■旅鸟 ■冬候鸟 ■夏候鸟

形态: 雌雄相似。无近似鸟种。虹膜褐色,喙蓝灰。头、颈、喉及背蓝灰色,翼、尾黑色具狭窄的白色尾端,尾平,腰白,下体无白色。脚灰色。**习性:** 栖息于低山丘陵、山脚平原的常绿阔叶林、次生阔叶林。在树枝或电线上拥挤在一起。**分布与种群现状:** 西南及华南地区(包括海南),留鸟。罕见。

体长:18cm LC(低度关注)

钩嘴鹀科 Tephrodornithidae

褐背鹟鹀 *Hemipus picatus* Bar-winged Flycatcher Shrike 钩嘴鹀科 Tephrodornithidae

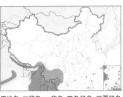

■迷鸟 ■留鸟 ■旅鸟 ■冬候鸟 ■夏候鸟

形态：虹膜褐色，喙黑色尖钩状。雄鸟头至上背黑色，腰白色，翅蓝灰色具长条白斑，中央尾羽黑色，其他尾羽端斑白色，下体灰褐色。雌鸟偏灰色。脚黑色。**习性：**栖息于低山丘陵地带、竹林。小群活动。**分布与种群现状：**西南地区，留鸟，少见。

体长：15cm LC（低度关注）

钩嘴林鹀 *Tephrodornis virgatus* Large Woodshrike 钩嘴鹀科 Tephrodornithidae

■迷鸟 ■留鸟 ■旅鸟 ■冬候鸟 ■夏候鸟

形态：喙端带钩，过眼纹黑色。雄鸟上体灰褐色，头顶及颈背灰色。雌鸟上体褐色，腰及下体白色，胸沾灰色。**习性：**栖息于平原和山地的次生阔叶林和针阔混交林。**分布与种群现状：**西南、华南地区，留鸟，不常见。

体长：20cm LC（低度关注）

雀鹎科 Aegithinidae

黑翅雀鹎 *Aegithina tiphia* Common Iora 雀鹎科 Aegithinidae

■迷鸟 ■留鸟 ■旅鸟 ■冬候鸟 ■夏候鸟

形态：虹膜灰白，喙蓝黑色。颏、喉、面、胸黄色。上体黄绿色，两翅黑色具两道白色翅斑，下体黄绿色。雄鸟尾上覆羽和尾黑色。雌鸟橄榄黄褐色。脚蓝黑色。**习性：**栖息于低山丘陵、平原的次生阔叶林。**分布与种群现状：**云南、广西南部，留鸟，地区性常见。

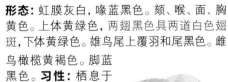

体长：14cm LC（低度关注）

大绿雀鹎 *Aegithina lafresnayei* Great Iora 雀鹎科 Aegithinidae

■迷鸟 ■留鸟 ■旅鸟 ■冬候鸟 ■夏候鸟

形态： 虹膜褐色，喙蓝灰色。额、头侧黄色，无冠羽。上体黄绿色，翅黑色具淡色羽缘，下体黄色。脚黑色。**习性：** 栖息于低山丘陵和山脚平原地带的次生阔叶林。**分布与种群现状：** 云南南部，留鸟，罕见。

体长： 17cm　LC（低度关注）

扇尾鹟科　Rhipiduridae

白喉扇尾鹟 *Rhipidura albicollis* White-throated Fantail 扇尾鹟科 Rhipiduridae

■迷鸟 ■留鸟 ■旅鸟 ■冬候鸟 ■夏候鸟

形态： 雌雄相似。虹膜褐色，喙黑色。眉纹和喉白色。体羽黑灰色，尾较长而宽，常散开呈扇状，除中央一对尾羽外，均具宽阔的白色端斑。脚黑色。**习性：** 栖息于常绿和落叶阔叶林、竹林和次生林以及混交林和针叶林。尾常竖起和左右展开呈扇形。**分布与种群现状：** 西藏南部、西南地区，留鸟，常见。

体长： 19cm　LC（低度关注）

白眉扇尾鹟 *Rhipidura aureola* White-browed Fantail 扇尾鹟科 Rhipiduridae

■迷鸟 ■留鸟 ■旅鸟 ■冬候鸟 ■夏候鸟

形态： 雌雄相似。虹膜褐色，喙褐黑色。前额和眉纹形成一条宽阔的白色，颏、喉灰白色。上体烟灰色，尾呈扇形，尾羽黑色，具白色端斑，越靠外白色范围越大，下体白色。**习性：** 栖息于低山丘陵和山脚平原地带的各种树林。**分布与种群现状：** 云南西部，留鸟，罕见。

体长： 17cm　LC（低度关注）

276

卷尾科 Dicruridae

黑卷尾 *Dicrurus macrocercus* Black Drongo 卷尾科 Dicruridae

■迷鸟 ■留鸟 ■旅鸟 ■冬候鸟 ■夏候鸟

形态: 雌雄相似。虹膜红色，喙黑色，喙基部具特征性白色点斑。脚黑色。体羽黑色具金属光泽，外侧尾羽长，尾呈叉状。**习性:** 栖息于低山丘陵和山脚平原的溪谷、开阔原野低处、沼泽、田野、村镇林地。**分布与种群现状:** 除新疆、青海外，各地均有分布，夏候鸟、留鸟，较常见。

体长：30cm　LC（低度关注）

灰卷尾 *Dicrurus leucophaeus* Ashy Drongo 卷尾科 Dicruridae

■迷鸟 ■留鸟 ■旅鸟 ■冬候鸟 ■夏候鸟

形态: 雌雄相似。虹膜橙红色，喙灰黑色。东部种群体羽浅灰色，脸部白色。西部种群整体深灰色。尾长呈叉状。脚黑色。**习性:** 栖息于低山丘陵和山脚平原地带的疏林和次生阔叶林。**分布与种群现状:** 华北至西南、华南地区，夏候鸟，较常见；海南，留鸟，少见；台湾，旅鸟。

体长：28cm　LC（低度关注）

鸦嘴卷尾 *Dicrurus annectans* Crow-billed Drongo 卷尾科 Dicruridae

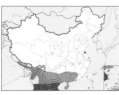

■迷鸟 ■留鸟 ■旅鸟 ■冬候鸟 ■夏候鸟

形态: 雌雄相似。虹膜红褐色，喙粗厚似鸦，黑色。体羽黑色具金属光泽。尾浅叉状，最外侧尾羽末端向上卷曲。脚黑色。**习性:** 栖息于中低海拔山区和山脚平原地带的树林。**分布与种群现状:** 西南和华南地区（包括海南），夏候鸟，不常见。浙江，迷鸟。

体长：28cm　LC（低度关注）

277

古铜色卷尾 *Dicrurus aeneus* Bronzed Drongo 卷尾科 Dicruridae

■迷鸟 ■留鸟 ■旅鸟 ■冬候鸟 ■夏候鸟

形态：雌雄相似。虹膜红褐色，喙黑色。体羽黑色，顶部向后下延伸至颈侧形成一半圆形环带具紫蓝色金属光泽。尾叉状，外侧尾羽末端向上卷曲。脚黑色。**习性：**栖息于常绿阔叶林、次生林、竹林等山地森林。**分布与种群现状：**西南地区、台湾、海南，留鸟，不常见。

体长：29cm LC（低度关注）

发冠卷尾 *Dicrurus hottentottus* Hair-crested Drongo 卷尾科 Dicruridae

■迷鸟 ■留鸟 ■旅鸟 ■冬候鸟 ■夏候鸟

形态：雌雄相似。虹膜红或白色，喙及脚黑色。冠羽发丝状，体羽黑色具蓝绿色金属光泽。外侧尾羽末端向上卷曲明显。脚黑色。**习性：**栖息于低山丘陵和山脚沟谷地带，多在常绿阔叶林、次生林。飞行快而有力。**分布与种群现状：**东北、华北地区至西南、华南地区，夏候鸟，常见；云南西部和南部，留鸟；海南、台湾，旅鸟，不常见。

体长：32cm LC（低度关注）

小盘尾 *Dicrurus remifer* Lesser Racket-tailed Drongo 卷尾科 Dicruridae

■迷鸟 ■留鸟 ■旅鸟 ■冬候鸟 ■夏候鸟

形态：雌雄相似。虹膜红色，喙黑色。前额具绒状短簇羽，体羽黑色具蓝绿色金属光泽。最外侧一对尾羽羽轴特别延长，末端有羽片成匙状。脚黑色。**习性：**栖息于低山丘陵和山脚地带的次生阔叶林、常绿阔叶林和竹林。波浪式缓慢飞行。**分布与种群现状：**云南、广西西南部，留鸟，罕见。

体长：26cm，尾部延长的飘带未计 LC（低度关注）

大盘尾 *Dicrurus paradiseus* Greater Racket-tailed Drongo 卷尾科 Dicruridae

■迷鸟 ■留鸟 ■旅鸟 ■冬候鸟 ■夏候鸟

形态：雌雄相似。虹膜红色，喙黑色。额部羽簇长且向后卷曲。体羽黑色具蓝绿光泽。尾叉状，外侧一对尾羽羽轴极度延长，末端羽片呈匙状。脚黑色。**习性：**栖息于低山丘陵和山脚平原地带的常绿阔叶林和次生林。**分布与种群现状：**海南、云南西部和南部，留鸟，罕见。

体长：35cm，尾部延长的飘带未计 LC（低度关注）

王鹟科 Monarchidae

黑枕王鹟 *Hypothymis azurea* Black-naped Monarch 王鹟科 Monarchidae

■迷鸟 ■留鸟 ■旅鸟 ■冬候鸟 ■夏候鸟

形态：虹膜深褐色，眼周裸露皮肤亮蓝色；喙偏蓝色，喙端黑色。雄鸟额基黑色，头顶天蓝色，枕有一特征性黑色块斑。腹、尾下覆羽白色，体羽青蓝色，胸具一半月形黑色胸带。雌鸟头颈暗青蓝色，背灰蓝褐色。脚偏蓝色。**习性：**栖息于低山丘陵和平原地带的常绿阔叶林、次生林、竹林和林缘疏林灌丛。**分布与种群现状：**华南地区，夏候鸟、冬候鸟、留鸟，较常见。

体长：16cm LC（低度关注）

印度寿带 *Terpsiphone paradisi* Indian Paradise-Flycatcher 王鹟科 Monarchidae

■迷鸟 ■留鸟 ■旅鸟 ■冬候鸟 ■夏候鸟

形态：似寿带，但上体红褐色更重，胸部较为干净，几乎为白色。**习性：**似寿带。**分布与种群现状：**西藏南部扎达县，夏候鸟，少见。

体长：22~48cm （雌鸟无延长尾羽） LC（低度关注）

东方寿带 *Terpsiphone affinis* Oriental Paradise Flycatcher 王鹟科 Monarchidae

■迷鸟 ■留鸟 ■旅鸟 ■冬候鸟 ■夏候鸟

形态：似寿带，但雄鸟几乎无白色型。头部蓝灰色较重，上体的赤褐色更重，腹部较白。**习性：**似寿带。**分布与种群现状：**云南，留鸟，常见。

体长：22~49cm
（雌鸟无延长尾羽） NE（未评估）

寿带 *Terpsiphone incei* Amur Paradise-Flycatcher 王鹟科 Monarchidae

■迷鸟 ■留鸟 ■旅鸟 ■冬候鸟 ■夏候鸟

形态：虹膜褐色，眼周裸露皮肤蓝色；喙蓝色，喙端黑色。雄鸟有红、白两种色型。头闪辉黑色，冠羽显著。红色型：上体、翼和尾羽赤褐色。白色型：上体、翼和尾羽白色。中央尾羽在尾后特形延长，下体近灰色。雌鸟似红色型雄鸟，但颜色更黯淡，尾羽无延长。脚蓝色。**习性：**栖息于低山丘陵和山脚平原地带的阔叶林、次生阔叶林、林缘疏林、竹林。**分布与种群现状：**除内蒙古、青海、新疆、西藏外，各地均有分布，夏候鸟、旅鸟。不常见。

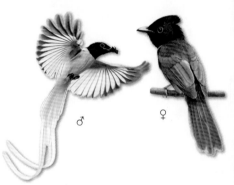

体长：22~48cm （雌鸟无延长尾羽） NE（未评估）

紫寿带 *Terpsiphone atrocaudata* Japanese Paradise-Flycatcher 王鹟科 Monarchidae

■迷鸟 ■留鸟 ■旅鸟 ■冬候鸟 ■夏候鸟

形态：虹膜深褐色，眼周裸露皮肤蓝色，喙蓝色。似寿带，胸口黑色与腹部白色区域分界明显。雄鸟无白色型，头部颜色更近黑色，尾黑色，背近紫色。雌鸟头顶色彩较暗且无金属光泽。脚偏蓝色。**习性：**栖息于山脚平原地带的常绿和落叶阔叶林、次生林、林缘疏林与竹林。**分布与种群现状：**东部地区至华南沿海，旅鸟，少见；台湾兰屿岛，留鸟。

体长：19~45cm （雌鸟无延长尾羽） NT（近危）

伯劳科 Laniidae

虎纹伯劳 *Lanius tigrinus* Tiger Shrike 伯劳科 Laniidae

■迷鸟 ■留鸟 ■旅鸟 ■冬候鸟 ■夏候鸟

形态：虹膜褐色，喙蓝色，端黑。雄鸟顶冠、颈背灰色，背、两翼及尾栗色具黑色横斑，过眼线宽且色黑，下体白，两胁具褐色横斑。脚灰色。雌鸟似雄鸟但眼先及眉纹色浅。**习性：**栖息于低山丘陵和山脚平原地区的森林。性凶猛，以动物为食，常栖于树木顶端。**分布与种群现状：**东北至华中、华东地区，夏候鸟，常见；华南地区、台湾，冬候鸟；云南除北部以外的旅鸟。

体长：19cm LC（低度关注）

牛头伯劳 *Lanius bucephalus* Bull-headed Shrike 伯劳科 Laniidae

■迷鸟 ■留鸟 ■旅鸟 ■冬候鸟 ■夏候鸟

形态：虹膜深褐色，喙灰色，端黑色。雄鸟头顶部棕色，过眼纹黑色，眉纹白色，背灰色，下体偏白，具深色鳞状横纹，两胁沾棕色。雌鸟褐色较重，两胁色浅，下体横纹明显。脚铅灰色。**习性：**栖息于林缘、次生林、河谷灌丛、防护林。性活泼，林间跳来跳去或飞进飞出。**分布与种群现状：**东北、华北地区至华东、华南地区，夏候鸟、旅鸟、冬候鸟、留鸟，较常见。

体长：19cm LC（低度关注）

红尾伯劳 *Lanius cristatus* Brown Shrike 伯劳科 Laniidae

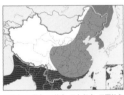

■迷鸟 ■旅鸟 ■旅鸟 ■冬候鸟 ■夏候鸟

形态：虹膜褐色，喙黑色。颏、喉白色，眉纹白色，贯眼纹黑色，头顶灰色或红棕色。上体棕褐或灰褐色，两翅黑褐色，尾上覆羽红棕色，尾羽棕褐色。下体棕白色。脚灰黑色。雌鸟贯眼纹色浅，下体具深色横纹。**习性：**栖息于低山丘陵和山脚平原地带的灌丛、疏林和林缘。**分布与种群现状：**分布范围广，夏候鸟、冬候鸟、留鸟，常见。

体长：20cm LC（低度关注）

红背伯劳 *Lanius collurio* Red-backed Shrike 伯劳科 Laniidae

■迷鸟 ■留鸟 ■旅鸟 ■冬候鸟 ■夏候鸟

形态： 虹膜褐色，喙灰色。雄鸟前额基部和贯眼纹黑色，头顶至后颈灰色，背红褐色或栗色，翅具白斑，飞羽黑色，胸和两胁粉红色，尾黑色。雌鸟头顶、上体褐色，贯眼纹黑色，胸、胁具鳞纹。脚黑色。**习性：** 栖息于开阔的疏林、林缘、林间空地、农田。**分布与种群现状：** 新疆，旅鸟，不常见。

体长：19cm　LC（低度关注）

荒漠伯劳 *Lanius isabellinus* Isabelline Shrike 伯劳科 Laniidae

■迷鸟 ■留鸟 ■旅鸟 ■冬候鸟 ■夏候鸟

形态： 虹膜褐色，喙灰色。雄鸟头、背灰色粘浅棕色，过眼纹黑色，眉纹白色，翅黑褐色具白斑，颏、喉、下体白色，尾棕红色。雌鸟过眼纹黑褐色，翅斑不明显。脚深灰色。**习性：** 栖息于开阔旷野、草场、荒漠灌丛地带。**分布与种群现状：** 西部及北部地区，夏候鸟、旅鸟，较常见。

体长：19cm　NE（未评估）

棕尾伯劳 *Lanius phoenicuroides* Rufous-tailed Shrike 伯劳科 Laniidae

■迷鸟 ■留鸟 ■旅鸟 ■冬候鸟 ■夏候鸟

形态： 虹膜黑色，喙黑色。红棕色为主。雄鸟头顶至上背沙褐色，头顶颜色偏红棕色而不同于荒漠伯劳，具黑色眼罩和白色细眉纹，两翼黑褐色且初级飞羽基部具明显白斑，下颊、颏、喉至下体白色，胸侧和两胁具鳞状横纹。脚灰黑色。**习性：** 栖息于和荒漠和半荒漠的疏林、灌丛和树丛中，习性同荒漠伯劳。**分布与种群现状：** 新疆西部和北部，夏候鸟；西藏西部，旅鸟。不常见。

体长：18cm　NE（未评估）

282

栗背伯劳 *Lanius collurioides* Burmese Shrike 伯劳科 Laniidae

■迷鸟 ■留鸟　旅鸟 ■冬候鸟 ■夏候鸟

形态：虹膜红褐色，喙深灰色。头顶黑灰色，上背为灰色，翅黑色具白色翅斑，内侧飞羽具栗色羽缘，下背、肩至尾上覆羽栗色，下体白色。尾黑色。脚偏黑色。雌鸟额略沾白色。**习性：**栖息于低山丘陵、山脚平原的开阔次生疏林、林缘和灌丛。**分布与种群现状：**西南及华南地区，留鸟，不常见。

体长：20cm　LC（低度关注）

褐背伯劳 *Lanius vittatus* Bay-backed Shrike 伯劳科 Laniidae

■迷鸟 ■留鸟　旅鸟 ■冬候鸟 ■夏候鸟

形态：雌雄相似。背部褐色，臀部灰白色，尾羽较长而黑底白边。腹部白色，但两侧浅黄色。冠部和后颈为灰色，眼部四周呈现伯劳属典型的黑色蒙面外观。双翼缀有少量白色。喙及两腿为深灰色。**习性：**喜栖息于灌木丛的树梢上，以捕捉蜥蜴、大型昆虫、小型鸟类和啮齿动物为食。**分布与种群现状：**仅记录于四川西部，迷鸟。

注：在《中国观鸟年报—中国鸟类名录6.0（2018）》中列出，2014年中国（四川）新记录（鸟网，2014）。

体长：17cm　LC（低度关注）

棕背伯劳 *Lanius schach* Long-tailed Shrike 伯劳科 Laniidae

■迷鸟 ■留鸟　旅鸟 ■冬候鸟 ■夏候鸟

形态：雌雄相似。虹膜褐色，喙黑色。额、头顶至后颈黑色或灰色，贯眼纹黑色，颊、喉白色，背棕红色，两翅黑色具白色翼斑，下体沾棕色。尾长、黑色。有深色型，体羽黑灰色，过眼纹、翅、尾黑色。脚黑色。**习性：**栖息于低山丘陵、山脚平原的次生阔叶林和混交林。领域性强，尾常向两边不停地摆动。**分布与种群现状：**南方地区，夏候鸟、留鸟，常见。近年来在新疆天山和华北地区的记录增多。

体长：25cm　LC（低度关注）

283

灰背伯劳 *Lanius tephronotus* Grey-backed Shrike 伯劳科 Laniidae

■迷鸟 ■留鸟 ■旅鸟 ■冬候鸟 ■夏候鸟

形态：虹膜褐色，喙绿色。前额基部、眼先、眼周、颊和耳羽黑色，黑色贯眼纹，头顶、后颈、下背暗灰色，腰棕色，两翅黑褐色，下体白色，两胁和尾下覆羽棕色。尾上覆羽棕色，黑褐色。脚黑绿色。**习性：**栖息于低山次生阔叶林和混交林林缘、农田。常单独或成对活动，喜欢站在树干顶枝上和电线上。**分布与种群现状：**西部地区和华中地区，夏候鸟、冬候鸟、留鸟，不常见。

体长：25cm　LC（低度关注）

黑额伯劳 *Lanius minor* Lesser Grey Shrike 伯劳科 Laniidae

■迷鸟 ■留鸟 ■旅鸟 ■冬候鸟 ■夏候鸟

形态：雌雄相似。虹膜褐色，喙灰色。前额和过眼纹连成宽的黑色带，头顶和上体灰色，翅黑色，具白色翅斑，下体白色，胸和两胁淡粉红色。尾黑色，外侧尾羽白色。脚黑色。**习性：**栖息于稀疏树木或灌木生长的开阔平原和草地。**分布与种群现状：**新疆西北部，夏候鸟，不常见。

体长：20cm　LC（低度关注）

灰伯劳 *Lanius excubitor* Great Grey Shrike 伯劳科 Laniidae

■迷鸟 ■留鸟 ■旅鸟 ■冬候鸟 ■夏候鸟

形态：虹膜褐色，喙黑色。喙基、过眼纹黑色，眉纹细白色。头顶、上体淡灰色，翅黑色具白色翅斑，下体白色，尾黑色，外侧尾羽白色。脚偏黑色。**习性：**栖息于低山丘陵、山脚平原、沼泽、草地、森林苔原、旷野、农田。有将多余的食物挂在树枝上的习惯。**分布与种群现状：**东北地区至西北地区，夏候鸟、冬候鸟，罕见。

体长：24cm　LC（低度关注）

楔尾伯劳 *Lanius sphenocercus* Chinese Gray Shrike 伯劳科 Laniidae

■迷鸟 ■留鸟 ■旅鸟 ■冬候鸟 ■夏候鸟

形态：雌雄相似。虹膜褐色，喙灰色，脚黑色。似灰伯劳，但尾较长，呈楔状。**习性：**栖息于低山丘陵、平原、草地、林缘、农田、旷野、灌丛、半荒漠地区等多种生境，越冬期领域性强且领域范围极大。**分布与种群现状：**东北地区至青藏高原东缘、陕西、山西，夏候鸟；南迁至长江流域、东部沿海省份，冬候鸟；台湾，冬候鸟，罕见。

体长：31cm LC（低度关注）

鸦科 Corvidae

北噪鸦 *Perisoreus infaustus* Siberian Jay 鸦科 Corvidae

■迷鸟 ■留鸟 ■旅鸟 ■冬候鸟 ■夏候鸟

形态：雌雄相似。无近似鸟种。虹膜褐色，喙黑色。颏、喉淡灰色，头黑褐色，背灰褐色沾棕色，翅具棕色斑，腹灰而沾棕色，尾羽棕色，中央尾羽灰褐色。脚黑色。**习性：**栖息于针叶林和以针叶树为主的针阔叶混交林。飞行缓慢且无声响，尾常散开呈扇形。**分布与种群现状：**东北地区、新疆北部，留鸟，罕见。

体长：28cm LC（低度关注）

黑头噪鸦 *Perisoreus internigrans* Sichuan Jay 鸦科 Corvidae

■迷鸟 ■留鸟 ■旅鸟 ■冬候鸟 ■夏候鸟

形态：雌雄相似。虹膜褐色，喙黄橄榄色至角质色。头、两翼、尾黑色。余部黑灰色。脚黑色。**习性：**栖息于高山针叶林中。多单独或成对活动，直线飞行。**分布与种群现状：**甘肃南部、四川西北部、青海东部，留鸟，少见。中国鸟类特有种。

体长：30cm VU（易危）

松鸦 *Garrulus glandarius* Eurasian Jay 鸦科 Corvidae

形态： 雌雄相似。无近似鸟种。虹膜浅褐色，喙灰色。主要特征为翼上具黑色及蓝色镶嵌图案。腰白，髭纹黑色，两翼黑色，具白色块斑。脚肉棕色。**习性：** 栖息于针叶林、针阔叶混交林、阔叶林。**分布与种群现状：** 东北地区至西南、华南地区（包括台湾和海南），留鸟，常见。

体长：35cm   LC（低度关注）

灰喜鹊 *Cyanopica cyanus* Azure-winged Magpie 鸦科 Corvidae

■迷鸟 ■留鸟 ■旅鸟 ■冬候鸟 ■夏候鸟

形态： 雌雄相似。无近似鸟种。虹膜褐色，喙黑色。头黑色，背、下体灰色，两翼、尾羽灰蓝色，具白色端斑。脚黑色。**习性：** 栖息于低山丘陵、山脚平原地区的次生林和人工林内、路边、村镇附近的小块林内、城市公园。常集群活动。**分布与种群现状：** 华中和东北地区，留鸟，常见。

体长：35cm   LC（低度关注）

台湾蓝鹊 *Urocissa caerulea* Taiwan Blue Magpie 鸦科 Corvidae

■迷鸟 ■留鸟 ■旅鸟 ■冬候鸟 ■夏候鸟

形态： 雌雄相似。虹膜浅黄色，喙猩红色。头、颈和上胸黑色，其余体羽深蓝色，翅上飞羽具白色端斑，下腹稍淡。尾下覆羽白蓝色，尾甚长、凸状，中央尾羽最长，具白色端斑，其余尾羽具黑色亚端斑和白色端斑。脚红色。**习性：** 栖息于低山阔叶林和次生林、河谷、公园。集群。**分布与种群现状：** 台湾，留鸟，较常见。中国鸟类特有种。

体长：69cm   LC（低度关注）

黄嘴蓝鹊 *Urocissa flavirostris* Yellow-billed Blue Magpie 鸦科 Corvidae

■迷鸟 ■留鸟 ■旅鸟 ■冬候鸟 ■夏候鸟

形态：雌雄相似。虹膜褐色，喙黄色。头和上胸黑色，枕部具白斑，上背灰色，翅及尾上覆羽浅蓝色，下体白色。尾长，中央尾羽最长且端白色，其他尾羽具白色端斑和黑色次端斑。脚黄色。**习性**：栖息于高原阔叶林地区。集群。**分布与种群现状**：西藏南部、云南西部，留鸟，常见。

体长：69cm　LC（低度关注）

红嘴蓝鹊 *Urocissa erythroryncha* Red-billed Blue Magpie 鸦科 Corvidae

■迷鸟 ■留鸟 ■旅鸟 ■冬候鸟 ■夏候鸟

形态：雌雄相似。虹膜红色，喙红色。头、颈、喉和胸黑色，头顶至后颈有一块白色至淡蓝白色块斑。上体紫蓝灰色或淡蓝灰褐色，下体白色。尾长，呈凸状，中央尾羽最长且端白色，其余尾羽具黑色次端斑和白色端斑。脚红色。**习性**：栖息于山区常绿阔叶林、针叶林、针阔叶混交林和次生林。集群。**分布与种群现状**：中部、西南、华南、东南地区和海南，留鸟，常见。

体长：68cm　LC（低度关注）

白翅蓝鹊 *Urocissa whiteheadi* White-winged Magpie 鸦科 Corvidae

■迷鸟 ■留鸟 ■旅鸟 ■冬候鸟 ■夏候鸟

形态：雌雄相似。虹膜黄色；喙橘黄色，基部偏绿或偏褐色。喉灰褐色。上体主要为黑褐色，翅黑色具3大块白色横斑，上胸灰褐或暗褐色。尾上覆羽白色。下体灰白色。尾长，呈凸状；尾羽灰色，具黑色次端斑和白色端斑。脚黑色。**习性**：栖息于山地森林、河谷雨林地带、村镇。**分布与种群现状**：四川南部、云南南部、广西南部、海南，留鸟，罕见。

体长：46cm　EN（濒危）

蓝绿鹊 *Cissa chinensis* Common Green Magpie 鸦科 Corvidae

形态：雌雄相似。额黄色，喙红色。体羽草绿色，宽阔的黑色过眼纹向后延伸到后颈，两翅栗红色，三级飞羽羽端黑色，尾长、绿色，具黑色次端带斑和白色端斑。脚红色。**习性：**栖息于低山丘陵亚热带常绿阔叶林、落叶阔叶林、次生林、竹林、橡树林。**分布与种群现状：**西藏东南部、云南南部、广西，留鸟，罕见。

■迷鸟 ■留鸟 ■旅鸟 ■冬候鸟 ■夏候鸟

体长：37cm LC（低度关注）

黄胸绿鹊 *Cissa hypoleuca* Indochinses Green Magpie 鸦科 Corvidae

形态：雌雄相似。具羽冠，眼圈红色。眼先、过眼纹为黑色，翅栗红色，三级飞羽末端白色，上体绿色，下体浅绿色，胸沾黄色。尾羽端淡黄色。**习性：**栖息于热带、亚热带常绿阔叶林、竹林。**分**

■迷鸟 ■留鸟 ■旅鸟 ■冬候鸟 ■夏候鸟

布与种群现状：四川南部、广西西南部、海南，留鸟，罕见。

体长：34cm LC（低度关注）

棕腹树鹊 *Dendrocitta vagabunda* Rufous Treepie 鸦科 Corvidae

形态：雌雄相似。虹膜红色，喙灰色。头、颈、颏、喉至上胸灰褐色。上、下体羽棕褐色，翅上具灰白色斑。尾长，浅灰色。凸状，具黑色端斑，中央尾羽最长。脚近黑色。**习性：**栖息于低山、丘陵和山脚平原地带的常绿阔叶林、季雨林和次生林、橡胶园、果园和农田。家族活动。**分布与种群现状：**云南西部，留鸟，不常见。

■迷鸟 ■留鸟 ■旅鸟 ■冬候鸟 ■夏候鸟

体长：44cm LC（低度关注）

灰树鹊 *Dendrocitta formosae* Grey Treepie 鸦科 Corvidae

■迷鸟 ■留鸟 ■旅鸟 ■冬候鸟 ■夏候鸟

形态：雌雄相似。虹膜红褐色；喙黑色，喙基灰色。颈、喉、头部黑色，头顶至后枕灰色，背、肩棕褐色，腰和尾上覆羽灰白色，翅黑色具白色翅斑。尾黑色，胸、腹灰色，尾下覆羽栗色。脚深灰色。**习性：**栖息于山地阔叶林、针阔叶混交林和次生林、灌丛。成对或小群树栖活动。**分布与种群现状：**南方地区，留鸟，较常见。

体长：38cm　LC（低度关注）

黑额树鹊 *Dendrocitta frontalis* Collared Treepie 鸦科 Corvidae

■迷鸟 ■留鸟 ■旅鸟 ■冬候鸟 ■夏候鸟

形态：雌雄相似。虹膜红褐色，喙黑色。头、前颈黑色，后颈、颈侧、胸白色，形成一宽大领圈，背、肩、腹栗褐色，翅覆羽灰色，飞羽黑色，黑色尾长。脚黑色。**习性：**栖息于绿阔叶林、针叶林、针阔叶混交林和次生林。**分布与种群现状：**西藏南部、云南西部，留鸟，不常见。

体长：38cm　LC（低度关注）

塔尾树鹊 *Temnurus temnurus* Ratchet-tailed Treepie 鸦科 Corvidae

■迷鸟 ■留鸟 ■旅鸟 ■冬候鸟 ■夏候鸟

形态：雌雄相似。虹膜褐色，喙黑色。体黑色，尾长，尾羽侧缘分枝、呈棘状。脚黑色。**习性：**栖息于山地原始森林和茂密的次生林、林缘疏林、竹林。树栖。**分布与种群现状：**云南南部、海南，留鸟，不常见。

体长：30cm　LC（低度关注）

289

喜鹊 *Pica pica* Common Magpie 鸦科 Corvidae

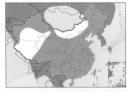

■迷鸟 ■留鸟 ■旅鸟 ■冬候鸟 ■夏候鸟

形态： 雌雄相似。虹膜褐色，喙黑色。头、颈、胸、上体、尾及尾下覆羽黑色，翅上具大型白斑，腹白色。脚黑色。**习性：** 栖息于平原、丘陵、低山地区、农田、村镇。**分布与种群现状：** 分布范围广，留鸟，常见。

体长：45cm　LC（低度关注）

黑尾地鸦 *Podoces hendersoni* Mongolian Ground Jay 鸦科 Corvidae

■迷鸟 ■留鸟 ■旅鸟 ■冬候鸟 ■夏候鸟

形态： 雌雄相似。虹膜深褐色；喙黑色，略下弯。体羽棕褐色，头顶至枕部黑色，两翅黑色具白色翅斑，尾黑色。脚黑色。**习性：** 栖息于干旱的山脚平原、荒漠和半荒漠地区。**分布与种群现状：** 西北地区，留鸟，不常见。

体长：30cm　LC（低度关注）

白尾地鸦 *Podoces biddulphi* Xinjiang Ground Jay 鸦科 Corvidae

形态：雌雄相似。虹膜深褐色；喙黑色，下弯。颊、喉黑色具黄色羽缘，头顶至枕黑色，体羽沙褐色，两翅黑具白色翅斑。尾羽白色，具黑色轴纹。脚黑色。**习性：**栖息于山脚干旱平原、荒漠与半荒漠地区。地栖，善奔跑。**分布与种群现状：**西北地区，留鸟，不常见。中国鸟类特有种。

■迷鸟 ■留鸟 ■旅鸟 ■冬候鸟 ■夏候鸟

体长：29cm NT（近危）

星鸦 *Nucifraga caryocatactes* Spotted Nutcracker 鸦科 Corvidae

形态：雌雄相似。虹膜深褐色，喙黑色。头顶黑褐色，体羽暗褐色密布白色斑点，两翼、尾羽黑色，尾下覆羽白色，尾具白色端斑。脚黑色。**习性：**栖息于山地针叶林和针阔叶混交林。常停歇树冠上。**分布与种群现状：**分布范围广，留鸟，常见。

■迷鸟 ■留鸟 ■旅鸟 ■冬候鸟 ■夏候鸟

体长：33cm LC（低度关注）

红嘴山鸦 *Pyrrhocorax pyrrhocorax* Red-billed Chough 鸦科 Corvidae

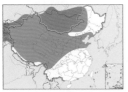

■迷鸟 ■留鸟 ■旅鸟 ■冬候鸟 ■夏候鸟

形态：雌雄相似。虹膜偏红色，喙红色。体羽黑色，具金属光泽。脚红色。**习性：**栖息于低山丘陵、山地及高原。**分布与种群现状：**分布范围广，留鸟，不常见。

体长：45cm　LC（低度关注）

黄嘴山鸦 *Pyrrhocorax graculus* Alpine Chough 鸦科 Corvidae

■迷鸟 ■留鸟 ■旅鸟 ■冬候鸟 ■夏候鸟

形态：雌雄相似。虹膜深褐色，喙黄色。体羽黑色，具绿金属光泽。脚红色。**习性：**栖息于高山灌丛、草地、荒漠和悬崖岩石等开阔地带。集群。**分布与种群现状：**西部地区，留鸟，不常见。

体长：38cm　LC（低度关注）

寒鸦 *Corvus monedula* Eurasian Jackdaw 鸦科 Corvidae

■迷鸟 ■留鸟 ■旅鸟 ■冬候鸟 ■夏候鸟

形态：雌雄相似。虹膜蓝色，喙黑色。体羽黑色，前颈黑色，其余颈部、枕部灰白色。脚黑色。**习性：**栖息于低山、丘陵和平原地带。集群。**分布与种群现状：**西部地区，夏候鸟、冬候鸟，常见。

体长：37cm　LC（低度关注）

达乌里寒鸦 *Corvus dauuricus* Daurian Jackdaw 鸦科 Corvidae

■迷鸟 ■留鸟 ■旅鸟 ■冬候鸟 ■夏候鸟

形态：雌雄相似。虹膜深褐色，喙黑色。颈圈白色向后下延伸至胸、腹部，其余体羽黑色。脚黑色。**习性：**栖息于山地、丘陵、平原、农田、旷野。集群。**分布与种群现状：**中部及东部地区，旅鸟、冬候鸟、夏候鸟、留鸟，常见；台湾，迷鸟。

体长：32cm LC（低度关注）

家鸦 *Corvus splendens* House Crow 鸦科 Corvidae

■迷鸟 ■留鸟 ■旅鸟 ■冬候鸟 ■夏候鸟

形态：雌雄相似。虹膜褐色，喙黑色。头前半部、颏、喉、背、两翼、尾黑色，余部灰白色。脚黑色。**习性：**栖息于平原和低山丘陵地区的城镇、农田。**分布与种群现状：**西藏南部、云南南部，留鸟，地方性常见。

体长：43cm LC（低度关注）

秃鼻乌鸦 *Corvus frugilegus* Rook 鸦科 Corvidae

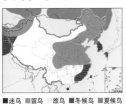

■迷鸟 ■留鸟 ■旅鸟 ■冬候鸟 ■夏候鸟

形态：雌雄相似。虹膜深褐色；喙黑色，喙基部裸露，为灰白色。体羽黑色，具金属光泽。脚黑色。**习性：**栖息于低山、丘陵和平原、农田、河流和村庄。**分布与种群现状：**东北、华中、华东、华南地区，夏候鸟、冬候鸟、留鸟，常见；海南，迷鸟。

体长：47cm LC（低度关注）

小嘴乌鸦 *Corvus corone* Carrion Crow 鸦科 Corvidae

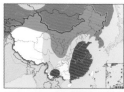

■迷鸟 ■留鸟 ■旅鸟 ■冬候鸟 ■夏候鸟

形态：雌雄相似。虹膜褐色；喙细较平直，黑色。头部较大嘴乌鸦显小，额不突起，体羽黑色，具金属光泽。脚黑色。**习性：**栖息于低山、平原和山地阔叶林、针阔叶混交林、针叶林、次生杂木林、人

工林。**分布与种群现状：**华中、华北、华南、西北、东南地区，冬候鸟、旅鸟、留鸟，较常见。

体长：50cm　LC（低度关注）

冠小嘴乌鸦 *Corvus cornix* Hooded Crow 鸦科 Corvidae

■迷鸟 ■留鸟 ■旅鸟 ■冬候鸟 ■夏候鸟

形态：雌雄相似。头、颏、喉、胸、翅和尾黑色，具蓝色金属光泽。余部体羽灰白色。**习性：**栖息于旷野疏林、农田。**分布与**

种群现状：新疆西部，冬候鸟，不常见。

体长：50cm　NR（未认可）

白颈鸦 *Corvus pectoralis* Collared Crow 鸦科 Corvidae

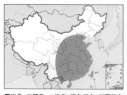

■迷鸟 ■留鸟 ■旅鸟 ■冬候鸟 ■夏候鸟

形态：雌雄相似。虹膜深褐色，喙黑色。后颈、颈侧、胸白色，形成白色领环，余部黑色，具金属光泽。脚黑色。**习性：**栖息于低山、丘陵和平原地带。善行走。**分布与种群现状：**除西部地区外，广布各地，留鸟，不常见。

体长：54cm　NT（近危）

294

大嘴乌鸦 *Corvus macrorhynchos* Large-billed Crow 鸦科 Corvidae

■迷鸟 ■留鸟 ■旅鸟 ■冬候鸟 ■夏候鸟

形态：雌雄相似。虹膜褐色，嘴黑色，喙粗大，上喙明显弯曲。前额突起。体羽黑色，具金属光泽。脚黑色。**习性：**栖息于低山、平原和山地阔叶林、针阔叶混交林、针叶林、次生杂木林、人工林等各种森林。**分布与种群现状：**除西北部地区外，广布大部地区，留鸟，常见。

体长：50cm　LC（低度关注）

丛林鸦 *Corvus levaillantii* Jungle Crow 鸦科 Corvidae

■迷鸟 ■留鸟 ■旅鸟 ■冬候鸟 ■夏候鸟

形态：虹膜深褐色，喙黑色。甚似大嘴乌鸦，但体型略小，喙亦略小，尾端较平。脚黑色。**习性：**栖于低至中等海拔高至1850m的有林地带。成对或结小群活动。于郊野取代家鸦。**分布与种群现状：**西藏东南部、云南西部，留鸟，不常见。

注：在《中国鸟类野外手册》中列出
（《中国观鸟年报—中国鸟类名录6.0（2018）》）。

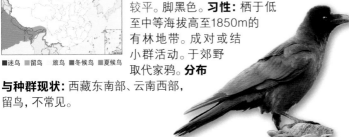

体长：47cm　NR（未认可）

渡鸦 *Corvus corax* Common Raven 鸦科 Corvidae

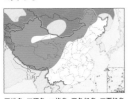

■迷鸟 ■留鸟 ■旅鸟 ■冬候鸟 ■夏候鸟

形态：雌雄相似。虹膜深褐色；喙大，黑色，体大，喙、头相对显小，鼻须长达喙的一半，喉、胸具针状长羽，体羽黑色具紫蓝色金属光泽。脚黑色。**习性：**栖息于林缘草地、河畔、农田、村落、荒漠、半荒漠、草甸。**分布与种群现状：**北部及西部地区，留鸟，常见。

体长：66cm　LC（低度关注）

295

玉鹟科 Stenostiridae

黄腹扇尾鹟 *Chelidorhynx hypoxanthus* Citrine Canary Flycataher 玉鹟科 Stenostiridae

■迷鸟 ■留鸟 ■旅鸟 ■冬候鸟 ■夏候鸟

形态: 虹膜褐色,喙黑色。前额相连眉纹为鲜黄色,过眼纹黑色。上体橄榄褐色,下体鲜黄色。尾褐色,除一对中央尾羽外,端部白色。脚黑色。

习性: 栖息于山地阔叶林、针阔叶混交林、竹林和针叶林。尾时常展开成扇形,左右摆动。**分布与种群现状:** 西南地区,留鸟,较常见。

体长: **12cm** **LC**（低度关注）

方尾鹟 *Culicicapa ceylonensis* Grey-headed Canary Flycatcher 玉鹟科 Stenostiridae

■迷鸟 ■留鸟 ■旅鸟 ■冬候鸟 ■夏候鸟

形态: 雌雄相似。虹膜褐色;上喙黑色,下喙角质色。头灰色,略具冠羽。上体橄榄色,下体黄色。尾黑灰色,端平。脚黄褐色。**习性:** 栖息于常绿和落叶阔叶林、竹林、混交林和林缘疏林灌丛。**分布与种群现状:** 秦岭淮河以南、西南地区、西藏东南部,夏候鸟、冬候鸟、留鸟,较常见;河北,迷鸟。

体长: **13cm** **LC**（低度关注）

山雀科 Paridae

火冠雀 *Cephalopyrus flammiceps* Fire-capped Tit 山雀科 Paridae

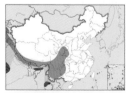

■迷鸟 ■留鸟 ■旅鸟 ■冬候鸟 ■夏候鸟

形态: 虹膜褐色,喙黑色。雄鸟特征为额红色,喉黄色沾红色,胸黄色,上体橄榄色,飞羽黑褐色。雌鸟暗黄色橄榄色,下体皮黄色。脚灰色。**习性:** 主要栖息于高山针叶林和针阔混交林。营巢于树洞。**分布与种群现状:** 西南地区,夏候鸟,不常见。

体长: **10cm** **LC**（低度关注）

黄眉林雀 *Sylviparus modestus* Yellow-browed Tit 山雀科 Paridae

形态: 雌雄相似。无近似鸟种。虹膜深褐色,喙角质色,基部偏灰色。上体橄榄绿色,额至头顶灰褐色,羽冠短,眼圈淡黄色,眉纹浅黄色,两翅和尾褐色,羽缘绿色,具一道翼斑,下体

淡黄绿色。脚蓝灰色。**习性:** 主要栖息于海拔3000m以下的山地常绿阔叶林、针阔叶混交林、针叶林等。**分布与种群现状:** 西南、华南、东南地区,留鸟,不常见。

体长:10cm LC(低度关注)

冕雀 *Melanochlora sultanea* Sultan Tit 山雀科 Paridae

形态: 虹膜褐色,喙黑色。前额至长冠羽金黄色,其余头、颈一直到尾上覆羽以及颏、喉、胸为亮黑色,下体黄色。雌鸟黄色部分淡,颏、喉、胸为暗黄绿色。脚灰色。**习性:** 主要栖息于海拔1000m以下的常绿阔叶林、热带雨林、落叶阔叶林、竹林、灌丛等。**分布与种群现状:** 华南地区,留鸟,不常见。

体长:20cm LC(低度关注)

棕枕山雀 *Periparus rufonuchalis* Rufous-naped Tit 山雀科 Paridae

形态: 雌雄相似。虹膜褐色,喙黑色。头、颈和冠羽亮黑色,颊有大块白斑,额、喉、胸黑色,后颈具棕色斑块,尾下覆羽棕色,背、腹橄榄灰色。脚深灰色。**习性:** 栖息于海拔1500~3000m的森林,秋冬下到海拔1200m左右活动。**分布与种群现状:** 新疆西部、西藏南部山地,留鸟,罕见。

体长:13cm LC(低度关注)

黑冠山雀 *Periparus rubidiventris* Rufous-vented Tit 山雀科 Paridae

■迷鸟 ■留鸟 ■旅鸟 ■冬候鸟 ■夏候鸟

形态：雌雄相似。虹膜褐色，喙黑色。似棕枕山雀，冠羽黑色，但后颈为白色无棕色，胸黑色部分小，脸部白斑较小，肩部沾棕色，上体黑灰色，下体略浅，尾下覆羽棕色。脚蓝灰色。**习性：**似棕枕山雀。**分布与种群现状：**陕西、甘肃南部、四川盆地周边、云南西北部、西藏南部，留鸟，罕见。

体长：12cm　LC（低度关注）

煤山雀 *Periparus ater* Coal Tit 山雀科 Paridae

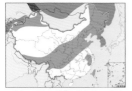

■迷鸟 ■留鸟 ■旅鸟 ■冬候鸟 ■夏候鸟

形态：雌雄相似。虹膜褐色，喙黑色。头顶、颈侧、喉及上胸黑色，边缘灰色，头具黑色短冠羽（有些亚种没有），后颈中央白色，颊部有大块白斑。上体蓝灰色，翅上两道白色点状翼斑，下体白色带皮黄色。

脚青灰色。**习性：**栖息于3000m以下的树林和灌丛。**分布与种群现状：**东北、华北、华中、华南地区（包括台湾），留鸟，较常见。

体长：11cm　LC（低度关注）

黄腹山雀 *Pardaliparus venustulus* Yellow-bellied Tit 山雀科 Paridae

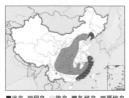

■迷鸟 ■留鸟 ■旅鸟 ■冬候鸟 ■夏候鸟

形态：虹膜褐色，喙近黑色。雄鸟头及短羽冠和上背黑色，胸兜黑色，脸颊白色，后颈至上背具白色条形斑块，下背、腰亮蓝灰色，翅上具两道白色点状翼斑，下体黄色。雌鸟头部灰色重，喉白色。脚蓝灰色。**习性：**主要栖息于海拔2000m以下的山地各种林木中，冬季多下到低山和山脚平原地带的次生林、人工林和林缘疏林灌丛地带活动。**分布与种群现状：**东北至华南地区，留鸟，较常见；东南沿海、辽宁，冬候鸟；云南昆明，垂直迁移。中国鸟类特有种。

体长：10cm　LC（低度关注）

褐冠山雀 *Lophophanes dichrous* Grey-crested Tit 山雀科 Paridae

■迷鸟 ■留鸟 ■旅鸟 ■冬候鸟 ■夏候鸟

形态： 雌雄相似。虹膜红褐色，喙近黑色。头顶、冠羽和上背灰褐色，其余上体褐色较多，额、眼先、颊和耳覆羽皮黄色，颈侧具棕白色领环，下体随亚种不同从皮黄色至黄褐色有变化。脚蓝灰色。**习性：** 栖息于2500~4200m的高山针叶林中。**分布与种群现状：** 西部地区，留鸟，不常见。

体长：12cm LC（低度关注）

杂色山雀 *Sittiparus varius* Varied Tit 山雀科 Paridae

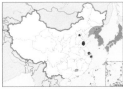

■迷鸟 ■留鸟 ■旅鸟 ■冬候鸟 ■夏候鸟

形态： 雌雄相似。除台湾杂色山雀外无近似鸟种。虹膜褐色，喙黑色。头顶和后颈黑色，枕部中央有皮黄色纵纹，额、喉黑色，胸、腹栗红色，额、眼先、颊至颈侧乳黄色，腹部中央白色，上背有大块栗色斑块，其余上体蓝灰色。脚灰色。**习性：** 栖息于海拔1000m以下的森林。**分布与种群现状：** 辽宁、吉林东部，留鸟，地区性常见。秋季有少量个体往南扩散；另有一孤立种群见于南岭地区，状况未明。

体长：12cm LC（低度关注）

台湾杂色山雀 *Sittiparus castaneoventris* Chestnut-bellied Tit 山雀科 Paridae

形态： 似杂色山雀。但腹部栗红色，上背无栗色斑块或很小。**习性：** 见于中低海拔山地，喜食松子。**分布与种群现状：** 台湾，留鸟，分布区内易见。

体长：13cm NE（未评估）

白眉山雀 *Poecile superciliosus* White-browed Tit 山雀科 Paridae

形态：雌雄相似。虹膜褐色，喙黑色。额、头至后颈黑色，白色眉纹连至前额，具醒目的黑色贯眼纹，颊和耳羽沙棕色，颏、喉黑色。上体土褐色，下体沙棕色。脚略黑色。**习性：**栖息于海拔3000~4500m的高原和高山针叶林、针阔混交林和高山灌丛草甸。

分布与种群现状：西北及西南地区，留鸟，不常见。中国鸟类特有种。

体长：13cm LC（低度关注）

红腹山雀 *Poecile davidi* Rusty-breasted Tit 山雀科 Paridae

形态：雌雄相似。虹膜深褐色，喙黑色。头、颏、喉及上胸黑色，颊具白色斑，颈圈棕色。下体栗红色，背、两翼及尾灰褐色，飞羽具浅色边缘。脚深灰色。**习性：**高山森林鸟类，栖息于海拔2000m以上的针叶林和竹林。

分布与种群现状：四川盆地周边山地，留鸟，罕见。中国鸟类特有种。

体长：13cm LC（低度关注）

沼泽山雀 *Poecile palustris* Marsh Tit 山雀科 Paridae

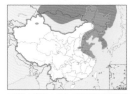

形态：雌雄相似。虹膜深褐色，喙偏黑色。头顶及颏黑色。上体灰褐色，下体近白色，两胁皮黄色，易与褐头山雀混淆但通常无浅色翼纹而具闪辉黑色顶冠。与黑喉山雀和川褐头山雀相似，但分布区不重叠。**习性：**似大山雀，栖息于海拔从平原到4000m区域。**分布与种群现状：**东北、华北、华东地区，留鸟，较常见。

体长：11.5cm LC（低度关注）

黑喉山雀 *Poecile hypermelaenus* Black-bibbed Tit 山雀科 Paridae

■迷鸟 ■留鸟 旅鸟 ■冬候鸟 ■夏候鸟

形态： 虹膜褐色，喙黑色。头部特征似沼泽山雀，但喉部黑色区域较大，背部偏橄榄褐色，胁部染棕色。脚黑色。**习性：** 繁殖于山地针叶林和针阔混交林中。冬季下至低海拔地区。**分布与种群现状：** 华中、西南地区，留鸟，常见。

注：在《中国观鸟年报—中国鸟类名录6.0 (2018)》中列出，由沼泽山雀 *Poecile palustris* 亚种提升为种 (Eck, Martens, 2006)。

体长：10~12cm LC（低度关注）

褐头山雀 *Poecile montanus* Willow Tit 山雀科 Paridae

■迷鸟 ■留鸟 旅鸟 ■冬候鸟 ■夏候鸟

形态： 雌雄相似。虹膜褐色，喙略黑色。头顶及颏褐黑色。上体褐灰色，下体近白色。两胁皮黄色，与沼泽山雀易混淆，但一般具浅色翼纹，黑色顶冠较大而少光泽。与川褐头山雀和黑喉山雀相似，但分布区不重叠。**习性：** 栖息于多种生境类型。**分布与种群现状：** 华北、东北地区、新疆西部，留鸟，较常见。

体长：11.5cm LC（低度关注）

四川褐头山雀 *Poecile weigoldicus* Sichuan Tit 山雀科 Paridae

■迷鸟 ■留鸟 旅鸟 ■冬候鸟 ■夏候鸟

形态： 虹膜褐色，喙黑色。与褐头山雀近似，但上背土褐色更浓，翅更长而尾短，两胁污褐色。**习性：** 同褐头山雀。**分布与种群现状：** 西藏东南部沿青藏高原东缘至陕西、甘肃，留鸟，较少见。

体长：11~13cm NR（未认可）

雀形目

301

灰蓝山雀 *Gyanistes cyanus* Azure Tit 山雀科 Paridae

■迷鸟 ■留鸟 ■旅鸟 ■冬候鸟 ■夏候鸟

形态：雌雄相似。无近似鸟种。虹膜深褐色，喙深蓝灰色。头顶浅灰色或蓝白色，后颈具一黑色领环并与蓝黑色贯眼纹相连接，背浅灰蓝色，飞羽蓝色，翅上大覆羽具白色端斑，尾深蓝色，端部、边缘白色，下体白色，腹中央有黑斑。脚深灰色。**习性：**栖息于山地和平原的森林和灌丛。**分布与种群现状：**黑龙江、内蒙古东北部、新疆，留鸟，地区性较常见。

体长：13cm LC（低度关注）

地山雀 *Pseudopodoces humilis* Ground Tit 山雀科 Paridae

■迷鸟 ■留鸟 ■旅鸟 ■冬候鸟 ■夏候鸟

形态：雌雄相似。无近似鸟种。喙黑色细长向下弯曲，眼先暗色。上体沙褐色，颈圈皮黄色，飞羽灰褐色具沙褐色羽缘，中央尾羽黑褐色，外侧尾羽皮黄色。下体污白色。**习性：**栖息于海拔3000~5000m的高原草原地带，地栖性，在土墙上打洞繁殖。**分布与种群现状：**青藏高原、新疆西部，留鸟，地区性常见。中国鸟类特有种。

体长：19cm LC（低度关注）

欧亚大山雀 *Parus major* Great Tit 山雀科 Paridae

■迷鸟 ■留鸟 ■旅鸟 ■冬候鸟 ■夏候鸟

形态：虹膜暗棕色，喙黑色。头、喉黑色，脸部具大块白斑，胸腹有一条宽阔的黑色纵纹与喉相连（雌鸟较细），翼上具一道醒目的白色条纹。下体黄色，背偏绿色。脚深灰色。**习性：**栖息于低山和山麓地带的次生阔叶林、阔叶林和针阔混交林、针叶林等，也见于城市园林中。**分布与种群现状：**新疆北部、东北地区极北部，留鸟，常见。

体长：14cm LC（低度关注）

大山雀 *Parus cinereus* Cinereous Tit 山雀科 Paridae

■迷鸟 ■留鸟 旅鸟 ■冬候鸟 ■夏候鸟

形态: 虹膜褐色,喙黑色,外形似远东山雀,但上体为干净的蓝灰色,无黄绿色调。原作为大山雀的亚种。**脚暗褐色。习性:** 栖息于各种类型的林地。**分布与种群现状:** 海南,留鸟,常见。

体长: 13~13.5cm　NR〔未认可〕

远东山雀 *Parus minor* Japanese Tit 山雀科 Paridae

■迷鸟 ■留鸟 旅鸟 ■冬候鸟 ■夏候鸟

形态: 虹膜褐色,喙黑色。具白色脸颊,头余部和喉黑色,胸腹中央具黑色领带,上体黄绿色,似大山雀,下体白色。脚暗褐色。**习性:** 栖息于低山麓地带的次生阔叶林、阔叶林和针阔叶混交林中,也适应人工林和针叶林。**分布与种群现状:** 除新疆、海南、台湾外,各地广泛分布,留鸟,常见。

注: 在《中国观鸟年报—中国鸟类名录6.0(2018)》中列出,由大山雀 *Parus major* 的亚种提升为种(Päckert et al., 2005; Eck, Martens, 2006; Collar, 2007)。

体长: 13~14cm　NR〔未认可〕

绿背山雀 *Parus monticolus* Green-backed Tit 山雀科 Paridae

■迷鸟 ■留鸟 旅鸟 ■冬候鸟 ■夏候鸟

形态: 雌雄相似。虹膜褐色,喙黑色。头、颈黑色,面颊具白斑,背部绿色,腹部鲜黄色,胸、腹部具一条粗大的黑色纵纹,具两道白色翼斑。脚青石灰色。**习性:** 栖息于海拔1200~3000m的山地针叶林和针阔叶混交林。**分布与种群现状:** 中部地区、西南地区,留鸟,较常见。

体长: 13cm　LC〔低度关注〕

台湾黄山雀 *Machlolophus holsti* Yellow Tit 山雀科 Paridae

■迷鸟 ■留鸟 ■旅鸟 ■冬候鸟 ■夏候鸟

形态： 虹膜深褐色，喙黑色。眼先、脸颊、下体黄色，额中央有一道黑色纵纹与黑色头顶相连接，头顶至后颈黑色，黑色冠羽长，冠羽背面白色，背和翼覆羽黑灰色，臀斑黑色。雌鸟无臀斑。脚灰色。**习性：** 栖息于海拔1000~2500m的阔叶林和针阔混交林。**分布与种群现状：** 台湾，留鸟，地方性常见。中国鸟类特有种。

体长：13cm NT（近危）

眼纹黄山雀 *Machlolophus xanthogenys* Black-lored Tit 山雀科 Paridae

■迷鸟 ■留鸟 ■旅鸟 ■冬候鸟 ■夏候鸟

形态： 雌雄相似。似黄颊山雀。脸部和腹部有黄色，但具黑色的贯眼纹，脸部黄色区域较小。**习性：** 栖息于亚热带山麓和山地开阔的森林。结小群活动。**分布与种群现状：** 西藏，留鸟，罕见。

体长：14cm LC（低度关注）

黄颊山雀 *Machlolophus spilonotus* Yellow-cheeked Tit 山雀科 Paridae

■迷鸟 ■留鸟 ■旅鸟 ■冬候鸟 ■夏候鸟

形态： 虹膜褐色，喙深灰色或黑色。头顶和羽冠黑色，前额、眼先、头侧和枕鲜黄色，眼后有黑纹。上背黄绿色或黑灰色，下体黄色或灰色，雄鸟腹部中央有一条粗黑的纵行条带。脚蓝灰色。**习性：** 主要栖息于海拔2000m以下的低山森林和林缘灌丛。似大山雀。**分布与种群现状：** 南方地区、西南地区，留鸟，较常见。

♀ ♂

体长：14cm LC（低度关注）

攀雀科 Remizidae

黑头攀雀 *Remiz macronyx* Black-headed Penduline Tit 攀雀科 Remizidae

■迷鸟 ■留鸟　旅鸟　冬候鸟 ■夏候鸟

形态：虹膜黑色，喙铅灰色。头和喉部黑色，背部棕红，领圈和腹部浅黄至白，翼羽具黑色边缘，尾黑色。脚铅灰色。**习性：**同其他攀雀。见于河边及湖畔的芦苇地。**分布与种群现状：**新疆西部，留鸟，罕见。

体长：11cm　LC（低度关注）

白冠攀雀 *Remiz coronatus* White-crowned Penduline Tit 攀雀科 Remizidae

■迷鸟 ■留鸟　旅鸟　冬候鸟 ■夏候鸟

形态：虹膜红褐色，喙深褐色有时延伸至灰色。额及脸罩黑色，但与栗色上背之间有白色领环，头顶白色，上背暗栗色，下背和腰棕黄色，颏、喉和下体灰白色。雌鸟色暗，顶冠及领环灰色。脚深灰色。**习性：**栖息于邻近湖泊、河流等水域附近的森林和灌丛中，编织一精致的囊袋状巢于水面的细枝上。**分布与种群现状：**西北地区，夏候鸟，不常见；新疆南部，偶有越冬。

体长：11cm　LC（低度关注）

中华攀雀 *Remiz consobrinus* Chinese Penduline Tit 攀雀科 Remizidae

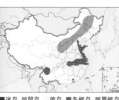
■迷鸟 ■留鸟　旅鸟　冬候鸟 ■夏候鸟

形态：虹膜深褐色，喙灰黑色。顶冠灰色，过眼纹黑色，背棕色，尾浅凹形，下体皮黄色。雌鸟及幼鸟似雄鸟但色暗，头顶和眼罩为褐色。脚蓝灰色。**习性：**似其他攀雀。**分布与种群现状：**东北、华中地区至南部沿海，夏候鸟、旅鸟、冬候鸟，不常见。

体长：11cm　LC（低度关注）

百灵科 Alaudidae

歌百灵 *Mirafra javanica* Horsfield's Bush Lark 百灵科 Alaudidae

■迷鸟 ■留鸟 ■旅鸟 ■冬候鸟 ■夏候鸟

形态: 雌雄相似。虹膜深褐色,上喙褐色,下喙偏黄。顶冠棕色而多具黑色斑纹,上体棕褐色,下体浅皮黄色,胸具黑色纵纹,外侧尾羽白色。外形似鹨但喙较厚且尾及腿较短。脚偏粉色,后爪甚长。**习性:** 栖息于旷野、农田、草地。常不停奔跑跳跃,可扇翅悬停于空中,有突然急降直下动作。**分布与种群现状:** 广东、香港、广西,夏候鸟,罕见。

体长: 14cm LC（低度关注）

草原百灵 *Melanocorypha calandra* Calandra Lark 百灵科 Alaudidae

■迷鸟 ■留鸟 ■旅鸟 ■冬候鸟 ■夏候鸟

形态: 雌雄相似。虹膜褐色,眼先、眉纹污白色。耳羽和颊棕褐色,颏、喉和下体白色,喉两侧各具一黑色块斑,上体沙褐色具黑褐色纵纹,翼下为黑色具较宽的白缘,飞翔时尤为明显,胸具黑色横带,外侧尾羽多为白色。**习性:** 栖息于草原、空旷田野。多地面活动,边飞边鸣。**分布与种群现状:** 新疆西部,留鸟,罕见。

体长: 18cm LC（低度关注）

双斑百灵 *Melanocorypha bimaculata* Bimaculated Lark 百灵科 Alaudidae

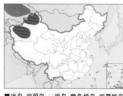

■迷鸟 ■留鸟 ■旅鸟 ■冬候鸟 ■夏候鸟

形态: 雌雄相似。虹膜褐色,喙粗大,偏粉色,上喙中线及喙端色深。具较宽的白色眉纹和眼圈,眼先褐色,喉白色。上体褐色具黑色纵纹,羽缘黄褐色,胸具黑色横带,下体白色或皮黄白色。尾短,外侧尾羽仅端白色。脚橘黄色。**习性:** 栖息于平原、河谷、半荒漠地带。飞行和在地面奔跑能力强。冬季集群。**分布与种群现状:** 新疆西部,冬候鸟,罕见。

体长: 16.5cm LC（低度关注）

蒙古百灵 *Melanocorypha mongolica* Mongolian Lark 百灵科 Alaudidae

■迷鸟 ■留鸟 ■旅鸟 ■冬候鸟 ■夏候鸟

形态：雌雄相似。无近似鸟种。虹膜褐色，喙浅角质色。头顶栗色，中央棕黄色，眼先、眼周及眉纹白色，喉、胸白色，前胸有醒目的黑斑。上体栗红色，翅具白色斑，飞行时显著，下体白色。脚橘黄色。**习性：**栖息于草原、半荒漠等开阔地区。繁殖期常停在电线上做出夸张的求偶行为。**分布与种群现状：**东北地区西部至青藏高原东北部，留鸟，地方性常见。因鸣声动听而被大量捕捉，导致数量下降。

体长：18cm　LC（低度关注）

长嘴百灵 *Melanocorypha maxima* Tibetan Lark 百灵科 Alaudidae

■迷鸟 ■留鸟 ■旅鸟 ■冬候鸟 ■夏候鸟

形态：虹膜褐色，喙黄白色，喙端黑色，喙长略下弯。上体褐色或沙褐色，背部有深的褐色条纹，翅覆羽暗褐色，羽缘色浅，下体白色，胸棕白色，具暗色斑点。尾羽端白，外侧尾羽白色。脚深褐色。**习性：**开阔的草原和牧场、水域草丛。单独或成对活动。**分布与种群现状：**西部地区，留鸟，适宜的生境较常见。

体长：21.5cm　LC（低度关注）

黑百灵 *Melanocorypha yeltoniensis* Black Lark 百灵科 Alaudidae

■迷鸟 ■留鸟 ■旅鸟 ■冬候鸟 ■夏候鸟

形态：无近似鸟种。虹膜深褐色，喙近黄色。雄鸟全身黑色；雌鸟沙色，头顶具黑色斑点，上体及翅覆羽具褐色斑点，下体白色，胸具点斑。脚青石灰色。**习性：**栖息于半干旱和半荒漠平原、草原、湿地灌木区。鸣叫时下压两翅，尾部抬起。**分布与种群现状：**新疆北部，迷鸟，罕见。

非繁殖羽 ♂

繁殖羽 ♂

体长：20cm　LC（低度关注）

大短趾百灵 *Calandrella brachydactyla* Greater Short-toed Lark 百灵科 Alaudidae

■迷鸟 ■留鸟 ■旅鸟 ■冬候鸟 ■夏候鸟

形态：雌雄相似。虹膜褐色，喙近黄色。眉纹白色。体羽沙色，背具暗褐色条纹，下体黄白色，前胸两侧具明显黑斑。外侧尾羽白色。**习性：**栖息于半干旱和半荒漠平原、草原、湿地灌木区。**分布与种群现状：**分布范围广，夏候鸟、旅鸟、冬候鸟，罕见。

体长：15cm　LC（低度关注）

细嘴短趾百灵 *Calandrella acutirostris* Hume's Short-toed Lark 百灵科 Alaudidae

■迷鸟 ■留鸟 ■旅鸟 ■冬候鸟 ■夏候鸟

形态：雌雄相似。虹膜褐色，喙粉红色，喙细、端部黑色。眉纹皮黄色，颈侧具黑色小斑。上体棕灰褐色，纵纹少，下体近白色，脚偏粉色。**习性：**栖息于干旱平原、高原等干旱环境。

繁殖期常在空中悬停鸣唱，但不如小云雀动听，冬季集群。**分布与种群现状：**西北地区，夏候鸟、冬候鸟，较常见。

体长：14cm　LC（低度关注）

短趾百灵 *Alaudala cheleensis* Asian Short-toed Lark 百灵科 Alaudidae

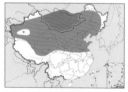

■迷鸟 ■留鸟 ■旅鸟 ■冬候鸟 ■夏候鸟

形态：雌雄相似。虹膜深褐色，喙粗短，角质灰色。眼先、眉纹和眼周白色，颊和耳羽棕褐色。上体沙棕色具黑褐色纵纹，下体皮黄色，胸侧具暗褐色纵纹，外侧尾羽白色。脚肉棕色。**习性：**栖息于干旱荒漠、平原、河滩。**分布与种群现状：**青藏高原及华北、东北地区，留鸟，常见。

体长：13cm　LC（低度关注）

凤头百灵 *Galerida cristata* Crested Lark 百灵科 Alaudidae

■迷鸟 ■留鸟　旅鸟 ■冬候鸟 ■夏候鸟

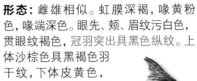

形态：雌雄相似。虹膜深褐，喙黄粉色，喙端深色。眼先、颊、眉纹污白色，贯眼纹褐色，冠羽突出具黑色纵纹。上体沙棕色具黑褐色羽干纹，下体皮黄色，胸具黑褐色纵纹。脚偏粉色。**习性：**栖息于干旱平原、旷野、半荒漠和荒漠边缘地带。地面奔跑，疾跑急停。短距离波浪式飞行。**分布与种群现状：**北方大部地区，留鸟，常见。少量个体南迁至华中和华东地区越冬。

体长：18cm　LC（低度关注）

白翅百灵 *Alauda leucoptera* White-winged Lark 百灵科 Alaudidae

■迷鸟 ■留鸟　旅鸟 ■冬候鸟 ■夏候鸟

形态：虹膜褐色，喙为偏灰的角质色，喙基黄色。眉纹白色，头顶、耳羽、翼肩和腰红褐色。翅上有大型白斑，下体白色，上胸两侧具栗色斑纹。尾羽黑褐色，外侧尾羽白色。脚橘黄色。雌鸟头顶色淡。**习性：**栖息于半干旱和半荒漠平原及盐碱地。**分布与种群现状：**繁殖于新疆北部，越冬至天山。

体长：18.5cm　LC（低度关注）

云雀 *Alauda arvensis* Eurasian Skylark 百灵科 Alaudidae

■迷鸟 ■留鸟　旅鸟 ■冬候鸟 ■夏候鸟

形态：雌雄相似。虹膜深褐色，喙角质色，喙形较厚且钝。头顶具短冠羽，眉纹白色。上体沙棕色具黑色羽干纹，羽缘红棕色，胸具明显的黑色纵纹，下体白色或棕白色，最外侧一对尾羽几纯白色。脚肉色。**习性：**栖息于平原、旷野、农田地带。地面奔跑，垂直起降，冠羽受惊时竖起。**分布与种群现状：**分布范围广，夏候鸟、旅鸟、冬候鸟，较常见。

体长：18cm　LC（低度关注）

309

日本云雀 *Alauda japonica* Japanese Skylark 百灵科 Alaudidae

■迷鸟 ■留鸟 ■旅鸟 ■冬候鸟 ■夏候鸟

形态：虹膜暗褐色，喙黑褐色。与云雀在野外难以分辨，但本种体型更小，冠羽和尾更短，具棕色肩斑，飞行时翼后缘较白。脚肉色。**习性：**似云雀。**分布与种群现状：**江苏东南部，迷鸟，罕见。

注：在《中国鸟类野外手册》中列出（《中国观鸟年报—中国鸟类名录6.0（2018）》）。

体长：17cm　NR（未认可）

小云雀 *Alauda gulgula* Oriental Skylark 百灵科 Alaudidae

■迷鸟 ■留鸟 ■旅鸟 ■冬候鸟 ■夏候鸟

形态：雌雄相似。虹膜褐色，喙角质色，较细长。褐色纹路斑驳似鹨，但喙较厚重。略具浅色眉纹及短冠羽。似云雀但体型较小尾较短。脚肉色。**习性：**栖息于开阔平原各类环境。**分布与种群现状：**新疆南部、青藏高原，夏候鸟；南方各地，留鸟。

体长：15cm　LC（低度关注）

角百灵 *Eremophila alpestris* Horned Lark 百灵科 Alaudidae

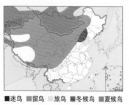

■迷鸟 ■留鸟 ■旅鸟 ■冬候鸟 ■夏候鸟

形态：虹膜褐色，喙灰色，上喙色较深。眼先、颊、耳羽和喙基黑色，眉纹白色与额、颈侧、喉部白色相连，形成近环状，额上方具两簇黑色角状饰羽，为本种的辨识特征。下体白色，具明显的黑色胸带。雌鸟饰羽短、黑色浅，不突出顶部，胸部横带明显细淡。脚近黑色。**习性：**栖息于高原草地、荒漠、半荒漠、戈壁滩、高山草甸地区。不高飞，冬季集群。**分布与种群现状：**西北地区、东北地区，留鸟，常见。东北地区少量个体南迁越冬。

体长：16cm　LC（低度关注）

文须雀科 Panuridae

文须雀 *Panurus biarmicus* Bearded Reedling 文须雀科 Panuridae

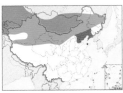

■迷鸟 ■留鸟　旅鸟 ■冬候鸟 ■夏候鸟

形态: 无近似鸟种。虹膜淡褐色,喙橘黄色。头灰色。上体棕黄色,翅黑色具白色翅斑,外侧尾羽白色。雄鸟眼先和眼周黑色并向下与黑色髭纹连在一起呈须状黑斑,下体白色,腹黄白色,尾下覆羽黑色。雌鸟色浅,无黑色髭纹。脚黑色。**习性:** 栖息于湖泊、河流湿地芦苇丛。常成对或成小群活动。

分布与种群现状: 北方地区,地区性留鸟,常见;东北地区种群短距离迁徙;冬季见于辽宁南部、北京、河北;山东,迷鸟。

幼鸟　♂　♀

体长: 17cm　LC(低度关注)

扇尾莺科　Cisticolidae

棕扇尾莺 *Cisticola juncidis* Zitting Cisticola 扇尾莺科 Cisticolidae

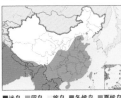

■迷鸟 ■留鸟　旅鸟 ■冬候鸟 ■夏候鸟

形态: 雌雄相似。虹膜褐色,喙褐色。上体褐色具深褐色纵纹,腰黄褐色,尾端白色清晰,与非繁殖期的金头扇尾莺的区别在于白色眉纹较颈侧及颈背明显为浅。脚粉红色至近红色。**习性:** 繁殖期间单独或成对活动,领域性强。**分布与种群现状:** 东北地区至华南地区,留鸟,常见。

体长: 10cm　LC(低度关注)

311

金头扇尾莺 *Cisticola exilis* Golden-headed Cisticola 扇尾莺科 Cisticolidae

■迷鸟 ■留鸟 ■旅鸟 ■冬候鸟 ■夏候鸟

形态: 雌雄相似。虹膜褐色,上喙黑色,下喙粉红色。繁殖期雄鸟头顶金色,腰褐色。雌鸟及非繁殖期雄鸟头顶密布黑色细纹,下体皮黄色,喉近白色。台湾亚种头白色。尾深褐色,尾端皮黄色,非繁殖期尾较长且凸。脚浅褐色。**习性:** 栖于平原地带的灌木丛和草丛中,性隐蔽,有时停于高草秆或矮树丛。**分布与种群现状:** 南方地区,地区性留鸟,较常见。垂直迁移。

体长:11cm LC(低度关注)

山鹪莺 *Prinia crinigera* Striated Prinia 扇尾莺科 Cisticolidae

■迷鸟 ■留鸟 ■旅鸟 ■冬候鸟 ■夏候鸟

形态: 雌雄相似。虹膜浅褐色,喙黑色(冬季褐色)。上体灰褐色并具黑色及深褐色纵纹,下体偏白色,两胁具橙红色纵纹,尾下覆羽橙红色,非繁殖期

褐色较重,顶冠具皮黄色和黑色细纹。**习性:** 多栖于高草及灌丛,常在耕地活动。**分布与种群现状:** 西南地区、南方地区,留鸟,常见。

体长:16.5cm LC(低度关注)

褐山鹪莺 *Prinia polychroa* Brown Prinia 扇尾莺科 Cisticolidae

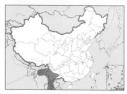

■迷鸟 ■留鸟 ■旅鸟 ■冬候鸟 ■夏候鸟

形态: 雌雄相似。虹膜红褐色,上喙褐色,下喙浅色。上体褐色,头顶、上背及尾上覆羽略具纵纹,尾形甚凸,尾端浅皮黄色并具深色的次端带,下体偏白色,两胁及尾下覆羽皮黄色,与山

鹪莺的区别在棕色较多,色较浅而较少纵纹,且胸上无纵纹。脚近白色。**习性:** 栖于高草地及低灌丛。性羞怯,藏身于浓密覆盖下。成对或成家族活动。**分布与种群现状:** 云南,留鸟,罕见。

体长:15cm LC(低度关注)

黑喉山鹪莺 *Prinia atrogularis* Black-throated Prinia 扇尾莺科 Cisticolidae

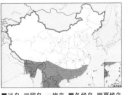

形态：雌雄相似。虹膜浅褐色，上喙暗色，下喙浅色。脸颊灰色，具明显的白色眉纹。上体褐色或橄榄绿色，两胁黄褐色，腹部皮黄色，胸具黑色纵纹。尾长。脚偏粉色。

习性：栖息于山边灌丛、草地，性活泼，喧闹。尾常上举。**分布与种群现状：**西藏南部、云南、华南地区，留鸟，较常见。

体长：16cm NE（未评估）

暗冕山鹪莺 *Prinia rufescens* Rufescent Prinia 扇尾莺科 Cisticolidae

形态：雌雄相似。虹膜褐色，喙角质褐色。眉纹近白色，繁殖期上体红褐色，头近灰色，下体白色，腹部、两胁及尾下覆羽沾皮黄色，与褐头山鹪莺的区别在尾较短，上体多偏红色。与非繁殖期的灰胸山

鹪莺的区别在眉纹显著且延至眼后，喙褐色较重，上体多偏红色。脚偏粉色。**习性：**低山丘陵和平原灌丛、草地，惧生。**分布与种群现状：**西藏东南部、华南地区，留鸟，不常见。

体长：11.5cm LC（低度关注）

灰胸山鹪莺 *Prinia hodgsonii* Grey-breasted Prinia 扇尾莺科 Cisticolidae

形态：雌雄相似。虹膜橘黄色，喙黑色(冬季褐色)。繁殖期头顶偏灰色，上体、翼和尾棕色，下体白色，具明显的灰色胸带，具较长的凸形尾，尾端白色；非繁殖期的成鸟及幼鸟难与非繁殖期的暗冕山鹪莺相区分，头顶棕褐色，但浅色的眉纹

较短(于眼后模糊不清)，喙较小而色深，尾端白色而非皮黄色，尾比褐头山鹪莺短很多。脚偏粉色。**习性：**习性似暗冕鹪莺但喜较干燥的栖息环境。**分布与种群现状：**西藏东南部、云南、华南地区，留鸟，较常见。

体长：12cm LC（低度关注）

黄腹山鹪莺 *Prinia flaviventris* Yellow-bellied Prinia 扇尾莺科 Cisticolidae

■迷鸟 ■留鸟 ■旅鸟 ■冬候鸟 ■夏候鸟

形态： 雌雄相似。虹膜浅褐色，上喙黑色至褐色，下喙浅色。喉及胸白色，下胸及腹部黄色，头灰色，有时具浅淡近白色的短眉纹，上体橄榄绿色，腿部皮黄色或棕色，换羽时羽色有异，繁殖期尾较短。脚橘黄色。**习性：** 栖于山脚和平原的芦苇沼泽、高草地及灌丛。**分布与种群现状：** 西南、华南、东南地区（包括海南、台湾），留鸟，较常见。

体长：13cm　LC（低度关注）

纯色山鹪莺 *Prinia inornata* Plain Prinia 扇尾莺科 Cisticolidae

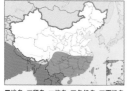

■迷鸟 ■留鸟 ■旅鸟 ■冬候鸟 ■夏候鸟

形态： 雌雄相似。虹膜浅褐色，喙近黑色。夏季上体灰褐色，头顶较深，棕白色眉纹较短，飞羽褐色，尾长而凸出，下体淡皮黄色。

冬季尾较长，上体红棕色，下体淡棕色。脚粉红色。**习性：** 栖息于低山丘陵、山脚和平原地带的农田等处。**分布与种群现状：** 西南、华南、华中、东南地区（包括海南、台湾），留鸟，较常见。

体长：15cm　LC（低度关注）

长尾缝叶莺 *Orthotomus sutorius* Common Tailorbird 扇尾莺科 Cisticolidae

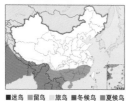

■迷鸟 ■留鸟 ■旅鸟 ■冬候鸟 ■夏候鸟

形态： 雌雄相似。虹膜浅皮黄色，上喙黑色，下喙偏粉色。前额、头顶棕色，尾长而常上扬，眼先及头侧近白色，后顶冠及颈背偏棕褐色，背、两翼及尾橄榄绿色，下体白色而两胁灰色。繁殖期雄鸟的中央尾羽由于换羽而更显延长。脚粉灰色。**习性：** 低山和平原地带，尤喜人类居住附近的环境，如城市公园、小树丛和人工林等。**分布与种群现状：** 南方地区，留鸟，较常见。

体长：12cm　LC（低度关注）

黑喉缝叶莺 *Orthotomus atrogularis* Dark-necked Tailorbird 扇尾莺科 Cisticolidae

■迷鸟 ■留鸟 ■旅鸟 ■冬候鸟 ■夏候鸟

形态：雌雄相似。虹膜褐色，上喙黑色，下喙偏粉色。头顶棕栗色，背亮橄榄绿色，两翅和尾褐色，头侧灰色，喉和前颈偏黑色(亚成鸟喉无黑色)，腹白色而臀黄色。雌鸟色暗，头少红色且喉少黑色。脚粉灰色。**习性：**似长尾缝叶莺。**分布与种群现状：**云南南部，留鸟，较常见。

体长：11.5cm LC（低度关注）

苇莺科 Acrocephalidae

大苇莺 *Acrocephalus arundinaceus* Great Reed Warbler 苇莺科 Acrocephalidae

■迷鸟 ■留鸟 ■旅鸟 ■冬候鸟 ■夏候鸟

形态：雌雄相似。虹膜褐色，喙深褐色，下喙基部浅褐色，喙厚大而端部色深。头部略尖，眉纹白色或皮黄色(新羽)，无深色的上眉纹，上体褐色，腰及尾上覆羽棕褐色，下体白色，胸侧、两胁及尾下覆羽沾暖皮黄色，似噪大苇莺但色较深，尾及尾上覆羽棕色较少，下体较白。脚灰褐色。**习性：**同东方大苇莺。**分布与种群现状：**新疆西部，夏候鸟；甘肃、云南，迷鸟。

体长：20cm LC（低度关注）

东方大苇莺 *Acrocephalus orientalis* Oriental Reed Warbler 苇莺科 Acrocephalidae

■迷鸟 ■留鸟 ■旅鸟 ■冬候鸟 ■夏候鸟

形态：雌雄相似。虹膜褐色，上喙褐色，下喙偏粉色。上体褐色，具显著的皮黄色眉纹，野外与噪大苇莺的区别为喙较粗短，尾较短且尾端色浅，下体色重且胸具深色纵纹。脚灰色。**习性：**栖息于低山、丘陵和山脚平原地带，常于湖边、沼泽、溪流附近的芦苇和灌丛中活动。夏季整日鸣叫不停。**分布与种群现状：**除西藏外，各地均有分布，夏候鸟，常见。

体长：19cm LC（低度关注）

噪苇莺 *Acrocephalus stentoreus* Clamorous Reed Warbler 苇莺科 Acrocephalidae

■迷鸟 ■留鸟 ■旅鸟 ■冬候鸟 ■夏候鸟

形态: 雌雄相似。虹膜褐色,上喙灰褐色,下喙基色浅。眉纹白色,上体全橄榄褐色,下体近白色,两胁及尾下覆羽浅黄褐色,与大苇莺的区别在腰、尾及尾上覆羽较多棕色,下体色淡,尾长;与东方大苇莺的区别在体型较大,喙较细尖而强悍,喉部无深色纵纹,尾较大且尾端无浅色。脚灰褐色。**习性:** 停栖时斜攀于芦苇茎上,鸣叫时膨出喉羽。**分布与种群现状:** 西藏东南部、云南、四川、贵州,留鸟,罕见。

体长:19cm　LC(低度关注)

须苇莺 *Acrocephalus melanopogon* Moustached Warbler 苇莺科 Acrocephalidae

■迷鸟 ■留鸟 ■旅鸟 ■冬候鸟 ■夏候鸟

形态: 虹膜黑色,喙浅灰色。头和喉部黑色,头顶、眼先和耳羽黑色。粗壮的过眼纹和腹部白色,两胁沾黄;背部、翼羽和尾棕黄色,翼缘黑色。**习性:** 同其他苇莺,见于湿地的芦苇丛。**分布与种群现状:** 仅新疆中部有繁殖记录,夏候鸟,罕见。

体长:11cm　LC(低度关注)

黑眉苇莺 *Acrocephalus bistrigiceps* Black-browed Reed Warbler 苇莺科 Acrocephalidae

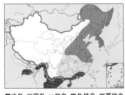

■迷鸟 ■留鸟 ■旅鸟 ■冬候鸟 ■夏候鸟

形态: 雌雄相似。虹膜褐色,上喙深褐色,下喙浅褐色。上体橄榄棕褐色,具特征性的上黑下白的双色眉纹,下体白色,两胁和尾下覆羽皮黄色,与细纹苇莺相似,但背部无纵纹。脚粉色。**习性:** 典型的苇莺,栖于近水的高芦苇丛及高草地。**分布与种群现状:** 东北地区至华东地区,夏候鸟、旅鸟;华南地区,冬候鸟、旅鸟。较常见。

体长:13cm　LC(低度关注)

蒲苇莺 *Acrocephalus schoenobaenus* Sedge Warbler 苇莺科 Acrocephalidae

■迷鸟 ■留鸟 ■旅鸟 ■冬候鸟 ■夏候鸟

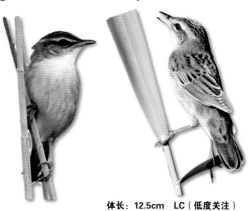

形态: 虹膜褐色,上喙深褐色,下喙浅褐色。繁殖期上体褐色,头顶和背具黑褐色条纹,腰和尾上覆羽棕色无黑色纵纹,眉纹黄白色,下体白色,两胁沾赭色,非繁殖羽多棕色,胸带上具细小的黑色点斑。脚偏粉色。**习性:** 主要栖息于湖泊、河流、水库附近的灌丛或芦苇,性机警,很少暴露。繁殖期雄鸟站侧枝上鸣叫。**分布与种群现状:** 新疆西北部,夏候鸟,不常见。

体长:12.5cm　LC(低度关注)

细纹苇莺 *Acrocephalus sorghophilus* Streaked Reed Warbler 苇莺科 Acrocephalidae

■迷鸟 ■留鸟 ■旅鸟 ■冬候鸟 ■夏候鸟

形态: 雌雄相似。虹膜褐色,上喙黑色,下喙偏黄色。上体棕褐色,头顶及上背具模糊的纵纹,下体皮黄色,喉偏白色,脸颊近黄色,眉纹皮黄色而上具黑色的宽纹,比黑眉苇莺上体色淡且纵纹较多,喙显粗而长。脚粉红色。**习性:** 似其他苇莺。**分布与种群现状:** 东部沿海地区,夏候鸟、旅鸟,极罕见。

体长:13cm　EN(濒危)

钝翅苇莺 *Acrocephalus concinens* Blunt-winged Warbler 苇莺科 Acrocephalidae

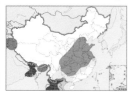

■迷鸟 ■留鸟 ■旅鸟 ■冬候鸟 ■夏候鸟

形态: 雌雄相似。虹膜褐色,上喙深褐色,下喙浅褐色。上体棕褐色无纵纹,两翼短圆,眉纹白色甚短,上体深橄榄褐色,腰及尾上覆羽棕色,具深褐色的过眼纹但眉纹上无深色条带,下体白色,胸侧、两胁及尾下覆羽沾皮黄色。脚浅粉色。**习性:** 繁殖期见于芦苇地或山中的高草地。**分布与种群现状:** 中东部地区,夏候鸟、旅鸟,罕见。

体长:14cm　LC(低度关注)

远东苇莺 *Acrocephalus tangorum* Manchurian Reed Warbler 苇莺科 Acrocephalidae

■迷鸟 ■留鸟 ■旅鸟 ■冬候鸟 ■夏候鸟

形态：雌雄相似。虹膜褐色，上喙深褐色，下喙粉红色，喙较大且长。上体灰褐色，具深色的过眼纹，非繁殖羽多棕色，胸、两胁及尾下覆羽沾棕，似稻田苇莺及钝翅苇莺，但喙、尾较长。眉纹上具较醒目的黑色条纹。脚橙褐色。**习性:** 同稻田苇莺。**分布与种群现状:** 东北、华北地区，夏候鸟、旅鸟，罕见。

体长：14cm　VU（易危）

稻田苇莺 *Acrocephalus agricola* Paddyfield Warbler 苇莺科 Acrocephalidae

■迷鸟 ■留鸟 ■旅鸟 ■冬候鸟 ■夏候鸟

形态: 雌雄相似。虹膜褐色，上喙黑色，下喙粉红色。上体棕褐色，眉纹白色甚短，其上具模糊的黑色短纹，背、腰及尾上覆羽棕色，下体白色，两胁及尾下覆羽沾棕褐色，贯眼纹及耳羽褐色。脚粉色。**习性:** 见于湖泊及河流的低矮植丛中取食。特有习性为，尾不停地抽动和上扬并将顶冠羽耸起。**分布与种群现状:** 新疆，夏候鸟，罕见；云南无量山与哀牢山，旅鸟。

体长：14cm　LC（低度关注）

布氏苇莺 *Acrocephalus dumetorum* Blyth's Reed Warbler 苇莺科 Acrocephalidae

■迷鸟 ■留鸟 ■旅鸟 ■冬候鸟 ■夏候鸟

形态: 雌雄相似。虹膜橄榄色。喙偏粉色，喙端色深，喙长。上体灰褐色无纵纹，两翼短而圆，具深色的细眼纹、短的白色眉纹和清晰的浅色眼先，但无深色上眉纹，上颚中线及尖端色深，比芦苇莺或稻田苇莺色冷而多灰色，下体白色，颈侧、上胸及两胁沾皮黄色。脚近褐色。**习性:** 栖息于湖泊、河流、水塘、溪流岸边灌丛、草丛、芦苇丛。**分布与种群现状:** 新疆西北部，夏候鸟；北京、河北、香港，迷鸟。

体长：14.5cm　LC（低度关注）

芦莺 *Acrocephalus scirpaceus* Eurasian Reed Warbler 苇莺科 Acrocephalidae

■迷鸟 ■留鸟 旅鸟 ■冬候鸟 ■夏候鸟

形态：雌雄相似。虹膜浅褐色，上喙深褐色，下喙粉红色，喙较长。上体沙色无纵纹，具模糊的白色眉纹，耳羽色略暗，下体白色，胸侧及两胁栗棕色，头形略尖，腰色暗淡，两翼较长。脚黄褐色。**习性：**栖于高芦苇中。扬头垂尾在芦苇中侧身穿行。好奇但又显紧张。飞行低且尾展开。**分布与种群现状：**新疆、云南南部，旅鸟、夏候鸟，罕见。

体长：13cm　LC（低度关注）

厚嘴苇莺 *Arundinax aedon* Thick-billed Warbler 苇莺科 Acrocephalidae

■迷鸟 ■留鸟 旅鸟 ■冬候鸟 ■夏候鸟

形态：雌雄相似。虹膜褐色，上喙深褐色，下喙浅褐色。上体橄榄棕褐色无纵纹，喙粗短，与其他大型苇莺的区别在无深色眼线且几乎无浅色眉纹而使其看似呆板，羽色深暗，尾长而凸。脚灰褐色。**习性：**栖息于林缘、湖边或河谷两岸的丛林和灌木林，不喜茂密的森林，有时能模仿其他鸟鸣。**分布与种群现状：**东北地区至华南地区，夏候鸟、旅鸟、冬候鸟，不常见。

体长：20cm　LC（低度关注）

靴篱莺 *Iduna caligata* Booted Warbler 苇莺科 Acrocephalidae

■迷鸟 ■留鸟 旅鸟 ■冬候鸟 ■夏候鸟

形态：雌雄相似。虹膜褐色，上喙深褐色，下喙粉红色，喙甚小。外形似柳莺但色彩斑纹却似苇莺，近白的眉纹长而宽且远伸散于眼后，上体纯灰褐色，下体乳白色，两胁及尾下覆羽沾皮黄色，具白色的眼圈。尾平，外侧尾羽白色。脚粉灰色。**习性：**栖息于多种生境，森林、灌丛、草原、荒漠。**分布与种群现状：**新疆，夏候鸟；香港，迷鸟。罕见。

体长：11cm　LC（低度关注）

319

赛氏篱莺 *Iduna rama* Sykes's Warbler 苇莺科 Acrocephalidae

■迷鸟 ■留鸟 ■旅鸟 ■冬候鸟 ■夏候鸟

形态: 雌雄相似。虹膜褐色,上喙深褐色,下喙粉红色,喙较大。似靴篱莺但体型略大,上体褐色较少。下体较白。脚偏粉色。**习性:** 同靴篱莺。**分布与种群现状:** 新疆,夏候鸟,罕见;云南昆明有分布,但居留类型不详。

体长: 12cm　LC(低度关注)

草绿篱莺 *Iduna pallida* Olivaceous EasternWarbler 苇莺科 Acrocephalidae

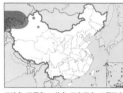

■迷鸟 ■留鸟 ■旅鸟 ■冬候鸟 ■夏候鸟

形态: 雌雄相似。虹膜褐色,上喙深褐色,下喙浅褐色。具短而近白的眉纹和平展的顶冠,下体偏白,尾略呈方形,形短的尾下覆羽使尾显长,上体单一浓褐色,较靴篱莺或赛氏篱莺喙大而眉短,似芦苇莺但尾方形而非圆形或楔形,且外侧尾羽羽缘及尾端均近白色,腰较少棕色。脚蓝灰色至灰褐色。**习性:** 栖息于水域附近的灌丛、农田草丛、荒漠灌丛。**分布与种群现状:** 新疆西北部,夏候鸟,罕见。

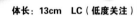

体长: 13cm　LC(低度关注)

鳞胸鹪鹛科 Pnoepygidae

鳞胸鹪鹛 *Pnoepyga albiventer* Scaly-breasted Wren Babbler 鳞胸鹪鹛科 Pnoepygidae

■迷鸟 ■留鸟 ■旅鸟 ■冬候鸟 ■夏候鸟

形态: 雌雄相似。虹膜褐色,喙角质色。上体深褐色,尾极短,胸、腹部具鳞斑状黑白色或黑褐色花纹。脚粉褐色。**习性:** 栖息于山地湿性常绿阔叶林。多在溪流边活动。性隐蔽。**分布与种群现状:** 西藏南部和东南部、云南、四川,留鸟,罕见。

体长: 10cm　LC(低度关注)

台湾鹪鹛 *Pnoepyga formosana* Taiwan Wren-Babbler 鳞胸鹪鹛科 Pnoepygidae

■迷鸟 □留鸟 □旅鸟 ■冬候鸟 ■夏候鸟

形态：与鳞胸鹪鹛极为相似。
习性：栖息于山地湿性常绿阔叶林。多在溪流边活动。性隐蔽。**分布与种群现状**：仅见于台湾中央山脉海拔1200~2800m的山地，少见。

体长：9cm　LC（低度关注）

尼泊尔鹪鹛 *Pnoepyga immaculata* Nepal Wren-Babbler 鳞胸鹪鹛科 Pnoepygidae

■迷鸟 □留鸟 □旅鸟 ■冬候鸟 ■夏候鸟

形态：雌雄相似。体小，几乎无尾，上体黄褐色，胸、腹密布黑色箭形斑纹，无眉纹。
习性：栖息于山地湿性常绿阔叶林，常在地面快速跳动。**分布与种群现状**：西藏南部，留鸟，罕见。

体长：10cm　LC（低度关注）

小鳞胸鹪鹛 *Pnoepyga pusilla* Pygmy Wren Babbler 鳞胸鹪鹛科 Pnoepygidae

■迷鸟 □留鸟 □旅鸟 ■冬候鸟 ■夏候鸟

形态：雌雄相似。虹膜深褐色，喙黑色。甚似鳞胸鹪鹛，但体型较小。上体的点斑区仅限于下背及覆羽，头顶无点斑，腹部的鳞片斑有白色和茶色两种色型。脚粉红色。
习性：栖息于山地常绿阔叶林。常在地面活动。性隐蔽。**分布与种群现状**：秦岭—淮河以南的南方地区、西藏东南部，留鸟，罕见。

体长：9cm　LC（低度关注）

321

蝗莺科 Locustellidae

高山短翅蝗莺 *Locustella mandelli* Russet Bush Warbler 蝗莺科 Locustellidae

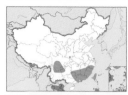

■迷鸟 ■留鸟 ■旅鸟 ■冬候鸟 ■夏候鸟

形态: 雌雄相似。虹膜褐色,上下喙皆为黑色。上体褐色,眉纹皮黄色,喉和腹中部白色,胸灰白色,两胁橄榄褐色,下体余部白色,尾下覆羽羽端近白色而成鳞状斑纹。脚粉色。**习性:** 隐匿于林缘及开阔而多灌丛山麓的密丛中,高可至海拔2800m。**分布与种群现状:** 南方地区,留鸟,地区性较常见。

体长: 14cm　LC(低度关注)

台湾短翅蝗莺 *Locustella alishanensis* Taiwan Bush Warbler 蝗莺科 Locustellidae

■迷鸟 ■留鸟 ■旅鸟 ■冬候鸟 ■夏候鸟

形态: 雌雄相似。背橄榄褐色,双翼和尾羽暗褐色,羽缘锈褐色,眉斑淡黄色,颊、喉和腹部中央污白色,喉和上胸带黑色斑点,

两胁与尾下覆羽与背同色。**习性:** 似其他短翅蝗莺。**分布与种群现状:** 台湾,留鸟,地区性较常见。中国鸟类特有种。

体长: 13.5cm　LC(低度关注)

四川短翅蝗莺 *Locustella chengi* Sichuan Bush Warbler 蝗莺科 Locustellidae

■迷鸟 ■留鸟 ■旅鸟 ■冬候鸟 ■夏候鸟

形态: 雌雄相似。虹膜黄色,喙全黑。极似高山短翅蝗莺,但喉略白。通过鸣声来区分。**习性:** 见于海拔1000~2300m的山区,行动非常隐秘,活动于山地灌丛中。**分布与种群现状:** 四川、陕西、贵州、湖北、湖南及其临近省份,留鸟,罕见。2015年在中国发表的鸟类新种。

体长: 14cm　LC(低度关注)

斑胸短翅蝗莺 *Locustella thoracica* Spotted Bush Warbler 蝗莺科 Locustellidae

形态: 雌雄相似。虹膜深褐色, 喙黑色。上体棕褐色, 头顶略带红褐色, 眉纹平黄白色, 下体污白色, 胸灰色具黑色斑点, 尾下覆羽褐色,

■迷鸟 ■留鸟 ■旅鸟 ■冬候鸟 ■夏候鸟

羽端白色呈锯齿形。脚粉色至褐色。**习性**: 似其他短翅蝗莺。**分布与种群状况**: 宁夏、甘肃、陕西至青藏高原东部山区、西藏东南部、云南, 夏候鸟, 留鸟, 不常见。

体长: 13.5cm   LC（低度关注）

北短翅蝗莺 *Locustella davidi* Baikal Bush Warbler 蝗莺科 Locustellidae

形态: 似斑胸短翅蝗莺, 整体颜色较浅, 胸口的黑色斑点较小, 不甚明显。**习性**: 似其他短翅蝗莺。**分布与种群现状**: 东北、华北地区, 夏候鸟; 华中各地, 旅鸟; 香港, 迷鸟, 不常见。

■迷鸟 ■留鸟 ■旅鸟 ■冬候鸟 ■夏候鸟

体长: 13.5cm   LC（低度关注）

巨嘴短翅蝗莺 *Locustella major* Long-billed Bush Warbler 蝗莺科 Locustellidae

形态: 雌雄相似。虹膜褐色, 喙偏黑。上体橄榄褐色。短的眉纹和眼圈色淡。颊白色, 喉和上胸具褐斑, 尤其羽基褐斑更浓, 胸

■迷鸟 ■留鸟 ■旅鸟 ■冬候鸟 ■夏候鸟

和尾下覆羽赤褐色, 胸侧和两胁橄榄褐色, 腹部中央白色。脚粉褐色。**习性**: 栖息于海拔1200~3600m河谷林缘、山地灌丛、草丛中。**分布与种群现状**: 新疆西南部、西藏西北部, 留鸟, 罕见。

体长: 13cm   NT（近危）

323

中华短翅蝗莺 *Locustella tacsanowskia* Chinese Bush Warbler 蝗莺科 Locustellidae

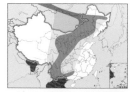

■迷鸟 ■留鸟 ■旅鸟 ■冬候鸟 ■夏候鸟

形态: 雌雄相似。虹膜褐色,喙浅褐色。具浅黄褐色的下体和眉纹,眼先白色,尾略长而凸,上体褐色,下体从白色至黄色,胸侧及两胁黄褐色,喉及上胸多有褐色点斑。尾下覆羽淡褐色,浅色的宽羽

端呈宽锯齿形纹理。脚带粉色。**习性:** 似其他短翅蝗莺。**分布与种群现状:** 东北地区至西南地区,夏候鸟、旅鸟,地区性较常见。

体长:14cm LC(低度关注)

棕褐短翅蝗莺 *Locustella luteoventris* Brown Bush Warbler 蝗莺科 Locustellidae

■迷鸟 ■留鸟 ■旅鸟 ■冬候鸟 ■夏候鸟

形态: 雌雄相似。虹膜褐色,上喙深褐色,下喙浅黄色。上体褐色,两翼宽短,下体颏、喉及上胸白色,脸侧、胸侧、腹部及尾下覆羽浓皮黄褐色,尾下覆羽端近白色而看似有鳞状纹。幼鸟喉皮黄色,喙细长而略具钩。**习性:** 似其他短翅蝗莺,但喜欢高山的草丛。**分布与种群现状:** 西南地区,留鸟;东部沿海,冬候鸟。不常见。

体长:13.5cm LC(低度关注)

黑斑蝗莺 *Locustella naevia* Common Grasshopper Warbler 蝗莺科 Locustellidae

■迷鸟 ■留鸟 ■旅鸟 ■冬候鸟 ■夏候鸟

形态: 雌雄相似。虹膜褐色,上喙暗褐色,下喙基粉红色。上、下体均具黑色纵纹,喉皮黄色,夏季上胸具黑色点斑,有时两胁具纵纹,浅色的眉纹不明显,下体灰皮黄色。甚似矛斑蝗莺但腹部灰色较重,尾下覆羽皮黄色而带黑色的矛尖状纵纹,尾色较深,体型略大,上体纵纹较少。脚粉色。**习性:** 似其他蝗莺。**分布与种群现状:** 新疆西北部,夏候鸟,罕见。云南大理、南涧,旅鸟。

体长:13cm LC(低度关注)

矛斑蝗莺 *Locustella lanceolata* Lanceolated Warbler 蝗莺科 Locustellidae

■迷鸟 ■留鸟 ■旅鸟 ■冬候鸟 ■夏候鸟

形态：雌雄相似。虹膜深褐色，上喙褐色，下喙带黄色。上体褐色具粗的黑色纵纹，眉纹淡黄色不明显，下体皮黄色带黑色纵纹，尾端无白色。脚粉色。**习性**：栖息于低山和山脚的稀疏灌丛和草丛中，尤其喜欢湖泊、沼泽等水域的草丛。**分布与种群现状**：北方地区，夏候鸟、旅鸟；南方地区，旅鸟、冬候鸟，常见。

体长：12.5cm　LC（低度关注）

鸲蝗莺 *Locustella luscinioides* Savi's Warbler 蝗莺科 Locustellidae

■迷鸟 ■留鸟 ■旅鸟 ■冬候鸟 ■夏候鸟

形态：雌雄相似。虹膜褐色，上喙暗角质色，下喙粉红色。上体棕褐色，眉线模糊，眼下方有半圈白色，下体偏白色，上胸、胸侧、两胁及尾下覆羽浅粉皮黄色，胸侧散有偏褐色纵纹，尾下覆羽羽端白色而略成锯齿纹。脚浅肉色。**习性**：似其他蝗莺，不甚惧生。**分布与种群现状**：新疆西北部，夏候鸟，不常见。

体长：14cm　LC（低度关注）

北蝗莺 *Locustella ochotensis* Middendorff's Grasshopper Warbler 蝗莺科 Locustellidae

■迷鸟 ■留鸟 ■旅鸟 ■冬候鸟 ■夏候鸟

形态：雌雄相似。虹膜褐色，上喙深褐色，下喙浅褐色。上体锈褐色，头顶和背具不明显的暗色纵纹，眉纹灰白色，尾凸具白色端斑，下体白色，胸和两胁缀皮黄色，飞羽外侧可见浅色边缘。脚粉色。**习性**：似其他蝗莺。**分布与种群现状**：东部地区及南部沿海地区、台湾，旅鸟，罕见。

体长：16cm　LC（低度关注）

东亚蝗莺 *Locustella pleskei* Pleske's Warbler 蝗莺科 Locustellidae

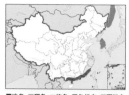

■迷鸟 ■留鸟 ■旅鸟 ■冬候鸟 ■夏候鸟

形态： 雌雄相似。虹膜褐色，上喙深褐色，下喙粉红色。上体灰橄榄褐色，头部斑纹不可见。

尾羽末端具白斑。下体污乳白色。胸、两胁及尾下覆羽淡橄榄褐色。脚粉红色。**习性：** 常在海边红树林和芦苇、沼泽中活动，通常不远离海岸活动。**分布与种群现状：** 山东至福建沿海、台湾，旅鸟；广东沿海，冬候鸟。罕见。

体长：16cm　VU（易危）

小蝗莺 *Locustella certhiola* Pallas's Grasshopper Warbler 蝗莺科 Locustellidae

■迷鸟 ■留鸟 ■旅鸟 ■冬候鸟 ■夏候鸟

形态： 雌雄相似。虹膜褐色，上喙褐色，下喙偏黄色。上体棕褐色，头、上体具

黑色纵纹，眉纹白色，尾凸具黑色次端斑和白色端斑，下体白色，胸、两胁和尾下覆羽黄褐色。脚淡粉色。**习性：** 似其他蝗莺。**分布与种群现状：** 分布范围广，夏候鸟、旅鸟。

体长：15cm　LC（低度关注）

苍眉蝗莺 *Locustella fasciolata* Gray's Grasshopper Warbler 蝗莺科 Locustellidae

■迷鸟 ■留鸟 ■旅鸟 ■冬候鸟 ■夏候鸟

形态： 雌雄相似。虹膜褐色，上喙黑色，下喙粉红色。上体橄榄褐色，眉纹白色，眼纹色深而脸颊灰暗，下体白色，胸及两胁具灰色或棕

黄色条带，羽缘微近白色，尾下覆羽皮黄色。幼鸟下体偏黄色，喉具纵纹。脚粉褐色。**习性：** 似其他蝗莺。**分布与种群现状：** 东北、华东地区，夏候鸟、旅鸟，罕见。

体长：15cm　LC（低度关注）

斑背大尾莺 *Locustella pryeri* Marsh Grassbird 蝗莺科 Locustellidae

■迷鸟 ■留鸟　旅鸟　冬候鸟 ■夏候鸟

形态: 雌雄相似。虹膜褐色,上喙辉黑色,下喙粉红色。上体棕褐色,具黑色纵纹,尤其在背部,头顶具黑色细纵纹,眉纹白色,下体白色,两胁及尾下覆羽淡皮黄色,尾端无白色点。脚粉红色。**习性:** 栖息于湖泊、河流、海岸和邻近地区的芦苇沼泽和草地。**分布与种群现状:** 东北至华南地区,夏候鸟、留鸟,罕见。

体长: **12cm　NT(近危)**

沼泽大尾莺 *Megalurus palustris* Striated Grassbird 蝗莺科 Locustellidae

■迷鸟 ■留鸟　旅鸟　冬候鸟 ■夏候鸟

形态: 雌雄相似。虹膜褐色,上喙黑色,下喙偏粉色。眉纹白色。上体浅栗褐色带粗黑褐色纵纹,下体乳白色。胸和尾下覆羽具少许窄的黑褐色纵纹,两胁沾棕,尾长具黑色。脚粉红色。**习性:** 见于开阔的多草原野、竹丛及次生灌丛。**分布与种群现状:** 西南地区,留鸟,常见。

体长: **雄鸟26cm,雌鸟23cm　LC(低度关注)**

燕科 Hirundinidae

褐喉沙燕 *Riparia paludicola* Brown-throated Martin 燕科 Hirundinidae

■迷鸟 ■留鸟　旅鸟　冬候鸟 ■夏候鸟

形态: 雌雄相似。虹膜褐色,喙黑色。喉、胸沙棕色。上体灰褐色,腹部、尾下覆羽白色。脚黑色。**习性:** 栖息于各种水域岸边。**分布与种群现状:** 云南南部、台湾,留鸟,适宜生境较常见;香港,迷鸟。

体长: **12cm　LC(低度关注)**

崖沙燕 *Riparia riparia* Sand Martin 燕科 Hirundinidae

■迷鸟 ■留鸟 ■旅鸟 ■冬候鸟 ■夏候鸟

形态：雌雄相似。虹膜褐色，喙黑色。颏、喉白色。上体灰褐色，下体白色，胸具灰褐色胸环带。尾浅叉状。脚黑色。**习性：**繁殖期在砂质土坡上集群筑巢，多在溪流附近。**分布与种群现状：**分布范围广，夏候鸟、旅鸟、冬候鸟，较常见。

体长：12cm LC（低度关注）

淡色崖沙燕 *Riparia diluta* Pale Martin 燕科 Hirundinidae

■迷鸟 ■留鸟 ■旅鸟 ■冬候鸟 ■夏候鸟

形态：雌雄相似。似崖沙燕。胸带淡，喉灰色，尾分叉浅。**习性：**栖息于各种水域岸边。**分布与种群现状：**西北部、中部、东部地区，夏候鸟、冬候鸟、留鸟，罕见。

体长：12cm LC（低度关注）

家燕 *Hirundo rustica* Barn Swallow 燕科 Hirundinidae

■迷鸟 ■留鸟 ■旅鸟 ■冬候鸟 ■夏候鸟

形态：雌雄相似。虹膜褐色，喙黑色。颏、喉和上胸栗色。下连一黑色环带，上体蓝黑色具光泽，翅下覆羽白色，下胸和腹白色。尾长，次端具白色点斑，呈深叉状。脚黑色。**习性：**栖息于和人类居住环境周围。飞行方向不固定。**分布与种群现状：**分布范围广，夏候鸟、冬候鸟、留鸟，常见。

白化

体长：20cm LC（低度关注）

洋燕 *Hirundo tahitica* Pacific Swallow 燕科 Hirundinidae

■迷鸟 ■留鸟 ■旅鸟 ■冬候鸟 ■夏候鸟

形态: 雌雄相似。虹膜褐色，喙黑色。前额、颊、喉暗栗红色，眼先黑色。上体蓝黑色而具金属光泽，翅深褐色，腰深蓝色。尾浅叉状，尾下覆羽具鳞状斑。脚黑色。**习性:** 栖息于沿海海岸、岛屿、低山丘陵。**分布与种群现状:** 台湾，留鸟，常见；福建、香港，迷鸟。

体长: 14cm LC（低度关注）

线尾燕 *Hirundo smithii* Wire-tailed Swallow 燕科 Hirundinidae

■迷鸟 ■留鸟 ■旅鸟 ■冬候鸟 ■夏候鸟

形态: 前额于头顶为红棕色。上体、尾深蓝色具金属光泽，下体白色。外侧尾羽超长如线。雌鸟外侧尾羽短。**习性:** 栖息于开阔林地、村镇。**分布与种群现状:** 云南西部，留鸟，罕见。

体长: 21cm LC（低度关注）

岩燕 *Ptyonoprogne rupestris* Eurasian Crag Martin 燕科 Hirundinidae

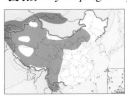

■迷鸟 ■留鸟 ■旅鸟 ■冬候鸟 ■夏候鸟

形态: 雌雄相似。虹膜褐色，喙黑色。颊、喉、胸污白色，颊、喉具暗褐色斑点，上体灰褐色，下胸和腹深棕沙色。尾羽短、浅叉形，尾下覆羽较腹羽暗。脚肉棕色。**习性:** 栖息于高山峡谷，悬崖峭壁。在繁殖巢附近快速飞行。**分布与种群现状:** 西部、北部、中部、

西南部地区，夏候鸟；西藏西南部，留鸟。较为少见。

体长: 15cm LC（低度关注）

纯色岩燕 *Ptyonoprogne concolor* Dusky Crag Martin 燕科 Hirundinidae

■迷鸟 ■留鸟 ■旅鸟 ■冬候鸟 ■夏候鸟

形态：雌雄相似。虹膜深褐色，喙黑褐色。全身近黑色。尾方形于近端处具白色点斑。翼及尾较雨燕为宽，与岩燕的区别在色甚深，且腹部同尾下覆羽一样深。脚褐色。**习性：**栖息于多崖山地和丘陵地区。**分布与种群现状：**云南南部、广西南部、西藏东南部，留鸟，罕见。

体长：12.5cm　LC（低度关注）

毛脚燕 *Delichon urbicum* Common House Martin 燕科 Hirundinidae

■迷鸟 ■留鸟 ■旅鸟 ■冬候鸟 ■夏候鸟

形态：雌雄相似。虹膜深褐色，喙黑色。额、头顶、背、肩黑色具蓝黑色金属光泽。下体和腰白色，腿、跗跖被白色羽，黑褐色尾叉状。脚粉红色。**习性：**栖息于山地、森林、河谷悬崖等处。集群。**分布与种群现状：**东北和西北地区，夏候鸟；中东部沿海，旅鸟；云南西部，冬候鸟；广东，迷鸟。常见。

体长：13cm　LC（低度关注）

烟腹毛脚燕 *Delichon dasypus* Asian House Martin 燕科 Hirundinidae

■迷鸟 ■留鸟 ■旅鸟 ■冬候鸟 ■夏候鸟

形态：雌雄相似。虹膜褐色，喙黑色。上体蓝黑色具金属光泽，翅下覆羽深灰色，下体灰白色，腰白色。尾叉状，尾下覆羽呈鳞状。腿被白色羽至脚趾，脚粉红色。**习性：**栖息于山地悬崖峭壁，也常在建筑物上筑巢。**分布与种群现状：**分布范围广，夏候鸟、冬候鸟、旅鸟、留鸟，地区性常见。

体长：13cm　LC（低度关注）

黑喉毛脚燕 *Delichon nipalense* Nepal House Martin 燕科 Hirundinidae

■迷鸟 ■留鸟 ■旅鸟 ■冬候鸟 ■夏候鸟

形态：雌雄相似。虹膜褐色，喙黑色。颏、喉灰黑色。上体蓝黑色具金属光泽，腰白色，下体白色。尾叉浅近方形。腿被白色羽至趾。脚褐色。**习性：**栖息于山地水域岸边。集群。**分布与种群现状：**北京，迷鸟，少见。

体长：12cm LC（低度关注）

金腰燕 *Cecropis daurica* Red-rumped Swallow 燕科 Hirundinidae

■迷鸟 ■留鸟 ■旅鸟 ■冬候鸟 ■夏候鸟

形态：雌雄相似。虹膜褐色，喙黑色。颈侧具特征性栗黄色斑。上体蓝黑色而具金属光泽，腰有棕栗色横带具黑色细纵纹，下体棕白色而具黑色细纵纹。尾深叉状。脚黑色。**习性：**栖息于低丘陵和平原地区的村镇。**分布与种群现状：**分布范围广，夏候鸟、冬候鸟、留鸟、旅鸟，常见。

体长：18cm LC（低度关注）

斑腰燕 *Cecropis striolata* Striated Swallow 燕科 Hirundinidae

■迷鸟 ■留鸟 ■旅鸟 ■冬候鸟 ■夏候鸟

形态：雌雄相似。虹膜褐色，喙黑色。颏、喉、胸及下体具浓密较粗大的黑色纵纹。上体蓝黑色而具金属光泽，腰带棕栗色无纵纹。尾深叉状，但较金腰燕明显短粗。脚深褐色。**习性：**栖息于低山丘陵和山脚平原地带。**分布与种群现状：**云南、台湾，留鸟，罕见。

体长：20cm NR（未认可）

331

黄额燕 *Petrochelidon fluvicola* Streak-throated Swallow 燕科 Hirundinidae

■迷鸟 ■留鸟 ■旅鸟 ■冬候鸟 ■夏候鸟

形态：雌雄相似。成鸟羽冠红棕色，具有浅色纵纹。上体浅蓝色，具白色纵纹，腰部灰棕色；幼鸟羽冠和上体较成鸟褐色更深且暗，飞羽边缘具浅色纹。**习性：**似其他燕，栖息于开阔的区域、耕地、人居环境，常接近水源。**分布与种群现状：**北京，迷鸟，少见。

体长：20cm LC（低度关注）

鹎科 Pycnonotidae

凤头雀嘴鹎 *Spizixos canifrons* Crested Finchbill 鹎科 Pycnonotidae

■迷鸟 ■留鸟 ■旅鸟 ■冬候鸟 ■夏候鸟

形态：雌雄相似。无近似鸟种。虹膜褐色，喙象牙色。额、脸、颈灰色，眼先及眼周黑色，耳羽灰色，冠羽黑色朝前竖立。上体橄榄绿色，下体黄绿色，尾羽黄绿色具黑色端斑。脚粉红色。**习性：**栖息于山地阔叶林、针阔叶混交林、次生林、竹林。**分布与种群现状：**西南地区，留鸟，较常见。

体长：22cm LC（低度关注）

领雀嘴鹎 *Spizixos semitorques* Collared Finchbill 鹎科 Pycnonotidae

■迷鸟 ■留鸟 ■旅鸟 ■冬候鸟 ■夏候鸟

形态：雌雄相似。虹膜褐色，喙浅黄色。额、头顶前部、喉黑色，前颈具白色领环。上体暗绿色，下体黄绿色。尾黄绿色具黑色端斑。脚偏粉色。**习性：**栖息于低山丘陵和山脚平原林地。**分布与种群现状：**华南（不包括海南）、华中、东南地区和台湾，留鸟，常见。

体长：23cm LC（低度关注）

黑头鹎 *Brachypodius atriceps* Black-headed Bulbul 鹎科 Pycnonotidae

形态：雌雄相似。虹膜浅蓝色，喙黑色。头黑色。上下体羽黄绿色，飞羽暗绿色。尾上覆羽黄色甚长，尾羽黄色具黑色次端斑。脚深褐色。**习性：**栖息于低山常绿阔叶林。**分布与种群现状：**云南西部和南部，留鸟，罕见。

体长：17cm LC（低度关注）

纵纹绿鹎 *Pycnonotus striatus* Striated Bulbul 鹎科 Pycnonotidae

形态：雌雄相似。虹膜红褐色，喙黑色。颏、喉黄色，冠羽绿褐色，具白色细纵纹。上体暗绿色具白色细纵纹，下体暗灰黑色具白色粗纵纹。下腹、尾下覆羽黄色。脚灰褐色。**习性：**栖息于山地森林。集群于树冠活动。**分布与种群现状：**西南地区，留鸟，罕见。

体长：20cm LC（低度关注）

黑冠黄鹎 *Pycnonotus melanicterus* Black-crested Bulbul 鹎科 Pycnonotidae

形态：雌雄相似。虹膜偏红色，喙黑色。冠羽、头、颈、颏、喉黑色。上体绿色，下体黄绿色。脚黑色。**习性：**栖息于低山常绿阔叶林。多活动于小树与灌木林。**分布与种群现状：**云南、广西南部，留鸟，罕见。

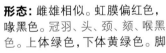

体长：18cm LC（低度关注）

红耳鹎 *Pycnonotus jocosus* Red-whiskered Bulbul 鹎科 Pycnonotidae

■迷鸟 ■留鸟 ■旅鸟 ■冬候鸟 ■夏候鸟

形态：雌雄相似。虹膜褐色，喙黑色。眼下后方具红、白两块标志性斑块，冠羽、头、颈黑色。上体褐色，胸侧具黑褐色横带，下体白色，尾下覆羽红色，尾黑褐色。脚黑色。**习性：**栖息于低山、丘陵地带的阔叶林、次生林及城市园林。小群活动。**分布与种群现状：**华南地区，留鸟，常见。

体长：23cm LC（低度关注）

黄臀鹎 *Pycnonotus xanthorrhous* Brown-breasted Bulbul 鹎科 Pycnonotidae

■迷鸟 ■留鸟 ■旅鸟 ■冬候鸟 ■夏候鸟

形态：雌雄相似。虹膜褐色，喙黑色。颏、喉白色，耳羽灰褐或棕褐色，头黑色，具短冠羽。上体土褐色，胸具灰褐色横带，下体白色。尾下覆羽黄色。脚黑色。**习性：**栖息于低山、丘陵的次生阔叶林、栎林、混交林。集群。**分布与种群现状：**华中、华东、西南及华南地区（不包括海南），留鸟，较常见。

体长：20cm LC（低度关注）

白头鹎 *Pycnonotus sinensis* Light-vented Bulbul 鹎科 Pycnonotidae

■迷鸟 ■留鸟 ■旅鸟 ■冬候鸟 ■夏候鸟

形态：雌雄相似。虹膜褐色，喙近黑色。额至头顶、后颈黑色，眼后至枕部白色，耳羽后具白斑点，颏、喉白色。上体灰褐或橄榄灰色具黄绿色羽缘，胸带灰褐色，腹白色。脚黑色。**习性：**栖息于低山丘陵和平原地区的灌丛、草地、农田。善鸣叫。**分布与种群现状：**分布范围广，留鸟，常见。

体长：19cm LC（低度关注）

台湾鹎 *Pycnonotus taivanus* Styan's Bulbul 鹎科 Pycnonotidae

■迷鸟 ■留鸟 ■旅鸟 ■冬候鸟 ■夏候鸟

形态：雌雄相似。虹膜深褐色，喙黑色，下喙基具黄色或橙色痣。头顶黑色，耳羽、喉白色。背灰绿色，腹部、尾下覆羽白色。脚黑色。**习性**：栖息于低海拔的次生林、农田、公园。集群。**分布与种群现状**：台湾东部低山地区，留鸟，在恒春半岛较常见。中国鸟类特有种。

体长：19cm　VU（易危）

白颊鹎 *Pycnonotus leucogenis* Himalayan Bulbul 鹎科 Pycnonotidae

■迷鸟 ■留鸟 ■旅鸟 ■冬候鸟 ■夏候鸟

形态：雌雄相似。虹膜深褐色，喙黑色。头黑褐色，脸颊白色明显，冠羽直立前弯，喉、上胸黑色。上体褐色，下体淡灰棕色。尾下覆羽黄色，尾羽端斑白色，次端斑黑褐色。脚黑色。**习性**：栖息于中低海拔山区林地。**分布与种群现状**：西藏南部，留鸟，罕见。

体长：20cm　LC（低度关注）

黑喉红臀鹎 *Pycnonotus cafer* Red-vented Bulbul 鹎科 Pycnonotidae

■迷鸟 ■留鸟 ■旅鸟 ■冬候鸟 ■夏候鸟

形态：雌雄相似。虹膜深褐色，喙黑色。具小冠羽，冠羽、头、颜、喉黑色。上体褐黑色，胸具黑褐色斑点，腹灰白色。尾下覆羽红色，尾端白色。脚暗角质色至黑色。**习性**：栖息于干旱落叶林、次生林、果园。**分布与种群现状**：西藏南部、云南西部，留鸟，常见。

体长：20cm　LC（低度关注）

白喉红臀鹎 *Pycnonotus aurigaster* Sooty-headed Bulbul 鹎科 Pycnonotidae

■迷鸟 ■留鸟 ■旅鸟 ■冬候鸟 ■夏候鸟

形态：雌雄相似。虹膜红色，喙黑色。额、头顶黑色具光泽，耳羽灰白色，颏黑色，喉灰白色。上体灰褐色，下体灰白色。尾上覆羽近白色，尾下覆羽红色，端部白色。脚黑色。**习性：**栖息于低山丘陵和平原地带的次生阔叶林、竹林。

分布与种群现状：西南、华南（包括海南）地区，留鸟，常见。

体长： 20cm LC（低度关注）

纹喉鹎 *Pycnonotus finlaysoni* Stripe-throated Bulbul 鹎科 Pycnonotidae

■迷鸟 ■留鸟 ■旅鸟 ■冬候鸟 ■夏候鸟

形态：雌雄相似。虹膜褐色，喙黑色。前额、喉、颊暗绿色，具鲜黄色纵纹，头顶至后颈深灰色。上体橄榄绿色，胸、腹暗灰色。尾下覆羽

黄色。脚粉褐色。**习性：**栖息于低山丘陵、山脚平原的次生林、灌丛、竹林、农田。**分布与种群现状：**云南西南部，留鸟，罕见。

体长： 19cm LC（低度关注）

黄绿鹎 *Pycnonotus flavescens* Flavescent Bulbul 鹎科 Pycnonotidae

■迷鸟 ■留鸟 ■旅鸟 ■冬候鸟 ■夏候鸟

形态：雌雄相似。虹膜褐色，喙黑色。头灰色，体羽绿色，具短冠羽，眼先黑色，上具白色短眉纹，但不及眼后，臀浅黄色。脚灰色。**习性：**栖息于低山丘陵、山脚平原的次生林、灌丛、竹林、农田。集小群。**分布与种群现状：**云南，留鸟，罕见。

体长： 20cm LC（低度关注）

黄腹冠鹎 *Alophoixus flaveolus* White-throated Bulbul 鹎科 Pycnonotidae

■迷鸟 ■留鸟 　旅鸟 ■冬候鸟 ■夏候鸟

形态：雌雄相似。虹膜褐色，喙黑色。头侧灰白，喉白色，头顶褐色具黑褐色冠羽。上体黄绿色，两翅褐色，下体黄色。脚粉红色。**习性：**栖息于低山丘陵、次生阔叶林、常绿阔叶林、雨林。集小群。**分布与种群现状：**西藏东南部、云南西部及南部，留鸟，罕见。

体长：22cm　LC（低度关注）

白喉冠鹎 *Alophoixus pallidus* Puff-throated Bulbul 鹎科 Pycnonotidae

■迷鸟 ■留鸟 　旅鸟 ■冬候鸟 ■夏候鸟

形态：雌雄相似。虹膜褐色，喙黑色。头顶、冠羽浅褐色、头侧灰褐色，颏、喉白色。上体暗绿色，下体橄榄黄色，尾下覆羽黄色。脚褐色。**习性：**栖息于山丘陵阔叶林、次生林、常绿阔叶林、雨林。集群活动，叫声喧闹。**分布与种群现状：**西南地区、海南，留鸟，地方性常见。

体长：23cm　LC（低度关注）

灰眼短脚鹎 *Iole propinqua* Grey-eyed Bulbul 鹎科 Pycnonotidae

■迷鸟 ■留鸟 　旅鸟 ■冬候鸟 ■夏候鸟

形态：雌雄相似。虹膜灰或白色，喙粉灰色。冠羽短且具浅色纵纹。上体暗绿色，下体色浅。尾下覆羽橘黄色。脚粉色。**习性：**栖息于山脚平原、低山丘陵的次生阔叶林、常绿阔叶林、灌丛。集群。**分布与种群现状：**西南地区，留鸟，罕见。

体长：19cm　LC（低度关注）

337

绿翅短脚鹎 *Ixos mcclellandii* Mountain Bulbul 鹎科 Pycnonotidae

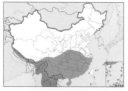

■迷鸟 ■留鸟 ■旅鸟 ■冬候鸟 ■夏候鸟

形态： 雌雄相似。虹膜褐色，喙近黑色，头顶、冠羽褐色，具白色细纹，颈背及上胸棕色，喉偏白而具纵纹，背绿褐色，两翼及尾绿色，腹部及臀色浅。脚粉红色。
习性： 栖息于次生阔叶林、常绿阔叶林、针阔叶混交林和针叶林，常见的群栖型或成对活动的鸟，分布于海拔1000~2700m山区森林及灌丛。**分布与种群现状：** 西南、华南地区（包括海南），留鸟，较常见。

体长：24cm LC（低度关注）

灰短脚鹎 *Hemixos flavala* Ashy Bulbul 鹎科 Pycnonotidae

■迷鸟 ■留鸟 ■旅鸟 ■冬候鸟 ■夏候鸟

形态： 雌雄相似。虹膜褐红色，喙深褐色。头顶、冠羽黑色，耳羽灰色，颏、喉白色。上体暗灰色，两翼大部黄绿色，形成标志性翼斑，胸和两胁灰色，腹、尾下覆羽灰白色。脚深褐色。**习性：** 栖息于低山丘陵、山脚平原的次生阔叶林、灌丛、竹林。集群。**分布与种群现状：** 西南地区，留鸟，罕见。

体长：20cm LC（低度关注）

栗背短脚鹎 *Hemixos castanonotus* Chestnut Bulbul 鹎科 Pycnonotidae

■迷鸟 ■留鸟 ■旅鸟 ■冬候鸟 ■夏候鸟

形态： 雌雄相似。虹膜褐色，喙深褐色。额、面、背栗色，头顶、冠羽黑色，颏、喉白色。上体褐色，下体白色。脚深褐色。**习性：** 栖息于低山丘陵次生阔叶林、灌丛。**分布与种群现状：** 华中、华东、华南地区（包括海南），留鸟，常见。

体长：21cm LC（低度关注）

黑短脚鹎 *Hypsipetes leucocephalus* Black Bulbul 鹎科 Pycnonotidae

■迷鸟 ■留鸟 ■旅鸟 ■冬候鸟 ■夏候鸟

形态: 雌雄相似。虹膜褐色,喙鲜红色。尾呈浅叉状,有两种色型,一种通体黑色,另一种头、颈白色,其余通体黑色。脚红色。**习性:** 栖息于低山丘陵和山脚平原地带的树林。树冠层活动。**分布与种群现状:** 西南、华南、华东、华中地区和海南、台湾,留鸟,较常见。

体长:20cm LC(低度关注)

栗耳短脚鹎 *Hypsipetes amaurotis* Brown-eared Bulbul 鹎科 Pycnonotidae

■迷鸟 ■留鸟 ■旅鸟 ■冬候鸟 ■夏候鸟

形态: 雌雄相似。虹膜褐色,喙深灰色。整体灰色,耳羽栗色下延经颈侧到颈前,形成一细窄领环。脚偏黑色。**习性:** 栖息于低山阔叶林、混交林。飞行呈波浪式。**分布与种群现状:** 沿海地区,冬候鸟、旅鸟、留鸟,少见。

体长:28cm LC(低度关注)

柳莺科 Phylloscopidae

欧柳莺 *Phylloscopus trochilus* Willow Warbler 柳莺科 Phylloscopidae

■迷鸟 ■留鸟 ■旅鸟 ■冬候鸟 ■夏候鸟

形态: 雌雄相似。头、颈和背橄榄绿色,眉纹黄白色至眼后,过眼纹黑色,耳羽、胸侧、两胁淡黄色,腹部白色,飞羽边缘和腰黄绿色,其余飞羽棕色,尾上覆羽黄白色。**习性:** 繁殖于落叶林和混交林,非繁殖季节出现于各种林地生境。**分布与种群现状:** 新疆、内蒙古、北京、河北、上海等地,迷鸟,罕见。

体长:10cm LC(低度关注)

叽喳柳莺 *Phylloscopus collybita* Common Chiffchaff 柳莺科 Phylloscopidae

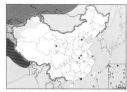

■迷鸟 ■留鸟 ■旅鸟 ■冬候鸟 ■夏候鸟

形态：雌雄相似。虹膜褐色，喙黑色。上体绿褐色，无显著翼斑，皮黄色眉纹，过眼纹黑色，翼角淡黄色，腰、尾上覆羽、飞羽及尾羽的羽缘均沾橄榄色，眼圈皮黄色，下体乳白色，两胁带暖皮黄色，有时大覆羽浅色羽端成微弱翼斑。脚黑色。**习性：**栖息于2000m以下的低山、丘陵和山脚平原地带的各种森林，具小型柳莺的典型特性。**分布与种群现状：**新疆，夏候鸟、旅鸟；中东部地区多地都有迷鸟记录。

体长：11cm LC（低度关注）

中亚叽喳柳莺 *Phylloscopus sindianus* Mountain Chiffchaff 柳莺科 Phylloscopidae

■迷鸟 ■留鸟 ■旅鸟 ■冬候鸟 ■夏候鸟

形态：雌雄相似。虹膜褐色，喙近黑色，下喙基部褐色。眼纹黑色而眉白色，无顶纹或翼斑，耳羽有清楚的外缘，眼圈近白色，尾浅凹。似叽喳柳莺，但体羽尤其是腰、尾上覆羽、飞羽及尾羽的羽缘无明显橄榄绿色，脸部斑纹较重，眼纹色深而白色的眉纹宽长，喙须较叽喳柳莺长，头略显小且喙也小巧，下体偏白色，两胁及胸沾皮黄色。脚近黑色。**习性：**主要栖息于2500~5000m的高山山地。**分布与种群现状：**新疆、西藏，夏候鸟，不常见。

体长：11cm LC（低度关注）

林柳莺 *Phylloscopus sibilatrix* Wood Warbler 柳莺科 Phylloscopidae

■迷鸟 ■留鸟 ■旅鸟 ■冬候鸟 ■夏候鸟

形态：雌雄相似。虹膜褐色，上喙深褐色，下喙肉黄色。上体偏绿色，眉纹、颏及胸部柠檬色，翼斑黄绿色，三级飞羽羽缘浅黄色，具狭窄的深色眼纹及黄色眼圈；尾平或略凹；胸部黄色骤变为腹部的丝光白色；第一冬的鸟上体较成鸟略暗且喉部黄色较少。脚浅黄色。**习性：**栖息于阔叶林、针叶林、针阔混交林。**分布与种群现状：**新疆，夏候鸟；江苏，迷鸟。罕见。

体长：12.5cm LC（低度关注）

褐柳莺 *Phylloscopus fuscatus* Dusky Warbler 柳莺科 Phylloscopidae

■迷鸟 ■留鸟 ■旅鸟 ■冬候鸟 ■夏候鸟

形态: 雌雄相似。虹膜褐色,上喙深褐色,下喙偏黄色。上体褐色,无翼斑,眉纹前白色后黄色,贯眼纹暗褐色,颏、喉白色,下体皮黄色沾褐色,臀橙黄色。脚偏褐色。**习性:** 栖息于从平原至海拔

4500m的山地森林和林线以上的高山灌丛地带。**分布与种群现状:** 分布范围广,夏候鸟、冬候鸟、旅鸟,较常见。

体长:11cm LC(低度关注)

烟柳莺 *Phylloscopus fuliginventer* Smoky Warbler 柳莺科 Phylloscopidae

■迷鸟 ■留鸟 ■旅鸟 ■冬候鸟 ■夏候鸟

形态: 雌雄相似。虹膜褐色,上喙褐色,下喙偏黄色。似褐柳莺,但本种的上体烟褐色较重,下体沾黄绿色,眉纹偏黄色,下体较少黄色,眉纹近灰色。**习性:** 栖息于3000~4500m的高山地区。**分布与种群现状:** 西藏南部、青海东部,夏候鸟,罕见。

体长:11cm LC(低度关注)

黄腹柳莺 *Phylloscopus affinis* Tickell's Leaf Warbler 柳莺科 Phylloscopidae

■迷鸟 ■留鸟 ■旅鸟 ■冬候鸟 ■夏候鸟

形态: 雌雄相似。虹膜褐色,上喙褐色,下喙偏黄色。上体橄榄绿色,眉纹鲜黄色,过眼纹黑色,下体柠檬黄色,臀沾黄色。脚暗色。**习性:** 栖息于1000~5000m的高山森林以及林线以

上高山灌丛。**分布与种群现状:** 西部以及西南地区,夏候鸟,较常见。

体长:10.5cm LC(低度关注)

华西柳莺 *Phylloscopus occisinensis* Alpine Leaf Warbler 柳莺科 Phylloscopidae

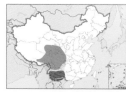

■迷鸟 ■留鸟 ■旅鸟 ■冬候鸟 ■夏候鸟

形态：雌雄相似。虹膜褐色，上喙黑褐色，下喙基本浅褐色。具有鲜黄色的长眉纹，前半段尤明显，贯眼纹较宽，下体黄色较鲜艳，具明显的胸带，腹部黄色则较浅，两胁为淡灰棕色。脚棕褐色。**习性：**繁殖期高至海拔5000m的森林和林线以上的灌丛。冬季下移到低海拔生境。**分布与种群现状：**西部地区至华中地区，夏候鸟、旅鸟、冬候鸟，罕见。

体长：11~11.5cm　NR（未认可）

棕腹柳莺 *Phylloscopus subaffinis* Buff-throated Warbler 柳莺科 Phylloscopidae

■迷鸟 ■留鸟 ■旅鸟 ■冬候鸟 ■夏候鸟

形态：雌雄相似。虹膜褐色，喙深角质色，下喙基部黄色。上体橄榄褐色，下体棕黄色，眉纹细长，无翼斑，臀沾黄色。脚深色。**习性：**主要栖息于900~2800m的山地针叶林和林缘灌丛。**分布与种群现状：**华中、华南、华东地区，夏候鸟、冬候鸟，不常见。

体长：10.5cm　LC（低度关注）

灰柳莺 *Phylloscopus griseolus* Sulphur-bellied Warbler 柳莺科 Phylloscopidae

■迷鸟 ■留鸟 ■旅鸟 ■冬候鸟 ■夏候鸟

形态：雌雄相似。虹膜褐色，喙基带粉色，喙端色深。上体灰褐色，眉纹前橘色后黄色，下体硫磺色，臀沾黄色，与棕腹柳莺的区别在色较冷而少橄榄色。脚褐色。**习性：**主要栖息2300~4500m的高山和草原灌丛地带。**分布与种群现状：**内蒙古、新疆、青海，夏候鸟，罕见。

体长：11cm　LC（低度关注）

棕眉柳莺 *Phylloscopus armandii* Yellow-streaked Warbler 柳莺科 Phylloscopidae

■迷鸟 ■留鸟　旅鸟 ■冬候鸟 ■夏候鸟

形态: 雌雄相似。虹膜褐色,上喙褐色,下喙较淡。眉纹白色,眼先皮黄色,脸侧具深色杂斑,上体橄榄褐色,下体污黄白色,胸侧及两胁沾橄榄色,特征为喉部的黄色纵纹常隐约贯胸而至腹部,翼及尾橄榄色,无翼斑,尾下覆羽黄褐色。脚黄褐色。**习性:** 主要栖息于海拔3200m以下的中低山地区和平原地带的森林、灌丛。**分布与种群现状:** 中部地区,夏候鸟、冬候鸟,不常见。

体长: 12cm　LC(低度关注)

巨嘴柳莺 *Phylloscopus schwarzi* Radde's Warbler 柳莺科 Phylloscopidae

■迷鸟 ■留鸟　旅鸟 ■冬候鸟 ■夏候鸟

形态: 雌雄相似。虹膜褐色,上喙褐色,下喙色浅,喙粗壮。似山雀。上体橄榄褐色而无斑纹,眉纹前端皮黄色,至眼后成奶油白色,脸侧及耳羽具散布的深色斑点,下体污白色,胸及两胁沾皮黄色。尾下覆羽黄褐色,尾较长略分叉,与棕眉柳莺的区别为本种的喉无细纹。脚黄褐色。**习性:** 主要栖息于1400m以下的低山丘陵和平原地带。**分布与种群现状:** 除宁夏、西藏、青海外,各地均有分布,夏候鸟、旅鸟、冬候鸟。

体长: 12.5cm　LC(低度关注)

橙斑翅柳莺 *Phylloscopus pulcher* Buff-barred Warbler 柳莺科 Phylloscopidae

■迷鸟 ■留鸟　旅鸟 ■冬候鸟 ■夏候鸟

形态: 雌雄相似。虹膜褐色,喙黑色,下喙基部黄色。背橄榄褐色,顶纹色甚浅,特征为具两道栗褐色翼斑,外侧尾羽的内翈白色,腰浅黄色,下体污黄色,眉纹不显著。脚粉红色。**习性:** 主要栖息于1500~4000m的山地森林和林缘灌丛中。**分布与种群现状:** 华中、西南地区、西藏南部,夏候鸟;西藏东南、云南南部,冬候鸟,常见。

体长: 12cm　LC(低度关注)

灰喉柳莺 *Phylloscopus maculipennis* Ashy-throated Warbler 柳莺科 Phylloscopidae

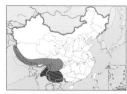

■迷鸟 ■留鸟 ■旅鸟 ■冬候鸟 ■夏候鸟

形态：雌雄相似。虹膜褐色，喙黑色，基部肉色。头顶、颈背灰色，黄白色的眉纹长且宽，头侧纹及过眼纹深灰绿色，脸、喉及上胸浅灰色，背部绿色，具两道偏黄色的翼斑，腰浅黄色，下胸至尾下覆羽黄色。脚偏粉色。**习性**：栖息于海拔2000~3000m的山地森林和竹林中。**分布与种群现状**：西藏、四川、云南，夏候鸟、冬候鸟，地区性常见。

体长：9cm　LC（低度关注）

甘肃柳莺 *Phylloscopus kansuensis* Gansu Leaf Warbler 柳莺科 Phylloscopidae

■迷鸟 ■留鸟 ■旅鸟 ■冬候鸟 ■夏候鸟

形态：雌雄相似。虹膜深褐色，上喙深褐色，下喙浅褐色。整体偏绿色，腰浅黄色，前端翼斑不清晰，眉纹粗而白色，顶纹色浅，三级飞羽羽缘略白，野外与淡黄腰柳莺难辨，但繁殖期鸣唱差别较大，容易辨别。脚粉褐色。**习性**：具典型柳莺习性。**分布与种群现状**：甘肃、青海，夏候鸟，不常见；越冬可能见于云南；冬季因难以与其他腰部黄色的柳莺区分，容易被忽视。中国鸟类特有种。

体长：10cm　LC（低度关注）

云南柳莺 *Phylloscopus yunnanensis* Chinese Leaf Warbler 柳莺科 Phylloscopidae

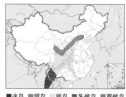

■迷鸟 ■留鸟 ■旅鸟 ■冬候鸟 ■夏候鸟

形态：雌雄相似。虹膜褐色，上喙深褐色，下喙浅褐色。头顶近灰色，顶冠纹色浅不明显，上体灰橄榄色，腰浅黄色，具两道翼斑，下体白色。脚褐色。**习性**：主要栖息于海拔2600m以下的山地森林中。**分布与种群现状**：华北、华中西部、西南地区，夏候鸟、旅鸟、冬候鸟，不常见。

体长：10cm　LC（低度关注）

黄腰柳莺 *Phylloscopus proregulus* Pallas's Leaf Warbler 柳莺科 Phylloscopidae

■迷鸟 ■留鸟 ■旅鸟 ■冬候鸟 ■夏候鸟

形态: 雌雄相似。虹膜褐色,喙黑色,喙基橙黄色。顶冠纹淡黄色,眉纹粗,眼先橙黄色,两道浅黄色翼斑,上体橄榄绿色,下体灰白色,腰柠檬黄色,较淡黄腰柳莺上体绿色更鲜亮且下体多黄色。脚粉红色。**习性:** 繁殖期见于北方针叶林,迁徙和越冬期见于各种林地生境,能在空中悬停取食。**分布与种群现状:** 除西藏外,各地均有分布,夏候鸟、冬候鸟、旅鸟,常见。

体长:9cm　LC(低度关注)

淡黄腰柳莺 *Phylloscopus chloronotus* Lemon-rumped Warbler 柳莺科 Phylloscopidae

■迷鸟 ■留鸟 ■旅鸟 ■冬候鸟 ■夏候鸟

形态: 雌雄相似。虹膜褐色,喙黑色,喙基橙黄色。顶纹、长眉纹白色,两道偏黄色翼斑,三级飞羽羽端白色,上体为多灰绿色的橄榄色,腰浅黄色,下体多灰色而少白色。脚褐色。**习性:** 栖息于海拔2000~3900的中高山针叶林和针阔叶混交林。**分布与种群现状:** 西藏、云南,夏候鸟,较常见。

体长:9cm　LC(低度关注)

四川柳莺 *Phylloscopus forresti* Sichuan Leaf Warbler 柳莺科 Phylloscopidae

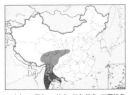

■迷鸟 ■留鸟 ■旅鸟 ■冬候鸟 ■夏候鸟

形态: 雌雄相似。虹膜褐色,上喙深褐色,下喙浅褐色。上体偏绿色,腰浅黄色,白色眉纹长,顶纹淡,两道白色翼斑,第二道甚浅,三级飞羽羽缘及羽端均色浅,甚似淡黄色腰柳莺,但区别在于体型较大而形长,顶冠两侧色较浅且顶纹较模糊,繁殖期鸣唱差别较大,容易辨别。脚褐色。**习性:** 具典型的柳莺习性。**分布与种群现状:** 华中地区、西南地区,夏候鸟、留鸟、冬候鸟,不常见。

体长:10cm　LC(低度关注)

黄眉柳莺 *Phylloscopus inornatus* Yellow-browed Warbler 柳莺科 Phylloscopidae

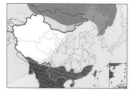

■迷鸟 ■留鸟 ■旅鸟 ■冬候鸟 ■夏候鸟

形态: 雌雄相似。虹膜褐色,上喙深褐色,下喙基部黄色。上体橄榄绿色。具两道明显的近白色翼斑,眉纹前段白色后段黄色,下体色彩从

白色变至黄绿色。脚粉褐色。**习性:** 主要栖息于山地和平原地带的森林中。**分布与种群现状:** 除新疆外,各地均有分布,夏候鸟、冬候鸟、旅鸟,较常见。

体长:11cm LC(低度关注)

淡眉柳莺 *Phylloscopus humei* Hume's Leaf Warbler 柳莺科 Phylloscopidae

■迷鸟 ■留鸟 ■旅鸟 ■冬候鸟 ■夏候鸟

形态: 雌雄相似。虹膜褐色,喙黑色,下喙基部色浅。上体橄榄灰色,具浅色的长眉纹,贯眼纹色深,暗灰色的顶冠纹,具两道翼斑,腰无浅色,尾上无白色,甚似黄眉柳莺但色较暗而多灰色,翅前部翼斑模糊,三级飞羽羽缘少白色且翼覆羽色淡。脚褐色。

习性:
主要栖息于1000~3500的山地针叶林、灌丛和草地等。**分布与种群现状:** 新疆西部、喜马拉雅山脉、甘肃、陕西南部、四川、重庆、山西、河北、北京,夏候鸟;西藏东南部、云南,冬候鸟。

体长:10cm LC(低度关注)

极北柳莺 *Phylloscopus borealis* Arctic Warbler 柳莺科 Phylloscopidae

■迷鸟 ■留鸟 ■旅鸟 ■冬候鸟 ■夏候鸟

形态: 雌雄相似。虹膜深褐色,上喙深褐色,下喙黄色。具黄白色长眉纹,上体深橄榄色,白色翼斑甚浅,两道翼斑,前道模糊,下体略白色,两胁褐色橄榄色,眼先及过眼纹近黑色。脚褐色。**习性:** 栖息于较为潮湿的针叶林和针阔混交林及其林缘灌丛地带。**分布与种群现状:** 东北地区,夏候鸟;中东部地区,旅鸟;东南沿海、台湾,冬候鸟。

体长:12cm LC(低度关注)

日本柳莺 *Phylloscopus xanthodryas* Japanses Leaf Warbler 柳莺科 Phylloscopidae

■迷鸟 ■留鸟 旅鸟 ■冬候鸟 ■夏候鸟

形态：雌雄相似。似极北柳莺，但山体更绿，下体更黄，鸣唱较为短促，以叫声区分。**习性：**同极北柳莺。**分布与种群现状：**台湾，冬候鸟。

体长：12cm LC（低度关注）

暗绿柳莺 *Phylloscopus trochiloides* Greenish Warbler 柳莺科 Phylloscopidae

■迷鸟 ■留鸟 旅鸟 ■冬候鸟 ■夏候鸟

形态：雌雄相似。虹膜褐色，上喙角质色，下喙偏粉色。上体绿色，长眉纹黄白色，顶冠纹偏灰色，过眼纹深色，耳羽具暗色的细纹，通常仅具一道黄白色翼斑，尾无白色，下体灰白色，两胁沾橄榄色。脚褐色。**习性：**繁殖季栖息于海拔1500~3900m的中高山林。**分布与种群现状：**新疆西部、西藏南部，西南地区、中部地区，夏候鸟；迁徙期可见于青藏高原，越冬见于西藏东南部、云南，常见。

体长：10cm LC（低度关注）

双斑绿柳莺 *Phylloscopus plumbeitarsus* Two-barred Warbler 柳莺科 Phylloscopidae

■迷鸟 ■留鸟 旅鸟 ■冬候鸟 ■夏候鸟

形态：雌雄相似。虹膜褐色，上喙深褐色，下喙粉红色。上体深绿色，具明显的白色长眉纹，无顶冠纹，具两道浅黄色翼斑，下体白色而腰绿色。脚蓝灰色。**习性：**栖息于山地针叶林和针阔混交林中。**分布与种群现状：**东北地区，夏候鸟；东部地区、南部沿海地区，旅鸟；海南，偶有越冬，常见。

体长：12cm LC（低度关注）

347

淡脚柳莺 *Phylloscopus tenellipes* Pale-legged Leaf Warbler 柳莺科 Phylloscopidae

■迷鸟 ■留鸟 ■旅鸟 ■冬候鸟 ■夏候鸟

形态：雌雄相似。虹膜褐色，上喙暗褐色，下喙带粉色。头顶黑灰色，上体橄榄褐色，两者对比明显，白色的长眉纹前端黄色，腰及尾上覆羽橄榄褐色，具两道黄色翼斑，下体白色，两胁沾黄灰色。脚浅粉红色。**习性：**栖息于海拔1700m以下的阔叶林、混交林和针叶林。叫声似虫鸣，停歇时不断往下弹尾。**分布与种群现状：**东北、华东、华南地区，夏候鸟、冬候鸟、旅鸟，较常见。

体长：11cm　LC（低度关注）

萨岛柳莺 *Phylloscopus borealoides* Sakhalin Leaf Warbler 柳莺科 Phylloscopidae

■迷鸟 ■留鸟 ■旅鸟 ■冬候鸟 ■夏候鸟

形态：雌雄相似。虹膜褐色，上喙暗褐色，下喙带粉色。头顶灰色，上体橄榄褐色，白色的长眉纹前端黄色，腰及尾上覆羽橄榄褐色，具两道淡黄色翼斑，下体白色，两胁沾黄灰色。极似淡脚柳莺，但喙较为上扬，喙与头顶之间的角度略小，叫声也不同。脚浅粉红色。**习性：**似淡脚柳莺。**分布与种群现状：**东部沿海地区，迷鸟，罕见。

体长：11cm　LC（低度关注）

乌嘴柳莺 *Phylloscopus magnirostris* Large-billed Leaf Warbler 柳莺科 Phylloscopidae

■迷鸟 ■留鸟 ■旅鸟 ■冬候鸟 ■夏候鸟

形态：雌雄相似。虹膜褐色，上喙深褐色，下喙基部粉红色，喙较大。头顶较黑色，上体、腰、翼和尾橄榄绿色，眉纹长，前黄色而后白色，耳羽具杂斑，通常具两道偏黄色翼斑，下体白色，两胁近灰且常沾淡黄色。脚绿灰色或粉红色。**习性：**主要栖息于海拔2000~3500m的针叶林和针阔混交林。鸣声悦耳，富于节奏感。**分布与种群现状：**华中、华北、西南地区，夏候鸟、旅鸟，常见。

体长：12.5cm　LC（低度关注）

冕柳莺 *Phylloscopus coronatus* Eastern Crowned Warbler 柳莺科 Phylloscopidae

■迷鸟 ■留鸟 ■旅鸟 ■冬候鸟 ■夏候鸟

形态：雌雄相似。虹膜深褐色，上喙褐色，下喙色浅。具近白色的眉纹和顶冠纹，眼先及过眼纹近黑色，上体绿色橄榄色，飞羽具黄色羽缘，仅一道黄白色翼斑，下体近白色，尾下覆羽黄色。脚灰色。**习性：**栖息于2000m以下的山地针叶林、针阔混交林、灌丛。**分布与种群现状：**繁殖期见于四川西部、重庆、东北地区；迁徙期见于中东部大部分地区。常见。

体长：12cm LC（低度关注）

日本冕柳莺 *Phylloscopus ijimae* Ijima's Warbler 柳莺科 Phylloscopidae

■迷鸟 ■留鸟 ■旅鸟 ■冬候鸟 ■夏候鸟

形态：雌雄相似。虹膜褐色，上喙黑褐色，下喙粉红色，似小型的冕柳莺。无顶冠纹，头枕部偏

灰绿色，上体绿色，具一道翅斑；下体白色，尾下覆羽黄色。脚肉色。**习性：**迁徙期间见于各种混合林地、竹林、灌丛。**分布与种群现状：**台湾，旅鸟、冬候鸟，偶见。

体长：11~12cm VU（易危）

西南冠纹柳莺 *Phylloscopus reguloides* Blyth's Leaf Warbler 柳莺科 Phylloscopidae

■迷鸟 ■留鸟 ■旅鸟 ■冬候鸟 ■夏候鸟

形态：雌雄相似。虹膜褐色，上喙深褐色，下喙粉红色。上体橄榄色，具黄色顶冠纹，两道

翅斑，下体白色而沾黄色。脚黄色。与其他冠纹柳莺通过繁殖期鸣唱来区分。**习性：**栖息于阔叶林中，常倒悬于树枝觅食。繁殖期双侧轮流鼓翼。**分布与种群现状：**西藏、云南、四川，夏候鸟、冬候鸟，罕见。

体长：11cm LC（低度关注）

冠纹柳莺 *Phylloscopus claudiae* Claudia's Leaf Warbler 柳莺科 Phylloscopidae

■迷鸟 ■留鸟 ■旅鸟 ■冬候鸟 ■夏候鸟

形态：雌雄相似。虹膜褐色，上喙深褐色，下喙粉红色。头顶偏灰色，上体绿色，具两道黄色翼斑，眉纹及顶冠纹浅黄色，下体白色沾黄色，外侧两枚尾羽的内缘具白色边。脚偏绿色至黄色。与其他冠纹柳莺通过繁殖

期鸣唱来区分。**习性：**繁殖期见于海拔800~1800m之间的山区山地，常在树冠层活动，性活泼，不停跳动并鸣唱。繁殖期双侧轮流鼓翼。**分布与种群现状：**中部和西南部地区，夏候鸟、旅鸟、冬候鸟，常见。

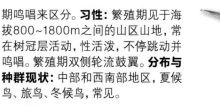

体长：11cm LC（低度关注）

华南冠纹柳莺 *Phylloscopus goodsoni* Hartert's Leaf Warbler 柳莺科 Phylloscopidae

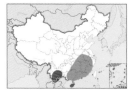

■迷鸟 ■留鸟 ■旅鸟 ■冬候鸟 ■夏候鸟

形态：雌雄相似。与西南冠纹和冠纹柳莺极为相似，但上体更多黄绿色，腹部较白，鸣唱存在显著差异，以此区分。**习性：**息于中海拔山区的阔叶林中，常倒悬于树枝觅食，繁殖期双侧轮流鼓翼。**分布与种群现状：**华东、华中、华南地区，夏候鸟，少见。

体长：11cm LC（低度关注）

峨眉柳莺 *Phylloscopus emeiensis* Emei Leaf Warbler 柳莺科 Phylloscopidae

■迷鸟 ■留鸟 ■旅鸟 ■冬候鸟 ■夏候鸟

形态：雌雄相似。虹膜褐色，上喙深褐色，下喙肉质色。上体偏绿色，眉纹黄色，顶冠纹灰色，腰黄绿色，两道翼斑偏黄色，三级飞羽色深，下体偏白色，头侧及两胁沾黄色。外侧尾羽具零星白色。脚粉褐色。**习性：**

主要栖息于林下植物发达的亚热带山地阔叶林。**分布与种群现状：**陕西南部、云南北部、四川，留鸟，罕见；香港，迷鸟。垂直迁移。中国鸟类特有种。

体长：10cm LC（低度关注）

云南白斑尾柳莺 *Phylloscopus davisoni* Davison's Leaf Warbler 柳莺科 Phylloscopidae

■迷鸟 ■留鸟　旅鸟 ■冬候鸟 ■夏候鸟

形态: 雌雄相似。虹膜褐色,上喙深褐色,下喙粉红色。甚似白斑尾柳莺,但下体不如白斑尾柳莺黄,尾羽白色部分较少,以繁殖期鸣唱来

区分。脚粉褐色。**习性:** 栖息于各种林地。两翅同时振动而有别于冠纹柳莺。**分布与种群现状:** 云南西部、四川西南部,夏候鸟、留鸟,少见。

体长: 11.5cm　LC(低度关注)

白斑尾柳莺 *Phylloscopus ogilviegranti* Kloss's Leaf Warbler 柳莺科 Phylloscopidae

■迷鸟 ■留鸟　旅鸟 ■冬候鸟 ■夏候鸟

形态: 雌雄相似。虹膜褐色,上喙深褐色,下喙粉红色。上体绿色,具两道近黄色的翼斑,顶冠纹模糊,粗眉纹黄色,过眼纹近深绿色,外侧3枚尾羽具白色内缘,且延至外翈,下体白色而染黄色。脚粉褐色。**习性:** 主要栖息于海拔3000m以下的落叶或常绿阔叶林。两翅同时振动而有别于冠纹柳莺。**分布与种群现状:** 四川盆地周边山地、华南地区,夏候鸟、留鸟,不常见。

体长: 10.5cm　LC(低度关注)

海南柳莺 *Phylloscopus hainanus* Hainan Leaf Warbler 柳莺科 Phylloscopidae

■迷鸟 ■留鸟　旅鸟 ■冬候鸟 ■夏候鸟

形态: 雌雄相似。虹膜褐色,上喙褐色,下喙粉红色。头顶中央有淡黄色顶冠纹,两道白色翼斑,外侧尾羽及倒数第二枚尾羽具大片白色,上体绿黄色,下体鲜黄色。脚橙褐色。**习性:** 主要栖息于海南亚热带山地次生林中,于其他小型鸟类混群。**分布与种群现状:** 海南,留鸟,较少见。中国鸟类特有种。

体长: 10.5cm　VU(易危)

黄胸柳莺 *Phylloscopus cantator* Yellow-vented Warbler 柳莺科 Phylloscopidae

■迷鸟 ■留鸟 ■旅鸟 ■冬候鸟 ■夏候鸟

形态: 雌雄相似。虹膜褐色,上喙深褐色,下喙浅褐色。顶冠纹、过眼纹黄色,侧冠纹黑色,具两道翼斑,前一道较为模糊,下体黄色。脚偏粉色。**习性:** 主要栖息于海拔2000m以下的低山山地阔叶林和次生林中。**分布与种群现状:** 云南,留鸟,罕见;西藏墨脱,常见。

体长: 11cm LC(低度关注)

灰岩柳莺 *Phylloscopus calciatilis* Limestone Leaf Warbler 柳莺科 Phylloscopidae

■迷鸟 ■留鸟 ■旅鸟 ■冬候鸟 ■夏候鸟

形态: 雌雄相似。顶冠纹、眉纹黄色,侧冠纹黑色,下体全黄色,与黑眉柳莺相似,通过繁殖期鸣声区分,但本种体型稍小,上体染灰色更重,下体黄色较浅,侧冠纹略染灰色。脚粉色。**习性:** 栖息于海拔100~1200m的石灰色岩森林。**分布与种群现状:** 云南、广西,留鸟,不常见。分布局限,但分布区内易见。

体长: 11cm LC(低度关注)

黑眉柳莺 *Phylloscopus ricketti* Sulphur-breasted Warbler 柳莺科 Phylloscopidae

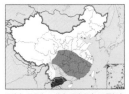

■迷鸟 ■留鸟 ■旅鸟 ■冬候鸟 ■夏候鸟

形态: 雌雄相似。虹膜褐色,上喙深褐色,下喙偏黄色。上体绿色,眉纹及下体黄色,通常可见两道翼斑,眼纹及侧顶纹黑绿色,顶纹近黄色,颈背具灰色细纹,似黄胸柳莺但整个下体全黄色,侧冠纹比海南柳莺色深,较金眶鹟莺少黄色眼圈。脚黄粉色。**习性:** 栖息于海拔1500m以下的混交林和半常绿阔叶林。**分布与种群现状:** 华南地区,夏候鸟、旅鸟,不常见;北京、河北,迷鸟。

体长: 10.5cm LC(低度关注)

352

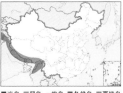

灰头柳莺 *Seicercus xanthoschistos* Grey-hooded Warbler 柳莺科 Phylloscopidae

形态：雌雄相似。虹膜褐色，上喙深褐色，下喙浅褐色。头顶和上背灰色，头顶中央较淡，眉纹前橘色后黄色，贯眼纹黑褐色，无翼斑，下体黄色，尾褐色，尾缘绿色，臀鲜黄色。脚粉褐色。**习性：**主要栖息于1000~2600m的山地阔叶林中，冬季多栖于低山和邻近平原地带的次生阔叶林及林缘灌丛中。**分布与种群现状：**西藏，地方性留鸟，常见。

■迷鸟 ■留鸟 ■旅鸟 ■冬候鸟 ■夏候鸟

体长：11cm LC（低度关注）

白眶鹟莺 *Seicercus affinis* White-spectacled Warbler 柳莺科 Phylloscopidae

形态：雌雄相似。虹膜褐色，上喙深褐色，下喙黄色。头顶蓝灰色与黑色相间，眼眶白色或黄色，上方断开，外侧两对尾羽白色，一道翼斑。脚黄色。**习性：**主要栖息于海拔1000m以下潮湿而茂密的常绿阔叶林中。**分布与种群现状：**西南至东南沿海地区，候鸟，不常见。

■迷鸟 ■留鸟 ■旅鸟 ■冬候鸟 ■夏候鸟

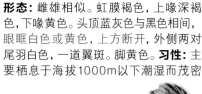

体长：11cm LC（低度关注）

金眶鹟莺 *Seicercus burkii* Green-crowned Warbler 柳莺科 Phylloscopidae

形态：雌雄相似。虹膜褐色，上喙黑色，下喙色浅。头顶绿色，具宽阔的绿灰色顶冠纹，其两侧缘接黑色眉纹。下体黄色，外侧尾羽的内翈白色，眼圈黄色有别于白眶鹟莺和灰脸鹟莺，脚偏黄色。

■迷鸟 ■留鸟 ■旅鸟 ■冬候鸟 ■夏候鸟

与其他鹟莺以繁殖期鸣唱来区分。**习性：**栖息于海拔1000~3000m的山地常绿色或落叶阔叶林中。**分布与种群现状：**西藏南部，夏候鸟，常见。垂直迁徙。

体长：13cm LC（低度关注）

雀形目

灰冠鹟莺 *Seicercus tephrocephalus* Grey-crowned Warbler 柳莺科 Phylloscopidae

■迷鸟 ■留鸟 ■旅鸟 ■冬候鸟 ■夏候鸟

形态: 雌雄相似。虹膜褐色,上喙黑色,下喙黄色。具金黄色眼圈,但通常在眼后断开,头顶蓝灰色,是本组中头顶颜色最蓝的种类,黑色的顶纹和侧冠纹明显,翅斑不明显,下体柠檬黄色,外侧两枚尾羽白色,第三枚仅端部白色。脚黄褐色。与其他鹟莺以繁殖期鸣唱来区分。**习性:** 栖息于海拔1000~2000m的山地常绿或落叶阔叶林中。**分布与种群现状:** 陕西、河南南部、湖北、湖南、四川、重庆、广东北部、广西北部、云南,夏候鸟,不常见。

体长: 10cm **LC**(低度关注)

韦氏鹟莺 *Seicercus whistleri* Whistler's Warbler 柳莺科 Phylloscopidae

■迷鸟 ■留鸟 ■旅鸟 ■冬候鸟 ■夏候鸟

形态: 雌雄相似。眼圈黄色,头冠绿色。似金眶鹟莺,但顶冠图案不如其醒目,有一道不显著的翅斑,金色眼眶通常在眼后变细而断开。与其他鹟莺以繁殖期鸣唱来区分。**习性:** 繁殖期栖息于温带常绿和落叶混交林。**分布与种群现状:** 西藏南部,夏候鸟,常见。垂直迁徙。

体长: 12cm **LC**(低度关注)

比氏鹟莺 *Seicercus valentini* Bianchi's Warbler 柳莺科 Phylloscopidae

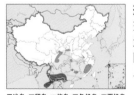

■迷鸟 ■留鸟 ■旅鸟 ■冬候鸟 ■夏候鸟

形态: 雌雄相似。似灰冠鹟莺,顶冠灰黑相间,但有一道不明显的翅斑,尾羽外缘白色。与其他鹟莺以繁殖期鸣唱来区分。**习性:** 繁殖于海拔1800~2500m的常绿阔叶林和次生林中。常混群活动,冬季下降到低海拔地区。**分布与种群现状:** 中部和西南部地区,夏候鸟、旅鸟、冬候鸟,不常见。

体长: 10.5cm **LC**(低度关注)

峨眉鹟莺 *Seicercus omeiensis* Martens's Warbler 柳莺科 Phylloscopidae

■迷鸟 ■留鸟　旅鸟 ■冬候鸟 ■夏候鸟

形态：雌雄相似。虹膜褐色，上喙深褐色，下喙肉质色。具金黄色眼圈。冠灰色，但没有灰冠鹟莺颜色深，与其他鹟莺以繁殖期鸣唱来区分。脚粉褐色。**习性：**似金眶鹟莺。**分布与种群现状：**陕西、甘肃、四川，夏候鸟，罕见。

体长：10cm　LC（低度关注）

淡尾鹟莺 *Seicercus soror* Plain-tailed Warbler 柳莺科 Phylloscopidae

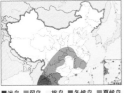

■迷鸟 ■留鸟　旅鸟 ■冬候鸟 ■夏候鸟

形态：雌雄相似。虹膜褐色，上喙黑色，下喙黄色。头顶灰蓝色，冠纹明显，但额部模糊，翼斑不明显，外侧尾羽白色。脚黄褐色。与其他鹟莺以繁殖期鸣唱来区分。**习性：**繁殖于海拔900~1600m的湿润常绿阔叶林中，常与其他鸟类混群活动。**分布与种群现状：**华中和华南地区、北京，夏候鸟、旅鸟，不常见。

体长：10cm　LC（低度关注）

灰脸鹟莺 *Seicercus poliogenys* Grey-cheeked Warbler 柳莺科 Phylloscopidae

■迷鸟 ■留鸟　旅鸟 ■冬候鸟 ■夏候鸟

形态：雌雄相似。虹膜褐色，上喙深褐色，下喙浅褐色。头和脸黑灰色，白色眼圈明显，上方断开，一道翼斑，外侧三对尾羽内翈几乎全白，似白眶鹟莺，但头部深灰色，耳羽灰色，侧冠纹不明显。脚黄褐色。**习性：**营巢于海拔1000~2500m的常绿色森林中。**分布与种群现状：**西南地区，留鸟，罕见。

体长：10cm　LC（低度关注）

栗头鹟莺 *Seicercus castaniceps* Chestnut-crowned Warbler 柳莺科 Phylloscopidae

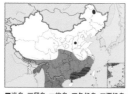

■迷鸟 ■留鸟 ■旅鸟 ■冬候鸟 ■夏候鸟

形态: 雌雄相似。虹膜褐色,上喙黑色,下喙色浅。眼眶白色,头顶栗色,侧冠纹黑色,头侧灰色,两道翼斑,胸灰色,腹部黄色。脚角质灰色。

习性: 栖息于海拔2000m以下的低山和山脚阔叶林及灌丛中。**分布与种群现状:** 华南、西南地区,留鸟,不常见;华中、华北地区,夏候鸟;黑龙江北部,迷鸟。

体长: 9cm LC(低度关注)

树莺科 Cettiidae

黄腹鹟莺 *Abroscopus superciliaris* Yellow-bellied Warbler 树莺科 Cettiidae

■迷鸟 ■留鸟 ■旅鸟 ■冬候鸟 ■夏候鸟

形态: 雌雄相似。虹膜褐色,上喙黑色,喙基略白,前额、头和头顶灰色,贯眼纹黑色,眉纹白色,上体灰褐色,颏、喉和上胸白色,腹部黄色。脚粉红色。**习性:** 栖息于海拔2000m以下的低山和山脚平原地带的次生林和灌丛。**分布与种群现状:** 西南地区,留鸟,较常见。

体长: 11cm LC(低度关注)

棕脸鹟莺 *Abroscopus albogularis* Rufous-faced Warbler 树莺科 Cettiidae

■迷鸟 ■留鸟 ■旅鸟 ■冬候鸟 ■夏候鸟

形态: 雌雄相似。虹膜褐色,上喙暗褐色,下喙浅黄色。头栗色,侧冠纹黑色,喉具黑色纵纹,上胸、腰、臀黄色,腹部白色。脚粉褐色。**习性:** 栖息于海拔2500m以下的阔叶林和竹林中。**分布与种群现状:** 华中、华南地区,留鸟,常见。

体长: 10cm LC(低度关注)

黑脸鹟莺 *Abroscopus schisticeps* Black-faced Warbler 树莺科 Cettiidae

■迷鸟 ■留鸟 ■旅鸟 ■冬候鸟 ■夏候鸟

形态: 雌雄相似。虹膜褐色,上喙深褐色,下喙肉色。头顶、后颈灰色,上体、翼和尾绿色,额、宽眉纹和喉黄色,贯眼纹和耳羽黑色,腹部白色。脚偏绿色。**习性:** 栖息于海拔2000~2600m的常绿阔叶林、竹林和灌丛。**分布与种群现状:** 西南地区,留鸟,罕见。

体长:**10cm** **LC**(低度关注)

栗头织叶莺 *Phyllergates cucullatus* Mountain Tailorbird 树莺科 Cettiidae

■迷鸟 ■留鸟 ■旅鸟 ■冬候鸟 ■夏候鸟

形态: 雌雄相似。虹膜褐色,上喙黑色,下喙浅褐色。头顶亮栗红色,具明显的黄色眉纹,上体橄榄绿色,颏、喉及上胸部灰白,下胸及腹部为鲜黄色。脚粉红色。**习性:** 见于中低海拔山地的常绿阔叶林和沟谷雨林中,性活泼大胆,不惧人。**分布与种群现状:** 华南地区,留鸟,较少见。垂直迁移。

体长:**12cm** **LC**(低度关注)

宽嘴鹟莺 *Tickellia hodgsoni* Broad-billed Warbler 树莺科 Cettiidae

■迷鸟 ■留鸟 ■旅鸟 ■冬候鸟 ■夏候鸟

形态: 雌雄相似。虹膜褐色,上喙深褐色,下喙浅褐色。头顶棕红色较栗头织叶莺色深并明显向枕部延伸。具苍白色的眉纹及眼圈,上体绿色,脸、喉及胸暗灰色较栗头织叶莺也明显色深,腹部、大腿及尾下覆羽黄色,飞羽及尾近黑色,腰及翼斑黄色。脚偏黄色。**习性:** 惧生,多藏匿于湿润山区森林稠密灌丛下的次生植被中。**分布与种群现状:** 西藏南部、云南,留鸟,罕见。

体长:**10cm** **LC**(低度关注)

短翅树莺 *Horornis diphone* Japanese Bush Warbler 树莺科 Cettiidae

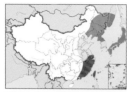

■迷鸟 ■留鸟 ■旅鸟 ■冬候鸟 ■夏候鸟

形态： 雌雄相似。虹膜褐色，喙褐色。上体灰褐色，翅膀羽缘偏绿色，下体白色，具暗灰色胸带，似远东树莺，但头无红褐色。脚粉灰色。**习性：** 同远东树莺。**分布与种群现状：** 东部和南部沿海，旅鸟，罕见；台湾，冬候鸟；东北地区，夏候鸟；东南沿海，旅鸟、冬候鸟。

体长：14~16cm   LC（低度关注）

远东树莺 *Horornis canturians* Manchurian Bush Warbler 树莺科 Cettiidae

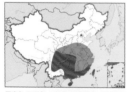

■迷鸟 ■留鸟 ■旅鸟 ■冬候鸟 ■夏候鸟

形态： 雌雄相似。虹膜褐色，上喙褐色，下喙色浅。头顶棕红色，眼纹褐色显淡，皮黄色的眉纹显著，上体褐色，无翼斑或顶纹，下体皮黄色较少。脚粉红色。**习性：** 同其他树莺。**分布与种群现状：** 华北地区至华南地区，候鸟，较常见。

体长：17cm   LC（低度关注）

强脚树莺 *Horornis fortipes* Brownish-flanked Bush Warbler 树莺科 Cettiidae

■迷鸟 ■留鸟 ■旅鸟 ■冬候鸟 ■夏候鸟

形态： 雌雄相似。虹膜褐色，上喙深褐色，下喙基部浅黄色。上体橄榄褐色，眉纹皮黄色，下体偏白色而染褐黄色，尤其是胸侧、两胁及尾下覆羽，似黄腹树莺，但后者腹部为黄色。脚肉棕色。**习性：** 栖息于2000m以下的常绿阔叶林和次生林中。常闻其声不见其形。**分布与种群现状：** 西藏南部及华中、华南、东南、西南地区，留鸟，常见；北京，夏候鸟；辽宁，迷鸟。

体长：12cm   LC（低度关注）

黄腹树莺 *Horornis acanthizoides* Yellow-bellied Bush Warbler 树莺科 Cettiidae

■迷鸟 ■留鸟 ■旅鸟 ■冬候鸟 ■夏候鸟

形态：雌雄相似。虹膜褐色，上喙深褐色，下喙粉红色。眉纹皮黄色，喉、胸灰橄榄色或灰棕色，到腹部逐渐变为浅黄色，似异色树莺，但比其体小，上体褐色较重，喉更灰，与强脚树莺相比，色彩较淡，腹部多黄色。脚粉褐色。**习性：**似其他树莺。**分布与种群现状：**陕西、甘肃至华南地区、华东地区，留鸟，常见。

体长：11cm　LC（低度关注）

异色树莺 *Horornis flavolivaceus* Aberrant Bush Warbler 树莺科 Cettiidae

■迷鸟 ■留鸟 ■旅鸟 ■冬候鸟 ■夏候鸟

形态：雌雄相似。虹膜浅褐色，上喙深褐色，下喙基部粉红色。下体污黄色，具淡黄色的眉纹及狭窄的眼圈，不易与其他树莺成鸟混淆，与强脚树莺的区别在眉纹黄色而非皮黄色，与黄腹树莺的区别在喉及上胸无灰色，上体棕色较少，且无翼纹。脚黄色。**习性：**栖于海拔1200~4900m的林间高草、灌丛、竹林及荆棘丛，冬季下至700m活动。**分布与种群现状：**山西东南部至云南，留鸟，罕见。

体长：13.5cm　LC（低度关注）

灰腹地莺 *Tesia cyaniventer* Grey-bellied Tesia 树莺科 Cettiidae

■迷鸟 ■留鸟 ■旅鸟 ■冬候鸟 ■夏候鸟

形态：雌雄相似。虹膜深褐色，上喙深褐色，下喙黄色而喙端色暗。似金冠地莺但下体灰色较淡，顶冠无黄色，且黑色的惯眼纹明显，其上方还具明显的浅色眉纹。脚橄榄褐色。**习性：**似其他地莺。**分布与种群现状：**西藏南部、云南西部和南部、广西，留鸟，不常见。

体长：9.5cm　LC（低度关注）

金冠地莺 *Tesia olivea* Slaty-bellied Tesia 树莺科 Cettiidae

■迷鸟 ■留鸟 ■旅鸟 ■冬候鸟 ■夏候鸟

形态：雌雄相似。虹膜深褐色，上喙深褐色，下喙橙黄色。头顶至枕金黄色，眼后有一部明显黑纹。上体橄榄绿色，下体石板灰色，尾极短。脚偏褐色。**习性：**通常栖息于2000m以下的山地森林，常于近溪流的密林植被中活动，觅食时好将地面的杂物狂乱抛洒并来回跳跃。**分布与种群现状：**云南南部和西部、四川西南部、贵州，留鸟，地方性常见。

体长：9.5cm LC（低度关注）

宽尾树莺 *Cettia cetti* Cetti's Warbler 树莺科 Cettiidae

■迷鸟 ■留鸟 ■旅鸟 ■冬候鸟 ■夏候鸟

形态：雌雄相似。虹膜褐色，上喙深褐色，下喙粉红色。上体棕褐色。尾较宽而圆。眉纹短，白色。下体污白色，两胁灰褐色。脚粉红色。**习性：**栖息于河流沿岸和湖泊沼泽湿地的芦苇丛、灌丛、草丛中。**分布与种群现状：**新疆西北部，留鸟，罕见。

体长：14cm LC（低度关注）

大树莺 *Cettia major* Chestnut-crowned Bush Warbler 树莺科 Cettiidae

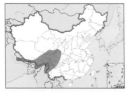

■迷鸟 ■留鸟 ■旅鸟 ■冬候鸟 ■夏候鸟

形态：雌雄相似。虹膜褐色，上喙深褐色，下喙浅褐色。顶冠棕色，眉纹白色，眼先棕色，耳羽具橄榄色细纹。上体暗橄榄褐色，下体偏白色，胸侧及两胁染皮黄色，幼鸟顶冠暗褐色，胸多皮黄色。脚粉红色。**习性：**夏季栖息于海拔3000~4000m的针叶林下灌丛、草场，冬季下到海拔2000m左右活动。**分布与种群现状：**西藏东南部、云南、四川，留鸟，罕见。

体长：13cm LC（低度关注）

棕顶树莺 *Cettia brunnifrons* Grey-sided Bush Warbler 树莺科 Cettiidae

■迷鸟 ■留鸟 ■旅鸟 ■冬候鸟 ■夏候鸟

形态：雌雄相似。虹膜褐色，上喙深褐色，下喙浅褐色。顶冠棕色，眉纹皮黄色，下体灰白色，胸侧沾灰色，两胁及尾下覆羽沾皮黄色，与大树莺的色彩、斑纹均相似，但体型较小且喙细，下体多灰色，眼先为奶油色而非棕色。脚粉灰色。**习性：**似其他树莺。**分布与种群现状：**西藏南部、云南西部和西北部、四川，留鸟，不常见。

体长：11cm　LC（低度关注）

栗头树莺 *Cettia castaneocoronata* Chestnut-headed Tesia 树莺科 Cettiidae

■迷鸟 ■留鸟 ■旅鸟 ■冬候鸟 ■夏候鸟

形态：雌雄相似。虹膜褐色，喙褐色，下喙基色浅。头及颈背栗色。上体橄榄褐色，尾甚短，下体黄色，胸及两胁橄榄绿色。脚橄榄褐色。**习性：**栖息于茂密潮湿森林中近溪流的林下灌丛和草丛中，有垂直迁移的习性。**分布与种群现状：**西藏南部、云南、贵州、四川，留鸟，罕见。

体长：10cm　LC（低度关注）

鳞头树莺 *Urosphena squameiceps* Asian Stubtail 树莺科 Cettiidae

■迷鸟 ■留鸟 ■旅鸟 ■冬候鸟 ■夏候鸟

形态：雌雄相似。虹膜褐色，上喙深褐色，下喙浅褐色。上体棕褐色，顶冠具鳞状斑纹，皮黄色的眉纹延至后颈，贯眼纹黑色，下体白色，两胁及臀皮黄色。脚粉红色。**习性：**主要栖息于1500m以下的低山和山脚混交林及其林缘。在越冬区见于较开阔的多灌丛环境，高可至海拔2100m。**分布与种群现状：**北方地区，夏候鸟、旅鸟；南方地区，冬候鸟、旅鸟。

体长：10cm　LC（低度关注）

淡脚树莺 *Hemitesia pallidipes* Pale-footed Bush Warbler 树莺科 Cettiidae

■迷鸟 ■留鸟 ■旅鸟 ■冬候鸟 ■夏候鸟

形态：雌雄相似。虹膜褐色，喙褐色。上体橄榄褐色，具明显的棕白色眉纹和黑色过眼纹，下体乳白色，两胁皮黄色。

尾近方形。脚粉红色。**习性：**似其他树莺。**分布与种群现状：**云南、广西、广东，留鸟，地方性常见。

体长：12.5cm LC（低度关注）

长尾山雀科 Aegithalidae

北长尾山雀 *Aegithalos caudatus* Long-tailed Tit 长尾山雀科 Aegithalidae

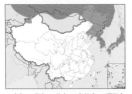

■迷鸟 ■留鸟 ■旅鸟 ■冬候鸟 ■夏候鸟

形态：雌雄相似。虹膜褐色，喙黑色。头部全白色，背黑色，肩和腰葡萄红色，翼上具大块白斑，下体近白色，黑色尾羽长，外侧尾羽白色。脚铅黑色。**习性：**栖息于山地针叶林和针阔混交林中。**分布与种**

群现状：东北地区、新疆北部，留鸟，常见。

体长：14cm LC（低度关注）

银喉长尾山雀 *Aegithalos glaucogularis* Silver-throated Bushtit 长尾山雀科 Aegithalidae

■迷鸟 ■留鸟 ■旅鸟 ■冬候鸟 ■夏候鸟

形态：雌雄相似。无近似鸟种。虹膜深褐色，喙黑色。头顶、脸颊和下体白色，具宽阔的黑色侧冠纹。上背灰色，两翼和尾黑褐色，飞羽具白色羽缘。尾甚长，尾羽末端白色，腰和尾下覆羽沾砖红色。脚黑褐色。**习性：**多栖息于山地针叶林或针阔叶混交林。主要啄食昆虫。**分布与种群现状：**东北、华北、西南地区至华中、华东地区，留鸟，常见。

体长：16cm LC（低度关注）

红头长尾山雀 *Aegithalos concinnus* Black-throated Bushtit 长尾山雀科 Aegithalidae

■迷鸟 ■留鸟 ■旅鸟 ■冬候鸟 ■夏候鸟

形态: 雌雄相似。虹膜黄色,喙黑色。头顶、颈背栗红色,过眼纹黑色宽大,颊、喉白色,喉中部有黑斑块,背蓝灰色,胸腹白色或淡棕黄色,胸腹白色者具栗色胸带,两胁栗色。脚橘黄色。**习性:** 主要栖息于山地森林和灌木林,常集大群。**分布与种群现状:** 华中、华南、东南、西南地区及台湾,留鸟,较常见。

体长:**10cm** LC(低度关注)

棕额长尾山雀 *Aegithalos iouschistos* Rufous-fronted Bushtit 长尾山雀科 Aegithalidae

■迷鸟 ■留鸟 ■旅鸟 ■冬候鸟 ■夏候鸟

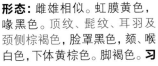

形态: 雌雄相似。虹膜黄色,喙黑色。顶纹、髭纹、耳羽及颈侧棕褐色,脸罩黑色,颏、喉白色,下体黄棕色。脚褐色。**习**

性: 高山森林鸟类,主要栖息于海拔2000~3000m的针叶林、针阔混交林以及林缘上的灌丛等。**分布与种群现状:** 西藏南部、东南部地区,留鸟,不常见。

体长:**11cm** LC(低度关注)

黑眉长尾山雀 *Aegithalos bonvaloti* Black-browed Bushtit 长尾山雀科 Aegithalidae

■迷鸟 ■留鸟 ■旅鸟 ■冬候鸟 ■夏候鸟

形态: 雌雄相似。虹膜黄色,喙黑色。额及胸兜边缘白色,面颊黑色,顶冠纹白色,向后渐变成浅棕色,胸具棕褐色胸带,下胸及腹部白色。脚褐色。**习性:** 似棕额长尾山雀,栖息于海拔2000~2700m的针阔混交林中。**分布与种群现状:** 西南地区,留鸟,不常见。

体长:**11cm** LC(低度关注)

银脸长尾山雀 *Aegithalos fuliginosus* Sooty Bushtit 长尾山雀科 Aegithalidae

■迷鸟 ■留鸟 ■旅鸟 ■冬候鸟 ■夏候鸟

形态：雌雄相似。无近似鸟种。虹膜黄色，喙黑色。头顶至后颈棕褐色，上体褐色。颊、额、喉银灰色，下体白色。两胁红褐色，具宽阔的褐色胸带，胸带上缘具灰色的细领环，尾黑褐色其边缘白色。脚偏粉色至近黑色。**习性：**栖息于海拔1000m以上的高山森林中。**分布与种群现状：**中西部地区，留鸟，罕见。中国鸟类特有种。

体长：12cm LC（低度关注）

花彩雀莺 *Leptopoecile sophiae* White-browed Tit Warbler 长尾山雀科 Aegithalidae

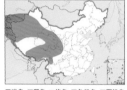

■迷鸟 ■留鸟 ■旅鸟 ■冬候鸟 ■夏候鸟

形态：无近似鸟种。虹膜红色，喙黑色。雄鸟胸及腰紫罗兰色，尾蓝色，眼罩黑色。雌鸟色较淡，上体黄绿色，腰部蓝色甚少，下体近白色，与凤头雀莺的区别为眉纹白色，无羽冠。脚灰褐色。**习性：**栖息于2500m以上的高山灌丛和草地，冬季下到海拔1500m活动。**分布与种群现状：**西部地区，留鸟，不常见，垂直迁移。

体长：10cm LC（低度关注）

凤头雀莺 *Leptopoecile elegans* Crested Tit Warbler 长尾山雀科 Aegithalidae

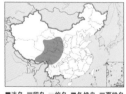

■迷鸟 ■留鸟 ■旅鸟 ■冬候鸟 ■夏候鸟

形态：雄鸟顶冠淡紫灰色，额及凤头白色，凤头尖而长，颏、喉、胸淡栗色，头侧和后颈以及颈侧栗色，背、肩蓝灰色，腰天蓝色。雌鸟颜色较淡，喉及上胸白色，至臀部渐变成淡紫色。**习性：**似花彩雀莺。**分布与种群现状：**甘肃南部、青海东部、四川、云南西北部、西藏东南部，留鸟，罕见。中国鸟类特有种。

体长：10cm LC（低度关注）

莺鹛科 Sylviidae

火尾绿鹛 *Myzornis pyrrhoura* Fire-tailed Myzornis 莺鹛科 Sylviidae

■迷鸟 ■留鸟 ■旅鸟 ■冬候鸟 ■夏候鸟

形态：无近似鸟种。虹膜红色或褐色，喙黑色。雄鸟胸沾红色，雌鸟色浅。翼斑橙红色，外侧尾羽红色，体羽余部亮绿色，顶冠杂黑色斑纹。脚黄褐色。**习性：**结小群栖息于山区森林。与莺类或太阳鸟混群。**分布与种群现状：**西藏南部和东南部、云南西北部、四川西部，留鸟，罕见。

体长：12.5cm LC（低度关注）

黑顶林莺 *Sylvia atricapilla* Eurasian Blackcap 莺鹛科 Sylviidae

■迷鸟 ■留鸟 ■旅鸟 ■冬候鸟 ■夏候鸟

形态：雄鸟头灰色，顶部黑色，背、尾褐色，下体灰白色，两胁沾棕色。雌鸟似雄鸟，但顶部棕色。**习性：**栖息于林区各种类型生境。**分布与种群现状：**新疆，冬候鸟，罕见。

体长：14cm LC（低度关注）

横斑林莺 *Sylvia nisoria* Barred Warbler 莺鹛科 Sylviidae

■迷鸟 ■留鸟 ■旅鸟 ■冬候鸟 ■夏候鸟

形态：虹膜黄色，喙深褐色，下喙基部黄色。上体淡灰色，翼上具两道白色的翼斑。下体白色布满鳞状斑纹。雌鸟上体灰褐色，下体横斑仅限于两胁。脚黄灰色或褐灰色。**习性：**似其他林莺。**分布与种群现状：**新疆，夏候鸟，罕见；北京，迷鸟。

体长：15.5cm LC（低度关注）

白喉林莺 *Sylvia curruca* Lesser Whitethroat 莺鹛科 Sylviidae

■迷鸟 ■留鸟 ■旅鸟 ■冬候鸟 ■夏候鸟

形态：雌雄相似。虹膜褐色，喙黑色。头灰色，耳羽深黑灰色，上体褐色，喉白色。下体近白色，胸侧及两胁沾皮黄色，外侧尾羽羽缘白色，似沙白喉林莺但体羽色及脚颜色较深，喙较大。脚深褐色。**习性：**栖息的生境类型多样，森林、林缘、稀疏灌丛、草地、湖泊、河流边缘的灌丛等。**分布与种群现状：**西北地区、东北地区西部，夏候鸟、冬候鸟，不常见。

体长：13.5cm LC（低度关注）

漠白喉林莺 *Sylvia minula* Desert Whitethroat 莺鹛科 Sylviidae

■迷鸟 ■留鸟 ■旅鸟 ■冬候鸟 ■夏候鸟

形态：雌雄相似。虹膜褐色，喙黑色。上体沙灰褐色，头顶更显灰色，耳羽较淡，喉及下体白色，尾缘白色，与白喉林莺相比体羽灰色较淡，且无近黑色的耳羽。脚灰褐色。**习性：**主要栖息于有零星灌木和植物生长的干旱荒漠、隔壁和半荒漠地区。**分布与种群现状：**西北地区，夏候鸟、旅鸟，不常见。

体长：13cm NR（未认可）

休氏白喉林莺 *Sylvia althaea* Hume's Whitethroat 莺鹛科 Sylviidae

■迷鸟 ■留鸟 ■旅鸟 ■冬候鸟 ■夏候鸟

形态：雌雄相似。虹膜鲜黄色或褐色。喙黑褐色，下喙基部较淡。上体灰褐色或沙褐色，头顶较灰，贯眼纹黑褐色或暗褐色，下体污白色，胸和两胁沾褐色或淡粉红色。脚呈黄绿色或灰铅色。**习性：**常单独或成对活动，食物主要为昆虫，兼食一些植物性食物。**分布与种群现状：**新疆西部，夏候鸟、旅鸟，不常见。

体长：10~13cm NR（未认可）

东歌林莺 *Sylvia crassirostris* Eastern Orphean Warbler 莺鹛科 Sylviidae

■迷鸟 ■留鸟 ■旅鸟 ■冬候鸟 ■夏候鸟

形态: 虹膜白色,雄鸟具黑灰色头部,上背浅灰色,喉白色。雌鸟和亚成鸟头部色浅,下体沾棕色。**习性:** 栖息于开阔的温带落叶林地。营巢于灌丛或树上,每巢产卵4~6枚。**分布与种群现状:** 西藏西南部,迷鸟,罕见。

体长: 15cm LC (低度关注)

荒漠林莺 *Sylvia nana* Asian Desert Warbler 莺鹛科 Sylviidae

■迷鸟 ■留鸟 ■旅鸟 ■冬候鸟 ■夏候鸟

形态: 虹膜黄褐色,喙黄色。上体沙灰褐色,腰、尾上覆羽和中央尾羽棕色,最外侧一对尾羽白色,下体白色,两胁和尾下覆羽微沾粉色。脚黄色。**习性:** 栖息

于荒漠和半荒漠的灌丛中。**分布与种群现状:** 西北地区,夏候鸟、旅鸟,不常见。

体长: 11cm LC (低度关注)

灰白喉林莺 *Sylvia communis* Common Whitethroat 莺鹛科 Sylviidae

■迷鸟 ■留鸟 ■旅鸟 ■冬候鸟 ■夏候鸟

形态: 虹膜红褐色,喙深褐色,下喙基部黄色。眼圈白色,头顶至后颈灰色。上体余部淡灰褐色,翅偏黑色,大覆羽、次级飞羽及三级飞羽羽缘棕褐色,白色喉羽蓬松,尾下覆羽白色,

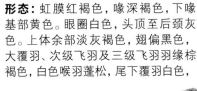

下体沾浅褐色。脚粉色。**习性:** 主要栖息于林缘、河边、湖岸、旷野等开阔地带的灌丛中。可高至海拔2000m。**分布与种群现状:** 新疆西北部,夏候鸟、旅鸟,地方性常见。

体长: 14cm LC (低度关注)

金胸雀鹛 *Lioparus chrysotis* Golden-breasted Fulvetta 莺鹛科 Sylviidae

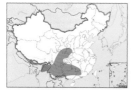

■迷鸟 ■留鸟 ■旅鸟 ■冬候鸟 ■夏候鸟

林及灌丛、竹林。**分布与种群现状：**陕西、甘肃南部、四川、云南、贵州、湖南西部、广西、广东北部，留鸟，罕见。

形态：雌雄相似。无近似鸟种。虹膜淡褐色，喙灰蓝色。头黑色，头顶具一条白色的中央冠纹，耳羽白色，两翼及尾艳丽，上体余部橄榄灰色，喉灰黑色，下体余部黄色。脚偏粉色。**习性：**结群栖息于山区常绿

体长：11cm LC（低度关注）

宝兴鹛雀 *Moupinia poecilotis* Rufous-tailed Babbler 莺鹛科 Sylviidae

■迷鸟 ■留鸟 ■旅鸟 ■冬候鸟 ■夏候鸟

林缘灌丛和草丛中，单只或结小群活动。**分布与种群现状：**云南西北部、四川，留鸟，不常见。中国鸟类特有种。

形态：雌雄相似。无近似鸟种。虹膜褐色，喙褐色。上体棕褐色，眉纹灰白色后端成深色，髭纹黑白色，喉白色，胸中心皮黄色；两胁及臀黄褐色，翼及尾栗褐色，尾长而凸。脚浅褐色。**习性：**栖息于山地

体长：15cm LC（低度关注）

白眉雀鹛 *Fulvetta vinipectus* White-browed Fulvetta 莺鹛科 Sylviidae

■迷鸟 ■留鸟 ■旅鸟 ■冬候鸟 ■夏候鸟

胸白色，下体余部茶黄色。脚近灰色。**习性：**结小群栖息于山区森林的林下植被及灌丛中。性活泼。**分布与种群现状：**西藏南部、云南、四川，留鸟，较常见。

形态：雌雄相似。虹膜偏白色，喙浅角质色。头顶灰褐色，具显著的白色粗眉纹，侧冠纹和脸颊黑色，翅大致棕褐色，外缘具白色翼斑，喉、

体长：12cm LC（低度关注）

中华雀鹛 *Fulvetta striaticollis* Chinese Fulvetta 莺鹛科 Sylviidae

■迷鸟 ■留鸟 ■旅鸟 ■冬候鸟 ■夏候鸟

形态： 雌雄相似。虹膜黄白色，上喙角质褐色，下喙浅色。整个上体包括两翼和尾上覆羽灰褐色，头和上背具不明显的深色纵纹，飞羽具浅色羽缘，喉、胸部具黑色细纵纹，下体浅灰白色。脚角质褐色。**习性：** 常见于高山针叶林、亚高山杜鹃丛、高山灌丛和草甸中，多单独或成对活动。**分布与种群现状：** 甘肃南部至云南西北部，留鸟，罕见。中国鸟类特有种。

体长：13cm　LC（低度关注）

棕头雀鹛 *Fulvetta ruficapilla* Spectacled Fulvetta 莺鹛科 Sylviidae

■迷鸟 ■留鸟 ■旅鸟 ■冬候鸟 ■夏候鸟

形态： 雌雄相似。虹膜褐色，上喙角质色，下喙色浅。顶冠棕色，并有黑色的边纹延至颈背，眉纹色浅而模糊，眼先暗黑色，眼圈白色，喉近白而微具纵纹，下体余部酒红色，腹中心偏白色，上体灰褐色而渐变为腰部的偏红色，覆羽羽缘赤褐色。脚偏粉色。**习性：** 结小群栖息于山区森林及灌丛中。与其他鸟类混群。**分布与种群现状：** 甘肃南部至云南西北部，留鸟，不常见。

体长：11.5cm　LC（低度关注）

路氏雀鹛 *Fulvetta ludlowi* Ludlow's Fulvetta 莺鹛科 Sylviidae

■迷鸟 ■留鸟 ■旅鸟 ■冬候鸟 ■夏候鸟

形态： 雌雄相似。虹膜褐色。喙深褐色，喙基部偏粉色。头深褐色，头侧和枕部偏红，似褐头雀鹛，但喉白色带深色纵纹而非灰色带深色纵纹，似白眉雀鹛但无白色眉线及其上的黑褐色纹。脚粉褐色。**习性：** 结小群栖息于山区林下灌丛及竹林中。**分布与种群现状：** 西藏东南部，留鸟，不常见。

体长：12cm　LC（低度关注）

369

褐头雀鹛 *Fulvetta cinereiceps* Streak-throated Fulvetta 莺鹛科 Sylviidae

■迷鸟 ■留鸟 ■旅鸟 ■冬候鸟 ■夏候鸟

形态: 雌雄相似。虹膜黄色至粉红色,喙黑褐色。头灰褐色,背浅灰色,翅上具黑白色翼斑,上体余部大致棕褐色,喉灰白色,具深色纵纹,胸和颈侧灰褐色,腹部茶黄色。脚灰褐色。**习性:** 栖息于山区森林林下灌丛及竹林中。**分布与种群现状:** 西藏东南部、云南西部和南部,留鸟,少见。

体长: 12cm　LC(低度关注)

玉山雀鹛 *Fulvetta formosana* Taiwan Fulvetta 莺鹛科 Sylviidae

■迷鸟 ■留鸟 ■旅鸟 ■冬候鸟 ■夏候鸟

形态: 雌雄相似。虹膜黑褐色,具明显的白色眼圈,喙粉褐色。曾作为褐头雀鹛的亚种,头和背深咖啡褐色,具深色眉纹,脸颊斑驳,喉具棕色粗纵纹,下体灰褐色,两翼棕红色,初级飞羽合拢时具浅白色和黑色翼斑,尾羽棕褐色。脚粉褐色。**习性:** 常见于中高海拔山地的针阔混交林、针叶林下的竹林和灌丛中,常单独或集小群活动,不惧人且行动活泼。**分布与种群现状:** 台湾,留鸟,常见。

注: 在《中国观鸟年报—中国鸟类名录 6.0(2018)》中列出。
　①由 *Alcippe* 属更改为 *Fulvetta* 属(Pasquet et al., 2006; Collar, Robson, 2007)。
　②由褐头雀鹛 *Alcippe cinereiceps* 亚种提升为种(Collar, 2006)。

体长: 11cm　LC(低度关注)

金眼鹛雀 *Chrysomma sinense* Yellow-eyed Babbler 莺鹛科 Sylviidae

■迷鸟 ■留鸟 ■旅鸟 ■冬候鸟 ■夏候鸟

形态: 雌雄相似。虹膜近黄色,喙黑色。眼圈裸皮粉红色,眼先和短眉纹白色,上体大致红褐色,下体白色,尾长而凸。脚橘黄色。**习性:** 结小群于茂密灌丛、高草丛及竹林中。**分布与种群现状:** 华南地区,留鸟,不常见。

体长: 19cm　LC(低度关注)

山鹛 *Rhopophilus pekinensis* Chinese Hill Babbler 莺鹛科 Sylviidae

■迷鸟 ■留鸟 旅鸟 ■冬候鸟 ■夏候鸟

形态：雌雄相似。无近似鸟种。虹膜褐色，喙角质色。眉纹偏灰色，髭纹近黑色，上体烟褐色而密布近黑色纵纹，外侧尾羽羽缘白色，颏、喉及胸白下体白，两胁及腹部略具黄褐色纵纹，尾下皮黄色。尾长。脚黄褐色。**习性**：栖于灌丛及芦苇丛。不惧生。**分布与种群现状**：西北、华北、东北地区，留鸟，较常见。

体长：17cm　LC（低度关注）

红嘴鸦雀 *Conostoma aemodium* Great Parrotbill 莺鹛科 Sylviidae

■迷鸟 ■留鸟 旅鸟 ■冬候鸟 ■夏候鸟

形态：雌雄相似。虹膜黄色，喙圆锥形，橙黄色。额灰白色，眼先深褐色。体羽褐色，下体浅灰褐色。脚绿黄色。**习性**：栖息于高山混交林和针叶林。飞行能力弱。**分布与种群现状**：陕西、甘肃至西藏南部、云南西部，留鸟，不常见。

体长：28cm　LC（低度关注）

三趾鸦雀 *Cholornis paradoxus* Three-toed Parrotbill 莺鹛科 Sylviidae

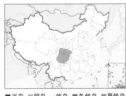

■迷鸟 ■留鸟 旅鸟 ■冬候鸟 ■夏候鸟

形态：雌雄相似。虹膜近白色，喙橙黄色、橄榄灰色。冠羽蓬松，白色眼圈明显，颏、眼先及宽眉纹深褐色。初级飞羽羽缘近白色，拢翅时成浅色斑块，脚褐色。**习性**：栖息于高山密林和灌丛、竹林及林缘疏林灌丛。**分布与种群现状**：甘肃南部、四川、重庆，留鸟，罕见。中国鸟类特有种。

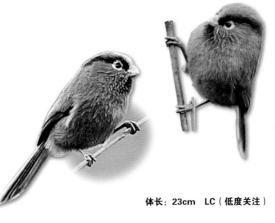

体长：23cm　LC（低度关注）

褐鸦雀 *Cholornis unicolor* Brown Parrotbill 莺鹛科 Sylviidae

■迷鸟 ■留鸟 ■旅鸟 ■冬候鸟 ■夏候鸟

形态： 雌雄相似。虹膜灰色，喙黄色。浑身以褐色为主，具黑色长眉纹，下体灰褐色，与三趾鸦雀的区别在脸颊灰色，翼较单一色，无眼圈，脚具4趾。脚绿灰色。**习性：** 栖息于绿阔叶林、混交林、针叶林和竹林与灌丛。成对、成小群或混群活动。**分布与种群现状：** 西藏南部、西南地区，留鸟，不常见。

体长：20cm　LC（低度关注）

白眶鸦雀 *Sinosuthora conspicillata* Spectacled Parrotbill 莺鹛科 Sylviidae

■迷鸟 ■留鸟 ■旅鸟 ■冬候鸟 ■夏候鸟

形态： 雌雄相似。虹膜褐色，喙黄色。顶冠及颈背栗褐色，白色眼圈明显，上体橄榄褐色，下体粉褐色，喉具模糊的纵纹。脚近黄色。**习性：** 栖息于山地竹林和林缘灌丛。**分布与种群现状：** 陕西南部至华中地区，留鸟，罕见。中国鸟类特有种。

体长：14cm　LC（低度关注）

棕头鸦雀 *Sinosuthora webbiana* Vinous-throated Parrotbill 莺鹛科 Sylviidae

■迷鸟 ■留鸟 ■旅鸟 ■冬候鸟 ■夏候鸟

形态： 雌雄相似。虹膜褐色。喙灰色或褐色，喙端色较浅。头顶及两翼栗褐色，喉略具细纹，虹膜褐色，眼圈不明显，有些亚种翼缘棕色。脚粉灰色。**习性：** 栖息于低山阔叶林和混交林林缘灌丛、疏林草坡、竹丛、矮树丛和高草丛。**分布与种群现状：** 东北地区至华南地区（包括台湾），留鸟，常见。

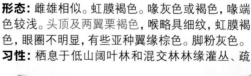

体长：12cm　LC（低度关注）

灰喉鸦雀 *Sinosuthora alphonsiana* Ashy-throated Parrotbill 莺鹛科 Sylviidae

形态：雌雄相似。虹膜褐色，喙粉红色。头棕红色，眼圈、喉白色，脸灰褐色，上胸灰色，上体橄榄褐色，翅棕红色，尾棕褐色，下体皮黄色。脚粉红色。**习性：**集群栖息于林地、灌丛、竹林。**分布与种群现状：**四川、云南、贵州，留鸟，常见。

体长：12.5cm　LC（低度关注）

褐翅鸦雀 *Sinosuthora brunnea* Brown-winged Parrotbill 莺鹛科 Sylviidae

形态：雌雄相似。虹膜褐色，喙棕黄色。整体褐色，与棕头鸦雀区别在于色彩较暗，头顶至上背及头两侧栗色较多，两翼褐色，喉及上胸酒红色较浓且具较深栗色细纹。脚粉红色。**习性：**栖息于林缘灌丛、竹丛、稀树草坡、芦苇丛。**分布与种群现状：**四川、云南，留鸟，少见。

体长：12.5cm　LC（低度关注）

暗色鸦雀 *Sinosuthora zappeyi* Grey-hooded Parrotbill 莺鹛科 Sylviidae

形态：雌雄相似。虹膜褐色，喙黄色。头灰色，白色眼圈明显，灰色冠羽具黑色细纹，上体棕褐色，三级飞羽及中央尾羽色深，喉及胸浅灰色，腹部粉褐色。脚偏灰色。**习性：**栖息于高山和高原地带的竹丛和灌丛。**分布与种群现状：**四川、贵州，留鸟，罕见。中国鸟类特有种。

体长：13cm　VU（易危）

灰冠鸦雀 *Sinosuthora przewalskii* Rusty-throated Parrotbill 莺鹛科 Sylviidae

■迷鸟 ■留鸟 ■旅鸟 ■冬候鸟 ■夏候鸟

形态：雌雄相似。虹膜褐色，喙黄色。顶冠及颈背灰色，额、眼先及眉纹红褐色，眉纹后端近黑色。上体灰橄榄色，脸、喉及上胸黄褐色，下体余部浅褐色，两胁偏灰色，两翼橄榄色而带棕色斑块。尾橄榄灰色，尾缘色较鲜亮。脚肉色。**习性：**栖息于针叶林和针阔叶混交林和竹丛。**分布与种群现状：**甘肃南部、四川西北部，留鸟，罕见。中国鸟类特有种。

体长：13cm   VU（易危）

黄额鸦雀 *Suthora fulvifrons* Fulvous Parrotbill 莺鹛科 Sylviidae

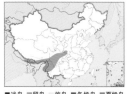

■迷鸟 ■留鸟 ■旅鸟 ■冬候鸟 ■夏候鸟

形态：雌雄相似。虹膜红褐色，喙角质粉红色。大体红褐色，头侧具偏灰的深色侧冠纹，初级飞羽羽缘白色，翼斑棕色。尾长，呈深黄褐色，羽缘棕色。颈侧的白色多少不一，与橙额鸦雀及金色鸦雀的区别在无深色的喉。脚褐色至铅色。**习性：**栖息于常绿阔叶林、针阔叶混交林、针叶林、林缘灌丛、竹丛和杜鹃灌丛。集群。**分布与种群现状：**陕西、甘肃至云南西北部、西藏南部，留鸟，不常见。

体长：12cm   LC（低度关注）

黑喉鸦雀 *Suthora nipalensis* Black-throated Parrotbill 莺鹛科 Sylviidae

■迷鸟 ■留鸟 ■旅鸟 ■冬候鸟 ■夏候鸟

形态：雌雄相似。虹膜褐色，喙粉灰色。头顶灰色，黑色眉纹醒目，面颊白色，喉黑色。上体多橙色，飞羽黑色具灰白色羽缘，下体棕色，尾羽棕褐色。脚粉红色。**习性：**栖息于常绿阔叶林、橡树林和混交林等各类森林林下灌丛和竹丛。**分布与种群现状：**西藏东南部、云南西南部，留鸟，罕见。

体长：11.5cm   LC（低度关注

金色鸦雀 *Suthora verreauxi* Golden Parrotbill 莺鹛科 Sylviidae

形态：雌雄相似。虹膜深褐色，上喙灰色，下喙带粉色。头顶、翼斑及尾羽羽缘橙色，喉黑色。脚带粉色。**习性：**栖息于常绿阔叶林竹林。**分布与种群现状：**陕西南部至华南地区（包括台湾），留鸟，罕见。

■迷鸟 ■留鸟 ■旅鸟 ■冬候鸟 ■夏候鸟

体长：11.5cm　LC（低度关注）

短尾鸦雀 *Neosuthora davidiana* Short-tailed Parrotbill 莺鹛科 Sylviidae

形态：雌雄相似。虹膜褐色，喙近粉色。头栗红色。颏、喉黑色杂有白色细的条纹或斑点，下喉有一淡黄色横带，背棕灰色，胸、腹灰黄色。尾短。脚近粉色。**习**

■迷鸟 ■留鸟 ■旅鸟 ■冬候鸟 ■夏候鸟

性：栖息于低山和丘陵地带的林下灌丛和竹丛。**分布与种群现状：**湖南南部、福建，留鸟，罕见。

体长：10cm　LC（低度关注）

黑眉鸦雀 *Chleuasicus atrosuperciliaris* Lesser Rufous-headed Parrotbill

莺鹛科 Sylviidae

形态：雌雄相似。虹膜红褐色，喙灰色，喙端白色。头棕色，黑色的眉纹明显短，上体褐色，下体皮黄色。脚蓝灰色。**习性：**栖息于中低

■迷鸟 ■留鸟 ■旅鸟 ■冬候鸟 ■夏候鸟

山和山脚沟谷地带的灌丛和竹丛。飞行力弱。**分布与种群现状：**云南西部，留鸟，罕见。

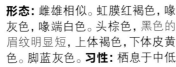

体长：15cm　LC（低度关注）

红头鸦雀 *Psittiparus ruficeps* White-breasted Parrotbill 莺鹛科 Sylviidae

■迷鸟 ■留鸟 ■旅鸟 ■冬候鸟 ■夏候鸟

形态：雌雄相似。虹膜红褐色，喙橘黄色至深色。头栗红色，眼周灰白色。上体橄榄褐色，胸和两胁沾皮黄色，下体白色。脚蓝灰色。**习性：**栖息于低山山脚和河谷地带的灌丛与竹丛。飞得不高，短距离飞行。**分布与种群现状：**西藏东南部、云南西部，留鸟，罕见。

体长：19cm LC（低度关注）

灰头鸦雀 *Psittiparus gularis* Grey-headed Parrotbill 莺鹛科 Sylviidae

■迷鸟 ■留鸟 ■旅鸟 ■冬候鸟 ■夏候鸟

形态：雌雄相似。虹膜红褐色，喙橘黄色。头灰色。额黑色，与黑色的长眉纹相连接，喉中心黑色。下体余部白色。脚灰色。**习性：**栖息于山地常

绿阔叶林、次生林、竹林和林缘灌丛。**分布与种群现状：**南方地区（包括海南），留鸟，常见。

体长：18cm LC（低度关注）

点胸鸦雀 *Paradoxornis guttaticollis* Spot-breasted Parrotbill 莺鹛科 Sylviidae

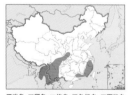

■迷鸟 ■留鸟 ■旅鸟 ■冬候鸟 ■夏候鸟

形态：雌雄相似。虹膜褐色，喙橘黄色。胸上具深色的倒"V"字形细纹，头顶及颈背赤褐色，耳羽后端有醒目的黑色块斑。上体余部暗红褐色，下体皮黄色。脚蓝灰色。**习性：**栖息于山地灌丛、竹丛和高草丛。**分布与种群现状：**陕西南部至云南、广东北部至浙江，留鸟，地区性常见。

体长：18cm LC（低度关注）

斑胸鸦雀 *Paradoxornis flavirostris* Black-breasted Parrotbill 莺鹛科 Sylviidae

■迷鸟 ■留鸟 ■旅鸟 ■冬候鸟 ■夏候鸟

形态：雌雄相似。虹膜褐色，喙黄色。胸带、颜及耳羽后的斑块黑色，脸侧及喉白而带黑色鳞状斑纹。下体粉皮黄色。脚灰色。**习性：**活动于灌木丛、矮树丛稀树草坡，夏间多在山地，冬迁至山麓芦苇地带。**分布与种群现状：**西藏东南部，留鸟，少见。

体长：19cm VU（易危）

震旦鸦雀 *Paradoxornis heudei* Reed Parrotbill 莺鹛科 Sylviidae

■迷鸟 ■留鸟 ■旅鸟 ■冬候鸟 ■夏候鸟

形态：雌雄相似。虹膜红褐色，喙灰黄色。额、头顶及颈背灰色，黑色眉纹显著，有狭窄的白色眼圈，背羽黄褐色，通常具黑色纵纹，额、喉及腹中心近白色，两胁黄褐色，翼上肩部黄褐色。三级飞羽近黑色，中央尾羽沙褐色，其余黑色羽端白色。脚粉黄色。**习性：**集群栖息于河流、湖泊、河口沙洲及沿海滩涂等湿地生境的芦苇丛中。**分布与种群现状：**东北地区至华中地区，留鸟，较常见。

体长：18cm NT（近危）

绣眼鸟科 Zosteropidae

栗耳凤鹛 *Yuhina castaniceps* Striated Yuhina 绣眼鸟科 Zosteropidae

■迷鸟 ■留鸟 ■旅鸟 ■冬候鸟 ■夏候鸟

形态：雌雄相似。虹膜褐色，喙红褐色，喙端色深。具灰色的短羽冠。上体大致灰色，下体近白色。耳羽栗红色并具白色纵纹。脚粉红色。

习性：结群栖息于森林及稀树灌丛中。性吵闹。**分布与种群现状：**南方地区，留鸟，较常见。

体长：13cm LC（低度关注）

白颈凤鹛 *Yuhina bakeri* White-naped Yuhina 绣眼鸟科 Zosteropidae

■迷鸟 ■留鸟 □旅鸟 ■冬候鸟 ■夏候鸟

形态: 雌雄相似。虹膜褐色,喙褐色。头、羽冠棕褐色,枕部白色。上体余部大致橄榄褐色,颏及喉部白色,尾下覆羽沾棕色,下体余部皮黄褐色。脚粉褐色。**习性:** 结群栖息于山地常绿阔叶林和灌木丛中。与其他小型鸟类混群。**分布与种群现状:** 西藏东南部、云南西北部,留鸟,罕见。

体长:13cm　LC(低度关注)

黄颈凤鹛 *Yuhina flavicollis* Whiskered Yuhina 绣眼鸟科 Zosteropidae

■迷鸟 ■留鸟 □旅鸟 ■冬候鸟 ■夏候鸟

形态: 雌雄相似。虹膜褐色,上喙深褐色,下喙浅褐色。头灰色具羽冠,额、髭纹黑色,眼圈白色,颈棕黄色。上体余部褐色,喉、胸白色,下体余部茶黄色。脚黄褐色。**习性:** 结群栖息于山地常绿林和稀树灌丛中。与其他小型鸟类混群。性活泼。**分布与种群现状:** 西藏南部、云南,留鸟,不常见。

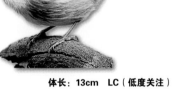

体长:13cm　LC(低度关注)

纹喉凤鹛 *Yuhina gularis* Stripe-throated Yuhina 绣眼鸟科 Zosteropidae

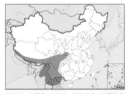

■迷鸟 ■留鸟 □旅鸟 ■冬候鸟 ■夏候鸟

形态: 雌雄相似。虹膜褐色,上喙色深,下喙偏红色。头黑褐色具羽冠,喉浅皮黄色,具黑色纵纹,翼黑色,具橙黄色翼斑。上体余部暗灰褐色,下体大致暗棕黄色。脚橘黄色。**习性:** 结小群栖于山地森林、灌丛及竹林。与其他鸟类混群。**分布与种群现状:** 陕西南部至西藏南部、云南,留鸟,常见。

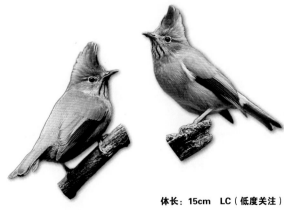

体长:15cm　LC(低度关注)

白领凤鹛 *Yuhina diademata* White-collared Yuhina 绣眼鸟科 Zosteropidae

■迷鸟 ■留鸟 ■旅鸟 ■冬候鸟 ■夏候鸟

形态：雌雄相似。虹膜偏红色，喙近黑色。大体灰褐色，具蓬松的羽冠，颈后白色大斑块与白色宽眼圈及后眉线相接，颏、眼先黑色，飞羽黑而羽缘近白，下腹部白色。脚粉红色。**习性：**结小群栖息于山区森林及灌丛中。**分布与种群现状：**甘肃南部、陕西南部、四川、重庆、湖北西部、湖南西北部、贵州、云南，留鸟，常见。

体长：17cm LC（低度关注）

棕臀凤鹛 *Yuhina occipitalis* Rufous-vented Yuhina 绣眼鸟科 Zosteropidae

■迷鸟 ■留鸟 ■旅鸟 ■冬候鸟 ■夏候鸟

形态：雌雄相似。虹膜褐色，喙粉色。羽冠前半部灰色具白色纵纹，后半部棕红色，颈部灰色，眼圈白色，髭纹黑色。上体余部橄榄灰色，颏及喉部白色，尾下覆羽棕色，下体余部皮黄色。脚橙红色。**习性：**结小群在森林的中、下层及林缘灌丛中活动。与其他鸟类混群。**分布与种群现状：**西藏南部、云南、四川西南部，留鸟，较常见。

体长：13cm LC（低度关注）

褐头凤鹛 *Yuhina brunneiceps* Taiwan Yuhina 绣眼鸟科 Zosteropidae

■迷鸟 ■留鸟 ■旅鸟 ■冬候鸟 ■夏候鸟

形态：雌雄相似。虹膜红色，喙黑色。羽冠前面栗色具黑色边缘，后边灰白色，黑色髭纹成线形环耳羽延至眼后。脚暗黄色。**习性：**结群栖息于山区森林的中下层。与其他鸟类混群。性大胆。**分布与种群现状：**台湾，留鸟，较常见。中国鸟类特有种。

体长：13cm LC（低度关注）

黑颏凤鹛 *Yuhina nigrimenta* Black-chinned Yuhina 绣眼鸟科 Zosteropidae

■迷鸟 ■留鸟 ■旅鸟 ■冬候鸟 ■夏候鸟

形态：雌雄相似。虹膜褐色。上喙黑色，下喙红色。头灰色，冠羽具明显的灰黑色鳞状斑纹，喙基周围黑色。上体余部橄榄褐色，下体偏白色。脚橘黄色。**习性：**结群栖息于山区森林的冠层中。与其他小型鸟类混群。性活泼。**分布与种群现状：**陕西南部至华南地区，留鸟，较常见。

体长：11cm LC（低度关注）

红胁绣眼鸟 *Zosterops erythropleurus* Chestnut-flanked White-eye 绣眼鸟科 Zosteropidae

■迷鸟 ■留鸟 ■旅鸟 ■冬候鸟 ■夏候鸟

形态：虹膜红褐色，喙橄榄色。眼周具显著的白色眼圈，颏、喉黄色。上体黄绿色，下体白色，两胁栗红色。脚灰色。**习性：**栖息于海拔900m以下的山丘和山脚平原地带的阔叶林及次生林。**分布与种群现状：**分布范围广，夏候鸟、旅鸟、冬候鸟，较常见。

体长：12cm LC（低度关注）

暗绿绣眼鸟 *Zosterops japonicus* Japanese White-eye 绣眼鸟科 Zosteropidae

■迷鸟 ■留鸟 ■旅鸟 ■冬候鸟 ■夏候鸟

形态：雌雄相似。虹膜浅褐色，喙灰色，眼圈白色，眼先较细黑灰色。上体绿色，胸及两胁灰色，腹部白色，额、颏、喉和尾下覆羽淡黄色。脚偏灰色。**习性：**栖息于阔叶林、针阔叶混交林、竹林、次生林等，最高可到海拔2000m。**分布与种群现状：**东北、华中地区至南部沿海，夏候鸟、留鸟，较常见。

体长：10cm LC（低度关注）

低地绣眼鸟 *Zosterops meyeni* Lowland White-eye 绣眼鸟科 Zosteropidae

■迷鸟 ■留鸟 ■旅鸟 ■冬候鸟 ■夏候鸟

形态: 雌雄相似。似暗绿绣眼鸟,但本种体型略大。喙较粗短,眼先黄绿色。背部为橄榄绿色(绿色较深),腹部略带黄色。**习性:** 主要栖息于台湾东部绿岛、兰屿岛上低地的次生林、林缘和人工园林环境。**分布与种群现状:** 台湾,留鸟,不常见。

体长: 10cm LC(低度关注)

灰腹绣眼鸟 *Zosterops palpebrosus* Oriental White-eye 绣眼鸟科 Zosteropidae

■迷鸟 ■留鸟 ■旅鸟 ■冬候鸟 ■夏候鸟

形态: 雌雄相似。虹膜黄褐色,喙黑色。眼圈白色,眼先黑色,颏、喉、上胸柠檬黄色。上体黄绿色,腹部灰白色,中央具不明显的黄色条带,两胁灰色,尾下覆羽黄色。脚橄榄灰色。**习性:** 栖息于1200m以下的常绿阔叶林和次生林。**分布与种群现状:** 西南地区,留鸟,较常见。

体长: 11cm LC(低度关注)

林鹛科 Timaliidae

长嘴钩嘴鹛 *Erythrogenys hypoleucos* Large Scimitar Babbler 林鹛科 Timaliidae

■迷鸟 ■留鸟 ■旅鸟 ■冬候鸟 ■夏候鸟

形态: 雌雄相似。无近似鸟种。虹膜褐色。喙灰褐色,喙形长、弯、粗壮。头顶、上体和尾棕褐色,翼棕红色。眼后具白色长眉纹与棕色斑外缘白色相连接,耳羽后具棕色长横斑,外缘白色,颈侧、胸侧及两胁具纵纹。下体近白色,尾下覆羽棕色。脚绿灰色。**习性:** 栖息于常绿林和混交林、林下灌丛及竹林。鸣声清脆、响亮。**分布与种群现状:** 云南东南部、广西、海南,留鸟,罕见。

体长: 27cm LC(低度关注)

锈脸钩嘴鹛 *Pomatorhinus erythrogenys* Rusty-cheeked Scimitar Babbler 林鹛科 Timaliidae

■迷鸟 ■留鸟 ■旅鸟 ■冬候鸟 ■夏候鸟

形态：雌雄相似。虹膜褐色，喙角质色。与斑胸钩嘴鹛近似，但喉及前胸无黑色纵斑，两胁红棕色明显。脚铅灰色。**习性：**同斑胸钩嘴鹛。**分布与种群现状：**西藏南部，留鸟，较少见。

注：在《中国鸟类野外手册》中列出《中国观鸟年报—中国鸟类名录6.0(2018)》。

体长：24cm LC（低度关注）

斑胸钩嘴鹛 *Erythrogenys gravivox* Black-streaked Scimitar Babbler 林鹛科 Timaliidae

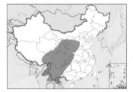

■迷鸟 ■留鸟 ■旅鸟 ■冬候鸟 ■夏候鸟

形态：雌雄相似。虹膜黄色至栗色，喙灰色至褐色。上体橄榄褐色，额、眉纹、耳羽、胁部和尾下覆羽锈红色；下体白色，胸部具显著的黑色纵纹。脚肉褐色。**习性：**结小群栖息于林缘、灌丛及棘丛等地带。**分布与种群现状：**宁夏、华北地区至西藏东南、云南东部，留鸟，常见。

体长：24cm LC（低度关注）

华南斑胸钩嘴鹛 *Erythrogenys swinhoei* Grey-sided Scimitar Babbler 林鹛科 Timaliidae

■迷鸟 ■留鸟 ■旅鸟 ■冬候鸟 ■夏候鸟

形态：雌雄相似。虹膜浅黄白色，喙粉褐色。头顶及尾棕褐色，前额和脸颊锈红色，眼先白色。上体红褐色，颊、喉灰白色，似斑胸钩嘴鹛，但下腹及两胁灰色，胸部黑色的纵纹范围较大。脚角质褐色。**习性：**单独或集小群活动于中低海拔山地森林中，隐匿而怯人，常能听到其翻捡落叶的声音。叫声响亮。**分布与种群现状：**华中、东南、华南地区，留鸟，不常见。

体长：23cm LC（低度关注）

台湾斑胸钩嘴鹛 *Erythrogenys erythrocnemis* Black-neckaced Scimitar Babbler
林鹛科 Timaliidae

■迷鸟 ■留鸟 ■旅鸟 ■冬候鸟 ■夏候鸟

形态：雌雄相似。虹膜黄色，喙角质褐色。头灰褐色，脸灰色，前额栗色。上体及尾红褐色，颊、喉及胸腹部白色，前胸具黑色点斑形成纵纹，似斑胸钩嘴鹛，但背部颜色更偏棕红色，两胁深灰色少染棕色，臀栗红色。脚角质灰色。**习性：**见于中低海拔常绿阔叶林及林下灌丛和竹林中，常隐匿于地面，翻捡腐叶下的食物，跳跃前行。**分布与种群现状：**台湾，留鸟，少见。

体长：23cm　LC（低度关注）

灰头钩嘴鹛 *Pomatorhinus schisticeps* White-browed Scimitar Babbler 林鹛科 Timaliidae

■迷鸟 ■留鸟 ■旅鸟 ■冬候鸟 ■夏候鸟

形态：雌雄相似。虹膜黄色。喙黄色，上喙中线黑色。头顶灰色，具白色长眉纹，黑色的宽贯眼纹显著，颈侧棕色。上体、两胁及尾下覆羽褐色，下体白色。脚铅色。**习性：**栖息于林下稠密植被中。**分布与种群现状：**西藏东南部，留鸟，罕见。

体长：22cm　LC（低度关注）

棕颈钩嘴鹛 *Pomatorhinus ruficollis* Streak-breasted Scimitar Babbler 林鹛科 Timaliidae

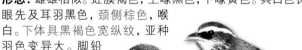

■迷鸟 ■留鸟 ■旅鸟 ■冬候鸟 ■夏候鸟

形态：雌雄相似。虹膜褐色，上喙黑色，下喙黄色。具白色长眉纹，眼先及耳羽黑色，颈侧棕色，喉白。下体具黑褐色宽纵纹，亚种羽色变异大。脚铅褐色。**习性：**结小群栖息于常绿阔叶林、混交林、竹林及次生灌丛地带。**分布与种群现状：**南方地区，留鸟，常见。

体长：19cm　LC（低度关注）

383

台湾棕颈钩嘴鹛 *Pomatorhinus musicus* Taiwan Scimitar Babbler 林鹛科 Timaliidae

■迷鸟 ■留鸟 ■旅鸟 ■冬候鸟 ■夏候鸟

形态：雌雄相似。虹膜褐色，上喙黑色，下喙黄色。似棕颈钩嘴鹛。头顶深灰褐色，后颈棕红色，形成宽阔的领环。背橄榄褐色，喉、胸白色，胸具粗大的椭圆形斑，两胁和腹部栗棕色。腹部杂有白色。脚铅褐色。**习性：**同棕颈钩嘴鹛。**分布与种群现状：**台湾，留鸟，常见。

体长：16~19cm LC（低度关注）

棕头钩嘴鹛 *Pomatorhinus ochraceiceps* Red-billed Scimitar Babbler 林鹛科 Timaliidae

■迷鸟 ■留鸟 ■旅鸟 ■冬候鸟 ■夏候鸟

形态：雌雄相似。虹膜浅褐色，喙红色而下弯。头顶棕褐色，具白色细眉纹和黑色宽贯眼纹，喉白。上体棕褐色，下体白色，胁部、下腹部浅棕色。脚褐色。**习性：**成对或结小群栖息于山地常绿阔叶林及竹林。**分布与种群现状：**云南，留鸟，罕见。

体长：23cm LC（低度关注）

红嘴钩嘴鹛 *Pomatorhinus ferruginosus* Coral-billed Scimitar Babbler 林鹛科 Timaliidae

■迷鸟 ■留鸟 ■旅鸟 ■冬候鸟 ■夏候鸟

形态：雌雄相似。虹膜草黄色，喙红色。大体似棕头钩嘴鹛，主要区别在于本种的喙相对较粗短。白色眉纹上具黑色条带，胸腹部的羽色较深。脚褐色。**习性：**栖息于山地常绿林、竹林。**分布与种群现状：**西藏东南部、云南、四川西南部，留鸟，罕见。

体长：23cm LC（低度关注）

细嘴钩嘴鹛 *Pomatorhinus superciliaris* Slender-billed Scimitar Babbler
林鹛科 Timaliidae

■迷鸟 ■留鸟 ■旅鸟 ■冬候鸟 ■夏候鸟

形态：雌雄相似。虹膜灰色至红色，嘴黑色。头、飞羽、尾近黑色，余部棕褐色，具特征性的极细黑褐色弯长嘴，白色眉纹细长。脚青石灰色。**习性：**成对或结小群栖息于山区常绿阔叶林和竹林。性活泼。**分布与种群现状：**喜马拉雅山脉、云南，留鸟，罕见。

体长：20cm LC（低度关注）

斑翅鹩鹛 *Spelaeornis troglodytoides* Bar-winged Wren Babbler 林鹛科 Timaliidae

■迷鸟 ■留鸟 ■旅鸟 ■冬候鸟 ■夏候鸟

形态：雌雄相似。虹膜红褐色，上嘴近黑色，下嘴偏粉色。颏、喉白色。上体暗褐色，具黑白色点斑，飞羽及尾羽具黑褐色横斑，下体余部棕色。脚褐色。**习性：**结小群栖息于山区森林下层。**分布与种群现状：**陕西、甘肃南部至云南西部、西藏东南部，留鸟，罕见。

体长：13cm LC（低度关注）

长尾鹩鹛 *Spelaeornis chocolatinus* Long-tailed Wren Babbler 林鹛科 Timaliidae

■迷鸟 ■留鸟 ■旅鸟 ■冬候鸟 ■夏候鸟

形态：虹膜红褐色，嘴黑色。上体褐色，具黑色鳞状斑，脸颊灰色，喉浅白色而下体浅棕色具白色斑点。脚偏粉色。**习性：**栖息于山地常绿阔叶林及林缘灌草丛中。**分布与种群现状：**云南西部、四川，留鸟，罕见。

体长：11cm LC（低度关注）

淡喉鹪鹛 *Phylloscopus kinneari* Pale-throated Wren Babbler 林鹛科 Timaliidae

■迷鸟 ■留鸟 □旅鸟 ■冬候鸟 ■夏候鸟

形态：雌雄相似。虹膜红褐色，喙黑色。上体褐色，具黑色鳞状斑，脸颊灰色。雄鸟喉白色、两胁红棕色而腹部中央灰色，具黑色横纹；雌鸟喉淡黄色。脚偏粉色。**习性：**栖息于山地常绿阔叶林及林缘灌草丛中。**分布与种群现状：**云南东南部，留鸟，罕见。

体长：11cm　VU（易危）

棕喉鹪鹛 *Spelaeornis caudatus* Rufous-throated Wren Babbler 林鹛科 Timaliidae

■迷鸟 ■留鸟 □旅鸟 ■冬候鸟 ■夏候鸟

形态：雌雄相似。虹膜褐色，喙近黑色。上体深褐具黑色鳞状斑，颏及喉棕色，腹部近黑色，由偏白色的点斑而成鳞斑，尾短。脚褐色。**习性：**栖息于山地常绿阔叶林的林下植被。性隐蔽。**分布与种群现状：**西藏南部和东南部，留鸟，罕见。

体长：9cm　NT（近危）

黑胸楔嘴穗鹛 *Stachyris humei* Black-breasted Wren Babbler 林鹛科 Timaliidae

■迷鸟 ■留鸟 □旅鸟 ■冬候鸟 ■夏候鸟

形态：雌雄相似。与楔嘴穗鹛相似，本种体型略小，但色调更深。体羽为巧克力褐色。嘴呈尖利的楔形，蓝黑色。胸黑色浓重，胸腹部无明显鳞片状斑纹。明显的眉纹始于眼后并一直延伸至胸侧。**习性：**行动隐秘，生活于喜马拉雅山南麓雅鲁藏布江支流河谷常绿阔叶林下茂密的灌丛中。**分布与种群现状：**西藏东南部，留鸟，罕见。

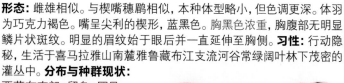

体长：17cm　NT（近危）

楔嘴穗鹛 *Stachyris roberti* Wedge-billed Wren Babbler 林鹛科 Timaliidae

■迷鸟 ■留鸟 ■旅鸟 ■冬候鸟 ■夏候鸟

形态：雌雄相似。虹膜深褐色，喙近黑色。体羽大体黑褐色，尾略长。眼后具浅灰色眉纹在耳羽后下弯，头具白色鳞斑及细纹。体羽，尤其是两翼及尾具横斑。主要特征为具尖利的楔形喙。脚褐色。**习性：**结小群栖息于山地常绿阔叶林、灌丛及竹林。**分布与种群现状：**云南西北部、西藏东南部，留鸟，罕见。

体长：17cm　NT（近危）

弄岗穗鹛 *Stachyris nonggangensis* Nonggang Babbler 林鹛科 Timaliidae

■迷鸟 ■留鸟 ■旅鸟 ■冬候鸟 ■夏候鸟

形态：雌雄相似。虹膜蓝色。体羽大体深褐色，耳后具新月形白斑，喉及前胸白色杂黑色斑点。**习性：**喀斯特季雨林中，常在石灰岩地面活动，性羞涩。非繁殖期集群活动，喜食蜗牛。**分布与种群现状：**广西南部，留鸟，罕见。中国鸟类特有种。

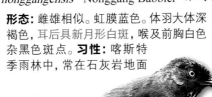

体长：16cm　VU（易危）

黑头穗鹛 *Stachyris nigriceps* Grey-throated Babbler 林鹛科 Timaliidae

■迷鸟 ■留鸟 ■旅鸟 ■冬候鸟 ■夏候鸟

形态：雌雄相似。虹膜浅褐色，喙偏黑色。头、颊、喉、颈黑色杂灰白色纵纹，眉纹黑色。上体褐色，下体略浅。脚暗黄色。**习性：**结小群栖息于山地常绿阔叶林的林下植被中。**分布与种群现状：**西藏东南部、云南、广西西南部，留鸟，常见。

体长：13.5cm　LC（低度关注）

387

斑颈穗鹛 *Stachyris strialata* Spot-necked Babbler 林鹛科 Timaliidae

■迷鸟 ■留鸟 ■旅鸟 ■冬候鸟 ■夏候鸟

形态: 雌雄相似。虹膜红色，喙黑色。头顶及颈背棕红色，耳羽灰色。上体余部红褐色，眉纹及颈侧黑色杂白色斑点，喉白色，具黑色髭纹，下体栗红色。脚绿黑色。**习性:** 结小群栖息于山地常绿阔叶林的茂密林下植被中。性隐蔽。**分布与种群现状:** 云南南部、广西南部、海南，留鸟，不常见。

体长：16cm LC（低度关注）

黄喉穗鹛 *Cyanoderma ambiguum* Buff-chested Babbler 林鹛科 Timaliidae

■迷鸟 ■留鸟 ■旅鸟 ■冬候鸟 ■夏候鸟

形态: 雌雄相似。虹膜红褐色，喙灰色。顶冠棕色。与红头穗鹛易混淆，区别在本种颏白，喉白而具黑色细纹。下体淡皮黄色较多而黄色较少。脚绿黄色。**习性:** 见于种植园、低地疏灌丛或次生林。**分布与种群现状:** 云南、广西，留鸟，罕见。

体长：12cm LC（低度关注）

红头穗鹛 *Cyanoderma ruficeps* Rufous-capped Babbler 林鹛科 Timaliidae

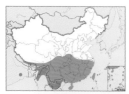

■迷鸟 ■留鸟 ■旅鸟 ■冬候鸟 ■夏候鸟

形态: 雌雄相似。虹膜红褐色。上喙近黑色，下喙色较淡。上体黄绿色，具明显的黑色眼先和黄色的喉，顶冠红棕色；下体浅黄色。脚棕绿色。**习性:** 结群栖息于中低海拔山地、丘陵及平原地带的森林、灌草丛及竹林。**分布与种群现状:** 华中、华南、东南地区（包括台湾和海南），留鸟，较常见。

体长：12.5cm LC（低度关注）

黑颏穗鹛 *Cyanoderma pyrrhops* Black-chinned Babbler 林鹛科 Timaliidae

■迷鸟 ■留鸟 ■旅鸟 ■冬候鸟 ■夏候鸟

形态：雌雄相似。眼先及颏黑色。上体大致橄榄褐色，下体黄褐色。**习性：**成对或结小群

栖息于林缘或开阔的次生林下层。与其他小型鸟类混群。**分布与种群现状：**西藏南部的樟木镇，留鸟，罕见。

体长：13.5cm LC（低度关注）

金头穗鹛 *Cyanoderma chrysaeum* Golden Babbler 林鹛科 Timaliidae

■迷鸟 ■留鸟 ■旅鸟 ■冬候鸟 ■夏候鸟

形态：雌雄相似。虹膜偏红色，喙黑色。眼先黑色，前额、头顶至后枕部金黄色，且具黑色的细纵纹。

上体余部橄榄黄绿色，下体亮黄色。脚黄色。**习性：**结小群栖息于山地常绿阔叶林、灌丛和竹林。**分布与种群现状：**西藏东南部、四川、云南，留鸟，较常见。

体长：12cm LC（低度关注）

纹胸鹛 *Mixornis gularis* Striped Tit-babbler 林鹛科 Timaliidae

■迷鸟 ■留鸟 ■旅鸟 ■冬候鸟 ■夏候鸟

形态：雌雄相似。虹膜乳白色，喙灰色。头顶棕红色，翅和尾羽黄褐色，喉、胸具深色纵纹，下体黄绿色。脚橄榄色。**习性：**成对或结小

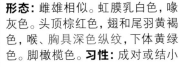

群栖息于开阔河谷地带的林缘灌丛、竹林及草丛中。**分布与种群现状：**云南、广西西南部，留鸟，不常见。

体长：13cm LC（低度关注）

389

红顶鹛 *Timalia pileata* Chestnut-capped Babbler 林鹛科 Timaliidae

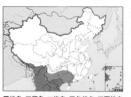

■迷鸟 ■留鸟 ■旅鸟 ■冬候鸟 ■夏候鸟

形态: 雌雄相似。虹膜栗色,喙黑色。头顶栗红色,具白色短眉纹,眼先黑色,耳羽银灰色。上体大致橄榄褐色,喉及胸部白色,胸具黑色细纵

体长:17cm LC(低度关注)

纹,腹部、两胁及尾下覆羽大致黄褐色。脚灰黄色。**习性:** 结小群栖息于开阔地带的低矮、浓密植被中。**分布与种群现状:** 云南、广西、广东西部,留鸟,不常见。

幽鹛科 Pellorneidae

金额雀鹛 *Schoeniparus variegaticeps* Golden-fronted Fulvetta 幽鹛科 Pellorneidae

■迷鸟 ■留鸟 ■旅鸟 ■冬候鸟 ■夏候鸟

形态: 雌雄相似。虹膜深褐色,喙褐色。额黄色,头顶具黑色细纹,颈背棕色,颏、喉及头侧白色与黑色髭纹。脚橘黄色。**习性:** 成对或结小群栖息于山区森林的林下植被。**分布与种群现状:** 四川中部、广西中部及北部,留鸟,罕见。中国鸟类特有种。

体长:11cm VU(易危)

黄喉雀鹛 *Schoeniparus cinereus* Yellow-throated Fulvetta 幽鹛科 Pellorneidae

■迷鸟 ■留鸟 ■旅鸟 ■冬候鸟 ■夏候鸟

形态: 雌雄相似。虹膜褐色,上喙近黑色,下喙色浅。头黄色,具黑色鳞状斑纹,眉纹黄色,侧冠纹和贯眼纹黑色,耳羽银灰色。上体余部橄榄灰色,下体大致黄色,但由前至后渐变为浅黄色,两胁灰色。脚暗黄色。**习性:** 栖息于常绿阔

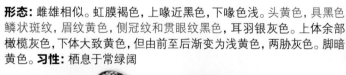

叶林的林下植被或竹林中。**分布与种群现状:** 西藏东南部、云南西北部,留鸟,罕见。

体长:10cm LC(低度关注)

栗头雀鹛 *Schoeniparus castaneceps* Rufous-winged Fulvetta 幽鹛科 Pellorneidae

■迷鸟 ■留鸟 ■旅鸟 ■冬候鸟 ■夏候鸟

形态：雌雄相似。虹膜褐色，喙角质褐色。头栗色，杂白色细纵纹，脸侧淡黄色，具黑色的眼后纹及髭纹。脚橄榄褐色。**习性：**结群栖息于山区常绿阔叶林的林下植被。性吵闹。**分布与种群现状：**西藏南部、云南，留鸟，较常见。

体长：11.5cm LC（低度关注）

棕喉雀鹛 *Schoeniparus rufogularis* Rufous-throated Fulvetta 幽鹛科 Pellorneidae

■迷鸟 ■留鸟 ■旅鸟 ■冬候鸟 ■夏候鸟

形态：雌雄相似。虹膜浅褐色，喙褐色。头顶红棕色，具细长的白色眉纹和黑色侧冠纹，耳羽褐色。上体、翼和尾褐色，腰浅棕，喉和下体白，胸口具红棕色领圈。脚浅黄色。**习性：**栖于常绿林的灌丛层，高可至海拔900m。性惧生。**分布与种群现状：**云南南部，留鸟，罕见。

体长：13cm LC（低度关注）

褐胁雀鹛 *Schoeniparus dubius* Rusty-capped Fulvetta 幽鹛科 Pellorneidae

■迷鸟 ■留鸟 ■旅鸟 ■冬候鸟 ■夏候鸟

形态：雌雄相似。虹膜褐色，喙深褐色。头顶棕红色，眉纹白色，上缘具黑边，喉白色，两胁橄榄褐色。下体余部浅皮黄色。脚粉色。**习性：**结群栖息于林下灌丛中。**分布与种群现状：**西南地区，留鸟，常见。

体长：14.5cm LC（低度关注）

391

褐顶雀鹛 *Schoeniparus brunneus* Dusky Fulvetta 幽鹛科 Pellorneidae

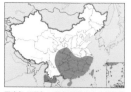

■迷鸟 ■留鸟 ■旅鸟 ■冬候鸟 ■夏候鸟

形态: 雌雄相似。虹膜浅褐色或黄红色，喙深褐色。头顶棕褐色，侧冠纹黑色，头颈两侧灰白色。上体余部橄榄褐色，下体灰白色。脚粉红色。**习性:** 结群栖息于林下灌丛及草丛中。**分布与种群现状:** 华南及东南地区，留鸟，常见。中国鸟类特有种。

体长: 13cm　LC（低度关注）

褐脸雀鹛 *Alcippe poioicephala* Brown-cheeked Fulvetta 幽鹛科 Pellorneidae

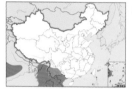

■迷鸟 ■留鸟 ■旅鸟 ■冬候鸟 ■夏候鸟

形态: 雌雄相似。虹膜浅褐色，喙蓝灰色。顶冠及颈背灰色，具黑色的长眉纹；下体皮黄色。与灰眶雀鹛及白眶雀鹛的区

别为本种脸颊黄褐色，无白色眼圈且体型较大。脚浅灰色。**习性:** 结小群栖息于森林下层、山地灌丛及竹林中。**分布与种群现状:** 云南，留鸟，不常见。

体长: 16cm　LC（低度关注）

灰眶雀鹛 *Alcippe morrisonia* Grey-cheeked Fulvetta 幽鹛科 Pellorneidae

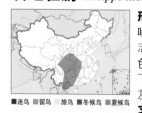

■迷鸟 ■留鸟 ■旅鸟 ■冬候鸟 ■夏候鸟

形态: 雌雄相似。虹膜红色，喙灰色。头顶浅灰色，具标志性的白色眼圈，侧冠纹深色，翼、上背和尾橄榄褐色；下体大致浅皮黄色或灰褐色。脚偏粉色。**习性:** 成对或结群栖

息于森林、灌丛、竹林及农耕地。与其他鸟类混群。**分布与种群现状:** 陕西、甘肃南部、四川、重庆、贵州、湖北西部、湖南西部，留鸟，常见。

体长: 14cm　NR（未认可）

云南雀鹛 *Alcippe fratercula* Yunnan Fulvetta 幽鹛科 Pellorneidae

■迷鸟 ■留鸟 ■旅鸟 ■冬候鸟 ■夏候鸟

形态：雌雄相似。虹膜红褐色。上喙角质褐色，下喙带肉色。具白色眼眶，形态似灰眶雀鹛，但本种的下体更显棕黄色。脚粉色。曾作为灰眶雀鹛的亚种，现一般将其作为独立种。**习性：**栖息于中高海拔的针阔混交林和针叶林的林下灌丛中，也见于竹林、沟谷以及林缘。**分布与种群现状：**云南、四川西南部，留鸟，较常见。

注：在《中国观鸟年报—中国鸟类名录6.0（2018）》中列出，由灰眶雀鹛复合种 *Alcippe morrisonia complex* 亚种提升为种（Zou et al., 2007；Song et al., 2009）。

体长：14cm　NR（未认可）

淡眉雀鹛 *Alcippe hueti* Huet's Fulvetta 幽鹛科 Pellorneidae

■迷鸟 ■留鸟 ■旅鸟 ■冬候鸟 ■夏候鸟

形态：雌雄相似。虹膜深褐色，喙角质褐色。曾作为灰眶雀鹛的亚种。似灰眶雀鹛，但本种的头更偏灰色，眼眶白色，颊、喉灰白色，背部颜色更显棕红色，黑色侧冠纹由不明显至显著；下体颜色更淡，呈浅皮黄色或黄白色。脚粉色。**习性：**习性同灰眶雀鹛，但栖息地海拔更低，更能适应热带和南亚热带的郁闭林下。性活泼而胆大，常与其他鸟类混群。**分布与种群现状：**东南、华南地区，留鸟，常见。

注：在《中国观鸟年报—中国鸟类名录6.0（2018）》中列出，由灰眶雀鹛复合种 *Alcippe morrisonia complex* 亚种提升为种（Zou et al., 2007；Song et al., 2009）。

体长：14cm　NR（未认可）

393

白眶雀鹛 *Alcippe nipalensis* Nepal Fulvetta 幽鹛科 Pellorneidae

■迷鸟 ■留鸟 ■旅鸟 ■冬候鸟 ■夏候鸟

形态：雌雄相似。虹膜灰褐色，喙角质色。白框内侧外缘不规则是其重要特征。与灰眶雀鹛相似，主要区别在于本种的黑色侧冠纹显著，白色眼圈明显。上体偏棕色，下体近白色，腹部近白色。脚铅褐色。**习性：**结群栖息于丘陵及山区森林。与其他鸟类混群。**分布与种群现状：**西藏东南部、云南西南部，留鸟，较常见。

体长：14cm　LC（低度关注）

灰岩鹪鹛 *Turdinus crispifrons* Limestone Wren Babbler 幽鹛科 Pellorneidae

■迷鸟 ■留鸟 ■旅鸟 ■冬候鸟 ■夏候鸟

形态：雌雄相似。虹膜褐色，喙褐色。体羽大体深灰褐色，头顶及上背具鳞状纹，喉白色，且具黑色纵纹。脚偏粉色。**习性：**栖息于山地常绿阔叶林潮湿处。尾常上翘。**分布与种群现状：**云南南部，留鸟，罕见。

体长：19cm　LC（低度关注）

短尾鹪鹛 *Turdinus brevicaudatus* Streaked Wren Babbler 幽鹛科 Pellorneidae

■迷鸟 ■留鸟 ■旅鸟 ■冬候鸟 ■夏候鸟

形态：雌雄相似。虹膜褐色，喙褐色。顶冠、颈背及上背多具深色的鳞斑，下体棕褐色而微具纵纹，喉具黑白色纵纹，大覆羽及三级飞羽羽端可见些许细小的白色点斑。尾短，脚偏粉色。**习性：**栖息于山地常绿阔叶林的林下植被中。常见在潮湿岩石上觅食。**分布与种群现状：**云南、广西南部，留鸟，地区性常见。

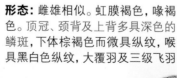

体长：15cm　LC（低度关注）

394

纹胸鹪鹛 *Napothera epilepidota* Eyebrowed Wren Babbler 幽鹛科 Pellorneidae

形态: 雌雄相似。虹膜褐色,喙褐色。体羽大体深褐色,尾短,眉纹白色,翅上覆羽及三级飞羽羽端具白色点斑,胸腹部具皮黄色纵纹。脚浅褐色。**习性:** 栖息于湿性常绿阔叶林浓密的林下植被中。**分布与种群现状:** 西南地区、海南,留鸟,罕见。

■迷鸟 ■留鸟 ■旅鸟 ■冬候鸟 ■夏候鸟

体长:11cm LC(低度关注)

白头鵙鹛 *Gampsorhynchus rufulus* White-hooded Babbler 幽鹛科 Pellorneidae

■迷鸟 ■留鸟 ■旅鸟 ■冬候鸟 ■夏候鸟

形态: 雌雄相似。虹膜黄色,上喙铅色,下喙色较淡。头、颈、胸腹白色,背、两翼及尾羽棕褐色,两胁及尾下覆羽浅皮黄色,体羽余部白色。脚偏粉色。**习性:** 结群栖息于常绿阔叶林、灌丛及竹林中。与其他鸟类混群。**分布与种群现状:** 西藏东南、云南西北,留鸟,罕见。

体长:24cm LC(低度关注)

瑙蒙短尾鹛 *Jabouilleia naungmungensis* Naung Mung Scimitar Babbler
幽鹛科 Pellorneidae

■迷鸟 ■留鸟 ■旅鸟 ■冬候鸟 ■夏候鸟

形态: 雌雄相似。虹膜褐色,喙角质色;端色浅,细长,弯曲。头顶棕灰色,前额、眼周及脸颊色浅而更多灰色,上背至尾棕色,尾较短,胸侧、两胁染栗色,颊至腹部白色。头顶、背部、两胁有不显著的细白纹,胸部有深色纵纹。脚角质色泛肉色。**习性:** 栖息于海拔500m左右的湿润阔叶林中。**分布与种群现状:** 云南西北部,留鸟,罕见。

注:在《中国观鸟年报—中国鸟类名录6.0(2018)》中列出。
① 2005 年新描述种(Rappole et al., 2005)。
② 2008 年中国(云南)新记录(Oriental Bird Club, 2009)。

体长:18~19cm VU(易危)

长嘴鹩鹛 *Rimator malacoptilus* Long-billed Wren Babbler 幽鹛科 Pellorneidae

■迷鸟 ■留鸟 ■旅鸟 ■冬候鸟 ■夏候鸟

形态: 雌雄相似。虹膜褐色;喙黑色,长而下弯。与纹胸鹩鹛的区别在本种喙长且无显著眉纹。上体褐色,下体深褐色,喉皮黄白色,胸具淡黄色纵纹。脚粉红色。**习性:** 栖于地面或近地面处,跳动于浓密地表植被中。**分布与种群现状:** 西藏东南、云南西北部及东南部,留鸟,罕见。

体长:13cm LC(低度关注)

白腹幽鹛 *Pellorneum albiventre* Spot-throated Babbler 幽鹛科 Pellorneidae

■迷鸟 ■留鸟 ■旅鸟 ■冬候鸟 ■夏候鸟

形态: 雌雄相似。虹膜红褐色,喙带黑色。大体与棕胸雅鹛相似,但本种尾短而较圆。脚肉褐色。**习性:** 栖息于森林林下植被、次生灌木林、竹林和草丛。性隐蔽。**分布与种群现状:** 云南、广西南部,留鸟,罕见。

体长:14cm LC(低度关注)

棕头幽鹛 *Pellorneum ruficeps* Puff-throated Babbler 幽鹛科 Pellorneidae

■迷鸟 ■留鸟 ■旅鸟 ■冬候鸟 ■夏候鸟

形态: 雌雄相似。虹膜红褐色,喙褐色。头顶棕红色,眉纹白色。上体橄榄褐色,下体近白色,胸及两胁具黑褐色纵纹。脚偏粉色。**习性:** 栖息于常绿阔叶林和竹林。结小群在林下阴暗潮湿处觅食。性隐蔽。**分布与种群现状:** 云南、广西,留鸟,地方性常见。

体长:17cm LC(低度关注)

棕胸雅鹛 *Trichastoma tickelli* Buff-breasted Babbler 幽鹛科 Pellorneidae

■迷鸟 ■留鸟 旅鸟 ■冬候鸟 ■夏候鸟

形态：雌雄相似。虹膜浅褐色，喙粉褐色。上体暗橄榄褐色，喉略白，下体皮黄白色，两胁及尾下覆羽黄褐色，似白腹幽鹛，但尾较长。脚粉色。
习性：栖息于森林林下植被、次生灌木林及竹林。性隐蔽。
分布与种群现状：云南、广西，留鸟，较少见。

体长：13~15cm LC（低度关注）

中华草鹛 *Graminicola Striatus* Chinese Grass-babbler 幽鹛科 Pellorneidae

■迷鸟 ■留鸟 旅鸟 ■冬候鸟 ■夏候鸟

形态：雌雄相似。虹膜红褐色。上喙黑色，下喙偏粉色。眉纹白色，颊和耳覆羽暗棕色。上体棕色，头顶、颈、上背具粗而显著的黑色纵纹，腰部黑色纵纹细弱，颈侧和后颈具窄的白色羽缘，深褐色的尾凸状。脚粉褐色。**习性：**似其他尾莺。**分布与种群现状：**广东、广西、海南，留鸟，罕见。

体长：17cm VU（易危）

噪鹛科 Leiothrichidae

矛纹草鹛 *Babax lanceolatus* Chinese Babax 噪鹛科 Leiothrichidae

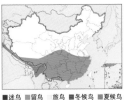

■迷鸟 ■留鸟 旅鸟 ■冬候鸟 ■夏候鸟

形态：雌雄相似。虹膜黄色，喙黑色。大体灰褐色，密布栗褐色纵纹。眼圈暗色，具黑色髭纹，颏、喉及胸部白色。尾羽具狭窄的浅色横斑。脚粉褐色。**习性：**结小群栖息于森林的林下植被、灌丛及棘丛。性吵闹。**分布与种群现状：**南方地区，留鸟，较常见。

体长：26cm LC（低度关注）

397

大草鹛 *Babax waddelli* Giant Babax 噪鹛科 Leiothrichidae

■迷鸟 ■留鸟 ■旅鸟 ■冬候鸟 ■夏候鸟

形态： 雌雄相似。虹膜灰白色，喙偏黑色。似矛纹草鹛，不同之处是本种羽色、纵纹明显，色深暗，喉皮黄色，胸褐色。脚黑灰色。**习性：** 结小群栖息于山区混交林的林下植被及灌丛中。**分布与种群现状：** 西藏东南部，留鸟，不常见。

体长：31cm　NT（近危）

棕草鹛 *Babax koslowi* Tibetan Babax 噪鹛科 Leiothrichidae

■迷鸟 ■留鸟 ■旅鸟 ■冬候鸟 ■夏候鸟

形态： 雌雄相似。虹膜黄色，亚成鸟虹膜褐色；喙近黑色。眼先偏黑色。头侧偏灰色。上体棕褐色而具浅色鳞斑，上背羽缘灰色，两翼及尾棕褐色，初级飞羽羽缘灰色，喉灰色，胸黄褐色具灰色鳞状斑纹，翼下及尾下覆羽浅黄褐色。脚黑褐色。**习性：** 结小群栖息于高原灌丛、棘丛和耕地中。**分布与种群现状：** 青海南部、西藏东部，留鸟，罕见。中国鸟类特有种。

体长：28cm　NT（近危）

画眉 *Garrulax canorus* Hwamei 噪鹛科 Leiothrichidae

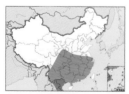
■迷鸟 ■留鸟 ■旅鸟 ■冬候鸟 ■夏候鸟

形态： 雌雄相似。虹膜黄色，喙偏黄色。体羽大体呈棕褐色。眼圈与眉纹相连接，白色。脚偏黄色。**习性：** 成对或结小群栖息于次生林、灌丛、草丛和竹林中。鸣声悦耳。**分布与种群现状：** 华中、西南、华南、华东、东南地区，留鸟，常见。

体长：22cm　LC（低度关注）

海南画眉 *Garrulax owstoni* Hainan Hwamei 噪鹛科 Leiothrichidae

■迷鸟 ■留鸟　旅鸟 ■冬候鸟 ■夏候鸟

形态: 雌雄相似。似画眉,但本种下体颜色较淡。**习性:** 成对或结小群栖息于次生林、灌丛、草丛和竹林中。鸣声悦耳。**分布与种群现状:** 海南,留鸟,常见。

体长: 22cm　NE（未评估）

台湾画眉 *Garrulax taewanus* Taiwan Hwamei 噪鹛科 Leiothrichidae

■迷鸟 ■留鸟　旅鸟 ■冬候鸟 ■夏候鸟

形态: 雌雄相似。似画眉,主要区别在于本种无白色眼圈及眉纹。**习性:** 单只、成对或结小群栖息于山地次生林。在森林下层或地面取食。**分布与种群现状:** 台湾,留鸟,较常见。中国鸟类特有种。

体长: 22cm　NT（近危）

白冠噪鹛 *Garrulax leucolophus* White-crested Laughingthrush 噪鹛科 Leiothrichidae

■迷鸟 ■留鸟　旅鸟 ■冬候鸟 ■夏候鸟

形态: 雌雄相似。虹膜红褐色,喙近黑色。白色羽冠,额、眼先至耳羽黑色。上体棕褐色,颏、喉及胸白色。脚深灰色。**习性:** 结群栖息于浓密的林下灌丛中。性吵闹。多在地面刨食。**分布与种群现状:** 西藏东南部、云南,留鸟,不常见。

体长: 30cm　LC（低度关注）

399

白颈噪鹛 *Garrulax strepitans* White-necked Laughingthrush 噪鹛科 Leiothrichidae

形态：雌雄相似。虹膜褐色，喙黑色。脸、颊、喉及胸深褐色，颈侧具白色渐变成灰色的领环，顶冠红褐色，耳羽后深赤褐色。与黑喉噪鹛及褐胸噪鹛的区别在于本种顶冠褐色，颈侧白色领环为长条状。脚深紫色。**习性：**结群栖息于常绿阔叶林林下。叫声嘈杂。**分布与种群现状：**云南西部，留鸟，罕见。

■迷鸟 ■留鸟 ■旅鸟 ■冬候鸟 ■夏候鸟

体长：29cm LC（低度关注）

褐胸噪鹛 *Garrulax maesi* Grey Laughingthrush 噪鹛科 Leiothrichidae

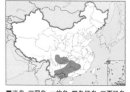

形态：雌雄相似。虹膜褐色，喙黑色。似黑喉噪鹛但本种耳羽至颈侧具大块白斑，喉、胸褐色。脚深褐色。**习性：**结小群隐藏于常绿阔叶林林下。叫声嘈杂。**分布与种群现状：**华西、华南地区山区，留鸟，罕见。

■迷鸟 ■留鸟 ■旅鸟 ■冬候鸟 ■夏候鸟

体长：27cm LC（低度关注）

栗颊噪鹛 *Garrulax castanotis* Rufous-Cheeked Laughingthrush 噪鹛科 Leiothrichidae

形态：雌雄相似。虹膜褐色，喙黑色。眼先及喉部黑色，颊部栗红色，身体余部黑褐色。**习性：**结小群隐藏于常绿阔叶林林下；叫声嘈杂。**分布与种群现状：**仅见于海南岛中部和南部的山区，留鸟，罕见。

■迷鸟 ■留鸟 ■旅鸟 ■冬候鸟 ■夏候鸟

体长：27cm LC（低度关注）

黑额山噪鹛 *Garrulax sukatschewi* Snowy-cheeked Laughingthrush 噪鹛科 Leiothrichidae

■迷鸟 ■留鸟 ■旅鸟 ■冬候鸟 ■夏候鸟

形态：雌雄相似。虹膜褐色，喙黄色。额黑色，贯眼纹烟褐色，眼下具白斑，其下缘具特征性的黑色月牙斑。体羽大部分灰褐色，腹棕色。脚黄色。**习性：**结小

群栖息于山区森林。多在地面取食。鸣叫时头摇摆，歌声悦耳。**分布与种群现状：**甘肃南部、四川北部，留鸟，罕见。中国鸟类特有种。

体长：28cm　VU（易危）

灰翅噪鹛 *Garrulax cineraceus* Moustached Laughingthrush 噪鹛科 Leiothrichidae

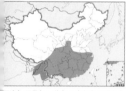
■迷鸟 ■留鸟 ■旅鸟 ■冬候鸟 ■夏候鸟

形态：雌雄相似。虹膜乳白色，喙角质色。头顶、颈背、眼后纹、髭纹及颈侧细纹黑色，三级飞羽、次级飞羽及尾羽羽端黑色而具白色的月牙形斑。脚暗黄色。**习性：**结小群

栖息于山区森林、灌丛及竹林。**分布与种群现状：**南方地区，留鸟，较常见。

体长：22cm　LC（低度关注）

棕颏噪鹛 *Garrulax rufogularis* Rufous-chinned Laughingthrush 噪鹛科 Leiothrichidae

■迷鸟 ■留鸟 ■旅鸟 ■冬候鸟 ■夏候鸟

形态：雌雄相似。虹膜草黄色，喙灰色。眼先、耳羽及颏部棕红色，髭纹黑色。上体具黑色鳞状纹，尾端棕色。脚深灰色。**习性：**结小群栖息于山区林下茂密灌丛中。性隐蔽。**分布与种群现状：**云南西北部，留鸟，罕见。

体长：22cm　LC（低度关注）

401

斑背噪鹛 *Garrulax lunulatus* Barred Laughingthrush 噪鹛科 Leiothrichidae

■迷鸟 ■留鸟 ■旅鸟 ■冬候鸟 ■夏候鸟

形态: 虹膜深灰色,喙绿黄色。眼周白色。上体具显著黑色横斑,胸部及两胁具黑色鳞状斑纹。脚肉色。**习性:** 结群栖息于山区森林及竹丛。**分布与种群现状:** 陕西、甘肃至四川、重庆,留鸟,罕见。中国鸟类特有种。

体长:23cm LC(低度关注)

白点噪鹛 *Garrulax bieti* White-speckled Laughingthrush 噪鹛科 Leiothrichidae

■迷鸟 ■留鸟 ■旅鸟 ■冬候鸟 ■夏候鸟

形态: 雌雄相似。虹膜草黄色,喙偏黄色。似斑背噪鹛,不同之处是本种上体及下体具白色点斑。脚偏粉色。**习性:** 结群栖息于山地常绿阔叶林或针阔混交林的林下灌、竹丛中。**分布与种群现状:** 云南西北部、四川西南部,留鸟,罕见。中国鸟类特有种。

体长:25cm VU(易危)

大噪鹛 *Garrulax maximus* Giant Laughingthrush 噪鹛科 Leiothrichidae

■迷鸟 ■留鸟 ■旅鸟 ■冬候鸟 ■夏候鸟

形态: 雌雄相似。虹膜黄色,喙角质色。与眼纹噪鹛相似,主要区别在于本种尾长且喉为棕色,仅头顶黑色。脚粉红色。**习性:** 结小群栖息于山区森林、灌丛和竹林。多在地面取食。叫声洪亮。

分布与种群现状: 甘肃南部至云南、西藏,留鸟,较常见。中国鸟类特有种。

体长:34cm LC(低度关注)

眼纹噪鹛 *Garrulax ocellatus* Spotted Laughingthrush 噪鹛科 Leiothrichidae

■迷鸟 ■留鸟 ■旅鸟 ■冬候鸟 ■夏候鸟

形态：雌雄相似。虹膜黄色，喙角质色。眼先、眉纹、颊、颏棕黄色，额、头、耳羽、脸颊及下喉黑色。上体褐色，各羽端具黑、白色点斑。脚粉红色。**习性：**成对或结小群栖息于山区森林、灌丛和竹林。多在地面枯叶中刨食。**分布与种群现状：**西南地区，留鸟，不常见。

体长：31cm LC（低度关注）

黑脸噪鹛 *Garrulax perspicillatus* Masked Laughingthrush 噪鹛科 Leiothrichidae

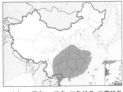

■迷鸟 ■留鸟 ■旅鸟 ■冬候鸟 ■夏候鸟

形态：雌雄相似。虹膜褐色，喙近黑色，喙端较淡。前额和脸颊部黑色。上体灰褐色，下体由前到后依次为偏灰色、近白色和黄褐色。脚红褐色。**习性：**结小群活动于灌丛、竹林、高草丛、农耕地、农家庭院及城镇公园。通常在地面取食。**分布与种群现状：**华南、华东地区，留鸟，较常见。

体长：30cm LC（低度关注）

白喉噪鹛 *Garrulax albogularis* White-throated Laughingthrush 噪鹛科 Leiothrichidae

■迷鸟 ■留鸟 ■旅鸟 ■冬候鸟 ■夏候鸟

形态：雌雄相似。虹膜偏灰色，喙深角质色。具标志性白色喉斑。上体及尾羽暗灰褐色，外侧尾羽具4对白色端斑，下体具灰褐色胸带，腹部棕黄色。脚偏灰色。**习性：**结群栖息于山区常绿林。性吵闹。**分布与种群现状：**甘肃南部、陕西南部、湖南西部、青海、四川、西藏南部、云南，留鸟，常见。

体长：28cm LC（低度关注）

403

台湾白喉噪鹛 *Garrulax ruficeps* Rufous-crowned Laughingthrush

噪鹛科 Leiothrichidae

■迷鸟 ■留鸟 ■旅鸟 ■冬候鸟 ■夏候鸟

形态： 雌雄相似。虹膜黑褐色，喙角质黑色。似白喉噪鹛但本种顶冠棕色，下腹至尾下覆羽灰白色，下胸形成棕褐色胸带。脚黄褐色。**习性：**

多成对或集小群活动于植被中下层，惧人但鸣声洪亮而易被发现。**分布与种群现状：** 台湾，留鸟，常见。

体长： 28cm　LC（低度关注）

小黑领噪鹛 *Garrulax moniliger* Lesser Necklaced Laughingthrush 噪鹛科 Leiothrichidae

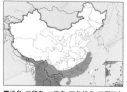

■迷鸟 ■留鸟 ■旅鸟 ■冬候鸟 ■夏候鸟

形态： 雌雄相似。虹膜黄色，喙深灰色。眉纹白色，贯眼纹黑色，胸部具黑色领环，与黑领噪鹛的主要区别在于本种眼先黑色，耳羽无黑色杂斑纹。脚偏灰色。**习性：** 群栖于山区森林，性吵闹。多在地面枯叶中刨食。常见与其他噪鹛混群。**分布与种群现状：** 云南、广西、海南东南部，留鸟，不常见。

体长： 28cm　LC（低度关注）

黑领噪鹛 *Garrulax pectoralis* Greater Necklaced Laughingthrush 噪鹛科 Leiothrichidae

■迷鸟 ■留鸟 ■旅鸟 ■冬候鸟 ■夏候鸟

形态： 雌雄相似。虹膜栗色，上喙黑色，下喙灰色。与小黑领噪鹛的主要区别在于本种眼先颜色较浅，耳羽具黑色杂斑纹。脚蓝灰色。**习性：** 同小黑领噪鹛。**分布与种群现状：** 云南、华中及东南地区、海南，留鸟，较常见。

体长： 30cm　LC（低度关注）

黑喉噪鹛 *Garrulax chinensis* Black-throated Laughingthrush 噪鹛科 Leiothrichidae

■迷鸟 ■留鸟 ■旅鸟 ■冬候鸟 ■夏候鸟

形态： 雌雄相似。虹膜红色，喙黑色。额、眼周、颏及喉部黑色，颈侧具显著的白色块斑，体羽余部以灰色为主。海南亚种，体羽栗褐色，颈部无白斑。脚黄色或灰

色。**习性：** 结小群栖息于林下密丛、竹林和林缘灌草丛中。鸣声悦耳。**分布与种群现状：** 云南、广西、广东西部、海南，留鸟，较常见。

体长：23cm　LC（低度关注）

栗颈噪鹛 *Garrulax ruficollis* Rufous-necked Laughingthrush 噪鹛科 Leiothrichidae

■迷鸟 ■留鸟 ■旅鸟 ■冬候鸟 ■夏候鸟

形态： 雌雄相似。虹膜褐色，喙黑色。颈侧具特征性的栗色条状块斑，头顶灰色，脸颊、喉部及上胸黑色，初级飞羽羽缘浅灰色，体羽余部大致橄榄灰褐色。脚褐色。**习性：** 结群活动于次生灌丛、竹林及地面。性吵闹。**分布与种群现状：** 西藏东南部、四川西南部、云南西部，留鸟，罕见。

体长：23cm　LC（低度关注）

蓝冠噪鹛 *Garrulax courtoisi* Blue-crowned Laughingthrush 噪鹛科 Leiothrichidae

■迷鸟 ■留鸟 ■旅鸟 ■冬候鸟 ■夏候鸟

形态： 雌雄相似。虹膜红褐色，喙黑色。头蓝灰色。显著特征为脸、额、颏黑色，喉鲜黄色。下体暗黄色。脚灰色。**习性：** 结小群栖息于次生林、灌丛、竹林中。多在地面取食。**分布与种群现状：** 江西东北部，留鸟，罕见。

体长：23cm　CR（极危）

405

栗臀噪鹛 *Garrulax gularis* Rufous-vented Laughingthrush 噪鹛科 Leiothrichidae

■迷鸟 ■留鸟 ■旅鸟 ■冬候鸟 ■夏候鸟

形态：雌雄相似。虹膜红褐色，眼罩黑色，喙黑色。下体黄色。顶冠、颈背及胸侧灰色，下腹、尾下覆羽及尾羽羽缘棕色。与蓝冠噪鹛的区别在本种臀部栗色且尾无白色羽缘。脚橘黄色。**习性：**结大群生活，但惧生而深藏不露，故极难见到。于地面取食。**分布与种群现状：**云南南部、西藏东南部，留鸟，罕见。

体长：23cm　LC（低度关注）

山噪鹛 *Garrulax davidi* Plain Laughingthrush 噪鹛科 Leiothrichidae

■迷鸟 ■留鸟 ■旅鸟 ■冬候鸟 ■夏候鸟

形态：雌雄相似。虹膜褐色，喙亮黄色，喙端偏绿色，下弯。体羽大体呈黑灰褐色。

脚浅褐色。**习性：**栖息于山地疏林灌丛中。鸣声多变、悦耳。性活泼。**分布与种群现状：**北部地区，留鸟，较常见。中国鸟类特有种。

体长：29cm　LC（低度关注）

灰胁噪鹛 *Garrulax caerulatus* Grey-sided Laughingthrush 噪鹛科 Leiothrichidae

■迷鸟 ■留鸟 ■旅鸟 ■冬候鸟 ■夏候鸟

形态：雌雄相似。虹膜棕色，喙深角质色。头顶具黑色鳞状波纹，眼周蓝色，颏、喉、胸和腹部白色。两胁灰褐色，尾下覆羽纯白色。脚灰色。**习性：**结小群栖息于常绿阔叶林的林下灌丛和竹林。

性活泼。**分布与种群现状：**西藏东南部、云南西北部、四川西南部，留鸟，罕见。

体长：24cm　LC（低度关注）

棕噪鹛 *Garrulax berthemyi* Buffy Laughingthrush 噪鹛科 Leiothrichidae

■迷鸟 ■留鸟　旅鸟　冬候鸟 ■夏候鸟

形态：雌雄相似。虹膜褐色。喙偏黄色，喙基蓝色。似灰胁噪鹛。主要区别在于本种的喉和胸部黄褐色，腹部灰白，且体型较大。脚蓝灰色。**习性：**结小群栖息于常绿阔叶林、灌丛和竹林。**分布与种群现状：**南方地区，留鸟，罕见。

体长：28cm　LC（低度关注）

台湾棕噪鹛 *Garrulax poecilorhynchus* Rusty Laughingthrush 噪鹛科 Leiothrichidae

■迷鸟 ■留鸟　旅鸟　冬候鸟 ■夏候鸟

形态：雌雄相似。虹膜褐色，喙黑黄色。外形似棕噪鹛，但本种头顶的褐色密横纹更明显，两翼飞羽具浅灰色羽缘，下腹深蓝灰色，尾下覆羽和臀羽浅皮黄色。脚粉褐色至黄褐色。

习性：栖息于中低海拔山地常绿阔叶林的中下层，常集小群活动，习性同棕噪鹛。**分布与种群现状：**台湾，留鸟。中国鸟类特有种。

体长：27cm　LC（低度关注）

白颊噪鹛 *Garrulax sannio* White-browed Laughingthrush 噪鹛科 Leiothrichidae

■迷鸟 ■留鸟　旅鸟　冬候鸟 ■夏候鸟

形态：雌雄相似。虹膜褐色，喙褐色。眼先、眉纹和脸颊白色，头顶棕褐色，尾下覆羽棕色，体羽余部大体呈灰褐色。

脚灰褐色。**习性：**结小群栖息于次生灌丛、竹丛及草地。性大胆。**分布与种群现状：**陕西、甘肃至南方地区（包括海南）留鸟，常见。

体长：25cm　LC（低度关注）

407

斑胸噪鹛 *Garrulax merulinus* Spot-breasted Laughingthrush 噪鹛科 Leiothrichidae

■迷鸟 ■留鸟 ■旅鸟 ■冬候鸟 ■夏候鸟

形态: 雌雄相似。虹膜褐色,喙黑色。头顶深棕褐色,眼先呈近黑的栗褐色,耳羽上方有一条深皮黄色纵纹。背、翅、尾均棕褐色,腹部中央皮黄色,两侧棕橄榄褐色,尾下覆羽灰棕色。本种下体较画眉多皮黄色且深色纵纹较显著。脚褐色。**习性:** 于林缘及灌丛的地

面取食,一般多成对活动。**分布与种群现状:** 云南东南部至西部,留鸟,罕见。

体长: 24cm LC (低度关注)

条纹噪鹛 *Grammatoptila striatua* Striated Laughingthrush 噪鹛科 Leiothrichidae

■迷鸟 ■留鸟 ■旅鸟 ■冬候鸟 ■夏候鸟

形态: 雌雄相似。虹膜红褐色,喙深角质色。具蓬松羽冠,体羽暗褐色,大部分杂白色细纵纹。脚灰色。**习性:** 栖息于山地常绿

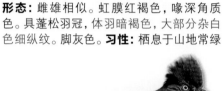

阔叶林中。繁殖期成对或单只活动。冬季集小群。**分布与种群现状:** 西藏南部、云南西北部和西部,留鸟,地方性常见。

体长: 30cm LC (低度关注)

细纹噪鹛 *Trochalopteron lineatum* Streaked Laughingthrush 噪鹛科 Leiothrichidae

■迷鸟 ■留鸟 ■旅鸟 ■冬候鸟 ■夏候鸟

形态: 雌雄相似。虹膜褐色,喙褐色。体羽大体呈棕褐色,背、喉、胸及两胁具特征性的针状白色纵纹。脚浅褐色。**习性:** 成对或结小群栖息于山区浓密灌丛中。多在地面取食。**分布与种群现状:** 西藏南部,留鸟,常见。

体长: 21cm LC (低度关注)

蓝翅噪鹛 *Trochalopteron squamatum* Blue-winged Laughingthrush 噪鹛科 Leiothrichidae

■迷鸟 ■留鸟 ■旅鸟 ■冬候鸟 ■夏候鸟

形态: 虹膜白色或蓝色, 喙黑色。似纯色噪鹛, 主要区别在于本种具蓝灰色翼斑及黑色眉纹, 体羽偏褐色。脚褐色。**习性:** 单只或结小群栖息于常绿阔叶林的林下灌、竹丛中。多见于阴湿处觅食。**分布与种群现状:** 云南, 留鸟, 罕见。

体长: 26cm LC (低度关注)

纯色噪鹛 *Trochalopteron subunicolor* Scaly Laughingthrush 噪鹛科 Leiothrichidae

■迷鸟 ■留鸟 ■旅鸟 ■冬候鸟 ■夏候鸟

形态: 雌雄相似。虹膜近红色, 喙黑色。大体呈暗绿色, 尾羽色略浅, 除两翼和尾羽外, 身体大部具黑色鳞状斑纹。脚褐色。**习性:** 结小群栖息于山区森林及次生灌丛中。**分布与种群现状:** 西藏南部、云南, 留鸟, 常见。

体长: 24cm LC (低度关注)

橙翅噪鹛 *Trochalopteron elliotii* Elliot's Laughingthrush 噪鹛科 Leiothrichidae

■迷鸟 ■留鸟 ■旅鸟 ■冬候鸟 ■夏候鸟

形态: 雌雄相似。虹膜浅乳白色, 喙褐色。体羽基本灰褐色, 眼先黑色, 翅具特征性橙黄色翼斑。外侧尾羽橙黄色端白色, 尾下覆羽棕红色。脚褐色。**习性:** 结小群栖息于山区森林的林下植被及林缘灌丛中。**分布与种群现状:** 西北、西南地区至华中地区, 留鸟, 常见。中国鸟类特有种。

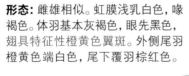

体长: 26cm LC (低度关注)

灰腹噪鹛 *Trochalopteron henrici* Brown-cheeked Laughingthrush 噪鹛科 Leiothrichidae

■迷鸟 ■留鸟 ■旅鸟 ■冬候鸟 ■夏候鸟

形态: 雌雄相似。虹膜褐色,喙橘黄色,体羽大部分灰褐色,头侧栗褐色,眉纹、下颊纹白色,两翼及尾蓝灰色。下体灰色,臀暗栗色,尾端白色。脚黄色。**习性:** 成对或结小群栖息于山地森林及河谷灌丛地带。性隐蔽。**分布与种群现状:** 西藏南部,留鸟,较常见。中国鸟类特有种。

体长: 26cm LC (低度关注)

黑顶噪鹛 *Trochalopteron affine* Black-faced Laughingthrush 噪鹛科 Leiothrichidae

■迷鸟 ■留鸟 ■旅鸟 ■冬候鸟 ■夏候鸟

形态: 雌雄相似。虹膜褐色,喙黑色。头黑色,具白色宽髭纹,颈部具白色块斑。体羽暗橄榄褐色,翼羽及尾羽羽缘带黄色。脚褐色。**习性:** 成对或结小群栖息于山地落叶阔叶林、针阔混交林、灌丛及竹林。性隐蔽。**分布与种群现状:** 甘肃南部至西藏南部、云南南部,留鸟,较常见。

体长: 26cm LC (低度关注)

台湾噪鹛 *Trochalopteron morrisonianum* White-whiskered Laughingthrush
噪鹛科 Leiothrichidae

■迷鸟 ■留鸟 ■旅鸟 ■冬候鸟 ■夏候鸟

形态: 雌雄相似。虹膜黑色,喙角质黄色。头部顶冠灰褐色,具白色眉纹和下颊纹。颊部棕红色,颏、喉、前胸和上背棕褐色而具不明显的鳞状斑,下体灰褐色。尾羽中央灰黑色,两侧橄榄黄色且尖端深色,尾下覆羽棕红色。脚粉褐色。**习性:** 常成对活动于中高海拔山地的针阔混交林及针叶林下的竹林和灌丛中,常见且不惧生。**分布与种群现状:** 台湾,留鸟,常见。中国鸟类特有种。

体长: 26cm LC (低度关注)

杂色噪鹛 *Trochalopteron variegatum* Variegated Laughingthrush 噪鹛科 Leiothrichidae

形态： 雌雄相似。虹膜黄色，喙黑色。体羽大体呈灰褐色，脸部的黑白斑块明显，眼后上方具特征性白斑，翼具醒目的杂色斑纹，臀部棕红色，尾羽中部具黑色长横斑，端白色。脚黄色。**习性：** 成对或结小

群栖息于山地森林林下密丛中。**分布与种群现状：** 西藏南部和西部，留鸟，罕见。

体长：26cm LC（低度关注）

红头噪鹛 *Trochalopteron erythrocephalum* Chestnut-crowned Laughingthrush
噪鹛科 Leiothrichidae

习性： 结小群栖息于林缘灌丛、竹林及草丛中。性隐蔽。**分布与种群现状：** 西藏南部、云南，留鸟，较常见。

形态： 雌雄相似。虹膜褐色，喙黑色。头近黑色，头顶栗红色。耳羽及颈侧灰白色，翼羽橄榄黄色，背、胸具黑色鳞状纹。不同亚种羽色变异大。脚褐色。

体长：28cm LC（低度关注）

红翅噪鹛 *Trochalopteron formosum* Red-winged Laughingthrush 噪鹛科 Leiothrichidae

形态： 雌雄相似。虹膜黑色，喙角质灰色。头部前额至头顶以及耳羽银灰色，眼先、颏、喉、耳羽后缘至上胸黑色，体羽棕褐色，两翼具暗红色斑块，初级飞羽羽缘黑色，尾羽红色。似赤尾噪鹛但本种体型较大，体羽

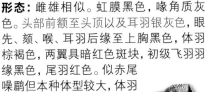

无鳞状斑，两翼红色较暗，头部也无橙红色。脚角质褐色。**习性：** 常成对或集小群活动于中高海拔山区的阔叶林、针阔混交林下的竹林及灌丛中。**分布与种群现状：** 华南地区，留鸟，不常见。

体长：27cm LC（低度关注）

红尾噪鹛 *Trochalopteron milnei* Red-tailed Laughingthrush 噪鹛科 Leiothrichidae

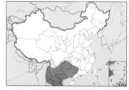

■迷鸟 ■留鸟 ■旅鸟 ■冬候鸟 ■夏候鸟

形态: 雌雄相似。虹膜黑褐色。头部前额至后枕橘黄色。眼圈至后颊银白色或白色,眼线和颏、喉黑色。体羽橄榄褐色而具鳞状斑纹,两翼鲜红色而飞羽尖端黑色,腰羽褐色。尾上覆羽鲜红色。似丽色噪鹛但体型较小且具橘红色顶冠。脚角质黑色。**习性:** 成对或集小群分布于中低海拔山地的常绿阔叶林、灌丛和竹林中,不甚惧人且喜鸣叫,活动于林下,形态可掬。**分布与种群现状:** 南方地区,留鸟,不常见。

体长: 25cm LC(低度关注)

斑胁姬鹛 *Cutia nipalensis* Himalayan Cutia 噪鹛科 Leiothrichidae

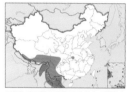

■迷鸟 ■留鸟 ■旅鸟 ■冬候鸟 ■夏候鸟

形态: 无近似鸟种。虹膜红褐色,喙略黑色。雄鸟头顶蓝灰色,贯眼纹至颈侧黑色,翅蓝黑两色,背羽、尾、尾上覆羽棕红色,尾端黑色,下体白色,两胁具黑色横斑。雌鸟背羽和肩羽黄褐色,杂黑色点斑,余部和雄鸟相似。脚黄色至橘黄色。**习性:** 栖息于山地常绿阔叶林。非繁殖期集群活动,常到花朵上取食。**分布与种群现状:** 云南、西藏东南部、四川西南部,留鸟,不常见。

体长: 19cm LC(低度关注)

蓝翅希鹛 *Siva cyanouroptera* Blue-winged Minla 噪鹛科 Leiothrichidae

■迷鸟 ■留鸟 ■旅鸟 ■冬候鸟 ■夏候鸟

形态: 雌雄相似。虹膜褐色,喙黑色。头顶、两翼、尾蓝色,上背、两胁及腰黄褐色,喉及腹部偏白色,脸颊偏灰色,眉纹及眼圈白色。尾甚细长,呈方形,从下看为白色具黑色羽缘。脚粉红色。**习性:** 结小群栖息于山区森林中。**分布与种群现状:** 西藏东南部、四川西部、重庆西部、云南、贵州、湖南西部、广西、海南,留鸟,常见。被引入珠三角地区,已形成野化种群。

体长: 15cm LC(低度关注)

斑喉希鹛 *Chrysominla strigula* Bar-throated Minla 噪鹛科 Leiothrichidae

■迷鸟 ■留鸟 ■旅鸟 ■冬候鸟 ■夏候鸟

形态：雌雄相似。虹膜褐色，喙灰色。头棕褐色，具羽冠，脸灰色。翅及尾羽鲜艳，颈橘黄色，喉部具特征性的黑白色斑纹，下体余部黄色。脚灰色。**习性：**成对或结群栖息于山区森林中。与其他鸟类混群。**分布与种群现状：**西藏东南部、云南、四川西部，留鸟，较常见。

体长：17.5cm LC（低度关注）

红尾希鹛 *Minla ignotincta* Red-tailed Minla 噪鹛科 Leiothrichidae

■迷鸟 ■留鸟 ■旅鸟 ■冬候鸟 ■夏候鸟

形态：虹膜灰色，喙灰色。头黑色，喉白色，具白色长眉纹和黑色宽贯眼纹。翅鲜艳，尾羽黑红两色，端粉红色。上体余部灰褐色，下体余部淡黄色。脚灰色。

习性：结群栖息于山区森林及灌丛中。与其他鸟类混群。**分布与种群现状：**西藏东南部、华中及西南地区，留鸟，常见。

体长：14cm LC（低度关注）

灰头薮鹛 *Liocichla phoenicea* Red-faced Liocichla 噪鹛科 Leiothrichidae

■迷鸟 ■留鸟 ■旅鸟 ■冬候鸟 ■夏候鸟

形态：雌雄相似。虹膜褐色，喙深角质色。具黑色的眉纹，头侧、颈侧、颏、喉及初级飞羽赤红色，尾黑色端橘黄色。上体红褐色，翼覆羽上具黑白色斑，下体灰褐色。脚褐色。**习性：**结小群栖息于山区常绿阔叶林的林下灌、竹丛中。多在地面枯叶中觅食。**分布与种群现状：**西藏东南部、云南西北部，留鸟，罕见。

体长：23cm LC（低度关注）

413

红翅薮鹛 *Liocichla ripponi* Scarlet-faced Liocichla 噪鹛科 Leiothrichidae

■迷鸟 ■留鸟 ■旅鸟 ■冬候鸟 ■夏候鸟

形态： 雌雄相似。虹膜褐色，喙深角质色。头顶灰色，黑色眉纹较细，不明显；头侧、颈侧、颊、喉及初级飞羽赤红色，尾黑色端橘黄色。上体橄榄褐色，下体黄褐色。脚褐色。**习性：** 同灰头薮鹛。**分布与种群现状：** 云南西部和东南部、广西，留鸟，少见。

体长：23cm LC（低度关注）

黑冠薮鹛 *Liocichla bugunorum* Bugun Liocichla 噪鹛科 Leiothrichidae

■迷鸟 ■留鸟 ■旅鸟 ■冬候鸟 ■夏候鸟

形态： 雌雄相似。喙基部为灰色，先端苍白色。全身羽毛以灰绿色为主，下体沾黄色。帽冠为黑色，面部为明显的橘黄色。翅膀大部分为金黄色，翅根为白色，近翅尖为黑色，翅尖为红色。尾羽为黑色，尾下覆羽为深红色，尾端为火红色。脚粉红色。**习性：** 叫声很独特，生活在热带雨林中。**分布与种群现状：** 西藏东南部，留鸟，罕见。

体长：22cm CR（极危）

灰胸薮鹛 *Liocichla omeiensis* Emei Shan Liocichla 噪鹛科 Leiothrichidae

■迷鸟 ■留鸟 ■旅鸟 ■冬候鸟 ■夏候鸟

形态： 虹膜褐色，喙褐色。上体橄榄灰色，下体灰色，具醒目的红、黄色翼斑。雄鸟翼斑红色显著，雌鸟翼斑黄色显著，雄鸟尾端红色，雌鸟尾端黄色。脚褐色。**习性：** 栖息于山地常绿阔叶林的林下、林缘竹林及灌丛中。雄鸟歌声响亮、悦耳。性隐蔽。**分布与种群现状：** 云南东北部、四川中部和东南部，留鸟，罕见。中国鸟类特有种。

体长：17cm VU（易危）

黄痣薮鹛 *Liocichla steerii* Steere's Liocichla 噪鹛科 Leiothrichidae

■迷鸟 ■留鸟 ■旅鸟 ■冬候鸟 ■夏候鸟

形态：雌雄相似。虹膜深褐色，喙偏黑色。眼前下方具一特征性的黄色块斑，上体橄榄绿色，颊、喉及两胁灰色，下体余部橄榄黄色。脚橄榄褐色。**习性：**结群栖息于山地森林的林下或林缘灌丛中。性大胆。**分布与种群现状：**台湾，留鸟，常见。中国鸟类特有种。

体长：18cm　LC（低度关注）

栗额斑翅鹛 *Actinodura egertoni* Rusty-fronted Barwing 噪鹛科 Leiothrichidae

■迷鸟 ■留鸟 ■旅鸟 ■冬候鸟 ■夏候鸟

形态：雌雄相似。虹膜灰褐色，上喙褐色，下喙色浅。前额、眼先、颊锈红色，头顶至后颈灰色。上体余部大致棕褐色，两翼具黑色横斑，尾羽隐现浅色横斑。脚粉褐色。**习性：**结小群栖息于山地常绿阔叶林、灌木林和竹林中。性吵闹。**分布与种群现状：**西藏东南、云南西部地区，留鸟，罕见。

体长：23cm　LC（低度关注）

白眶斑翅鹛 *Actinodura ramsayi* Spectacled Barwing 噪鹛科 Leiothrichidae

■迷鸟 ■留鸟 ■旅鸟 ■冬候鸟 ■夏候鸟

形态：雌雄相似。虹膜褐色，喙灰色。似栗额斑翅鹛，主要区别在于本种眼圈白色。脚灰色。**习性：**同其他斑翅鹛。**分布与种群现状：**云南南部、贵州南部、广西，留鸟，罕见。

体长：24cm　LC（低度关注）

纹头斑翅鹛 *Sibia nipalensis* Hoary-throated Barwing 噪鹛科 Leiothrichidae

■迷鸟 ■留鸟 ■旅鸟 ■冬候鸟 ■夏候鸟

形态：雌雄相似。虹膜褐色，喙深褐色。具黑色髭纹。喉、胸部浅灰褐色，腹部棕红色。同其他斑翅鹛的主要区别在于本种的头顶具皮黄色细纵纹。脚粉褐色。**习性：**结小群栖息于山区森林及杜鹃林。**分布与种群现状：**西藏南部，留鸟，罕见。

体长：21cm　LC（低度关注）

纹胸斑翅鹛 *Sibia waldeni* Streak-throated Barwing 噪鹛科 Leiothrichidae

■迷鸟 ■留鸟 ■旅鸟 ■冬候鸟 ■夏候鸟

形态：雌雄相似。虹膜褐灰色，喙深褐色。似纹头斑翅鹛，主要区别在于本种的下体具皮黄色或棕色纵纹。脚褐色。**习性：**结小群栖息于山地常绿阔叶林、灌丛及竹林中。**分布与种群现状：**西藏东南部、云南西部和西北部，留鸟，罕见。

体长：21cm　LC（低度关注）

灰头斑翅鹛 *Sibia souliei* Streaked Barwing 噪鹛科 Leiothrichidae

■迷鸟 ■留鸟 ■旅鸟 ■冬候鸟 ■夏候鸟

形态：雌雄相似。虹膜褐色，喙褐色。额棕黄色，头灰色。背部具黄黑相间的鳞状斑，两翼、尾羽具黑色细斑纹。下体棕黄色，满布显著的黑色纵纹。脚近

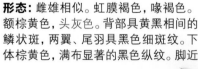

粉色。**习性：**结小群栖息于山区森林和竹林。**分布与种群现状：**云南、四川中部，留鸟，罕见。

体长：22cm　LC（低度关注）

台湾斑翅鹛 *Sibia morrisoniana* Taiwan Barwing 噪鹛科 Leiothrichidae

■迷鸟 ■留鸟 ■旅鸟 ■冬候鸟 ■夏候鸟

形态： 雌雄相似。虹膜褐色，喙黑色。头、脸颊及喉部栗红色。上背和胸部灰色而具浅皮黄色纵纹。脚偏粉色。**习性：** 结小群栖息于山区森林的林下植被中，性吵闹。**分布与种群现状：** 台湾，留鸟，较常见。中国鸟类特有种。

体长：18cm LC（低度关注）

银耳相思鸟 *Leiothrix argentauris* Silver-eared Mesia 噪鹛科 Leiothrichidae

■迷鸟 ■留鸟 ■旅鸟 ■冬候鸟 ■夏候鸟

形态： 无近似鸟种。虹膜红色，喙橘黄色。头黑色，耳羽银灰色，两翼红黄两色，尾覆羽红色，颏、喉、上胸鲜黄色。脚黄色。**习性：** 结群栖息于山区森林的浓密灌丛、竹林中。**分布与种群现状：** 西南地区，留鸟。较常见。因羽色漂亮被大量捕捉。香港已形成野化种群。

体长：17.5cm LC（低度关注）

红嘴相思鸟 *Leiothrix lutea* Red-billed Leiothrix 噪鹛科 Leiothrichidae

■迷鸟 ■留鸟 ■旅鸟 ■冬候鸟 ■夏候鸟

形态： 雌雄相似。无近似鸟种。虹膜褐色，喙红色。整体以暗绿色为主，眼周浅黄色，喉部橙黄色，尾下覆羽白色，翼偏黑色，具红黄两色翼斑。脚粉红色。**习性：** 结群栖息于中低海拔的山林灌丛、林下植被、次生灌丛和竹林中。常集群活动，鸣声悦耳动听。**分布与种群现状：** 南方地区，留鸟。较常见。因羽色漂亮被大量捕捉。

体长：15.5cm LC（低度关注）

栗背奇鹛 *Leioptila annectens* Rufous-backed Sibia 噪鹛科 Leiothrichidae

■迷鸟 ■留鸟 ■旅鸟 ■冬候鸟 ■夏候鸟

形态： 雌雄相似。虹膜浅褐色，喙深色，下喙基黄色。头、颈和上背黑色，后颈和上背具显著的白色纵纹。翅杂黑、棕、白3种花色，尾羽黑色而端白，下背、腰及尾上覆羽栗色，两胁及尾下覆羽浅棕黄色，喉、胸白色。脚黄色。

习性： 结小群栖息于山地常绿阔叶林中。性活泼。
分布与种群现状： 云南西部，留鸟，较常见。

体长：19cm　LC（低度关注）

黑顶奇鹛 *Heterophasia capistrata* Rufous Sibia 噪鹛科 Leiothrichidae

■迷鸟 ■留鸟 ■旅鸟 ■冬候鸟 ■夏候鸟

形态： 雌雄相似。虹膜红褐色，喙黑色。头黑且略具羽冠。尾具黑色次端带，羽基部棕黄色。翼上多灰色，次级飞羽及初级覆羽近黑色而端灰色。脚粉褐色。**习性：** 成对或结小群栖息于山地森林中。性吵闹。与其他鸟类混群。**分布与种群现状：** 西藏南部、喜马拉雅山脉，留鸟，地方性常见。

体长：23.5cm　LC（低度关注）

灰奇鹛 *Heterophasia gracilis* Grey Sibia 噪鹛科 Leiothrichidae

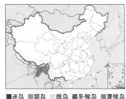

■迷鸟 ■留鸟 ■旅鸟 ■冬候鸟 ■夏候鸟

形态： 雌雄相似。虹膜红色，喙黑色。头顶、翅近黑色，三级飞羽浅灰色，背和腰灰色，尾蓝灰色，具黑色次端斑，喉白色，胸、腹灰白色，尾下覆羽淡皮黄色。脚褐色。**习性：** 成对或结小群栖息于山区常绿林。性活泼。与其他鸟类混群。**分布与种群现状：** 云南西部，留鸟，罕见。

体长：23.5cm　LC（低度关注）

黑头奇鹛 *Heterophasia desgodinsi* Black-headed Sibia 噪鹛科 Leiothrichidae

形态：雌雄相似。虹膜褐色，喙黑色。头、翅及尾黑色，尾羽端灰色。上体余部大致灰色，两胁烟灰色，下体余部大致白色。脚灰色。**习性：**成对或结小群栖息于山区森林。常在多苔藓的树上活动。**分布与种群现状：**西南地区，留鸟，常见。

体长：**24cm**　LC（低度关注）

白耳奇鹛 *Heterophasia auricularis* White-eared Sibia 噪鹛科 Leiothrichidae

形态：雌雄相似。虹膜褐色，喙黑色。头、翅及尾黑色，白色眼先、眼圈及向后扩散的宽阔眼纹终端成丝状长羽。喉、胸及上背灰色，下体余部粉黄褐色，下背及腰棕色。尾黑色，中央尾羽羽端近白色。脚粉红色。**习性：**结小群栖息于山区森林。性活泼，不惧人。**分布与种群现状：**台湾，留鸟，常见。中国鸟类特有种。

体长：**23cm**　LC（低度关注）

丽色奇鹛 *Heterophasia pulchella* Beautiful Sibia 噪鹛科 Leiothrichidae

形态：雌雄相似。虹膜红色或褐色，喙黑色。整体以蓝灰色为主，具黑色的宽眼纹，三级飞羽和中央尾羽大部为褐色，尾具黑色次端带，与灰奇鹛的区别在本种下体及头顶蓝灰色。脚褐色。**习性：**成对或结小群栖息于山区森林。常在多苔藓的树上活动。**分布与种群现状：**西藏东南部、云南西北部，留鸟，不常见。

体长：**23.5cm**　LC（低度关注）

419

长尾奇鹛 *Heterophasia picaoides* Long-tailed Sibia 噪鹛科 Leiothrichidae

形态: 雌雄相似。虹膜褐色,喙黑色。上体暗灰色,翅、尾黑灰色,具白色翼斑,下体浅灰白色。尾长。脚黑色。**习性:** 结小群栖息于山区森林。**分布与种群现状:** 西藏东南部、云南西北部和南部,留鸟,较常见。

■迷鸟 ■留鸟 ■旅鸟 ■冬候鸟 ■夏候鸟

体长:33.5cm LC(低度关注)

旋木雀科 Certhiidae

欧亚旋木雀 *Certhia familiaris* Eurasian Treecreeper 旋木雀科 Certhiidae

形态: 雌雄相似。虹膜褐色,上喙褐色,下喙色浅,喙细长而下弯。上体棕褐色具白斑纹,飞羽中部具两道淡棕色翼斑,腰和尾上覆羽红棕色,两胁略沾棕色,尾黑褐色,下体白色。脚偏褐色。**习性:** 主要栖息于山地针叶林或针阔混交林、阔叶林、次生林。沿树干螺旋形攀缘寻找昆虫等食物。**分布与种群现状:** 西部和北部地区,留鸟,不常见。

■迷鸟 ■留鸟 ■旅鸟 ■冬候鸟 ■夏候鸟

体长:13cm LC(低度关注)

霍氏旋木雀 *Certhia hodgsoni* Hodgson's Treecreeper 旋木雀科 Certhiidae

形态: 雌雄相似。虹膜黑褐色,上喙黑色,下喙粉白色,喙细长而下弯。头顶棕黑色而具黄白色纵纹,头具褐色眼罩,眉纹白色绕过耳后与颈侧相连,颏、喉、下颊至胸腹部灰白色,上背暗栗色并具白斑纹,两翼灰褐色,具白色和棕色翼斑,腰红棕色,尾羽棕色。脚黄褐色。**习性:** 单独或成对栖息于中高海拔山地的针阔混交林和暗针叶林中,行为从容而不惧人。**分布与种群现状:** 四川西部、云南西北部、喜马拉雅山脉,留鸟,地区性常见。

■迷鸟 ■留鸟 ■旅鸟 ■冬候鸟 ■夏候鸟

体长:13cm LC(低度关注)

高山旋木雀 *Certhia himalayana* Bar-tailed Treecreeper 旋木雀科 Certhiidae

■迷鸟 ■留鸟 ■旅鸟 ■冬候鸟 ■夏候鸟

形态： 雌雄相似。虹膜褐色，喙褐色，下颚色浅。上体黑褐色，腰锈红色，两翅和尾灰褐色具黑褐色横斑，眉纹棕白色，颏、喉乳白色，其余下体灰棕色。喙较其他旋木雀显长而下弯。脚近褐色。**习性：** 具旋木雀的典型特性。**分布与种群现状：** 中部地区至云南北部，留鸟，不常见。

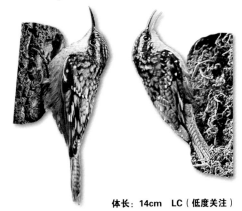

体长： 14cm　LC（低度关注）

红腹旋木雀 *Certhia nipalensis* Rusty-flanked Treecreeper 旋木雀科 Certhiidae

■迷鸟 ■留鸟 ■旅鸟 ■冬候鸟 ■夏候鸟

形态： 雌雄相似。虹膜褐色，上喙深褐色，下喙色较淡。上体暗褐色带棕色纵纹，颏、喉白色，胸部淡黄色，腹、臀和腰锈红色。尾淡褐色。脚近褐色。**习性：** 具旋木雀的典型特性。**分布与种群现状：** 西藏东南部和南部、云南西部、四川西南部，留鸟，不常见。

体长： 14cm　LC（低度关注）

褐喉旋木雀 *Certhia discolor* Brown-throated Treecreeper 旋木雀科 Certhiidae

■迷鸟 ■留鸟 ■旅鸟 ■冬候鸟 ■夏候鸟

形态： 雌雄相似。虹膜褐色，细长而弯的喙深褐色，下喙色较淡。上体棕褐色，有粗短的白色眉纹，颏、喉浅褐色，胸口红褐色，其余下体灰褐色，腰和尾上覆羽、尾下覆羽红褐色。脚近褐色。**习性：** 具旋木雀的典型特性。**分布与种群现状：** 西藏南部，留鸟，较少见。

体长： 14cm　LC（低度关注）

休氏旋木雀 *Certhia manipurensis* Hume's Treecreeper 旋木雀科 Certhiidae

■迷鸟 ■留鸟 ■旅鸟 ■冬候鸟 ■夏候鸟

形态： 雌雄相似。似褐喉旋木雀但本种的下体灰白色。**习性：** 具旋木雀的典型特性。**分布与种群现状：** 云南西部，留鸟，较少见。

体长：14cm LC（低度关注）

四川旋木雀 *Certhia tianquanensis* Sichuan Treecreeper 旋木雀科 Certhiidae

■迷鸟 ■留鸟 ■旅鸟 ■冬候鸟 ■夏候鸟

形态： 雌雄相似。与其他旋木雀相比，本种的尾较长，喙较短，白色的喉部与灰棕色的胸、腹部对比鲜明。**习性：** 具旋木雀的典型特性。**分布与种群现状：** 陕西南部、四川中部和西北部，留鸟，罕见。中国鸟类特有种。

体长：13cm NT（近危）

鸭科 Sittidae

普通鸭 *Sitta europaea* Eurasian Nuthatch 鸭科 Sittidae

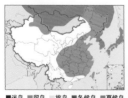

■迷鸟 ■留鸟 ■旅鸟 ■冬候鸟 ■夏候鸟

形态： 虹膜深褐色，喙黑色。上体蓝灰色，具长而显著的黑色贯眼纹，颏、喉、胸白色，尾下覆羽白色具栗色羽缘；下体淡棕色或深棕色，两胁色深。脚深灰色。**习性：** 典型的鸭类，常在树干上倒挂取食，性喧闹，常与其他小型鸟类混群。部分地区栖息海拔可高至3500m。**分布与种群现状：** 东北、西北、华东、华中、华南、东南地区（包括台湾），留鸟，常见。

体长：13cm LC（低度关注）

栗臀鸭 *Sitta nagaensis* Chestnut-vented Nuthatch 鸭科 Sittidae

■迷鸟 ■留鸟 ■旅鸟 ■冬候鸟 ■夏候鸟

形态： 虹膜深褐色，喙黑色，下颚基部灰色。上体蓝灰色，贯眼纹黑色，头侧、颈侧和下体灰色，似普通鸭，但下体为灰色，两胁砖红色，尾下覆羽深棕色，两侧各有一道明显的白色鳞状斑纹条带。**习性：** 行为似普通鸭。**分布与种群现状：** 西南地区、武夷山，留鸟，地区性常见。

体长：13cm LC（低度关注）

栗腹鸭 *Sitta castanea* Chestnut-bellied Nuthatch 鸭科 Sittidae

■迷鸟 ■留鸟 ■旅鸟 ■冬候鸟 ■夏候鸟

形态： 虹膜褐色，喙黑色。黑色的贯眼纹自喙基经眼向后延伸至肩部，颊白色。上体灰蓝色，其余下体栗色，尾下覆羽黑色具白色端斑和栗色羽缘。雌鸟似普通鸭，腹部色较深，但脸颊的白斑块较大而明显。脚近黑色。**习性：** 栖息于海拔800~2000m的中低山地常绿阔叶林和次生林，沿着树干垂直上下攀爬。**分布与种群现状：** 云南，留鸟，较少见。

体长：13cm LC（低度关注）

白尾鸭 *Sitta himalayensis* White-tailed Nuthatch 鸭科 Sittidae

■迷鸟 ■留鸟 ■旅鸟 ■冬候鸟 ■夏候鸟

形态： 虹膜褐色，喙近黑色，下颚基部色浅。上体灰蓝色，过眼纹黑色，领、喉、颊棕白色，其余下体浅棕黄色，尾下覆羽无鳞状斑纹，中央尾羽基部白色。与普通鸭、栗臀鸭区别在于本种尾下覆羽全棕色而无扇贝状。脚绿褐色。**习性：** 栖息于海拔1500~3000m的阔叶林和针叶林，行为似普通鸭。**分布与种群现状：** 西藏南部、云南极西部，留鸟，罕见。

体长：12cm LC（低度关注）

滇鳾 *Sitta yunnanensis* Yunnan Nuthatch 鳾科 Sittidae

■迷鸟 ■留鸟 ■旅鸟 ■冬候鸟 ■夏候鸟

形态: 虹膜褐色, 喙偏黑色。白色眉纹细窄, 黑色的过眼纹其后端更宽。上体包括头蓝灰色, 下体灰棕色, 脸侧及喉白色。脚灰色。**习性:** 行为似普通鳾。**分布与种群状况:** 四川西南部及云南, 留鸟, 常见。中国鸟类特有种。

体长: 12cm NT（近危）

黑头鳾 *Sitta villosa* Chinese Nuthatch 鳾科 Sittidae

■迷鸟 ■留鸟 ■旅鸟 ■冬候鸟 ■夏候鸟

形态: 虹膜褐色, 喙近黑色, 下颚基部色较浅。眉纹白色, 黑色过眼纹较模糊, 头顶黑色。上体石板蓝灰色, 下体灰棕色或棕黄色, 体侧无栗色, 似滇鳾但本种眼纹较窄而后端不散开, 下体色重。脚灰色。**习性:** 行为似普通鳾。**分布与种群现状:** 甘肃南部至吉林及河北, 留鸟, 不常见。

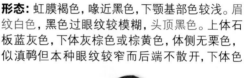

体长: 11cm LC（低度关注）

白脸鳾 *Sitta leucopsis* White-cheeked Nuthatch 鳾科 Sittidae

■迷鸟 ■留鸟 ■旅鸟 ■冬候鸟 ■夏候鸟

形态: 雌雄相似。虹膜褐色, 喙黑色, 下颚基部灰色。头顶黑色, 脸和头侧白色。上体灰蓝色, 颏、喉棕白色, 其余下体栗红色。脚绿褐色。**习性:** 栖息于高山针叶林, 海拔2000~3500m, 行为似普通鳾。**分布与种群现状:** 西南地区, 留鸟, 罕见。

体长: 13cm LC（低度关注）

绒额䴓 *Sitta frontalis* Velvet-fronted Nuthatch 䴓科 Sittidae

■迷鸟 ■留鸟 ■旅鸟 ■冬候鸟 ■夏候鸟

形态: 虹膜黄色,眼周裸露皮肤偏红色,喙红色而端黑色。前额、眼先绒黑色,头后、背及尾蓝紫色。雄鸟眼上还有一道黑色细眉纹向后延伸,下体灰棕紫色。脚红褐色。**习性:** 具有䴓的典型特性,见于中低海拔的山林。**分布与种群现状:** 云南、贵州、广西南部,留鸟。

体长:12cm　LC(低度关注)

淡紫䴓 *Sitta solangiae* Yellow-billed Nuthatch 䴓科 Sittidae

■迷鸟 ■留鸟 ■旅鸟 ■冬候鸟 ■夏候鸟

形态: 雌雄相似。虹膜黄色,喙黄色,喙端黑色。额绒黑色,头顶葡萄紫色。上体灰蓝色而沾紫色,颏、喉白色,其余下体沙棕色。脚红褐色。**习性:** 栖息于茂密的山地森林。**分布与种群现状:** 海南,留鸟,较少见。

体长:13cm　NT(近危)

巨䴓 *Sitta magna* Giant Nuthatch 䴓科 Sittidae

■迷鸟 ■留鸟 ■旅鸟 ■冬候鸟 ■夏候鸟

形态: 虹膜深褐色,喙黑色,下颚基部色浅。雄鸟顶冠具黑色细纹,具宽且长的黑色过眼纹,顶纹比背部灰色明显为淡,臀具栗色斑,尾显长,身上图纹似栗臀䴓但本种体甚大,脚绿褐色。**习性:** 栖息于海拔1000~2500m的山地针叶林、针阔混交林和常绿阔叶林。**分布与种群现状:** 云南、四川南部、贵州西南部,留鸟,罕见。

体长:20cm　EN(濒危)

丽鸲 *Sitta formosa* Beautiful Nuthatch 鸲科 Sittidae

■迷鸟 ■留鸟 ■旅鸟 ■冬候鸟 ■夏候鸟

形态：雌雄相似。无近似鸟种。虹膜红褐色，喙黑色，下颚基部色较浅。上体偏黑而具亮蓝色的斑纹，翼上具一道蓝色的宽翼斑，下体橙褐色，飞行时从下看初级飞羽基部的白色与翼下覆羽的近黑色成对比。脚绿褐色。**习性：**主要栖息于海拔1300~2000m的高山常绿阔叶林和混交林。**分布与种群现状：**西藏东南部、云南西部和南部，留鸟，罕见。

体长：16cm VU（易危）

红翅旋壁雀 *Tichodroma muraria* Wallcreeper 鸲科 Sittidae

■迷鸟 ■留鸟 ■旅鸟 ■冬候鸟 ■夏候鸟

形态：雌雄相似。无近似鸟种。虹膜深褐色，喙黑色，喙细长略下弯。上体灰色，翼具绯红色翼斑，尾短，飞羽基部有大白斑。繁殖期雄鸟喉及脸黑色，

非繁殖期为灰白色，头顶及脸颊沾褐色，雌鸟黑色较少。脚棕黑色。**习性：**高山山地鸟类，主要栖息于高山悬崖峭壁和陡坡上，冬季下至较低海拔活动。**分布与种群现状：**分布范围广，留鸟，不常见。部分种群冬季短距离迁徙。

体长：16cm LC（低度关注）

鹪鹩科 Troglodytidae

鹪鹩 *Troglodytes troglodytes* Eurasian Wren 鹪鹩科 Troglodytidae

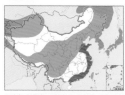

■迷鸟 ■留鸟 ■旅鸟 ■冬候鸟 ■夏候鸟

形态：雌雄相似。无近似鸟种。虹膜褐色；喙褐色，喙长，细直。眉纹灰白色。体羽棕褐色，下体多黑褐色横纹。尾短小，常向上翘起。脚褐色。**习性：**栖息于山地森林中阴暗潮湿处。性活泼而胆怯，单独活动。**分布与种群现状：**分布范围广，留鸟、冬候鸟，较常见。

体长：10cm LC（低度关注）

河乌科 Cinclidae

河乌 *Cinclus cinclus* White-throated Dipper 河乌科 Cinclidae

■迷鸟 ■留鸟 ■旅鸟 ■冬候鸟 ■夏候鸟

形态：雌雄相似。虹膜红褐色，喙近黑色。颏、喉、胸为白色，头、后颈、背棕褐色，余部褐色，部分个体胸口为灰褐色。脚褐色。**习性：**常站在河边或河中露出水面的石头上，尾常上翘或上下摆动。贴水面飞行，可潜水。**分布与种群现状：**西部地区，留鸟，常见。

繁殖羽

非繁殖羽

体长：20cm　LC（低度关注）

褐河乌 *Cinclus pallasii* Brown Dipper 河乌科 Cinclidae

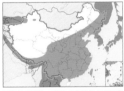

■迷鸟 ■留鸟 ■旅鸟 ■冬候鸟 ■夏候鸟

形态：雌雄相似。虹膜褐色。喙深褐色。通体暗褐色，脚深褐色。**习性：**栖息于山地森林河谷与溪流地带。常站在溪边或河中石头上或紧贴水面沿溪飞行。边飞边叫。**分布与种群现状：**分布范围广，留鸟，较常见。

体长：21cm　LC（低度关注）

椋鸟科 Sturnidae

亚洲辉椋鸟 *Aplonis panayensis* Asian Glossy Starling 椋鸟科 Sturnidae

■迷鸟 ■留鸟 ■旅鸟 ■冬候鸟 ■夏候鸟

形态：虹膜红色。体羽黑绿色，具金属光泽。尾方形。幼鸟腹部淡米色，具黑纵斑。**习性：**栖息于市区建筑和乔木上。集群，树栖活动。**分布与种群现状：**引入至台湾，留鸟，不常见。

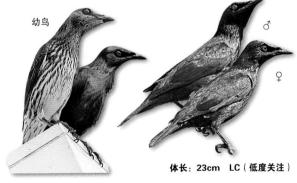

幼鸟

♂

♀

体长：23cm　LC（低度关注）

斑翅椋鸟 *Saroglossa spiloptera* Spot-winged Starling 椋鸟科 Sturnidae

■迷鸟 ■留鸟 ■旅鸟 ■冬候鸟 ■夏候鸟

形态：无近似鸟种。虹膜白色，喙黑色。雄鸟黑色，喉棕褐色，上体色深，具灰褐色片斑，胸、胁、腰棕红色。雌鸟上体灰色，下体灰白

色，喉具纵纹。脚黑色。**习性：**栖息于山地开阔林地边缘。**分布与种群现状：**云南西部，冬候鸟，罕见。

♀ ♂

体长：19cm LC（低度关注）

金冠树八哥 *Ampeliceps coronatus* Golden-crested Myna 椋鸟科 Sturnidae

■迷鸟 ■留鸟 ■旅鸟 ■冬候鸟 ■夏候鸟

形态：虹膜褐色，喙粉红色，喙基偏蓝色，眼周裸皮肉色。头顶、眼、喉金黄色，体羽黑色具蓝色金属光泽，初级飞羽基部鲜黄色成翅斑。雌鸟眼先和眉纹黑色。脚黄色。**习性：**栖息于阔叶林和混交森林中。树栖活动。**分布与种群现状：**云南南部，留鸟，罕见。广东东部，迷鸟。

体长：23cm LC（低度关注）

鹩哥 *Gracula religiosa* Hill Myna 椋鸟科 Sturnidae

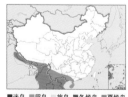

■迷鸟 ■留鸟 ■旅鸟 ■冬候鸟 ■夏候鸟

形态：雌雄相似。虹膜深褐色，喙橘黄色。头后两侧有一鲜黄色肉垂，体羽黑色具金属光泽，初级飞羽基部白色，形成翅斑。

脚黄色。**习性：**栖息于低山丘陵和山脚平原地区的次生林、常绿阔叶林、阔叶林、竹林和混交林、农田。集群或与八哥等混群。**分布与种群现状：**西南地区至广东东部、海南，留鸟。因为宠物贸易而被大量捕捉，自然种群目前已极为罕见。珠三角目前已形成野化种群。

体长：29cm LC（低度关注）

林八哥 *Acridotheres grandis* Great Myna 椋鸟科 Sturnidae

■迷鸟 ■留鸟　旅鸟 ■冬候鸟 ■夏候鸟

形态：雌雄相似。虹膜橘黄色，喙橘黄色。额部具长羽簇。体羽黑色，翅上有显著的白色斑，尾羽端斑白色，尾下覆羽白色。脚黄色。**习性：**栖息于林缘、农田、牧场、草地、旷野等开阔地带。集群。**分布与种群现状：**西南地区，留鸟，地区性常见。

体长：26cm　LC（低度关注）

八哥 *Acridotheres cristatellus* Crested Myna 椋鸟科 Sturnidae

■迷鸟 ■留鸟　旅鸟 ■冬候鸟 ■夏候鸟

形态：雌雄相似。虹膜橘黄色，喙浅黄色。喙基红色，前额具较短向前直立的羽簇，体羽黑色，翅具白色斑。尾羽和尾下覆羽具白色端斑。脚暗黄色。**习性：**栖息于低山丘陵和山脚平原地带的次生阔叶林、竹林、农田。集群。**分布与种群现状：**华北地区至西南地区、华南地区及台湾、海南，留鸟，常见。

体长：26cm　LC（低度关注）

爪哇八哥 *Acridotheres javanicus* Javan Myna 椋鸟科 Sturnidae

■迷鸟 ■留鸟　旅鸟 ■冬候鸟 ■夏候鸟

形态：雌雄相似。喙橙黄色，眼黄色。额具较短向后的羽簇，头顶黑色。体羽黑灰色，翅具白斑。尾端白色，尾下覆羽白色。脚黄色。**习性：**栖息于丘陵、平原开阔草地、农田、市郊绿地。集群。**分布与种群现状：**引入至台湾，留鸟，不常见。

体长：26cm　LC（低度关注）

白领八哥 *Acridotheres albocinctus* Collared Myna 椋鸟科 Sturnidae

■迷鸟 ■留鸟 ■旅鸟 ■冬候鸟 ■夏候鸟

形态：雌雄相似。虹膜偏蓝色或黄色，喙黄色。额具羽簇，头黑色而具蓝色金属光泽，颈侧具浅棕白色斑。上体黑褐色，初级飞羽基部白色成白色翅斑。尾端斑白色。下体黑灰色，下腹中央和尾下覆羽具白色端斑。脚艳黄色。**习性：**栖息于低山丘陵和山脚平原地带的稀树草地、林缘、旷野、农田。集群活动。**分布与种群现状：**云南西北部，留鸟，不常见。

体长：26cm LC（低度关注）

家八哥 *Acridotheres tristis* Common Myna 椋鸟科 Sturnidae

■迷鸟 ■留鸟 ■旅鸟 ■冬候鸟 ■夏候鸟

形态：雌雄相似。虹膜略红色，喙黄色。眼周裸皮黄色，头、颈黑色，背、胸、两胁灰褐色。飞羽黑褐色，翼斑白色。尾下覆羽白色，尾黑色，端斑白色。脚黄色。**习性：**栖息于低山丘陵和山脚平原等开阔地、农田、村寨。集群，有时到牲畜身体上吃寄生虫。**分布与种群现状：**新疆西北部、云南、四川西南部、台湾、海南、广东西部、福建中部，留鸟，较常见。

体长：24cm LC（低度关注）

灰背岸八哥 *Acridotheres ginginianus* Bank Myna 椋鸟科 Sturnidae

■迷鸟 ■留鸟 ■旅鸟 ■冬候鸟 ■夏候鸟

形态：雌雄相似。喙黄色。眼周裸露皮肤红色，头黑色，比家八哥灰色重。脚黄色。不成调的鸣声，有咕咕声及哨音。声不如家八哥沙哑。**习性：**栖于城镇。**分布与种群现状：**香港有记录。

注：《中国鸟类野外手册》列出但未在中国境内有确切野外分布证据的鸟（《中国观鸟年报—中国鸟类名录6.0（2018）》）。

体长：26cm LC（低度关注）

红嘴椋鸟 *Acridotheres burmannicus* Vinous-breasted Starling 椋鸟科 Sturnidae

■迷鸟 ■留鸟 ■旅鸟 ■冬候鸟 ■夏候鸟

形态： 虹膜黄色，喙前端红色、后端黑色。眼周裸皮和眼先黑色，头、颈白色。上体暗褐色，翅具白斑，下体淡粉色。尾黑褐色，具白色端斑。脚褐黄色。**习性：** 栖息于阔叶林、竹林、河谷和农田。集群。**分布与种群现状：** 云南西部，留鸟，罕见。

体长：25cm　LC（低度关注）

丝光椋鸟 *Spodiopsar sericeus* Silky Starling 椋鸟科 Sturnidae

■迷鸟 ■留鸟 ■旅鸟 ■冬候鸟 ■夏候鸟

形态： 虹膜黑色；喙红色，喙端黑色。雄鸟头、颈白色或棕白色，背深灰色，胸灰色，两翅和尾黑色。雌鸟头顶前部棕白色，后部暗灰色，上体灰褐色，下体浅灰褐色。脚暗橘黄色。**习性：** 栖息于低山丘陵、山脚平原的次生林、开阔地带、农田。小群活动。**分布与种群现状：** 华北地区至华南地区，留鸟，较常见。

体长：24cm　LC（低度关注）

灰椋鸟 *Spodiopsar cineraceus* White-cheeked Starling 椋鸟科 Sturnidae

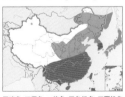

■迷鸟 ■留鸟 ■旅鸟 ■冬候鸟 ■夏候鸟

形态： 虹膜偏红色，喙黄色，尖端黑色。雄鸟头顶至后颈黑色，额和头顶杂有白色，颊和耳覆羽白色具黑色纵纹。上体灰褐色，尾上覆羽白色；下体颏白色，喉、胸、上腹暗灰褐色，腹中部和尾下覆羽白色。雌鸟色淡。脚暗橘黄色。**习性：** 栖息于低山丘陵和开阔平原地带的疏林草甸、河谷阔叶林、农田、公园。集群活动。**分布与种群现状：** 除西藏外各地均有分布，夏候鸟、冬候鸟，常见。

体长：24cm　LC（低度关注）

431

黑领椋鸟 *Gracupica nigricollis* Black-collared Starling 椋鸟科 Sturnidae

■迷鸟 ■留鸟 ■旅鸟 ■冬候鸟 ■夏候鸟

形态： 雌雄相似。虹膜黄色，喙黑色。眼周裸皮黄色，头白色。胸具特征性黑色领环。上体、两翅黑色，腰白色，下体白色。黑尾具白色端斑。脚浅灰色。**习性：** 栖息于平原、草地、农田、灌丛、荒地等开阔地。**分布与种群现状：** 华东、华南地区，留鸟，常见。

体长：28cm LC（低度关注）

斑椋鸟 *Gracupica contra* Asian Pied Starling 椋鸟科 Sturnidae

■迷鸟 ■留鸟 ■旅鸟 ■冬候鸟 ■夏候鸟

形态： 雌雄相似。虹膜灰色，眼周裸皮橘黄色；喙黄色，基部橙色。头、颈、颏、喉和上胸黑色，前额和头侧白色，背、肩、两翅黑褐色，具白色翅斑，腰、下体白色，尾黑褐色。脚黄色。**习性：** 栖息于低山丘陵和山脚平原地区，农田、牧场。**分布与种群现状：** 云南，留鸟，罕见。

体长：24cm LC（低度关注）

北椋鸟 *Agropsar sturninus* Daurian Starling 椋鸟科 Sturnidae

■迷鸟 ■留鸟 ■旅鸟 ■冬候鸟 ■夏候鸟

形态： 虹膜褐色，喙近黑色。雄鸟头灰白色，头顶具黑色斑，上体紫黑色具金属光泽，翅黑色，翅和肩部有白色带斑，下体灰白色，尾黑色，尾上覆羽棕白色。雌鸟色浅，顶部无黑色块斑，上体无紫色光泽。脚绿色。**习性：** 栖息于低山丘陵、平原地区的次生阔叶林、灌丛、农田、草地。**分布与种群现状：** 除新疆、西藏、青海外，各地均有分布，夏候鸟、旅鸟，较常见。

体长：18cm LC（低度关注）

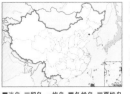

紫背椋鸟 *Agropsar philippensis* Chestnut-cheeked Starling 椋鸟科 Sturnidae

形态： 虹膜褐色，喙黑色。雄鸟颊、耳羽、颈侧栗色，头顶、颏、喉乳白色，背黑色具紫色光泽，两翅黑色具白色翅斑，尾上覆羽褐色或橙黄色。雌鸟颊、耳羽、颈侧浅栗色，头、背灰褐色，腰和尾上覆羽褐色。脚深绿色。**习性：** 栖息于开阔平原、农田等开阔地带的阔叶林。围绕树顶盘旋飞翔。

分布与种群现状： 华东地区、华南沿海地区、台湾、云南德宏，旅鸟，不常见；辽宁，迷鸟。

体长：17cm　LC（低度关注）

■迷鸟 ■留鸟　旅鸟 ■冬候鸟 ■夏候鸟

灰背椋鸟 *Sturnia sinensis* White-shouldered Starling 椋鸟科 Sturnidae

■迷鸟 ■留鸟　旅鸟 ■冬候鸟 ■夏候鸟

形态： 虹膜蓝白色，喙灰色。雄鸟头顶、翅覆羽和肩白色，面颊、颈侧、胸、和背灰色，腰和尾上覆羽紫灰色。尾暗绿色，端灰白色；下体近白色。雌鸟头和背均为灰色。脚灰色。**习性：** 栖息于低山、丘陵、平原等开阔地区。**分布与种群现状：** 南方地区，夏候鸟、冬候鸟，不常见；河北，迷鸟。

体长：19cm　LC（低度关注）

灰头椋鸟 *Sturnia malabarica* Chestnut-tailed Starling 椋鸟科 Sturnidae

■迷鸟 ■留鸟　旅鸟 ■冬候鸟 ■夏候鸟

形态： 雌雄相似。虹膜白色，喙橄榄绿色，喙端黄色，基部钴蓝色。头顶、枕、头侧灰色。上体灰色沾棕，飞羽黑色，下体近白色。颈、胸具白色丝状羽，尾上覆羽灰棕色，中央尾羽灰色，外侧尾羽基部黑色，端部栗色。脚棕黄色。**习性：** 栖息于低山、山脚平原地带的开阔森林、阔叶林和次生杂木林、农田。集群，停息于大树顶端。**分布与种群现状：** 云南、广西，留鸟，不常见。

体长：20cm　LC（低度关注）

黑冠椋鸟 *Sturnia pagodarum* Brahminy Starling 椋鸟科 Sturnidae

■迷鸟 ■留鸟 ■旅鸟 ■冬候鸟 ■夏候鸟

形态：雌雄相似。虹膜白色，喙基部石板蓝色，尖端黄色。头顶及长冠羽黑色。上体余部浅灰褐色，下体栗黄色。尾及初级飞羽近黑色。脚棕黄色。
习性：栖息于平原和低山山脚地带。树栖性，两翅扇动慢。**分布与种群现状：**西藏东南部、云南西部，留鸟，罕见。

体长：21cm　LC（低度关注）

紫翅椋鸟 *Sturnus vulgaris* Common Starling 椋鸟科 Sturnidae

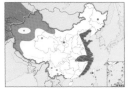

■迷鸟 ■留鸟 ■旅鸟 ■冬候鸟 ■夏候鸟

形态：雌雄相似。无近似鸟种。虹膜深褐色，喙黄色。繁殖期体羽黑色具紫绿色金属光泽，背部羽端具黄白色点斑，翅、尾黑色，胁及尾下覆羽具白斑，非繁殖羽除两翅和尾外。上体各羽端具褐白色斑点下体具白色斑点。脚略红色。**习性：**栖息于平原、山地等开阔地区、疏林、农田、果园、水域岸边和居民点附近。集群。**分布与种群现状：**西北部地区，夏候鸟，常见；东部沿海、长江中下游流域，冬候鸟；云南，留鸟。

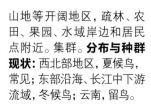

繁殖羽

非繁殖羽

体长：21cm　LC（低度关注）

粉红椋鸟 *Pastor roseus* Rosy Starling 椋鸟科 Sturnidae

■迷鸟 ■留鸟 ■旅鸟 ■冬候鸟 ■夏候鸟

形态：雌雄相似。虹膜黑色，喙粉褐色。繁殖期雄鸟头部、颈、颊、喉黑色具金属光泽，头顶具羽冠，背和腹粉红色，两翅、尾黑褐色。雌鸟颜色相对黯淡。脚粉褐色。**习性：**栖息于干旱平原、荒漠或半荒漠地区、高原。集群。**分布与种群现状：**新疆地区，夏候鸟，常见；台湾、香港，迷鸟。

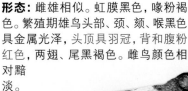

♀

♂

体长：22cm　LC（低度关注）

鸫科 Turdidae

橙头地鸫 *Geokichla citrina* Orange-headed Thrush 鸫科 Turdidae

■迷鸟 ■留鸟 ■旅鸟 ■冬候鸟 ■夏候鸟

形态: 虹膜褐色,喙略黑。雄鸟头、颈背及下体橙栗色,脸有两条平行黑纹,上体黑灰色,翼具白色横纹,肛周及尾下覆羽白色。雌鸟上体橄榄灰色。脚肉色。**习**

性: 性羞怯,喜多荫森林,常躲藏在浓密林下的地面。以昆虫等为食,也吃些植物的果实、种子。**分布与种群现状:** 南方地区,留鸟、夏候鸟、旅鸟,不常见。

体长:22cm LC(低度关注)

白眉地鸫 *Geokichla sibirica* Siberian Thrush 鸫科 Turdidae

■迷鸟 ■留鸟 ■旅鸟 ■冬候鸟 ■夏候鸟

形态: 虹膜褐色,喙黑色。雄鸟黑色,白色眉纹显著,腹部至尾下白色。雌鸟上体橄榄褐色,下体皮黄色及赤褐色具褐色斑纹。脚黄色。**习**

性: 性活泼,栖于混交林和针叶林的地面及树间,在地面觅食昆虫及植物种子。**分布与种群现状:** 东北地区,夏候鸟;迁徙时经东部省份;台湾、海南,冬候鸟。

体长:23cm LC(低度关注)

淡背地鸫 *Zoothera mollissima* Plain-backed Thrush 鸫科 Turdidae

■迷鸟 ■留鸟 ■旅鸟 ■冬候鸟 ■夏候鸟

形态: 雌雄相似。虹膜褐色,喙黑褐色。下颚基部色较浅。上体橄榄褐色,翼褐色,具橄榄色羽缘,尾羽黑褐色,下体淡褐色,具深褐色鳞状斑纹,腹以下转白色。脚肉色。**习**

性: 栖息于海拔

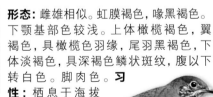

2700~4000m林线以上的低矮的灌丛,以及长有稀树灌丛的岩石地、裸岩的坡地上。**分布与种群现状:** 四川西南部、云南北部、西藏东南部,留鸟、冬候鸟。

体长:26cm LC(低度关注)

435

四川淡背地鸫 *Zoothera griseiceps* Sichuan Thrush 鸫科 Turdidae

■迷鸟 ■留鸟 ■旅鸟 ■冬候鸟 ■夏候鸟

形态: 雌雄相似。似淡背地鸫，但本种的喙部较长，头部颜色较浅，与上体的棕色对比较为明显。叫声较为缓慢，更加悦耳动听。**习性:** 见于中海拔山区，分布海拔比淡背地鸫和喜山淡背地鸫要低。**分布与种群现状:** 西南部、四川中部和西部，夏候鸟。

体长:26cm LC(低度关注)

喜山淡背地鸫 *Zoothera salimalii* Himalayan Thrush 鸫科 Turdidae

■迷鸟 ■留鸟 ■旅鸟 ■冬候鸟 ■夏候鸟

形态: 雌雄相似。似淡背地鸫，但本种的整体颜色更为棕红。叫声频率较高，显得较为刺耳。**习性:** 繁殖期见于高海拔山区的灌木丛和杜鹃花丛，非繁殖期垂直往下迁移。**分布与种群现状:** 西藏东南部、云南西北部的山区，冬候鸟、留鸟。

体长:26cm LC(低度关注)

长尾地鸫 *Zoothera dixoni* Long-tailed Thrush 鸫科 Turdidae

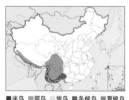

■迷鸟 ■留鸟 ■旅鸟 ■冬候鸟 ■夏候鸟

形态: 雌雄相似。虹膜褐色，喙褐色。下颚基部黄色。上体橄榄褐色，颈侧具月牙形黑斑，翅上有两道皮黄色带斑，下体偏白，具黑色点斑。脚肉色至暗黄色。**习性:** 栖息于西藏海拔3800m左右的针叶林或灌丛间，在地面觅食昆虫、蜗牛等无脊椎动物及植物果实种子。**分布与种群现状:** 西南地区，留鸟、冬候鸟，罕见。少数个体短距离垂直迁徙。

体长:26cm LC(低度关注)

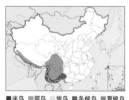

虎斑地鸫 *Zoothera aurea* White's Thrush 鸫科 Turdidae

■迷鸟 ■留鸟 ▪旅鸟 ■冬候鸟 ■夏候鸟

形态： 雌雄相似。体型较大。虹膜黑褐色，喙角质褐色，下喙基部肉色。头及上体具金褐色和黑色的鳞状斑纹，下体白色而具黑色鳞状斑。脚肉色。**习性：** 多见单独或成对栖息于针阔混交林和针叶林中，近溪流和池塘，迁徙和越冬季节集小群见于山地森林、沿海防风林和城市园林，隐蔽色极好，飞行时扇翅响声较大，觅食于植被底层。**分布与种群现状：** 东部地区，夏候鸟、冬候鸟、旅鸟，常见。

体长：30cm LC（低度关注）

小虎斑地鸫 *Zoothera dauma* Scaly Thrush 鸫科 Turdidae

■迷鸟 ■留鸟 ▪旅鸟 ■冬候鸟 ■夏候鸟

形态： 雌雄相似。虹膜褐色，喙深褐色。雌雄羽色相似。上体暗绿色，满布黑色鳞状斑，下体污白色，除颏、喉和腹中部外，均具黑色鳞状斑，脚带粉色。与虎斑地鸫极其相似，但本种体型明显较小，且体态较为短胖。**习性：** 栖息于森林中，溪谷、河流两岸和地势低洼的密林中。**分布与种群现状：** 西南地区，夏候鸟、留鸟，不常见。短距离往南迁徙。

体长：28cm LC（低度关注）

大长嘴地鸫 *Zoothera monticola* Long-billed Thrush 鸫科 Turdidae

■迷鸟 ■留鸟 ■旅鸟 ■冬候鸟 ■夏候鸟

形态：雌雄相似。体色似长嘴地鸫，但本种体型更大，喙更长而粗壮，上体较长嘴地鸫偏深褐色，胸部为深色锚状或点状斑纹呈散乱分布。**习性：**常单独活动于密林暗处地面或溪流边，用长喙翻开腐败植物或石块觅食。**分布与种群现状：**西藏南部和东南部、云南西部，留鸟，罕见。

体长：27cm LC（低度关注）

长嘴地鸫 *Zoothera marginata* Dark-sided Thrush 鸫科 Turdidae

■迷鸟 ■留鸟 ■旅鸟 ■冬候鸟 ■夏候鸟

形态：雌雄相似。虹膜褐色，喙深褐色，长而略下弯。上体棕褐色，耳羽处呈深色月牙形斑，额、喉污白色，两侧具暗褐色条纹，腹中央白色，两胁浅褐色具淡白色条纹，尾短。脚褐色。**习性：**栖息于常绿林的各层。常到溪流附近的地面挖掘松软泥土，觅食昆虫等无脊椎动物，也吃植物浆果。**分布与种群现状：**云南西部和南部，留鸟，罕见。

体长：25cm LC（低度关注）

灰背鸫 *Turdus hortulorum* Grey-backed Thrush 鸫科 Turdidae

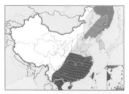

■迷鸟 ■留鸟 ■旅鸟 ■冬候鸟 ■夏候鸟

形态：虹膜褐色，喙黄色。雄鸟上体从头至尾包括两翅表面均为蓝灰色，颏、喉灰白色，胸淡灰色，两胁和翅下覆羽橙栗色，下胸中部及腹白色，两翅和尾黑色。雌鸟似雄鸟，但颏、喉两侧、胸部具黑色斑点。脚肉色。**习性：**栖息于海拔1500m以下的低山丘陵地带的茂密森林、林缘、疏林草坡、果园和农田。以昆虫为食，也吃蚯蚓等其他动物和植物果实与种子。**分布与种群现状：**东部地区，夏候鸟、冬候鸟、旅鸟，常见。

繁殖羽 ♂

♀

体长：24cm LC（低度关注）

438

蒂氏鸫 *Turdus unicolor* Tickell's Thrush 鸫科 Turdidae

■迷鸟 ■留鸟 ■旅鸟 ■冬候鸟 ■夏候鸟

形态：虹膜黑褐色，喙鲜黄色。喙、眼圈、腿黄色。雄鸟颏、喉白色，两侧具深的纵条纹，上体暗灰褐色，腰灰色，下体淡灰白色，下腹白色，尾灰色，尾下覆羽白色。雌鸟喉白色，具暗色条纹，上体橄榄褐色，下体黄褐色，下腹、尾下覆羽白色。

脚角质黄色。**习性：**繁殖期见于中高海拔的阔叶林、针叶林、针阔混交林。**分布与种群现状：**西藏南部，夏候鸟，不常见。

体长：25cm LC（低度关注）

黑胸鸫 *Turdus dissimilis* Black-breasted Thrush 鸫科 Turdidae

■迷鸟 ■留鸟 ■旅鸟 ■冬候鸟 ■夏候鸟

形态：虹膜褐色，喙黄至橘黄色。雄鸟除颏有一点白色外，整个头、颈、胸黑色，其余上体暗石板灰色或黑灰色，下体橙棕色，腹部中央、肛周和尾下覆羽白色，有的可达下胸中部。雌鸟上体橄榄褐色，颏、喉白色，上胸橄榄褐色具黑色斑点，其余与雄鸟相似。

脚黄色至橘黄色。**习性：**栖息在海拔2000m以下丘陵地带的阔叶林和针阔叶混交林中。**分布与种群现状：**西南地区，留鸟，不常见。

体长：23cm LC（低度关注）

乌灰鸫 *Turdus cardis* Japanese Thrush 鸫科 Turdidae

■迷鸟 ■留鸟 ■旅鸟 ■冬候鸟 ■夏候鸟

形态：虹膜褐色，喙雄鸟黄色。雌鸟近黑色；雄鸟头及上胸黑色，上体黑灰色，下体余部白色，腹部及两胁具黑色点斑。雌鸟上体灰褐，胸及两胁褐色具黑色点斑，下体白色。脚肉色。**习性：**栖息于中低海拔山地的森林和次生林地中。以地面昆虫等小动物为食，也吃些植物的果实。**分布与种群现状：**长江中下游地区，旅鸟。东南沿海、海南、台湾，冬候鸟。不常见。

体长：21cm LC（低度关注）

白颈鸫 *Turdus albocinctus* White-collared Blackbird 鸫科 Turdidae

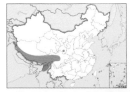

■迷鸟 ■留鸟 ■旅鸟 ■冬候鸟 ■夏候鸟

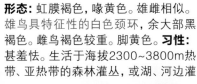

形态：虹膜褐色，喙黄色。雄雌相似。雄鸟具特征性的白色颈环，余大部黑褐色。雌鸟褐色较重。脚黄色。**习性：**甚羞怯。生活于海拔2300~3800m热带、亚热带的森林灌丛，或湖、河边灌丛间。**分布与种群现状：**西藏南部及东部、四川西部、甘肃南部，留鸟，罕见。

体长：27cm　LC（低度关注）

灰翅鸫 *Turdus boulboul* Grey-winged Blackbird 鸫科 Turdidae

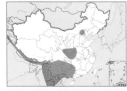

■迷鸟 ■留鸟 ■旅鸟 ■冬候鸟 ■夏候鸟

形态：虹膜褐色，喙橘黄色。雄鸟上体黑色，具宽阔的浅灰色翼斑，下体具浅灰色羽缘呈鳞状纹。雌鸟橄榄褐色，翅上具浅色翼斑。脚暗褐色。**习性：**栖于海拔3000m以下的阔叶林及林下灌丛草地，以昆虫为食。**分布与种群现状：**陕西、甘肃南部、湖北西部、华北地区，夏候鸟，不常见；四川南部、广西、云南、喜马拉雅山区，留鸟。短距离垂直迁徙。

体长：28cm　LC（低度关注）

欧亚乌鸫 *Turdus merula* Common Blackbird 鸫科 Turdidae

■迷鸟 ■留鸟 ■旅鸟 ■冬候鸟 ■夏候鸟

形态：虹膜褐色。雄鸟喙黄色，雌鸟黑色。雄性除了黄色的眼圈和喙外，全身黑色。雌鸟较雄鸟色淡，没有黄色的眼圈，喉、胸有暗色纵纹。脚褐色。**习性：**栖于林缘、村镇、农田和城市园林及小区绿地。食物包括昆虫、蚯蚓、种子和浆果。**分布与种群现状：**新疆北部、新疆中部，留鸟，常见。

体长：29cm　LC（低度关注）

乌鸫 *Turdus mandarinus* Chinese Blackbird 鸫科 Turdidae

■迷鸟 ■留鸟 ■旅鸟 ■冬候鸟 ■夏候鸟

形态：外形与欧亚乌鸫极为相似，但本种体型较小，黄色的眼圈不甚明显。**习性**：同欧亚乌鸫，高度适应城市化，会在建筑物外立面及阳台花盆中筑巢。**分布与种群现状**：青海、甘肃南部至华北及以南的多数地区，留鸟，常见。

体长：27cm　LC（低度关注）

藏乌鸫 *Turdus maximus* Tibetan Blackbird 鸫科 Turdidae

■迷鸟 ■留鸟 ■旅鸟 ■冬候鸟 ■夏候鸟

形态：虹膜黑褐色，喙黄色。雄鸟黑色而雌鸟黑褐色似乌鸫，曾作为乌鸫一亚种，与乌鸫区别在于本种的黑色更纯而不沾锈色且不具黄色眼圈。脚角质褐色。**习性**：栖息于中高海拔色的亚高山灌丛、杜鹃林和草甸，冬季下移。**分布与种群现状**：西藏南部和东南部，留鸟。

体长：27cm　LC（低度关注）

白头鸫 *Turdus niveiceps* Taiwan Thrush 鸫科 Turdidae

■迷鸟 ■留鸟 ■旅鸟 ■冬候鸟 ■夏候鸟

形态：虹膜褐色，喙黄色。雄鸟的头部白色，上体余部及尾黑色，两胁棕褐色，下胸至肛周赤褐色，尾下覆羽具椭圆形白色大斑。雌鸟头、背等均橄榄褐色，有不明显的白色眉纹，下体较雄鸟色淡。脚黄色。**习性**：分布在海拔1100~3000m植被茂密的阔叶林中，觅食昆虫，蚯蚓及植物果实。**分布与种群现状**：台湾，留鸟，不常见。

体长：21cm　LC（低度关注）

灰头鸫 *Turdus rubrocanus* Chestnut Thrush 鸫科 Turdidae

■迷鸟 ■留鸟 ■旅鸟 ■冬候鸟 ■夏候鸟

形态：虹膜褐色，眼圈黄色，喙黄色。头、颈灰色，两翼及尾黑色。身体多栗色，尾下覆羽黑色端白。脚黄色。**习性：**栖息于海拔2000~3500m的山地森林中，有时到村寨及农田。多在地面觅食，主要以昆虫为食，也吃植物果实和种子。**分布与种群现状：**陕西、甘肃至华中地区，夏候鸟，较常见。

体长：25cm LC（低度关注）

棕背黑头鸫 *Turdus kessleri* Kessler's Thrush 鸫科 Turdidae

■迷鸟 ■留鸟 ■旅鸟 ■冬候鸟 ■夏候鸟

形态：虹膜褐色，喙黄色。雄鸟头、颈、喉、胸、翼及尾黑色，上背皮黄白色延伸至胸带，体羽其余部位栗色。雌鸟比雄鸟色浅。脚褐色。**习性：**栖息于3000~4500m林线以上的杜鹃和柳树灌丛中，也见于次生林地，冬季下到海拔2100m处成群活动。常地面觅食昆虫。**分布与种群现状：**中西部地区，留鸟，不常见。

体长：28cm LC（低度关注）

褐头鸫 *Turdus feae* Grey-sided Thrush 鸫科 Turdidae

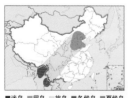

■迷鸟 ■留鸟 ■旅鸟 ■冬候鸟 ■夏候鸟

形态：虹膜褐色，喙黑褐色。喙裂及下喙基部黄色。雄鸟上体黄褐色，眉纹白色，喉、胸及胁部石板灰色，其余下体污白色。雌鸟颏、喉白色，微沾淡褐色斑，其他部分似雄鸟。脚棕黄色。**习性：**繁殖期见于海拔1000m以上的高处阴暗、潮湿的混交林缘，常隐匿在溪流附近及树丛间。**分布与种群现状：**华北地区，夏候鸟；中部地区，旅鸟。罕见。

体长：23cm VU（易危）

白眉鸫 *Turdus obscurus* Eyebrowed Thrush 鸫科 Turdidae

■迷鸟 ■留鸟 ■旅鸟 ■冬候鸟 ■夏候鸟

形态: 虹膜褐色,喙基部黄色,喙端黑色。雄鸟头、颈灰褐色,白色眉纹显著,上体橄榄褐色,胸和两胁橙黄色,腹和尾下覆羽白色。雌鸟羽色稍浅,头和上体橄榄褐色,喉白色而具褐色条纹,其余和雄鸟相似。脚偏黄至深肉棕色。**习性:** 繁殖期栖息于海拔1200m以上的森林中,尤以河谷等水域附近茂密的混交林较常见,也见于林缘、草坡、果园和农田。**分布与种群现状:** 除新疆和西藏外,见于各地区,夏候鸟、冬候鸟、旅鸟。常见。

体长:23cm LC（低度关注）

白腹鸫 *Turdus pallidus* Pale Thrush 鸫科 Turdidae

■迷鸟 ■留鸟 ■旅鸟 ■冬候鸟 ■夏候鸟

形态: 虹膜褐色;上喙灰色,下喙黄色。雄鸟头及喉灰褐色;雌鸟头褐色,喉偏白而略具细纹,两胁灰褐色,外侧两枚尾羽的羽端白色甚宽。与褐头鸫的区别在本种缺少浅色的眉纹。脚浅褐色。**习性:** 栖息于中低山地森林、林缘、公园及花园。地栖性鸟类,以昆虫为食,也吃其他无脊椎动物和植物果实与种子。**分布与种群现状:** 分布范围广,夏候鸟、旅鸟、冬候鸟,较常见。

体长:24cm LC（低度关注）

赤胸鸫 *Turdus chrysolaus* Brown-headed Thrush 鸫科 Turdidae

■迷鸟 ■留鸟 ■旅鸟 ■冬候鸟 ■夏候鸟

形态: 虹膜褐色,喙角质色,下颚较浅。雄鸟头及喉灰褐色,上体、翼及尾褐色;雌鸟头褐色,喉偏白色,腹部及臀白色。雄雌胸及两胁均红棕色,似白眉鸫但本种无白色眉纹。脚黄褐色。**习性:** 喜混合型灌丛、林地及有稀疏林木的开阔地带。以昆虫为食,也吃果实。**分布与种群现状:** 东南沿海地区,旅鸟,罕见;香港、海南,冬候鸟,少见;台湾,冬候鸟,常见。

体长:24cm LC（低度关注）

黑喉鸫 *Turdus atrogularis* Black-throated Thrush 鸫科 Turdidae

■迷鸟 ■留鸟 ■旅鸟 ■冬候鸟 ■夏候鸟

形态：虹膜深褐色；喙灰黑色，下喙基部黄色。雄鸟上体灰褐色，颈侧、喉及胸黑色，翼灰褐色，尾羽暗褐色，无棕色羽缘，腹部白色。雌鸟似雄鸟，羽色稍浅，喉部有黑色纵纹。脚粉色或灰褐色。**习性：**栖息于丘陵疏林，平原灌丛，成群活动，以昆虫、植物浆果、种子为食。**分布与种群现状：**西部地区，旅鸟，常见。喜马拉雅山脉，冬候鸟。

体长：25cm　LC（低度关注）

赤颈鸫 *Turdus ruficollis* Red-throated Thrush 鸫科 Turdidae

■迷鸟 ■留鸟 ■旅鸟 ■冬候鸟 ■夏候鸟

形态：虹膜褐色，喙黄色，尖端黑色。上体灰褐色，有很窄的栗色眉纹，颏、喉与上胸赤褐色，下体白色，分界明显，外侧尾羽红栗色，中央两枚尾羽黑色。雌鸟具浅色眉纹，下体多纵纹。脚近褐色。**习性：**单独或成小群活动，也常与斑鸫混群活动。在地面和树上觅食，食物包括昆虫、蚯蚓、植物果实种子等。**分布与种群现状：**北方及西部地区，冬候鸟、夏候鸟、旅鸟，较常见。

体长：25cm　LC（低度关注）

红尾斑鸫 *Turdus naumanni* Naumann's Thrush 鸫科 Turdidae

■迷鸟 ■留鸟 ■旅鸟 ■冬候鸟 ■夏候鸟

形态：虹膜深褐色；喙黑色，下喙基部黄色。具棕色眉纹及髭纹，耳羽棕褐色。背部棕褐色，胸、胁具红色斑点，腰、尾羽、翅下覆羽红色。脚灰褐色。**习性：**通常和其他鸫类结群活动，穿行于农田旷野的草地上。食昆虫、植物果实、种子。**分布与种群现状：**除西藏、海南外，各地均有分布，冬候鸟、旅鸟，较常见。

体长：23cm　LC（低度关注）

斑鸫 *Turdus eunomus* Dusky Thrush 鸫科 Turdidae

■迷鸟 ■留鸟 ■旅鸟 ■冬候鸟 ■夏候鸟

形态: 虹膜褐色,上喙偏黑色,下喙黄色。雄鸟头顶、面、上体黑棕褐色,白色眉纹醒目,具浅棕色的翼线和棕色的宽阔翼斑,两条胸带黑色,下体、胁部具黑色点斑。雌鸟暗淡,斑纹同雄鸟。脚褐色。**习性:** 在草地上穿梭觅食,也常与其他鸫类混群。食物包括昆虫、植物果实、种子等。**分布与种群现状:** 分布范围广,冬候鸟、旅鸟,较常见。

体长:25cm LC(低度关注)

田鸫 *Turdus pilaris* Fieldfare 鸫科 Turdidae

■迷鸟 ■留鸟 ■旅鸟 ■冬候鸟 ■夏候鸟

形态: 雌雄相似。虹膜褐色,喙黄色。头、颈、耳羽和腰部石板灰色,背、肩栗褐色,尾暗褐色,喉、胸锈黄色具暗褐色条纹,两胁沾不同程度的赤褐色具黑褐色鳞状斑,腹中部浅黄白色。脚深褐色。**习性:** 喜亚高山白桦林,常成群活动于林地及旷野。觅食昆虫等食物。**分布与种群现状:** 西北地区,夏候鸟、冬候鸟;甘肃,迷鸟。

体长:26cm LC(低度关注)

白眉歌鸫 *Turdus iliacus* Redwing 鸫科 Turdidae

形态: 雌雄相似。虹膜褐色,喙黑色,基部黄色。头部灰色,具显著的白色眉纹和下颊纹,背部褐色,下体白色有褐色斑点排成不规则的纵纹,两胁及翼下呈锈红色。脚灰褐色。**习性:** 栖息于针叶林和苔原。也在树林、灌丛、农田、牧场、公园和果园边缘活动,在地面上寻找昆虫等无脊椎动物和植物果实为食。**分布与种群现状:** 新疆西部,旅鸟,罕见;北京,迷鸟。

体长:20cm NT(近危)

欧歌鸫 *Turdus philomelos* Song Thrush 鸫科 Turdidae

■迷鸟 ■留鸟 ■旅鸟 ■冬候鸟 ■夏候鸟

形态：雌雄相似。虹膜褐色，喙角质褐色。上体橄榄褐色，下体皮黄色，除喉及尾下覆羽外，密布黑色斑点。脚粉褐色。**习性：**栖息开阔森林、次生林、城市花园及公园。以无脊椎动物，尤其是蚯蚓及蜗牛为食，也吃果实。**分布与种群现状：**新疆西北部，夏候鸟，罕见。

体长：22cm　LC（低度关注）

宝兴歌鸫 *Turdus mupinensis* Chinese Thrush 鸫科 Turdidae

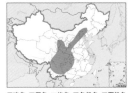

■迷鸟 ■留鸟 ■旅鸟 ■冬候鸟 ■夏候鸟

形态：雌雄相似。虹膜褐色，喙污黄色。上体橄榄褐色，眼先、颊皮黄色，耳羽具显著的月牙形黑斑，眼下有一长形黑斑，翅具两道细白色翼斑，下体白色，密布圆形黑色斑点。脚暗黄色。**习性：**栖息于海拔1200~3500m的山地针阔叶混交林和针叶林，尤其喜欢在河流附近潮湿茂密的栎树和松树混交林中生活。主要以昆虫为食。**分布与种群现状：**华北地区、甘肃南部，夏候鸟；西南山区，留鸟，不常见；东部，旅鸟，偶见。中国鸟类特有种。

体长：23cm　LC（低度关注）

槲鸫 *Turdus viscivorus* Mistle Thrush 鸫科 Turdidae

■迷鸟 ■留鸟 ■旅鸟 ■冬候鸟 ■夏候鸟

形态：雌雄相似。虹膜褐色，喙黑色，基部黄色。雌雄鸟相似。下体皮黄白而密布黑色点斑，胸侧的暗色斑块是其主要特征。**习性：**栖息于农耕地、开阔地、森林地面及林间。以昆虫等无脊椎动物和浆果为食，尤喜食槲寄生的果实。**分布与种群现状：**新疆、西藏，留鸟、旅鸟、夏候鸟，不常见。

体长：28cm　LC（低度关注）

紫宽嘴鸫 *Cochoa purpurea* Purple Cochoa 鸫科 Turdidae

■迷鸟 ■留鸟 ■旅鸟 ■冬候鸟 ■夏候鸟

形态： 虹膜深褐色，喙黑色。雄鸟淡紫色，头顶和尾羽紫蓝色沾灰色、脸侧、颈部黑色，飞羽淡紫色，羽缘黑色，下体均为淡紫色。雌鸟除头顶、腹和尾与雄鸟相似，其余红棕色。脚黑色。**习性：** 栖于常绿阔叶林内。通常在最高的果树上觅食，有时也到地面觅食。以食昆虫为主。**分布与种群现状：** 西藏东南部、云南、贵州，留鸟，罕见。

体长：28cm LC（低度关注）

绿宽嘴鸫 *Cochoa viridis* Green Cochoa 鸫科 Turdidae

■迷鸟 ■留鸟 ■旅鸟 ■冬候鸟 ■夏候鸟

形态： 虹膜深褐色，喙黑色。头、尾羽蓝色，眼先、尾端部黑色。上体暗绿色，两翅具黑白为主色的翼斑，下体绿色。雌鸟与雄鸟相似，但雄鸟蓝色部分为褐色替代。脚粉红色。**习性：** 于常绿阔叶林内或出没于小溪边、常绿密林及险峻的地方。食物以昆虫、浆果为主，兼食一些软体动物。**分布与种群现状：** 西藏东南部，夏候鸟；云南西部和南部、福建西北部，留鸟。罕见。

体长：28cm LC（低度关注）

鹟科 Muscicapidae

欧亚鸲 *Erithacus rubecula* European Robin 鹟科 Muscicapidae

■迷鸟 ■留鸟 ■旅鸟 ■冬候鸟 ■夏候鸟

形态： 雌雄相似。虹膜深褐色，喙黑色。上体暗灰褐色。前额、眼先、脸颊、颏、喉、胸橙锈色。下体灰白色。脚褐色。**习性：** 栖息于林地、灌丛、森林、公园和花园及多荫处。在地面作双脚齐跳，捕食蠕虫、昆虫和蜘蛛。**分布与种群现状：** 北京、内蒙古、新疆西北部，冬候鸟，罕见。

体长：14cm LC（低度关注）

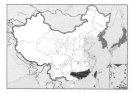

日本歌鸲 *Larivora akahige* Japanese Robin 鹟科 Muscicapidae

形态： 虹膜褐色，喙黑色。额、头、颈、颊、喉、上胸棕红色。上体和翅黄褐色，上胸和下胸之间有道狭窄黑色横带，下胸及两胁灰黑色。尾棕红色。雌鸟似雄鸟，无胸带，色略浅。脚粉红色。**习性：** 栖息于稀疏林下、灌木密集的山地混交林和阔叶林中，主要在地面和接近地面的灌木上活动。主要以昆虫为食。**分布与种群现状：** 东部沿海、台湾，旅鸟、冬候鸟，少见。

■迷鸟 □留鸟 ▨旅鸟 ■冬候鸟 ■夏候鸟

体长：15cm　LC（低度关注）

琉球歌鸲 *Larivora komadori* Ryukyu Robin 鹟科 Muscicapidae

■迷鸟 □留鸟 ▨旅鸟 ■冬候鸟 ■夏候鸟

形态： 虹膜深褐，喙黑色。雄鸟上体红褐色，额向下延伸至胸部黑色，下体白色，两胁具黑色块斑。雌鸟似雄鸟但明显色浅，颏及喉为白色。脚粉色。**习性：** 栖息于灌木丛，常留于近水的覆盖茂密处。走似跳，不时地停下抬头及闪尾，站势直，飞行快速，径直躲入林下。常在地面取食昆虫、蜘蛛等。**分布与种群现状：** 台湾，迷鸟，罕见。

体长：15cm　NT（近危）

红尾歌鸲 *Larivora sibilans* Rufous-tailed Robin 鹟科 Muscicapidae

■迷鸟 □留鸟 ▨旅鸟 ■冬候鸟 ■夏候鸟

形态： 雌雄相似。虹膜褐色，喙黑色。上体橄榄褐色，尾棕色，下体近白，胸部具橄榄色扇贝形纹，两胁橄榄灰白色，腹部和尾下覆羽污灰白色。脚粉褐色。**习性：** 栖息于疏林下灌木密集的地方，在地上和接近地面的灌木或树桩上活动。繁殖期鸣声动听悦耳。**分布与种群现状：** 东部、南部沿海地区，夏候鸟、冬候鸟、旅鸟。

体长：13cm　LC（低度关注）

448

棕头歌鸲 *Larvivora ruficeps* Rufous-headed Robin 鹟科 Muscicapidae

■迷鸟 ■留鸟 ■旅鸟 ■冬候鸟 ■夏候鸟

形态：虹膜深褐色，喙黑色。头顶及颈背栗色，颏及喉白而边缘黑色。上体棕灰色，尾栗色而尾端近黑色，中央尾羽似蓝喉歌鸲，下体近白色，胸至两胁具灰色带。雌鸟似雌性蓝歌鸲但本种头侧及颈深褐色，喉具鳞状斑纹。脚粉红色。**习性：**栖息于海拔2000~3000m亚高山区域，多在稠密的杉、桦、杨、柳和灌杂林下的地面活动。食昆虫、蚯蚓等蠕虫，也吃植物。**分布与种群现状：**陕西南部、四川北部，夏候鸟；云南大理和南涧，旅鸟。罕见。越冬可能在中南半岛。

体长：14.5cm EN（濒危）

栗腹歌鸲 *Larvivora brunnea* Indian Blue Robin 鹟科 Muscicapidae

■迷鸟 ■留鸟 ■旅鸟 ■冬候鸟 ■夏候鸟

形态：虹膜褐色；喙夏季黑色，冬季上喙褐色，下喙近粉色。眉纹白色，喉、胸、腹部栗色。上体头顶至尾灰蓝色，肛周、尾下覆羽白色。雌鸟上体橄榄褐色，下体偏白色，胸及两胁沾赭黄色。脚粉褐色。**习性：**栖息于茂密的竹林及杜鹃灌丛。在地面疾走时尾向上翘起或左右展开。主要以昆虫为食，也吃些草籽。**分布与种群现状：**甘肃南部、四川北部及西部、陕西南部、云南西北部、西藏东南部，夏候鸟，罕见。

体长：15cm LC（低度关注）

蓝歌鸲 *Larvivora cyane* Siberian Blue Robin 鹟科 Muscicapidae

■迷鸟 ■留鸟 ■旅鸟 ■冬候鸟 ■夏候鸟

形态：虹膜褐色，喙黑色。黑色过眼纹连接颈侧延至胸侧。上体蓝色，下体白色。雌鸟上体橄榄褐色，喉及胸褐色并具皮黄色鳞状斑纹，腰及尾上覆羽沾蓝色。脚粉白色。**习性：**栖息于密林的地面或近地面处，很少栖止在枝头上，在地面驰走时尾常上下扭动。食物几乎全为昆虫。**分布与种群现状：**分布范围较广，冬候鸟、旅鸟、夏候鸟，较常见。

体长：14cm LC（低度关注）

红喉歌鸲 *Calliope calliope* Siberian Rubythroat 鹟科 Muscicapidae

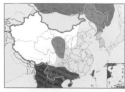

■迷鸟 ■留鸟 ■旅鸟 ■冬候鸟 ■夏候鸟

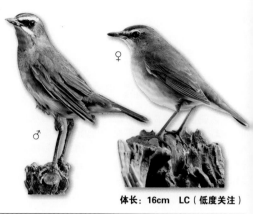

形态：虹膜褐色，喙深褐色。体羽大部分为纯橄榄褐色，具醒目的白色眉纹和颊纹。雄鸟喉部红色，雌鸟喉部白色。脚粉褐色。**习性：**常在繁茂树丛、芦苇丛、沼泽地欢快地跳跃。性隐秘羞涩，常在林下穿行。主要以昆虫为食，也吃少量植物性食物。**分布与种群现状：**东北地区、青海东北部至甘肃南部、四川，夏候鸟；我国南方（包括台湾、海南），冬候鸟；东部其他地区，旅鸟。较常见。

体长：16cm LC（低度关注）

黑胸歌鸲 *Calliope pectoralis* Himalayan Rubythroat 鹟科 Muscicapidae

■迷鸟 ■留鸟 ■旅鸟 ■冬候鸟 ■夏候鸟

形态：虹膜深褐色，喙黑色。眉纹白色，喉宝石红色，宽阔的胸带黑色。上体橄榄褐色，背部灰色，中央尾羽黑色端白，下体近白色。雌鸟褐色较浓，喉白色，胸带灰色。脚棕黑色。**习性：**栖息于海拔3000m以上的山林灌丛，繁殖期喜欢站在枝头鸣唱。以昆虫为主食。**分布与种群现状：**新疆西部，夏候鸟。

体长：14.5cm LC（低度关注）

白须黑胸歌鸲 *Calliope tschebaiewi* Chinses Rubythroat 鹟科 Muscicapidae

■迷鸟 ■留鸟 ■旅鸟 ■冬候鸟 ■夏候鸟

形态：虹膜深褐色，喙黑色。眉纹和下颊纹白色，喉宝石红色，宽阔的胸带黑色。上体橄榄褐色，背部灰色，中央尾羽黑色端白，下体近白色。雌鸟褐色较浓，喉白色，胸带灰色。脚棕黑色。**习性：**同黑胸歌鸲。**分布与种群现状：**青藏高原东部和南部、云南西北部、四川西部，夏候鸟。

体长：15cm LC（低度关注）

黑喉歌鸲 *Calliope obscura* Blackthroat 鹟科 Muscicapidae

■迷鸟 ■留鸟 ■旅鸟 ■冬候鸟 ■夏候鸟

形态： 虹膜深灰色，喙黑色。雄鸟眼先、头、颈、喉、胸、尾上覆羽黑色，两胁黑灰色，腹部中央白色，翼暗褐色，尾羽黑褐色端黑色。雌鸟橄榄褐色，下体皮黄色。脚粉灰色。**习性：** 栖息于亚高山阔叶林灌丛中或针叶林、竹丛间，以食昆虫为主。**分布与种群现状：** 陕西南部、甘肃南部、四川北部，夏候鸟、旅鸟；云南的丽江、玉溪、新平，旅鸟。罕见。迁徙时成都有记录。越冬可能在中南半岛。

体长：14cm VU（易危）

金胸歌鸲 *Calliope pectardens* Firethroat 鹟科 Muscicapidae

■迷鸟 ■留鸟 ■旅鸟 ■冬候鸟 ■夏候鸟

形态： 虹膜深褐色，喙黑色。腹部污白色，胸及喉鲜艳橙红色，颈侧具苍白色块斑。雄鸟胸、喉橙红色，头侧及颈黑色，颈侧具苍白色块斑，上体灰褐色，两翼及尾黑褐色，腹部污白色，尾基部具白色闪斑。雌鸟褐色，尾无白色闪斑，下体赭黄色，腹中心白色。脚粉褐色。**习性：** 一般生活于山林中或沟谷底处稠密的灌丛间，藏匿于茂密灌丛及竹林。于森林地面取食昆虫。**分布与种群现状：** 陕西南部、四川西部、云南北部，夏候鸟，罕见。在喜马拉雅山脉可能有繁殖；越冬见于藏东南低海拔地区。

体长：14.5cm NT（近危）

白腹短翅鸲 *Luscinia phoenicuroides* White-bellied Redstart 鹟科 Muscicapidae

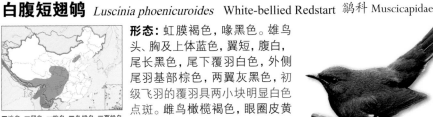

■迷鸟 ■留鸟 ■旅鸟 ■冬候鸟 ■夏候鸟

形态： 虹膜褐色，喙黑色。雄鸟头、胸及上体蓝色，翼短，腹白，尾长黑色，尾下覆羽白色，外侧尾羽基部棕色，两翼灰黑色，初级飞羽的覆羽具两小块明显白色点斑。雌鸟橄榄褐色，眼圈皮黄色，下体较淡。脚黑色。**习性：** 夏季栖于海拔2200~4300m林线以上或近林线处，但冬季下至1300m。在浓密灌丛或在近地面活动。**分布与种群现状：** 华北、华中、西南地区，留鸟，罕见。

体长：18cm LC（低度关注）

蓝喉歌鸲 *Luscinia svecica* Bluethroat 鹟科 Muscicapidae

■迷鸟 ■留鸟 ■旅鸟 ■冬候鸟 ■夏候鸟

形态: 虹膜深褐色,喙深褐色。雄鸟喉部具栗、蓝色及黑白色图纹组成的斑块,眉纹近白,外侧尾羽基部的棕色于飞行时可见,上体灰褐色,下体白色,尾深褐色。雌鸟喉白色,具黑色点斑组成的胸带,与雌性红喉歌鸲及黑胸歌鸲的区别在尾部的斑纹不同。脚粉褐色。**习性:** 栖息于近水的灌丛或芦苇丛中。常在地下做短距离奔驰,稍停,不时地扭动尾羽或将尾羽展开。多取食于地面,主要以昆虫等为食。**分布与种群现状:** 分布范围广,夏候鸟、旅鸟、冬候鸟,不常见。

体长: 14cm LC（低度关注）

新疆歌鸲 *Luscinia megarhynchos* Common Nightingale 鹟科 Muscicapidae

■迷鸟 ■留鸟 ■旅鸟 ■冬候鸟 ■夏候鸟

形态: 雌雄相似。虹膜深褐色,喙褐色。上体淡棕褐色,下体偏白色,胸及两胁灰皮黄色,尾棕黄色。脚、腿浅黄粉色。**习性:** 不停鸣叫,性隐蔽,栖于茂密的低矮树丛,通常在地面跳动,离地面不超过2m。属于迁徙性食虫鸟类。**分布与种群现状:** 新疆北部,夏候鸟,不常见。

体长: 16.5cm LC（低度关注）

红胁蓝尾鸲 *Tarsiger cyanurus* Orange-flanked Bluetail 鹟科 Muscicapidae

■迷鸟 ■留鸟 ■旅鸟 ■冬候鸟 ■夏候鸟

形态: 虹膜褐色,喙黑色。眉纹白色,头、颈、上体、尾蓝褐色,下体白色,颏、喉、胸棕白色,腹至尾下覆羽白色,两胁橙棕色。雌鸟褐色,两胁橙棕色,尾蓝褐色。脚灰色。**习性:** 常在树杈间和地面上跳跃觅食。主要以昆虫为食,偶尔吃植物种子和果实。**分布与种群现状:** 分布范围广,冬候鸟、旅鸟、夏候鸟,常见。

体长: 15cm LC（低度关注）

蓝眉林鸲 *Tarsiger rufilatus* Himalayan Bluetail 鹟科 Muscicapidae

■迷鸟 ■留鸟 ■旅鸟 ■冬候鸟 ■夏候鸟

形态：虹膜黑色，喙黑色。雄鸟头部至上背深蓝色，眉纹亮蓝色，上体蓝灰色，翅膀尖端黑色，无翼斑，小覆羽、腰部和尾亮蓝色，喉纯白色，胸腹白色带灰色，两胁橙黄色。雌鸟头、上体和翅橄榄褐色，白色眉纹不明显，眼圈浅色，喉部纯白色，两胁橙黄色，胸及两侧褐色，腹灰白色，腰部和尾亮蓝色。脚深色。**习性：**繁殖可至海拔4400m的针叶林、针阔叶混交林和灌丛地带。**分布与种群现状：**西南地区，夏候鸟、冬候鸟、旅鸟、留鸟。

体长：14cm　NE（未评估）

白眉林鸲 *Tarsiger indicus* White-browed Bush Robin 鹟科 Muscicapidae

■迷鸟 ■留鸟 ■旅鸟 ■冬候鸟 ■夏候鸟

形态：虹膜深褐色，喙近黑色。白色眉纹醒目。雄鸟上体蓝色，头侧黑色，下体橙褐色，腹中心及尾下覆羽近白色。雌鸟上体橄榄褐色，眉纹白色，脸颊褐色，眼圈色浅，下体暗赭褐色，腹部色较浅，尾下覆羽皮黄色。脚灰褐色。**习性：**栖息于高山岩谷间针叶林或落叶林间的地面或近地面的林下植被茂密处。**分布与种群现状：**西藏东南部至四川北部、云南、台湾，留鸟。

体长：14cm　LC（低度关注）

棕腹林鸲 *Tarsiger hyperythrus* Rufous-breasted Bush Robin 鹟科 Muscicapidae

■迷鸟 ■留鸟 ■旅鸟 ■冬候鸟 ■夏候鸟

形态：虹膜褐色，喙黑色。雄鸟上体暗蓝色，额、眉纹、肩及尾上覆羽海蓝色，头侧黑色，下体橙褐色，腹中心及尾下覆羽白。雌鸟上体褐色，腰及尾上覆羽灰蓝色，尾缘黑蓝色，下体橄榄褐色，两胁及臀沾棕，胸中央褐色，尾下覆羽白色。脚灰色。**习性：**栖息于高山沟谷森林底层或立于开阔处，急速从灌丛顶枝跳到另一枝上觅食昆虫。**分布与种群现状：**西藏东南部、云南西北部，留鸟、夏候鸟、冬候鸟，罕见。垂直迁徙。

体长：14cm　LC（低度关注）

台湾林鸲 *Tarsiger johnstoniae* Collared Bush Robin 鹟科 Muscicapidae

■迷鸟 ■留鸟 ■旅鸟 ■冬候鸟 ■夏候鸟

形态: 虹膜深色,喙角质色。头黑褐色,具长形白色眉纹,橙红色的项纹从翼肩分叉,形成橙红色后领环及肩纹,背、两翼及尾烟黑色,腹部浅灰而臀白色。雌鸟色暗,上体橄榄灰色,颏灰色,下体皮黄色,眉纹较雄鸟色浅。脚深褐色。**习性:** 一般生活于平时栖于山区海拔2200~3500m间的林下底丛中、常出现于林边小径的路上或灌木的顶枝上以及罕见于开旷的地区。**分布与种群现状:** 台湾,留鸟,地区性常见。中国鸟类特有种。

体长: 12cm LC(低度关注)

金色林鸲 *Tarsiger chrysaeus* Golden Bush Robin 鹟科 Muscicapidae

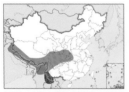

■迷鸟 ■留鸟 ■旅鸟 ■冬候鸟 ■夏候鸟

形态: 虹膜褐色,喙深褐色。雄鸟头顶及上背橄榄褐色,眉纹黄色,黑色宽带由眼先过眼至脸颊,肩、背侧及腰橘黄色,翼橄榄褐色,尾橘黄色、端黑色,下体橘黄色。雌鸟上体橄榄色,近黄色的眉纹模糊,眼圈皮黄色,下体赭黄色。脚浅肉色。

习性: 栖息于竹林或常绿林下的灌丛中。取食昆虫。**分布与种群现状:** 西藏东南部至四川西北部、湖北西部,夏候鸟,罕见;云南西南部,冬候鸟、留鸟。

体长: 14cm LC(低度关注)

栗背短翅鸫 *Heteroxenicus stellatus* Gould's Shortwing 鹟科 Muscicapidae

■迷鸟 ■留鸟 ■旅鸟 ■冬候鸟 ■夏候鸟

形态: 雌雄相似。虹膜深褐色,喙黑色。额、眉纹浅黑灰色。上体从头至尾栗色。喉至胸部具蠕虫状斑纹,腰棕褐色具白色端斑。下体黑灰色,腹部具三角形白色点斑。脚粉褐色。**习性:** 主要栖息于海拔2000~4200m的山地森林、竹林、林缘灌丛和山上部无林岩石草甸,尤其喜欢在潮湿的河谷与溪边活动。**分布与种群现状:** 西藏东南部、云南西北部,留鸟;四川,旅鸟。罕见。

体长: 13cm LC(低度关注)

锈腹短翅鸫 *Brachypteryx hyperythra* Rusty-bellied Shortwing 鹟科 Muscicapidae

■迷鸟 ■留鸟 ■旅鸟 ■冬候鸟 ■夏候鸟

形态：虹膜褐色，喙黑色。眼先及眼圈绒黑色，细小的眉纹白色。雄鸟上体蓝灰色，下体深铁锈色。雌鸟上体橄榄褐色，下体浅铁锈色，腹中心白色。脚粉褐色。**习性：**主要栖息于海拔3000m以下常绿阔叶林。喜在密林下、灌木丛或竹丛间的地面活动。以昆虫为食，也食少量野果和植物种子。**分布与种群现状：**西藏、云南，留鸟，罕见。

体长：13cm NT（近危）

白喉短翅鸫 *Brachypteryx leucophris* Lesser Shortwing 鹟科 Muscicapidae

■迷鸟 ■留鸟 ■旅鸟 ■冬候鸟 ■夏候鸟

形态：虹膜褐色，喙深褐色。腿长，眉纹短、白色较模糊，眼圈皮黄，喙厚，尾较蓝短翅鸫短，亚成鸟具细纹及点斑。脚粉紫色。**习性：**栖息于常绿阔叶林，溪流附近地面，好单独活动，以昆虫为食。**分布与种群现状：**西南、东南、华南地区，留鸟，罕见。

体长：13cm LC（低度关注）

蓝短翅鸫 *Brachypteryx montana* White-browed Shortwing 鹟科 Muscicapidae

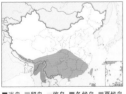

■迷鸟 ■留鸟 ■旅鸟 ■冬候鸟 ■夏候鸟

形态：虹膜褐色，喙黑色。雄鸟上体深青石蓝色，白色的眉纹明显，下体浅灰色；尾及翼黑色；肩具白色块斑。雌鸟暗褐色，胸浅褐色，腹中心近白色，两翼及尾棕色。脚肉色略沾灰色。**习性：**栖息于海拔1400~3000m植被覆盖茂密近溪流的地面。**分布与种群现状：**南方地区、台湾，留鸟，不常见。

体长：15cm LC（低度关注）

棕薮鸲 *Cercotrichas galactotes* Rufous-tailed Scrub Robin 鹟科 Muscicapidae

■迷鸟 ■留鸟 ■旅鸟 ■冬候鸟 ■夏候鸟

形态：雄鸟具白色眉纹，眼下亦具白色斑纹。贯眼纹和髭纹黑褐色，颏、喉白色，头顶、头侧、颈、背及肩褐色。尾下覆羽污白色，中央尾羽褐色，其余棕黄色，次端黑色，端部白色。雌鸟似雄鸟，色略浅。**习性：**多见于沙漠里的梭梭林和红柳灌丛。**分布与种群现状：**新疆，夏候鸟，不常见。

体长：18cm LC（低度关注）

鹊鸲 *Copsychus saularis* Oriental Magpie Robin 鹟科 Muscicapidae

■迷鸟 ■留鸟 ■旅鸟 ■冬候鸟 ■夏候鸟

形态：虹膜褐色，喙黑色。雄鸟上体大都黑色，略带黑蓝色金属光泽，翅黑褐色，具白斑，下体前黑后白色。雌鸟以灰色替代雄鸟的黑色部分，飞羽和尾羽的黑色较雄鸟浅淡，下体及尾下覆羽的白色略沾棕色。脚黑色。**习性：**常栖息于村落园圃、树木灌丛，也常见于城市园中。以昆虫为食，兼吃少量草籽和野果实。**分布与种群现状：**中部及南方地区，留鸟。

体长：20cm LC（低度关注）

白腰鹊鸲 *Kittacincla malabarica* White-rumped Shama 鹟科 Muscicapidae

■迷鸟 ■留鸟 ■旅鸟 ■冬候鸟 ■夏候鸟

形态：虹膜深褐色，喙黑色。雄鸟头、颈、背、胸黑色；具蓝色金属光泽，腰和尾上覆羽白色，胸以下栗红色，黑的尾呈凸状，甚长，外侧尾羽具宽的白色端斑。雄鸟的黑色部分在雌鸟替代为黑灰色，胸以下棕黄色，腰和尾上覆羽白色。脚浅肉色。**习性：**栖息于海拔1500m以下的中低海拔山地、丘陵和山脚平原的茂密热带森林中，尤以林缘、路旁次生林、竹林和疏林灌丛地区较常见。**分布与种群现状：**云南西部和南部、广西南部、海南，留鸟，不常见。

体长：27cm LC（低度关注）

456

红背红尾鸲 *Phoenicuropsis erythronotus* Eversmann's Redstart 鹟科 Muscicapidae

■迷鸟 ■留鸟 ■旅鸟 ■冬候鸟 ■夏候鸟

形态：虹膜褐色，喙黑色。头顶、颈、背灰色，眉纹浅色，眼先黑色，喉、胸、背及尾上覆羽棕色，两翼近黑具白色长条纹。尾棕色，两枚中央尾羽褐色，腹部及尾下覆羽浅色。雌鸟褐色，下体沾棕色，尾似雄鸟。脚灰黑色。**习性**：栖息于高山针叶林多石的灌丛，偶见于平原地带的树林中。越冬于平原地带。**分布与种群现状**：新疆、西藏，夏候鸟、旅鸟，罕见。

非繁殖羽♂　繁殖羽♂

体长：15cm　LC（低度关注）

蓝头红尾鸲 *Phoenicuropsis coeruleocephala* Blue-capped Redstart 鹟科 Muscicapidae

■迷鸟 ■留鸟 ■旅鸟 ■冬候鸟 ■夏候鸟

形态：虹膜褐色，喙黑色。繁殖羽雄鸟头顶灰白色，头侧、颈、胸、背、两翼下部、尾黑色，翅上具白色长型翼斑，翼纹、三级飞羽缘、下胸、腹部及尾下覆羽白色，非繁殖期雄鸟黑色部分呈黑褐色。雌鸟褐色，眼圈皮黄色，尾下覆羽白色。脚偏黑色。

非繁殖羽♀

非繁殖羽♂

习性：繁殖期栖于山区针叶林多岩的山坡灌丛，越冬在松林、灌丛及橄榄树丛。在树丛及地面取食昆虫。**分布与种群现状**：新疆西北部、西藏西部，夏候鸟，罕见。

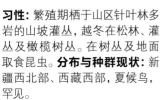

繁殖羽♂

体长：15cm　LC（低度关注）

白喉红尾鸲 *Phoenicuropsis schisticeps* White-throated Redstart 鹟科 Muscicapidae

■迷鸟 ■留鸟 ■旅鸟 ■冬候鸟 ■夏候鸟

形态：虹膜褐色，喙黑色。雄鸟额至枕部蓝色，颊、喉黑色，下喉中央具标志性白斑，头侧、背、两翅和尾黑色，翅上有一大形白色翼斑，腰和尾上覆羽栗棕色，下体栗棕色，腹部白色。雌鸟上体橄榄褐沾棕色，腰和尾上覆羽栗棕色，翅暗褐色具白斑，尾棕褐色，下体褐灰色沾棕色，喉具白斑。脚黑色。**习性**：繁殖期间主要栖息于海拔2000~4000m的高山针叶林、林缘与沟谷溪流沿岸灌丛。**分布与种群现状**：喜马拉雅山脉、青藏高原东缘、秦岭山脉、横断山区，留鸟，不常见。

♂

♀

体长：15cm　LC（低度关注）

蓝额红尾鸲 *Phoenicuropsis frontalis* Blue-fronted Redstart 鹟科 Muscicapidae

■迷鸟 ■留鸟 ■旅鸟 ■冬候鸟 ■夏候鸟

形态： 虹膜褐色，喙黑色。尾部有特殊的"T"形图纹。雄鸟黑色，雌鸟褐色；雄鸟头、胸、颈背及上背深蓝色，额、眉纹辉蓝色，两翼黑褐色，羽缘褐色，无翼斑，腹部、臀、背及尾上覆羽橙褐色。雌鸟褐色，眼圈皮黄色。脚黑色。**习性：** 栖息于溪谷、林缘灌丛，也出入于路边、农田、茶园和居民点附近的树丛与灌丛中。主要以昆虫为食，也吃少量植物果实与种子。**分布与种群现状：** 中部、西部地区，留鸟、夏候鸟、冬候鸟，不常见。

体长：16cm　LC（低度关注）

贺兰山红尾鸲 *Phoenicurus alaschanicus* Alashan Redstart 鹟科 Muscicapidae

■迷鸟 ■留鸟 ■旅鸟 ■冬候鸟 ■夏候鸟

形态： 虹膜褐色，喙黑色。雄鸟头顶、颈背、头侧至上背灰蓝色，翼具条形标志性白斑，上身橙棕色，中央尾羽为暗褐色，喉、胸橙棕色，腹部中央为白色，其余下体为淡橙棕色。雌鸟上体灰褐色，腰和尾上覆羽棕色，喉和胸淡灰色，腹和尾下覆羽白色。脚近黑色。**习性：** 栖于山区稠密灌丛及多松散岩石的山坡疏林中。以昆虫为食。**分布与种群现状：** 贺兰山至青海区域，夏候鸟；华北山区、秦岭南部，旅鸟、冬候鸟。罕见。中国鸟类特有种。

体长：16cm　NT（近危）

赭红尾鸲 *Phoenicurus ochruros* Black Redstart 鹟科 Muscicapidae

■迷鸟 ■留鸟 ■旅鸟 ■冬候鸟 ■夏候鸟

形态： 虹膜褐色，喙黑色。雄鸟大体黑红两色，头、颈、胸、背黑色，飞羽、中央尾羽黑褐色，余部棕红色。雌鸟似北红尾鸲的雌鸟，但本种无白色翼斑。脚略黑。**习性：** 栖息于高山高原灌丛、草地、河谷、灌丛以及有稀疏灌木生长的岩石草坡、荒漠和农田与村庄附近的小块林内。**分布与种群现状：** 西部地区，夏候鸟、旅鸟；北京、海南、台湾，迷鸟。不常见。

体长：15cm　LC（低度关注）

欧亚红尾鸲 *Phoenicurus phoenicurus* Common Redstart 鹟科 Muscicapidae

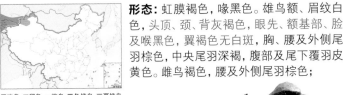

■迷鸟 ■留鸟 ■旅鸟 ■冬候鸟 ■夏候鸟

形态: 虹膜褐色,喙黑色。雄鸟额、眉纹白色,头顶、颈、背灰褐色,眼先、额基部、脸及喉黑色,翼褐色无白斑,胸、腰及外侧尾羽棕色,中央尾羽深褐,腹部及尾下覆羽皮黄色。雌鸟褐色,腰及外侧尾羽棕色;眼先、眼圈、腹部及尾下覆羽皮黄。脚偏黑色。**习性:** 夏季栖于亚高山森林、灌木丛及林间空地,冬季栖于低地落叶矮树丛及耕地。**分布与种群现状:** 新疆,夏候鸟,罕见。

体长: 15cm LC (低度关注)

黑喉红尾鸲 *Phoenicurus hodgsoni* Hodgson's Redstart 鹟科 Muscicapidae

■迷鸟 ■留鸟 ■旅鸟 ■冬候鸟 ■夏候鸟

形态: 虹膜褐色,喙黑色。雄鸟前额白色,头顶至背黑灰色,腰、尾上覆羽和尾羽棕色,中央一对尾羽褐色,翅暗褐色具小块白色翅斑,颏、喉、胸黑色,其余下体棕色。雌鸟上体和两翅灰褐色,腰至尾和雄鸟相似,亦为棕色,眼周白色,下体褐色,尾下覆羽浅棕色。脚近黑色。**习性:** 栖息于海拔2000~4000m的高山和高原灌丛草地、灌丛、林缘、疏林、河谷,甚至居民点及农田附近。以昆虫为食。**分布与种群现状:** 喜马拉雅山脉、青藏高原东缘、秦岭山脉、横断山区,夏候鸟,不常见。短距离迁徙越冬。

体长: 15cm LC (低度关注)

北红尾鸲 *Phoenicurus auroreus* Daurian Redstart 鹟科 Muscicapidae

■迷鸟 ■留鸟 ■旅鸟 ■冬候鸟 ■夏候鸟

形态: 虹膜褐色,喙黑色。雄鸟顶、枕、后颈部灰白色,脸、喉部黑色,背、翅黑色,具白色翼斑,腰、腹橙红色。雌鸟橄榄褐色,下体略浅,具白色翼斑,尾黑褐色,外侧尾羽橙红色。脚黑色。**习性:** 主要栖息于山地、森林、河谷、林缘及城镇。主要以昆虫为食。**分布与种群现状:** 除新疆、西藏、青海外,广泛分布,夏候鸟、冬候鸟。较常见。

体长: 15cm LC (低度关注)

459

红腹红尾鸲 *Phoenicurus erythrogastrus* White-winged Redstart 鹟科 Muscicapidae

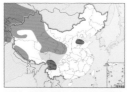

■迷鸟 ■留鸟 ■旅鸟 ■冬候鸟 ■夏候鸟

形态：虹膜褐色，喙黑色。雄鸟似北红尾鸲但体型较大，头顶及颈背白色沾灰色，翼斑大。雌鸟似雌欧亚红尾鸲但体型较大，褐色的中央尾羽与棕色尾羽对比不强烈，翼上无白斑。脚黑色。**习性：**海拔

3000~5500m的开阔而多岩的高山旷野。冬季集大群。**分布与种群现状：**西藏西南部、青藏高原东部、西北地区，留鸟、旅鸟，不常见。部分个体至横断山区越冬；西伯利亚或我国西北地区的繁殖种群迁徙至华北山区越冬。

体长：18cm　LC（低度关注）

红尾水鸲 *Rhyacornis fuliginosa* Plumbeous Water Redstart 鹟科 Muscicapidae

■迷鸟 ■留鸟 ■旅鸟 ■冬候鸟 ■夏候鸟

形态：虹膜深褐色，喙黑色。雄鸟通体大都暗灰蓝色，翅黑褐色，尾羽和尾的上、下覆羽均栗红色。雌鸟上体灰褐色，翅褐色，具两道白色点状斑，尾上、下覆羽、尾羽白色、端部及羽缘褐色，下体灰色，杂以不规则的白色细斑。脚

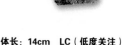

褐色。**习性：**主要栖息于山地溪流与河谷，尤以多石的林间、林缘溪流沿岸较常见。主要以昆虫为食，也吃少量植物果实和种子。**分布与种群现状：**华北地区及黄河以南地区、台湾、海南，留鸟。

体长：14cm　LC（低度关注）

白顶溪鸲 *Chaimarrornis leucocephalus* White-capped Water Redstart 鹟科 Muscicapidae

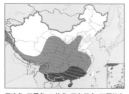

■迷鸟 ■留鸟 ■旅鸟 ■冬候鸟 ■夏候鸟

形态：雄雌同色。虹膜褐色，喙黑色。头顶及颈背白色，前额、眼先、眼上、头侧至背部亮黑色，腰、尾基部、腹部栗红色。脚黑色。**习性：**栖息于多岩石的山间河谷溪流，有时见于干涸的河床。主食水生昆虫，也吃少量蜘蛛、软体动物、植物果实和种子。**分布与种群现状：**中部至西南地区，留鸟；华南地区，冬候鸟。较常见。

体长：19cm　LC（低度关注）

白尾蓝地鸲 *Myiomela leucurum* White-tailed Robin 鹟科 Muscicapidae

■迷鸟 ■留鸟 ■旅鸟 ■冬候鸟 ■夏候鸟

形态: 虹膜褐色,喙黑色。雄鸟通体蓝黑色,前额、眉纹和两肩辉蓝色,颈下部两侧隐约可见白斑,黑色的尾羽左右各具一块醒目白斑。雌鸟通体橄榄黄褐色,上体较暗,两翅黑褐色具淡棕色羽缘,眼周皮黄色,腹中部浅灰白色,尾具白斑。脚黑色。**习性:** 主要栖息于海拔3000m以下的常绿阔叶林、混交林和灌丛

的地上。以昆虫为食,秋冬季节也吃少量植物果实和种子。繁殖期鸣唱动听。**分布与种群现状:** 中部及西南部、西藏东南部、华南地区、东南南部山地、海南,留鸟,不常见。部分个体短距离垂直迁徙。

♂

♀

体长: 18cm **LC(低度关注)**

蓝额地鸲 *Cinclidium frontale* Blue-fronted Robin 鹟科 Muscicapidae

■迷鸟 ■留鸟 ■旅鸟 ■冬候鸟 ■夏候鸟

形态: 虹膜深褐色,喙黑色。尾长而呈楔形且无白色。雌雄两性均似白尾地鸲,但本种的颈及尾少白色斑块。额、眉纹及肩部为闪辉蓝色,较白尾地鸲暗。脚

黑色。**习性:** 栖于亚热带常绿阔叶林和竹林。性隐蔽且因其色深而不易见。**分布与种群现状:** 西藏南部、云南南部、四川西南部,留鸟,罕见。

♂

♀

体长: 19cm **LC(低度关注)**

台湾紫啸鸫 *Myophonus insularis* Taiwan Whistling Thrush 鹟科 Muscicapidae

■迷鸟 ■留鸟 ■旅鸟 ■冬候鸟 ■夏候鸟

形态: 雄雌相似。虹膜红褐色,喙黑色。通体黑蓝色具金属光泽。脚黑色。**习性:** 栖息于中、低海拔林区多岩石的溪流附近,或潮湿的林地,只要

有清澈的溪流,便不难发现它的踪迹。以昆虫、两栖类和鱼类为食。停歇时尾不断打开。**分布与种群现状:** 台湾,留鸟,常见。中国鸟类特有种。

体长: 28cm **LC(低度关注)**

461

紫啸鸫 *Myophonus caeruleus* Blue Whistling Thrush 鹟科 Muscicapidae

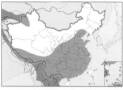

■迷鸟 ■留鸟 ■旅鸟 ■冬候鸟 ■夏候鸟

形态：雄雌相似。虹膜褐色，喙黄色或黑色。全身羽毛远观呈黑色，近看为黑蓝色，东部黑喙种群羽色较暗，西部黄喙种群羽色较亮，体羽先端具亮紫色的点斑。脚黑色。**习性：**栖息于多石的山间溪流的岩石上，往往成对活动，常在林木丛中互相追逐，边飞边鸣，在地面上或浅水间觅食，以昆虫和小蟹为食，兼吃浆果及其他植物。**分布与种群现状：**华北地区至西南地区、华南山区，留鸟，常见。短距离垂直迁徙。

体长：32cm LC（低度关注）

蓝大翅鸲 *Grandala coelicolor* Grandala 鹟科 Muscicapidae

■迷鸟 ■留鸟 ■旅鸟 ■冬候鸟 ■夏候鸟

形态：虹膜褐色，喙黑色。雄鸟全身辉蓝色，仅眼先、翼及尾黑色，尾略分叉。雌鸟上体灰褐色，头至上背具皮黄色纵纹，下体灰褐色，喉及胸具皮黄色细纵纹，飞行时两翼基部内侧具白色翼斑，腰及尾上覆羽沾蓝色。脚黑色。**习性：**栖息于灌丛以上的高山草甸及裸岩山顶地带，喜雨浸的山脊及高处。有时同性别的鸟结成小群至大群。**分布与种群现状：**喜马拉雅及青藏高原东部、横断山区，留鸟，地区性常见。

体长：21cm LC（低度关注）

小燕尾 *Enicurus scouleri* Little Forktail 鹟科 Muscicapidae

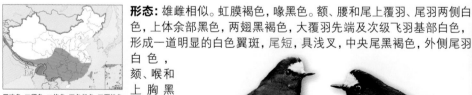

■迷鸟 ■留鸟 ■旅鸟 ■冬候鸟 ■夏候鸟

形态：雄雌相似。虹膜褐色，喙黑色。额、腰和尾上覆羽、尾羽两侧白色，上体余部黑色，两翅黑褐色，大覆羽先端及次级飞羽基部白色，形成一道明显的白色翼斑，尾短，具浅叉，中央尾黑褐色，外侧尾羽白色，额、喉和上胸黑色，下体余部白色。脚粉白色。**习性：**栖息于海拔800~2000m间的山涧溪流与河谷沿岸，尤其喜爱小型瀑布，多成对活动。主要以水生昆虫为食。**分布与种群现状：**南方地区，留鸟，不常见。

体长：13cm LC（低度关注）

黑背燕尾 *Enicurus immaculatus* Black-backed Forktail 鹟科 Muscicapidae

■迷鸟 ■留鸟 ■旅鸟 ■冬候鸟 ■夏候鸟

形态：虹膜褐色，喙黑色。额白色，头顶后至背部黑色，腰、尾上覆羽白色，胸白色，尾黑色具白色横斑，端白色。雌鸟头顶后部沾浓褐色，其他似雄鸟。脚偏粉色。**习性：**一般单独或成对栖息于溪流水边的岩石上，或在山间急流附近以及沿溪的树丛间或村寨中的水沟边。主要以昆虫为食。**分布与种群现状：**西藏东南部、云南西部，留鸟，罕见。

体长：22cm　LC（低度关注）

灰背燕尾 *Enicurus schistaceus* Slaty-backed Forktail 鹟科 Muscicapidae

■迷鸟 ■留鸟 ■旅鸟 ■冬候鸟 ■夏候鸟

形态：雄雌同色。虹膜褐色，喙黑色。前额和腰白色，头顶至背蓝灰色，翅黑具白色翼斑，黑色的尾羽较长，呈深叉状具白色横斑，端白色，下体喉黑色，余部白色。脚粉红色。**习性：**栖息于海拔200~1800m的山林，常见于多岩石的山间溪流。主要以水生昆虫为食。**分布与种群现状：**南方山区，留鸟，罕见。

体长：23cm　LC（低度关注）

白额燕尾 *Enicurus leschenaulti* White-crowned Forktail 鹟科 Muscicapidae

■迷鸟 ■留鸟 ■旅鸟 ■冬候鸟 ■夏候鸟

形态：雄雌同色。虹膜褐色，喙黑色。额部白色，其余头、颈、背黑色，腰白色，两翅黑褐色具醒目的白色翅斑，下体颏、喉至胸黑色，余部白色，尾长黑色、深叉状，具白色横斑，端白色。脚偏粉色。**习性：**栖息于山涧溪流与河谷沿岸，多停息在水边或水中石头上，在浅水中觅食，主要以水生昆虫为食。**分布与种群现状：**南方山区，留鸟，常见。

体长：25cm　LC（低度关注）

463

斑背燕尾 *Enicurus maculatus* Spotted Forktail 鹟科 Muscicapidae

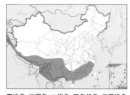

■迷鸟 ■留鸟 ■旅鸟 ■冬候鸟 ■夏候鸟

形态: 雄雌同色。虹膜褐色,喙黑色。似白额燕尾,不同之处是本种背、胸部具白色斑点。脚粉白色。

习性: 栖息于海拔800m以上山区多岩石的小溪流。有时在沿

溪的树丛间或村寨中的水沟边。主要以水生昆虫为食,仅食少量的植物性食物。冬季会下至海拔稍低的溪流活动。**分布与种群现状:** 南方山地,留鸟,不常见。

体长: 27cm LC(低度关注)

白喉石䳭 *Saxicola insignis* White-throated Bushchat 鹟科 Muscicapidae

■迷鸟 ■留鸟 ■旅鸟 ■冬候鸟 ■夏候鸟

形态: 虹膜褐色,喙黑色。头、背黑褐色,颏、喉白色与颈侧形成不完整的宽阔颈圈,翅具大型白色块斑,胸、腹锈红色,臀近白色,腰白色,尾下覆羽棕白色。雌鸟上体褐色,翅具两道棕褐色宽阔横斑,下体淡锈棕色,喉、胸部较暗。脚黑色。**习性:** 栖息于多岩石的高山上或山下的平原、草地的灌丛中。多在地面觅食昆虫。

分布与种群现状: 西北地区,旅鸟,罕见。

♂

体长: 14.5cm VU(易危)

黑喉石䳭 *Saxicola maurus* Siberian Stonechat 鹟科 Muscicapidae

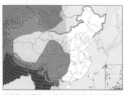

■迷鸟 ■留鸟 ■旅鸟 ■冬候鸟 ■夏候鸟

形态: 虹膜深褐色,喙黑色。繁殖期雄鸟头部及飞羽黑色,背黑褐色,颈及翼上具粗大的白斑,腰白色,胸红棕色,腹部沾红色。雌鸟褐色而无黑色,下体皮黄色,翼上具白斑,非繁殖期羽色暗淡,黑色部分呈黑褐色。脚近黑色。**习性:** 栖息于开阔的低山、丘陵、平原、草地、沼泽、田间灌丛、旷野。地面捕食昆虫、蚯蚓、蜘蛛等其他无脊椎动物。

分布与种群现状: 西部地区,分布范围广,夏候鸟、冬候鸟、旅鸟,常见。

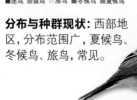

非繁殖羽

繁殖羽 ♀

♂

体长: 14cm NR(未认可)

东亚石䳭 *Saxicola stejnegeri* Stejneger's Stonechat 鹟科 Muscicapidae

■迷鸟 ■留鸟 ■旅鸟 ■冬候鸟 ■夏候鸟

形态: 虹膜黑褐色,喙黑色。雄鸟头部及两翼黑色且具棕白色羽缘,颈侧具白色斑,似黑喉石䳭但本种下体具较淡棕色,下腹中央偏白色仅两胁染棕色,尾下覆羽白色染棕色,腰白色染棕色,尾羽黑褐色。雌鸟头至上体棕褐色而具深色纵纹,下体浅红棕色,两翼黑褐色并具浅色翼斑,腰棕黄色,尾羽黑褐色。脚黑色。**习性:** 多单独或成对活动于多荒草、灌丛和矮树的生境。**分布与种群现状:** 东部地区,夏候鸟、旅鸟、冬候鸟。常见。

注:在《中国观鸟年报—中国鸟类名录 6.0(2018)》中列出,由黑喉石䳭 *Saxicola torquatus* 亚种提升为种(Zink et al., 2009)。

体长:13cm NR(未认可)

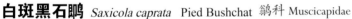

白斑黑石䳭 *Saxicola caprata* Pied Bushchat 鹟科 Muscicapidae

■迷鸟 ■留鸟 ■旅鸟 ■冬候鸟 ■夏候鸟

形态: 虹膜深褐色,喙黑色。雄鸟通体黑色,两翼具白色翼斑,腰、腹、尾上下覆羽为白色。雌鸟除尾上覆羽红棕色外,上体暗褐色,下体褐色沾棕色。脚黑色。**习性:** 喜干燥开阔的多草原野。栖于突出地点如矮树丛顶、岩石、柱子或电线,追捕昆虫等猎物。**分布与种群现状:** 西藏南部、云南、四川南部,留鸟,不常见。

体长:13.5cm LC(低度关注)

黑白林䳭 *Saxicola jerdoni* Jerdon's Bushchat 鹟科 Muscicapidae

■迷鸟 ■留鸟 ■旅鸟 ■冬候鸟 ■夏候鸟

形态: 虹膜褐色,喙黑色。上体全辉黑色,下体纯白色。雌鸟上体褐色,腰棕褐色,喉白色,下体余部浅棕色,胸及两胁色较深。脚黑色。**习性:** 惧生,单独或成对活动,常栖于草茎并跳下捕捉昆虫等猎物。**分布与种群现状:** 云南,留鸟。罕见。

体长:15cm LC(低度关注)

灰林䳭 *Saxicola ferreus* Grey Bushchat 鹟科 Muscicapidae

■迷鸟 ■留鸟 ■旅鸟 ■冬候鸟 ■夏候鸟

形态：虹膜深褐色，喙灰色。雄鸟上体暗灰色具黑褐色纵纹，白色眉纹显著，两翅、尾黑褐色，下体白色，胸和两胁烟灰色。雌鸟上体棕褐色，下体、颏、喉白色，其余下体棕白色。脚黑色。**习性：**栖息于海拔3000m以下的林缘疏林、灌丛、草坡以及沟谷、农田和路边灌丛、草地，主要以昆虫为食。**分布与种群现状：**华北、华中、华东、华南地区，留鸟，常见。部分种群南迁越冬。

体长：15cm LC（低度关注）

沙䳭 *Oenanthe isabellina* Isabelline Wheatear 鹟科 Muscicapidae

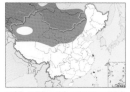

■迷鸟 ■留鸟 ■旅鸟 ■冬候鸟 ■夏候鸟

形态：虹膜深褐色，喙黑色。上体沙褐色，尾黑色，尾上覆羽白色。下体污白色沾棕褐色。雄雌同色，但雄鸟眼先较黑，眉纹及眼圈显白。脚黑色。**习性：**栖息于干旱荒漠，高海拔的草原。性活跃、胆大，主要以昆虫为食。**分布与种群现状：**北部、西部地区，夏候鸟，较常见；上海、台湾，迷鸟。

体长：16cm LC（低度关注）

穗䳭 *Oenanthe oenanthe* Northern Wheatear 鹟科 Muscicapidae

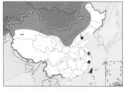

■迷鸟 ■留鸟 ■旅鸟 ■冬候鸟 ■夏候鸟

形态：虹膜褐色，喙黑色。雄鸟额及眉纹白色，眼先及脸、两翼黑色，头顶、颈侧、背及腰灰色，胸部沾棕色，下体白色。雌鸟似雄鸟，但明显色浅，黑色部分呈黑褐色。脚黑色。**习性：**栖息于山地草原及多岩石草地。主要以昆虫为食，兼食少量植物果实。**分布与种群现状：**西北高原荒漠，留鸟，常见；东部沿海、台湾，迷鸟。

体长：15cm LC（低度关注）

白顶鹏 *Oenanthe pleschanka* Pied Wheatear 鹟科 Muscicapidae

■迷鸟 ■留鸟 ■旅鸟 ■冬候鸟 ■夏候鸟

形态：虹膜褐色，喙黑色。雄鸟颏、喉、颈侧、上胸及上体黑色，腰白色，头顶、后颈、上背白色沾褐色，下体白色，尾下白色但端部黑色。雌鸟上体褐色，眉纹皮黄色，外侧尾羽基部白色，下体污白，胸、两胁皮黄色。脚黑色。**习性：**栖息于多石块而有矮树的荒地、农庄城镇。以昆虫为食。**分布与种群现状：**华北、西北地区，夏候鸟，较常见。

体长：14.5cm　LC（低度关注）

漠鹏 *Oenanthe deserti* Desert Wheatear 鹟科 Muscicapidae

■迷鸟 ■留鸟 ■旅鸟 ■冬候鸟 ■夏候鸟

形态：虹膜褐色，喙黑色。雄鸟头顶、后颈、上体沙棕色，腰、尾上覆羽白色，脸侧、颈侧、颏、喉、尾黑色，下体皮黄色。雌鸟翅、尾黑褐色，余者土褐色。脚黑色。**习性：**喜多石的荒漠及荒地。常栖于低矮植被。甚惧生，常飞至岩石后藏身。**分布与种群现状：**西部地区，留鸟、夏候鸟，较常见；台湾，迷鸟。

体长：14~15.5cm　LC（低度关注）

东方斑鹏 *Oenanthe picata* Variable Wheatear 鹟科 Muscicapidae

■迷鸟 ■留鸟 ■旅鸟 ■冬候鸟 ■夏候鸟

形态：虹膜深褐色，喙黑色。色型多变，*picata*亚种上体全黑，仅腰及外侧尾羽基部白色，下体全白，仅颏、喉及上胸黑色；*capistrata*亚种与前亚种相似但额、头顶、后颈白色；*opistholeuca*亚种的下体全为黑色。雌鸟多变，一般似雄鸟，

黑色为烟黑或灰黑色替代。脚黑色。**习性：**善鸣啭，鸣啭时两翼振动，尾羽展开呈扇状下垂。觅食昆虫时常双脚跳猛捕猎物，有时空中飞捕昆虫。**分布与种群现状：**新疆西部，夏候鸟；新疆北部，旅鸟、迷鸟。罕见。

体长：14.5cm　LC（低度关注）

白背矶鸫 *Monticola saxatilis* Common Rock Thrush 鹟科 Muscicapidae

■迷鸟 ■留鸟 ■旅鸟 ■冬候鸟 ■夏候鸟

形态：虹膜深褐色，喙深褐色。雄鸟头部灰蓝色，下体栗色，背部中央白色。雌鸟上体灰褐色，下体皮黄色，满布鳞状黑斑。脚褐色。**习性：**多见于海拔较高的地区以及高山草甸岩石间灌丛。常栖于突出岩石或裸露树顶。主要以昆虫为食。**分布与种群现状：**华北北部、西北地区，夏候鸟，不常见。江苏东部，迷鸟。

体长：19cm LC（低度关注）

蓝头矶鸫 *Monticola cinclorhyncha* Blue-capped Rock Thrush 鹟科 Muscicapidae

■迷鸟 ■留鸟 ■旅鸟 ■冬候鸟 ■夏候鸟

形态：虹膜深褐色，喙黑色。雄鸟甚似白喉矶鸫的雄鸟，但本种无白色喉斑，腰赤褐色，翼及上背较黑，翼上具白色块斑。雌鸟上体纯橄榄褐色，下体具白色及深褐色的扇贝纹。脚灰褐色。**习性：**栖息于多岩山地林间，性隐蔽，有警情时立势甚直。以昆虫为食。**分布与种群现状：**西藏西南部，夏候鸟，不常见。

体长：19cm LC（低度关注）

蓝矶鸫 *Monticola solitarius* Blue Rock Thrush 鹟科 Muscicapidae

形态：虹膜褐色，喙黑色。雄鸟蓝灰色，具淡黑及近白色的鳞状斑纹，腹部及尾下栗红色，于*pandoo*亚种则为蓝色；与雄性栗腹矶鸫的区别在本种脸无黑色。雌鸟上体灰褐色，下体皮黄密布黑色鳞状斑纹。亚成鸟似雌鸟但亚成鸟上体亚成体具黑白色鳞状斑纹。脚黑色。

■迷鸟 ■留鸟 ■旅鸟 ■冬候鸟 ■夏候鸟

习性：夏季常栖息于低山峡谷以及山溪、湖泊等水域附近的岩石山地，也栖息于海滨岩石和附近的山林中。主要以昆虫为食。**分布与种群现状：**分布范围广，留鸟、夏候鸟，地区性常见。

体长：23cm LC（低度关注）

栗腹矶鸫 *Monticola rufiventris* Chestnut-bellied Rock Thrush 鹟科 Muscicapidae

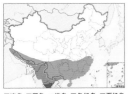

■迷鸟 ■留鸟 ■旅鸟 ■冬候鸟 ■夏候鸟

形态: 虹膜深褐色,喙黑色。雄鸟头顶、上体蓝色,具黑色眼罩,下体栗红色。雌鸟上体橄榄褐色,颈侧有明显的月牙形白斑,下体棕白色,满布深褐色扇贝形斑纹。脚黑褐色。

习性: 见于海拔1000~3000m的森林及开阔而多岩的山坡林地,短距离垂直迁徙。性极机警,以昆虫为食。**分布与种群现状:** 喜马拉雅山脉、西南及华南地区,留鸟,较少见。

体长:24cm LC(低度关注)

白喉矶鸫 *Monticola gularis* White-throated Rock Thrush 鹟科 Muscicapidae

■迷鸟 ■留鸟 ■旅鸟 ■冬候鸟 ■夏候鸟

形态: 虹膜褐色,喙近黑色。雄鸟头顶、颈背及肩部蓝色,头侧黑色,下体多橙栗色,喉具白色斑块,翅具白色翼斑。雌鸟羽色暗淡,喉部具白斑,上体橄榄褐色,具黑色粗鳞状斑纹,下体呈斑杂状。脚橙黄色。**习性:** 栖息于海拔800~1800m多岩山地的针阔混交林和针叶林中。常见它站在树顶或岩石上长时间静立不动。食物几乎完全为昆虫。**分布与种群现状:** 东北地区至东部、南部地区,夏候鸟、冬候鸟、旅鸟;云南的玉溪、新平,旅鸟。不常见。

体长:19cm LC(低度关注)

斑鹟 *Muscicapa striata* Spotted Flycatcher 鹟科 Muscicapidae

■迷鸟 ■留鸟 ■旅鸟 ■冬候鸟 ■夏候鸟

形态: 雌雄相似。虹膜褐色,喙偏黑色。头顶具黑色细纹,上体灰褐色,下体白色,翼及尾褐色,羽缘色浅。脚偏黑色。**习性:** 栖息于林缘疏林、灌丛和人工林等。常垂直姿势停息于水平枝或电柱上,尾不时地上下摆动。**分布与种群现状:** 新疆,夏候鸟,罕见;浙江、内蒙古的包头、香港,迷鸟。

体长:15cm LC(低度关注)

469

灰纹鹟 *Muscicapa griseisticta* Grey-streaked Flycatcher 鹟科 Muscicapidae

■迷鸟 ■留鸟 ■旅鸟 ■冬候鸟 ■夏候鸟

形态：雌雄相似。虹膜褐色，喙黑色。头和上体灰褐色，眼圈白，具狭窄的白色翼斑，下体白，胸及两胁满布深灰色纵纹，翼长，几至尾端，较斑鹟体小且胸部多纵纹。脚黑色。**习性：**栖息于山地针阔叶混交林、针叶林、次生林。**分布与种群现状：**东北地区，夏候鸟，不常见；东北南部至华南沿海地区、台湾，旅鸟。

体长：14cm LC（低度关注）

乌鹟 *Muscicapa sibirica* Dark-sided Flycatcher 鹟科 Muscicapidae

■迷鸟 ■留鸟 ■旅鸟 ■冬候鸟 ■夏候鸟

形态：雌雄相似。虹膜深褐色，喙黑色。上体深灰色。白色眼圈明显，喉白，通常具白色的半颈环，下脸颊具黑色细纹。翼上具不明显皮黄色斑纹。下体白色为主，上胸具灰褐色模糊带斑，两胁深色具烟灰色杂斑，翼长至尾的2/3。亚成鸟脸及背部具白色点斑。脚黑色。**习性：**栖息于针阔叶混交林和针叶林。高树树冠层活动。**分布与种群现状：**西南部、东部地区，夏候鸟、冬候鸟、旅鸟，较常见。

体长：13cm LC（低度关注）

北灰鹟 *Muscicapa dauurica* Asian Brown Flycatcher 鹟科 Muscicapidae

■迷鸟 ■留鸟 ■旅鸟 ■冬候鸟 ■夏候鸟

形态：雌雄相似。虹膜褐色；喙黑色，下喙基黄色。眼周和眼先白色。上体灰褐色，翅暗褐色，胸和两胁淡灰褐色，下体灰白色，尾暗褐色。脚黑色。**习性：**栖息于落叶阔叶林、针阔叶混交林和针叶林。喜欢停在视野开阔的枝头，从栖处捕食昆虫，捕食后常落回原处，尾作独特的颤动。**分布与种群现状：**东北地区至华南地区，夏候鸟、旅鸟、冬候鸟，常见。

体长：13cm LC（低度关注）

褐胸鹟 *Muscicapa muttui* Brown-breasted Flycatcher 鹟科 Muscicapidae

■迷鸟 ■留鸟 ■旅鸟 ■冬候鸟 ■夏候鸟

形态: 雌雄相似。虹膜深褐色,上喙色深,下喙黄色。眼先和眼圈白色。头顶较暗,体羽棕褐色,两翅黑褐色。下体白色,胸和喉侧栗褐色,尾褐色。脚暗黄色。**习性:** 栖息于低山和山脚地带的森林、竹林和林缘疏林灌丛。性胆怯而隐秘。**分布与种群现状:** 西南及华南地区,夏候鸟、旅鸟,不常见。浙江,迷鸟。

体长: 14cm LC(低度关注)

棕尾褐鹟 *Muscicapa ferruginea* Ferruginous Flycatcher 鹟科 Muscicapidae

■迷鸟 ■留鸟 ■旅鸟 ■冬候鸟 ■夏候鸟

形态: 雌雄相似。虹膜褐色,喙黑色。眼圈皮黄色,喉白色,头灰褐色。背褐色,腰棕色,下体白色,胸具褐色横斑,两胁及尾下覆羽棕色,通常具白色的半颈环,三级飞羽及大覆羽羽缘棕色。脚灰色。**习性:** 栖息于山地常绿和落叶阔叶林、针阔叶混交林及其林缘疏林地带。**分布与种群现状:** 西南地区、陕西、甘肃至华南地区,夏候鸟、冬候鸟、旅鸟,罕见。

体长: 13cm LC(低度关注)

斑姬鹟 *Ficedula hypoleuca* European Pied Flycatcher 鹟科 Muscicapidae

■迷鸟 ■留鸟 ■旅鸟 ■冬候鸟 ■夏候鸟

形态: 雄鸟额具白点,头、上体黑褐色,具白色翅斑,下体白色。雌鸟头、上体褐色,颏白色,下体淡白褐色。**习性:** 栖息于阔叶林、针叶林。**分布与种群现状:** 新疆、四川,夏候鸟,罕见。

体长: 13cm LC(低度关注)

471

白眉姬鹟 *Ficedula zanthopygia* Yellow-rumped Flycatcher 鹟科 Muscicapidae

■迷鸟 ■留鸟 ■旅鸟 ■冬候鸟 ■夏候鸟

形态: 虹膜褐色,喙黑色。雄鸟眉纹白色,上体大部黑色,翅上具白斑,腰黄色,下体黄色。雌鸟上体大部橄榄绿色,翅上亦具白斑,腰黄色,下体淡黄绿色。脚黑色。**习性:** 栖息于山丘陵和山脚地带的阔叶林和针

阔叶混交林。**分布与种群现状:** 东北、华北、华东、华中地区,夏候鸟;台湾、海南、华南地区,旅鸟。

体长: 13cm LC(低度关注)

黄眉姬鹟 *Ficedula narcissina* Narcissus Flycatcher 鹟科 Muscicapidae

■迷鸟 ■留鸟 ■旅鸟 ■冬候鸟 ■夏候鸟

形态: 虹膜深褐色,喙蓝黑色。雄鸟黄色眉纹,上体大部黑色,翅黑色具白斑,下背和腰黄色,胸和上腹亮黄色,胸侧黑色,下体白色,尾黑色。雌鸟上体灰橄榄色,下背至尾上覆羽橄榄绿色,两翅淡橄榄褐色,羽缘灰橄榄色,下体污白色,尾和腰褐色。脚铅蓝色。**习性:** 栖息于山地阔叶林、针阔叶混交林和林缘。**分布与种群现状:** 华东、华南沿海地区、台湾、海南,旅鸟、冬候鸟,不常见。

体长: 13cm LC(低度关注)

琉球姬鹟 *Ficedula owstoni* Ryukyu Flycatcher 鹟科 Muscicapidae

■迷鸟 ■留鸟 ■旅鸟 ■冬候鸟 ■夏候鸟

形态: 虹膜深褐色,喙蓝黑色。雄鸟头顶、脸颊和上背橄榄绿色,眉纹、喉部、胸口和要亮黄色,两翼和尾黑色,翼上具大白斑,腹部和尾下覆羽白色。脚黑色。**习性:** 栖息于山地阔叶林、针阔叶混交林和林缘。**分布与种群现状:** 台湾、广东、浙江,迷鸟,罕见。

体长: 13cm NE(未评估)

绿背姬鹟 *Ficedula elisae* Green-backed Flycatcher 鹟科 Muscicapidae

■迷鸟 ■留鸟 ■旅鸟 ■冬候鸟 ■夏候鸟

形态: 虹膜深褐色,喙黑色。雄鸟头、上体灰橄榄绿色,眼圈、眉纹、下体、腰淡黄色,翅具白色翼斑。雌鸟头、上体暗橄榄绿色,眼先淡橄榄绿色,条形翅斑浅灰色,下体浅暗黄色。尾羽和尾上覆羽褐色。

脚灰褐色。**习性:** 栖息于山区阔叶林、混交林。**分布与种群现状:** 华北地区,夏候鸟,不常见;云南临沧有分布,华中、华南地区,旅鸟。

体长: 13cm　LC(低度关注)

侏蓝姬鹟 *Ficedula hodgsoni* Pygmy Blue Flycatcher 鹟科 Muscicapidae

■迷鸟 ■留鸟 ■旅鸟 ■冬候鸟 ■夏候鸟

形态: 雄鸟上体蓝色,头顶及腰辉蓝色,眼罩黑色;下体橘黄色,臀浅色。雌鸟上体褐色,腰及尾棕色,下体浅黄色,胸沾皮黄色。

习性: 栖息于常绿阔叶林。**分布与种群现状:** 西藏东南部、云南西部,留鸟,罕见。

体长: 10cm　LC(低度关注)

鸲姬鹟 *Ficedula mugimaki* Mugimaki Flycatcher 鹟科 Muscicapidae

■迷鸟 ■留鸟 ■旅鸟 ■冬候鸟 ■夏候鸟

形态: 虹膜深褐色,喙黑色,喙暗角质色。雄鸟头、上体黑色,眼后具白色眉斑,翅上具白斑翼斑,下体锈红色,尾黑褐色,外侧尾羽基部为白色。雌鸟白色眉斑淡,上体灰褐色,颏至上腹淡棕黄色,其余下体白色。脚深褐色。**习性:** 栖息于山地、平原湿润森林的针叶林及针阔叶混交林。**分布与种群现状:** 东北地区至华南地区,夏候鸟、冬候鸟、旅鸟,较常见。

体长: 13cm　LC(低度关注)

锈胸蓝姬鹟 *Ficedula Sordida* Slaty-backed Flycatcher 鹟科 Muscicapidae

■迷鸟 ■留鸟 ■旅鸟 ■冬候鸟 ■夏候鸟

形态：虹膜褐色，喙黑色。雄鸟上体蓝灰色，具模糊的白色眉斑，胸橙色渐变为腹部的皮黄白色，外侧尾羽基部白色。脚深褐色。**习性：**栖息于山地常绿阔叶林、针阔叶混交林、针叶林、竹林。**分布与种群现状：**西南、中部地区，夏候鸟，罕见。广东南部，迷鸟。

♀

♂

体长：13cm LC（低度关注）

橙胸姬鹟 *Ficedula strophiata* Rufous-gorgeted Flycatcher 鹟科 Muscicapidae

■迷鸟 ■留鸟 ■旅鸟 ■冬候鸟 ■夏候鸟

形态：虹膜褐色，喙黑色。额具白色横带向后延伸至眼上形成眉斑，颏、喉黑灰色，上体橄榄褐色，两翅暗褐色，羽缘棕黄色，胸和胸侧暗灰色，上胸中部具橙色横斑，其余下体灰白色，尾黑色，外侧尾羽基部白色。雌鸟似雄鸟，但上胸橙色横斑细小模糊。脚褐色。**习性：**栖息于山地常绿阔叶林、针阔叶混交林和杂木林。**分布与种群现状：**陕西、甘肃至华南地区，夏候鸟、冬候鸟，较常见；河北、北京，迷鸟。

♂

♀

体长：14cm LC（低度关注）

红胸姬鹟 *Ficedula parva* Red-breasted Flycatcher 鹟科 Muscicapidae

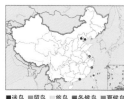

■迷鸟 ■留鸟 ■旅鸟 ■冬候鸟 ■夏候鸟

形态：似红喉姬鹟，但本种雄鸟喉部的红色延伸至胸，尾上覆羽褐色。**习性：**栖息于阔叶林等多种生境。**分布与种群现状：**北京、河北、天津、辽宁，迷鸟；江苏、浙江、香港、台湾，冬候鸟。罕见。

♀

♂

体长：13cm LC（低度关注）

红喉姬鹟 *Ficedula albicilla* Taiga Flycatcher 鹟科 Muscicapidae

■迷鸟 ■留鸟 ■旅鸟 ■冬候鸟 ■夏候鸟

形态：虹膜深褐色，喙黑色。上体灰黄褐色，尾上覆羽和中央尾羽黑褐色，外侧尾羽褐色，基部白色，颔、喉繁殖期间橙红色，胸淡灰色，其余下体白色，非繁殖期颔、喉变为白色。雌鸟颔、喉白色，胸沾棕。脚黑色。**习性：**栖息于低山丘陵、山脚平原地带的阔叶林、针阔林混交林和针叶林。**分布与种群现状：**分布范围广，冬候鸟、旅鸟，较常见。

体长：13cm LC（低度关注）

棕胸蓝姬鹟 *Ficedula hyperythra* Snowy-browed Flycatcher 鹟科 Muscicapidae

■迷鸟 ■留鸟 ■旅鸟 ■冬候鸟 ■夏候鸟

形态：虹膜深褐色，喙黑色。上体蓝色，醒目的白色眉纹，下体橘黄色，喉、胸及两胁皮黄色，台湾亚种两胁栗色。雌鸟上体褐色，下体皮黄色，额、眉及眼圈淡锈黄色。亚成鸟具褐色斑驳，与短翅鸫的区别在形小且跗跖纤细。脚肉色。

习性：栖息于常绿和落叶阔叶林、竹林。**分布与种群现状：**西藏南部、青藏高原东部、云南、广西、海南、台湾，留鸟，较少见。冬季偶至广州。

体长：12cm LC（低度关注）

小斑姬鹟 *Ficedula westermanni* Little Pied Flycatcher 鹟科 Muscicapidae

■迷鸟 ■留鸟 ■旅鸟 ■冬候鸟 ■夏候鸟

形态：虹膜褐色，喙黑色。雄鸟上体黑色，白色的眉纹宽而长，翼斑及尾基部羽缘白色，下体白。雌鸟上体灰褐色，翼斑皮黄色，下体近白。脚黑色。**习性：**栖息于山地常绿阔叶林、针阔叶混交林和竹林，冬季迁平原地带。**分布与种群现状：**西南地区、中部地区，夏候鸟、留鸟，不常见。

体长：12cm LC（低度关注）

白眉蓝姬鹟 *Ficedula superciliaris* Ultramarine Flycatcher 鹟科 Muscicapidae

■迷鸟 ■留鸟 ■旅鸟 ■冬候鸟 ■夏候鸟

分布与种群现状: 西藏南部、云南、四川,夏候鸟,不常见;云南南部,冬候鸟。

形态: 虹膜深褐色,喙深灰色。雄鸟头顶和上体蓝色,头侧、颈侧、胸侧具黑蓝色斑块。雌鸟头顶、上体、翅和尾褐色,下体灰白,胸偏灰色。脚灰色。**习性:** 栖息于湿润的常绿阔叶林、针阔叶混交林、竹林。

体长: 12cm   LC (低度关注)

灰蓝姬鹟 *Ficedula tricolor* Slaty-blue Flycatcher 鹟科 Muscicapidae

■迷鸟 ■留鸟 ■旅鸟 ■冬候鸟 ■夏候鸟

于山地常绿阔叶林、针阔叶混交林和针叶林。
分布与种群现状: 西南地区,夏候鸟、冬候鸟、留鸟,不常见;北京、河北,迷鸟。

形态: 虹膜褐色,喙黑色。雄鸟额淡蓝色,眼先和头侧黑色,上体灰蓝色,两翅暗蓝色,下体污白色沾棕尾黑色,除中央一对尾羽外,外侧尾羽基部白色。雌鸟上体橄榄褐色,两翅棕褐色,腰部沾棕色,胸和两胁较棕色,下体棕白色,尾和尾上覆羽红棕色。脚黑色。**习性:** 栖息

体长: 13cm   LC (低度关注)

玉头姬鹟 *Ficedula sapphira* Sapphire Flycatcher 鹟科 Muscicapidae

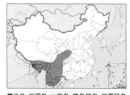

■迷鸟 ■留鸟 ■旅鸟 ■冬候鸟 ■夏候鸟

形态: 虹膜褐色,喙黑色。雄鸟上体鲜亮青色,下体近白,喉中心下方至中胸具一栗褐色块斑,头侧及胸侧亮蓝色,第一年雄鸟的胸部全栗褐色,头顶、颈背及上背橄榄褐。雌鸟上体橄榄褐色,头顶及上背浅棕色,喉及胸中部橙褐色,喉侧、胸及两胁皮黄色,腹部及尾下覆羽白,腰棕色。脚蓝灰色。**习性:** 栖息于绿阔叶林、栎林和次生林。**分布与种群现状:** 西藏东南部、云南、四川,留鸟,罕见。

体长: 11cm   LC (低度关注)

白腹蓝鹟 *Cyanoptila cyanomelana* Blue-and-white Flycatcher 鹟科 Muscicapidae

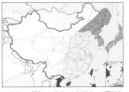

■迷鸟 ■留鸟 ■旅鸟 ■冬候鸟 ■夏候鸟

形态：虹膜褐色，喙黑色。雄鸟头侧、额、喉、胸黑色，头顶青蓝色，上体蓝色，两翅和尾黑褐色，下体白色，外侧尾羽基部白色。雌鸟眼圈白色，额、喉污白色，上体橄榄褐色，腰沾锈色，胸灰褐色，胸以下白色。脚黑色。**习性：**栖息于山地阔叶林和混交林。**分布与种群现状：**东部沿海各地，旅鸟；东北地区，夏候鸟，较常见。

体长：17cm　LC（低度关注）

白腹暗蓝鹟 *Cyanoptila cumatilis* Zappey's Flycatcher 鹟科 Muscicapidae

■迷鸟 ■留鸟 ■旅鸟 ■冬候鸟 ■夏候鸟

形态：虹膜褐色，喙黑色。2018年才从白腹蓝鹟中独立出来，外形较为相似，但本种的头部、喉和胸口为琉璃蓝色而非黑色，身体余部较为相似。**习性：**栖息于山地阔叶林和混交林。**分布与种群现状：**中部山区，夏候鸟；南部省份，旅鸟，少见。

体长：17cm　NT（近危）

铜蓝鹟 *Eumyias thalassinus* Verditer Flycatcher 鹟科 Muscicapidae

■迷鸟 ■留鸟 ■旅鸟 ■冬候鸟 ■夏候鸟

形态：虹膜褐色，喙黑色。雄鸟眼先黑色，体羽为鲜艳的铜蓝色，尾下覆羽具白色端斑。雌鸟眼先无黑色，额近灰白色，下体灰蓝色。脚近黑色。**习性：**栖息于山地常绿阔叶林、针阔叶混交林和针叶林。**分布与种群现状：**西藏南部及华中、华南、东南、西南地区，夏候鸟、冬候鸟、留鸟，较常见；河北，迷鸟。

体长：17cm　LC（低度关注）

白喉林鹟 *Cyornis brunneatus* Brown-chested Jungle Flycatcher 鹟科 Muscicapidae

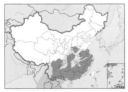

■迷鸟 ■留鸟 ■旅鸟 ■冬候鸟 ■夏候鸟

形态: 雌雄相似。虹膜褐色; 喙上颚近黑色, 下颚基部偏黄色。头和上体橄榄褐色, 眼周淡黄色, 眼先具细眉纹, 喉和下体白色, 胸带浅褐色, 尾上覆羽和尾羽棕褐色。脚粉红色。**习性:** 栖息于绿阔叶林、竹林和林缘灌丛。性胆怯。**分布与种群现状:** 南方地区, 夏候鸟、旅鸟, 少见。

体长: 15cm　VU (易危)

海南蓝仙鹟 *Cyornis hainanus* Hainan Blue Flycatcher 鹟科 Muscicapidae

■迷鸟 ■留鸟 ■旅鸟 ■冬候鸟 ■夏候鸟

形态: 虹膜褐色, 喙黑色。雄鸟上体、胸暗蓝色, 下体白色, 额及肩部色较鲜亮。亚成体雄鸟的喉近白色。雌鸟上体褐色, 腰、尾及次级飞羽沾棕色, 眼先及眼圈皮黄色,

下体胸部皮黄色渐变至腹部及尾下的白色。脚粉红色。**习性:** 栖息于低山常绿阔叶林、次生林和林缘灌丛。**分布与种群现状:** 华南地区, 夏候鸟、留鸟, 不常见。

体长: 15cm　LC (低度关注)

纯蓝仙鹟 *Cyornis unicolor* Pale Blue Flycatcher 鹟科 Muscicapidae

■迷鸟 ■留鸟 ■旅鸟 ■冬候鸟 ■夏候鸟

形态: 虹膜褐色, 喙褐色。雄鸟上体亮丽钴蓝色, 眼先黑色, 喉及胸浅蓝色, 腹部灰白色, 尾下覆羽近白色。雌鸟上体灰褐色, 尾多棕褐色, 下体灰褐色, 眼圈及眼先黄褐色, 有时上喙基有狭窄的暗青绿色带。脚褐色。**习性:** 栖息于低山和山脚地带潮湿的常绿阔叶林和竹林。**分布与种群现状:** 西藏、云南、广西、海南, 夏候鸟、留鸟, 不常见。

体长: 17cm　LC (低度关注)

灰颊仙鹟 *Cyornis poliogenys* Pale-chinned Flycatcher 鹟科 Muscicapidae

■迷鸟 ■留鸟 ■旅鸟 ■冬候鸟 ■夏候鸟

形态: 虹膜褐色,喙黑色。雄鸟头近灰色,胸及两胁棕色,喉白色。雌鸟褐色,喉白色,胸带棕色。似雌蓝喉仙鹟但本种翼及尾较少棕色。脚粉红色。**习性:** 喜甚开阔的森林,从地面或于近地面处捕食。**分布与种群现状:** 西藏南部、云南、四川,留鸟,不常见。

体长: 15cm　LC(低度关注)

山蓝仙鹟 *Cyornis banyumas* Hill Blue Flycatcher 鹟科 Muscicapidae

■迷鸟 ■留鸟 ■旅鸟 ■冬候鸟 ■夏候鸟

形态: 虹膜褐色,喙黑色。雄鸟上体深蓝色,额及短眉纹蓝色,眼先、眼周、颊及颔黑色,喉、胸及两胁橙黄色,腹白,颏及喉橘黄色,且腰无闪光。雌鸟上体褐色,眼圈皮黄色,下体似雄鸟但较淡,与雌蓝喉仙鹟的区别在胸多棕色,喉棕非皮黄色。幼鸟褐色斑驳,上体具皮黄橙色点斑。脚褐色。**习性:** 栖息于常绿和落叶阔叶林、次生林和竹林。**分布与种群现状:** 云南、四川、贵州、西藏、湖南、澳门、广西,夏候鸟、旅鸟,常见。

体长: 15cm　LC(低度关注)

蓝喉仙鹟 *Cyornis rubeculoides* Blue-throated Flycatcher 鹟科 Muscicapidae

■迷鸟 ■留鸟 ■旅鸟 ■冬候鸟 ■夏候鸟

形态: 虹膜褐色,喙黑色。雄鸟眼先黑色,喉蓝色,上胸橙红色,腹部白色,与山蓝仙鹟的区别在无黑色眼罩,颏及喉蓝色,与棕腹大仙鹟及棕腹仙鹟的区别在腹部白色。雌鸟上体灰褐色,喉橙黄色,眼圈皮黄色。脚粉红色。**习性:** 栖息于低山和山脚地带的常绿和落叶阔叶林、针叶林、针阔叶混交林和山边林缘灌丛、竹林。**分布与种群现状:** 西藏、云南,夏候鸟,不常见。

体长: 15cm　LC(低度关注)

479

中华仙鹟 *Cyornis glaucicomans* Chinese Blue Flycatcher 鹟科 Muscicapidae

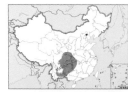

■迷鸟 ■留鸟 ■旅鸟 ■冬候鸟 ■夏候鸟

形态：雄鸟头顶和上背蓝色，前额、眉和肩羽亮蓝色，脸颊颜色较深，喉部中央和胸口橙红色，腹部白色。雌鸟上体灰褐色，喉白色，胸带浅橙色，眼圈皮黄色。**习性**：喜欢森林边缘的开阔地带活动。**分布与种群现状**：繁殖期见于四川西部、湖南东部和贵州、云南、广西；迷鸟见于河北。

体长：15.5cm　NE（未评估）

白尾蓝仙鹟 *Cyornis concretus* White-tailed Flycatcher 鹟科 Muscicapidae

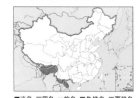

■迷鸟 ■留鸟 ■旅鸟 ■冬候鸟 ■夏候鸟

形态：虹膜深褐色，喙黑色。尾扇开时具白色斑块。雄鸟上体深蓝色，头侧及飞羽黑色，下体为胸深蓝色渐变为臀部白色。雌鸟褐色具白色宽项纹，腹部及尾下覆羽白色。亚成鸟褐色，上体具锈色点斑。

下体具黑色鳞状纹。脚深灰色。**习性**：栖息于低山常绿阔叶林、竹林和次生林。**分布与种群现状**：云南、西藏，留鸟，不常见。

体长：19cm　LC（低度关注）

白喉姬鹟 *Anthipes monileger* White-gorgeted Flycatcher 鹟科 Muscicapidae

■迷鸟 ■留鸟 ■旅鸟 ■冬候鸟 ■夏候鸟

形态：雌雄相似。虹膜褐色，喙黑色。前额和短的眉纹相连为白色，眼先、耳覆羽和头侧灰褐色而杂白色，颏、喉白色，形成一大的三角形白斑，周边具黑缘。体羽褐色，下体橄榄褐色，腹中央白色。脚近灰色。**习性**：栖息于绿阔叶林、次生林和林缘地带。**分布与种群现状**：云南、西藏，留鸟。罕见。

体长：13cm　LC（低度关注）

棕腹大仙鹟 *Niltava davidi* Fujian Niltava 鹟科 Muscicapidae

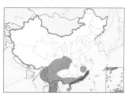

■迷鸟 ■留鸟 ■旅鸟 ■冬候鸟 ■夏候鸟

形态: 虹膜褐色，喙黑色。雄鸟上体深蓝色，下体棕色，脸黑色，额、颈侧、翼角小块斑及腰部辉蓝色，与棕腹仙鹟易混淆，区别在色彩较暗。雌鸟灰褐色，尾及两翼棕褐色，喉上具白色项纹，颈侧具辉蓝色小块斑，与棕腹仙鹟的区别在腹部较白。脚黑色。**习性:** 栖息于山地常绿阔叶林、落叶阔叶林和混交林。**分布与种群现状:** 南方地区，冬候鸟、留鸟，不常见。

体长: 18cm　LC（低度关注）

棕腹仙鹟 *Niltava sundara* Rufous-bellied Niltava 鹟科 Muscicapidae

■迷鸟 ■留鸟 ■旅鸟 ■冬候鸟 ■夏候鸟

形态: 虹膜褐色，喙黑色。上体蓝色，下体棕色，具黑色眼罩，头顶、颈侧点斑、肩块及腰部辉蓝色，与蓝喉仙鹟的区别在喉黑色，胸橘黄渐变成臀部的皮黄色。雌鸟褐色，腰及尾近红，项纹白，颈侧具闪耀的浅蓝色斑，眼先及眼圈皮黄色而有别于除棕腹大仙鹟外的所有其他鹟的雌鸟，但臀部的皮黄色较重，翼较短。脚灰色。**习性:** 栖息于阔叶林、竹林、针阔叶混交林和林缘灌丛。**分布与种群现状:** 陕西、甘肃至云南地区，夏候鸟，不常见；云南南部、西藏南部，冬候鸟，偶见于珠三角。

体长: 18cm　LC（低度关注）

棕腹蓝仙鹟 *Niltava vivida* Vivid Niltava 鹟科 Muscicapidae

■迷鸟 ■留鸟 ■旅鸟 ■冬候鸟 ■夏候鸟

形态: 虹膜褐色，喙黑色。甚似棕腹仙鹟但本种亮丽蓝色部位较暗淡。雄鸟胸部的棕色上延至喉成一凸形。雌鸟无白色项纹或蓝色颈块，头顶及颈背灰色，喉部皮黄色。亚成鸟似棕腹仙鹟亚成鸟，但棕色较多。脚黑色。**习性:** 栖息于常绿阔叶林、混交林中、针叶林、次生林以及人工林。**分布与种群现状:** 西藏南部和东南部、云南、四川、台湾，夏候鸟、留鸟，不常见。

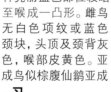

体长: 18cm　LC（低度关注）

481

大仙鹟 *Niltava grandis* Large Niltava 鹟科 Muscicapidae

■迷鸟 ■留鸟 ■旅鸟 ■冬候鸟 ■夏候鸟

形态：虹膜深褐色，喙黑色。雄鸟上体蓝色，头顶、颈侧条纹、肩块及腰部辉蓝色，下体黑色。雌鸟橄榄褐色，头顶蓝灰色，颈侧具辉浅蓝色斑，喉具皮黄色三角形块斑，与棕腹大仙鹟及棕腹仙鹟雌鸟的区别在本种的体型更为硕大，且无白色项纹。幼鸟褐色，头具白色细点，背多锈色点斑，下体具黑色鳞状斑。脚角质色。**习性：**栖息于常绿阔叶林、竹林和次生林中。冬季多在低山和山脚林缘地带活动。**分布与种群现状：**甘肃、西藏南部、云南，留鸟，不常见。

体长：21cm LC（低度关注）

小仙鹟 *Niltava macgrigoriae* Small Niltava 鹟科 Muscicapidae

■迷鸟 ■留鸟 ■旅鸟 ■冬候鸟 ■夏候鸟

形态：虹膜褐色，喙黑色。与大仙鹟的区别在本种的体型较小，胸蓝色，臀白色。雌鸟褐色，翼及尾棕色，颈侧具闪辉蓝色斑块，喉皮黄色，项纹浅皮黄色，与大仙鹟的区别在体型较小，颈背褐色，项纹色浅。脚黑色。**习性：**栖息于山地常绿阔叶林和竹林。**分布与种群现状：**西藏东南部、南方地区，留鸟，不常见。

体长：14cm LC（低度关注）

戴菊科 Regulidae

台湾戴菊 *Regulus goodfellowi* Flamecrest 戴菊科 Regulidae

■迷鸟 ■留鸟 ■旅鸟 ■冬候鸟 ■夏候鸟

形态：虹膜褐色，喙黑色。头顶黑色，雄鸟头部中央具橙红色羽冠。雌鸟羽冠黄色，脸白色，髭纹、眼周黑色，背橄榄绿色，具两道翅斑，腰黄色，下体白色，体侧黄色。脚深灰色。**习性：**栖息于2000m以上的中、高山针叶林中。**分布与种群现状：**台湾，留鸟，较常见。中国鸟类特有种。

体长：9cm LC（低度关注）

戴菊 *Regulus regulus* Goldcrest 戴菊科 Regulidae

形态： 虹膜深褐色，喙黑色。眼周灰白色。头顶具黄色或橙黄色羽冠，两侧有明显的黑色侧冠纹，上体暗绿色，翅上有两道白色翼斑。脚偏褐色。**习性：** 主要栖息于海拔800m以上的针叶林和针阔混交林

■迷鸟 ■留鸟　旅鸟 ■冬候鸟 ■夏候鸟

中。**分布与种群现状：** 西部地区，留鸟，不常见；东部地区，夏候鸟、旅鸟、冬候鸟。

体长：9cm　LC（低度关注）

太平鸟科 Bombycillidae

太平鸟 *Bombycilla garrulus* Bohemian Waxwing 太平鸟科 Bombycillidae

形态： 雌雄相似。虹膜褐色，喙褐色。颏、喉黑色。头部色深呈栗褐色，具冠羽，黑色贯眼纹从喙基经眼到后枕，体羽灰褐色。具白色翅斑，次级飞羽羽干

■迷鸟 ■留鸟　旅鸟 ■冬候鸟 ■夏候鸟

末端具红色斑。尾具黑色次端斑和黄色端斑，尾下覆羽红色。脚褐色。**习性：** 栖息于针叶林、针阔叶混交林和杨桦林。急速直飞，集群。**分布与种群现状：** 新疆北部、东北地区至华中地区，冬候鸟，较常见；偶至华南；台湾，迷鸟。

体长：18cm　LC（低度关注）

小太平鸟 *Bombycilla japonica* Japanese Waxwing 太平鸟科 Bombycillidae

形态： 雌雄相似。虹膜褐色，喙近黑色。似太平鸟，区别是本种的尾羽端斑为红色，脚褐色。**习性：** 栖息于山地针叶林、针阔叶混交林。

■迷鸟 ■留鸟　旅鸟 ■冬候鸟 ■夏候鸟

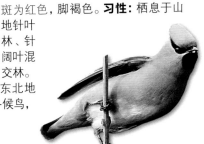

集群。**分布与种群现状：** 东北地区至华南地区，夏候鸟、冬候鸟，不常见；台湾，迷鸟。

体长：23cm　NT（近危）

丽星鹩鹛科 Elachuridae

丽星鹩鹛 *Elachura formosa* Elachura 丽星鹩鹛科 Elachuridae

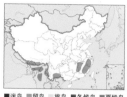

■迷鸟 ■留鸟 ■旅鸟 ■冬候鸟 ■夏候鸟

形态： 雌雄相似。虹膜深褐色，喙角质褐色。上体深褐色，具白色小点斑。两翼及尾具棕色及黑色横斑，下体褐色多具黑色蠹斑及白色小点斑，尾短。脚角质褐色。**习性：** 栖息于山区常绿阔叶林下层。性隐蔽。**分布与种群现状：** 云南、浙江、福建、江西，留鸟，罕见。

体长：10cm　LC（低度关注）

和平鸟科 Irenidae

和平鸟 *Irena puella* Asian Fairy Bluebird 和平鸟科 Irenidae

■迷鸟 ■留鸟 ■旅鸟 ■冬候鸟 ■夏候鸟

形态： 无近似鸟种。虹膜红色，喙黑色。雄鸟头顶、颈背、背、翼上覆羽、腰、尾上覆羽及臀均为鲜亮的闪光蓝色，余部黑色。雌鸟全身暗蓝绿色，腰及臀的色较鲜亮。脚黑色。**习性：** 栖息于低山丘陵、山脚常绿阔叶林。性胆怯。**分布与种群现状：** 西藏东南部、云南西部和南部，留鸟，罕见。

体长：25cm　LC（低度关注）

叶鹎科 Chloropseidae

蓝翅叶鹎 *Chloropsis cochinchinensis* Blue-winged Leafbird 叶鹎科 Chloropseidae

■迷鸟 ■留鸟 ■旅鸟 ■冬候鸟 ■夏候鸟

形态： 虹膜深褐色，喙黑色。雄鸟颏、喉黑色，黑色部分周围具黄色带，体羽草绿色，肩和翅亮蓝色，尾蓝绿色。雌鸟颏、喉蓝绿色。脚蓝灰色。**习性：** 栖息于常绿阔叶林和次生林。**分布与种群现状：** 云南西部和南部，留鸟，不常见。

体长：17cm　NT（近危）

金额叶鹎 *Chloropsis aurifrons* Golden-fronted Leafbird 叶鹎科 Chloropseidae

■迷鸟　■留鸟　■旅鸟　■冬候鸟　■夏候鸟

形态：虹膜深褐色，喙近黑色。额、头顶前部橘黄色，颏、喉黑色，颊具蓝色斑块。上体草绿色，下体绿色。脚近黑色。**习性：**栖息于常绿阔叶林和次生林。常在树冠层活动。**分布与种群现状：**云南西部和南部，留鸟，不常见。

体长：19cm　LC（低度关注）

橙腹叶鹎 *Chloropsis hardwickii* Orange-bellied Leafbird 叶鹎科 Chloropseidae

■迷鸟　■留鸟　■旅鸟　■冬候鸟　■夏候鸟

形态：虹膜褐色，喙黑色。额至后颈黄绿色，颏、喉黑色具蓝色髭纹，上体绿色，翅小覆羽亮蓝色。上胸黑色，下体橙色。飞羽和尾羽黑色。雌鸟整体绿色，髭纹色浅，腹部沾黄色。脚灰色。**习性：**栖息于低山丘陵、山脚平原地带的森林。**分布与种群现状：**华东南部、华南（包括海南）、西南、西藏东南地区，留鸟，较常见。

体长：20cm　LC（低度关注）

啄花鸟科 Dicaeidae

厚嘴啄花鸟 *Dicaeum agile* Thick-billed Flowerpecker 啄花鸟科 Dicaeidae

■迷鸟　■留鸟　■旅鸟　■冬候鸟　■夏候鸟

形态：雌雄相似。虹膜橘黄色，喙灰色，较粗厚。上体橄榄褐色，腰和尾上覆羽沾绿色，喉和下体白色，具不明显的灰色纵纹。脚深青石灰色。**习性：**栖息于海拔1500m以下的平原、低山，喜欢啄食花粉、花蜜和浆果。**分布与种群现状：**云南西南部，留鸟，不常见。

体长：9cm　LC（低度关注）

485

黄臀啄花鸟 *Dicaeum chrysorrheum* Yellow-vented Flowerpecker 啄花鸟科 Dicaeidae

■迷鸟 ■留鸟 ■旅鸟 ■冬候鸟 ■夏候鸟

形态：雌雄相似。虹膜红色，喙黑色，上体橄榄色，飞羽和尾黑色，尾下覆羽橙黄色，下体白色带黑色纵纹。脚黑色。**习性：**似其他啄花鸟。**分布与种群现状：**云南、广西，留鸟，地区性不常见。

体长：9cm LC（低度关注）

黄腹啄花鸟 *Dicaeum melanozanthum* Yellow-bellied Flowerpecker 啄花鸟科 Dicaeidae

■迷鸟 ■留鸟 ■旅鸟 ■冬候鸟 ■夏候鸟

形态：虹膜褐色，喙黑色。雄鸟上体、胸侧黑色，颏、喉和胸中央白色；下体黄色，外侧尾羽内翈具白斑块。雌鸟从头至尾等整个上体橄榄褐色，颏、喉和胸中央灰白色，其余下体淡黄色。脚黑色。**习性：**似其他啄花鸟。**分布与种群现状：**西藏、云南、四川，夏候鸟、留鸟，不常见。

体长：13cm LC（低度关注）

纯色啄花鸟 *Dicaeum concolor* Plain Flowerpecker 啄花鸟科 Dicaeidae

■迷鸟 ■留鸟 ■旅鸟 ■冬候鸟 ■夏候鸟

形态：雌雄相似。虹膜褐色，喙黑色。上体橄榄绿色，下体浅灰色，腹部中心奶油色，翼角具白色羽簇，与厚嘴啄花鸟的区别在本种的喙细且下体无纵纹。脚深蓝灰色。**习性：**似其他啄花鸟。**分布与种群现状：**南方地区（包括台湾、海南），留鸟，不常见。

体长：8cm LC（低度关注）

红胸啄花鸟 *Dicaeum ignipectus* Fire-breasted Flowerpecker 啄花鸟科 Dicaeidae

■迷鸟 ■留鸟 ■旅鸟 ■冬候鸟 ■夏候鸟

形态：虹膜褐色，喙黑色。雄鸟上体蓝绿色。脸侧黑色，下体皮黄色，胸具一猩红色斑块，腹部有一道黑色纵纹。雌鸟上体橄榄绿色，下体棕黄色，脚黑色。**习性：**偏好食桑寄生类植物的果实，见于植被良好的森林及城市园林，可至海拔2500m。**分布与种群现状：**华中地区、华南（包括台湾和海南）地区、西南地区、西藏东南部，留鸟，较常见。

体长：9cm　LC（低度关注）

朱背啄花鸟 *Dicaeum cruentatum* Scarlet-backed Flowerpecker 啄花鸟科 Dicaeidae

■迷鸟 ■留鸟 ■旅鸟 ■冬候鸟 ■夏候鸟

形态：虹膜褐色，喙黑绿色。雄鸟从头至尾上覆羽中央为朱红色，头侧、颈侧、两翅和尾羽黑褐色，两胁灰黑色，其余下体白色。雌鸟头至背橄榄绿色，仅腰和尾上覆羽朱红色。脚黑绿色。**习性：**似其他啄花鸟。**分布与种群现状：**西藏东南部、南部沿海地区，留鸟，较常见。

体长：9cm　LC（低度关注）

花蜜鸟科 Nectariniidae

紫颊太阳鸟 *Chalcoparia singalensis* Ruby-cheeked Sunbird 花蜜鸟科 Nectariniidae

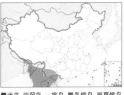

■迷鸟 ■留鸟 ■旅鸟 ■冬候鸟 ■夏候鸟

形态：虹膜红褐色，喙黑色。雄鸟顶冠及上体金属绿色，脸、颊至颈侧铜紫色，颏、喉、胸橘红色，下体柠檬黄色。雌鸟上体橄榄绿色，下体与雄鸟相似但显淡。脚绿黑色。**习性：**栖息于海拔800m以下的平原山地潮湿的常绿阔叶林中。行动迅速，主要以花粉色、花蜜、浆果为食。**分布与种群现状：**云南南部，留鸟，不常见。

体长：10cm　LC（低度关注）

487

褐喉食蜜鸟 *Anthreptes malacensis* Brown-throated Sunbird 花蜜鸟科 Nectariniidae

■迷鸟 ■留鸟 ■旅鸟 ■冬候鸟 ■夏候鸟

形态： 虹膜棕红色，喙黑色。雄鸟上体金属紫绿色，头顶、背、腰和尾上覆羽和肩紫色，脸颊橄榄绿色，颏、喉棕色，腹部黄色。雌鸟上体橄榄绿色，下体黄色。脚黄褐色。**习性：** 见于低地森林、红色树林、种植园等生境，行为似其他太阳鸟。**分布与种群现状：** 云南南部，留鸟，罕见。

体长：13cm LC（低度关注）

蓝枕花蜜鸟 *Hypogramma hypogrammicum* Purple-naped Sunbird 花蜜鸟科 Nectariniidae

■迷鸟 ■留鸟 ■旅鸟 ■冬候鸟 ■夏候鸟

形态： 虹膜红色或褐色。喙黑色，长而略下弯。雄鸟上体橄榄绿色，颈后具紫蓝色半圆形领圈，下体黄色密布绿褐色纵纹。雌鸟无紫色领圈，上体黄绿色，下体色较淡。脚褐色或橄榄色。**习性：** 似其他太阳鸟。**分布与种群现状：** 云南南部，留鸟，地区性不常见。

体长：15cm LC（低度关注）

紫花蜜鸟 *Cinnyris asiaticus* Purple Sunbird 花蜜鸟科 Nectariniidae

■迷鸟 ■留鸟 ■旅鸟 ■冬候鸟 ■夏候鸟

形态： 虹膜褐色，喙黑色。雄鸟体羽黑蓝色，具紫蓝色金属光泽，翅褐色，肩部有亮黄斑。雌鸟上体橄榄褐色，下体淡黄色。脚黑色。**习性：** 栖息于落叶林、灌丛、花园。**分布与种群现状：** 云南西部，留鸟，不常见。

体长：11cm LC（低度关注）

黄腹花蜜鸟 *Cinnyris jugularis* Olive-backed Sunbird 花蜜鸟科 Nectariniidae

形态: 虹膜深褐色,喙黑色。雄鸟上体橄榄褐色,颏至胸部黑紫色,具金属光泽,有栗红色和黑色胸带,腹部黄色。雌鸟上体橄榄褐色,下体黄色。脚黑色。**习性:** 栖息于红树林、灌丛、花园。**分布与种群现状:** 云南、广西、广东西部、海南,留鸟,不常见。

体长:10cm LC(低度关注)

蓝喉太阳鸟 *Aethopyga gouldiae* Mrs Gould's Sunbird 花蜜鸟科 Nectariniidae

形态: 虹膜褐色,喙黑色。雄鸟头顶、颏、过眼纹紫蓝色具金属光泽,背、肩、胸红色,腰黄色,腹部黄色,尾长、蓝色具金属光泽。雌鸟上体橄榄色,下体绿黄色。脚褐色。**习性:** 栖息于常绿阔叶林或针阔混交林。**分布与种群现状:** 华中、西南、华南西部等地区及西藏东南部,留鸟,较常见。

体长:14cm LC(低度关注)

绿喉太阳鸟 *Aethopyga nipalensis* Green-tailed Sunbird 花蜜鸟科 Nectariniidae

形态: 虹膜褐色,喙黑色。雄鸟头、颈黑色,枕、后颈具黑蓝色鳞状金属光泽,上背栗红色,下背橄榄绿色,腰黄色,尾上覆羽和中央尾羽黑蓝色,胸橘红色,腹黄色。雌鸟上体橄榄绿色,颏、喉淡灰绿色,下体淡黄色。脚褐色。**习性:** 见于中高海拔山区的森林及灌木丛,常光顾开花植物。**分布与种群现状:** 西藏南部、云南、四川西部,留鸟,较常见。

体长:14cm LC(低度关注)

叉尾太阳鸟 *Aethopyga christinae* Fork-tailed Sunbird 花蜜鸟科 Nectariniidae

■迷鸟 ■留鸟 ■旅鸟 ■冬候鸟 ■夏候鸟

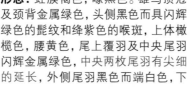

形态: 虹膜褐色, 喙黑色。雄鸟顶冠及颈背金属绿色, 头侧黑色而具闪辉绿色的髭纹和绛紫色的喉斑, 上体橄榄色, 腰黄色, 尾上覆羽及中央尾羽闪辉金属绿色, 中央两枚尾羽有尖细的延长, 外侧尾羽黑色而端白色, 下体余部污橄榄白色。雌鸟上体橄榄绿色, 下体浅绿黄色。脚黑色。**习性:** 似其他太阳鸟。**分布与种群现状:** 华东、华中、华南地区(包括海南), 留鸟, 常见。

体长: 10cm　LC(低度关注)

黑胸太阳鸟 *Aethopyga saturata* Black-throated Sunbird 花蜜鸟科 Nectariniidae

■迷鸟 ■留鸟 ■旅鸟 ■冬候鸟 ■夏候鸟

形态: 虹膜褐色, 喙黑色。雄鸟中央尾羽延长, 头顶至后颈紫蓝色具金属光泽, 背褐红色, 腰具黄色横带, 尾上覆羽和尾紫蓝色, 头侧、喉、上胸黑色, 腹部白色。雌鸟上体橄榄绿色具黄色腰带。脚深褐色。**习性:** 见于中高海拔山区的森林及灌木丛, 常光顾开花植物。**分布与种群现状:** 西藏南部、云南西部, 留鸟, 较常见。

体长: 14cm　LC(低度关注)

黄腰太阳鸟 *Aethopyga siparaja* Crimson Sunbird 花蜜鸟科 Nectariniidae

■迷鸟 ■留鸟 ■旅鸟 ■冬候鸟 ■夏候鸟

形态: 虹膜深褐色, 喙近黑色。雄鸟额、头顶前部金属蓝绿色, 头顶后部橄榄褐色, 其余头、颈、背、肩、颏、喉、胸和翅上中覆羽和小覆羽为红色, 腰黄色, 腹部灰色。脚偏蓝色。**习性:** 似其他太阳鸟。**分布与种群现状:** 华南地区, 留鸟, 较常见。

体长: 13cm　LC(低度关注)

火尾太阳鸟 *Aethopyga ignicauda* Fire-tailed Sunbird 花蜜鸟科 Nectariniidae

■迷鸟 ■留鸟 旅鸟 冬候鸟 ■夏候鸟

形态： 虹膜褐色，喙黑色。雄鸟上体、尾火红色，腰黄色，头顶辉蓝色，眼先、头侧黑色，喉及髭纹金属紫色，胸橘红色，腹部黄绿色。雌鸟上体橄榄绿色，下体黄绿色，腰沾黄色。脚黑色。**习性：** 似其他太阳鸟。**分布与种群现状：** 西藏南部、云南西部和南部，留鸟，较常见。

体长：20cm LC（低度关注）

长嘴捕蛛鸟 *Arachnothera longirostra* Little Spiderhunter 花蜜鸟科 Nectariniidae

■迷鸟 ■留鸟 旅鸟 冬候鸟 ■夏候鸟

形态： 雌雄相似。虹膜褐色，上喙黑色，下喙灰色，喙长而下弯。头和上体橄榄绿色，具白色的眉纹和月牙状的下颊纹，颏、喉白色，下体鲜黄色。脚蓝紫色。**习性：** 主要栖息于海拔1200m

以下的低山丘陵和山脚平原地带的常绿阔叶林和热带雨林中，飞行较直，鸣声柔和。**分布与种群现状：** 云南西部和南部，留鸟，较少见。

体长：15cm LC（低度关注）

纹背捕蛛鸟 *Arachnothera magna* Streaked Spiderhunter 花蜜鸟科 Nectariniidae

■迷鸟 ■留鸟 旅鸟 冬候鸟 ■夏候鸟

形态： 雌雄相似。虹膜褐色，喙黑色。上体橄榄黄色具黑斑纹，下体黄白色满布黑色纵纹，尾具模糊的黑色次端斑。脚橘黄色。**习性：** 栖息于1500m

以下的常绿阔叶林和热带雨林中。**分布与种群现状：** 西藏南部、云南、贵州、广西西南部，留鸟，较常见。

体长：19cm LC（低度关注）

491

岩鹨科 Prunellidae

领岩鹨 *Prunella collaris* Alpine Accentor 岩鹨科 Prunellidae

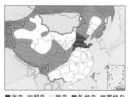

■迷鸟 ■留鸟 ■旅鸟 ■冬候鸟 ■夏候鸟

形态: 雌雄相似。虹膜深褐色,喙近黑色,下喙基黄色。头、颈、背灰褐色。下体棕色具粗大纵纹,大覆羽黑色具白色点状翼斑。尾黑色,具白色端斑。

脚红褐色。**习性:** 栖息于中、高山山顶苔原、草地、裸岩等荒漠寒冷地区,冬季迁至低山和山脚平原地带。长时间站在砾石上鸣叫。**分布与种群现状:** 分布范围广,留鸟、冬候鸟,较常见。

体长:17cm　LC(低度关注)

高原岩鹨 *Prunella himalayana* Altai Accentor 岩鹨科 Prunellidae

■迷鸟 ■留鸟 ■旅鸟 ■冬候鸟 ■夏候鸟

形态: 雌雄相似。虹膜偏红色,喙近黑色,下喙基黄色。喉白而边缘黑色。上体似领岩鹨,体侧具褐色点斑,下体棕色和白色具纵纹,腹中心乳白色。脚黄色。**习性:** 栖息于高山裸岩、悬崖

和多岩石的高原草地、灌丛。集群。地栖性,快速奔跑。**分布与种群现状:** 新疆西部和北部,夏候鸟、冬候鸟,不常见。

体长:16cm　LC(低度关注)

鸲岩鹨 *Prunella rubeculoides* Robin Accentor 岩鹨科 Prunellidae

■迷鸟 ■留鸟 ■旅鸟 ■冬候鸟 ■夏候鸟

形态: 雌雄相似。虹膜红褐色,喙近黑色。头、颔、喉灰褐色。背、肩、腰棕褐色,具黑色纵纹,两翅褐色具白色翅斑,胸红棕色,其余下体白色。脚暗红褐色。**习性:** 栖息于高山灌丛、草甸、草坡、河

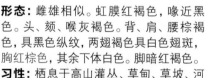

滩、牧场等高寒山地生境。集群。**分布与种群现状:** 西部地区,留鸟,较常见。

体长:16cm　LC(低度关注)

棕胸岩鹨 *Prunella strophiata* Rufous-breasted Accentor 岩鹨科 Prunellidae

■迷鸟 ■留鸟 ■旅鸟 ■冬候鸟 ■夏候鸟

形态：雌雄相似。虹膜浅褐色，喙黑色。眉纹前白、后棕，颈侧、喉、两胁具黑色纵纹。上体棕褐色具宽阔的黑色纵纹，胸带红棕色，腹白色，两胁具稀疏黑色纵纹。脚暗橘黄色。**习性：**栖息于高山灌丛、草地、沟谷、牧场、高原和林线，冬季至中山附近。**分布与种群现状：**西北及中部地区，留鸟，较常见。

体长：16cm LC（低度关注）

棕眉山岩鹨 *Prunella montanella* Siberian Accentor 岩鹨科 Prunellidae

■迷鸟 ■留鸟 ■旅鸟 ■冬候鸟 ■夏候鸟

形态：雌雄相似。虹膜黄色，喙角质色。头黑色，喉棕色，棕黄色眉纹向后延伸至枕部，背、肩栗褐色，具黑褐色纵纹。两翅黑褐色具黄白色斑，下体黄褐色，胸侧和两胁具栗褐色纵纹。脚暗黄色。**习性：**栖息于低山丘陵、山脚平原地带的林缘、河谷、灌丛、小块丛林、农田、路边等各类生境。多单独活动。**分布与种群现状：**东北、华北、华东地区北部，冬候鸟、旅鸟，常见。

体长：15cm LC（低度关注）

褐岩鹨 *Prunella fulvescens* Brown Accentor 岩鹨科 Prunellidae

■迷鸟 ■留鸟 ■旅鸟 ■冬候鸟 ■夏候鸟

形态：雌雄相似。虹膜浅褐色，喙近黑色。似棕眉山岩鹨，本种的喉皮黄色，黑色部分明显色浅。腹部几乎无纵纹。脚浅红褐色。**习性：**栖息于高原草地、荒野、农田、牧场、荒漠、半荒漠和高山裸岩草地。**分布与种群现状：**西部地区，留鸟，不常见；北京，迷鸟。

体长：15cm LC（低度关注）

黑喉岩鹨 *Prunella atrogularis* Black-throated Accentor 岩鹨科 Prunellidae

■迷鸟 ■留鸟 ■旅鸟 ■冬候鸟 ■夏候鸟

形态：雌雄相似。虹膜浅褐色，喙黑色。似棕眉山岩鹨，不同之处在本种的喉部黑色。脚暗黄

色。**习性：**栖息于山地针叶林和针阔叶混交林。小群活动。**分布与种群现状：**新疆、西藏西北部，夏候鸟，罕见。

体长：15cm LC（低度关注）

贺兰山岩鹨 *Prunella koslowi* Mongolian Accentor 岩鹨科 Prunellidae

■迷鸟 ■留鸟 ■旅鸟 ■冬候鸟 ■夏候鸟

形态：雌雄相似。虹膜褐色，喙近黑色。上体浅黄褐色而具模糊的深色纵纹，喉灰色，下体皮黄色，尾及两翼褐色，边缘皮黄色，覆羽羽端白色成浅色点状翼斑。脚偏粉色。**习性：**栖息于高原沙漠、戈壁滩和半荒

漠地带。多贴地面飞行，遇惊则垂直起飞。**分布与种群现状：**新疆北部、宁夏的贺兰山及中卫附近，留鸟，罕见。垂直迁徙。

体长：15cm LC（低度关注）

栗背岩鹨 *Prunella immaculata* Maroon-backed Accentor 岩鹨科 Prunellidae

■迷鸟 ■留鸟 ■旅鸟 ■冬候鸟 ■夏候鸟

形态：雌雄相似。虹膜白色，喙角质色。背、肩、腹、尾下覆羽栗红色，尾上覆羽棕色，余部灰色。脚暗橘黄色。

习性：栖息于高山针叶林、林缘灌丛、草甸、多岩石草地。**分布与种群现状：**甘肃南部、陕西南部至西南地区，留鸟，少见；云南北部，冬候鸟。

体长：14cm LC（低度关注）

朱鹀科 Urocynchramidae

朱鹀 *Urocynchramus pylzowi* Pink-tailed Rosefinch 朱鹀科 Urocynchramidae

■迷鸟 ■留鸟 ■旅鸟 ■冬候鸟 ■夏候鸟

形态：虹膜深褐色，喙角质色。雄鸟上体褐色斑驳，眉线、喉、胸及尾羽粉色。雌鸟胸皮黄色而具深色纵纹，尾长而凸，尾基部浅粉橙色。脚灰色。

习性：高山和高原鸟类，栖息于我国西部海拔2300~4500m的高山和高原地带。**分布与种群现状：**青藏高原东北缘及周边，留鸟，罕见。中国鸟类特有种。

体长：16cm　LC（低度关注）

织雀科 Ploceidae

纹胸织雀 *Ploceus manyar* Streaked Weaver 织雀科 Ploceidae

■迷鸟 ■留鸟 ■旅鸟 ■冬候鸟 ■夏候鸟

形态：虹膜褐色，喙黑灰色至褐色。繁殖期雄鸟头顶金黄色，脸颊、头侧、额及喉黑色，下体白色，胸、两胁具黑色纵纹，上体黑褐色，羽缘茶黄色。非繁殖期雄鸟及雌鸟头褐色，眉纹皮黄色，颈上近白色。脚浅褐色。

习性：栖息于有水的平原、旷野、河谷、沼泽等，繁殖期在树木上营建庞大的巢群。**分布与种群现状：**云南西部和西南部，留鸟，罕见。

体长：14cm　LC（低度关注）

黄胸织雀 *Ploceus philippinus* Baya Weaver 织雀科 Ploceidae

■迷鸟 ■留鸟 ■旅鸟 ■冬候鸟 ■夏候鸟

形态：虹膜褐色，喙黑灰色至褐色。雄鸟繁殖羽头顶、颈背金黄色，眼先、颊、头侧黑色，上体沙褐色或棕黄色带黑褐色纵纹，颏、喉灰色或暗褐色，颈侧和胸部茶褐色，下体棕黄色。雌鸟头无黄色及黑色，眉纹及胸部茶黄褐色。脚浅褐色。**习性：**习性似纹胸织雀。**分布与种群现状：**云南西部和南部，留鸟，地方性常见。

体长：15cm　LC（低度关注）

梅花雀科 Estrildidae

红梅花雀 *Amandava amandava* Red Avadavat 梅花雀科 Estrildidae

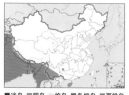

■迷鸟 ■留鸟 ■旅鸟 ■冬候鸟 ■夏候鸟

形态: 虹膜褐色,喙红色。雄鸟通体红色,背、肩、胸布满白色小斑点,两翅和尾黑色。雌鸟上背褐色,下体灰黄色。脚肉色。

习性: 栖息于海拔1500m以下的低山和平原,结小群生活。
分布与种群现状: 云南南部、海南,留鸟,不常见。

体长:10cm LC(低度关注)

长尾鹦雀 *Erythrura prasina* Pin-tailed Parrotfinch 梅花雀科 Estrildidae

■迷鸟 ■留鸟 ■旅鸟 ■冬候鸟 ■夏候鸟

形态: 虹膜黑色,喙黑色。成年雄鸟额至眼先黑色,头顶至脸颊蓝色,颏至喉渐染灰色,枕部、上背、翅为鲜绿色,前胸、两胁淡橘色;腹部中央染红色,腰和延长的尾羽鲜红色。雌鸟似雄鸟,色较淡,头染灰色,腹部皮黄色,中央尾羽较短。脚肉色。**习性:** 栖息于低地湿润雨林至山麓亚热带阔叶林,喜大面积分布的丛林,也至稻田觅食。**分布与种群现状:** 云南西部和南部,留鸟,罕见。

体长:14cm LC(低度关注)

橙颊梅花雀 *Estrilda melpoda* Orange-cheeked Waxbill 梅花雀科 Estrildidae

■迷鸟 ■留鸟 ■旅鸟 ■冬候鸟 ■夏候鸟

形态: 雌雄相似。喙红色。脸、尾上覆羽红色。下腹白色沾红色,翅褐色,其他体羽灰色。**习**

性: 栖息于草原、森林空地。**分布与种群现状:** 台湾,留鸟,较少见。

体长:10cm LC(低度关注)

白喉文鸟 *Euodice malabarica* White-throated Munia 梅花雀科 Estrildidae

■迷鸟 ■留鸟　旅鸟 ■冬候鸟 ■夏候鸟

形态：雌雄相似。虹膜深褐色，喙灰色。头、背黑色，喉、胸、腹部白色，尾部黑色中夹白色。脚灰色。**习性：**栖息

于干燥疏灌丛、牧草地、耕地、草原。喜集群。**分布与种群现状：**台湾，留鸟，不少见。

体长：10cm　LC（低度关注）

白腰文鸟 *Lonchura striata* White-rumped Munia 梅花雀科 Estrildidae

■迷鸟 ■留鸟　旅鸟 ■冬候鸟 ■夏候鸟

形态：雌雄相似。虹膜褐色，喙灰色。上体褐色，具白色细纹，颈侧和上胸栗褐色具浅黄色羽缘，下胸、腹、腰白色。脚灰色。**习性：**栖息于海拔

1500m以下的低山、丘陵和山脚平原地带，结群生活，喧闹。**分布与种群现状：**华中、西南、华南地区（包括台湾、海南），留鸟，常见。

体长：11cm　LC（低度关注）

斑文鸟 *Lonchura punctulata* Scaly-breasted Munia 梅花雀科 Estrildidae

■迷鸟 ■留鸟　旅鸟 ■冬候鸟 ■夏候鸟

形态：雌雄相似。虹膜红褐色，喙蓝灰色。上体棕褐色，羽轴白色，颏喉暗栗色；下体白色具深色鳞状斑，幼鸟下体无鳞片斑。脚灰黑色。**习性：**似其他文鸟。**分布与种群现状：**华中至华南地区（包括台湾、海南），留鸟，较常见。

体长：10cm　LC（低度关注）

栗腹文鸟 *Lonchura atricapilla* Chestnut Munia 梅花雀科 Estrildidae

■迷鸟 ■留鸟 ■旅鸟 ■冬候鸟 ■夏候鸟

形态：雌雄相似。虹膜红色，喙蓝灰色。头、颈和上胸黑色，其余体羽栗色。脚浅蓝色。**习性：**似其他文鸟。**分布与种群现状：**云南、广西、广东西部、海南、台湾，留鸟，不常见。

体长：11.5cm　LC（低度关注）

禾雀 *Lonchura oryzivora* Java Sparrow 梅花雀科 Estrildidae

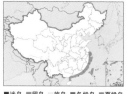

■迷鸟 ■留鸟 ■旅鸟 ■冬候鸟 ■夏候鸟

形态：雌雄相似。虹膜红色，喙深粉红色。头黑色。颊有大块白斑，上体及胸灰色，腹部粉红色。尾黑色。脚红色。**习性：**栖息于海拔1500m以下的低山、丘陵、平原，结大群而栖。**分布与种群现状：**引入种。华东、华南地区曾有野外种群，留鸟，目前已罕见。

体长：16cm　VU（易危）

雀科 Passeridae

黑顶麻雀 *Passer ammodendri* Saxaul Sparrow 雀科 Passeridae

■迷鸟 ■留鸟 ■旅鸟 ■冬候鸟 ■夏候鸟

形态：虹膜深褐色。雄鸟喙黑色，雌鸟喙黄色，喙端黑色。雄鸟头顶中央黑色，脸颊浅灰色，眉纹及枕侧棕褐色，过眼纹、额、喉黑色，上体褐色具黑色纵纹，下体灰色。雌鸟上体沙褐色，背有黑色纵纹，下体灰色。脚粉褐色。**习性：**栖息于荒漠、半荒漠和有稀疏灌丛的沙漠、河谷、农田等。**分布与种群现状：**西北地区，留鸟，较常见。

体长：15cm　LC（低度关注）

家麻雀 *Passer domesticus* House Sparrow 雀科 Passeridae

■迷鸟 ■留鸟 ■旅鸟 ■冬候鸟 ■夏候鸟

形态：虹膜褐色。雄鸟嘴黑色，雌鸟嘴黄色而端黑色。雄鸟头顶中央和腰灰色，眼后、后颈部栗红色，背栗红色具黑色纵纹，颏、喉上胸黑色，脸颊白色，其余下体灰白色。雌鸟色淡，具有浅色眉纹。脚粉褐色。**习性：**栖息于平原、山脚和高原地带的村庄、城镇和农田，在西藏南部高可至海拔4600m。**分布与种群现状：**东北北部、新疆、西藏南部、云南、四川，留鸟，地方性常见。

体长：15cm　LC（低度关注）

黑胸麻雀 *Passer hispaniolensis* Spanish Sparrow 雀科 Passeridae

■迷鸟 ■留鸟 ■旅鸟 ■冬候鸟 ■夏候鸟

形态：虹膜深褐色。雄鸟嘴黑色，雌鸟嘴黄色，嘴端黑色。雄鸟头顶至枕部栗色，白色眉纹窄，脸颊白，背及两胁布满黑色纵纹，颏、喉、上胸黑色，其余下体

白色。雌鸟体色较淡。脚粉褐色。**习性：**似家麻雀。**分布与种群现状：**新疆西部，留鸟，较常见。

体长：15.5cm　LC（低度关注）

山麻雀 *Passer cinnamomeus* Russet Sparrow 雀科 Passeridae

■迷鸟 ■留鸟 ■旅鸟 ■冬候鸟 ■夏候鸟

形态：虹膜褐色。雄鸟嘴灰色，雌鸟嘴黄色而端深色。雄鸟头顶至颈背浅栗红色，上体红褐色，背中央具黑色纵纹，脸颊白色，颏、

喉黑色，下体白色。雌鸟上体褐色，皮黄白色眉纹宽阔，过眼纹黑灰色。脚粉褐色。**习性：**通常栖息于海拔1500m以下的低山丘陵和山脚平原地带的各类森林和灌丛，在青藏高原见于海拔2000~3800m。**分布与种群现状：**中部和南部地区，留鸟，常见；辽宁，迷鸟。

体长：14cm　LC（低度关注）

麻雀 *Passer montanus* Eurasian Tree Sparrow 雀科 Passeridae

■迷鸟 ■留鸟 ■旅鸟 ■冬候鸟 ■夏候鸟

形态：雌雄相似。虹膜深褐色，喙黑色。额、头顶至后颈栗褐色，颈背有白色领环，脸颊白色，耳部有一黑斑。背沙褐色具黑色纵纹，颏、喉黑色，下体污白色。脚粉褐

色。**习性：**分布广泛，主要见于人类居住区周边，伴人生活。**分布与种群现状：**各地均有分布，留鸟，常见。

体长：14cm　LC（低度关注）

石雀 *Petronia petronia* Rock Sparrow 雀科 Passeridae

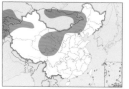

■迷鸟 ■留鸟 ■旅鸟 ■冬候鸟 ■夏候鸟

形态：雌雄相似。虹膜深褐色，喙灰色，下喙基黄色。上体灰褐色，下体灰白色具浅褐色纵纹，眉纹浅褐色，过眼纹深色，有浅色的顶冠纹和深色的侧冠纹，喉有黄斑。脚粉褐色。**习性：**主要栖息于高原的岩

石荒坡和稀少灌丛地带，高可至海拔4000m，冬季海拔较低，结大群栖居且常与家麻雀在一起。**分布与种群现状：**西部地区，留鸟，较常见。

体长：15cm　LC（低度关注）

白斑翅雪雀 *Montifringilla nivalis* White-winged Snowfinch 雀科 Passeridae

■迷鸟 ■留鸟 ■旅鸟 ■冬候鸟 ■夏候鸟

形态：虹膜褐色，喙黑色，下喙基黄色（繁殖期）或黄色而端黑（非繁殖期）。成鸟头灰色，上体褐色具深色纵纹，腹部皮黄色，喉黑色，尤其

是繁殖期的雄鸟。幼鸟似成鸟但头部皮黄褐色，白色部位沾沙色。脚黑色。**习性：**高原鸟类，栖息于2500~4500m的高山，尤喜多岩山坡。**分布与种群现状：**新疆、西藏西北部，留鸟，较常见。

体长：17cm　LC（低度关注）

藏雪雀 *Montifringilla henrici* Henri's Snowfinch 雀科 Passeridae

■迷鸟 ■留鸟 ■旅鸟 ■冬候鸟 ■夏候鸟

形态: 雌雄相似。下喙黄色。似白斑翅雪雀,但本种头、枕为棕褐色,翅上白斑较小,胁部褐色,整体颜色更深。**习性:** 似白斑翅雪雀。**分布与种群现状:** 西藏、青海,留鸟,较常见。中国鸟类特有种。

体长: 17cm　LC(低度关注)

褐翅雪雀 *Montifringilla adamsi* Tibetan Snowfinch 雀科 Passeridae

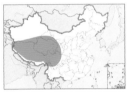

■迷鸟 ■留鸟 ■旅鸟 ■冬候鸟 ■夏候鸟

形态: 雌雄相似。虹膜褐色,喙黑色(繁殖期)或黄色而端黑色。上体灰褐色,翅上有白斑,中央尾羽黑色,外侧尾羽白色,似白斑翅雪雀和藏雪雀,但上体褐色较重,飞行及休息时两翼可见的白色较少。脚黑色。**习性:** 似白斑翅雪雀。**分布与种群现状:** 西部地区,留鸟,常见。

体长: 17cm　LC(低度关注)

白腰雪雀 *Onychostruthus taczanowskii* White-rumped Snowfinch 雀科 Passeridae

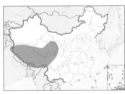

■迷鸟 ■留鸟 ■旅鸟 ■冬候鸟 ■夏候鸟

形态: 雌雄相似。虹膜褐色,喙角质色或黄色,喙端黑色。整体灰白色,头顶灰褐色,前额及眉纹白色,眼先黑色,背具暗褐色纵纹,腰白色,尾黑褐色,外侧尾羽白色,比其他雪雀色彩都淡。脚黑色。**习性:** 栖息于海拔3000~4500m的高山草地和荒漠、半荒漠地带。栖于鼠兔群集处,栖息、营巢均使用鼠兔洞。**分布与种群现状:** 西部地区,留鸟,常见。

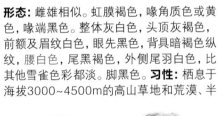

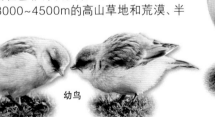

幼鸟

体长: 17cm　LC(低度关注)

黑喉雪雀 *Pyrgilauda davidiana* Pere David's Snowfinch 雀科 Passeridae

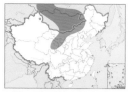

■迷鸟 ■留鸟 ■旅鸟 ■冬候鸟 ■夏候鸟

形态: 雌雄相似。虹膜褐色,喙皮黄色,喙端黑色。头顶和上体沙褐色,额、眼先、喙周、颏及喉黑色,两翅和尾褐色。脚褐色。**习性:** 似其他雪雀,也与鼠兔共处。**分布与种群现状:** 西北地区,留鸟,不常见。

体长:15cm　LC(低度关注)

棕颈雪雀 *Pyrgilauda ruficollis* Rufous-necked Snowfinch 雀科 Passeridae

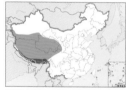

■迷鸟 ■留鸟 ■旅鸟 ■冬候鸟 ■夏候鸟

形态: 雌雄相似。虹膜褐色,喙黑色(成鸟)或偏粉色,喙端深色(幼鸟)。前额灰色,眉纹白色,过眼纹黑色,髭纹黑色,颏及喉白色。上体灰褐色具黑褐色纵纹,后颈、颈侧和胸侧棕色,下体白色。脚黑色。**习性:** 栖息于海拔2500~4000m的高山裸岩、草地,出入于鼠兔洞穴中。**分布与种群现状:** 西部地区,留鸟,常见。见于喜马拉雅山脉的种群冬季往下迁移。

体长:15cm　LC(低度关注)

棕背雪雀 *Pyrgilauda blanfordi* Blanford's Snowfinch 雀科 Passeridae

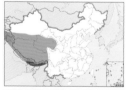

■迷鸟 ■留鸟 ■旅鸟 ■冬候鸟 ■夏候鸟

形态: 雌雄相似。虹膜褐色,喙黑色(成鸟)或皮黄色(幼鸟)。额、眉纹、颊白色,额中央有一黑色纵纹,眼先、颏、喉黑色,并向上延伸至眼上,上体褐色,颈侧浅棕色,下体白色。脚黑色。**习性:** 典型高山草原和草地鸟类,栖息于海拔3000~4500m,与鼠兔繁群共处。**分布与种群现状:** 青藏高原、新疆南部,留鸟,不常见。

体长:15cm　LC(低度关注)

鹡鸰科 Motacillidae

山鹡鸰 *Dendronanthus indicus* Forest Wagtail 鹡鸰科 Motacillidae

■迷鸟 ■留鸟　旅鸟 ■冬候鸟 ■夏候鸟

形态：雌雄相似。虹膜灰色，喙角质褐色，下喙较淡。眉纹白色。上体灰褐色，翅上有两道显著的白色横斑，下体白色，胸有两道黑色横带，外侧尾羽白色。脚偏粉色。**习性：**栖息于低山丘陵地带的山地森林。树上筑巢，常沿着树枝上行走或在地面行走，尾不停地左右摆动。**分布与种群现状：**东北至西南地区、华南地区北部，夏候鸟，常见；华南地区南部（包括海南）、台湾，冬候鸟，较少见。

注：山鹡鸰哺育寿带幼鸟，鸟类学称"帮助者行为"。

体长：17cm LC（低度关注）

西黄鹡鸰 *Motacilla flava* Western Yellow Wagtail 鹡鸰科 Motacillidae

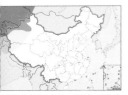

■迷鸟 ■留鸟　旅鸟 ■冬候鸟 ■夏候鸟

形态：虹膜褐色，喙褐色。成鸟背部橄榄绿色或橄榄褐色，尾较短，飞行时无白色翼纹，腰黄色。脚褐色至黑色。**习性：**喜稻田、沼泽边缘及近水的矮草地，常结成大群，迁徙期间也集群活动。**分布与种群现状：**新疆西部、西藏西北部，夏候鸟、旅鸟，常见。

体长：18cm LC（低度关注）

黄鹡鸰 *Motacilla tschutschensis* Eastern Yellow Wagtail 鹡鸰科 Motacillidae

■迷鸟 ■留鸟 ■旅鸟 ■冬候鸟 ■夏候鸟

形态：虹膜褐色，喙褐色。眉纹黄色或黄白色，头顶灰色或暗色。上体橄榄绿色或灰色，飞羽黑褐色具两道白色或黄白色横斑，下体黄色。尾黑褐色，最外侧两对尾羽白

色。脚褐色至黑色。**习性：**栖息于低山丘陵、平原、草原和滨海湿地。**分布与种群现状：**分布范围广，夏候鸟、冬候鸟、旅鸟，常见。

体长：18cm　LC（低度关注）

黄头鹡鸰 *Motacilla citreola* Citrine Wagtail 鹡鸰科 Motacillidae

■迷鸟 ■留鸟 ■旅鸟 ■冬候鸟 ■夏候鸟

形态：虹膜深褐色，喙黑色。头黄色，背黑色或灰色，翅暗褐色，具白斑。上体黑色或深灰色，下体黄色。尾黑褐色，外侧尾羽白色。**习性：**栖息于各水域岸边。**分布与种群现状：**分布范围较广，夏候鸟，常见；东南和南部地区，冬候鸟、留鸟及旅鸟；台湾迷鸟，常见。

体长：18cm　LC（低度关注）

灰鹡鸰 *Motacilla cinerea* Gray Wagtail 鹡鸰科 Motacillidae

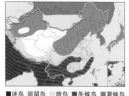

■迷鸟 ■留鸟 ■旅鸟 ■冬候鸟 ■夏候鸟

形态：虹膜褐色，喙黑褐色，眉纹白色。上体暗灰色，黑褐色飞羽具白色斑，中央尾羽黑褐色，外侧一对尾羽白色。下体黄色，颏、喉雄鸟夏季为黑色，冬季为白色，雌鸟均为白色。脚粉灰色。

习性：繁殖期多见于中低海拔山区的水域岸边，非繁殖期见于各种近水生境。在地面上走动时上下摆尾。**分布与种群现状：**分布范围广，夏候鸟、旅鸟、冬候鸟，较常见；台湾，留鸟。

体长：19cm　LC（低度关注）

白鹡鸰 *Motacilla alba* White Wagtail 鹡鸰科 Motacillidae

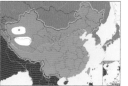

■迷鸟 ■留鸟 ■旅鸟 ■冬候鸟 ■夏候鸟

形态： 虹膜褐色，喙黑色。前额、脸白色，颏、喉白色或黑色。头顶和后颈黑色，胸口具标志性的黑色倒三角形斑块。背、肩黑色或灰色，两翅黑色具白色翅斑。下体白色。脚黑色。亚种间色型变化较大。**习性：** 栖息于乡村、水边、城市绿地等开阔生境。在地上走走停停，上下翘尾。**分布与种群现状：** 分布范围广，留鸟、夏候鸟、冬候鸟，常见。

体长： 20cm LC（低度关注）

日本鹡鸰 *Motacilla grandis* Japanese Wagtail 鹡鸰科 Motacillidae

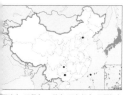

■迷鸟 ■留鸟 ■旅鸟 ■冬候鸟 ■夏候鸟

形态： 雌雄相似。虹膜深褐色，喙黑色。前额、眉纹和颏白色。眼先、头侧、颈侧、胸黑色，头、颈、上体黑色，翅上具大型白斑，下体白色。脚黑色。**习性：** 栖息于低山丘陵和山脚平原水域边。**分布与种群现状：** 河北、贵州、广西、台湾有记录，迷鸟，罕见。

体长： 20cm LC（低度关注）

505

大斑鹡鸰 *Motacilla maderaspatensis* White-browed Wagtail 鹡鸰科 Motacillidae

■迷鸟 ■留鸟 ■旅鸟 ■冬候鸟 ■夏候鸟

形态: 雌雄相似。本属体型最大者。虹膜褐色,喙黑色。头至前胸黑色,最突出的特征是白色眉纹粗长,延伸至脸颊后部,两侧眉纹汇聚于前额。上体黑色,下体白色。两翼合拢时形成一道白色长肩带。脚黑色。**习性:** 似白鹡鸰,适应人工环境,甚至筑巢于建筑物上。**分布与种群现状:** 仅云南有记录,迷鸟,罕见。

注:在《中国观鸟年报—中国鸟类名录6.0(2018)》中列出,1868年中国(云南)新记录(杨岚等,2004)。

体长: 21cm LC(低度关注)

田鹨 *Anthus richardi* Richard's Pipit 鹡鸰科 Motacillidae

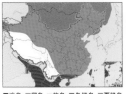

■迷鸟 ■留鸟 ■旅鸟 ■冬候鸟 ■夏候鸟

形态: 雌雄相似。虹膜褐色,喙粉红褐。眉纹皮黄色,上体黄褐色。头顶和背具暗褐色纵纹,下体白色、喉两侧、胸具暗褐色纵纹较重,后爪长。脚粉红色。**习性:** 栖息于开阔原野、牧场、农田。**分布与种群现状:** 除西藏外,分布于各地,夏候鸟、留鸟、冬候鸟,较常见。

体长: 18cm LC(低度关注)

东方田鹨 *Anthus rufulus* Paddyfield Pipit 鹡鸰科 Motacillidae

■迷鸟 ■留鸟 ■旅鸟 ■冬候鸟 ■夏候鸟

形态: 雌雄相似。虹膜褐色,喙褐色。眉纹皮黄色,颏、喉白色沾棕。上体黄褐色,头顶和背具暗褐色纵纹,下体白色或皮黄白色,喉两侧、胸具暗褐色纵纹。脚褐色。**习性:** 栖息于开阔原野、牧场、农田。站立时多呈垂直姿势,行走迅速,尾上下摆动。**分布与种群现状:** 云南、四川、广东北部、广西,留鸟,较常见。

体长: 16cm LC(低度关注)

布氏鹨 *Anthus godlewskii* Blyth's Pipit 鹡鸰科 Motacillidae

■迷鸟 ■留鸟　旅鸟 ■冬候鸟 ■夏候鸟

形态：雌雄相似。虹膜深褐色，喙肉色。上体棕褐色，具黑褐色纵纹，下体白色，胸沙棕色具黑色纵纹。脚偏黄色。

习性：栖息于多石山区、草地。**分布与种群现状：**大兴安岭西侧经内蒙古至青海及宁夏，夏候鸟；西藏东南部、四川、贵州和云南等，旅鸟；台湾，迷鸟。

体长：18cm　LC（低度关注）

平原鹨 *Anthus campestris* Tawny Pipit 鹡鸰科 Motacillidae

■迷鸟 ■留鸟　旅鸟 ■冬候鸟 ■夏候鸟

形态：雌雄相似。虹膜深褐色，喙偏粉色。眉纹皮黄色，头顶具暗褐色纵纹。上体灰褐色，条纹不明显，翅和尾暗褐色，羽缘棕白色，最外侧两对尾羽白色；下体棕白色，胸沙棕色。脚浅黄色。**习性：**栖息于开阔原野、低山地区。

分布与种群现状：新疆，夏候鸟，少见。

体长：18cm　LC（低度关注）

草地鹨 *Anthus pratensis* Meadow Pipit 鹡鸰科 Motacillidae

■迷鸟 ■留鸟　旅鸟 ■冬候鸟 ■夏候鸟

形态：雌雄相似。虹膜褐色，喙角质色。眉纹短，喉侧、胸和两胁具暗色纵纹。上体棕褐色具黑褐色纵纹，下体皮黄白色。尾黑褐色，外侧尾羽具大的楔状白斑。脚偏粉色。**习性：**栖息于水域及其附近的草地、半荒漠地区。常地上活动，少飞翔。**分布与种群现状：**新疆西部和甘肃，旅鸟；辽宁，迷鸟。罕见。

体长：15cm　NT（近危）

林鹨 *Anthus trivialis* Tree Pipit 鹡鸰科 Motacillidae

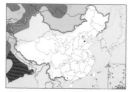

■迷鸟 ■留鸟 ■旅鸟 ■冬候鸟 ■夏候鸟

形态：雌雄相似。虹膜褐色，上喙褐色，下喙粉红色。喉两侧具黑褐色纵纹，头顶和背具暗褐色纵纹。上体沙褐色至灰褐色，无橄榄色调，下体皮黄色，胸具黑褐色纵纹，最外侧尾羽白色。脚偏粉色。**习性：**栖息于山地森林和林缘地带，主要以昆虫为食，也吃草籽。尾不停地上下摆动。**分布与种群现状：**新疆西部，夏候鸟；西北及内蒙古，冬候鸟；北京、河北、广西有记录。地区性常见。

体长：16cm LC（低度关注）

树鹨 *Anthus hodgsoni* Olive-backed Pipit 鹡鸰科 Motacillidae

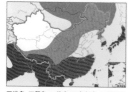

■迷鸟 ■留鸟 ■旅鸟 ■冬候鸟 ■夏候鸟

形态：雌雄相似。虹膜深褐色，上喙黑褐色，下喙偏粉色。眉纹皮黄色，耳后具白斑。上体橄榄绿色具褐色纵纹，下体灰白色，胸具黑褐色纵纹。尾较长。脚粉红色。**习性：**栖息于山地阔叶林、混交林、针叶林及城市园林。受惊后飞到树枝上，上下翘尾。**分布与种群现状：**分布范围广，夏候鸟、旅鸟、冬候鸟，常见。

体长：16cm LC（低度关注）

北鹨 *Anthus gustavi* Pechora Pipit 鹡鸰科 Motacillidae

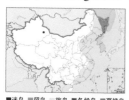

■迷鸟 ■留鸟 ■旅鸟 ■冬候鸟 ■夏候鸟

形态：雌雄相似。虹膜褐色，上喙角质色，下喙粉红色。上体棕褐色具粗的黑褐色纵纹，羽缘白色，形成"v"形斑，翅上具两条棕白色翅斑，下体白色或灰白色，胸、颈侧和两胁具暗褐色纵纹。最外侧尾羽具大形楔状白斑。脚粉红色。**习性：**栖息于湖边、沙滩、田野。常躲藏在植物丛中。**分布与种群现状：**黑龙江，夏候鸟；东北至华南沿海各地，包括台湾，旅鸟。新疆有记录。

体长：15cm LC（低度关注）

粉红胸鹨 *Anthus roseatus* Rosy Pipit 鹡鸰科 Motacillidae

■迷鸟 ■留鸟 □旅鸟 ■冬候鸟 ■夏候鸟

形态: 雌雄相似。虹膜褐色,喙灰色。眉纹白色,繁殖期眉纹粉红色。喉、胸淡粉色,头顶、背具黑褐色纵纹,上体橄榄灰色或灰褐色,腰和尾上覆羽纯色,下体皮黄白色或乳白色,两胁具黑褐色纵纹。尾羽暗褐色,最外侧尾羽具楔状白斑。脚偏粉色。**习性:** 栖息于山地灌丛、高原草地、河谷开阔环境,在东部地区只见于高山草甸。**分布与种群现状:** 分布范围广,夏候鸟、冬候鸟、留鸟、迷鸟,常见。

体长: 15cm LC（低度关注）

红喉鹨 *Anthus cervinus* Red-throated Pipit 鹡鸰科 Motacillidae

■迷鸟 ■留鸟 □旅鸟 ■冬候鸟 ■夏候鸟

形态: 雌雄相似。虹膜褐色,喙角质色,基部黄色。繁殖期颏、喉、胸粉红色。上体橄榄灰褐色,具浓重的黑褐色纵纹,下体黄色,下胸和两胁具黑褐色纵纹,非繁殖羽上体黄褐色或棕褐色具黑色纵纹。脚肉色。**习性:** 栖息于水域及其附近的草地、

林地、农田。多成对活动,在地上觅食,受惊动即飞向树枝或岩石上。**分布与种群现状:** 东北地区至华南地区,旅鸟、冬候鸟,较常见。

体长: 15cm LC（低度关注）

黄腹鹨 *Anthus rubescens* Buff-bellied Pipit 鹡鸰科 Motacillidae

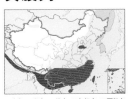

■迷鸟 ■留鸟 □旅鸟 ■冬候鸟 ■夏候鸟

形态: 雌雄相似。虹膜褐色,喙角质色,下喙偏粉色。眉纹短,颈侧具显著的黑斑。上体灰色具淡黑条纹,翅有两条白色翼带,飞羽羽缘白色,下体白色具纵

纹,尾黑褐色,繁殖羽下体皮黄色。脚暗黄色。**习性:** 栖息于高山草地、湿地。**分布与种群现状:** 除宁夏、青海、西藏地区外,各地均有分布。长江以北地区,旅鸟;长江以南各地(包括台湾),冬候鸟,少见。

体长: 15cm LC（低度关注）

水鹨 *Anthus spinoletta* Water Pipit 鹡鸰科 Motacillidae

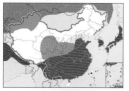

■迷鸟 ■留鸟 ■旅鸟 ■冬候鸟 ■夏候鸟

形态：雌雄相似。虹膜褐色，喙灰色。上体灰褐色具不清晰的暗褐色纵纹，翅具两条白色横带，下体棕白色或浅棕色。外侧尾羽具大型白斑。脚偏粉色。**习性：**栖息于山地、草原、河谷、平原。**分布与种群现状：**新疆西部、青藏高原东部、陕西南部，夏候鸟；华中地区至华南地区，冬候鸟；河北、北京，旅鸟，较常见，台湾，迷鸟。

体长：15cm　LC（低度关注）

山鹨 *Anthus sylvanus* Upland Pipit 鹡鸰科 Motacillidae

■迷鸟 ■留鸟 ■旅鸟 ■冬候鸟 ■夏候鸟

形态：雌雄相似。虹膜褐色，喙偏粉色。颏、喉、眉纹白色。上体棕褐色具粗黑褐色纵纹，下体棕白色具细的黑褐色纵纹。尾黑褐色。脚偏粉色。**习性：**见于丘陵、高山上裸岩和草地交界地带。冬季集群。**分布与种群现状：**华中地区南部、华东地区南部、华南地区，留鸟，罕见。

体长：17cm　LC（低度关注）

燕雀科 Fringillidae

苍头燕雀 *Fringilla coelebs* Common Chaffinch 燕雀科 Fringillidae

■迷鸟 ■留鸟 ■旅鸟 ■冬候鸟 ■夏候鸟

繁殖羽

繁殖羽 ♂

♀

♀

形态：虹膜褐色；雄鸟喙灰色，雌鸟喙角质色。繁殖期雄鸟顶冠及颈背灰色，上背栗色，脸及胸偏粉色，具醒目的白色肩块及翼斑。雌鸟及幼鸟色暗而多灰色。脚粉褐色。**习性：**栖息于各类森林，迁徙间也见于公园、农田，性大胆，易接近。**分布与种群现状：**东北地区至新疆，冬候鸟，不常见。华北地区，偶见。

体长：16cm　LC（低度关注）

燕雀 *Fringilla montifringilla* Brambling 燕雀科 Fringillidae

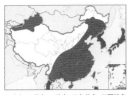

■迷鸟 ■留鸟 ■旅鸟 ■冬候鸟 ■夏候鸟

繁殖羽♂

非繁殖羽♂

非繁殖羽♀

形态：虹膜褐色，喙黄色，喙尖黑色。雄鸟从头至背黑色，背具棕黄色羽缘，胸、肩棕色，腰、腹白色。雌鸟与非繁殖期雄鸟相似，体色较淡，头部为褐色，头顶和枕具黑色羽缘，颈侧灰色。脚粉褐色。**习性：**繁殖期栖息于各类森林，迁徙和越冬于疏林、次生林，农田等，似苍头燕雀。**分布与种群现状：**分布范围较广，冬候鸟，较常见；除宁夏、西藏、青海外；各地均有分布。

体长：16cm LC（低度关注）

黄颈拟蜡嘴雀 *Mycerobas affinis* Collared Grosbeak 燕雀科 Fringillidae

■迷鸟 ■留鸟 ■旅鸟 ■冬候鸟 ■夏候鸟

♀

♂

形态：虹膜深褐色，喙绿黄色。雄鸟头、喉、两翼及尾黑色，其余部位黄色。雌鸟头及喉灰色，飞羽和尾绿黑色，其余橄榄绿色。脚橘黄色。**习性：**栖息于海拔3000m以上的高山针叶林和针阔混交林、杜鹃灌丛等。**分布与种群现状：**甘肃西部和南部、西藏南部、云南西北部、四川西部，留鸟，较少见。

体长：22cm LC（低度关注）

白点翅拟蜡嘴雀 *Mycerobas melanozanthos* Spot-winged Grosbeak 燕雀科 Fringillidae

■迷鸟 ■留鸟 ■旅鸟 ■冬候鸟 ■夏候鸟

形态：虹膜深褐色，喙灰色。繁殖期雄鸟头、喉及上体、腰和尾黑色，胸腹部及臀黄色，三级飞羽、大覆羽及次级飞羽的羽端具明显黄白色点斑，与黄颈拟蜡嘴雀的区别在本种无黄色的领环及背部，与白斑翅拟蜡嘴雀的区别为本种胸黄色。雌鸟及幼鸟具黑色及黄色纵纹且甚为清晰。脚灰色。**习性：**栖息于海拔2000~3000m的阔叶林和针阔混交林、次生林和林缘地带。**分布与种群现状：**甘肃西部、西藏南部、云南、四川西部，留鸟，不常见。

♂

♀

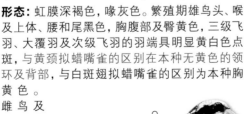

体长：22cm LC（低度关注）

白斑翅拟蜡嘴雀 *Mycerobas carnipes* White-winged Grosbeak 燕雀科 Fringillidae

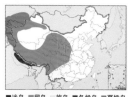

■迷鸟 ■留鸟 ■旅鸟 ■冬候鸟 ■夏候鸟

形态: 虹膜深褐色,喙灰色。雄鸟外形似白点翅拟蜡嘴雀雄鸟,但本种腰黄色,胸黑色,三级飞羽及大覆羽羽端点斑黄色,初级飞羽基部白色块斑在飞行时明显易见。雌鸟似雄鸟但色暗,灰色取代黑色,脸颊及胸具模糊的浅色纵纹。幼鸟似雌鸟但褐色较重。脚粉褐色。**习性:** 见于高山针叶林及灌木林,最高可达海拔4900m。**分布与种群现状:** 青藏高原、新疆西部、北部,留鸟,地方性较常见。

体长: 23cm　LC(低度关注)

锡嘴雀 *Coccothraustes coccothraustes* Hawfinch 燕雀科 Fringillidae

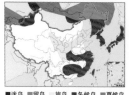

■迷鸟 ■留鸟 ■旅鸟 ■冬候鸟 ■夏候鸟

形态: 虹膜褐色,喙角质色至近黑色。雄鸟头棕黄色,喉有黑斑块,背棕褐色,颈部一灰色领环,两翅和尾辉蓝黑色,翅上有大块白斑点,下体棕褐色,尾、尾上覆羽棕黄色,端白色。雌鸟色浅。脚粉褐色。**习性:** 栖息于低山、丘陵和平原地带的阔叶林、针阔混交林、次生林。冬季见于果园、公园等次生林。**分布与种群现状:** 除西藏、云南、海南外,各地有分布,留鸟、冬候鸟、旅鸟,常见。

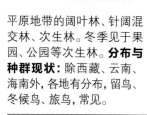

体长: 17cm　LC(低度关注)

黑尾蜡嘴雀 *Eophona migratoria* Chinese Grosbeak 燕雀科 Fringillidae

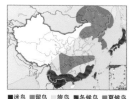

■迷鸟 ■留鸟 ■旅鸟 ■冬候鸟 ■夏候鸟

形态: 虹膜褐色,喙黄色粗大,端部黑色。似黑头蜡嘴雀,但本种体型较小,整体色调为土黄色。雄鸟头辉黑色,黑色范围可至颈部,颏和上喉黑色,背、肩灰褐色,腰和尾上覆羽浅灰色,两翅和尾黑色,初级覆羽和外侧飞羽具白色端斑,其余下体灰褐色,腰和尾下覆羽白色,两胁棕色。雌鸟似雄鸟,但头灰褐色,飞羽端部黑色。脚粉褐色。**习性:** 似锡嘴雀。从不见于密林。**分布与种群现状:** 中东部地区,夏候鸟、旅鸟;华南地区,冬候鸟。常见。

体长: 17cm　LC(低度关注)

黑头蜡嘴雀 *Eophona personata* Japanese Grosbeak 燕雀科 Fringillidae

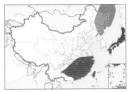

■迷鸟 ■留鸟 旅鸟 冬候鸟 夏候鸟

形态：虹膜深褐色，喙黄色粗大，喙端无黑色。似黑尾蜡嘴雀，但本种体型较大，整体色调为蓝灰色，头部黑色范围仅至眼后，飞羽中间有白斑。脚粉褐色。**习性：**似黑尾蜡嘴雀，但更喜低地。**分布与种群现状：**东北地区，夏候鸟；华北地区至长江流域，旅鸟；长江以南地区、台湾，冬候鸟。较常见。

♂ ♀

体长：20cm LC（低度关注）

松雀 *Pinicola enucleator* Pine Grosbeak 燕雀科 Fringillidae

■迷鸟 ■留鸟 旅鸟 冬候鸟 夏候鸟

形态：虹膜深褐色，喙灰色。下喙基部粉红色，喙厚而带钩。具两道明显白色翼斑。成年雄鸟深粉红色，具别致的脸部灰色图纹；成年雌鸟似雄鸟但橄榄绿色取代粉红色。尾长。幼鸟全身灰色暗，具皮黄色的翼斑。脚深褐色。**习性：**环北极泰加林的鸟类，栖息于针叶林和针阔混交林。**分布与种群现状：**东北地区，冬候鸟，罕见。

♂ ♀

体长：22cm LC（低度关注）

褐灰雀 *Pyrrhula nipalensis* Brown Bullfinch 燕雀科 Fringillidae

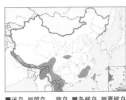

■迷鸟 ■留鸟 旅鸟 ■冬候鸟 夏候鸟

形态：虹膜褐色，喙绿灰色，喙端黑色。上体灰褐色，下体灰白色，头前部黑褐色，两翅和尾黑色闪蓝光，肩部边缘白色，腰、尾下覆羽白色。脚粉褐色。**习性：**栖息于阔叶林和针阔混交林和林缘及杜鹃灌丛，高可至海拔4000m。**分布与种群现状：**西藏东南部、云南、四川西部、陕西南部、广东北部、福建、浙江、台湾，留鸟，地方性常见。

体长：16.5cm LC（低度关注）

513

红头灰雀 *Pyrrhula erythrocephala* Red-headed Bullfinch 燕雀科 Fringillidae

■迷鸟 ■留鸟 旅鸟 ■冬候鸟 ■夏候鸟

形态: 虹膜褐色,喙黑色。似灰头灰雀,但雄鸟的头、胸、腹橘黄色,头顶及颈背黄绿色,额、眼先和颏都为黑色。脚粉褐色。**习性:** 似其他灰雀。**分布与种群现状:** 西藏南部,留鸟,地区性不常见。

体长:17cm LC(低度关注)

灰头灰雀 *Pyrrhula erythaca* Gray-headed Bullfinch 燕雀科 Fringillidae

■迷鸟 ■留鸟 旅鸟 ■冬候鸟 ■夏候鸟

形态: 虹膜深褐色,喙近黑色。似红头灰雀,但本种雄鸟头为灰色,胸、腹橘红色,喙周黑色。雌鸟下

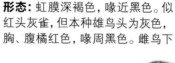

体和上背褐色。脚粉褐色。**习性:** 似其他灰雀。**分布与种群现状:** 华北地区南部、甘肃、陕西南部、华中地区和西南地区,留鸟,较少见。

体长:17cm LC(低度关注)

红腹灰雀 *Pyrrhula pyrrhula* Eurasian Bullfinch 燕雀科 Fringillidae

■迷鸟 ■留鸟 旅鸟 ■冬候鸟 ■夏候鸟

形态: 虹膜褐色,喙黑色。雄鸟顶冠、眼罩、颏亮黑色,脸颊和胸、腹部颜色因亚种而异,有脸颊和胸腹部全红色、全灰色及红脸灰胸等不同的地理型,背灰色,两翅、尾黑色,具大块灰色或白色翼斑,腰、腹中央至尾下覆羽白色。雌鸟似雄鸟但粉色被暖褐色取代。脚黑褐色。**习性:**

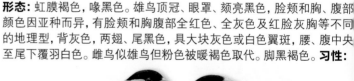

栖息于针叶林、针阔混交林等,冬季也出现于人工林、公园等。**分布与种群现状:** 东北地区北部,留鸟。新疆西北部、华北及华东地区沿海,冬候鸟。较常见。

体长:14.5~16cm LC(低度关注)

红翅沙雀 *Rhodopechys sanguineus* Eurasian Crimson-winged Finch 燕雀科 Fringillidae

■迷鸟 ■留鸟 ■旅鸟 ■冬候鸟 ■夏候鸟

形态： 虹膜褐色，喙黄色。与其他沙雀的区别在本种色较深，体羽多杂斑。雄鸟头顶黑褐色，背褐色有黑色纵纹，腰褐色而沾粉红色，眼周绯红色，颊褐色，眉纹、喉及颈侧沙色，胸褐色而具黑色杂斑，腹部偏白色，覆羽多浅绯红色，飞羽黑色而具绯红色及白色羽缘，三级飞羽黑色而端白色，凹形尾黑色，尾缘偏白色。雌鸟似雄鸟但色暗且绯红色较少。脚褐色。**习性：** 似其他沙雀。**分布与种群现状：** 新疆西部，留鸟，罕见。

体长：17cm LC（低度关注）

蒙古沙雀 *Bucanetes mongolicus* Mongolian Finch 燕雀科 Fringillidae

■迷鸟 ■留鸟 ■旅鸟 ■冬候鸟 ■夏候鸟

形态： 虹膜深褐色，喙淡黄色。头、上体喉和胸沙褐色，眼周、胸、两胁和翅沾粉红色，肩、背有暗色纵纹，翅末

端和尾黑色。脚粉褐色。**习性：** 似其他沙雀，高可至海拔4200m。**分布与种群现状：** 东北地区至西北地区，留鸟，较常见。

巨嘴沙雀 *Rhodospiza obsoleta* Desert Finch 燕雀科 Fringillidae

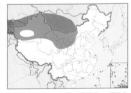

■迷鸟 ■留鸟 ■旅鸟 ■冬候鸟 ■夏候鸟

形态： 虹膜深褐色，喙黑色。体羽沙褐色。雄鸟眼先黑色，翼及尾羽黑色具白色及粉红色羽缘。雌鸟眼先无黑色。脚深褐色。**习性：** 干旱荒漠地区的鸟类，栖息于有稀疏树木或灌丛的地带。**分布与种群现状：** 新疆西部及北部、青海、甘肃、内蒙古的大部分地区，留鸟，地区性较常见。

体长：15cm LC（低度关注）

赤朱雀 *Agraphospiza rubescens* Blanford's Rosefinch 燕雀科 Fringillidae

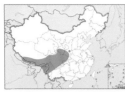

■迷鸟 ■留鸟 ■旅鸟 ■冬候鸟 ■夏候鸟

形态： 虹膜褐色，喙灰色。雄鸟多绯红色，无眉纹，两翅和尾褐色，头顶、上背或胸部无纵纹，下腹部至尾下覆羽红色较少。

雌鸟为单一暖灰褐色，腰和尾上覆羽带粉色，下体无纵纹，与其他朱雀的区别在下体无纵纹。脚烟褐色。**习性：** 栖息于高山针叶林、河滩、路边灌丛、草地等。**分布与种群现状：** 西藏南部及东南部、云南西北部、四川、甘肃东南部，留鸟，不常见；陕西太白山，夏候鸟。

体长： 15cm　LC（低度关注）

金枕黑雀 *Pyrrhoplectes epauletta* Gold-naped Finch 燕雀科 Fringillidae

■迷鸟 ■留鸟 ■旅鸟 ■冬候鸟 ■夏候鸟

形态： 虹膜深褐色，喙黑色。雄鸟体羽黑色，头顶及颈背鲜亮金色，肩部有金

色闪辉块斑。雌鸟上背灰色，头橄榄绿色及灰色，两翼及下体暖褐色。脚黑色。**习性：** 常于林下或地面活动。**分布与种群现状：** 甘肃西部、西藏南部和西南部、云南西北部、四川西部，留鸟，不常见。

体长： 15cm　LC（低度关注）

暗胸朱雀 *Pracarduelis nipalensis* Dark-breasted Rosefinch 燕雀科 Fringillidae

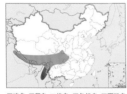

■迷鸟 ■留鸟 ■旅鸟 ■冬候鸟 ■夏候鸟

形态： 虹膜褐色，喙偏灰的角质色。颈背及上体深褐色而染绯红色。雄鸟额、眉纹、脸颊及耳羽亮粉色，胸深紫栗色。雌鸟为灰褐色，具两道浅色的翼斑。脚粉褐色。**习性：** 似其他朱雀。**分布与种群现状：** 西藏、甘肃、四川、云南，留鸟，不常见。

体长： 15.5cm　LC（低度关注）

林岭雀 *Leucosticte nemoricola* Plain Mountain Finch 燕雀科 Fringillidae

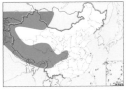

■迷鸟 ■留鸟 ■旅鸟 ■冬候鸟 ■夏候鸟

形态: 雌雄相似。虹膜深褐色,喙角质色。上体褐色,具深色纵纹,眉纹色浅,具白色或乳白色的细小翼斑,两翅和尾黑褐色,凹形的尾无白色,与高山岭雀的区别在头色较浅,腰部羽毛的羽端无粉红色。脚灰色。**习性:** 栖息于林线以上、雪线以下的高山和亚高山草甸、灌丛和林缘地带,冬季垂直下迁,集大群。**分布与种群现状:** 西部地区,留鸟,较常见。

体长:**15cm** LC(低度关注)

高山岭雀 *Leucosticte brandti* Brandt's Mountain Finch 燕雀科 Fringillidae

■迷鸟 ■留鸟 ■旅鸟 ■冬候鸟 ■夏候鸟

形态: 雌雄相似。虹膜深褐色,喙灰色。头部色深,腰偏粉色,见于我国的7个亚种在体羽的深色程度从褐色至灰色的色调上有异。脚深褐色。**习性:** 似林岭雀,栖息海拔更高,夏季可达海拔4000m以上,冬季下到2600~4000m的沟谷和山脚。**分布与种群现状:** 西北地区,留鸟,常见。

体长:**18cm** LC(低度关注)

粉红腹岭雀 *Leucosticte arctoa* Asian Rosy Finch 燕雀科 Fringillidae

■迷鸟 ■留鸟 ■旅鸟 ■冬候鸟 ■夏候鸟

形态: 虹膜褐色,喙黄色,喙端黑色。繁殖期雄鸟额、顶冠及脸灰色,上背黄褐沙色的羽缘成鳞状斑,两翼近黑而羽缘粉红色,尾近黑色而具白色羽缘,下体褐色羽片中心粉红色。非繁殖期雄鸟头顶、颈、背及颈圈皮黄褐色。脚黑色。**习性:** 栖息于林线以上的山顶苔原、灌丛、裸岩山坡等。**分布与种群现状:** 新疆北部、东北地区北部,夏候鸟;东北地区南部、华北地区北部,冬候鸟,不常见。

体长:**17cm** LC(低度关注)

普通朱雀 *Carpodacus erythrinus* Common Rosefinch 燕雀科 Fringillidae

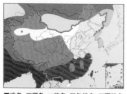

■迷鸟 ■留鸟 ■旅鸟 ■冬候鸟 ■夏候鸟

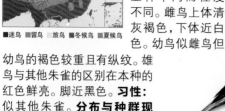

形态：虹膜深褐色，喙灰色。繁殖期雄鸟头、胸、腰及翼斑多具鲜亮红色，随亚种不同而程度不同。雌鸟上体清灰褐色，下体近白色。幼鸟似雌鸟但幼鸟的褐色较重且有纵纹。雄鸟与其他朱雀的区别在本种的红色鲜亮。脚近黑色。**习性：**似其他朱雀。**分布与种群现状：**分布范围广，夏候鸟、冬候鸟、旅鸟，较常见。

♂ ♀

体长：15cm LC（低度关注）

褐头朱雀 *Carpodacus sillemi* Sillem's Rosefinch 燕雀科 Fringillidae

■迷鸟 ■留鸟 ■旅鸟 ■冬候鸟 ■夏候鸟

形态：虹膜褐色，喙灰色。似高山岭雀但头黄褐色，额无黑色，上背无纵纹，腰及下体色较淡，飞羽全无白色翼缘，色彩为暗灰色而非近黑色，翼长，尾短且腿细。幼鸟较高山岭雀的幼鸟上体及颏多细纹，下体较白色。脚黑色。**习性：**栖息于林线以上的山顶苔原、灌丛、裸岩山坡等。**分布与种群现状：**新疆西南部、青海西南部，留鸟，罕见。中国鸟类特有种。

体长：18cm DD（资料缺乏）

血雀 *Carpodacus sipahi* Scarlet Finch 燕雀科 Fringillidae

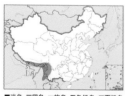

■迷鸟 ■留鸟 ■旅鸟 ■冬候鸟 ■夏候鸟

形态：虹膜深褐色，喙角质黄色。雄鸟通体血红色，飞羽、尾羽偏黑色而羽缘红色。雌鸟上体橄榄褐色，下体灰色且具有深色杂斑，腰黄色。脚粉褐色。**习性：**栖息于海拔2000m~3000m的山地针叶林和针阔混交林中。**分布与种群现状：**西藏南部、云南西部，留鸟，不常见。

♀ ♂ ♂

体长：18.5cm LC（低度关注）

518

拟大朱雀 *Carpodacus rubicilloides* Streaked Rosefinch 燕雀科 Fringillidae

■迷鸟 ■留鸟 旅鸟 冬候鸟 夏候鸟

形态：虹膜深褐色，喙角质粉色，较粗壮。两翼及尾长，繁殖期雄鸟的脸、额及下体深红色，顶冠及下体具白色纵纹，颈背及上背灰褐色而具深色纵纹，略沾粉色，腰粉红色。雌鸟灰褐色而密布纵纹。似大朱雀，区别在于本种上体纵纹较多，颜色较深。脚近灰色。**习性：**似大朱雀。**分布与种群现状：**青藏高原、西藏南部、新疆西北部，留鸟，不常见。

体长：19cm   LC（低度关注）

大朱雀 *Carpodacus rubicilla* Spotted Great Rosefinch 燕雀科 Fringillidae

■迷鸟 ■留鸟 旅鸟 冬候鸟 夏候鸟

形态：虹膜深褐色，喙角质黄色。雄鸟通体玫红色，头部颜色更深，两翅和尾红色少而呈灰褐色，头、胸、腹具白色点斑。雌鸟无粉色，下体具浓密纵纹，但上背纵纹较细。脚深褐色。**习性：**栖息于林线以上的高山裸岩、岩石荒坡和灌丛草地，高可至海拔5000m。**分布与种群现状：**青藏高原、西藏南部、新疆西北部，留鸟，不常见。

体长：19.5cm   LC（低度关注）

喜山红腰朱雀 *Carpodacus grandis* Blyth's Rosefinch 燕雀科 Fringillidae

■迷鸟 ■留鸟 旅鸟 冬候鸟 夏候鸟

形态：似红腰朱雀，但明显色浅。眉纹浅粉色。**习性：**似其他朱雀。

分布与种群现状：新疆乌恰县乌鲁克恰提乡卓尤勒干河沙棘林，迷鸟，罕见。

注：在《中国鸟类野外手册》中列出（《中国观鸟年报—中国鸟类名录6.0（2018）》）。由陈丽拍摄。

体长：18cm   NR（未认可）

红腰朱雀 *Carpodacus rhodochlamys* Red-mantled Rosefinch 燕雀科 Fringillidae

■迷鸟 ■留鸟 ■旅鸟 ■冬候鸟 ■夏候鸟

♂ ♀

形态：虹膜深褐色，喙角质色。繁殖期雄鸟通体沾粉色，颈侧及下体鲜粉红色，腰及眉纹粉红色而无细纹，脸侧具银色碎点，顶纹及过眼纹色深。成年雌鸟浅灰褐色具深色纵纹，体羽无粉色。**习性**：似其他朱雀。**分布与种群现状**：新疆西北部，留鸟，罕见。

体长：18cm LC（低度关注）

红眉朱雀 *Carpodacus pulcherrimus* Himalayan Beautiful Rosefinch 燕雀科 Fringillidae

■迷鸟 ■留鸟 ■旅鸟 ■冬候鸟 ■夏候鸟

♀ ♂

形态：虹膜深褐色，喙浅角质色。雄鸟暗紫红色，眉纹、脸颊淡紫粉色，上体褐色斑驳，胸及腰部染淡粉色，下腹部至臀部近白色。雌鸟上体黄褐色具纵纹，下体灰白色，眉纹皮黄色。雄雌两性均甚似体型较小的曙红朱雀，但本种的喙较粗厚且尾比例较长。脚橙褐色。**习性**：栖息于海拔3600~4650m的高山地区，冬季下移至较低处。**分布与种群现状**：西南地区至华北地区，留鸟，较常见。

体长：15cm LC（低度关注）

中华朱雀 *Carpodacus davidianus* Chinese Beautiful Rosefinch 燕雀科 Fringillidae

■迷鸟 ■留鸟 ■旅鸟 ■冬候鸟 ■夏候鸟

形态：虹膜深褐色，喙浅角质色。雄鸟额、眉纹、耳羽、颊、胸、腹和腰玫红色，头顶和上体灰褐色具粗黑褐色纵纹，两翅和尾黑褐色，臀近白色。雌鸟上体灰褐色，下体白色，都具褐色纵纹。脚橙褐色。**习性**：栖息于海拔1200~4000m的高山、灌丛、草地等。**分布与种群现状**：华北、西北、西南地区，留鸟，较常见。

♂

♀

体长：15cm NR（未认可）

曙红朱雀 *Carpodacus waltoni* Pink-rumped Rosefinch 燕雀科 Fringillidae

■迷鸟 ■留鸟 ■旅鸟 ■冬候鸟 ■夏候鸟

形态: 虹膜深褐色,喙细,角质褐色。眉纹、脸颊、胸及腰粉色,似红眉朱雀但体型较小,尾短,两胁无皮黄褐色,额不似红眉朱雀鲜艳,且额上密布纵纹,腰更为淡粉色。雌

鸟体羽无粉色,羽色似红眉朱雀。脚淡褐色。**习性:** 似红眉朱雀。**分布与种群现状:** 青藏高原东南部、四川西部、云南西北部,留鸟,不常见。

体长:12.5cm　LC(低度关注)

粉眉朱雀 *Carpodacus rodochroa* Pink-browed Rosefinch 燕雀科 Fringillidae

■迷鸟 ■留鸟 ■旅鸟 ■冬候鸟 ■夏候鸟

形态: 虹膜深褐色,喙偏褐色,喙端深色。雄鸟前额和眉纹玫红色,过眼纹暗红色,背红棕褐色具褐色纵纹,腰玫瑰粉色,两翅和尾暗褐色,羽缘色淡。雌鸟上体橄榄褐色,具黑褐色纵纹,眉

纹淡皮黄色,下体皮黄色具黑褐色纵纹。脚粉褐色。**习性:** 高山和高原鸟类。**分布与种群现状:** 西藏南部、云南西北部,留鸟,罕见。

体长:14.5cm　LC(低度关注)

棕朱雀 *Carpodacus edwardsii* Dark-rumped Rosefinch 燕雀科 Fringillidae

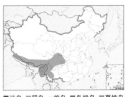

■迷鸟 ■留鸟 ■旅鸟 ■冬候鸟 ■夏候鸟

形态: 虹膜褐色,喙角质色。眉纹显著。雄鸟深紫褐色,眉纹、喉、颏及三级飞羽的远缘浅粉色,上体、腰、尾及两翼黄褐色,喉及胸玫红色或褐红色,下腹黄褐色略沾粉色,翼上无白斑而有别于其他的深色朱雀。雌鸟上

体深褐色,下体皮黄色,眉纹浅皮黄色,具浓密的深色纵纹,翼上无白色。脚褐色。**习性:** 单独或结小群藏隐于地面或近地面处。**分布与种群现状:** 西南地区,留鸟,罕见或仅为地区性常见。

体长:16cm　LC(低度关注)

点翅朱雀 *Carpodacus rodopeplus* Spot-winged Rosefinch 燕雀科 Fringillidae

■迷鸟 ■留鸟 ■旅鸟 ■冬候鸟 ■夏候鸟

形态：虹膜深褐色，喙近灰色。繁殖期雄鸟头顶、胸和腹暗红色，眉纹先端色深而后白色，两翼暗红色具两道白色翼斑。雌鸟眉纹不明显，周身无粉色但纵纹密布，下体淡皮黄色，具两道皮黄色翼斑。脚粉褐色。**习性：**夏季栖居于林线灌丛及高山草甸中，冬季下移至竹林密丛中，惧生。**分布与种群现状：**西藏聂拉木县，留鸟，地区性常见。

体长：15cm LC（低度关注）

淡腹点翅朱雀 *Carpodacus verreauxii* Sharpe's Rosefinch 燕雀科 Fringillidae

■迷鸟 ■留鸟 ■旅鸟 ■冬候鸟 ■夏候鸟

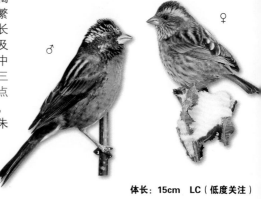

形态：虹膜深褐色，喙近灰色。繁殖期雄鸟具粉色长眉纹，喉、胸、腰及下体暗粉红色，中覆羽、大覆羽及三级飞羽具浅粉色点斑。雌鸟无粉色且纵纹密布，下体淡皮黄色，眉纹长而色浅。脚粉褐色。**习性：**似其他朱雀，栖息于海拔3000~4500m。**分布与种群现状：**西藏、云南、四川，留鸟，罕见。

体长：15cm LC（低度关注）

酒红朱雀 *Carpodacus vinaceus* Vinaceous Rosefinch 燕雀科 Fringillidae

■迷鸟 ■留鸟 ■旅鸟 ■冬候鸟 ■夏候鸟

形态：虹膜褐色，喙角质色。雄鸟通体酒红色，眉纹粉白色，两翅和尾灰褐色，内侧两枚三级飞羽具粉白色先端，翼合拢后可见两个白点。雌鸟上体棕色具深色纵纹，翼合拢后也有两个白点。脚褐色。**习性：**似其他朱雀。**分布与种群现状：**西北、华南、华中地区，留鸟，不常见。

体长：15cm LC（低度关注）

台湾酒红朱雀 *Carpodacus formosanus* Taiwan Rosefinch 燕雀科 Fringillidae

■迷鸟 ■留鸟 ■旅鸟 ■冬候鸟 ■夏候鸟

形态：虹膜褐色，喙浅色而粗壮。雄鸟眉纹泛白色，飞羽和尾羽为黑褐色，雌鸟全身黑褐色。雌雄鸟的胸、腹部均有隐约的黑色纵纹，三级飞羽末端均有白斑。似酒红朱雀但本种整体色较暗。脚黑色。**习性：**栖息于中高海拔各类植被生境下，单独、成对或小群活动，食用各种果实种子。**分布与种群现状：**台湾，留鸟。适宜的生境较常见。

体长：15cm　NE（未评估）

沙色朱雀 *Carpodacus stoliczkae* Pale Rosefinch 燕雀科 Fringillidae

■迷鸟 ■留鸟 ■旅鸟 ■冬候鸟 ■夏候鸟

形态：虹膜褐色，喙皮黄色。雄鸟上体沙褐色，额、颊、耳羽、颏、喉、胸、腰和尾上覆羽粉红色，头部红色更浓，其余下体近白色。雌鸟通体沙褐色，无粉色，是朱雀中最淡的一种。脚皮黄色。**习性：**干旱荒漠的鸟类，栖息于海拔2000~4000m的干旱岩石荒漠、沟谷和山坡上。**分布与种群现状：**西北地区，留鸟，不常见。

体长：15cm　LC（低度关注）

藏雀 *Carpodacus roborowskii* Tibetan Rosefinch 燕雀科 Fringillidae

■迷鸟 ■留鸟 ■旅鸟 ■冬候鸟 ■夏候鸟

形态：虹膜褐色，喙黄色。翅长达尾端。雄鸟头黑红色，身体粉红色，喉部有白色点斑。雌鸟皮黄褐色密布纵纹。脚深褐色。**习性：**高原荒漠鸟类，栖息于青藏高原腹地海拔4000m以上的碎石坡和草甸。**分布与种群现状：**青海西南部，留鸟，罕见。中国鸟类特有种。

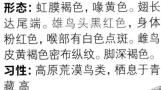

体长：18cm　LC（低度关注）

长尾雀 *Carpodacus sibiricus* Long-tailed Rosefinch 燕雀科 Fringillidae

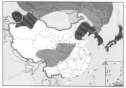

■迷鸟 ■留鸟 ■旅鸟 ■冬候鸟 ■夏候鸟

形态： 虹膜褐色，喙浅黄色。繁殖期雄鸟脸、腰及胸粉红色，头顶、颈背灰白色，两翼多具白色，上背褐色近黑色边缘粉红色的纵纹，非繁殖期色彩较淡。雌鸟具灰色纵纹，腰及胸棕色。脚灰褐色。**习性：** 主要栖息于低山丘陵、山谷和溪流岸边的灌丛和小树丛等，也见于公园、果园。**分布与种群现状：** 北方地区、西南地区，留鸟、冬候鸟、夏候鸟，地方性常见。

♂

♂

♀

体长：17cm　LC（低度关注）

北朱雀 *Carpodacus roseus* Pallas's Rosefinch 燕雀科 Fringillidae

■迷鸟 ■留鸟 ■旅鸟 ■冬候鸟 ■夏候鸟

形态： 虹膜褐色，喙近灰色。雄鸟头、下背及下体绯红色，额及颏霜白色。上体及覆羽深褐色，边缘粉白色，胸绯红色，腹部粉色，具两道浅色翼斑。雌鸟色暗，上体具褐色纵纹，额及腰粉色，下体皮黄色而具纵纹，胸沾粉色，臀白色。脚褐色。**习性：** 似其他栖息于森林中的朱雀。**分布与种群现状：** 北部及中东部地区，南抵浙江，西至甘肃，冬候鸟，不常见。

♀
♂

体长：16cm　LC（低度关注）

斑翅朱雀 *Carpodacus trifasciatus* Three-banded Rosefinch 燕雀科 Fringillidae

■迷鸟 ■留鸟 ■旅鸟 ■冬候鸟 ■夏候鸟

形态： 虹膜褐色，喙角质色。具两道显著的浅色翼斑，肩羽边缘及三级飞羽外侧的白色形成特征性第三道"条带"。雄鸟头顶、颈背、胸、腰及下背深绯红色。雌鸟及幼鸟上体深灰色，满布黑色纵纹。脚深褐色。**习性：** 似其他朱雀。**分布与种群现状：** 西南地区，留鸟、冬候鸟，不常见。

♀
♂
♂

体长：8cm　LC（低度关注）

喜山白眉朱雀 *Carpodacus thura* Himalayan White-browed Rosefinch 燕雀科 Fringillidae

■迷鸟 ■留鸟 ■旅鸟 ■冬候鸟 ■夏候鸟

形态: 虹膜深褐色,喙角质色。似白眉朱雀,但本种雄鸟有深色的贯眼纹,体型略大,尾较长,背部颜色较深。雌鸟腰色深而偏黄色,眉纹后端白色,胸部的暖褐色渲染与腹部的白色呈明显对比。脚褐色。**习性:** 垂直迁徙,夏季见于海拔3000~4600m的高山及林线灌丛中,有时与其他朱雀混群,多在地面取食。**分布与种群现状:** 西藏南部,留鸟。沿喜马拉雅山脉垂直迁移,地方性常见。

体长: 18cm LC(低度关注)

白眉朱雀 *Carpodacus dubius* Chinese White-browed Rosefinch 燕雀科 Fringillidae

■迷鸟 ■留鸟 ■旅鸟 ■冬候鸟 ■夏候鸟

形态: 虹膜深褐色,喙角质色。雄鸟腰及顶冠粉色,浅粉色的眉纹后端呈特征性白色,中覆羽羽端白色成微弱翼斑。雌鸟与其他朱雀的雌鸟区别为本种腰色深而偏黄色,眉纹后端白色。**习性:** 高山鸟类,似其他朱雀。**分布与种群现状:** 西南地区,留鸟,较常见。

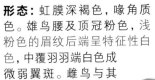

体长: 17cm LC(低度关注)

红胸朱雀 *Carpodacus puniceus* Red-fronted Rosefinch 燕雀科 Fringillidae

■迷鸟 ■留鸟 ■旅鸟 ■冬候鸟 ■夏候鸟

形态: 虹膜深褐色,喙偏褐色,喙甚长。繁殖期雄鸟眉纹红色,眉线短而绯红色,额、颏至胸绯红色,腰粉红色,眼纹色深。雌鸟无粉色,上下体均具浓密纵纹。脚褐色。**习性:** 偏好开阔地带的灌丛。**分布与种群现状:** 青藏高原、西北地区,留鸟,不常见。

体长: 20cm LC(低度关注)

红眉松雀 *Carpodacus subhimachala* Crimson-browed Rosefinch 燕雀科 Fringillidae

■迷鸟 ■留鸟 ■旅鸟 ■冬候鸟 ■夏候鸟

形态： 虹膜深褐色，喙黑褐色，下喙基部较淡。雄鸟前额、眉纹、颊、喉深红色，头顶至背包括翅上覆羽红褐色，腰和尾上覆羽橙红色，下体灰色。雌鸟额、眉纹、喉、胸为橙黄色，背部也沾黄色。脚深褐色。**习性：** 栖息2000~5000m于高山针叶林和针阔混交林的灌丛、草地。**分布与种群现状：** 西藏南部、云南西北部、四川，留鸟，不常见。

体长：19.5cm LC（低度关注）

红眉金翅雀 *Callacanthis burtoni* Spactacled Finch 燕雀科 Fringillidae

■迷鸟 ■留鸟 ■旅鸟 ■冬候鸟 ■夏候鸟

形态： 虹膜深褐色，喙黄色，喙端黑色，头顶近黑，贯眼线或"眼镜"亮红色(雄鸟)或黄色(雌鸟)。雄鸟比雌鸟红且黑。雌雄两性的两翼均为黑色而具白色翼斑及点斑。与点翅朱雀易混淆，区别为本种嘴色不同且无眉纹，头顶色深且两翼具纯白色点斑，头较大。幼鸟似雌鸟但色暗。**习性：** 栖于海拔2270~3330m的亚高山针叶林及杜鹃林。成对或结小群活动。以雪松的种子为食。**分布与种群现状：** 喜马拉雅山脉西部照片，2015年3月25日，在西藏聂拉木县樟木镇首次拍到。

体长：17.5cm LC（低度关注）

欧金翅雀 *Chloris chloris* European Greenfinch 燕雀科 Fringillidae

■迷鸟 ■留鸟 ■旅鸟 ■冬候鸟 ■夏候鸟

形态： 虹膜褐色，喙粉色。体灰绿色而沾黄色，腰黄色，两翅灰色边缘黄色，尾黑色，尾基两侧有黄斑。脚粉褐色。**习性：** 主要栖息于低山、河谷和山脚平原地带的树林中。**分布与种群现状：** 新疆，留鸟，地区性常见。

体长：13cm LC（低度关注）

金翅雀 *Chloris sinica* Crey-capped Greenfinch 燕雀科 Fringillidae

■迷鸟 ■留鸟 ■旅鸟 ■冬候鸟 ■夏候鸟

形态: 虹膜深褐色,喙偏粉色。具宽阔的黄色翼斑。雄鸟顶冠及颈背灰色,背纯褐色,翼斑、外侧尾羽基部及臀黄色。雌鸟色暗。幼鸟色淡且多纵纹。脚粉褐色。**习性:** 主要栖息于海拔1500m以下的低山、丘陵、山脚、平原地带的疏林中,高可至海拔2400m。**分布与种群现状:** 除青藏高原、新疆、甘肃西部外,见于各地,留鸟,常见。

体长: 13cm　LC(低度关注)

高山金翅雀 *Chloris spinoides* Yellow-breasted Greenfinch 燕雀科 Fringillidae

■迷鸟 ■留鸟 ■旅鸟 ■冬候鸟 ■夏候鸟

形态: 虹膜深褐色,喙粉红色。头黑色具黄色图案,背、肩绿褐色,翅上具黄色翼斑,下体鲜黄色。雌鸟似雄鸟但体色较暗且多纵纹。与黑头金翅雀的区别在于本种的腰黄色且头具条纹。幼鸟色淡,纵纹较多而甚似金翅雀及黑头金翅雀,但下体及颈侧多黄色。脚粉红色。**习性:** 高山和亚高山森林鸟类,栖息于海拔2000~4000m的针叶林和林缘,秋冬季下到海拔2000m以下活动。**分布与种群现状:** 西藏南部、云南西北部,留鸟,地方性常见。

体长: 14cm　LC(低度关注)

黑头金翅雀 *Chloris ambigua* Black-headed Greenfinch 燕雀科 Fringillidae

■迷鸟 ■留鸟 ■旅鸟 ■冬候鸟 ■夏候鸟

形态: 虹膜深褐色,喙粉红色。头黑色,上体橄榄灰褐色,下体橄榄绿色,两翅和尾黑褐色,基部黄色,翅上有大块黄斑。脚粉红色。**习性:** 主要栖息于海拔1800m以上的高山和亚高山针叶林和林缘。**分布与种群现状:** 西南及华南地区,留鸟,地方性常见。

体长: 13cm　LC(低度关注)

黄嘴朱顶雀 *Linaria flavirostris* Twite 燕雀科 Fringillidae

■迷鸟 ■留鸟 ■旅鸟 ■冬候鸟 ■夏候鸟

形态：虹膜深褐色，喙黄色。与其他朱顶雀的区别在本种的头顶无红色点斑。雄鸟腰粉色或近白色，体羽色深而多褐色，尾较长，与赤胸朱顶雀的区别在喙黄色且小，头褐色较浓，颈背及上背多纵纹，翼上及尾基部的白色较

少。脚近黑色。**习性：**栖息于海拔3000m以上的高山和高原灌丛、草甸、岩石坡等。冬季下到低海拔地区活动。**分布与种群现状：**青藏高原、西北地区，留鸟，常见。

体长：13cm　LC（低度关注）

赤胸朱顶雀 *Linaria cannabina* Common Linnet 燕雀科 Fringillidae

■迷鸟 ■留鸟 ■旅鸟 ■冬候鸟 ■夏候鸟

形态：虹膜深褐色，喙灰色。繁殖期雄鸟顶冠及胸具绯红色鳞状斑，头、颈背纯灰色，上背及覆羽浅褐色。雌鸟无绯红色且色彩不似雄鸟鲜亮，顶冠、上背、胸及两胁多纵纹。脚粉褐色。**习性：**主要栖息于中低山及山脚地带的林缘、灌丛及多岩丘陵山坡等。**分布与种群现状：**新疆，留鸟，不常见。

♂ ♀

体长：13.5cm　LC（低度关注）

白腰朱顶雀 *Acanthis flammea* Common Redpoll 燕雀科 Fringillidae

■迷鸟 ■留鸟 ■旅鸟 ■冬候鸟 ■夏候鸟

形态：虹膜深褐色，喙黄色。雄鸟前额、眼先、颏黑色，头顶朱红色，上体褐色具黑色纵纹，喉、胸粉色，腹部白色。雌鸟喉、胸无粉色。脚黑色。**习性：**繁殖期见于环北

♂ ♀

极圈开阔的森林和苔原森林灌丛地带，迁徙和越冬见于低海拔的森林、农田等。性大胆，不怕人。**分布与种群现状：**东北、华北、西北地区，冬候鸟，较常见。偶至浙江北部。

体长：14cm　LC（低度关注）

极北朱顶雀 *Acanthis hornemanni* Arctic Redpoll 燕雀科 Fringillidae

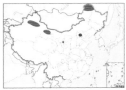

■迷鸟 ■留鸟 ■旅鸟 ■冬候鸟 ■夏候鸟

形态：虹膜深褐色，喙黄色。翼近黑色，头顶有红色点斑，颏黑色，各年龄段均似白腰朱顶雀但白色较多且纵纹较少，胸、脸侧及腰的粉红色有限，尾分叉，腰几乎为白色。脚黑色。**习性：**繁殖期栖息于北极苔原灌丛地上，非繁殖期栖息于低山丘陵和平原的疏林。似白腰朱顶雀。**分布与种群现状：**西北地区、内蒙古东北部，冬候鸟，不常见；北京、河北，迷鸟。

体长：13cm NR（未认可）

红交嘴雀 *Loxia curvirostra* Red Crossbill 燕雀科 Fringillidae

■迷鸟 ■留鸟 ■旅鸟 ■冬候鸟 ■夏候鸟

形态：虹膜深褐色，喙近黑色，上下喙端交叉。雄鸟通体朱红色，两翅和尾黑色。雌鸟无红色而为橄榄绿色。脚近黑色。**习性：**栖息于山地针叶林和针阔混交林，最高可达海拔5000m。**分布与种群现状：**北方地区和西南地区，留鸟、冬候鸟、旅鸟，地方性较常见。

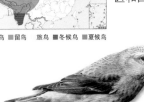

体长：16.5cm LC（低度关注）

白翅交嘴雀 *Loxia leucoptera* White-winged Crossbill 燕雀科 Fringillidae

■迷鸟 ■留鸟 ■旅鸟 ■冬候鸟 ■夏候鸟

形态：虹膜深褐色，喙黑色。边缘偏粉色，上下喙端交叉，甚似红交嘴雀但本种体型较小而细，头较拱圆，具两道醒目的白色翼斑且三级飞羽羽端白色。雌鸟似雄鸟但体色暗橄榄黄色且腰黄色。**习性：**栖居于温带森林，冬季结群迁徙，飞行迅速而带起伏，倒悬进食，用交喙嗑开松子。**分布与种群现状：**东北地区、华北地区北部，冬候鸟，罕见。

体长：15cm LC（低度关注）

红额金翅雀 *Carduelis carduelis* European Goldfinch 燕雀科 Fringillidae

■迷鸟 ■留鸟 ■旅鸟 ■冬候鸟 ■夏候鸟

形态: 虹膜深褐色,喙粉橙色。额及胸兜红色,头顶和上背灰色,具醒目的黑色、白色及黄色翼斑,腰白色,黑色的尾呈浅叉形,尾端有狭窄白色,下体灰白色。雌鸟头部红色范围较少。幼鸟褐色较重,头顶、背及胸具纵纹,头无红色但具黄色的宽阔翼斑。脚粉褐色。**习性:** 栖息于中高山针叶林和针阔混交林。高可至海拔4500m。**分布与种群现状:** 甘肃西北部、新疆、西藏西部,留鸟,地方性常见;北京、河北,迷鸟。

体长:14.5cm LC(低度关注)

金额丝雀 *Serinus pusillus* Red-fronted Serin 燕雀科 Fringillidae

■迷鸟 ■留鸟 ■旅鸟 ■冬候鸟 ■夏候鸟

形态: 虹膜深褐色,喙灰色,喙短而呈圆锥形。头近黑色,额至顶冠有鲜红色块斑。雄雌同色,体羽在繁殖期更为亮丽。幼鸟似成鸟但头色较淡,额及脸颊暗棕色,顶冠及颈背具深色纵纹。叉形尾,脚深褐色。**习性:** 栖息于中高海拔山地林线以上的灌丛。**分布与种群现状:** 新疆、西藏西南部,留鸟,不常见。

体长:13cm LC(低度关注)

藏黄雀 *Spinus thibetanus* Tibetan Siskin 燕雀科 Fringillidae

■迷鸟 ■留鸟 ■旅鸟 ■冬候鸟 ■夏候鸟

形态: 虹膜褐色,喙角质褐色至灰色。繁殖期雄鸟纯橄榄绿色,眉纹、腰及腹部黄色。雌鸟暗绿色,上体及两胁多纵纹,臀近白色。幼鸟似成年雌鸟但色暗淡且多纵纹。脚肉褐色。**习性:** 栖息于高山针叶林及针阔混交林,高可至海拔4000m,冬季下到雪线以下活动。**分布与种群现状:** 新疆、西藏南部、云南西北部、四川西部,留鸟,不常见。

体长:12cm LC(低度关注)

黄雀 *Spinus spinus* Eurasian Siskin 燕雀科 Fringillidae

形态： 虹膜深褐色，喙偏粉色。雄鸟的顶冠及颏黑色，头侧、腰及尾基部亮黄色，翼上具醒目的黑色及黄色条纹。雌鸟色暗而多纵纹，顶冠和颏无黑色。幼鸟似雌鸟但褐色较重，翼斑多橘黄色。脚近黑色。**习性：** 繁殖期主要栖息于针叶林、针阔混交林等，成对活动，其他季节结大群，栖息于低山丘陵和山脚平原的树林。**分布与种群现状：** 东北地区北部，夏候鸟；新疆、甘肃、青海东部、中东部大部分地区，冬候鸟、旅鸟。常见。

♀

♂

体长：11.5cm　LC（低度关注）

铁爪鹀科 Calcariidae

铁爪鹀 *Calcarius lapponicus* Lapland Longspur 铁爪鹀科 Calcariidae

形态： 虹膜栗褐色，喙黄色，喙端深色。繁殖期雄鸟清楚易辨，脸及胸黑色，颈背棕色，头侧具白色的"之"字形图纹；繁殖期雌鸟特色不显著，但颈背及大覆羽边缘棕色，侧冠纹略黑色，眉线及耳羽中心部位色浅。后趾及爪甚长，脚深褐色。**习性：** 繁殖期间栖息于开阔的北极苔原，冬季和迁徙期间栖息于开阔的平原草地、沼泽、农田耕地和旷野等开阔地带。**分布与种群现状：** 东北、西北、华东、华中地区，冬候鸟，不常见。

非繁殖羽 ♀

非繁殖羽 ♂

♂

体长：16cm　LC（低度关注）

雪鹀 *Plectrophenax nivalis* Snow Bunting 铁爪鹀科 Calcariidae

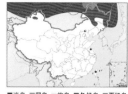

■迷鸟 ■留鸟 ■旅鸟 ■冬候鸟 ■夏候鸟

形态: 虹膜深褐色,成鸟的喙黑色,幼鸟喙偏黄色。繁殖期雄鸟特征明显,白色的头、下体及翼斑与其余的黑色体羽形成对比。繁殖期雌鸟对比不强烈,头顶、脸颊及颈背具近灰色纵纹,胸具橙褐色纵纹。脚黑色。**习性:** 栖息于海岸、河岸、山边悬崖、苔原和岩石地上等开阔的地带和裸露的高山、河谷。**分布与种群状况:** 内蒙古东部、黑龙江北部,冬候鸟;台湾,江苏,迷鸟,不常见。

体长:17cm LC(低度关注)

鹀科 Emberizidae

凤头鹀 *Melophus lathami* Crested Bunting 鹀科 Emberizidae

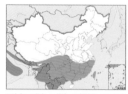

■迷鸟 ■留鸟 ■旅鸟 ■冬候鸟 ■夏候鸟

形态: 虹膜深褐色,喙灰褐色,下喙基部粉红色。两性均具特征性的细长羽冠。雄鸟灰黑色,两翼及尾栗色,尾端黑色。雌鸟深橄榄褐色,上背及胸满布纵纹,较雄鸟的羽冠为短,翼羽色深且羽缘栗色,下体污皮黄色,尾暗褐色。脚紫褐色。**习性:** 栖息于中海拔山地和丘陵地带的灌丛、农田等生境。**分布与种群现状:** 华中、东南、西南地区和台湾,留鸟。分布广泛但较少见。

体长:17cm LC(低度关注)

蓝鹀 *Emberiza siemsseni* Slaty Bunting 鹀科 Emberizidae

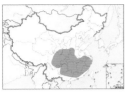

■迷鸟 ■留鸟 ■旅鸟 ■冬候鸟 ■夏候鸟

形态：虹膜深褐色，喙黑色。雄鸟蓝灰色，仅腹部、臀及尾外缘白色，三级飞羽近黑色。雌鸟为暗褐色而无纵纹，具两道锈色翼斑，腰灰色，头及胸棕色。脚偏粉色。**习性：**栖息于海拔2000m

以下的山地次生阔叶林和竹林、针阔叶混交林和人工针叶林。**分布与种群现状：**从陕西南部到东南沿海，留鸟，不常见。短距离垂直迁移。中国鸟类特有种。

体长：13cm　LC（低度关注）

黍鹀 *Emberiza calandra* Corn Bunting 鹀科 Emberizidae

■迷鸟 ■留鸟 ■旅鸟 ■冬候鸟 ■夏候鸟

形态：虹膜深栗褐色，喙浅角质色，喙形独特且厚。雄雌同色，上体灰褐色，胸具黑色纵纹，下体污白色，外形圆胖。**习性：**栖息于开

阔的低山和平原地区。**分布与种群现状：**新疆西北部，留鸟，罕见。冬季偶至新疆南部。

体长：19cm　LC（低度关注）

黄鹀 *Emberiza citrinella* Yellowhammer 鹀科 Emberizidae

■迷鸟 ■留鸟 ■旅鸟 ■冬候鸟 ■夏候鸟

形态：虹膜深褐色，喙蓝灰色。雄鸟头黄色且略具灰绿色条纹，髭纹栗色，下体黄色，胸侧的栗色杂斑成胸带，两胁有深色纵纹，腰棕色，上体棕褐色斑驳，羽轴色深而成纵纹，且多数羽有黄色羽缘。雌鸟与非繁殖期雄鸟相似但多具暗色纵纹且较少黄色，外侧尾羽羽缘白色。脚粉

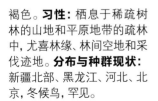

褐色。**习性：**栖息于稀疏树林的山地和平原地带的疏林中，尤喜林缘、林间空地和采伐迹地。**分布与种群现状：**新疆北部、黑龙江、河北、北京，冬候鸟，罕见。

体长：17cm　LC（低度关注）

白头鹀 *Emberiza leucocephalos* Pine Bunting 鹀科 Emberizidae

形态: 虹膜深褐色，喙灰蓝色，上喙中线褐色。雄鸟具白色的顶冠纹和紧贴其两侧的黑色侧冠纹，耳羽中间白色而环边缘黑色，头余部及喉栗色，胸带白色。雌鸟色淡而不显眼，甚似黄鹀的雌鸟。脚粉褐色。**习性:** 栖息于低山和山脚平原等开阔地区，常见在林间空地、灌丛、山边稀树草坡、果园、农田地边。**分布与种群现状:** 东北、华北、西北地区，夏候鸟、冬候鸟、留鸟和旅鸟，较常见。

体长: 17cm　LC (低度关注)

淡灰眉岩鹀 *Emberiza cia* Rock Bunting 鹀科 Emberizidae

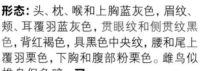

形态: 头、枕、喉和上胸蓝灰色，眉纹、颊、耳覆羽蓝灰色，贯眼纹和侧贯纹黑色，背红褐色，具黑色中央纹，腰和尾上覆羽栗色，下胸和腹部粉栗色。雌鸟似雄鸟但色暗。**习性:** 栖息于裸露的低山丘陵、高

山和高原等开阔地带的岩石荒坡、草地和灌丛中。**分布与种群现状:** 新疆、西藏，留鸟，地方性较常见。

体长: 16cm　LC (低度关注)

灰眉岩鹀 *Emberiza godlewskii* Godlewski's Bunting 鹀科 Emberizidae

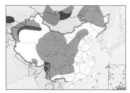

形态: 雌鸟似雄鸟但色淡。虹膜深红褐色，喙灰色，喙端近黑色，下喙基黄色或粉色。贯眼纹和侧贯纹棕褐色。脚橙褐色。**习性:** 同淡灰眉岩鹀。**分布与种群现状:** 分布范围广，留鸟、冬候鸟，较常见。

体长: 16cm　LC (低度关注)

三道眉草鹀 *Emberiza cioides* Meadow Bunting 鹀科 Emberizidae

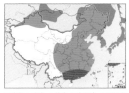

■迷鸟 ■留鸟 ■旅鸟 ■冬候鸟 ■夏候鸟

形态：虹膜深褐色，上喙色深，下喙蓝灰色而喙端色深。栗色的胸带，头顶、后颈和耳羽栗色，眉纹白色，眼先黑色，上髭纹、颏、喉及胸栗色，腰棕色。雌鸟色较淡，眉线及下颊纹皮黄色，胸浓皮黄色。脚粉褐色。**习性：**栖息于低山丘陵和平原地带的次生阔叶林和疏林灌丛中。**分布与种群现状：**分布范围广，留鸟、冬候鸟，常见。

体长：16cm　LC（低度关注）

白顶鹀 *Emberiza stewarti* White-capped Bunting 鹀科 Emberizidae

■迷鸟 ■留鸟 ■旅鸟 ■冬候鸟 ■夏候鸟

形态：喙深灰色，短小，圆锥形，上下喙边缘微向内弯。贯眼纹和喉部黑色，头顶部苍灰色泛白，胸部深栗红色延至背部和腰部。**习性：**栖息于干旱石地峡谷林地灌丛。常集小群活动。**分布与种群现状：**新疆西南部，迷鸟，罕见。

体长：15cm　LC（低度关注）

栗斑腹鹀 *Emberiza jankowskii* Jankowski's Bunting 鹀科 Emberizidae

■迷鸟 ■留鸟 ■旅鸟 ■冬候鸟 ■夏候鸟

形态：虹膜深褐色，上喙深褐色，下喙蓝灰色且喙端色深。头顶至背棕色，具白色眉纹和深褐色的下髭纹，眼先和颧纹黑褐色，背、肩具黑色纵纹，腰至尾上覆羽砖红色，两翅和尾黑褐色，下体灰白色，胸中央浅灰色，下腹中央有深栗色斑。雌鸟似雄鸟但羽色较暗淡，下腹栗色斑点小。脚橙色而偏粉色。**习性：**栖息于山脚和开阔平原地带的疏林灌丛和草丛，尤喜干旱草原和荒漠沙地上的次生树林。**分布与种群现状：**东北地区，夏候鸟，冬候鸟，罕见。部分种群短距离南迁越冬。

体长：16cm　EN（濒危）

535

灰颈鹀 *Emberiza buchanani* Gray-necked Bunting 鹀科 Emberizidae

■迷鸟 ■留鸟 ■旅鸟 ■冬候鸟 ■夏候鸟

形态：虹膜深褐色，喙偏粉色。头灰色，眼圈白色，下体偏棕粉色，下髭纹近黄色，幼鸟及非繁殖期鸟羽色较淡，顶冠、胸及两胁

具黑色纵纹。脚粉红色。**习性：**栖息于裸露的荒山、岩坡及长有稀疏灌木和植物的干旱荒漠和岩石地上。**分布与种群现状：**新疆，夏候鸟，不常见。

体长：15cm LC（低度关注）

圃鹀 *Emberiza hortulana* Ortolan Bunting 鹀科 Emberizidae

■迷鸟 ■留鸟 ■旅鸟 ■冬候鸟 ■夏候鸟

形态：虹膜深褐色，喙粉红色。头及胸绿灰色，浅色眼圈显著，黄色的髭下纹及喉部成特殊图纹，翼斑常为白色。雌鸟及幼鸟色暗，顶冠、颈背及胸具黑色纵纹，无眉纹、粗显的

皮黄色下髭纹及头部的绿染有别于其他鹀。脚粉红色。**习性：**栖息于稀疏树木的低山和平原等开阔地区，尤喜林缘溪流和山边旷野等地的灌丛。**分布与种群现状：**新疆，夏候鸟，不常见。

体长：16cm LC（低度关注）

白眉鹀 *Emberiza tristrami* Tristram's Bunting 鹀科 Emberizidae

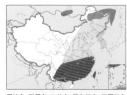

■迷鸟 ■留鸟 ■旅鸟 ■冬候鸟 ■夏候鸟

形态：虹膜深栗褐色，上喙蓝灰色，下喙偏粉色。雄鸟头黑色，顶冠纹、眉纹和颚纹白色，脸颊色块中央具白斑点，背、肩褐色具黑色纵纹，腰和尾上覆羽栗红色无纹，胸栗色，下体白色，两胁具栗色纵纹。雌鸟与

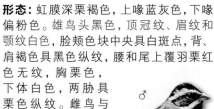

雄鸟相似，但头为褐色，颚纹黑色。脚浅褐色。**习性：**栖息于海拔700~1100m的低山针阔叶混交林、针叶林和阔叶林。**分布与种群现状：**东北地区，夏候鸟；华北、华南地区，旅鸟、冬候鸟。较常见。

体长：15cm LC（低度关注）

栗耳鹀 *Emberiza fucata* Chestnut-eared Bunting 鹀科 Emberizidae

■迷鸟 ■留鸟 ■旅鸟 ■冬候鸟 ■夏候鸟

形态： 虹膜深褐色，上喙黑色，下喙蓝灰色且基部粉红色。头顶至后颈灰色，颊和耳羽栗色，背栗色具黑色纵纹，喉、胸白色，颈部图纹独特，黑色下颊纹下延至胸部与黑色纵纹相接，其下有栗色胸带，腹部皮黄色。雌鸟与非繁殖期雄鸟相似，但色彩较淡。脚粉红色。**习性：** 栖息于低山、丘陵、平原、河谷、沼泽等开阔地带。**分布与种群现状：** 除青海、新疆外，各地均有分布，夏候鸟、旅鸟、冬候鸟、留鸟，常见。

体长：16cm　LC（低度关注）

小鹀 *Emberiza pusilla* Little Bunting 鹀科 Emberizidae

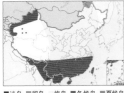

■迷鸟 ■留鸟 ■旅鸟 ■冬候鸟 ■夏候鸟

形态： 虹膜暗褐色，眼圈白色，喙铅灰色。头顶中央栗色，具黑色侧冠纹，眼圈色淡，颊和耳羽栗色，在头侧形成栗色斑，其余上体褐色具黑色纵纹。两翅和尾黑褐色，下体白色，两胁具黑色纵纹。雌鸟羽色较淡。脚肉褐色。**习性：** 繁殖期栖息于泰加林北部开阔的苔原和森林地带，迁徙和越冬季见于低山、丘陵和山脚平原地带的灌丛、草地和小树丛中。**分布与种群现状：** 除西藏外，各地均有分布，冬候鸟、旅鸟，较常见。

体长：13cm　LC（低度关注）

黄眉鹀 *Emberiza chrysophrys* Yellow-browed Bunting 鹀科 Emberizidae

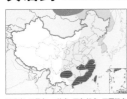

■迷鸟 ■留鸟 ■旅鸟 ■冬候鸟 ■夏候鸟

形态： 虹膜深褐色，喙粉色。似白眉鹀但眉纹前半部黄色。下体更白而多纵纹，翼斑也更白，腰更显斑驳且尾色较重，黄眉鹀的黑色下颊纹比白眉鹀明显，并分散而融入胸部纵纹中，与冬季灰头鹀的区别在腰棕色，头部多条纹且反差明显。脚粉红色。**习性：** 栖息于山区混交林、平原杂木林和灌丛中，有稀疏矮丛及棘丛的开阔地带，一般小群生活或单个活动或与其他鹀类混杂飞行，但从不结成大群。**分布与种群现状：** 东部地区，冬候鸟、旅鸟，不常见。

♀　♂

体长：15cm　LC（低度关注）

田鹀 *Emberiza rustica* Rustic Bunting 鹀科 Emberizidae

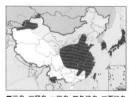

■迷鸟 ■留鸟 ■旅鸟 ■冬候鸟 ■夏候鸟

♀

♂

形态: 虹膜深栗褐色,喙深灰色,基部粉色。雄鸟头具黑白色条纹,颈背、胸带、两胁纵纹及腰棕色,略具羽冠。雌鸟与非繁殖期雄鸟相似但白色部位色暗,染皮黄色的脸颊后方通常具一近白色点斑。**习性:** 栖息于低山、丘陵和山脚平原等开阔地带的灌丛和草丛中。**分布与种群现状:** 东部地区、东部沿海、新疆西部,冬候鸟、旅鸟,较常见。

体长: 14.5cm　VU（易危）

黄喉鹀 *Emberiza elegans* Yellow-throated Bunting 鹀科 Emberizidae

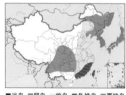

■迷鸟 ■留鸟 ■旅鸟 ■冬候鸟 ■夏候鸟

♂

♀

形态: 虹膜深栗褐色,喙近黑色。雄鸟具前黑色后黄色的短羽冠,眉纹前白色后黄色,宽阔的贯眼纹黑色,喉黄色,上体、翼和腰棕红色,翼缘黑色具白色翼斑,尾羽黑色而外缘白色,下体白色而胸口黑色。雌鸟整体色淡,眉纹浅黄色,喉和胸都为白色。脚浅灰褐色。**习性:** 与栗鹀类似。繁殖期成对或单独活动,非繁殖期集小群活动。**分布与种群现状:** 西南、华中地区和东部沿海地区,夏候鸟、冬候鸟、留鸟、旅鸟,常见。

体长: 15cm　LC（低度关注）

黄胸鹀 *Emberiza aureola* Yellow-breasted Bunting 鹀科 Emberizidae

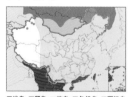

■迷鸟 ■留鸟 ■旅鸟 ■冬候鸟 ■夏候鸟

♀

♂

形态: 虹膜深栗褐色,上喙灰色,下喙粉褐色。雄鸟额、脸、喉黑色,头顶和上体栗色,具黄色的翎环,胸部有栗色横带,下体鲜黄色,尾和两翅黑褐色,翅上具窄的白色横纹和宽的白色翅斑。雌鸟眉纹皮黄白色,上体棕褐色,具粗的黑褐色中央纵纹,腰和尾上覆羽栗红色,下体淡黄色,胸无横带。脚淡褐色。**习性:** 见于多草的湿地及低矮的灌木林和灌丛。**分布与种群现状:** 东北地区,夏候鸟;其他地区,旅鸟、冬候鸟。近年来种群数量下降显著。

体长: 15cm　CR（极危）

栗鹀 *Emberiza rutila* Chestnut Bunting 鹀科 Emberizidae

形态： 虹膜深栗褐色，喙偏褐色。雄鸟头、上体和胸栗红色，下体黄色，两翅和尾黑褐色，翅上覆羽和三级飞羽具灰白色羽缘。雌鸟顶冠、上背、胸及两胁具深色纵纹，有淡色眉纹，下体黄白色，具暗色纵纹。脚淡褐色。**习性：** 栖息于开阔的稀疏森林中。迁徙期间多见于低

山和山脚地带。**分布与种群现状：** 除新疆、西藏、青海、海南外，各地均有分布，夏候鸟、冬候鸟、旅鸟，较常见。

体长：15cm LC（低度关注）

藏鹀 *Emberiza koslowi* Tibetan Bunting 鹀科 Emberizidae

形态： 虹膜褐色，喙蓝黑色。繁殖期雄鸟头黑色，白色的眉纹从鼻孔延至颈背，颏及眼先黑色，特征为具白色的喉部及黑色的颈部，颈圈灰色，背栗色，腰灰色，下体灰色而臀近白色，具白色的横斑，飞羽黑色，羽缘色浅。雌鸟及非繁殖期雄鸟似繁殖期雄鸟但色暗且颈部无黑色项纹。**习性：** 栖

息于海拔3500m以上的青藏高原地带的灌丛和草地上。**分布与种群现状：** 西藏东部、青海、甘肃南部，留鸟，罕见。中国鸟类特有种。

体长：16cm NT（近危）

黑头鹀 *Emberiza melanocephala* Black-headed Bunting 鹀科 Emberizidae

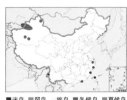

形态： 虹膜深褐色，喙灰色。雄鸟头黑色，背、腰棕色，后颈和下体黄色，在颈部形成明显翎环，两翅和尾黑褐色，翅上有两道白色翅斑。雌鸟上体灰黄褐色具黑褐色纵纹，下体污黄色。

脚浅褐色。**习性：** 栖息于山脚和平原等开阔地带的树丛和灌丛中，也出现在路边、旷野、果园和农田地区。**分布与种群现状：** 新疆，冬候鸟，少见。浙江、福建、云南、台湾，迷鸟，偶见。

体长：17cm LC（低度关注）

褐头鹀 *Emberiza bruniceps* Red-headed Bunting 鹀科 Emberizidae

■迷鸟 ■留鸟 ■旅鸟 ■冬候鸟 ■夏候鸟

形态：虹膜深褐色。喙近灰色，喙端深色。头、喉部和上胸栗红色，背灰黄色，具暗褐色纵纹，腰亮黄色，翅和尾暗褐色，具窄的黄色羽缘，下体亮黄色，雌鸟上体灰褐色具暗色纵纹，腰淡黄色，下体皮黄白色。脚粉褐色。**习性**：栖息于低山丘陵和开阔平原地带的各种灌丛和草丛，尤喜栖息无树或有稀疏灌木的干旱平原。**分布与种群现状**：新疆，夏候鸟，地方性常见；北京、香港，迷鸟。

体长：16cm **LC（低度关注）**

硫黄鹀 *Emberiza sulphurata* Yellow Bunting 鹀科 Emberizidae

■迷鸟 ■留鸟 ■旅鸟 ■冬候鸟 ■夏候鸟

形态：虹膜深褐色，喙灰色。头偏绿色。眼先及颏近黑色，白色眼圈显著。上体灰绿色具黑色纵纹，两翅和尾黑色，翅上具两道白色翼斑。下体黄色，两胁有模糊的黑色纵纹。脚粉褐色。**习性**：栖息于低山阔叶林和针阔叶混交林林缘地带，尤喜林缘次生林和疏林灌丛，也出现于果园、路边和耕地附近的小树丛和灌丛中。**分布与种群现状**：华东、华南地区、台湾，旅鸟、冬候鸟，罕见。

体长：14cm **VU（易危）**

灰头鹀 *Emberiza spodocephala* Black-faced Bunting 鹀科 Emberizidae

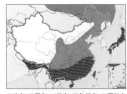

■迷鸟 ■留鸟 ■旅鸟 ■冬候鸟 ■夏候鸟

形态：虹膜深栗褐色，上喙近黑色，下喙偏粉色。繁殖期雄鸟头、喉和胸口灰色，上体余部浓栗色而具明显的黑色纵纹，下体颜色因亚种而异，为黄色或白色，两胁具纵纹，尾色深而带白色边缘。雌鸟及冬季雄鸟头橄榄色。脚粉褐色。**习性**：栖息于林缘落叶林、灌丛和草坡，尤喜沿林间公路和河谷两侧的次生林和灌丛。**分布与种群现状**：除新疆、西藏外，各地均有分布，夏候鸟、冬候鸟，常见。

体长：14cm **LC（低度关注）**

灰鹀 *Emberiza variabilis* Gray Bunting 鹀科 Emberizidae

■迷鸟 ■留鸟 ■旅鸟 ■冬候鸟 ■夏候鸟

形态： 虹膜深栗，上喙灰黑色，下喙偏粉色而喙端暗黑色，喙短，呈圆锥形。鼻孔半遮以短额须。繁殖羽的体羽灰黑色，喉至尾部为淡黄褐色带有褐色纵斑，尾羽

外侧无白色。脚粉褐色。**习性：** 繁殖期栖息于山地针叶林和针阔叶混交林和林缘灌丛，冬季多栖息于竹林、灌丛和亚热带常绿阔叶林。**分布与种群现状：** 东部沿海地区、台湾、宁夏，迷鸟，偶见。

体长：17cm LC（低度关注）

苇鹀 *Emberiza pallasi* Pallas's Bunting 鹀科 Emberizidae

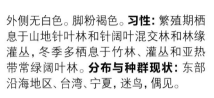

■迷鸟 ■留鸟 ■旅鸟 ■冬候鸟 ■夏候鸟

形态： 虹膜深栗色，喙灰黑色。繁殖期雄鸟白色的下髭纹与黑色的头及喉形成对比，颈圈白色而下体灰色。上体具灰色及黑色的横斑。雌鸟及非繁殖期雄鸟及各阶段体羽的幼鸟均为浅沙皮黄色，且头顶、上背、胸及两胁具深色纵纹。脚粉褐色。**习性：** 繁殖期栖息于西伯利亚冻原地带的树林和灌丛中，在南部地区，则栖息于森林上缘亚高山苔原上。**分布与种群现状：** 西北、东北地区至东部沿海地区，夏候鸟、冬候鸟、旅鸟，较常见。

非繁殖羽 ♂

繁殖羽 ♂

繁殖羽 ♀

体长：14cm LC（低度关注）

红颈苇鹀 *Emberiza yessoensis* Ochre-rumped Bunting 鹀科 Emberizidae

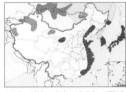

■迷鸟 ■留鸟 ■旅鸟 ■冬候鸟 ■夏候鸟

形态： 虹膜深栗色，喙近黑色。繁殖期雄鸟头黑色，腰及颈背棕色，繁殖期雌鸟似雄鸟。头部图纹似雌芦鹀但区别为下体较少纵纹且色淡，颈背粉棕色，头顶及耳羽色较深。非繁殖期雄鸟似雌鸟但

喉色深。脚偏粉色。**习性：** 栖于芦苇地及有矮丛的沼泽地以及高地的湿润草甸。**分布与种群现状：** 东北、华北、华东地区，夏候鸟、旅鸟、冬候鸟，不常见；北京，迷鸟。

♂

♀

体长：15cm NT（近危）

芦鹀 *Emberiza schoeniclus* Reed Bunting 鹀科 Emberizidae

■迷鸟 ■留鸟 ■旅鸟 ■冬候鸟 ■夏候鸟

繁殖羽♀

繁殖羽♂

非繁殖羽

形态: 虹膜栗褐色,喙黑色。头、喉和上胸中央黑色,具显著的白色下髭纹,后颈有宽的白色翎环,背、肩红褐色或皮黄色,具宽的黑色纵纹,翅和尾黑褐色,翅上小覆羽栗色,下体白色。脚深褐色至粉褐色。**习性:** 栖息于低山丘陵和平原地区的河流、湖泊、草地、沼泽等开阔地带的灌丛和芦苇丛,迁徙期间和冬季也出入于农田和牧场。**分布与种群现状:** 分布范围广,留鸟、夏候鸟、冬候鸟,不常见;云南的大理、南涧,旅鸟。

体长:15cm　LC(低度关注)

白冠带鹀 *Zonotrichia leucophrys* White-crowned Sparrow 鹀科 Emberizidae

■迷鸟 ■留鸟 ■旅鸟 ■冬候鸟 ■夏候鸟

形态: 虹膜黑褐色,喙浅色,尖端黑色。具白色顶冠纹和黑色侧冠纹,眼先、脸颊、额、喉、颈侧至整个胸部和上腹污灰色,眼后具细黑色眼纹,宽阔的长白色眉纹延至枕后,上体棕褐色而具粗黑色纵纹,下体灰白色而具细黑色纵纹,两翼红褐色,具两道明显的白色翼斑,腰及尾羽棕褐色。脚浅黄褐色。**习性:** 喜多灌丛和杂草的荒地,多见于海滨灌丛带、农田、荒地和草坪,少见于林地。**分布与种群现状:** 内蒙古东北部,迷鸟,罕见。

体长:17cm　LC(低度关注)

542

中文名索引

拉丁名索引

英文名索引

568

X

Y

Z

《中国观鸟年报—中国鸟类名录 6.0（2018）》检索表

编号	中文名	学名	英文名	页码
1	雁形目 ANSERIFORMES	鸭科 Anatidae (23:56)		
0001	栗树鸭	*Dendrocygna javanica*	Lesser Whistling Duck	42
0002	黑雁	*Branta bernicla*	Brant Goose（Brant）	47
0003	红胸黑雁	*Branta ruficollis*	Red-breasted Goose	47
0004	加拿大黑雁（加拿大雁）	*Branta canadensis*	Canada Goose	46
0005	白颊黑雁	*Branta leucopsis*	Barnacle Goose	47
0006	小美洲黑雁	*Branta hutchinsii*	Cackling Goose	/
0007	斑头雁	*Anser indicus*	Bar-headed Goose	46
0008	雪雁	*Anser caerulescens*	Snow Goose	46
0009	灰雁	*Anser anser*	Greylag Goose（Graylag Goose）	44
0010	鸿雁	*Anser cygnoides（Anser cygnoid）*	Swan Goose	43
0011	豆雁	*Anser fabalis*	Taiga Bean Goose（Bean Goose）	43
0012	短嘴豆雁	*Anser serrirostris*	Tundra Bean Goose	44
0013	白额雁	*Anser albifrons*	Greater White-fronted Goose	45
0014	小白额雁	*Anser erythropus*	Lesser White-fronted Goose	45
0015	疣鼻天鹅	*Cygnus olor*	Mute Swan	48
0016	小天鹅	*Cygnus columbianus*	Tundra Swan	48
0017	大天鹅	*Cygnus cygnus*	Whooper Swan	49
0018	瘤鸭	*Sarkidiornis melanotos*	Knob-billed Duck（Comb Duck）	49
0019	翘鼻麻鸭	*Tadorna tadorna*	Common Shelduck	50
0020	赤麻鸭	*Tadorna ferruginea*	Ruddy Shelduck	50
0021	冠麻鸭	*Tadorna cristata*	Crested Shelduck	/
0022	鸳鸯	*Aix galericulata*	Mandarin Duck	51
0023	棉凫	*Nettapus coromandelianus*	Cotton Pygmy Goose（Asian Pygmy Goose）	51
0024	花脸鸭	*Sibirionetta formosa*	Baikal Teal	56
0025	白眉鸭	*Spatula querquedula*	Garganey	55
0026	琵嘴鸭	*Spatula clypeata*	Northern Shoveler	55
0027	赤膀鸭	*Mareca strepera*	Gadwall	51
0028	罗纹鸭	*Mareca falcata*	Falcated Duck	52
0029	赤颈鸭	*Mareca penelope*	Eurasian Wigeon	52
0030	绿眉鸭	*Mareca americana*	American Wigeon	52
0031	棕颈鸭	*Anas luzonica*	Philippine Duck	53
0032	印缅斑嘴鸭（印度斑嘴鸭）	*Anas poecilorhyncha*	Indian Spot-billed Duck	53
0033	斑嘴鸭	*Anas zonorhyncha*	Chinese Spot-billed Duck（Eastern Spot-billed Duck）	54
0034	绿头鸭	*Anas platyrhynchos*	Mallard	53
0035	针尾鸭	*Anas acuta*	Northern Pintail	54
0036	绿翅鸭	*Anas crecca*	Eurasian Teal	54
0037	美洲绿翅鸭	*Anas carolinensis*	Green-winged Teal	55
0038	云石斑鸭	*Marmaronetta angustirostris*	Marbled Teal	56
0039	赤嘴潜鸭	*Netta rufina*	Red-crested Pochard	56
0040	帆背潜鸭	*Aythya valisineria*	Canvasback	57
0041	红头潜鸭	*Aythya ferina*	Common Pochard	57
0042	青头潜鸭	*Aythya baeri*	Baer's Pochard	57
0043	白眼潜鸭	*Aythya nyroca*	Ferruginous Pochard（Ferruginous Duck）	58
0044	凤头潜鸭	*Aythya fuligula*	Tufted Duck	58
0045	斑背潜鸭	*Aythya marila*	Greater Scaup	58
0046	小绒鸭	*Polysticta stelleri*	Steller's Eider（Steller's Sea Eagle）	209

《中国观鸟年报—中国鸟类名录 6.0（2018）》检索表

编号	中文名	学名	英文名	页码
1	雁形目 ANSERIFORMES	鸭科 Anatidae (23:56)		
0001	栗树鸭	*Dendrocygna javanica*	Lesser Whistling Duck	42
0002	黑雁	*Branta bernicla*	Brant Goose（Brant）	47
0003	红胸黑雁	*Branta ruficollis*	Red-breasted Goose	47
0004	加拿大黑雁（加拿大雁）	*Branta canadensis*	Canada Goose	46
0005	白颊黑雁	*Branta leucopsis*	Barnacle Goose	47
0006	小美洲黑雁	*Branta hutchinsii*	Cackling Goose	/
0007	斑头雁	*Anser indicus*	Bar-headed Goose	46
0008	雪雁	*Anser caerulescens*	Snow Goose	46
0009	灰雁	*Anser anser*	Greylag Goose（Graylag Goose）	44
0010	鸿雁	*Anser cygnoides（Anser cygnoid）*	Swan Goose	43
0011	豆雁	*Anser fabalis*	Taiga Bean Goose（Bean Goose）	43
0012	短嘴豆雁	*Anser serrirostris*	Tundra Bean Goose	44
0013	白额雁	*Anser albifrons*	Greater White-fronted Goose	45
0014	小白额雁	*Anser erythropus*	Lesser White-fronted Goose	45
0015	疣鼻天鹅	*Cygnus olor*	Mute Swan	48
0016	小天鹅	*Cygnus columbianus*	Tundra Swan	48
0017	大天鹅	*Cygnus cygnus*	Whooper Swan	49
0018	瘤鸭	*Sarkidiornis melanotos*	Knob-billed Duck（Comb Duck）	49
0019	翘鼻麻鸭	*Tadorna tadorna*	Common Shelduck	50
0020	赤麻鸭	*Tadorna ferruginea*	Ruddy Shelduck	50
0021	冠麻鸭	*Tadorna cristata*	Crested Shelduck	/
0022	鸳鸯	*Aix galericulata*	Mandarin Duck	51
0023	棉凫	*Nettapus coromandelianus*	Cotton Pygmy Goose（Asian Pygmy Goose）	51
0024	花脸鸭	*Sibirionetta formosa*	Baikal Teal	56
0025	白眉鸭	*Spatula querquedula*	Garganey	55
0026	琵嘴鸭	*Spatula clypeata*	Northern Shoveler	55
0027	赤膀鸭	*Mareca strepera*	Gadwall	51
0028	罗纹鸭	*Mareca falcata*	Falcated Duck	52
0029	赤颈鸭	*Mareca penelope*	Eurasian Wigeon	52
0030	绿眉鸭	*Mareca americana*	American Wigeon	52
0031	棕颈鸭	*Anas luzonica*	Philippine Duck	53
0032	印缅斑嘴鸭（印度斑嘴鸭）	*Anas poecilorhyncha*	Indian Spot-billed Duck	53
0033	斑嘴鸭	*Anas zonorhyncha*	Chinese Spot-billed Duck（Eastern Spot-billed Duck）	54
0034	绿头鸭	*Anas platyrhynchos*	Mallard	53
0035	针尾鸭	*Anas acuta*	Northern Pintail	54
0036	绿翅鸭	*Anas crecca*	Eurasian Teal	54
0037	美洲绿翅鸭	*Anas carolinensis*	Green-winged Teal	55
0038	云石斑鸭	*Marmaronetta angustirostris*	Marbled Teal	56
0039	赤嘴潜鸭	*Netta rufina*	Red-crested Pochard	56
0040	帆背潜鸭	*Aythya valisineria*	Canvasback	57
0041	红头潜鸭	*Aythya ferina*	Common Pochard	57
0042	青头潜鸭	*Aythya baeri*	Baer's Pochard	57
0043	白眼潜鸭	*Aythya nyroca*	Ferruginous Pochard（Ferruginous Duck）	58
0044	凤头潜鸭	*Aythya fuligula*	Tufted Duck	58
0045	斑背潜鸭	*Aythya marila*	Greater Scaup	58
0046	小绒鸭	*Polysticta stelleri*	Steller's Eider（Steller's Sea Eagle）	209

《中国观鸟年报—中国鸟类名录 6.0（2018）》检索表

编号	中文名	学名	英文名	页码
1	**雁形目 ANSERIFORMES** 鸭科 Anatidae (23:56)			
0001	栗树鸭	*Dendrocygna javanica*	Lesser Whistling Duck	42
0002	黑雁	*Branta bernicla*	Brant Goose（Brant）	47
0003	红胸黑雁	*Branta ruficollis*	Red-breasted Goose	47
0004	加拿大黑雁（加拿大雁）	*Branta canadensis*	Canada Goose	46
0005	白颊黑雁	*Branta leucopsis*	Barnacle Goose	47
0006	小美洲黑雁	*Branta hutchinsii*	Cackling Goose	/
0007	斑头雁	*Anser indicus*	Bar-headed Goose	46
0008	雪雁	*Anser caerulescens*	Snow Goose	46
0009	灰雁	*Anser anser*	Greylag Goose（Graylag Goose）	44
0010	鸿雁	*Anser cygnoides（Anser cygnoid）*	Swan Goose	43
0011	豆雁	*Anser fabalis*	Taiga Bean Goose（Bean Goose）	43
0012	短嘴豆雁	*Anser serrirostris*	Tundra Bean Goose	44
0013	白额雁	*Anser albifrons*	Greater White-fronted Goose	45
0014	小白额雁	*Anser erythropus*	Lesser White-fronted Goose	45
0015	疣鼻天鹅	*Cygnus olor*	Mute Swan	48
0016	小天鹅	*Cygnus columbianus*	Tundra Swan	48
0017	大天鹅	*Cygnus cygnus*	Whooper Swan	49
0018	瘤鸭	*Sarkidiornis melanotos*	Knob-billed Duck（Comb Duck）	49
0019	翘鼻麻鸭	*Tadorna tadorna*	Common Shelduck	50
0020	赤麻鸭	*Tadorna ferruginea*	Ruddy Shelduck	50
0021	冠麻鸭	*Tadorna cristata*	Crested Shelduck	/
0022	鸳鸯	*Aix galericulata*	Mandarin Duck	51
0023	棉凫	*Nettapus coromandelianus*	Cotton Pygmy Goose（Asian Pygmy Goose）	51
0024	花脸鸭	*Sibirionetta formosa*	Baikal Teal	56
0025	白眉鸭	*Spatula querquedula*	Garganey	55
0026	琵嘴鸭	*Spatula clypeata*	Northern Shoveler	55
0027	赤膀鸭	*Mareca strepera*	Gadwall	51
0028	罗纹鸭	*Mareca falcata*	Falcated Duck	52
0029	赤颈鸭	*Mareca penelope*	Eurasian Wigeon	52
0030	绿眉鸭	*Mareca americana*	American Wigeon	52
0031	棕颈鸭	*Anas luzonica*	Philippine Duck	53
0032	印缅斑嘴鸭（印度斑嘴鸭）	*Anas poecilorhyncha*	Indian Spot-billed Duck	53
0033	斑嘴鸭	*Anas zonorhyncha*	Chinese Spot-billed Duck（Eastern Spot-billed Duck）	54
0034	绿头鸭	*Anas platyrhynchos*	Mallard	53
0035	针尾鸭	*Anas acuta*	Northern Pintail	54
0036	绿翅鸭	*Anas crecca*	Eurasian Teal	54
0037	美洲绿翅鸭	*Anas carolinensis*	Green-winged Teal	55
0038	云石斑鸭	*Marmaronetta angustirostris*	Marbled Teal	56
0039	赤嘴潜鸭	*Netta rufina*	Red-crested Pochard	56
0040	帆背潜鸭	*Aythya valisineria*	Canvasback	57
0041	红头潜鸭	*Aythya ferina*	Common Pochard	57
0042	青头潜鸭	*Aythya baeri*	Baer's Pochard	57
0043	白眼潜鸭	*Aythya nyroca*	Ferruginous Pochard（Ferruginous Duck）	58
0044	凤头潜鸭	*Aythya fuligula*	Tufted Duck	58
0045	斑背潜鸭	*Aythya marila*	Greater Scaup	58
0046	小绒鸭	*Polysticta stelleri*	Steller's Eider（Steller's Sea Eagle）	209

编号	中文名	学名	英文名	页码
0095	灰腹角雉	*Tragopan blythii*	Blyth's Tragopan	29
0096	红腹角雉	*Tragopan temminckii*	Temminck's Tragopan	30
0097	黄腹角雉	*Tragopan caboti*	Cabot's Tragopan	30
0098	勺鸡	*Pucrasia macrolopha*	Koklass Pheasant	30
0099	棕尾虹雉	*Lophophorus impejanus*	Himalayan Monal	31
0100	白尾梢虹雉	*Lophophorus sclateri*	Sclater's Monal	31
0101	绿尾虹雉	*Lophophorus lhuysii*	Chinese Monal	32
0102	红原鸡	*Gallus gallus*	Red Junglefowl	32
0103	黑鹇	*Lophura leucomelanos*	Kalij Pheasant	33
0104	白鹇	*Lophura nycthemera*	Silver Pheasant	33
0105	蓝腹鹇	*Lophura swinhoii*	Swinhoe's Pheasant	34
0106	白马鸡	*Crossoptilon crossoptilon*	White Eared Pheasant	34
0107	藏马鸡	*Crossoptilon harmani*	Tibetan Eared Pheasant	35
0108	褐马鸡	*Crossoptilon mantchuricum*	Brown Eared Pheasant	35
0109	蓝马鸡	*Crossoptilon auritum*	Blue Eared Pheasant	36
0110	白颈长尾雉	*Syrmaticus ellioti*	Elliot's Pheasant	36
0111	黑颈长尾雉	*Syrmaticus humiae*	Mrs. Hume's Pheasant (Hume's Pheasant)	37
0112	黑长尾雉	*Syrmaticus mikado*	Mikado Pheasant	37
0113	白冠长尾雉	*Syrmaticus reevesii*	Reeves's Pheasant	38
0114	雉鸡（环颈雉）	*Phasianus colchicus*	Common Pheasant	38
0115	红腹锦鸡	*Chrysolophus pictus*	Golden Pheasant	39
0116	白腹锦鸡	*Chrysolophus amherstiae*	Lady Amherst's Pheasant	39
0117	绿脚树鹧鸪	*Tropicoperdix chloropus*	Green-legged Partridge (Scaly-breasted Partridge)	19
0118	灰孔雀雉	*Polyplectron bicalcaratum*	Grey Peacock Pheasant	40
0119	海南孔雀雉	*Polyplectron katsumatae*	Hainan Peacock Pheasant	40
0120	绿孔雀	*Pavo muticus*	Green Peafowl	41
3	**潜鸟目 GAVIIFORMES** 潜鸟科 Gaviidae (1:4)			
0121	红喉潜鸟	*Gavia stellata*	Red-throated Loon (Red-throated Diver)	159
0122	黑喉潜鸟	*Gavia arctica*	Black-throated Loon (Black-throated Diver)	159
0123	太平洋潜鸟	*Gavia pacifica*	Pacific Loon (Pacific Diver)	160
0124	黄嘴潜鸟	*Gavia adamsii*	Yellow-billed Loon (Yellow-billed Diver)	160
4	**鹱形目 PROCELLARIIFORMES** 洋海燕科 Oceanitidae (1:1)			
0125	黄蹼洋海燕	*Oceanites oceanicus*	Wilson's Storm Petrel	/
5	**鹱形目 PROCELLARIIFORMES** 信天翁科 Diomedeidae (1:3)			
0126	黑背信天翁	*Phoebastria immutabilis*	Laysan Albatross	161
0127	黑脚信天翁	*Phoebastria nigripes*	Black-footed Albatross	161
0128	短尾信天翁	*Phoebastria albatrus*	Short-tailed Albatross	162
6	**鹱形目 PROCELLARIIFORMES** 海燕科 Hydrobatidae (1:4)			
0129	黑叉尾海燕	*Oceanodroma monorhis (Hydrobates monorhis)*	Swinhoe's Storm Petrel	162
0130	白腰叉尾海燕	*Oceanodroma leucorhoa (Hydrobates leucorhous)*	Leach's Storm Petrel	162
0131	褐翅叉尾海燕	*Oceanodroma tristrami (Hydrobates tristrami)*	Tristram's Storm Petrel	163
0132	日本叉尾海燕	*Oceanodroma matsudairae (Oceanodroma matsudairae)*	Matsudaira's Storm Petrel	163
7	**鹱形目 PROCELLARIIFORMES** 鹱科 Procellariidae (6:9)			
0133	暴雪鹱（暴风鹱）	*Fulmarus glacialis*	Northern Fulmar	163
0134	白额圆尾鹱	*Pterodroma hypoleuca*	Bonin Petrel	164
0135	钩嘴圆尾鹱	*Pseudobulweria rostrata*	Tahiti Petrel	164
0136	白额鹱	*Calonectris leucomelas*	Streaked Shearwater	164
0137	楔尾鹱	*Ardenna pacifica (Ardenna pacificus)*	Wedge-tailed Shearwater	165
0138	灰鹱	*Ardenna grisea*	Sooty Shearwater	165
0139	短尾鹱	*Ardenna tenuirostris*	Short-tailed Shearwater	165
0140	淡足鹱	*Ardenna carneipes*	Flesh-footed Shearwater	166

578

579

580

编号	中文名	学名	英文名	页码
0238	白尾鹞	*Circus cyaneus*	Hen Harrier	205
0239	草原鹞	*Circus macrourus*	Pallid Harrier	206
0240	鹊鹞	*Circus melanoleucos*	Pied Harrier	206
0241	乌灰鹞	*Circus pygargus*	Montagu's Harrier	206
0242	黑鸢	*Milvus migrans*	Black Kite	207
0243	栗鸢	*Haliastur indus*	Brahminy Kite	207
0244	白腹海雕	*Haliaeetus leucogaster*	White-bellied Sea Eagle	208
0245	玉带海雕	*Haliaeetus leucoryphus*	Pallas's Fish Eagle	208
0246	白尾海雕	*Haliaeetus albicilla*	White-tailed Eagle (White-tailed Sea Eagle)	209
0247	虎头海雕	*Haliaeetus pelagicus*	Steller's Sea Eagle (Stellers's Eider)	59
0248	渔雕	*Haliaeetus humilis (Ichthyophaga humilis)*	Lesser Fish Eagle	210
0249	白眼鵟鹰	*Butastur teesa*	White-eyed Buzzard	210
0250	棕翅鵟鹰	*Butastur liventer*	Rufous-winged Buzzard	210
0251	灰脸鵟鹰	*Butastur indicus*	Grey-faced Buzzard	211
0252	毛脚鵟	*Buteo lagopus*	Rough-legged Buzzard (Rough-legged Hawk)	211
0253	大鵟	*Buteo hemilasius*	Upland Buzzard	212
0254	普通鵟	*Buteo japonicus*	Eastern Buzzard	212
0255	喜山鵟	*Buteo burmanicus (Buteo refectus)*	Himalayan Buzzard	213
0256	棕尾鵟	*Buteo rufinus*	Long-legged Buzzard (Long-legged Hawk)	213
0257	欧亚鵟	*Buteo buteo*	Common Buzzard (Eurasian Buzzard)	213
20	**鸨形目 OTIDIFORMES** 鸨科 Otididae (3:3)			
0258	大鸨	*Otis tarda*	Great Bustard	95
0259	波斑鸨	*Chlamydotis macqueenii*	Macqueen's Bustard	96
0260	小鸨	*Tetrax tetrax*	Little Bustard	96
21	**鹤形目 GRUIFORMES** 秧鸡科 Rallidae (11:21)			
0261	花田鸡	*Coturnicops exquisitus*	Swinhoe's Rail	97
0262	红腿斑秧鸡 (红脚斑秧鸡)	*Rallina fasciata*	Red-legged Crake	97
0263	白喉斑秧鸡	*Rallina eurizonoides*	Slaty-legged Crake	98
0264	蓝胸秧鸡	*Gallirallus striatus*	Slaty-breasted Rail	/
0265	西方秧鸡 (西秧鸡)	*Rallus aquaticus*	Water Rail	98
0266	普通秧鸡	*Rallus indicus*	Brown-cheeked Rail	99
0267	长脚秧鸡	*Crex crex*	Corn Crake	99
0268	红脚苦恶鸟 (红脚田鸡)	*Amaurornis akool (Zapornia akool)*	Brown Crake	100
0269	白胸苦恶鸟	*Amaurornis phoenicurus*	White-breasted Waterhen	102
0270	棕背田鸡	*Porzana bicolor (Zapornia bicolor)*	Black-tailed Crake	100
0271	姬田鸡	*Porzana parva (Zapornia parva)*	Little Crake	100
0272	小田鸡	*Porzana pusilla (Zapornia pusilla)*	Baillon's Crake	101
0273	斑胸田鸡	*Porzana porzana*	Spotted Crake	99
0274	红胸田鸡	*Porzana fusca (Zapornia fusca)*	Ruddy-breasted Crake	101
0275	斑胁田鸡	*Porzana paykullii (Zapornia paykullii)*	Band-bellied Crake	101
0276	白眉田鸡 (白眉苦恶鸟)	*Porzana cinerea (Amaurornis cinerea)*	White-browed Crake	102
0277	董鸡	*Gallicrex cinerea*	Watercock	102
0278	紫水鸡	*Porphyrio poliocephalus (Porphyrio porphyrio)*	Grey-headed Swamphen (Purple Swamphen)	103
0279	黑背紫水鸡	*Porphyrio indicus*	Black-backed Swamphen	103
0280	黑水鸡	*Gallinula chloropus*	Common Moorhen	103
0281	骨顶鸡 (白骨顶)	*Fulica atra*	Eurasian Coot (Common Coot)	104
22	**鹤形目 GRUIFORMES** 鹤科 Gruidae (3:9)			
0282	白鹤	*Leucogeranus leucogeranus (Grus leucogeranus)*	Siberian Crane	104
0283	沙丘鹤	*Antigone canadensis (Grus canadensis)*	Sandhill Crane	105
0284	白枕鹤	*Antigone vipio (Grus vipio)*	White-naped Crane	105
0285	赤颈鹤	*Antigone antigone (Grus antigone)*	Sarus Crane	106
0286	蓑羽鹤	*Grus virgo*	Demoiselle Crane	106
0287	丹顶鹤	*Grus japonensis*	Red-crowned Crane	107
0288	灰鹤	*Grus grus*	Common Crane	107

582

583

编号	中文名	学名	英文名	页码
0443	欧斑鸠	*Streptopelia turtur*	European Turtle Dove	69
0444	山斑鸠	*Streptopelia orientalis*	Oriental Turtle Dove	70
0445	灰斑鸠	*Streptopelia decaocto*	Eurasian Collared Dove	70
0446	火斑鸠	*Streptopelia tranquebarica*	Red Turtle Dove	70
0447	珠颈斑鸠	*Spilopelia chinensis (Streptopelia chinensis)*	Spotted Dove	71
0448	棕斑鸠	*Spilopelia senegalensis (Streptopelia senegalensis)*	Laughing Dove	71
0449	斑尾鹃鸠	*Macropygia unchall*	Barred Cuckoo–Dove (Barred Cuckoo Dove)	71
0450	菲律宾鹃鸠	*Macropygia tenuirostris*	Philippine Cuckoo–Dove (Philippine Cuckoo Dove)	72
0451	小鹃鸠	*Macropygia ruficeps*	Little Cuckoo–Dove (Little Cuckoo Dove)	72
0452	绿翅金鸠	*Chalcophaps indica*	Emerald Dove	72
0453	橙胸绿鸠	*Treron bicinctus*	Orange–breasted Green Pigeon	73
0454	灰头绿鸠	*Treron phayrei (Treron pompadora)*	Ashy–headed Green Pigeon (Pompadour Green Pigeon)	73
0455	厚嘴绿鸠	*Treron curvirostra*	Thick–billed Green Pigeon	74
0456	黄脚绿鸠	*Treron phoenicopterus*	Yellow–footed Green Pigeon	74
0457	针尾绿鸠	*Treron apicauda*	Pin–tailed Green Pigeon	74
0458	楔尾绿鸠	*Treron sphenurus*	Wedge–tailed Green Pigeon	75
0459	红翅绿鸠	*Treron sieboldii*	White–bellied Green Pigeon	75
0460	红顶绿鸠	*Treron formosae*	Whistling Green Pigeon	75
0461	黑颏果鸠	*Ptilinopus leclancheri*	Black–chinned Fruit Dove	76
0462	绿皇鸠	*Ducula aenea*	Green Imperial Pigeon	76
0463	山皇鸠	*Ducula badia*	Mountain Imperial Pigeon	76
38	**鹃形目 CUCULIFORMES** 杜鹃科 Cuculidae (9:20)			
0464	褐翅鸦鹃	*Centropus sinensis*	Greater Coucal	88
0465	小鸦鹃	*Centropus bengalensis*	Lesser Coucal	88
0466	绿嘴地鹃	*Phaenicophaeus tristis*	Green–billed Malkoha	89
0467	红翅凤头鹃	*Clamator coromandus*	Chestnut–winged Cuckoo	89
0468	斑翅凤头鹃	*Clamator jacobinus*	Pied Cuckoo (Jacobin Cuckoo)	89
0469	噪鹃	*Eudynamys scolopaceus*	Asian Koel (Common Koel)	90
0470	翠金鹃	*Chrysococcyx maculatus*	Asian Emerald Cuckoo	90
0471	紫金鹃	*Chrysococcyx xanthorhynchus*	Violet Cuckoo	90
0472	栗斑杜鹃	*Cacomantis sonneratii*	Banded Bay Cuckoo	91
0473	八声杜鹃	*Cacomantis merulinus*	Plaintive Cuckoo	91
0474	乌鹃	*Surniculus lugubris*	Square–tailed Drongo–Cuckoo (Drongo Cuckoo)	91
0475	鹰鹃（大鹰鹃）	*Hierococcyx sparverioides*	Large Hawk–Cuckoo (Large Hawk Cuckoo)	92
0476	普通鹰鹃	*Hierococcyx varius*	Common Hawk–Cuckoo (Common Hawk Cuckoo)	92
0477	北鹰鹃（北棕腹鹰鹃）	*Hierococcyx hyperythrus*	Northern Hawk–Cuckoo (Northem Hawk Cuckoo)	92
0478	霍氏鹰鹃（棕腹鹰鹃）	*Hierococcyx nisicolor*	Hodgson's Hawk–Cuckoo (Whistling Hawk Cuckoo)	93
0479	小杜鹃	*Cuculus poliocephalus*	Asian Lesser Cuckoo (Lesser Cuckoo)	93
0480	四声杜鹃	*Cuculus micropterus*	Indian Cuckoo	93
0481	中杜鹃	*Cuculus saturatus*	Himalayan Cuckoo	94
0482	北方中杜鹃（东方中杜鹃）	*Cuculus optatus*	Oriental Cuckoo	94
0483	大杜鹃	*Cuculus canorus*	Common Cuckoo	94
39	**鸮形目 STRIGIFORMES** 仓鸮科 Tytonidae (2:3)			
0484	仓鸮	*Tyto javanica (Tyto alba)*	Barn Owl	224
0485	草鸮	*Tyto longimembris*	Eastern Grass Owl	224
0486	栗鸮	*Phodilus badius*	Oriental Bay Owl (Bay Owl)	224
40	**鸮形目 STRIGIFORMES** 鸱鸮科 Strigidae (10:30)			
0487	黄嘴角鸮	*Otus spilocephalus*	Mountain Scops Owl	214
0488	领角鸮	*Otus lettia*	Collared Scops Owl	214

585

587

编号	中文名	学名	英文名	页码
0633	短尾鹦鹉	*Loriculus vernalis*	Vernal Hanging Parrot	258
56	**雀形目 PASSERIFORMES** 阔嘴鸟科 Eurylaimidae (2:2)			
0634	长尾阔嘴鸟	*Psarisomus dalhousiae*	Long-tailed Broadbill	266
0635	银胸丝冠鸟	*Serilophus lunatus*	Silver-breasted Broadbill	266
57	**雀形目 PASSERIFORMES** 八色鸫科 Pittidae (2:8)			
0636	双辫八色鸫	*Hydrornis phayrei (Pitta phayrei)*	Eared Pitta	263
0637	蓝枕八色鸫	*Hydrornis nipalensis (Pitta nipalensis)*	Blue-naped Pitta	263
0638	蓝背八色鸫	*Hydrornis soror (Pitta soror)*	Blue-rumped Pitta	264
0639	栗头八色鸫	*Hydrornis oatesi (Pitta oatesi)*	Rusty-naped Pitta	264
0640	蓝八色鸫	*Hydrornis cyaneus (Pitta cyanea)*	Blue Pitta	264
0641	绿胸八色鸫	*Pitta sordida*	Hooded Pitta	265
0642	仙八色鸫	*Pitta nympha*	Fairy Pitta	265
0643	蓝翅八色鸫	*Pitta moluccensis*	Blue-winged Pitta	265
58	**雀形目 PASSERIFORMES** 钩嘴鹀科 Vangidae (2:2)			
0644	褐背鹟鹀	*Hemipus picatus*	Bar-winged Flycatcher-shrike (Bar-winged Flycatcher Shrike)	275
0645	钩嘴林鹀	*Tephrodornis virgatus*	Large Woodshrike	275
59	**雀形目 PASSERIFORMES** 燕鹀科 Artamidae (1:1)			
0646	灰燕鹀	*Artamus fuscus*	Ashy Woodswallow (Ashy Wood Swallow)	274
60	**雀形目 PASSERIFORMES** 雀鹎科 Aegithinidae (1:2)			
0647	黑翅雀鹎	*Aegithina tiphia*	Common Iora	275
0648	大绿雀鹎	*Aegithina lafresnayei*	Great Iora	276
61	**雀形目 PASSERIFORMES** 鹃鹀科 Campephagidae (3:11)			
0649	灰喉山椒鸟	*Pericrocotus solaris*	Grey-chinned Minivet	273
0650	短嘴山椒鸟	*Pericrocotus brevirostris*	Short-billed Minivet	274
0651	长尾山椒鸟	*Pericrocotus ethologus*	Long-tailed Minivet	273
0652	赤红山椒鸟	*Pericrocotus speciosus (Pericrocotus flammeus)*	Scarlet Minivet	274
0653	灰山椒鸟	*Pericrocotus divaricatus*	Ashy Minivet	272
0654	琉球山椒鸟	*Pericrocotus tegimae*	Ryukyu Minivet	273
0655	小灰山椒鸟	*Pericrocotus cantonensis*	Swinhoe's Minivet	272
0656	粉红山椒鸟	*Pericrocotus roseus*	Rosy Minivet	272
0657	大鹃鹀	*Coracina macei*	Large Cuckooshrike (Large Cuckoo-shrike)	271
0658	黑鸣鹃鹀	*Lalage nigra*	Pied Triller	271
0659	暗灰鹃鹀	*Lalage melaschistos*	Black-winged Cuckooshrike (Black-winged Cuckoo-shrike)	271
62	**雀形目 PASSERIFORMES** 伯劳科 Laniidae (1:15)			
0660	虎纹伯劳	*Lanius tigrinus*	Tiger Shrike	281
0661	牛头伯劳	*Lanius bucephalus*	Bull-headed Shrike	281
0662	红尾伯劳	*Lanius cristatus*	Brown Shrike	281
0663	红背伯劳	*Lanius collurio*	Red-backed Shrike	282
0664	荒漠伯劳	*Lanius isabellinus*	Isabelline Shrike	282
0665	棕尾伯劳	*Lanius phoenicuroides*	Rufous-tailed Shrike	282
0666	栗背伯劳	*Lanius collurioides*	Burmese Shrike	283
0667	褐背伯劳	*Lanius vittatus*	Bay-backed Shrike	283
0668	棕背伯劳	*Lanius schach*	Long-tailed Shrike	283
0669	灰背伯劳	*Lanius tephronotus*	Grey-backed Shrike	284
0670	黑额伯劳	*Lanius minor*	Lesser Grey Shrike	284
0671	灰伯劳	*Lanius borealis*	Northern Shrike	/
0672	西方灰伯劳	*Lanius excubitor*	Great Grey Shrike	284
0673	草原灰伯劳	*Lanius pallidirostris*	Steppe Grey Shrike	/
0674	楔尾伯劳	*Lanius sphenocercus*	Chinese Grey Shrike (Chinese Gray Shrike)	285
63	**雀形目 PASSERIFORMES** 莺雀科 Vireonidae (2:6)			
0675	白腹凤鹛	*Erpornis zantholeuca*	White-bellied Erpornis	269
0676	棕腹鹛鹀	*Pteruthius rufiventer*	Black-headed Shrike Babbler	269
0677	红翅鹛鹀	*Pteruthius aeralatus*	Blyth's Shrike Babbler	269

590

编号	中文名	学名	英文名	页码
78	**雀形目 PASSERIFORMES** 树莺科 Cettiidae (7:19)			
0823	黄腹鹟莺	*Abroscopus superciliaris*	Yellow–bellied Warbler	356
0824	棕脸鹟莺	*Abroscopus albogularis*	Rufous–faced Warbler	356
0825	黑脸鹟莺	*Abroscopus schisticeps*	Black–faced Warbler	357
0826	金头缝叶莺（栗头织叶莺）	*Phyllergates cucullatus*	Mountain Tailorbird	357
0827	宽嘴鹟莺	*Tickellia hodgsoni*	Broad–billed Warbler	357
0828	日本树莺（短翅树莺）	*Horornis diphone*	Japanese Bush Warbler	358
0829	远东树莺	*Horornis canturians*	Manchurian Bush Warbler	358
0830	强脚树莺	*Horornis fortipes*	Brownish–flanked Bush Warbler	358
0831	休氏树莺	*Horornis brunnescens*	Hume's Bush Warbler	/
0832	黄腹树莺	*Horornis acanthizoides*	Yellowish–bellied Bush Warbler（Yellow–bellied Bush Warbler）	359
0833	异色树莺	*Horornis flavolivaceus*	Aberrant Bush Warbler	359
0834	灰腹地莺	*Tesia cyaniventer*	Grey–bellied Tesia	359
0835	金冠地莺	*Tesia olivea*	Slaty–bellied Tesia	360
0836	宽尾树莺	*Cettia cetti*	Cetti's Warbler	360
0837	大树莺	*Cettia major*	Chestnut–crowned Bush Warbler	360
0838	棕顶树莺	*Cettia brunnifrons*	Grey–sided Bush Warbler	361
0839	栗头地莺（栗头树莺）	*Cettia castaneocoronata*	Chestnut–headed Tesia	361
0840	鳞头树莺	*Urosphena squameiceps*	Asian Stubtail	361
0841	淡脚树莺	*Urosphena pallidipes（Hemitesia pallidipes）*	Pale–footed Bush Warbler	362
79	**雀形目 PASSERIFORMES** 长尾山雀科 Aegithalidae (2:8)			
0842	北长尾山雀	*Aegithalos caudatus*	Long–tailed Tit	362
0843	银喉长尾山雀	*Aegithalos glaucogularis*	Silver–throated Bushtit	362
0844	红头长尾山雀	*Aegithalos concinnus*	Black–throated Bushtit	363
0845	棕额长尾山雀	*Aegithalos iouschistos*	Rufous–fronted Bushtit	363
0846	黑眉长尾山雀	*Aegithalos bonvaloti*	Black–browed Bushtit	363
0847	银脸长尾山雀	*Aegithalos fuliginosus*	Sooty Bushtit	364
0848	花彩雀莺	*Leptopoecile sophiae*	White–browed Tit Warbler	364
0849	凤头雀莺	*Leptopoecile elegans*	Crested Tit Warbler	364
80	**雀形目 PASSERIFORMES** 柳莺科 Phylloscopidae (1:51)			
0850	林柳莺	*Phylloscopus sibilatrix*	Wood Warbler	340
0851	橙斑翅柳莺	*Phylloscopus pulcher*	Buff–barred Warbler	343
0852	灰喉柳莺	*Phylloscopus maculipennis*	Ashy–throated Warbler	344
0853	淡眉柳莺	*Phylloscopus humei*	Hume's Leaf Warbler	346
0854	黄眉柳莺	*Phylloscopus inornatus*	Yellow–browed Warbler	346
0855	云南柳莺	*Phylloscopus yunnanensis*	Chinese Leaf Warbler	344
0856	淡黄腰柳莺	*Phylloscopus chloronotus*	Lemon–rumped Warbler	345
0857	四川柳莺	*Phylloscopus forresti*	Sichuan Leaf Warbler	345
0858	甘肃柳莺	*Phylloscopus kansuensis*	Gansu Leaf Warbler	344
0859	黄腰柳莺	*Phylloscopus proregulus*	Pallas's Leaf Warbler	345
0860	棕眉柳莺	*Phylloscopus armandii*	Yellow–streaked Warbler	343
0861	巨嘴柳莺	*Phylloscopus schwarzi*	Radde's Warbler	343
0862	灰柳莺	*Phylloscopus griseolus*	Sulphur–bellied Warbler	342
0863	黄腹柳莺	*Phylloscopus affinis*	Tickell's Leaf Warbler	341
0864	华西柳莺	*Phylloscopus occisinensis*	Alpine Leaf Warbler	342
0865	烟柳莺	*Phylloscopus fuliginiventer*	Smoky Warbler	341
0866	褐柳莺	*Phylloscopus fuscatus*	Dusky Warbler	341
0867	棕腹柳莺	*Phylloscopus subaffinis*	Buff–throated Warbler	342
0868	欧柳莺	*Phylloscopus trochilus*	Willow Warbler	339
0869	东方叽喳柳莺（中亚叽喳柳莺）	*Phylloscopus sindianus*	Mountain Chiffchaff	340
0870	叽喳柳莺	*Phylloscopus collybita*	Common Chiffchaff	340
0871	冕柳莺	*Phylloscopus coronatus*	Eastern Crowned Warbler	349
0872	饭岛柳莺（日本冕柳莺）	*Phylloscopus ijimae*	Ijima's Leaf Warbler（Ijima's Warbler）	349
0873	白眶鹟莺	*Phylloscopus intermedius（Seicercus affinis）*	White–spectacled Warbler	353
0874	灰脸鹟莺	*Phylloscopus poliogenys（Seicercus poliogenys）*	Grey–cheeked Warbler	355

593

编号	中文名	学名	英文名	页码
0924	棕褐短翅莺（棕褐短翅蝗莺）	*Locustella luteoventris*	Brown Bush Warbler	324
0925	巨嘴短翅莺（巨嘴短翅蝗莺）	*Locustella major*	Long-billed Bush Warbler	323
0926	黑斑蝗莺	*Locustella naevia*	Common Grasshopper Warbler	324
0927	中华短翅莺（中华短翅蝗莺）	*Locustella tacsanowskia*	Chinese Bush Warbler	324
0928	鸲蝗莺	*Locustella luscinioides*	Savi's Warbler	325
0929	北短翅莺（北短翅蝗莺）	*Locustella davidi*	Baikal Bush Warbler	323
0930	斑胸短翅莺（斑胸短翅蝗莺）	*Locustella thoracica*	Spotted Bush Warbler	323
0931	台湾短翅莺（台湾短翅蝗莺）	*Locustella alishanensis*	Taiwan Bush Warbler	322
0932	高山短翅莺（高山短翅蝗莺）	*Locustella mandelli*	Russet Bush Warbler	322
0933	四川短翅莺（四川短翅蝗莺）	*Locustella chengi*	Sichuan Bush Warbler	322
0934	沼泽大尾莺	*Megalurus palustris*	Striated Grassbird	327
83	**雀形目 PASSERIFORMES** 扇尾莺科 Cisticolidae (3:12)			
0935	棕扇尾莺	*Cisticola juncidis*	Zitting Cisticola	311
0936	金头扇尾莺	*Cisticola exilis*	Golden-headed Cisticola	312
0937	山鹪莺	*Prinia crinigera*	Striated Prinia	312
0938	褐山鹪莺	*Prinia polychroa*	Brown Prinia	312
0939	黑胸山鹪莺	*Prinia atrogularis*	Black-throated Prinia	313
0940	黑喉山鹪莺	*Prinia superciliaris*	Hill Prinia	/
0941	暗冕山鹪莺	*Prinia rufescens*	Rufescent Prinia	313
0942	灰胸山鹪莺	*Prinia hodgsonii*	Grey-breasted Prinia	313
0943	黄腹山鹪莺	*Prinia flaviventris*	Yellow-bellied Prinia	314
0944	纯色山鹪莺	*Prinia inornata*	Plain Prinia	314
0945	长尾缝叶莺	*Orthotomus sutorius*	Common Tailorbird	314
0946	黑喉缝叶莺	*Orthotomus atrogularis*	Dark-necked Tailorbird	315
84	**雀形目 PASSERIFORMES** 鹛科 Timaliidae (7:25)			
0947	长嘴钩嘴鹛	*Pomatorhinus hypoleucos* (*Erythrogenys hypoleucos*)	Large Scimitar Babbler	381
0948	锈脸钩嘴鹛	*Pomatorhinus erythrogenys* (*Erythrogenys erythrogenys*)	Rusty-cheeked Scimitar Babbler	382
0949	台湾斑胸钩嘴鹛	*Pomatorhinus erythrocnemis* (*Erythrogenys erythrocnemis*)	Black-necklaced Scimitar Babbler	383
0950	斑胸钩嘴鹛	*Pomatorhinus gravivox* (*Erythrogenys gravivox*)	Black-streaked Scimitar Babbler	382
0951	华南斑胸钩嘴鹛	*Pomatorhinus swinhoei* (*Erythrogenys swinhoei*)	Grey-sided Scimitar Babbler	382
0952	灰头钩嘴鹛	*Pomatorhinus schisticeps*	White-browed Scimitar Babbler	383
0953	棕颈钩嘴鹛	*Pomatorhinus ruficollis*	Streak-breasted Scimitar Babbler	383
0954	台湾棕颈钩嘴鹛	*Pomatorhinus musicus*	Taiwan Scimitar Babbler	384
0955	棕头钩嘴鹛	*Pomatorhinus ochraceiceps*	Red-billed Scimitar Babbler	384
0956	红嘴钩嘴鹛	*Pomatorhinus ferruginosus*	Coral-billed Scimitar Babbler	384
0957	剑嘴鹛（细嘴钩嘴鹛）	*Pomatorhinus superciliaris*	Slender-billed Scimitar Babbler	385
0958	斑翅鹩鹛	*Spelaeornis troglodytoides*	Bar-winged Wren-Babbler (Bar-winged Wren Babbler)	385
0959	长尾鹩鹛	*Spelaeornis reptatus* (*Spelaeornis chocolatinus*)	Long-tailed Wren-Babbler (Long-tailed Wren Babbler)	385
0960	淡喉鹩鹛	*Spelaeornis kinneari* (*Phylloscopus kinneari*)	Pale-throated Wren-Babbler (Pale-throated Wren Babbler)	386
0961	黑胸楔嘴鹩鹛（黑胸楔嘴穗鹛）	*Sphenocichla humei* (*Stachyris humei*)	Sikkim Wedge-billed Babbler (Black-breasted Wren Babbler)	386
0962	楔嘴鹩鹛（楔嘴穗鹛）	*Sphenocichla roberti* (*Stachyris roberti*)	Cachar Wedge-billed Wren-Babbler (Wedge-billed Wren Babbler)	387
0963	弄岗穗鹛	*Stachyris nonggangensis*	Nonggang Babbler	387
0964	黑头穗鹛	*Stachyris nigriceps*	Grey-throated Babbler	387
0965	斑颈穗鹛	*Stachyris strialata*	Spot-necked Babbler	388
0966	黄喉穗鹛	*Stachyridopsis ambigua* (*Cyanoderma ambiguum*)	Buff-chested Babbler	388
0967	红头穗鹛	*Stachyridopsis ruficeps* (*Cyanoderma ruficeps*)	Rufous-capped Babbler	388
0968	黑颏穗鹛	*Stachyridopsis pyrrhops* (*Cyanoderma pyrrhops*)	Black-chinned Babbler	389

595

编号	中文名	学名	英文名	页码
0969	金头穗鹛	*Stachyridopsis chrysaea* (*Cyanoderma chrysaeum*)	Golden Babbler	389
0970	纹胸巨鹛（纹胸鹛）	*Macronus gularis* (*Mixornis gularis*)	Striped Tit-Babbler	389
0971	红顶鹛	*Timalia pileata*	Chestnut-capped Babbler	390
85	**雀形目 PASSERIFORMES** 幽鹛科 Pellorneidae (7:23)			
0972	金额雀鹛	*Alcippe variegaticeps* (*Schoeniparus variegaticeps*)	Golden-fronted Fulvetta	390
0973	黄喉雀鹛	*Alcippe cinerea* (*Schoeniparus cinereus*)	Yellow-throated Fulvetta	390
0974	栗头雀鹛	*Alcippe castaneceps* (*Schoeniparus castaneceps*)	Rufous-winged Fulvetta	391
0975	棕喉雀鹛	*Alcippe rufogularis* (*Schoeniparus rufogularis*)	Rufous-throated Fulvetta	391
0976	褐胁雀鹛	*Alcippe dubia* (*Schoeniparus dubius*)	Rusty-capped Fulvetta	391
0977	褐顶雀鹛	*Alcippe brunnea* (*Schoeniparus brunneus*)	Dusky Fulvetta	392
0978	褐脸雀鹛	*Alcippe poioicephala*	Brown-cheeked Fulvetta	392
0979	台湾雀鹛	*Alcippe morrisonia*	Grey-cheeked Fulvetta	392
0980	灰眶雀鹛	*Alcippe davidi*	David's Fulvetta	/
0981	云南雀鹛	*Alcippe fratercula*	Yunnan Fulvetta	393
0982	淡眉雀鹛	*Alcippe hueti*	Huet's Fulvetta	393
0983	白眶雀鹛	*Alcippe nipalensis*	Nepal Fulvetta	394
0984	灰岩鹪鹛	*Napothera crispifrons* (*Turdinus crispifrons*)	Limestone Wren-Babbler (Limestone Wren Babbler)	394
0985	短尾鹪鹛	*Napothera brevicaudata* (*Turdinus brevicaudatus*)	Streaked Wren-Babbler (Streaked Wren Babbler)	394
0986	纹胸鹪鹛	*Napothera epilepidota*	Eyebrowed Wren Babbler	395
0987	白头鵙鹛	*Gampsorhynchus rufulus*	White-hooded Babbler	395
0988	领鵙鹛	*Gampsorhynchus torquatus*	Collared Babbler	/
0989	瑙蒙短尾鹛	*Jabouilleia naungmungensis*	Naung Mung Scimitar Babbler	395
0990	长嘴鹪鹛	*Rimator malacoptilus*	Long-billed Wren-Babbler (Long-billed Wren Babbler)	396
0991	大草莺（中华草鹛）	*Graminicola striatus*	Chinese Grassbird (Chinese Grass-babbler)	397
0992	白腹幽鹛	*Pellorneum albiventre*	Spot-throated Babbler	396
0993	棕头幽鹛	*Pellorneum ruficeps*	Puff-throated Babbler	396
0994	棕胸雅鹛	*Pellorneum tickelli* (*Trichastoma tickelli*)	Buff-breasted Babbler	397
86	**雀形目 PASSERIFORMES** 噪鹛科 Leiothrichidae (9:70)			
0995	矛纹草鹛	*Babax lanceolatus*	Chinese Babax	397
0996	大草鹛	*Babax waddelli*	Giant Babax	398
0997	棕草鹛	*Babax koslowi*	Tibetan Babax	398
0998	画眉	*Garrulax canorus*	Hwamei	398
0999	台湾画眉	*Garrulax taewanus*	Taiwan Hwamei	399
1000	白冠噪鹛	*Garrulax leucolophus*	White-crested Laughingthrush	399
1001	白颈噪鹛	*Garrulax strepitans*	White-necked Laughingthrush	400
1002	褐胸噪鹛	*Garrulax maesi*	Grey Laughingthrush	400
1003	栗颊噪鹛	*Garrulax castanotis*	Rufous-cheeked Laughingthrush	400
1004	黑额山噪鹛	*Garrulax sukatschewi*	Snowy-cheeked Laughingthrush	401
1005	灰翅噪鹛	*Garrulax cineraceus*	Moustached Laughingthrush	401
1006	棕颏噪鹛	*Garrulax rufogularis*	Rufous-chinned Laughingthrush	401
1007	斑背噪鹛	*Garrulax lunulatus*	Barred Laughingthrush	402
1008	白点噪鹛	*Garrulax bieti*	White-speckled Laughingthrush	402
1009	大噪鹛	*Garrulax maximus*	Giant Laughingthrush	402
1010	眼纹噪鹛	*Garrulax ocellatus*	Spotted Laughingthrush	403
1011	黑脸噪鹛	*Garrulax perspicillatus*	Masked Laughingthrush	403
1012	白喉噪鹛	*Garrulax albogularis*	White-throated Laughingthrush	403
1013	台湾白喉噪鹛	*Garrulax ruficeps*	Rufous-crowned Laughingthrush	404
1014	小黑领噪鹛	*Garrulax monileger*	Lesser Necklaced Laughingthrush	404
1015	黑领噪鹛	*Garrulax pectoralis*	Greater Necklaced Laughingthrush	404
1016	黑喉噪鹛	*Garrulax chinensis*	Black-throated Laughingthrush	405
1017	栗颈噪鹛	*Garrulax ruficollis*	Rufous-necked Laughingthrush	405

编号	中文名	学名	英文名	页码
1073	灰白喉林莺	*Sylvia communis*	Common Whitethroat	367
1074	金胸雀鹛	*Lioparus chrysotis*	Golden-breasted Fulvetta	368
1075	宝兴鹛雀	*Moupinia poecilotis*	Rufous-tailed Fulvetta	368
1076	白眉雀鹛	*Fulvetta vinipectus*	White-browed Fulvetta	368
1077	高山雀鹛（中华雀鹛）	*Fulvetta striaticollis*	Chinese Fulvetta	369
1078	棕头雀鹛	*Fulvetta ruficapilla*	Spectacled Fulvetta	369
1079	印支雀鹛	*Fulvetta danisi*	Indochinese Fulvetta	/
1080	路德雀鹛（路氏雀鹛）	*Fulvetta ludlowi*	Ludlow's Fulvetta	369
1081	灰头雀鹛	*Fulvetta cinereiceps*	Grey-hooded Fulvetta	/
1082	褐头雀鹛	*Fulvetta manipurensis*	Streak-throated Fulvetta	370
1083	玉山雀鹛	*Fulvetta formosana*	Taiwan Fulvetta	370
1084	金眼鹛雀	*Chrysomma sinense*	Yellow-eyed Babbler	370
1085	山鹛	*Rhopophilus pekinensis*	Beijing Hill Babbler（Chinese Hill Babbler）	371
1086	西域山鹛	*Rhopophilus albosuperciliaris*	Tarim Babbler	/
1087	红嘴鸦雀	*Conostoma aemodium*	Great Parrotbill	371
1088	三趾鸦雀	*Cholornis paradoxus*	Three-toed Parrotbill	371
1089	褐鸦雀	*Cholornis unicolor*	Brown Parrotbill	372
1090	白眶鸦雀	*Sinosuthora conspicillata*	Spectacled Parrotbill	372
1091	棕头鸦雀	*Sinosuthora webbiana*	Vinous-throated Parrotbill	372
1092	灰喉鸦雀	*Sinosuthora alphonsiana*	Ashy-throated Parrotbill	373
1093	褐翅鸦雀	*Sinosuthora brunnea*	Brown-winged Parrotbill	373
1094	暗色鸦雀	*Sinosuthora zappeyi*	Grey-hooded Parrotbill	373
1095	灰冠鸦雀	*Sinosuthora przewalskii*	Rusty-throated Parrotbill	374
1096	黄额鸦雀	*Suthora fulvifrons*	Fulvous Parrotbill	374
1097	橙额鸦雀（黑喉鸦雀）	*Suthora nipalensis*	Black-throated Parrotbill	374
1098	金色鸦雀	*Suthora verreauxi*	Golden Parrotbill	375
1099	短尾鸦雀	*Neosuthora davidiana*	Short-tailed Parrotbill	375
1100	黑眉鸦雀	*Chleuasicus atrosuperciliaris*	Lesser Rufous-headed Parrotbill	375
1101	白胸鸦雀	*Psittiparus ruficeps*	White-breasted Parrotbill	376
1102	红头鸦雀	*Psittiparus bakeri*	Rufous-headed Parrotbill	/
1103	灰头鸦雀	*Psittiparus gularis*	Grey-headed Parrotbill	376
1104	点胸鸦雀	*Paradoxornis guttaticollis*	Spot-breasted Parrotbill	376
1105	震旦鸦雀	*Paradoxornis heudei*	Reed Parrotbill	377
88	**雀形目 PASSERIFORMES**	绣眼鸟科 Zosteropidae (2:13)		
1106	栗耳凤鹛	*Yuhina castaniceps*	Striated Yuhina	377
1107	栗颈凤鹛	*Yuhina torqueola*	Chestnut-collared Yuhina	/
1108	白项凤鹛（白颈凤鹛）	*Yuhina bakeri*	White-naped Yuhina	378
1109	黄颈凤鹛	*Yuhina flavicollis*	Whiskered Yuhina	378
1110	纹喉凤鹛	*Yuhina gularis*	Stripe-throated Yuhina	378
1111	白领凤鹛	*Yuhina diademata*	White-collared Yuhina	379
1112	棕臀凤鹛	*Yuhina occipitalis*	Rufous-vented Yuhina	379
1113	褐头凤鹛	*Yuhina brunneiceps*	Taiwan Yuhina	379
1114	黑颏凤鹛	*Yuhina nigrimenta*	Black-chinned Yuhina	380
1115	红胁绣眼鸟	*Zosterops erythropleurus*	Chestnut-flanked White-eye	380
1116	暗绿绣眼鸟	*Zosterops japonicus*	Japanese White-eye	380
1117	低地绣眼鸟	*Zosterops meyeni*	Lowland White-eye	381
1118	灰腹绣眼鸟	*Zosterops palpebrosus*	Oriental White-eye	381
89	**雀形目 PASSERIFORMES**	和平鸟科 Irenidae (1:1)		
1119	和平鸟	*Irena puella*	Asian Fairy Bluebird	484
90	**雀形目 PASSERIFORMES**	戴菊科 Regulidae (1:2)		
1120	台湾戴菊	*Regulus goodfellowi*	Flamecrest	482
1121	戴菊	*Regulus regulus*	Goldcrest	483
91	**雀形目 PASSERIFORMES**	丽星鹩鹛科 Elachuridae (1:1)		
1122	丽星鹩鹛	*Elachura formosus*	Spotted Elachura（Elachura）	484
92	**雀形目 PASSERIFORMES**	鹪鹩科 Troglodytidae (1:1)		
1123	鹪鹩	*Troglodytes troglodytes*	Eurasian Wren	426

599

600

检索表

603

《中国观鸟年报—中国鸟类名录 6.0（2018）附录——藏南地区（印占）鸟类补充名录》

《中国观鸟年报—中国鸟类名录 6.0（2018）附录——
南沙群岛鸟类补充名录》

编号	中文名	拉丁名	英文名	页码
1	尼柯巴鸠	*Caloenas nicobarica*	Nicobar Pigeon	77
2	斑皇鸠	*Ducula bicolor*	Pied Imperial Pigeon	77

《中国观鸟年报—中国鸟类名录 6.0（2018） 附录——
中国鸟类野外手册列出但未在中国境内有确切野外分布证据的鸟类名录》

编号	中文名	拉丁名	英文名	页码
1	灰背岸八哥	*Acridotheres ginginianus*	Bank Myna	430
2	黑腹蛇鹈	*Anhinga melanogaster*	Oriental Darter	175
3	小葵花凤头鹦鹉	*Cacatua sulphurea*	Yellow-crestea Cockatoo	262
4	普通潜鸟	*Gavia immer*	Common Loon	160
5	长尾鹦鹉	*Psittacula longicauda*	Long-tailed Parakeet	262
6	剪嘴鸥	*Rynchops albicollis*	Indian Skimmer	153
7	短尾鹩鹛（棕喉鹩鹛）	*Spelaeornis caudatus*	Rufous-throated Wren Babbler	386
8	彩虹鹦鹉	*Trichoglossus haematodus*	Coconut Lorikeet	262
9	爪哇禾雀（禾雀）	*Lonchura oryzivora*	Java Sparrow	498

注：①上表中，中文名列表处，括号内的名称为本书中该鸟种使用的中文名；与《中国鸟类分类与分布名录（第三版）》中中文名一致；拉丁名列表处，括号内的拉丁名为本书中鸟种使用的拉丁名，与《中国鸟类分类与分布名录（第三版）》中拉丁名一致；英文名列表处，括号内的英文名为本书中鸟种使用的英文名，与《中国鸟类分类与分布名录（第三版）》中英文名一致。

②"科"名后括号内的比例为该科各属的数目及鸟种的数目。

③ / 表示本书中未收录该鸟种。

参考文献

1. 郑光美. 中国鸟类分类与分布名录（第三版）[M]. 北京：科学出版社，2017.

2. 郑光美. 鸟类学（第二版）[M]. 北京：北京师范大学出版社，2012.

3. 中国观鸟年报编辑. 中国观鸟年报"中国鸟类名录"6.0版 [EB/OL]. [2018-10-01]. http://mp.weixin.qq.com/s/wU-Ih_YKGT9712pxj6_klg.

4. 段文科，张正旺. 中国鸟类图志[M]. 北京：中国林业出版社，2017.

5. 约翰·马敬能，卡·菲利普斯，何芬奇. 中国鸟类野外手册 [M]. 长沙：湖南教育出版社，2000.

6. 赵欣如. 中国鸟类图鉴 [M]. 北京：商务印书馆，2018.

7. 曲利明. 中国鸟类图鉴（便携版）[M]. 福州：海峡书局，2014.

8. （英）科林·哈里森，艾伦·格林史密斯. 鸟 [M].丁长青，译. 北京：中国友谊出版公司，2007

9. 张词祖，庞秉璋. 中国的鸟 [M]. 北京：中国林业出版社，1997.

10. 郑光美，张词祖. 中国野鸟 [M]. 北京：中国林业出版社，2002.

11. 赵欣如. 北京鸟类图鉴 [M]. 北京：中国林业出版社，1999.

12. 赵正阶. 中国鸟类志 [M]. 长春：吉林科学技术出版社，2001.

13. 刘小如等. 台湾鸟类志 [M]. 台湾：行政院农业委员会林务局，2010.

14. 李庆伟，张凤江. 东北鸟类大图鉴 [M]. 大连：辽宁师范大学出版社，2008.

15. 季维智. 中国云南野生鸟类 [M]. 北京：中国林业出版社，2004.

16. 聂延秋. 内蒙古野生鸟类 [M]. 北京：中国大百科全书出版社，2011.

17. 旭日干. 内蒙古动物志（第三卷）[M]. 呼和浩特：内蒙古大学出版社，2007.

18. 尹琏，费嘉伦，林超英. 中国香港及华南鸟类野外手册[M]. 长沙：湖南教育出版社，2017.

19. 张敏，邹发生. 澳门鸟谱[M]. 广州：暨南大学出版社，2012.

20. 马志军，陈水华. 中国海洋与湿地鸟类[M]. 长沙：湖南科学技术出版社，2018.

21. Mark Brazil.Bird of East Aisa[M]. Princeton University Press，2009.